Hermann Köhler

Grundriss der Materia medica

für praktische Ärzte und Studierende

Hermann Köhler

Grundriss der Materia medica
für praktische Ärzte und Studierende

ISBN/EAN: 9783743655935

Hergestellt in Europa, USA, Kanada, Australien, Japan

Cover: Foto ©berggeist007 / pixelio.de

Weitere Bücher finden Sie auf **www.hansebooks.com**

GRUNDRISS

DER

MATERIA MEDICA.

GRUNDRISS

DER

MATERIA MEDICA

FÜR

PRAKTISCHE ÄRZTE UND STUDIRENDE.

MIT BESONDERER RÜCKSICHTNAHME

AUF DIE

PHARMACOPOEA GERMANICA

BEARBEITET

VON

Dr. HERMANN KÖHLER,

PROFESSOR AN DER UNIVERSITÄT HALLE.

LEIPZIG,
VERLAG VON VEIT & COMP.
1878.

Vorwort.

Der von meinen Zuhörern und von vorgeschrittenen, in meinem Laboratorium arbeitenden Schülern wiederholt geäusserte Wunsch, die in meinen Vorlesungen über Materia medica gegebene Darstellung dieser Doctrin in handlicher, zum Repetiren geeigneter Form und in einer den neuesten Forschungen Rechnung tragenden Bearbeitung zu besitzen, wurde die Veranlassung zur Herausgabe dieses *„Grundrisses"*.

In der Eintheilung des Materials bin ich dem auch in meinem „Handbuche der physiologischen Therapeutik und Materia medica" eingehaltenen System gefolgt. Auf Grund der Zustimmung, welche diesem System von deutschen, englischen und russischen Gelehrten zu Theil wurde, sowie der Anerkennung, welche das genannte Werk im In- und Auslande gefunden hat, glaubte ich mich zu der Annahme, dass meine Klassifikation keine ganz verfehlte sei, berechtigt halten zu dürfen.

Wie in dem, mehr für das Laboratorium, für das Nachschlagen der Literatur und für das Aufsuchen von Belegfällen bestimmten Handbuche habe ich auch in diesem Grundriss, soweit es anging, die physiologischen Wirkungen der Mittel der Aufstellung der Indikationen und Contraindikationen des therap. Gebrauchs zu Grunde gelegt. Doch ist dieser Grundriss keineswegs ein Auszug meines Handbuches: ausser der Eintheilung ist dem letzteren Nichts entlehnt; vielmehr sind alle Kapitel, von dem ersten über den Sauerstoff handelnden bis zum letzten, vollständig umgearbeitet worden, wie dieses schon die zahlreichen Bereicherungen, welche die Experimentalpharmakologie, Dank dem in den Werkstätten der Wissenschaft entfalteten Eifer und Fleiss, seit der Veröffentlichung meines Handbuches erfahren hat, nothwendig machten.

Dafür dass die neuesten fremden und eignen, zur Zeit grösstentheils nur in der Journalliteratur niedergelegten, oder noch gar nicht veröffent-

lichten Beobachtungen in dem Grundriss Berücksichtigung gefunden
haben, mögen die Kapitel über Secale cornutum, Digitalis, Calabar.
die Ammoniakalien, das Terpentinöl. den Campher, das Brom, die
Chinaalkaloide, die Salicylsäurepräparate u. s. w. als Beispiele
genügen. Wenn erst mehrere Glieder derselben Reihe, z. B. der ätherischen Oele und ihrer Stearoptene, der Säuren, der Metalle etc. eingehender studirt sein werden, wird auch die Aufstellung allgemein gül-
tiger Charaktere für die einzelnen Gruppen von Mitteln. bez. manche
Vereinfachung, zu welcher ich mich durch die bisherigen Leistungen zur
Zeit noch nicht berechtigt glaubte. möglich werden. Einige der neuesten
Arbeiten. z. B. die von Witkowski über die Morphiumwirkung. wurden
noch während des Drucks von mir berücksichtigt; einige eigene Arbeiten.
wie die über die Wirkung der Kaliumsalze, namentlich des chlorsauren
Kalium, konnte ich noch vor Abschluss des Manuscriptes aufnehmen.
Leider war dieses bezüglich einiger anderen Arbeiten aus meinem
Laboratorium, sowohl bereits veröffentlichter. wie der des Herrn
Dr. Marcusohn über das Pfefferminzöl. als meiner eigenen, demnächst
zu veröffentlichenden über die Jod- und jodsauren Verbindungen. nicht
mehr möglich.

Bei der Aufnahme der Mittel habe ich mich an die Pharmac.
Germanica als maassgebendes Gesetz gehalten. Nur die Salicylsäurepräparate. weil sie bestimmt aufgenommen und. wenn einmal
acceptirt. wohl niemals wieder aus der Series medicaminum verschwinden
werden, machen eine Ausnahme. Dagegen habe ich den Phosphor. weil
ich mich von seiner Verwerthbarkeit als Medikament noch immer nicht
überzeugen konnte, fortgelassen.

Halle, 16. August 1877.

H. Köhler.

Inhaltsverzeichniss.

I. Klasse:

die Oxydationsvorgänge im Organismus und den Stoffwechsel unter Zunahme der Ernährung befördernde Mittel.

1. Ordnung: Mittel, welche diesen Zweck dadurch erfüllen, dass sie in das Blut übergehen, dessen chemische Zusammensetzung verbessern und seine Funktionsfähigkeit erhöhen.

a. Mittel, denen eine die Ozonvorgänge im Organismus bez. Blut direct erhöhende und begünstigende Wirkung vindizirt wird.

I. Oxygenium. Sauerstoff.

Pristley (1774) isolirte den Sauerstoff, welchen er *dephlogistizirte* Luft nannte, zuerst aus dem rothen Quecksilberoxyd. Der Name „*Oxygen*" rührt von Lavoisier her. Der Sauerstoff, welchen die Alten ohne klare Vorstellungen über seine Wirkungen auf belebte und unbelebte Körper zu haben, schon als den Lebensgeist bezeichneten, besitzt eine so immense Verbreitung, dass nicht nur 20—21 $\%$ der atmosphärischen Luft, sondern auch $^8/_9$ des den Erdball bedeckenden Wassers sowie $^1/_3$ der die feste Erdkruste bildenden Mineralien und erdigen Gesteine aus Sauerstoff bestehen. Da ferner die Thier- und Pflanzenphysiologie und Chemie ergeben hat, dass nicht nur der Sauerstoff einen constanten Bestandtheil der den thierischen Organismus zusammensetzenden Gewebe darstellt, sondern auch die Fortdauer der wichtigsten vitalen Funktionen bei Pflanzen und Thieren ohne das Vorhandensein genügender Mengen Sauerstoffs unmöglich ist, so lag der Versuch, denselben auch in krankhaften Zuständen therapeutisch zu verwerthen, ziemlich nahe. Besonders schien sich die Indikation, bei durch Krankheiten der Respirationsorgane herbeigeführtem Sauerstoffmangel und von diesem wieder abhängigen Störungen der Hämatose und Ernährung durch per os eingeführte sehr sauerstoffreiche Körper, wie chlor- und salpetersaure Salze, eine Compensation des Sauerstoffdeficits zu bewirken, von selbst zu ergeben. Leider haben die neueren pharmakologischen und chemischen Untersuchungen über die Veränderungen, welche Chlorate, Nitrate u. a. sehr sauerstoffreiche Körper beim Durchgang durch den Organismus erfahren, die Hoffnung auf eine seitens derselben erfolgende Sauerstoffabgabe illusorisch gemacht: sie werden unverändert mit dem Nierensecret eliminirt; Isambert. Andere, wie die Osmiumsäure, geben den Sauerstoff, ehe sie resorbirt werden, an Bestandtheile des Darminhalts oder der Darmschleimhaut ab, und selbst wenn sie unreducirt bez. unzersetzt ins Blut gelangen, wird keineswegs das Blut sauerstoffreicher, sondern stets nur eine gewisse Menge Eiweiss in seiner chemischen Constitution geändert; Buchheim. Eine Ausnahme macht nach Asmuth nur das Wasserstoffsuperoxyd, welches als solches resorbirt wird, im Blute eine allmälig vor sich gehende Zersetzung in Wasser und Sauerstoff erfährt und dabei entfernte Wirkungen (ausgesprochen in Zunahme der Körperwärme und Kohlensäureausscheidung) zu Wege bringt.

Den zweiten, gewissermassen von der Natur selbst vorgezeichneten Locus applicandi für den gasförmigen Sauerstoff stellen die Lungen dar. Der hierselbst vom Blute aufgenommene Sauerstoff wird nicht absorbirt, sondern tritt mit dem Hämoglobin der rothen Blutkörperchen zu einer lockeren chemischen Verbindung, dem Oxyhämoglobin (L. Meyer), welches bei gewöhnlicher Körpertemperatur beständig Sauerstoff abgiebt und im Vacuum vollständig in Hämoglobin und Sauerstoff zerlegt wird, zusammen. — Eine Sättigung des Hämoglobins mit O. kommt unter physiologischen Bedingungen niemals zu Stande.

Uebereinstimmende analytische Resultate über die mit dem Hämoglobin verbundene Menge Sauerstoff im Oxyhämoglobin sind der grossen Zersetzlichkeit des letzteren wegen bisher nicht erreicht worden. Aus demselben Grunde ist auch die Frage, ob sich im sauerstoffreicheren Blute der Sauerstoff mit dem Hämoglobin zu einer sauerstoffreicheren Verbindung vereinigen könne, als im Oxyhämoglobin eine offene, und sofern auch bei hohem, atmosphärischem Druck die Dissociation des Oxyhämoglobins, ohne welche das Fortbestehen des Lebens undenkbar ist, fortdauert, sehr wahrscheinlich im negativen Sinne zu beantwortende, R. Buchheim. Da ferner nachgewiesen ist, dass das Plasma sanguinis nicht mehr Sauerstoff aufnimmt, als das Wasser, so ist im Allgemeinen die Menge des im concreten Falle in einem Volumen Blut enthaltenen Sauerstoffs, vom Hämoglobingehalte des Blutes abhängig. Hiermit hängen folgende Thatsachen bezüglich der Zu- und Abnahme des Sauerstoffs im Blute auf das engste zusammen: 1) das Blut ist sauerstoffreicher in Arterien mit weitem, als mit engem Lumen; 2) dasselbe gilt vom Blute während der kalten

Jahreszeit und 3) von dem Blute, in welches die Aufnahme von eine festere Bindung des Sauerstoffs an die rothen Blutzellen bedingenden Arzneistoffen — den temperaturherabsetzenden Mitteln, wie Chinin (Manassein) — erfolgt ist; ärmer an Sauerstoff endlich wird das Blut bei Fettnahrung, weil in diesem Falle weniger Hämoglobin vorhanden ist, um den Sauerstoff zu binden; Subbotin. Andere, hier noch in Betracht kommende Momente sind der Atmosphärendruck und die Alkalinität des Blutes; je grösser beide sind, desto bedeutender ist der Sauerstoffgehalt des Blutes.

Dass der Verlust an Sauerstoff, welchen das in den Lungen arteriell gewordene Blut auf dem Wege vom linken zum rechten Herzen erfährt, variabel ist und das im Mittel (*bei Hunden*) 22 Vol. Proc. O. betragende Deficit unter allen Umtänden: hohem wie niedrigem Atmosphärendruck, zureichender wie übermässiger Nahrungszufuhr, und selbst beim Bestehen die Athmungsfunktion beeinträchtigender oder zum Theil sistirender Lungenkrankheiten durch entsprechende Sauerstoffaufnahme des Blutes beim Passiren des kleinen Kreislaufs so lange ausgeglichen wird, als noch eine Lunge oder von beiden Lungen ein grösserer Abschnitt intakt ist, darf wohl als aus der Physiologie bekannt vorausgesetzt werden. Geschähe diese Compensation nicht, so würde, namentlich unter dem bei Fieber bestehenden grösseren Sauerstoffverbrauch alsbald unter Verschwinden des O. eine solche Ueberladung des Blutes mit CO_2 eintreten, dass die Fortdauer des Lebens hiermit unvereinbar wäre. Es frägt sich nun weiter, ob wir in Fällen, wo sich der so wie so in der Norm sich niemals vollziehenden Sättigung des Blutes mit Sauerstoff sehr beträchtliche Hindernisse entgegenstellen durch therapeutische Kunstgriffe das Lungenblut seinem Sättigungspunkte mit Sauerstoff näher zu bringen, bez. den Sauerstoffvorrath des Blutes etwas zu erhöhen im Stande sind. Die Antwort auf diese Frage fällt bejahend aus, indem wir 1) durch Inhalation sehr sauerstoffreicher Luft oder reinen Sauerstoffs, in welchem freilich Thier und Mensch auf die Länge ebensowenig fortleben wie in einer reinen Kohlensäureatmosphäre, und 2) dadurch, dass wir die Lungen im pneumatischen Apparate einem stärkeren Luftdrucke von $1\frac{1}{2}$ Atmosphären u. s. w. aussetzen, dieses Postulat zu erfüllen vermögen. Am meisten leistet aber in allen Fällen die pneumatische Therapie, wie daraus, dass P. Bert, indem er Thiere einem Druck von 10 Atmosphären aussetzte, soviel O. in das Blut einführte, dass der Sättigungspunkt überschritten wurde, wohl am sichersten hervorgeht.

Während nun ältere Beobachter nach Sauerstoffinhalationen unter gewöhnlichem Druck, von der Voraussetzung ausgehend, dass das Plus an von den Lungen aus in das Blut gelangendem O. sehr wesentliche

Modifikationen der vitalen Funktionen, wie Acceleration der Athmung und der Herzschläge, Verdoppelung der in der Zeiteinheit exhalirten Kohlensäuremenge, arterielle Beschaffenheit des venösen Blutes, Hellrothfärbung der länger elektrisch reizbaren Herz- und Körpermuskulatur und der Milz, Temperaturerhöhung um $1/10^0$, Zunahme des Harnvolumens u. s. w., beobachtet haben wollten, wiesen Regnault und Reiset nach, dass von Warmblütern aus einer grossentheils aus Sauerstoff bestehenden Luft, weder mehr Sauerstoff aufgenommen, noch mehr CO_2 ausgeschieden wird, und sich, was jüngst auch R. Buchheim bestätigte, überhaupt gar kein Einfluss des vermehrten Sauerstoffgehaltes der Luft auf die vitalen Funktionen wahrnehmen lässt.

Zugestanden also auch, dass wir den O-Gehalt des Blutes in angegebener Weise etwas erhöhen können, so fehlt doch der aus dem Zustandekommen von Aenderungen der eben genannten Funktionen allein zu erbringende Nachweis, dass mit der vermehrten Sauerstoffeinfuhr auch ein vermehrter Sauerstoffverbrauch zu Nutzen und Frommen des Organismus verbunden sei, vollständig und können wir hieraus weiter schliessen, dass der die vitalen Funktionen unter physiologischen Verhältnissen nicht beeinflussende, in grösserer Menge aufgenommene Sauerstoff, dieses auch unter pathologischen, d. h. in Krankheiten nicht thun werde, folglich als ein therapeutisches Agens nicht zu brauchen sei. Der ehemals vielgerühmte Nutzen der Sauerstoffinhalationen gegen Arthritis, Diabetes mellitus, Scrophulose, Tuberkulose, Scorbut, Chlorose, Typhus, Intermittens, Scarlatina, Cholera, Neuralgien, Krämpfe, Neurosen, Lähmungen, Lungenemphysem, Morb. Brightii, Menstruationsanomalien u. s. w. lässt sich somit wissenschaftlich nicht begründen. Die Thatsache, dass in den Inhalationssälen grösserer Städte angeblich Wunderkuren (Heilungen von Tuberkulose, Tabes dorsualis, Diabetes) durch Sauerstoff bewirkt werden, ändert an der Richtigkeit obiger Ausführungen nichts. Dass Sauerstoff gegen Diabetes gar nichts leistet, habe ich selbst in der Praxis zu constatiren Gelegenheit gehabt. Aqua oxygenata von Odier ist ebenso zwecklos, als die Einführung des Ozonwassers, welches, wenn es ja noch kleine Mengen ozonisirten Sauerstoffs enthält, auf dem Wege bis nach dem Darm mit so vielen organischen Geweben, welche es — gehörige Concentration vorausgesetzt — höchstens ausserdem noch nach Art der Osmiumsäure anätzen könnte, zusammentrifft, dass von Resorption und Uebergang des Ozons in das Blut keine Rede sein kann. Hiermit ist auch der marktschreierisch als Panacee proclamirten Ozontherapie das Urtheil gesprochen.

Nur die therapeutische Verwendung des Wasserstoffsuperoxydes, über deren Erfolge aber ein durchaus nicht zulängliches Beobachtungsmaterial vorliegt, dürfte sonach vielleicht eine Zukunft haben. Vorerst werden alle damit angestrebten Krankheitsheilungen ausschliesslich den Werth klinischer Experimente zu beanspruchen haben. Birch fand übrigens, dass das Wasserstoffsuperoxyd [aus durch Chlorwasserstoffsäure zersetztem Bariumsuperoxyd dargestellt; spec. Gewicht 1,452] von den Meisten nicht vertragen wird. Richardson liess sog. Ozonäther inhaliren.

b. Zum Ersatz integrirender Bestandtheile des Blutes, an deren Vorhandensein das Vorsichgehen der Oxydation des letzteren und die Functionsfähigkeit desselben überhaupt gebunden ist, dienende Arzneistoffe.

II. Ferri praeparata. Eisenpräparate.

Dass die roborirende Wirkung der Eisenmittel schon im Volksmunde der ältesten Zeiten lebte, geht aus dem Mythus des durch in Wein genommenen Eisenrost von Impotenz genesenen Argonauten Iphikles deutlich hervor. Gleichwohl wurden bis in das 16. Jahrhundert n. Chr. vorzugsweise die sogenannten adstringirenden Eigenschaften der Eisenpräparate für die externe oder chirurgische Anwendung verwerthet.

In beiden Naturreichen ist das Eisen sehr verbreitet, so verbreitet, dass überhaupt nur äusserst wenige Mineralien völlig eisenfrei sind. Die wichtigsten natürlich vorkommenden Eisenverbindungen sind das als Hämatit, Braun- und Magneteisenstein anzutreffende Eisenoxyd und die Schwefelungsstufen des Eisens (Schwefelkies). Als doppeltkohlensaures Eisenoxydul stellt Eisen einen wichtigen Bestandtheil der Eisenwässer (*eisenhaltigen Mineralbrunnen*), wie Alexisbad, Altwasser, Antogast, Freiersbach, Griesbach, Rippoldsau, Brückenau, Cudowa, Driburg, Flinsberg, Freienwalde, Hofgeismar, Königswarth, Liebenstein, Muskau, St. Moritz, Niederlangenau, Pyrmont, Reinerz, Schwalbach, Spaa, dar. Fast alle Pflanzenaschen enthalten Eisen.

Mehr als alle diese Vorkommnisse interessirt uns, *dass das Eisen einen integrirenden Bestandtheil des Hämoglobins der rothen Blutkörperchen*, welches 0,43% Eisen enthält, während das Plasma völlig eisenfrei ist, *darstellt*. Dass Eisen in die chemische Verbindung, welche wir Hämoglobin nennen, eintritt und den rothen Blutkörperchen nicht etwa mechanisch beigemengt ist, geht aus der Thatsache hervor, dass wir, um dasselbe in den genannten Zellen nachweisen zu können, erst die organische Substanz zerstören müssen. Ob das Eisen als solches, oder als Oxyd, oder endlich ob es als phosphorsaures Salz in den Blutkörperchen existirt, sind wir zu entscheiden derzeit nicht im Stande. Die Gesammtmenge des im erwachsenen Thierkörper enthaltenen Eisens auf metallisches Eisen reducirt, ist keine beträchtliche; ein erwachsener Mensch zu 70 Kilo gerechnet würde nicht mehr als 3,4996 Grm. Eisen enthalten, der Vorschlag der Franzosen Deyeux und Parmentier, aus dem aus veraschtem Blute berühmter Männer chemisch isolirten Eisen Denkmünzen zu schlagen würde somit auf einen beträchtlichen Mangel an Material als Haupthinderniss stossen. Es enthalten übrigens nicht nur die verschiedenen Thierklassen verschiedene Mengen *) Fe. im Blute, sondern es schwankt auch der Eisengehalt des Blutes in den verschiedenen Gefässbezirken desselben Individuum, wie Claude Bernard nachwies, nicht unerheblich. Ausser in den Blutkörperchen kommt Eisen als Chlorverbindung im Magensaft, als Phosphat in verschiedenen thierischen Flüssigkeiten, in den Faeces, der Galle, in Gallenconcrementen, der Asche der Milch und in den Haaren vor.

Chemisch charakterisirt werden die Eisenverbindungen dadurch, dass sie nicht durch Schwefelwasserstoff, sondern durch Schwefelammonium gefällt werden [da letzteres im Darm stets gasförmig enthalten ist, bildet sich die Faeces schwarz färbendes Schwefeleisen nach Eisenmedikation]; dass mit Salpetersäure gekochte Eisenoxydulsalze bei Zusatz von Kaliumeisencyanürsolution einen voluminösen Niederschlag von Eisencyanür-Cyanid oder Berlinerblau geben, beim Hinzufügen von Rhodankalium blutroth und durch Gerbsäuren schwarzblau oder grün [*eisenblau- oder eisengrünfärbende Gerbstoffe*] praecipitirt werden. Wichtiger sind *die physiologischen Wirkungen der Eisenmittel.* unter denen wir

I. die elementaren kurz zu erwähnen haben. Durch Wasserentziehung (Binz) tödten Eisensalze kleinste gährungs- und fäulnisserregende Organismen. Eisenpräparaten kommen dem entsprechend antifermentative und desinficirende Wirkungen zu.

II. Die örtlichen Wirkungen der Eisensalze sind verschieden, je nachdem sie zu den sogenannten leichten Eisenpräparaten, oder zu denen mit stark adstringirender oder selbst ätzender Wirkung gehören. Erstere verursachen, während das metallische Eisen solange es nicht oxydirt und an eine Säure gebunden ist sich in dieser Hinsicht vollkommen wirkungslos erweist, im Allgemeinen einen dintenartigen, widerlichen und zusammenziehenden Geschmack, welcher nur dem *löslichen Eisenoxyd-Saccharat* (H. Köhler und Hornemann; vgl. unten) abgeht; letztere können, wenn sie nicht in stark verdünnter Lösung oder in einem schleimigen Vehikel gegeben werden, Anätzung der Schleimhäute bedingen. Eine fernere lästige Nebenwirkung der Eisensalze auf die Gebilde der Mundhöhle ist das in *Praecipitation fein vertheilten Schwefeleisens auf den Zähnen* begründete *Schwarzwerden* der letzteren nach Eisenmedikation. Indem die Salzlösung der genannten Metalle bei Vorhandensein *cariöser Zähne* niemals fehlendes und den Foetor oris verursachendes Schwefelammon in der Mundhöhle vorfindet, wird nach dem Gesetz der chemischen Wahlverwandtschaft daselbst ebenso Schwefeleisen abgeschieden und abgelagert wie im Darm, wo das mit den Faeces fortzuschaffende Eisen ebenfalls unter den Darmgasen Schwefelammon antrifft

---

*) Ochsenblut ist beispielsweise reicher an Eisen als Menschenblut.

und sich, in die Schwefelungsstufe verwandelt, unter Schwarzgrünfärbung derselben den festen Excrementen beimischt. Seltener wird das Schwarzwerden der Zähne dadurch verschuldet, dass während der Eisenmedication gerbesäurehaltiges Getränk, namentlich an dieser Säure reicher Rothwein, in grossen Mengen genossen und demzufolge gerbsaures Eisen auf den Zähnen niedergeschlagen wird. Gelangt das Eisen ferner in den Magen, so ruft es bei Einverleibung kleiner Gaben so wenig Störungen der Funktion desselben (*physiologische Verhältnisse vorausgesetzt.*) hervor, dass sogar die Esslust durch kleine vor der Mahlzeit genommene Mengen eines Eisenmittels, namentlich der Präparate des Ferrum dialysatum und des Eisensaccharates, ebenso angeregt wird wie durch das Trinken eines Glases frischen Wassers. Die im Magen durch den Contakt des Inhaltes des letzteren mit eingeführten Eisensalzen sich abspielenden Processe sind kurz dahin zu resumiren, dass sich, es mag Eisenpulver oder irgend ein Eisensalz gegeben werden [*Eisenoxydhydrat, milch-, essig-, citronen-, apfelsaures oder kohlensaures Eisenoxydul*], in allen Fällen wegen des Vorhandenseins freier Milch- und Chlorwasserstoffsäure im Magensafte milchsaures Eisenoxydul und Eisenchlorür (beide besonders leicht resorbirbar und vom Organismus in enorm grossen Mengen tolerirt; Rabuteau) bildet, zu 3% auf 97% Eiweiss, welches der Mageninhalt liefert, mit Eiweisskörpern bez. Peptonen zu einem Albuminat zusammentritt, und solchergestalt als Doppelsalz resorbirt und dem Blute, in dessen alkalischem Serum diese Albuminate löslich sind, zugeführt wird. Dieses gilt bei Gebrauch medicamentöser Dosen der reine Eisenwirkung besitzenden Martialien und kurplanmässig getrunkener eisenhaltiger *Mineralwässer* ohne jede Beschränkung; namentlich enthalten die gen. Brunnen ausnahmslos *doppeltkohlensaures Eisenoxydul*, eine Eisenverbindung, deren schwache Säure sich der Umwandlung in Lactat nicht widersetzt, in grosser Verdünnung (0,17—1,38%), und ausserdem freie Kohlensäure in ausreichend grosser Menge, um die Magen- und Darmfunktion an sich anzuregen und somit die appetitfördernde Eigenschaft der Eisensalze bez. Doppelsalze sehr wesentlich zu erhöhen. Dosis, Verdünnung der Eisensalzlösung und individueller Zustand des Magens im concreten Falle bedingen Unterschiede in den Wirkungen der gen. Brunnenwässer und Präparate, auf welche im therapeutischen Theile zurückzukommen sein wird. Die Behauptung, dass Eisen die Absonderung der freien Säure im Magen mindere, ist ebensowenig durch exacte Versuche gestützt, als es anderseits unzweifelhaft feststeht, *dass die Wirkung der Eisenmittel auf die Magenverdauung von dem quantitativen Verhältniss, welches zwischen der individuell vor-*

hundenen Bildung der Magensäure und der Gabe des Eisenmittels obwaltet,
abhängig ist, die Funktion des Magens also bald befördert, bald vermindert
werden kann, je nachdem die Bildung des Magensaftes eine reichliche
oder geringe ist, je nachdem das Eisen in grösseren oder geringeren Dosen
gegeben wird und je nach der Auswahl der Präparate. Bei Trinkkuren
kommen ausserdem die dem Magen zugeführten grossen Wassermengen und
die Art wie diese vom Magen tolerirt werden, mit in Betracht; Braun.

Im Allgemeinen gilt zwar die Regel, dass kleine Eisengaben im
Magen und Darm am vollständigsten und leichtesten resorbirt werden;
nichtsdestoweniger geschieht dieses auch bei kleinen Dosen der leicht lös-
lichen Eisenmittel im Magen und Dünndarm niemals vollständig, sondern
es geht stets eine gewisse Quantität reducirten, milch- oder chlorwasser-
stoffsauren Eisens in die Darmcontenta über, wird in angegebener Weise
in Schwefeleisen verwandelt und vermindert in kleineren Mengen die
Absonderung der Darmschleimhaut unter Eintritt von Verstopfung, oder
erzeugt in grösseren Mengen als die genannte Schleimhaut mechanisch
oder chemisch insultirender Reiz seröse Secretion und Diarrhöe.
Somit kommen auch bei der örtlichen Wirkung der Eisenmittel auf den
Darm individuelle Verschiedenheiten in Betracht und bedingen, dass sich
eine Schablone für diese Wirkung nicht geben lässt. Wir haben bisher
meticamentöse Dosen und nicht corrodirende Eisensalze ins Auge gefasst.
Wird im Gegensatz hierzu die Dosis der ersteren zu hoch gegriffen, oder
Eisenchlorid, Eisensulphat etc. nicht in gehöriger Verdünnung und Einhüllung kurz vor oder bald nach der Mahlzeit verordnet, so kann es sich
ereignen, *dass das gen. Eisensalz nicht Eiweisssubstanzen genug im Magen-*
inhalte antrifft um Albuminate zu bilden und sich nun der ebenfalls an
Proteinkörpern reichen Magenwände bemächtigt, bez. diese anätzt, ein Vorgang, welcher als Vergiftung durch eine corrosive Substanz
aufzufassen ist (also mit Arzneiwirkung nichts zu thun hat) und während
des Lebens von Symptomen wie Magendrücken, Nausea, Erbrechen,
Diarrhöe und den Erscheinungen der Gastroenteritis begleitet wird. Während des Durchganges durch die ersten Wege sollen die Eisenoxydulsalze bez. deren Albuminate in die höhere Oxydstufe übergeführt werden,
wobei zu merken ist, dass die Oxydalbuminate (von gelbröthlicher
oder brauner Farbe) weniger löslich, weniger gut resorbirbar sind und
weniger gut vertragen werden, als die der Oxydulstufe; C. G. Mitscherlich.

Unter den örtlichen Wirkungen der Eisensalze ist endlich die blutcoagulirende bei directer Einbringung der gen. Salze in eine Vene
oder Applikation auf eine blutende Wunde um Verstopfung der blutenden Gefässöffnung durch einen Thrombus und somit Blutstillung zu be-

wirken, zu nennen. Es ist hierbei *nicht gleichgiltig, ob Oxydulsalze, von denen 60—70 Grm. in Lösung eingespritzt wurden, ohne Thrombosen und deren später zu nennende Folgen hervorzurufen, oder Oxydsalze,* von denen nur sehr geringe Mengen vertragen werden, *eingespritzt werden.* Letztere bewirken zu 4—5 Grm. in die V. jugularis injizirt sehr rasch den Eintritt des Todes, indess weniger durch Herzlähmung, als dadurch, dass zufolge der sich ausbildenden Thrombosen in den Lungengefässen, weniger Blut aus diesen in das linke Herz gelangt, folglich beträchtliche Rückstauungen resultiren müssen, und die mit diesen wieder zusammenhängende Compression der nervösen Centren, namentlich des Athemcentrums durch sie überlastendes Blut Lähmung dieses Centrums und asphyktischen Tod bedingen muss. Verenden die Thiere nicht sofort, so schlägt sich ein sehr feines eisenhaltiges Präcipitat auf den weissen Blutkörperchen nieder; (Quincke), wovon die Schwarzgrünfärbung der Schleimhäute nach Eiseninjektionen durch damit zusammengebrachte Schwefelammoniumlösung zusammenhängt. Dass aber auch bei Einbringung der Eisenmittel Resorption bez. Uebergang der gen. Mittel ins Blut eintritt, beweist das Wiederauftreten des Eisens nach Eisenmedikation in der Galle, der Milch und dem Urin (letzteres unter gleich genauer anzugebenden Bedingungen), abgesehen davon, dass Tiedemann und Gmelin per os einverleibte Eisensalze im Serum der Mesenterialvene und der Vena portae nachzuweisen im Stande waren. Ausser von der Mund- und Magen-Darmschleimhaut findet auch eine Aufsaugung von Eisensalzen durch die Haut nicht allein beim Verweilen in Allgemeinbädern, wobei man mit Schroff sen. bei Frauen an Resorption der Eisensalze von der Vaginalschleimhaut aus denken könnte, sondern auch beim Gebrauch von Lokalbädern (*Armbädern*) statt und zwar nach Bloch merkwürdigerweise so, dass um so mehr Eisen die Haut passirt, je geringerem Druck letztere ausgesetzt ist. Bei dieser Aufnahme von Eisensalzen in das Blut wird nach der mehr weniger allgemein acceptirten Lehre, dass Eisen ein die Gewebe zur Contraction bringendes Mittel — sogenanntes Adstringens — sei nicht nur das Blut als solches in der angegebenen Weise beeinflusst, sondern auch, was die styptische Wirkung noch wesentlich erhöhen muss, eine Verengerung der Gefässe durch Contraktion der ihre Wandungen mitconstituirenden Muskelhaut hervorgerufen. Diese Annahme ist indess durch in jüngster Zeit veröffentlichte, experimentelle Untersuchungen von Rossbach und Rosenstein, welche neben Gefässcontraktion nach Einspritzungen von Eisen auch Erweiterung der Froschmesenterialcapillaren in der Umgebung der contrahirten Stelle beobachteten, etwas problematisch geworden.

Gehen wir hiernach von der Thatsache, dass Eisensalze jedenfalls

von der äusseren Haut und noch leichter von Schleimhäuten
aus resorbirt werden aus, so können wir uns unmittelbar

III. den durch den Uebergang der gen. Mittel in das Blut
bedingten, das Blut selbst und die Funktionen von diesem
versorgter Organe anbetreffenden, sogenannten entfernten Wirkungen zuwenden.

a. Die Wirkung des Eisens auf das Blut ist in ihrem Chemis-
mus nichts weniger als auch nur einigermaassen befriedigend aufgeklärt.
Steht nämlich auch einerseits fest, dass Hämatin bez. Hämoglobin in seiner
chemischen Constitution an einen ganz bestimmten Eisengehalt gebunden
und seine Bildung von der Gegenwart des Eisens abhängig ist, sowie
anderseits, dass mit Verminderung des Blutes auch die relative Menge
des Hämatins abnimmt und dieses Absinken durch Eisenzufuhr wieder
ausgeglichen wird (man folglich dem Eisen eine Bedeutung für die Blutbildung nicht absprechen kann), so ist es doch nur ein eines gebildeten
Laien würdiger Schluss, dass es immer das Eisen aus Officinen oder Mi-
neralquellen sein müsse, welches dem Organismus behufs Vermehrung
der Cruors zuzuführen sei. *Eine Erhöhung der Blutbildung verlangt
vielmehr noch andere organische und unorganische, in bestimmter Menge
und Qualität mit der Nahrung einzubringende Stoffe, um mit dem eisenhaltigen Hämatin gesundes Blut zu bilden.* Diese Stoffe enthalten aber
die von den Verdauungswerkzeugen verarbeiteten Nahrungsmittel im Allgemeinen in ausreichender Menge, und das Fleisch insbesondere enthält
genügende Mengen Eisen, umsomehr als der täglich nothwendige Eisen-
consum sich auf eine sehr niedrige Zahl beziffert. Diese Angabe findet
ihre Bestätigung darin, dass wir erfahrungsmässig viele Fälle von Blutarmuth durch Mittel, welche Stoffwechsel, Ernährung oder Verdauung
befördern und den Organismus, ohne selbst Eisen zu enthalten, in den
Stand setzen, das Eisen der Nahrungsmittel zu assimiliren, besser heilen,
(z. B. durch Arsenik), als durch Eisenmittel, wenn für leichtverdauliche
assimilirbare Nahrungsmittel, sonnige Wohnung und frische Luft daneben
nicht gesorgt werden kann. Die Constatirung der Thatsache, dass andere,
die Magenverdauung anregende und unter gehöriger Zuführung guter
Nahrungsmittel die Menge des Chymus vermehrende Medikamente, ja selbst unter sonst günstigen Verhältnissen (namentlich gehörig
geregelter Diät, Landaufenthalt, Einathmung von Wald- oder Seeluft)
planmässig durchgeführter Genuss von Kalbs- und anderen Braten die
Blutarmuth oft schneller heilen, als Eisenmedikation raubt dem Eisen
seinen volksthümlich gewordenen Ruf eines die Neubildung rother Blutkörperchen in Krankheiten, wo ihre Zahl notorisch abnimmt, in specifischer
Weise anbahnenden Arzneimittels um so mehr, als Claude Bernards zur

endgültigen Lösung dieser Frage angestellte Versuche nicht einmal ein mit der chemischen Waage zu bestimmendes Plus an Eisen (im Blute) nach Eisengebrauch nachgewiesen haben. Dieses macht die fernere Thatsache erklärlich, dass physiologisch gebildete Aerzte das zum Stichwort gewordene: „schafft Euch Eisen ins Blut" sehr cum grano salis verstehen und es anstatt etwa die Eisenmittel häufiger als ehedem zu verordnen, der pharmaceutischen Industrie überlassen, die grosse, bereits officinell gewordene Zahl derartiger Medikamente durch nichtendenwollendes Neudarstellen von Eisendoppelsalzen, Glycerolé's, Pasten und Chokoladen in besonders fruchtbarer Weise zu vermehren. Dass minimale Mengen eines dem Organismus homogenen Medikaments täglich, kurmässig und consequent gebraucht, die intensivsten und in die Augen springendsten Veränderungen in der vegetativen Sphäre bewirken können, beweisen die von Wegener entdeckten Modifikationen der Verknöcherung der Knorpel bei jungen Thieren nach täglicher, Monate lang fortgesetzter Einverleibung minimaler Mengen Phosphors; sollten nicht also auch kaum wägbare, täglich assimilirte Mengen Eisenalbuminates dazu genügen, auf die Bildungsstätten der rothen Blutkörperchen erregend zu wirken? Und wenn diese Frage bejaht wird, muss es dann nicht, auch die weitere, *ob nicht für den täglichen Zusatz dieses minimalen Plus an Eisen der Gehalt der vegetabilischen Nahrungsmittel sowohl, als namentlich der des Fleisches an diesem Metall mehr als ausreichend ist* und die Eisenmedikation ebenso wie der Gebrauch des Arsens, der bitteren Mittel, der Gewürze etc. keinen andern Zweck erreicht, als durch Anregung der Magenverdauung zur Bildung von mehr Chymus, womit eine solche des Chylus und schliesslich auch des Blutes unweigerlich verknüpft ist, beizutragen ebenfalls werden? Cl. Bernard.*) Nur in diesem Sinne sollten wir des Weiteren noch eine Wirkung des resorbirten Eisens auf das Blut statuiren. Es folgt hieraus weiter, dass

b) die entfernten Wirkungen des Eisens auf die *den Körperfunktionen vorstehenden, wichtigen, inneren Organe und die Ernährung im Allgemeinen* der Hauptsache nach auf diese *Bildung cruorreicheren Blutes* zurückzuführen sein werden und den örtlichen Wirkungen auf die Magendarmverdauung gegenüber nur eine mehr untergeordnete Bedeutung zu beanspruchen haben dürften. Es wird dieses aus folgender Uebersicht zur Genüge klar werden.

---

*) Cl. Bernard sah bei Hunden mit Magenfisteln sich die Magenschleimhaut nach Injektion eines Eisensalzes röthen und die Labdrüsen, wie er weiter folgert, lebhafter secerniren, so dass der erhöhten Esslust nach Eisenmedikation auch eine Vermehrung der Verdauungssäfte entsprechen würde.

1. *Die Herzbewegung und Beschaffenheit des Pulses* wird durch Eisengebrauch bei Gesunden nicht bemerkenswerth alterirt. Wo bereits *Plethora* vorhanden ist, hat abermalige Vermehrung des Cruors durch Eisenmedikation in grosser Spannung und Härte sich aussprechende Steigerung des plethoristischen Zustandes zur Folge. Ebenso sind

2. *Modifikationen der Athmung bei Gesunden* nach medikamentösen Dosen Eisen bisher nicht beobachtet worden. Eine Vermehrung der exhalirten Kohlensäure ist probabel, wenn auch zur Zeit experimentell nicht nachgewiesen. Mit Verbesserung der Hämatose, Ernährung und Innervation zufolge des Eisengebrauchs wird die Athmung im Allgemeinen kräftiger und ausgiebiger werden.

3. *Die Körpertemperatur steigt*, was nach dem unter 2 bemerkten nicht auffallen kann, während längere Zeit fortgesetztem Eisengebrauch objektiv nachweislich; Pokrowsky.

4. *Die Erregbarkeit und Leistungsfähigkeit des centralen und peripheren Nervensystems* wird zufolge der durch Eisengebrauch bedingten *Verbesserung der Hämatose und Ernährung* selbstredend *erhöht* werden. Es hängt hiermit die Anregung der Geschlechtsfunktion bei Eisen nehmenden Männern und Frauen, bei welchen letzteren

5. die Menses indess nach Trousseau und Pidoux nur dann copiöser fliessen, wenn es sich um *anämische* und *chlorotische* Individuen handelt, zusammen. *Bei Gesunden bewirkt Eisen sogar sparsameren Monatsfluss* und ist die Ableitung vermehrter Menstruation von durch Eisen wie nach andern inneren Organen, so nach Ovarien und Uterus hervorgerufenen starken Congestionen eine theoretische, dem Verhalten in der Wirklichkeit nicht entsprechende. Endlich nehmen

6. *Ernährung und Körpergewicht* aus dem mehrfach ventilirten Grunde auch bei Gesunden zu. Es erübrigt nach den vorstehenden Bemerkungen über die resorptiven Wirkungen der Eisenmittel schliesslich

IV. der Eliminationswege derselben zu gedenken. Dass Eisen im Harn wiedergefunden wird, ist bereits oben unter den Beweisen des stattfindenden Ueberganges des gen. Metalles in das Blut angeführt worden; wir verdanken indess Schroff se n. die Kenntniss der bedeutungsvollen Thatsache, *dass dieser Uebergang des Eisens in den Harn in positiven und negativen Perioden verläuft*, deren Zeitdauer keinerlei Abhängigkeit von besonderen Verhältnissen, und keinerlei Regelmässigkeit nachweist, im Allgemeinen jedoch zur Aufstellung des Gesetzes, *dass die Resorption und der Uebergang des Eisens in den Harn der Grösse der Dosis umgekehrt proportional zu- und abnimmt*, berechtigt. Wurden sehr grosse Gaben Eisen Thieren einverleibt, so wurde im Harn zwar häufig Blut und Eiweiss, aber kein Eisen aufgefunden und war letzteres bis auf einen sehr geringen Verlust in den Faeces enthalten. In diesem Falle findet die *Elimination auf dem kürzeren Wege des Leber-Darmkreislaufes* statt, d. h. das im Ueberschuss in den Darm gelangte Eisenalbuminat gelangt durch die Venae meseraicae und die Pfortaderäste in die Leber und wird mit der Galle, welche alsdann besonders reich daran ist, in das Duodenum ergossen, um entweder, im Darme resorbirt, denselben Weg noch einmal zu machen, oder sich, in das Colon gelangend und durch das Schwefelammongas dieser Parthien in Schwefeleisen verwandelt, den Faeces beizumischen und mit ihnen den Organismus zu verlassen.

Bezüglich des Harns ist nachzutragen, *dass derselbe unter Eisengebrauch an Acidität, Gehalt an festen Bestandtheilen und an Harnstoff zunimmt.* Nach Quincke tritt von direct in das Blut von Thieren eingespritzten Eisenoxydsalzen ein Theil als Oxydulsalz im Harn wieder auf und geht umgekehrt ein Theil auf gleichem Wege dem Organismus einverleibter Eisenoxydulsalze als Eisenoxydsalz in den Harn über.

Ausser in den Faeces, der Galle und dem Harn wird Eisen bei stillenden Frauen auch in der Milch angetroffen; Lewald.

Die im Vorstehenden wiedergegebenen Ermittelungen über die physiologischen Wirkungen der Eisenmittel berechtigen uns zur Aufstellung folgender rationeller Indikationen und Contraindikationen für den Gebrauch derselben.

V. Eisenmittel sind in Krankheiten indicirt:

1. *als die Funktionen des Magens anregende, die Bildung von Chylus und den Cruorgehalt des Blutes vermehrende,* und somit die Ernährung im Allgemeinen begünstigende Mittel bei Dyspepsie, Chlorose und allen Arten von Anämie: sowohl der auf Blutverlusten beruhenden, als der im Gefolge von Constitutions- und sonstigen erschöpfenden Krankheiten auftretenden. In dieser Richtung leistet Eisenmedikation und Gebrauch eisenhaltiger Mineralwässer so Ausgezeichnetes, dass das gen. Mittel Jahrhunderte lang als Specificum der chlorotischen Zustände gegolten hat und bei vielen Aerzten dafür auch gegenwärtig noch gilt. Eisenmittel sind ferner indizirt

2. *als die Funktionen des Nervensystems erhöhende* und anregende Mittel. Bei Neurosen, Neuralgien und Paraplegien galt Eisen bei den älteren, empirischen Schulen ebenfalls für ein Specificum. Die neuere Therapeutik hat — minder vertrauensselig — sich den Gebrauch des Eisens nur für solche Neurosen, welche von Anämie abhängig sind, reservirt. Indem wir hier die Indicatio morbi erfüllen, sind wir in den allermeisten Fällen so glücklich, auch die Neurosen zu beseitigen. Wo, wie bei vielen Lähmungen, positive, trophische Gewebsveränderungen, dem Leiden zu Grunde liegen, reicht man mit der vulgo als „Stärkung"

bezeichneten Aufbesserung der Magenverdauung, Hämatose und Ernährung nicht aus. Ferner nützt Eisen

3. *als styptisches*, das Blut coagulirendes und angeblich auch die Gefässmuscularis zur Contraktion bringendes Mittel bei Blutungen aus verschiedenen äusseren und inneren Organen, sei es nach Verwundungen, sei es aus anderen Gründen; hierzu sind indess nur bestimmte, stark-wirkende Eisenmittel geeignet;

4. *als secretionsverminderndes* Mittel zur Beseitigung von Hyper-secretionen der Schleimhäute;

5. *als Aetzmittel* der Epidermis beraubter oder geschwüriger Haut-und Schleimhautparthien;

6. *als die Funktionen der Leber anregendes Mittel*, wobei man sich darauf stützt, dass ein grosser Theil der namentlich in grösserer Dosis gereichten Eisenmittel vorzugsweise in den Darm-Leber-Kreislauf aufge-nommen und mit der Galle wieder in den Darm ausgeschieden wird.

7. *als desinfizirendes, faulige und alkalische Gährungsvorgänge sisti-rendes Mittel*, und

8. *als Gegengift der arsenigen Säure*, mit welcher Eisenoxyd eine unlösliche, und nicht corrodirende, übrigens aber resorbirbare und alsdann die Arsenwirkung äussernde Verbindung eingeht.

VI. Der Gebrauch der Eisenmittel ist dagegen contraindizirt.

1. bei bestehender wahrer Plethora, einem beiläufig unter der nicht naturwüchsigen, grossentheils unter ungünstigen hygienischen Ver-hältnissen gezeugten und aufgewachsenen Stadtbevölkerung nichts weniger, als häufig vorkommenden Zustande;

2. bei bestehender, habitueller, hochgradiger Prädispo-sition zu Congestionen nach inneren Organen insbesondere dann, wenn eine Complikation mit Atherose der Gefässe plausibel erscheint;

3. bei Verdacht auf bestehende, oder sich entwickelnde Lungenphthisis; vgl. unten: falsche Chlorose.

4. bei bestehendem Fieber bez. entzündlichen Zuständen über-haupt, und

5. bei bestehender Unreinheit der ersten Wege, Zungen-beleg, Magenkatarrh: Suburra. Die alte Annahme, dass Eisenmittel durch die Schwangerschaft contraindizirt seien, darf wohl als widerlegt betrachtet werden. Hiernach gehen wir zur Betrachtung

A. der therapeutischen Anwendung des Eisens in inneren Krankheiten

über. Indem wir in der oben angegebenen Reihenfolge der Indikationen der Eisenmittel festhalten, betrachten wir

1. *die Anwendung des gen. Metalls als verdauungsbeförderndes und die Bildung von Chylus begünstigendes, bez. die Cruormenge des Blutes erhöhendes Arzneimittel.* Als solches ist es indizirt bei

a. Dyspepsien, welche bei Nichtvorhandensein von Catarrh oder organischer Veränderung des Magens auf sogenannter atonischer Verdauungsschwäche, auf Torpor der Magenfunktionen beruht. Hier wirken die milden Eisenmittel als Stimulantien, ähnlich einem vor der Mahlzeit getrunkenen Glas frisches Quellwasser. Seit der Empfehlung der Eisenmittel als appetitanregende Mittel vor der Mahlzeit durch Lebert, sind von Fleischer, Kral, Grossinger, Hager, Siebert, Vrf und Hornemann eine Anzahl zu diesem Zweck brauchbarer pharmaceutischer Präparate (Capsules, Dragées und Plätzchen) angegeben worden, unter denen nur das zuletzt genannte lösliche Eisenoxydsaccharat officinell geworden ist. Noch wichtiger ist der Eisengebrauch bei der Behandlung

b. der Chlorose, bezüglich derer wir das über die nothwendige Combination des Eisens mit passenden Nahrungsmitteln, sonniger Wohnung, Aufenthalt und Bewegung in Land-, Wald-, Gebirgs- oder Seeluft u. s. w. im physiologischen Abschnitt Bemerkte hier nicht noch einmal zu wiederholen brauchen. Bei Beginn der Kur ist der Zustand des Magens bez. etwa bestehende grosse Irritabilität desselben, ebenso der des Darms (Neigung zu Durchfall oder Verstopfung), vor Allem aber alle Symptome, welche unter der Vortäuschung der Chlorose auf Bestehen einer Prädisposition oder beginnenden Entwicklung von Lungentuberkulose schliessen lassen, gewissenhaft zu berücksichtigen; Trousseau, Oppolzer. Häufig wiederkehrende *Congestionen zu Hirn und Lungen, Hämoptoë*, sehr profuse Menses und *Erscheinungen von Irritation der Nieren* müssen zu äusserster Vorsicht mahnen. Als Regel gilt es (bei herrschender habitueller Leibesverstopfung nach Vorwegsschickung eines Laxans!) mit den mildesten Eisenmitteln: Ferrum pulveratum, F. reductum, F. lacticum, F. carbonicum, F. pomatum, F. phosphoricum und pyrophosphoricum, Ferrum oxydatum saccharatum solub. zu beginnen; auch Eisenwein (1—2 Th. Tr. ferri acet. auf 30 Th. Madeira W.); die Eisentincturen, bei Kindern Syrupus ferri jodati und Maltum ferratum sind empfehlenswerthe, wenngleich etwas kostspieligere Eisenpräparate. Am leichtesten wird das besonders für die Armenpraxis aus ökonomischen Gründen empfehlenswerthe *Ferrum pulveratum*, dem man gern etwas *Pulv. aromat.* zusetzt, vertragen. Sowohl für pharmaceutische Eisenpräparate, als für eisenhaltige Mineralwässer gilt es als Regel, beim *Entstehen von Dyspepsie* und *Diarrhöe* nach dem Gebrauch der gen. Mittel erst eine sehr strenge Regulirung der Diät in dem früher erörterten Sinne eintreten, und wenn auch diese Vorsicht nicht ausreicht, die Eisenmittel überhaupt aussetzen zu lassen. Ferner ist zu bemerken, *dass die Kur beim erfolgreichen Gebrauch der qu. Mittel bis zu der zulässigen Dauer der ersteren niemals fertig und vollendet ist und man das Weitere der Natur und dem Regime auch dann überlassen kann, wenn noch nicht alle Symptome*, z. B. die *Amenorrhöe* bei der Entwicklungschlorose (J. Braun), verschwunden sein sollten. Letztere kehrt, sobald die Reconvalescenz vorschreitet und sowie die sich bessernde Blutconstitution den Verlust durch die regelmässige Menstruation wieder verträgt, von selbst wieder. Eisen in solchen Fällen in immer steigender Dosis lange Zeit bis sich wieder periodische Blutungen einstellen, fortgeben oder sofort nach dem Aufhören mit der Eisenmedikation mit Emmenagogis, wie Sabina, Aloe etc. losstürmen zu wollen, wäre ein verwerfliches, weil die Gesundheit der Patientin ernstlich gefährdendes Verfahren. Es frägt sich ferner, *wie lange* die Eisenmedikation überhaupt fortgesetzt werden soll und ist in dieser Beziehung unter Zurückweisung auf die physiologischen Erörterungen über die Eisenwirkung nochmals kurz zu bemerken, dass es sich, wie auch J. Braun angiebt, bezüglich der Gesammtdosis des während einer Eisenkur dem Organismus einzuverleibenden Metalls, in allen Fällen nur um *kleine Zahlen* handelt. Selbst diejenigen, welche das Wesen der Eisenmedikation bei Chlorose nicht in Aufbesserung der Magenverdauung erblicken, sondern einen Ersatz zu Grunde gegangener oder in zu geringer Zahl neu gebildeter rother Blutzellen bez. des mangelnden Hämatins durch Eisen statuiren, sprechen sich dahin aus, dass der auszugleichende Mangel an Eisen in den meisten Fällen von Chlorose 0,6—1,2 Grm. in Summa nicht übersteigt und der Organismus nicht gezwungen werden könne, mehr Eisen aufzunehmen und mehr Hämatin zu bilden, als der Norm entspricht. J. Braun fügt hinzu, dass auch im gesunden Organismus die Bildung und Constitution des Hämatins nicht ein für allemal fertig, sondern gleich allen organisch belebten Stoffen, den Schwankungen des organischen Lebens überhaupt, den Phasen des Werdens, Wachsens und Vergehens, unterworfen ist, und somit auch im Verlaufe günstige Resultate liefernder Kuren Zeitpunkte, wo die Assimilation des Eisens eine Pause macht, während welcher das Eisen am besten ausgesetzt wird, vorkommen können. Ob man diese Zeitpunkte mit Trousseau als Perioden der Sättigung des Organismus mit Eisen bezeichnen soll oder nicht, kann hier nicht ventilirt werden. Die Beantwortung dieser Frage ist in den vorstehenden Betrachtungen bereits enthalten und erübrigt schliesslich nur noch auf die den Eisenkuren bei Chlorose im Allgemeinen zu stellende, den Maassstab für den Werth der ersteren involvirende Prognose mit einigen Worten einzugehen. Wer die Hoffnung nährte, jede Chlorose oder Anämie durch das Specificum

„Eisen" heilen zu können würde weit vom Ziele vorbei schiessen; denn es giebt der Fälle genug, wo wir Eisen aussetzen und zu anderen Mitteln, namentlich Arsenik, unsere Zuflucht nehmen müssen, um die Bleichsucht zu heilen. Vielmehr gilt in dieser Beziehung die Regel, *dass je kürzer der Weg, auf welchem die Chloroanämie entstand, und je kürzer die Zeit ihres Bestehens, desto grösser die Aussicht ist, in 4—5 Wochen durch die Eisenmedikation Heilung zu bewirken,* während umgekehrt, je länger und complicirter dieser Weg, *je verwickelter* der Verlauf und *je länger* die Dauer des concreten Falles, desto schwieriger die Heilung und desto häufiger das Eisen contraindicirt ist. Landmädchen und Mädchen aus der Arbeiterbevölkerung, welche das typische Bild der Entwicklungschlorose mit Ausbleiben der Menstruation, Oedemen etc., aber keinerlei Complikationen des Grundleidens, selbst nicht einmal die mit Fluor albus, zeigen, genesen, wo es sich nicht um sehr verschleppte Fälle handelt, in der Regel nach 4—6wöchentlichem Gebrauch eines milden Eisenmittels vollständig, während die Chlorose der Damen höherer Stände viel häufiger mit anderen Leiden: Fluor albus, Spinalirritation, Verkümmerung der Unterleibsfunktionen durch Tragen von Schnürbrüsten, Lageveränderungen und Flexionen des Uterus (J. Braun) complicirt zu sein pflegt und nicht nur die Zuhülfenahme anderer, namentlich mechanischer Mittel, sondern häufig auch das Aufgeben der Eisenbehandlung nothwendig macht. Der Chlorose schliesst sich

c. die Anämie aus anderen Ursachen auf das Innigste an und gilt das bezüglich der Chloroanämie Angegebene in allen wesentlichen Punkten auch für die directe, indirecte und complicirte Anämie. Wie bei der Chlorose ist auch bei den gen. Formen von Anämie die Prognose um so besser je kürzer die Dauer des Leidens, je einfacher und kürzer der Weg, auf welchem es entstanden und je weniger complicirt dasselbe ist. Die verhältnissmässig sicherste Hoffnung bietet eine Eisenkur in allen Fällen, wo ohne bedeutende Complikationen in wichtigen blutbereitenden Organen directe *Blutverluste,* z. B. Blutungen aus Wunden, aus der Nase, dem Mastdarm oder dem Uterus die Anämie erzeugt haben. Ihnen schliessen sich solche an, wo plötzliche Verluste von Blutbestandtheilen durch Eiterungen, Diarrhöen und gewisse Catarrhe, i. B. der Scheide und der Harnblase, Platz gegriffen haben. Hierher gehört ferner die Bildung ausgedehnter Exudate, z. B. bei Pneumonie und Pleuritis, i. B. der Kinder. Hier thut schnelle Hilfe durch consequenten Gebrauch milder Eisenmittel unter Einhaltung einer strengen Milch- und Suppendiät Noth und ist um so eher von Erfolg gekrönt, je weniger Complikationen mit Leiden innerer Organe, namentlich des Nervensystems, sich entwickelt haben. Wo die Eisenkur nicht ganz zum Ziele führte und man von der mit

Trinkkuren verknüpften Aufnahme grosser Mengen Wasser in den Magen ebensowenig als von der in den qu. Mineralwässern enthaltenen Kohlensäure nachtheilige Folgen zu befürchten hat, kann man zum Gebrauch eines eisenhaltigen Mineralbrunnens als Nachkur übergehen.

Die Anämie der Reconvalescenz pflegt um so directer zu sein, je mehr an der ursprünglichen acuten oder chronischen Krankheit (Typhus, Intermittens, Dysenterie, Cholera, Gelbfieber, Erysipelas, acuten Exanthemen, Diphtheritis, lokalisirten Entzündungen innerer Organe u. s. w.) directe Säfteverluste sich betheiligt haben, um so indirecter aber, je weniger dieses der Fall ist und je länger die Krankheit gedauert hat; endlich um so complicirter, je mehr noch wichtige Organe und Funktionen andauernd leiden. Nur im ersteren Falle pflegt Eisenmedikation Hilfe zu bringen; J. Braun.

Wo dagegen die Anämie durch lange dauernde Säfteverluste: Knochenvereiterungen, Diarrhöen Erwachsener und Kinder, Morb. Brightii chron., Bronchorrhöen, Leukorrhöen etc. herbeigeführt ist, ist dieselbe stets als eine indirecte und complicirte zu betrachten und lässt bezüglich des Erfolges der Eisentherapie nur eine sehr zweifelhafte Prognose zu. Hier, wo die Constitution des Blutes wegen Vorwiegen des Wassers und Verminderung der organischen wie unorganischen Bestandtheile eine fehlerhafte geworden ist, lässt sich a priori vermuthen, dass Zufuhr von Eisen allein radikale Heilung nicht bewirken wird; und die klinische Erfahrung hat diese Voraussicht bestätigt. Am ehesten ist Erfolg noch bei nach schweren Entbindungen, langedauernden Wochenbetten und angreifender Lactation zu erwarten, falls nicht hochgradige von Pyrosis begleitete Cardialgie den Gebrauch auch der milden Eisenpräparate oder Eisenwässer überhaupt verbietet (J. Braun). Ausser Behandlung der Grundkrankheit ist in solchen Fällen sorgfältige Pflege, Luftaufenthalt und Milch-, Fleisch- oder Fettdiät in Verbindung mit verdauungbefördernden Mitteln die Hauptsache und als solches die Magenverdauung anregendes Mittel eben passt das Eisen in vielen — nicht in allen Fällen.

Endlich sind anämische, die sogenannten Constitutionskrankheiten, wie Scrophulose, Tuberkulose, Scorbut, Rhachitis, Syphilis, Diabetes mellitus und Morbus Basedowii begleitende Zustände, welche auf mangelhafter Ernährung zufolge der ebengenannten Grundleiden beruhen, zu nennen. Unter ihnen sind es Scrophulose, Scorbut, Rhachitis und Syphilis, welche am ehesten durch Eisen Besserung erfahren. Doch ist es falsch, auf jede antisyphilitische Behandlung mit Quecksilber etc. eine Nachkur mit Eisenmitteln folgen zu lassen. Aber selbst bei Tuberkulose, wo besondere Vorsicht erforderlich ist, und bei Krebswucherungen begleitenden allgemeinen Ernährungsstörungen kommen

Perioden, wo sich eine der Chlorose nahestehende Verarmung an rothen Blutzellen, ausgesprochen in systolischem Blasen, Herzklopfen, Nonnengeräusch etc., herausbildet und in den Vordergrund tritt, vor. Indem der praktische Arzt diese Zeitpunkte richtig auffasst, kann er durch passende Eisenbehandlung nicht selten· eine vorübergehende Besserung, ein anscheinendes Stillstehen der deletären Grundkrankheit und eine Verzögerung des traurigen Ausganges erreichen. Fälle dieser Art sind bezüglich aller Constitutionskrankheiten in der Literatur zahlreich niedergelegt; und selbst bei Diabetes mellitus ist von Verbesserung der Hämatose durch Eisenmittel Erfolg beobachtet worden, wenngleich die gen. Mittel stets den Alkalien gegenüber nur als Unterstützungsmittel aufgefasst werden dürften. Den chlorotischen und anämischen Zuständen schliessen sich endlich die

d. Menstruationsanomalien als ein durch die Ueberlieferung sanctionirtes Heilobjekt der Eisentherapie an. Letztere ist aber weit entfernt, jede vorzeitige, übermässige Menstruation, jede Dysmenorrhöe, jeden Uterin- und Vaginalcatarrh, Sterilität und Neigung zum Abortus zu beseitigen, wie schon daraus hervorgeht, dass die meisten dieser Zustände auf localen Processen, welche locale Behandlung erfordern, beruhen. Nur wo den genannten Erscheinungen *Anämie* zu Grunde liegt oder wo wir die Amenorrhöe im Symptomencomplex *der typischen Chlorose* vor uns haben, passen die Eisenmittel; auf die vorzeitige und profuse Menstruation kommen wir im nächsten Paragraph zurück.

2. Die Anwendung des Eisens als die Funktionen des Nervensystems anregendes Mittel bei Neuralgien, Neurosen und Paraplegien ist, wie wir Eingangs bereits andeuteten, nur von Erfolg, wenn die genannten nervösen Affektionen von Chlorose oder Anämie abhängig sind. Insbesondere ist eine ganze Anzahl Fälle von Tic douloureux, Intercostal- und Lumbalneuralgien (Hutchinson; Wolff), chlorotischer und anämischer Personen weiblichen Geschlechts, welche durch Eisenbehandlung Heilung erfuhren, verzeichnet. Die frühere allgemein sanctionirte Annahme, dass Ferrum hydricum ein Specificum der Facialneuralgie und Hemikranie sei, ist aus dem im physiologischen Abschnitte ausführlich erörterten Grunde, dass alle Eisenmittel als dieselbe Doppelverbindung mit Eiweiss resorbirt und vom alkalischen Blutserum in Lösung gehalten werden, längst verlassen. Dasselbe gilt von vielen Neurosen, namentlich der Chorea; wenn sie junge Mädchen in der Evolutionsperiode befällt, so fällt ihre Behandlung eben mit derjenigen der Chlorose zusammen, und in eben dem Maasse, wie Hämatose und Ernährung durch mit passender Diät, Luftaufenthalt u. s. w. combinirte Eisenbehandlung gebessert werden, verschwinden die Anfälle von Veits-

tanz in ziemlich kurzer Zeit. Am wenigsten leistet das Eisen den von
Anämie und Chlorose abhängigen Lähmungen gegenüber deswegen, weil
es sich bei letzteren in der Regel nicht um durch Eisentherapie zu beseitigende Schwächezustände, sondern um trophische Gewebsveränderungen
handelt, welche durch Aufbesserung der Verdauung und Ernährung allein
nicht weggeschafft werden können, und ausserdem Complikationen, namentlich mit Spinalirritation und Hysterie bestehen können, welche den
Eisengebrauch, sei es in Form der zahlreichen pharmaceutischen Präparate, sei es der Stahlquellen geradezu verbieten. Lähmungen, selbst
Amaurosen, auf rein anämischer Basis beruhend, kommen allerdings vor;
allein hier reicht die Eisenbehandlung zur Kur allein selten aus und in
den meisten der beschriebenen Fällen mussten vielmehr andere, sehr
energische Mittel, z. B. Strychnin, neben dem Eisen in Anwendung gezogen werden. Dasselbe gilt von der besonders durch Onanie geschwächte
Subjekte heimsuchenden Harnincontinenz; nach Grimaud soll hier das
Bromeisen Ausgezeichnetes leisten. Endlich ist hier noch der sympathische
Uterinparaplegie zu gedenken, welche ein roborirendes Verfahren, Eisen etc.,
aber auch *elektrotherapeutische* und hydropathische Maassnahmen nothwendig machen, zu gedenken.

3. Bezüglich der Anwendung der Eisenpräparate als
styptische, das Blut zur Gerinnung und die Blutgefässe zur
Contraktion bringende Mittel, haben wir oben bereits bemerkt, dass
nur die erstere dieser Wirkungen über jeden Zweifel sicher gestellt sei,
die adstringirende, die Gefässmuscularis zusammenziehende Eigenschaft
der Eisensalze dagegen nicht. Hier haben wir des Weiteren hinzuzufügen, dass nur gewissen starken Eisenmitteln, wie Eisensulphat, Eisen-
chlorür- und Eisenchloridlösungen beim directen Contakt mit blutenden
Schleimhaut- oder der Epidermis beraubten Hauptparthien, *eine*, was nicht
genug betont werden kann, *rein örtliche, auf Thrombusbildung an der
blutenden Gefässmündung beruhende*, allerdings ausgesprochene und zuverlässige *styptische Wirkung zukommt*, die Annahme einer styptischen
Wirkung innerlich genommener Eisenmittel dagegen ein jeder experi-
mentell-physiologischen Begründung entbehrender Traum einer glücklich
beseitigten Vergangenheit ist*).

Unter den durch Eisenchloridlösung, welche hierzu, als das zuver-
lässigstwirkende Eisenmittel fast allgemein benutzt zu werden pflegt, zu

---

*) Es ist demnach auch völlig unrationell, nach Stillung einer Blutung durch
örtliche Applikation von Eisenmitteln solche zur Prophylaxe der etwa wiederkehrenden Blutungen, oder so lange als sich noch Blutungen zeigen, innerlich
nehmen zu lassen; hiermit kann immer nur die unter 1 besprochene Indikation erfüllt werden.

beseitigenden passiven Hämorrhagien stehen *Metrorrhagien und Menorrhagien* obenan. Zu ersteren gehören auch die während der *Schwangerschaft*, z. B. bei Placenta praevia, *und Geburt*, sowie die post partum, oder zufolge Tumorenbildung etc. am Uterus auftretenden Blutungen, deren Beseitigung ausnahmslos directen Contakt des blutenden Uteringewebes mit dem Eisenchlorid nothwendig macht. Es werden zu diesem Behuf unter Schutz der Vaginalschleimhaut durch einen Mutterspiegel mit Eisenchloridliquor befeuchtete Baumwollenbäuschchen möglichst hoch eingeführt und thut man gut, schliesslich, während das Speculum entfernt wird, auch die Scheide mit nicht in Eisenliquor getauchter Watte zu tamponiren. Auch die *laine styptique* von Ehrle kann zu diesem Zweck benutzt werden. Bei Einspritzungen verdünnten Eisenchloridliquors, welche ausserdem leicht nicht wieder zu entfernende Besudelung und Verderbniss der Bett- und Leibwäsche zur Folge haben, ist die grösste Vorsicht zu beobachten, da ein Fall, wo der Eisenliquor durch Geburtswege und Tuben in das *Cavum Peritonei* gelangte und tödtliche Peritonitis hervorrief, vorgekommen ist; Nöggerath. *Ausgeschlossen sind namentlich Blutungen plethoristischer Mädchen* und — was seltener vorkommt — *Frauen zur Zeit der Periode.* Hierher gehören auch die sogenannten *vorzeitigen* Menstruationen, welche, wenn sie bei üppig entwickelten Mädchen von 10—12 Jahren auftreten, keine andere üble Folge, als die, dass eine geschlechtlich vollkommen entwickelte Jungfrau neben unreifen auf Schulbänken sitzt, hat, von dem weiblichen Organismus ohne Nachtheil vertragen wird, und ein Einschreiten ärztlicherseits des Drängens der Eltern ohnerachtet so wenig erfordert, dass namentlich der externe oder interne Gebrauch von Eisenmitteln geradezu den ärztlichen Kunstfehlern zugerechnet werden müsste.

Bei *Blutungen aus der Nasen- und Rachenhöhle* (z. B. nach Entfernung von Polypen, Epistaxis von Blutern) Mastdarmblutungen etc. wird ebenfalls die Tamponade (ersteren Falls unter Beihülfe des Belloq'schen Röhrchens ausgeführt, und hierzu ebenfalls in Eisenchloridlösung getauchte und ausgedrückte Watte oder laine styptique benutzt.

Ausser durch Tamponade und Injektion hat man den Eisenchloridliquor auch fein verstäuben und den Nebel inhaliren lassen, um bei Lungenblutungen einen Contakt der blutenden Parthien mit dem Eisenmittel, Coagulation und Thrombusbildung, und somit Sistirung der Hämoptöe zu bewirken. Vor diesem Verfahren kann namentlich, wo Verdacht auf Tuberkulose vorliegt, nicht eindringlich genug gewarnt werden. Denn die inhalirte Flüssigkeit, selbst wenn sie momentan die Blutung stillt, setzt einen entzündlichen Reiz, welcher bei den unter wiederholtem Recidiviren catarrhalisch - pneumonischer Insulte .verlaufenden Fällen nur zu häufig einen Nachschub einzuleiten pflegt. Von geringerer Bedeutung ist

4. die Anwendung der Eisenmittel als secretionbeschränkende Mittel. Man macht in dieser Richtung von Eisensalzen bei Diarrhöa infantum Gebrauch (1,5 Ferrum sulfur in 15 Grm. Wasser; 4 mal täglich 5 Trpf. in Schleim; Weiser). Bei Sommerdurchfällen leistet Schleim mit etwas Mineralsäure (Acid muriaticum) ebensoviel; sehr oft — was die praktische Erfahrung in jeder Epidemie sehr bald auszumitteln vermag — lassen beide im Stiche und müssen durch Calomel, Wismuth- oder Silberpräparate ersetzt werden. Abgesehen von Erfüllung der Iudicatio morbi können in derartigen Fällen Eisenmittel nach den unter 1 c entwickelten Grundsätzen für die Behandlung der nach Durchfällen bei Kindern regelmässig zurückbleibenden Anämie nothwendig werden. Der von R. Köhler hervorgehobene Nutzen des Eisens bei Morbus Brightii ist, weil auf die adstringirenden, gefässverengenden und secretionvermindernden (neben der die Hämatose verbessernden) Wirkung der genannten Mittel zurückgeführt, etwas problematischer Natur; doch können wir versichern, den nach Scarlatina zurückbleibenden Hydrops nebst Albuminurie mehrmals durch consequent angewandte Dampfbäder und internen Gebrauch des Eisens, Regelung der Diät etc. geheilt zu haben. Hierbei wird immerhin die Frage erlaubt sein, ob nicht den Dampfbädern der Löwenantheil an diesem günstigen Erfolge zukam. Auf

5. die Applikation der Eisenmittel als Aetzmittel kommen wir bei Betrachtung der chirurgischen Anwendung der gen. Mittel zurück. Ueber die Indikation

6. des Eisengebrauchs um die secretorische Funktion der Leber anzuregen enthalten wir uns, da sowohl experimentelle, als klinische Grundlagen in ausreichender Menge fehlen, jedes Urtheils. Was sich physiologischerseits zur Begründung dieser Indikation anführen lässt, ist im Vorstehenden (IV. Elimination) mitgetheilt worden. Wenn eisenhaltige salinische Mineralwässer wie Franzensbad und Elster bei an Hämorrhois leidenden Personen Besserung des Allgemeinbefindens und Nachlass der Hämorrhoidalbeschwerden bewirken, so kann dieses keinen Rückschluss auf eine etwaige Beeinflussung der Leberfunktionen durch das Eisen der gen. Mineralbrunnen, welche neben wenig Eisen grosse Mengen Glaubersalz ($25^0/_0$) enthalten, gestatten und unser eben ausgesprochenes Urtheil nicht modificiren.

7. Die desinficirende Wirkung des Eisensulfates und Chlorides ist dagegen mehrfach mit Erfolg therapeutisch (von der Desinfection und

Desodorisation von Closets durch Ferrum sulfuricum sehen wir hier ab!) verwerthet worden.

Die wichtigste Anwendung findet Eisen in dieser Beziehung offenbar bei der Diphtheritis bez. Angina und Pharyngitis diphtheritica; Petréquin; Laycock, Jsnard u. A. Durch Bepinselungen der afficirten, zugänglichen Parthien mit Eisenchloridliquor (1 : 4 Wasser) oder Rodet'scher Flüssigkeit (Liq. ferri sesquichlor. 12. Acid. hydrochlor. 4. Aq. destill. 24) wird, falls sich der behandelnde Arzt Mühe und Aerger mit der Umgebung der Kranken nicht verdriessen lässt und eine wenigstens zweistündlich (mehrere Tage lang) vorgenommene regelmässige und gewissenhafte Bepinselung der diphtheritischen Stellen durchzusetzen vermag, wie in eine in der Privatpraxis gesammelten und mit denen der englischen Kinderärzte, sowie der französischen Autoritäten übereinstimmenden Erfahrungen lehren, von augenfälligem Erfolg gekrönt. Unterstützt kann diese Applikationsmethode bei grösseren Kindern noch durch Gurgelungen mit Salicylsäure (1 : 500) werden, anstatt derer sich auch Lösungen der gen. Säure in verdünntem Alkohol empfehlen. Weniger Werth als auf die örtliche Behandlung glaube ich auf den neben den Pinselungen consequent fortgesetzten internen Gebrauch des Liquor ferri serquichlorati (1 : 114 Wasser, davon 20—40 Tropfen mit 1 Trinkglas Wasser verdünnt zu 1—2 Kaffeelöffel alle 5—15 Minuten nehmen und 1 Esslöffel Milch nachtrinken zu lassen; Antrun) legen zu müssen. Sowohl Carbol-, als Salicylsäure leisten in dieser Hinsicht mehr und zur Aufbesserung der Hämatose und Ernährung der Patienten durch Eisen ist mit Eintritt derselben in die Reconvalescenz, wo auch ich stets Eisen innerlich gebe, immer noch Zeit. Auch bei der Diphtheritis vulvae, welche epidemieweise sehr häufig vorkommt, ist die örtliche Behandlung mit Eisenchlorid ein unentbehrliches Verfahren. Endlich ist die Diphtheritis des Darms zu nennen, bei welcher Fürbringer u. A. durch Applikation von aus Eisenchloridliquor und Salicylsäure bestehenden Klystieren eine günstige desinficirende Wirkung hervorriefen und die Dauer der Krankheit sehr wesentlich abkürzten; auch die Desodorisirung der Stuhlausleerungen in derartigen Fällen ist für den Kranken wie für dessen Umgebung ein nicht zu unterschätzender Vortheil.

Von anderen Krankheiten (bez. parasitären und zymotischen Krankheiten) sind hier kurz nur noch der Milzbrandcarbunkel, welchen Thienemann durch interne und externe Anwendung des Eisenchlorides geheilt haben will, und speciell von Hautkrankheiten: Erysipelas (Hamilton, Bell), Acne (Millet), Ecthyma, Herpes zoster (Boudon), Pityriasis (Duchêsne Duparc), Erythema nodosum u. A. m. zu nennen. Hier kommt, wo Erfolge erreicht werden, indess jedenfalls die reconstituirende und freilich

zu thun. Eisenchlorid soll das syphilitische Virus neutralisiren und, wie zahlreiche Krankengeschichten der gen. Verfasser nachweisen, primäre Chanker rasch zur Heilung bringen. Etwas anderes ist es freilich, ob auch in verdünnte Rodet'sche Flüssigkeit getauchte und auf den Penis oder in die Vagina — post coitum — applicirte Charpiebäuschchen jeder Ansteckung durch unreinen Beischlaf vorzubeugen vermögen.

Pharmaceutische Präparate.

Die zu Ueberschlägen, Salben, Pinselsäften, Gurgelwässern, Inhalationen, Bädern, Injektionen, Klystieren und subcutanen Injektionen verwandten Eisenmittel, zerfallen in

a. milde Eisenpräparate mit reiner Eisenwirkung; nämlich:

1. Ferrum pulveratum, Limatura ferri s. Martis praeparata; Eisenpulver; es ist sehr fein, grau, schwer, metallglänzend, fettig anzufühlen und ebenso den Wänden der Standgefässe anhaftend. In den gewöhnlichen Menstruis ist es unlöslich. Mit Chlorwasserstoffsäure übergossen darf es nur Spuren von S_2H entwickeln und in Salpetersäure gelöst durch Schwefelammon nicht getrübt werden (Arsenik); die Dosis ist 0,5—1,0 Grm. mehrmals täglich.

2. Ferrum reductum s. hydrogenio reductum. Am reinsten durch Hinüberleiten von Wasserstoffgas über in einer schwer schmelzenden Glasröhre im Glühen enthaltenes Eisenchlorür darzustellen. Das im Handel vorkommende Präparat enthält gewöhnlich Spuren von Schwefel, Arsen, Phosphor, Kieselsäure und Eisenoxyd, weil es begierig Sauerstoff aufnimmt; Dosis 0,2—0,3. In Frankreich werden hieraus Dragées, Chokoladen, Pastillen und eisenhaltiges Pepsin gefertigt.

3. Ferrum oxydatum fuscum; Eisenoxydhydrat $(Fe_2O_3 + 2HO)$; durch Ausfällen einer Eisenoxydsalzlösung mit Ammoniakflüssigkeit erhalten. Dunkelschwarzbraun; nur in Chlorwasserstoffsäure löslich; diese Lösung darf durch Chlorbaryum kaum getrübt werden; Dosis 0,2—0,6.

4. Antidotum Arsenici; Bunsen: 60 Th. Liquor ferri sulphur. oxydati in 120 Th. Wasser und 7 Th. Magnesia usta ebenfalls in 120 Th. Wasser, werden vor dem Gebrauch frisch zusammengerührt, erwärmt und von der Mischung 1_4—$^1/_2$stündlich ein Esslöffel oder eine Tasse voll genommen.

5. Ferrum oxydatum saccharatum solubile; Köhler et Hornemann; lösliches Eisenoxydsaccharat; Eisenzucker. Ein röthliches, süss und nicht im Mindesten metallisch schmeckendes, auch von den Kindern gern genommenes, 3 % metallisches Eisen enthaltendes Präparat in Pulverform. Dasselbe ist in 5 Theilen kalten Wassers löslich und schwärzt die Zähne nicht. Kindern 1—2 Messerspitzen vor der Mahlzeit; bei Arsenvergiftung halbe Esslöffel viertelstündlich; H. Köhler.

6. Syrup. ferri oxydati solubilis; Eisenoxydsyrup. Ein Theil des noch feuchten, abgepressten Eisenoxydniederschlages von Darstellung des Präparates No. 5 wird nach Vorschrift der Pharmak. German. in 300 Theilen Zuckersyrup gelöst; theelöffelweise; wirkt gelinde abführend.

7. Ferrum carbonicum saccharatum. Es werden 5 Theile F. sulphuricum in 20 Th. Wasser gelöst, 4 Th. Natrum carbon. in 50 Th. Wasser gelöst zugesetzt und mit 8 Th. Zucker der sich bildende Niederschlag zur Trockniss eingedampft; weissgelbliches Pulver; viel gebraucht; Dosis 0,2—0,6.

8. Massa pillularum Valetti; mellite ferrugineux; Valette'sche Pillen: 24 Theile Ferrum sulphuricum und Natrum carbonicum, jedes in 70 Th. Wasser gelöst, werden vermischt, der Niederschlag mit Zuckerwasser digerirt und ausgewaschen, 14 Th. Honig zugesetzt und das Ganze auf 21 Gew.-Th. eingedampft. 25 Grm. werden mit pulv. rad. Altheae zu 25 Pillen, wovon jede 0,05 Ferrum carbonicum enthält, formirt; ein wichtiges Mittel. Aehnliche Zusammensetzung haben die Griffith'sche Mixtur und die Pillulae ferri compst. der englischen Pharmakopoe — wie die Valette'schen Pillen mild wirkend und leicht zu vertragen.

9. Ferrum chloratum und Liquor ferri chlorati. Eisenchlorür. Ersteres, ein blassgrünes Pulver, coagulirt nach Rabuteau das Blut nicht und wird nach ihm unter allen Eisenmitteln am leichtesten resorbirt; der offic. Liquor enthält 10% Eisen; Dosis 5—10 Grm.

10. Ferrum aceticum; Liquor ferri acetici. Essigsaures Eisen; gelöstes essigs. E. 100 Theile enthalten 8 Th. Eisen. Dosis 10—20 Tropfen; wurde auch als Arsenantidot empfohlen; alsdann sind indess weit grössere Gaben anzuwenden.

11. Ferrum oxydatum citricum; citronensaures Eisenoxyd $(3Fe_2O_3)$ $C_{12}H_5O_{11} + 10$ aq.; wird aus frisch präparirtem, noch feuchtem Ferrum oxydatum fuscum (vgl. 3), Citronensäure und Wasser, welche lange Zeit digerirt und dann filtrirt werden durch Eindampfen bis zur Trockniss erkalten. Von gelber Farbe; in Frankreich sehr beliebt und auch in später unter δ aufzuführenden, zusammengesetzten Eisenmitteln enthalten; Dosis 0,05—1,0 Grm. Dem citronensauren Eisen kommen des Citronensäuregehaltes wegen diuretische Wirkungen zu.

12. Ferrum lacticum oxydulatum; Milchsaures Eisenoxydul; $FeO,C_6H_5O_5$ $+3HO$; vielleicht das rationellste und jedenfalls eines der am leichtesten vertragenen, sehr beliebten, milden Eisenmittel. Aus Eisendraht, welcher mit saurer Milch digerirt wird, durch Coliren und Eindampfen dargestellt: gelbgrau; Dosis 0,05—0,3.

13. Extr. ferri pomatum; Apfelsaures Eisenextrakt; 7—8% metall. Eisen; braun; Dosis 0,2—0,6.

14. Tr. ferri pomata; apfelsaure Eisentinktur. Ein Theil des vorigen Präparates in 9 Theilen sprirituösen Zimmetwassers gelöst, Dosis 20—60 Tropfen; billig und besonders in der Armenpraxis mit Vorliebe verordnet.

β. *stark adstringirende, blutcoagulirende und ätzende Eisenmittel.*

Sie sind darin, dass sie unter früher besprochenen Bedingungen die Wandungen des Tractus intestin. corrodiren und als Aetzgifte wirken können, ausserdem aber blutcoagulirende Eigenschaften besitzen, von den unter α besprochenen milden Eisenmitteln streng unterschieden. Gering an Anzahl, sind sie gleichwohl von grosser therapeutischer Bedeutung. Wir rechnen nämlich hierher:

15. Ferrum sulfuricum, Eisenvitriol, schwefelsaures Eisenoxydul (FeO,SO_3+7HO); ein in rhombischen Prismen krystallisirendes, bläulich-grünes, styptisch wirkendes, dintenartig schmeckendes, in gleichen Theilen kalten Wassers lösliches, aber in Alkohol unlösliches Salz, welches 20% metallisches Eisen enthält. Durch Erhitzen vom Wasser befreit, geht es in das weisse F. sulfuricum siccum (vgl. Pittulae aloëticae ferrat. 16) über. Zu Bädern werden 5—700 Grm. des

rohen Salzes (F. sulfuricum crudum) in 2 Hektoliter, zu Injektionen 10—25 Grm. in 1 Kilo Wasser gelöst. Selten wird das (reine) schwefelsaure Eisenoxydul (F. sulfuricum purum) zu 0,06—0,4 innerlich gegeben. Durch kaustische und kohlensaure Alkalien, Seifen, Kalkwasser, Salpetersäure, salpeter- und weinsteinsaure Salze, Jod- und Bromkalium, bor- und phosphorsaures Natron, Blei- und Barytsalze, Silbersalpeter, Sulphurete und Gerbsäure wird schwefelsaures Eisenoxydul, was für die Verschreibung von Wichtigkeit ist, zersetzt. Ferrum sulfur. ist einer der vielen Bestandtheile des Theriaks (v. Opium).

16. Pillulae aloëticae ferratae; Pill. italicae Gräfii: Ferrum sulfur. siccum; Aloë aa zu 0,1 schweren Pillen; viel gebräuchlich.

17. Ferrum sulfuric. oxydatum; Liquor ferri sulfur. oxydati; schwefelsaures Eisenoxyd; durch Behandlung von 15 mit Salpetersäure in der Hitze gewonnen; dient nur für pharmac. Zwecke. Diese Verbindung ist im Syrop de Lassaigne enthalten.

18. Ferrum sesquichloratum; Liquor ferri sesquichlorati $(Fe_2 Cl_3 + 12\,aq.)$ stellt eine gelbbraune, klare, ätzende Flüssigkeit von 1,480 spec. Gew. dar und enthält 15 % metall. Eisen. Nur selten und dann stets in schleimigem Vehikel innerlich zu 5—15 Tropf.; zu Injectionen 8—12 Grm. auf 500 Grm. Wasser; zu Salben 2 Grm. auf 30 Grm. Fett.

γ. Eisenmittel, welchen neben der Eisenwirkung auch die flüchtig-excitirende des Alkohols und Aethers zukommen.

19. Tr. ferri chlorati aetherea (T. tonico-nervina; Bestuscheffii. Ein Theil des Liquor ferri sesquichlorati (18) wird mit 12 Th. Spiritus aethereus dem Sonnenlichte ausgesetzt, bis die braune Farbe verschwunden ist; dann kommt das Präparat unter häufigem Oeffnen des Stopfens in den Schatten zu stehen, bis es wieder gelb geworden ist; die Sonne wirkt reducirend. Dosis 10—50 Tropfen; bei Frauenärzten beliebt.

20. Tr. ferri acetici aetherea; Klaproth'sche Eisentinctur; durch Vermischen von 9 Theilen Liquor ferri aceti, 2 Th. Spiritus und 1 Th. Aether erhalten; 6 Theile metall. Eisen auf 100 die Dosis ist die bei 19 angegebene. Zwar nicht mehr officinell aber viel gebraucht sind:

a. *Vinum ferratum, Eisenwein,* zu dessen Darstellung 2 Th. Eisendraht, 1 Th. Zimmeteassie und 2 Th. Rheinwein mehrere Tage digerirt und dann filtrirt werden; ist von ungleicher Zusammensetzung; Dosis 1—2 Esslöffel.

b. *Tr. ferri acetici Rademacheri;* weingeisthaltig; Dosis 36—60 gtt.; entbehrlich.

δ. zusammengesetzte, neben der des Eisens Wirkungen anderer damit combinirter Medikamente entwickelnde Eisenmittel.

21. Extr. malti ferratum 95 Th. Malzextract mit 2 Th. Ferrum pyrophosphoric. cum ammonio citrico (v. 24) und 3 Th. Wasser.

22. Ferrum phosphoricum oxydulatum $(2(FeO)_3 PO_5 + 8 HO + (Fe_2 O_3)_3 PO_5)_2 + 8 HO)$; ein graublaues, in Wasser unlösliches, 18 Th. metall. Eisen enthaltendes Pulver; Dosis 0,1—0,3

23. Natrum pyrophosphoricum ferratum. Beliebt als Struve'sches pyrophosphorsaures Eisenwasser.

24. Ferrum pyrophosphoricum cum Ammonio citrico; grünlichgelbe Lamellen, 18 % metall. Eisen enthaltend; gut in Wasser löslich; Dosis 0.1—0,4.

25. Ferrum sulfuricum oxydatum ammoniatum; ammoniakalischer Eisenalaun; Dosis 0,1—0,3.

26. Ammonium chloratum ferratum; Eisensalmiak; Dosis 0.3—1. Ehemals zu Bädern.

27. Ferrum citricum ammoniatum; aus Citronensäure, Ferrum oxyd. fuscum [3] und überschüssigem Ammoniak durch Eindampfen dargestellt; Dosis 0,1.

28. Tartarus ferratus; Ferrokali tartaricum, Eisenweinstein; an Stelle der ganz obsoleten Globuli martiales ($KOFe_2O_3C_8H_4O_{10}$); Dosis 0,3—0,6; chedem mehr als jetzt gegeben.

29. Chinin. ferro-citricum; Dosis 0,2—0,8; besonders in Pillenform; ein sehr gutes Präparat.

30. Ferrum jodatum. Aus 3 Th. Eisenpulver, 8 Jod und 18 Wasser, jedesmal frisch zu bereiten. Dosis 0,05—0,2; mit Manna in lacrymis, welche das Jodeisen nicht zersetzt, zu Pillen.

31. Syrupus ferri jodati; 3 Th. Jodeisen [30] in 100 Th. Syrup gelöst; Dosis 0,2—0,8, für die Kinderpraxis sehr zu empfehlen, wenn es gewissenhaft dosirt und die Dosis nicht, wie oft geschieht, achtungslos überschritten wird; ein Zusatz von wenigen Tropfen Essigäther macht diesen Syrup besonders wohlschmeckend.

Anhang zu den Eisenpräparaten:

Kalium hypermanganicum crystallisatum. *Uebermangansaures Kalium.*

Von den Präparaten des zuerst 1770 durch Kaim vom Eisen unterschiedenen Mangans ist dieses intensiv rothe, wie Stahl glänzende, prismatische Krystalle von wenig adstringirendem Geschmack bildende und in 15 Th. Wasser lösliche allein übrig gebliebene. Dasselbe entspricht der höchsten Oxydstufe Mn_2O_7 des mit Sauerstoff zu Manganoxydul (MnO), rothem Manganoxyd (Mn_3O_4), Mangansesquioxyd (Mn_2O_3), Mangansuperoxyd (MnO_2), Mangansäure (MnO_3) und Uebermangansäure (Mn_2O_7) zusammentretenden, im metallischen Zustande weissgrauen, harten, sich in feuchter Luft nicht (wie Eisen) oxydirenden Mangans. Von den übrigen Verbindungen hat z. B. nur noch der Braunstein (MnO_2), als zur Chlor- und Sauerstoffentwicklung dienend, pharmaceutisches Interesse. Das Oxydul bildet mit Säuren chemals zum Theil officinelle Salze.

Von den physiologischen Wirkungen des Kalium hypermanganicum ist nur bekannt, dass es, in grossen Gaben gereicht, bei Thieren Erbrechen und Lähmungen erzeugt (Gmelin), während kohlensaures Manganoxydul sich indifferent verhält; Wibmer; Kaschkewitsch sah nach Einverleibung des KO, Mn_2O_7 Harnmenge und Harnstoffgehalt zunehmen und grosse Dosen unter Erzeugung von Corrosion und Convulsionen. Schwachwerden des Pulses und Sinken des Blutdrucks den Tod herbeiführen. Die Leber fand er verfettet. K. hypermanganicum ist ein desodorisirendes, keineswegs alle Gährung sistirendes Mittel; Liebreich.

Gegenwärtig wird K. hypermanganicum nur äusserlich noch als desodorisirendes und desinficirendes Mittel im Gebrauch. Lösungen von 1 : 100—300 Th. Wasser dienen als Wundwässer und zu Injectionen in Nase und Uterus. Um Geschwüre zu benetzen, dient ein Asbestpinsel. Lösungen von 1 : 20—50 zum Waschen der Hände nach Obductionen, Untersuchung an ansteckenden Krankheiten leidender Personen sind viel gebräuchlich, erfüllen jedoch hauptsächlich nur den Zweck der Desodorisation. Als Desinfektionsmittel in Pulverform ist: Kali hypermangan. Cal-

Harn Hand in Hand geht, seine Bestätigung findet; doch fehlt zur Zeit noch der Beweis des Causalnexus, d. h. der Nachweis, dass künstlich erzeugter Ueberschuss des Blutes an Salzen thatsächlich von Abnahme des Eiweisses in demselben gefolgt ist.

Das Natrium- und Kaliumcarbonat ist indess nicht nur in der angegebenen Weise an dem Vonstattengehen des Stoffwechsels betheiligt, *sondern trägt auch sehr wesentlich dadurch dazu bei, dass die Spaltung der Kohlehydrate,* der Respirationsmittel nach Lie big, bez. *die Oxydation derselben zu gepaarten Säuren und schliesslich zu Kohlensäure und Wasser, durch den Contakt der gen. organischen Substanzen mit Alkali und eine bestimmte Temperatur wesentlich gefördert wird.* Die Trommer'sche Zuckerprobe liefert extra corpus die Illustration dieser Vorgänge, indem auch hier ein Kohlehydrat, der Traubenzucker. unter Sauerstoffentziehung, welcher zufolge das Kupferoxyd des Kupfersulfates in das unlösliche, sich als gelbröthliches Pulver abscheidende Oxydul verwandelt wird, die Oxydation, deren Endprodukte Kohlensäure und Wasser sind, erleidet, ein Process, dessen Gelingen an die Gegenwart des Kalihydrats in der Probeflüssigkeit gebunden ist.

Ist somit die hohe Bedeutung der Alkalien im Blute für die Stoffmetamorphose: Spaltung der Kohlehydrate, des Fibrins u. a. Proteinsubstanzen, als sichergestellt zu betrachten, so muss diese Bedeutung noch zunehmen, indem wir darauf hinweisen, dass das im Blute enthaltene Alkalicarbonat nicht nur den Angriffen, welche die für das Fortbestehen des Lebens als conditio sine qua non zu betrachtende Alkalescenz des Blutes durch aus der Nahrung in dasselbe übergeführte Säuren, erfahren könnte, dadurch begegnet, dass es den stärkeren Säuren eine starke Basis für Bildung schwefel-, phosphor-, chlorwasserstoffsaurer, alsbald mit dem Nierensecrete wieder eliminirter Neutralsalze bietet, und zur Umwandlung der aufgenommenen organischen Säuren in Kohlensäure während des Durchganges der ersteren durch die Blutbahn wesentlich beiträgt, *sondern selbst dazu mitwirkt, die so gebildete Kohlensäure unschädlich zu machen.* Durch die Oxydationsvorgänge im Blute und in den Geweben wird nämlich stets Kohlensäure frei, welche sich ansammeln und functionelle Störungen verschiedener Art verursachen müsste, wenn nicht, wie Liebig nachwies, *das kohlensaure Alkali des Blutes der Kohlensäureträger wäre,* d. h. das daselbst gelöste kohlensaure Natrium etc., indem es zu Bicarbonat wird, $5\,^0/_0$ durch die Blutgaspumpe erst auf Säurezusatz zu entziehende Kohlensäure aufnimmt, den Lungen zuführt und daselbst gegen Sauerstoff wieder abgiebt, so dass von einer Existenz grösserer Mengen Kohlensäure im ungebundenen Zustande im Blute um so weniger die Rede sein kann, als ausserdem Natriumcarbonat auch das im Blute gelöste phosphorsaure Natron zuweilen über 30 Volumprocente Kohlensäure locker zu binden und beim Passiren des Lungenkreislaufs für Sauerstoff einzutauschen vermag; Zuntz.

Müssen hiernach die Alkalien im Blute, welche, von den im Vorstehenden geschilderten chemischen Leistungen abgesehen, auch dazu beitragen, dass mit dem Gleichbleiben des Gehaltes des einmal im Groben als Salzlösung zu denkenden Blutes an denselben, *auch das endosmotische Aequivalent des Blutes dasselbe bleibt* (ein wichtiger Punkt, bezüglich dessen wir hier auf die Betrachtungen über die Rolle des Chlornatrium

in der thierischen Oekonomie und die Wirkungen der abführenden
Neutralsalze verweisen müssen) unser Interesse im allerhöchsten Maasse
in Anspruch nehmen, so werden wir uns über die Modifikationen,
welche die vitalen Funktionen durch den Uebergang der Alkalien, bez.
Alkalicarbonate und Bicarbonate, erfahren, gewissenhaft Rechenschaft
abzulegen suchen und zu diesem Behuf die physiologischen Wirkungen der gen. Mittel genauer betrachten. Leider ist in dieser Hinsicht noch Vieles zu leisten und nur über die wenigsten Funktionen
Exaktes mit Bestimmtheit ermittelt worden. Verhältnissmässig das Meiste
ist noch

1. über die Veränderungen, welche die *Funktionen des Magen-Darm-
kanals* durch die Aufnahme der Alkalien erfahren, bekannt. Gelangen
verdünnte Alkalilösungen in den Mund, so erzeugen sie einen äusserst
widerlichen, laugenartigen Geschmack, welcher bei Einverleibung kleiner
medikamentöser Dosen von schwachem Wärmegefühl in der Magengegend
und später von auf Kohlensäureentwicklung bei Zersetzung des Carbonats durch die freie (Milch-) Säure des Magens zurückzu-
führendem *Aufstossen und vermehrter Esslust* gefolgt ist. Es ist indess
zu bemerken, *dass selbst bei Zuführung grosser Mengen Alkali durch
Bindung der Alkalibasis eine Neutralisirung oder ein Alkalischwerden
des Magensaftes niemals zu Stande kommt.* Ist abnorme Vermehrung
der Absonderung der Magensäure vorhanden und bewirkt sie den als
Pyrosis bekannten Krankheitszustand, so kann die Säure zum grössten
Theil durch das Alkali abgestumpft und die Verdauungstörung gehoben
werden; ist umgekehrt zu viel Natriumcarbonat oder Bicarbonat gegeben
worden, so wird dem Magensafte soviel zur Digestion erforderliche Säure
entzogen, dass Störung der Magenverdauung die Folge ist, trotzdem dass
zufolge des unerklärlichen Einflusses, welchen das in das Blut gelangte
Alkali auf die den Magen, bez. die Magendrüsen versorgenden Nerven
ausübt, in eben dem Maasse als Kali zugeführt wird, auch vermehrte
Magensaftabscheidung stattfindet. Somit würden bei hochgradiger *Pyrosis*
selbst die grössten Gaben Alkalicarbonates zwar Verdauungsstörung und
bei lange fortgesetztem Gebrauch die oben erwähnten und analysirten
Erscheinungen der *Cachexie alcaline*, aber *niemals Neutralisation des
Magensaftes* herbeizuführen vermögen. Mittlere Dosen ändern kurze Zeit
gegeben an der Magenverdauung nichts; grosse bedingen schwaches
Laxiren; Bouchardat; Trousseau. Die natronhaltigen *Mineralwässer*
beeinträchtigen die Digestion deswegen weniger, weil sowohl in dem darin
enthaltenen Kohlensäure-Ueberschuss, als dem Chlornatrium ein
Correktiv gegeben ist; J. Braun. Sehr grosse Gaben concentrirter Alkalilösungen, welche, während die erste den Schleimbeleg der Zungen-

und Mundschleimhaut löst, das Epithel zerstören, wirken   wie ihre
chemischen Antagonisten, die Mineral- und concentrirten Fruchtsäuren —
als corrosive Gifte und bedingen Erscheinungen, deren Betrachtung nicht
hierher, sondern in das Gebiet der Toxikologie gehört. Ueber

2. die Veränderungen, welche das *Blut* durch Uebergang des die
Oxydation der aus der Nahrung stammenden Proteïnsubstanzen und
Kohlehydrate in demselben sowohl, als die Spaltung des Fibrins in die
Endprodukte der regressiven Stoffmetamorphose begünstigenden, oder mit
einem Wort den Stoffwechsel steigernden kohlen- und doppeltkohlensauren
Alkalis in dasselbe erfährt, ist das Erforderliche oben angeführt worden.
Dass die rothen Blutkörperchen, deren Zahl unter Alkaliengebrauch wächst
(Rabuteau), den für die gesteigerte Verbrennung nothwendigen Sauerstoff und das Blut das Verbrennungsmaterial liefern, bedarf der Erwähnung wohl ebenso wenig, wie es klar am Tage liegt, dass der vermehrte Verbrauch von Material bei unveränderter Zufuhr des letzteren
durch die Nahrung von Körpergewichtsabnahme und Abmagerung gefolgt
sein muss. Eine Controle für die Richtigkeit der eben gemachten Angaben liefert

. 3. die durch Alkaligebrauch hervorgerufene *Anregung der Diurese*.
welche die durch Chlornatrium (*vgl. dieses*) bedingte an Intensität übertrifft und mit einer besonders gesteigerten Ausscheidung der Produkte
der regressiven Stoffmetamorphose verbunden ist. Es wird hierbei, da, wie
oben bemerkt, das Blut seinen normalen Alkaligehalt durch Elimination
eines künstlich zu Wege gebrachten Plus wiederherzustellen bemüht ist.
bis zu dem Abende des Tages, an welchem grosse Mengen Alkali eingeführt worden sind, alkalisch reagirender Harn abgeschieden, wie überhaupt saurer reagirende Secrete minder sauer, alkalisch reagirende dagegen nach Alkalieinführung stärker alkalisch werden; Willemin. Ueber
die Beeinflussung der Funktionen der übrigen Blutgefässdrüsen durch
Alkaligebrauch fehlen Versuche gänzlich.

4. Concentrirtere Alkalilösungen vermögen nicht nur das Epithel der
Schleimhäute, sondern auch die Epidermisschichten der *Oberhaut* zu
lösen und wenn die sogenannten kaustischen Alkalihydrate in Substanz applicirt werden, starke, von entstellender Narbenbildung gefolgte
Aetzung bis in die tieferen Coriumschichten zu bewirken. In welcher
Weise mässig concentrirte Alkalilösungen die Circulations- und Secretionsverhältnisse der Haut beeinflussen, ist unbekannt; dass sie diesen Einfluss üben, ist sicher festgestellt. Bezüglich der übrigen vitalen Funktionen existiren genauere Untersuchungen nur

5. über die Modifikationen, welche *die Herzthätigkeit* erfährt. Während, wie dieses ja auch bei jedem Monometerversuch geschieht, grosse

Mengen Natriumcarbonatlösung direct in die Vena jagularis etc. übertreten können ohne das Leben selbst kleiner Versuchsthiere ernstlich zu gefährden, rufen nach Grandeau, Cl. Bernard, Ranke, Podkopäw, Guttmann u. A. schon kleinere Mengen eines Kalium- oder nach Th. Husemann eines Lithiumsalzes deletäre Wirkungen auf die Herzfunktionen hervor und können — jedenfalls bei kleinen Versuchsthieren — selbst den Tod durch Herzlähmung zur Folge haben. Die Analyse dieser Herzwirkung wird bei Betrachtung des die Kaliumsalze gewissermaassen — in dieser Richtung — repräsentirenden Kalisalpeters, auf welche wir vorläufig hinverweisen, gegeben werden. An dieser Stelle erübrigt nur zu bemerken, dass die von Kemmerich mit *Fleischextrakt* an Kaninchen erlangten Versuchsresultate etwas schnell auf grössere Warmblüter und besonders auf den Menschen übertragen worden sind. Geht ein Kaninchen von 3 Kilo durch 10,8 Grm. eines Kaliumsalzes in angegebener Weise zu Grunde, so würde die Dosis toxica lethalis desselben Salzes für einen 75 Kilo wiegenden erwachsenen Menschen 225 Grm. betragen. Diese Dosis aber tolerirt der Magen nicht, sondern würde sie, während tagtäglich sehr beträchtliche Mengen von Kaliumsalzen im Fleische, in Gemüsen u. s. w. mit der Nahrung unbeschadet der Gesundheit in den Magen gebracht werden, *durch Erbrechen wieder entleeren.* Die Furcht vor der deletären Herzwirkung der Kaliumsalze ist daher — mag sie für Kaninchen u. a. kleine Thiere zutreffen — bezüglich des Menschen jedenfalls übertrieben worden. Vielmehr ergiebt eine etwas vorurtheilslose Betrachtung nur, dass die Kaliumsalze allerdings schlechter, als die Natriumsalze, vertragen werden, weil sie die Magenverdauung mehr wie letztere beeinträchtigen, nicht aber, weil sie das Herz lähmen; O. Bunge. Ziehen wir aus diesem Gesichtspunkte Natriumcarbonat oder Bicarbonat, bez. ein Natronwasser, den kaliumhaltigen Präparaten vor, so ist doch mit Hirtz vor dem sehr verbreiteten weiteren Irrthum, als ob Natriumsalze selbst bei langem Gebrauch grösserer Dosen niemals schaden könnten, zu warnen. Dass auch bei ihrer Anwendung Vorsicht geboten geht aus Vorstehendem wohl zur Genüge hervor. Endlich sind

6. die Modifikationen der *nervösen Funktionen* durch (*resorbirte*) Alkalisalze zu nennen. Wir wissen nur, dass toxische Dosen Lauge unter anscheinend — *wie beim Ammoniak* — vom Rückenmark ausgehenden Convulsionen tödten; über die Wirkungen medikamentöser Gaben auf gen. System ist ebensowenig wie über die auf Respiration und Wärmevertheilung, unter Alkaliwirkung ermittelt worden:

Die Indikationen des Gebrauchs der Alkalien in Krankheiten:

1. *die Oxydationsvorgänge im Blute und in den damit in Contakt kommenden Geweben anzuregen;*

3*

II. *die Thätigkeit secretorischer Drüsen* — namentlich der Nieren —
    zu erhöhen;

III. *das Blut bei bestehender Entzündung minder plastisch, flüssiger*
     zu machen;

IV. *gesetzte Exsudate sowohl, als Secrete catarrhalisch afficirter*
    Schleimhäute zu verflüssigen, bez. zur Resorption zu bringen;

V. *allzu saure Säfte, bez. Secrete zu neutralisiren und*

VI. *durch das in seiner Zusammensetzung veränderte Blut auf die*
    Funktionen des Nervensystems in uach chemischen Theorien un-
    erklärlicher Weise einzuwirken,

sind bei der mangelhaften Kenntniss, welche wir über die physiologischen
Wirkungen der Alkalien besitzen, nichts weniger als über jeden Zweifel
sichergestellt. Besonders gilt dieses, wie wir in Bälde auszuführen Gelegenheit finden werden, von der vierten, welche jedenfalls eine wesentliche Modifikation erfahren wird.

Contraindicirt sind die Alkalien bei acutem Magencatarrh,
bestehender Hydrämie, Chloroanämie und Schwächezuständen.

Die 1. Indikation: Anregung des Stoffwechsels bez. der
Oxydationsvorgänge im Blute, suchen wir bei der Behandlung folgender,
auf mangelhafter Oxydation beruhender Krankheiten zu erfüllen:

1. bei Lithiasis und Harngriesbildung. Die ältere, von Golding Bird vertretene Hypothese, dass es sich bei Lithiasis um harn-
saure Diathese und vermehrte Abscheidung von Harnsäure, zufolge mangelhaften Vonstattengehens der regressiven Stoffmetamorphose handelt, ist
durch Scherer's Untersuchungen, wonach die Ursache der Entstehung
der Harnconcremente in der *fermentbildenden Absonderung der Nieren-*
und Blasenschleimhaut zu suchen ist, nicht nur hinfällig geworden, sondern es darf wohl als feststehend angesehen werden, dass sowohl das
Bestehen der harnsauren Diathese nicht mehr stichhaltig ist, als dass die
günstige Wirkung der Alkalien in den genannten Fällen lediglich auf
Sistirung der Zufuhr des die Concremente bildenden Materials zurückgeführt werden muss. Dass aber die Alkalicarbonate, besonders das Natriumcarbonat, dieses Postulat zu erfüllen vermag, geht aus München's Versuchen (1863), welcher nach Einverleibung des genannten Salzes die
Harnsäure im Harn bis auf minimale Spuren verschwinden sah, in un-
zweideutigster Weise hervor. Die Erklärung dieser Wirkung des Natriumcarbonats ist im Vorstehenden gegeben; andererseits *sind wir nicht im*
Stande zu erklären, warum diese günstige Wirkung bei Anwendung phar-
macentischer Präparate eine zwar prägnante, aber vorübergehende ist,
während eine Brunnenkur mit einem starken Natronwasser radikale Hei-
lung des Leidens nach sich zu ziehen vermag. Neben der den Stoff-

wechsel anregenden und den Zerfall des in Lösung gehaltenen Fibrins in das Endprodukt der regressiven Metamorphose (*Harnstoff*) beschleunigenden Wirkung der Alkalien müssen somit noch andere Momente für die günstigere Wirkung der Brunnenkuren bei Lithiasis in Betracht kommen. J. Braun nennt als solche den reichlichen Wassergenuss, welcher an sich harnsäurevermindernd wirkt, und unter den übrigen Momenten der Bade- und Brunnenkur, den die Magenfunktionen anregenden Gehalt der genannten Mineralwässer an freier Kohlensäure. In erster Linie sind hier Vichy und Bilin, in zweiter das freilich neben Carbonat Natriumsulfat enthaltende Karlsbad zu empfehlen. Ueber die Details der Kur ist auf die balneologischen Handbücher zu verweisen. Als ebenfalls auf harnsaurer Diathese beruhend wurde der Lithiasis früher

2. die Arthritis ganz allgemein an die Seite gestellt; Bence Jones u. A. m. Nachdem in gichtischen Ablagerungen Harnsäure nachgewiesen worden war, wurde auch das Wesen der Gicht in unvollständiger Oxydation der Proteinsubstanzen und vermehrter Harnsäureabscheidung bez. Deposition dieser Säure auch in den Geweben des Körpers gesucht, und a. *die Zuführung von mehr Eiweiss, als durch die Oxydationsvorgänge des Organismus verbrannt werden kann*, oder b. *Mangel des zur Oxydation der in normaler Menge mit der Nahrung zugeführten Eiweisses erforderlichen Sauerstoffes* als Grundbedingung des Auftretens der Gicht angesehen. Musste indess schon die Betrachtung, dass genannte Krankheit bei kümmerlich ernährten *Proletariern* ebenso vorkommt wie bei den im Genuss von beef und pudding schwelgenden Söhnen Albions, sowie die fernere Erwägung, dass die nach obiger Theorie der harnsauren Diathese nahe verwandten Krankheitszustände wie Gicht einer-, Harngriesbildung und Hämorrhoiden andererseits durchaus nicht zusammen vorkommen, indem Gicht in vielen Ländern, wo die zuletztgenannten Krankheiten zu den verbreitetsten gehören, eine seltene Krankheit geworden ist, und die sicher constatirte Thatsache, dass bei jedem Fieber, bei jeder vorübergehenden Verdauungsstörung und allen chronischen Affektionen der blutbildenden Organe: des Magens, der Leber, der Lunge etc. die Harnsäureabscheidung, ohne Auftreten auch nur im Entferntesten an Gicht erinnernder Symptome vermehrt ist, Zweifel an der Golding Bird'schen Theorie erwecken, so kann dieselbe gegenwärtig, wo durch die tüchtigsten Chemiker, wie Lehmann und Garrod der Nachweis, dass *sowohl bei der chronischen Gicht, als beim Gichtparoxysmus die Harnsäureabscheidung vermindert ist*, wohl als aufgegeben bezeichnet werden. *Wenn nun trotzdem gerade die Mittel, welche, wie Natriumcarbonat, die Harnsäure im Harn vermindern, gegen die Gicht erprobt sind, so thun sie es vielleicht, weil sie, was die klinische Beobachtung wenigstens nahe*

legt, die regressive Stoffmetamorphose in so erheblicher Weise anregen, dass Abmagerung und Fettresorption die Folge ist. Ferner ist die Beobachtung, dass namentlich die abführenden, gleichen Effekt herbeiführenden Neutralsalze Gichtanfälle *zu coupiren vermögen und häufig mehr als die Alkalicarbonate leisten*, wohl geeignet die eben ausgesprochene Annahme zu stützen. Wenn selbst Vichy weniger als Karlsbad gegen die Gicht vermag, so können wir dem kohlensauren Lithium oder Natron, und den Natronwässern nicht länger eine chemisch-specifische Wirkung gegen genannte Krankheit zuschreiben und müssen die Deutung der Wirkung der Alkalicarbonate in anderen Gründen, als Beseitigung der problematischen Harnsäurediathese suchen. Hiermit soll nicht gesagt sein, dass es sich bei dieser auf Beförderung der *regressiven Stoffmetamorphose* beruhenden Wirkung nicht um Erhöhung der Oxydationsvorgänge im Blute und vielleicht mehr noch in den Geweben, deren Phasen wir freilich nicht zu verfolgen vermögen, handle, wohl aber, dass Alkalicarbonate und Natronwässer ihres Rufes als Specifica der Gicht entkleidet werden müssen. Eine dritte nicht minder räthselhafte Krankheit, gegen welche Alkalicarbonat und Natronwässer unbedingt mehr, als alle andern Arzneimittel leisten, ist

3. der Diabetes mellitus. Nach Bernard wird der Zucker in der Leber gebildet und beim Durchgange durch die Blutbahn zu den Endprodukten: Kohlensäure und Wasser unter Vermittlung des im Blute enthaltenen Alkalicarbonates oxydirt. (Bouchardat und Mialhe liessen den Diabetes, ehe noch Bernards Untersuchungen ausgeführt waren, auf Mangel des Blutes an Alkali und dadurch verhinderter Zersetzung des Zuckers beruhen); nach Pavy dagegen zerstört die Leber den Zucker und besteht somit die Controverse, dass nach der ersteren Annahme Natriumcarbonat die Funktion der Leber herabsetzen, nach der zweiten dagegen sie steigern würde. Als festgestellt darf dagegen betrachtet werden, *dass es zwei Formen des Diabetes giebt;* eine leichtere, bei welcher der aus der Nahrung stammende Zucker, und eine zweite, schwerere, *wobei auch der Leberzucker im Blute nicht zersetzt wird*, und welche ausserdem bei rapiderem Verlauf sich sehr bald mit den Erscheinungen der Miliartuberkulose complicirt und zum Tode führt. Damit der aus der Nahrung stammende Zucker verbrannt werden kann, ist eine bestimmte Temperatur, sehr wahrscheinlich ein eiweissartiges Ferment und eine ein gewisses Maass nicht allzusehr übersteigende Quantität Zucker in der Nahrung erforderlich. Wird letzteres überschritten, so sind auch in der Norm kleine Mengen Zucker im Harn nachweislich; von dieser Melliturie zur ersteren, leichteren Form des Diabetes ist nur ein Schritt. Die Erfahrung hat bewiesen, dass dieselbe durch Einhaltung streng *anti-*

sacchariner Diät und den Gebrauch des Natriumcarbonats, des künstlichen Karlsbadersalzes und der Mineralwässer von Karlsbad oder Vichy (Ems leistet nichts in dieser Richtung) nicht nur in ihrem Verlauf retardirt und unter Absinken der Zuckermenge im Harn auf ein Minimum, gebessert, sondern auch dauernd geheilt werden kann. Die Erklärung der günstigen Wirkung des Alkalicarbonats in diesem Falle bedarf wohl der Wiederholung nicht; wohl aber darf nicht verschwiegen werden, dass *auch bei rein diätetischer*, streng geleiteter *Kur* Besserungen und Heilungen des Diabetes beobachtet worden sind, und somit der Gebrauch der gen. Salze nicht zur Heilung unbedingt nothwendig ist, wie es auch, da Karlsbad bei geringem Carbonat- und erheblichem Sulfatgehalte häufig mehr als selbst Vichy geleistet, und Basham einen Zusatz von *Ammon. phosphoricum* zum Carbonat den Heileffekt erhöhen sah, nicht unbedingt erforderlich ist, gerade reines Carbonat oder Bicarbonat von Natrium oder Lithium anzuwenden, um den leichten Diabetes zu heilen. Wo man sich der pharmaceutischen Präparate, nicht der Mineralwässer, bedient, ist die Vorsicht zu üben, das Alkalicarbonat, weil langer Gebrauch desselben die früher erwähnte Cachexie alcaline erzeugt und der Diabetes in diesem Falle nicht Rück-, sondern Fortschritte macht (Bouchardat, Andral), nicht zu lange Zeit in erheblicher Dosis fortnehmen zu lassen. Trousseau rieth, *die Diabetiker nur 9 Tage im Monat unter beständiger Einhaltung der antisaccharinen Diät Natrium bicarbonicum oder Karlsbader Salz nehmen zu lassen.* Mialhe liess, alle 3 Tage um 0,9 Grm. steigend, als höchste Dosis Natrum bicarbonicum in 24 Stunden 30 Grm. gebrauchen. Selbst bei der schweren, unheilbaren Form wird danach schnelle Abnahme des Zuckergehalts des Harns constatirt; Lebensrettung aber ist, da die Scene hier mit rapid verlaufender Lungentuberkulose schliesst, in diesen Fällen nicht möglich. Die Details der balneotherapeutischen Behandlung der Diabetes gehören nicht hierher und sind aus den Monographien über Karlsbad und Vichy ersichtlich.

Die III. Indikation: *durch Gebrauch von Alkalicarbonat das Blut minder fibrinreich und dünnflüssiger zu machen*, hat

4. bei Rheumatismus articulorum acutus Verwerthung gefunden (Jaccoud, Trousseau, Charcot) zu einer Zeit, wo von Richardson's Hypothese, dass der Rheumatismus auf vermehrter Milchsäurebildung beruhe, noch nichts bekannt war. Gleichviel, ob Richardson's Annahme zutrifft oder nicht, müssen wir bei'm acuten fieberhaften Gelenkrheumatismus die Existenz einer der bei Entzündungen vorhandenen ähnlichen Blutbeschaffenheit mit allergrösster Wahrscheinlichkeit annehmen. Diese aber muss, wie wir a priori weiter schliessen dürfen,

eine der durch den Uebergang grösserer Mengen Alkalicarbonat in das Blut hervorgerufenen diametral entgegengesetzte sein. Thatsächlich scheint das klinische Experiment, da von den oben genannten Klinikern zahlreiche Heilungen des acuten Gelenkrheumatismus durch Alkalicarbonat bewirkt wurden, die Richtigkeit obiger Theorie bestätigt zu haben. Weniger ist dieses

5. bezüglich der Diphtheritis, wo man ebenfalls Erfüllung der Indicatio morbi durch Lösung der diphtheritischen Membranen seitens des Fibrin lösenden Alkalicarbonats voraussetzte, und neben gleichzeitigem internem Gebrauch von Natrum bicarbon. (0,9 — 4,0) Vichywasser trinken liess (Althaus, R. Förster, Passavy), der Fall gewesen. Die von den genannten Autoren erreichten günstigen Erfolge der Alkalibehandlung der Diphtheritis haben Andere nicht bestätigt gefunden.

Die IV. Indikation: *Beförderung der Resorption von Exsudaten und Auflösung, bez. Verflüssigung des Secretes catarrhalisch afficirter Schleimhäute* durch Alkaligebrauch zu bewerkstelligen, ist cum grano salis zu verstehen. Unzweifelhaft kommt dem zur Decarbonisation des Blutes (*vgl.* oben) mitwirkenden, das Blut dünnflüssiger machenden, die Diurese anregenden und den Stoffwechsel beschleunigenden Natriumcarbonat, bez. den Natronwässern die Eigenschaft zu, zur Verkleinerung scrofulös-hypertrophischer Lymphdrüsen und zur Resorption rheumatisch-entzündlicher Gelenkexudate, hydropischer Ansammlungen und pleuritischer Ausschwitzungen wesentlich beizutragen. Allein es darf nicht übersehen werden, dass a. in dieser Richtung die medikamentöse Behandlung mit Alkalien weniger leistet, als die mit anderen Mitteln, namentlich Jod, Eisen etc.; dass b. es sich bei den durch Alkalicarbonat geheilten derartigen Fällen um Brunnenkuren in Karlsbad u. s. w. handelt und selbst die Badeärzte geneigt sind, *den Kochsalzwässern* vor den reinen Natronwässern und glaubersalzhaltigen Natronwässern *den Vorzug zu geben.* Auch ist es gewissenhaften Balneotherapeuten nicht entgangen, dass in den meisten derartigen Fällen, wo das Leben erhalten bleibt, *die Natur allein schon einen Resorptionsprocess unterhält,* der durch das in Bädern vorgeschriebene Régime und milde therapeutische Methoden unterstützt werden kann, und demnach nicht jeder Erfolg ohne Weiteres der specifischen Wirkung des angewandten Mittels zugeschrieben werden darf. Immerhin werden derartige Kuren mit natronhaltigen Wässern zur Beförderung der Resorption der genannten Exsudate und Flüssigkeitsansammlungen Patienten, deren äussere Verhältnisse einen mit mancherlei Kosten verknüpften Badeaufenthalt gestatten, zu empfehlen sein.

Wie verhält es sich nun mit der Deutung der empirisch wohlbegründeten *günstigen Wirkung der kohlensauren Alkalien und Natronwässer*

*gegen Catarrhe der Respirations-, Magen-, Darm-, Blasen-, Vaginal-
und Uterinschleimhaut?* Den Praktikern ist die weder physiologisch,
noch chemisch gestützte Begründung dieser Wirkung durch seitens des
(*resorbirten*) Alkalis hervorgebrachte *Verdünnung und Verwässerung des
Schleimhautsecretes zufolge der schleimlösenden Eigenschaft* des genannten
Mittels sehr geläufig. Sie könnte höchstens für das Secret der Mund-
und Magenschleimhaut, mit denen die Alkalilösung bei der Ingestion per
os direct in Contakt kommt, oder für das der Blasen-, Vaginal- und
Uterinschleimhaut, wenn durch Injektion der genannten Lösung dieselbe
örtliche Wirkung bewerkstelligt wird, zutreffen. Dass dem indess nicht
so ist, beweist die einfache Thatsache, dass das Secret der catarrhalisch
afficirten Schleimhäute *zur Zeit der Heilung gar nicht dünnflüssig, sondern,* wie der Verlauf jeder Coryza nachweist, *im Gegentheil dick- und
zähflüssig* ist, und die Dünnflüssigkeit vielmehr für das Anfangsstadium
charakteristisch ist. Innerlich genommene Alkalicarbonate bessern aber
sowohl den acuten wie den chronischen Catarrh. Die Heilung kann also
unmöglich mit der schleimlösenden Kraft des etwa auf den Schleimhäuten
aus dem Blute wieder ausgeschiedenen und deren Secret beigemischten
Alkalis zusammenhängen, sondern muss in Vorgängen, welche uns unbe-
kannte Veränderungen der Schleimhaut selbst, *denen zufolge dieselbe
wieder gesunde Epithelien erzeugt,* bedingen, begründet sein. Wir haben
keinerlei Kenntniss über das Verhalten des *vasomotorischen Nervensystems*
und der unabhängig von jedem Nerveneinfluss gedachten Gefässmuscularis den Alkalien gegenüber; Hypothesen in dieser Richtung zu formu-
liren wäre leicht, aber hier nicht am Platze. Begnügen wir uns also
unter dem Bekenntniss unserer Unwissenheit mit der klinisch sicher constatirten Thatsache, dass die oben genannten Formen von Catarrhen
durch Alkaligebrauch, oder besser durch kurmässiges Trinken der Natronwässer und muriatischen (*Kochsalz enthaltenden*) Natronwässer Besserung
und Heilung erfahren. Namentlich sind letztere gegen Catarrhe der
Respirationsorgane empfehlenswerth (Salzbrunn, Giesshübel, Bilin,
Fachingen, Vichy, Ems, Karlsbad, Franzensbad, Elster). Bezüglich der meist in Händen von Specialisten befindlichen Kurmittel
von Wildungen bei Blasencatarrhen, sowie anderer Mineralwässer gegen
Fluor albus etc., ist auf die Handbücher der Balneotherapie zu verweisen.

Die V. Indikation: *Abstumpfung der Säure und möglichste Neutralisirung zu stark saurer Secrete,* schliesst sich an das eben Besprochene
deswegen eng an, weil sie bei den meisten Heilungen der auf vermehrter Säurebildung, Atonie und Flatulenz beruhenden Formen von Dyspepsie sehr wesentlich — keineswegs ganz allein — mit in Betracht

kommt. Diese Dyspepsien, bei denen Anomalien in der Secretion der den Magensaft liefernden Drüsen und der Innervation, nicht aber solche der Schleimabsonderung zu Grunde liegen, sind mit dem *chronischen Magencatarrh*, einer schweren, in profuser Schleimabsonderung, Brechneigung, aashaft stinkendem Athem, Digestionsstörung und Abmagerung sich documentirenden Krankheit, welche häufiger nach Missbrauch die Magenmucosa direct insultirender Substanzen (namentlich nicotinhaltiger), als nach Schlemmerei und Völlerei, welche Atonie und Torpor der Verdauung erzeugt, zu Stande kommt, auseinander zu halten. Bei letzterer wird durch die *reinen Natronwässer* weniger erreicht, als durch kohlensäurehaltige. Bei den Dyspepsien ist Natron bicarbonicum und kohlensaure Magnesia in Pulverform, oder Natriumcarbonat und Calciumcarbonat in Form *stark kohlensäurehaltiger Mineralwässer* am Orte. Die kalkhaltigen *kalten Wässer* haben den Vortheil, bei etwa vorhandener Diarrhö die Neigung hierzu zu vermindern, jedenfalls nicht zu vermehren. Bei Complication mit *Cardialgie* sind die Wässer *kalt zu trinken*; bei solcher mit *Atonie und Flatulenz* sind *Reizmittel* für die Magenverdauung, wie Kälte, Eisen, Kochsalz und Kohlensäure am Orte. Dem geringen Kalkgehalte von Wildungen, Lipspringe, Leuk u. s. w. hat man bezüglich dadurch bewerkstelligter Absorption von Magengasen eine zu grosse Bedeutung beigelegt; wo solche Absorbentien nöthig werden, lasse man neben den gen. Mineralwässern Kalkwasser und Holzkohlenpulver nehmen. Selbstständiger Darmcatarrh erfordert schwache, *warmzutrinkende* Natronwässer, in denen ein grösserer Gehalt an Kochsalz namentlich zu vermeiden ist (Kochbrunnen in Wiesbaden). Häufig wird aber auch damit nichts ausgerichtet und der behandelnde Arzt gezwungen, zu Opium und Adstringentien oder Ricinusöl, Rheum, Calomel etc. seine Zuflucht zu nehmen. Allgemeine warme Bäder sind nicht selten Unterstützungsmittel dieser Kur; J. Braun.

Catarrhe der Gallenwege werden durch reine, natronhaltige Wässer ebenso wenig beseitigt, wie durch den Gebrauch derselben Gallensteine gelöst werden oder der Bildung derselben vorgebeugt wird; J. Braun. Bestehender acuter Magencatarrh contraindicirt den Gebrauch des Natrum bicarbon. in allen ebengenannten Fällen. Dasselbe wird, wo es passt, zu 2—8 Grm. auf 180 Grm. Wasser und 2,5 Grm. Gummi Mimosae (*stündlich* 1 *Esslöffel*), in Pulverform mit einem Eläosaccharum, oder in Gestalt der Pemberton'schen Pillen (Natr. bicarbon. und Extr. Gentianae aa) verordnet. Von Dyspepsien abhängiger Schwindel (*Vertige stomacal*; Trousseau). Asthma und Ischias weichen dem Gebrauch der das Grundleiden beseitigenden Alkalien ebenfalls. Es erübrigt noch, der

VI. Indikation: *Anwendung der Alkalien als Antidot bei Vergif-*

tungen mit Mineral- u. a. Säuren, mit wenigen Worten Erwähnung zu thun. Gewiss klingt es sehr rationell, den Alkalien in derartigen Fällen die dreifache Rolle: als Säure bindende, Coagulation des Blutes verhindernde und den Ersatz des durch die Säure dem Blute entzogenen Alkalis vermittelnde Arzneimittel zu vindiciren.

Selbstredend müssen die Lösungen in gehöriger Verdünnung angewandt und corrodirende Salze überhaupt vermieden werden (*Natriumcarbonat*). Sehen wir jedoch zu, welchen Effekt wir in Fällen von Säurevergiftung durch die chemische Behandlung haben, so werden unsere Hoffnungen auf diese Heilmethode sehr herabgestimmt, wenn wir finden, dass wir dadurch weder den durch den Contakt der Schleimhäute mit concentrirten Mineralsäuren bewirkten Anätzungen, Verkohlungen, noch den späteren Verengerungen mit diesen Häuten ausgekleideter Organe, wie des Oesophagus, des Magens (Cardia!), noch den consecutiven chronischen Entzündungen derselben vorzubeugen vermögen, so dass die Prognose in allen einschlägigen Fällen eine sehr traurige ist und bleibt. Ueber

B. den Gebrauch der Alkalien in äusseren (chirurgischen) Krankheiten

wird nur Weniges zu bemerken sein. Wir bedienen uns dieser Mittel hier

1. als Aetzmittel bei der Behandlung vergifteter Wunden, und zwar wird in derartigen Fällen gegenwärtig wohl ausnahmslos von der Wiener Aetzpaste Gebrauch gemacht; vgl. beim Kalk.

2. Für die Behandlung der Exantheme: Lichen, Eccema, Prurigo und Pityriasis ist von Hebra, Hardy, Biett u. A. der Gebrauch allgemeiner Bäder mit Alkalien empfohlen worden. Die chronisch entzündete Haut schwillt danach etwas an, wird wärmer, ihres Epithels beraubt und permeabler. Wo die Haut, wie nach Eccema rubrum, heiss, roth und intumescirt ist, muss die Biett'sche Lösung (*vgl. Arsenik!*) in grosser Verdünnung angewandt werden (Cazenave). Auf ein Allgemeinbad rechnet man 125—250 Grm. Kali carbon. crudum. Auf die berühmten, aus in Alkohol gelöster Potassa fusa und Ol. Cadini bestehenden Hebra'schen Theerpinselungen bei Eccem werden wir bei Betrachtung der Theerpräparate zurückkommen. Um die Sensibilität herabzusetzen, wird den zu Injektionen und Collyrien benutzten Aetzkali und Aetznatronkalklösungen Opium oder ein anderes Narcoticum zugesetzt. Ein Beispiel dieser Art liefert die Girtanner'sche Injektion (0,5 Aetznatronkalk, 0,2 Opium in 635 Wasser gelöst).

Pharmaceutische Präparate.

1. Kali causticum fusum; Potassa fusa (Aetzkali; Kalihydrat: KO, HO) enthält 84 Th. Kaliumoxyd und 16 Wasser; weiss, zerfliesslich, laugenartig schmeckend, und stark ätzend. Wird in Höllensteinformen zu Stangen ausgegossen und zieht begierig Kohlensäure aus der Luft an. Nur äusserlich; liefert:

    a. Liquor kali caustici von 1,330 spec. Gewicht; nur äusserlich;

    *b. Pasta Viennensis (Natronkalk), Poudre de Vienne; man vgl. Kalkpräparate.

2. Kali carbonicum, kohlensaures Kali; Pottasche KO, HO+CO_2; in dreierlei Form als:

    a. Kali carbon. depuratum durch Umkrystallisiren der rohen Pottasche gewonnen; weiss; zerfliesslich, laugenartig schmeckend; enthält 80 % kohlensaures Kali auf 15—18 % Wasser. Darf mit Schwefelsäure behandelt keinen Schwefelwasserstoff entwickeln und durch Chlorbaryum nur wenig getrübt werden; nur zu Bädern benutzt; jedoch auch in Tr. Rhei aquos. und im Syrupus Rhei enthalten.

    b. Kali carbon. purum s. c. tartaro; durch Verpuffen des sauren weinsteinsauren Kali mit Salpeter erhalten; in Wasser leicht, in Alkohol gar nicht löslich; Silbersalpeter darf die Lösung dieses Salzes nicht trüben; Dosis 0,1—0.5 in schleimigem Vehikel.

    c. Liquor Kali carbonici: 1 Th. von 2 (b) auf 3 Th. Wasser; 6—30 Tropfen ebenso.

3. Kali bicarbonicum, zweifach kohlensaures Kali. Durch Einleiten von Kohlensäure in eine kochende Lösung von 2. und Eindampfen krystallinisch erhalten (KO, HO+2CO_2); Dosis ½—1 Grm.;

    *Potio Riverii seu effervescens; Saturation aus dem vorigen Präparat mit Citronensäure.

4. Liquor natri caustici. Aetznatronlösung; auf 100 Theile Wasser 30 NaO, HO; spec. Gew. 1,334. Nur äusserlich und zur Darstellung des löslichen Eisenoxydsaccharats (vgl. p. 26) benutzt.

5. Natrum carbonicum, kohlensaures Natron; Soda NaO, CO_2+10HO; an der Luft verwitternd; in 3facher Form als

    a. N. carbon. crudum, 33—35 % wasserfreies Salz enthaltend; z. Bädern;

    b. als N. carbon. depuratum, in 2 Th. Wasser löslich; zu 0,3—1,3 in schleimigem Vehikel und

    c. als N. carbon. siccum; d. i. N. c. depuratum nach Verlust der Hälfte Krystallwasser; Dosis 0,15—0,6 in Pillen.

6. Natrum bicarbonicum, doppeltkohlensaures Natron (NaO, HO, 2CO_2); für den internen Gebrauch alle übrigen Präparate übertreffend; krystallinisch, luftbeständig; in 14 Th. Wasser löslich; Dosis 0,5—2 Grm.

7. Trochisci natri bicarbonici; 10 Th. von 7 auf 90 Th. Zucker. Ersetzen die Pastilles de Vichy.

8. Lithium carbon. Kohlensaures Lithion; weisses in 100 Th. Wasser und Alkohol lösliches Pulver. Muss mit Salzsäure eingedampft einen in Aether und Alcohol aa löslichen Rückstand geben und in wässriger Lösung weder durch oxals. Ammoniak, noch durch Natriumcarbonat gefällt werden; Dosis 0,1—0,3 Grm.

IV. Phosphorsaure Alkalien: phosphorsaures Natron: Natrum phosphoricum.

Dieses einen Bestandtheil gewisser Mineralwässer darstellende und im Fleische, der Milch, dem Eiweiss, dem Blute, der Galle und den festen Excrementen wie im Harn*) vorkommende Salz *hat mehr physiologisches als therapeutisches Interesse.* Die Phosphorsäure bildet neutrale Salze mit 1—3 Atomen Basis und ausserdem sowohl basische, als saure Salze. Das gewöhnliche Natriumphosphat enthält statt eines Atoms Basis ein Atom Wasser und ist ein brauchbares Lösungsmittel für zahlreiche organische Substanzen.

Von besonderer Bedeutung ist die bereits oben erwähnte Fähigkeit des im Blute enthaltenen dreibasischen Salzes, 1 Atom NaO an Kohlensäure abzugeben (wobei zwei neutrale Salze entstehen) und somit ganz ähnlich dem Natriumcarbonate zum Kohlensäureträger zu werden, wobei in den Lungen für die zugeführte Kohlensäure Sauerstoff eingetauscht und den Geweben zugeführt wird. Ferner enthalten alle histogenetischen Stoffe sehr wahrscheinlich saure phosphorsaure Alkalien (wobei ein Theil PO_5 an organische Substanz gebunden zu denken ist), und ebenso ist PO_5 als Natriumsalz in allen plastischen Ausscheidungen, in welchen später phosphorsaurer Kalk entstehen soll, enthalten, also jedenfalls an der Neubildung kalk- und phosphorsäurereicher Organe mit betheiligt.

Wie gross aber auch *die physiologische Bedeutung des Natriumphosphates* sein mag, die therapeutische ist nicht gross. Phosphorsaures Natron, dessen Wirkungen nach den exakten, modernen Methoden nur zum geringeren Theile studirt worden sind, wirkt in grossen Dosen als Abführmittel, während es nach Stephenson in kleinen Gaben Sommerdiarrhöen der Kinder zu sistiren vermag. Dieses mag für gewisse Epidemien Geltung haben; in anderen äussert es, wie ich aus eigener Erfahrung weiss, diese günstige Wirkung nicht. Zu nennen sind als officinelle pharmaceutische Präparate:

a. *Natrum phosphoricum; basisch phosphorsaures Natron,* dessen salpetersaure Lösung weder durch Chlorbaryum, noch durch Silbernitrat und Schwefelwasserstoff getrübt werden darf; Dosis 0,5—2,0; als Laxans bis 30,0 Grm.

b. *Natrum pyrophosphoricum; pyrophosphorsaures Natron;* luftbeständig, krystallinisch, in 10 Theilen Wasser löslich. Dient zur Darstellung des Natrum pyrophosphoricum ferratum; cfr. p. 28 No. 23.

---

*) Ueber die Ausscheidungsverhältnisse der PO_5 im Harn unter verschiedenen Bedingungen, bez. das Verhältniss der PO_5 zum Stickstoff im Urin, lieferte jüngst Zülzer interessante physiologische Untersuchungen.

V. Chlornatrium. Natrium chloratum. Sal culinare. Küchensalz.

Auch dem Chlornatrium kommt eine grössere physiologische, als therapeutische Bedeutung — wenn wir von der hier nicht zu erörternden der Sool- und Kochsalzbäder absehen — zu. Seine ungemein grosse Verbreitung im Mineralreiche in Salzlager enthaltenden Gebirgsformationen, im Meerwasser, welches 2.5% NaCl enthält, in den Kochsalzwässern von Nauheim, Hall, Dürkheim, Wildegg, Homburg, Kreuznach, Soden (Aschaffenburg), Wiesbaden, Soden (Taunus), Kissingen, Bourbonne, Adelheidsquelle, Canstatt, Baden-Baden, sowie in den noch weit zahlreicheren Soolquellen interessirt uns an dieser Stelle weniger, als *sein* sowohl dem Vorkommen überhaupt, *als dem quantitativen Verhältniss, in welchem es vorkommt, nach constantes Vorhandensein in sämmtlichen thierischen Säften und Geweben*, namentlich im *Blute*.

Letzteres enthält 4,83 pr. Mille NaCl. im Mittel; *im Arterienblute ist mehr davon*, als im Venenblute enthalten und ebenso ist das Pfortaderblut reicher daran, als das Lebervenenblut. Genuss von stark kochsalzhaltigen Speisen oder kurplanmässiges Trinken von Kochsalzwässern erhöht den Kochsalzgehalt des Blutes, jedoch nur vorübergehend, *da der Organismus die sogleich zu besprechenden Mittel besitzt, den Ueberschuss an Na Cl fortzuschaffen und ein Kochsalzgleichgewicht herzustellen.* Wird dasselbe durch Zufügung 1—10% NaCl-Lösung zum Blute (*extra corpus*; heizbarer Objekttisch!) abnorm vermehrt, so nimmt die amöboide Bewegung der Blutkörperchen sichtlich ab und die Auswanderung derselben durch die Stomata der Gefässe wird sistirt; Rovida. Wie wichtig und für das Fortbestehen des Lebens unumgänglich nothwendig das NaCl ist, ergiebt ein einfaches Experiment an frisch aus der Ader gelassenem Blute; setzt man diesem einen Ueberschuss an NaCl zu, so wird es immer heller. Diese Beobachtung zusammengehalten mit der Thatsache, dass die Farbensäula des Blutes von der Gestalt der Blutkörperchen abhängt, führt von selbst zu dem Schluss, *dass ein bestimmter Procent-Gehalt des Blutes an Na Cl dazu gehört, die Blutkörperchen gerade in der Form, an welche ihre physiologischen Funktionen geknüpft sind, zu conserviren*, wie es überhaupt die Bildung und Conservirung derjenigen Zellen, welche die Hauptbestandtheile normaler und pathologischer Transsudate bilden und dabei keine plastische Bestimmung zu erfüllen haben, befördert; J. Braun. Die hohe physiologische Bedeutung eines bestimmten Kochsalzgehaltes für die normale chemische Zusammensetzung und somit die Funktionsfähigkeit des Blutes ergiebt sich ferner daraus, dass nicht nur *die Lösung des Fibrins im Blute und des Albumins sowohl im Serum, als in den Necreten von dem in vorwiegender Menge daselbst vorhandenen Na Cl bewirkt wird*, sondern auch die Fähigkeit des Blutes, *Kohlensäure zu absorbiren* dem Kochsalzgehalte desselben adäquat zu- und abnimmt. Da der Harnstoff mit dem untrennbaren Begleiter desselben, dem NaCl ein wohl charakterisirtes Doppelsalz bildet (*im Fleische fehlen beide*; J. v. Liebig), so kann man sich wohl Liebigs Annahme, dass die Aufnahme und der Uebergang des Harnstoffs ins Blutgefässsystem und seine Eliminirung durch die Nieren mit dem Vorhandensein des

NaCl im thierischen Organismus innig verknüpft sei, ausschliessen. Hiermit hängt es offenbar zusammen, dass *je weniger Kochsalz mit den Nahrungsmitteln eingeführt, oder je mehr dieses Salz für pathologische Transsudate oder physiologische Zellenbildung verwandt wird, um so geringer die Harnstoffausscheidung,* und je mehr Kochsalz dem Blute zugeführt wird, um so höher die Harnstoffausscheidung — bez. der Kochsalzgehalt des Harns — ausfällt. Doch *tritt die Vermehrung des Harnstoffs im Harn nicht sofort mit der Vermehrung des Kochsalzes im Harn auf,* sondern erst in der letzten Periode der Kochsalzausscheidung, um, nachdem der NaCl-Ueberschuss grösstentheils entfernt ist, ihr Maximum zu erreichen. Somit ist die thierische Oekonomie behufs Bewahrung des Kochsalzgleichgewichtes in den Stand gesetzt, sowohl bei mangelnder Kochsalzzufuhr oder abnormer Consumtion Kochsalz zu ersparen, als bei vorhandenem NaCl-Ueberschuss letzteren für die Umbildung von Proteinstoffen im Harnstoff zu verwerthen und nach dieser Verwendung in Form von *Harnstoff-Chlornatrium* zu eliminiren. (Nach Klein und Verson vermag der Organismus sogar, einen Kochsalzvorrath theils im Blute, theils in den Geweben aufzuspeichern, aus welchen er bei Entziehung kochsalzhaltiger Nahrung wieder ausgelaugt wird). Wenn hiernach NaCl die retrograde Stoffmetamorphose bedeutend befördert, so ist es doch vom kohlensauren Alkali und den Sulfaten darin zu seinem Vortheil unterschieden, dass es neben der rückbildenden auch conservirende Eigenschaften *) besitzt, welchem zufolge — es sei denn, dass Darmcatarrhe und Dyspepsien coincidiren — nach Kochsalzkuren zwar *eine geringe Abnahme des Fetts, aber kein Absinken des Körpergewichts und vielmehr allgemeines Wohlbefinden* beobachtet wird. Endlich ist noch auf einen sehr wesentlichen Effekt des gleichbleibenden NaCl-Gehaltes des Blutes: *die Begünstigung der Aufsaugung der Produkte der Darmverdauung per endosmosin in das Blut,* aufmerksam zu machen. Das Blut kann hierbei als Salzlösung, welche an Concentration die meisten thierischen Flüssigkeiten übertrifft, betrachtet und das Gefässsystem als ein vermöge des Kochsalzgehaltes und der Gesetze der Endosmose wirkender Saugapparat gedacht werden. So lange nun das *(niedrige)* endosmotische Aequivalent des Blutes das normale bleibt, wofür durch die oben erwähnten compensatorischen Vorgänge gesorgt ist, wird dieser Saugapparat normal arbeiten und das Vonstattengehen von Resorption und Secretion das gesundheitsgemässe bleiben können. Es erübrigt hiernach, auf die Modifikationen, welche die vitalen Funktionen durch den Uebergang des NaCl ins Blut erfahren, einzugehen. Von der Verdauung und Harnsecretion abgesehen, sind dieselben wenig in die Augen springend (Athmung, Blutkreislauf, Blutdruck und Wärmeregulirung werden dabei nicht verändert!), ein Umstand, welcher die Thatsache, dass NaCl mehr ein diätetisches, als ein zur Beseitigung von Krankheitssymptomen brauchbares Heilmittel darstellt, wohl zur Genüge erklärt. Anlangend

1. die Verdauung, so hat Gegenwart von mehr NaCl im Speichel

---

*) Diese ergeben sich in dreifacher Weise: a. aus der die Zellbildung befördernden Eigenschaft des in alle Secrete, Transsudate u. s. w. übergehenden NaCl; b. aus der Betheiligung der aus dem NaCl des Blutes stammenden Chlorwasserstoffsäure des Magensaftes an der Magenverdauung, und c) aus der begünstigenden Wirkung des als solches im Magensafte enthaltenen NaCl auf die Verdauung der Amylaceen und Eiweisskörper.

zwar nicht Saccharifikation von mehr in der Nahrung zugeführtem Stärke-mehl, wohl aber rascheren Uebergang des gebildeten Zuckers ins Blut zur Folge (Wischnewsky). Ebenso bewirkt Zusatz von NaCl zu dem Organismus einzuverleibenden Kalksalzen, schnellere Resorption und schnel-leren Uebergang der letzteren ins Knochengewebe. Wurde anstatt NaCl Chlorkalium zugesetzt, so wurde mehr Kalk in den Faeces aufgefunden. NaCl reizt die Magenschleimhaut, bewirkt Absonderung von mehr Magen-saft und erhöht die Esslust, vorausgesetzt, dass auch im Magensafte ein gewisser NaCl-Gehalt nicht überschritten wird. *Indem sich das Kochsalz-gleichgewicht auch auf den Magensaft erstreckt, wird derselbe befähigt, allen perversen Gährungsvorgängen vorzubeugen und das Verdauungsgeschäft normal zu verrichten.* Gegenwart von zuviel NaCl im Magen zieht da-gegen Dyspepsie nach sich. Von der Beförderung der Aufsaugung von Peptonen und anderen Verdauungsprodukten von der Darmschleimhaut aus bei normalem NaCl-Gehalte des Blutes war oben ebenso die Rede, wie davon, dass gen. Salz jedenfalls das Hauptmaterial für die im Magen-safte nachweisliche freie Chlorwasserstoffsäure (an deren Gegenwart die Wirkung des Pepsins gebunden ist) darstellt.

2. Die Harnsecretion wird unter Kochsalzgebrauch vermehrt; Kochsalz ist ein *Diureticum* (Voit), die Erklärung dieser Thatsache (aus der innigen Beziehung des NaCl zum Harnstoff u. s. w.) folgt aus den vorstehenden physiologischen Bemerkungen von selbst; doch ist zu be-tonen, dass Harnstoffvermehrung auch bei NaCl-Mangel stattfinden kann; Kaupp, Klein und Verson: vgl. oben. Nach Voit bedingt Aufnahme von NaCl vermehrte Wasseraufnahme, vermehrte Parenchymsaftströmung. vermehrten Stoffwechsel und somit auch vermehrte Diurese.

3. Haut und Schleimhäute werden nur bei langem Contakt der-selben mit NaCl-Lösung unter Entstehung von Brennen gereizt. Als

Indikationen des Chlornatriumgebrauchs

werden folgende, grossentheils aus den physiologischen Betrachtungen sich von selbst ergebende aufgeführt. Wir geben hiernach NaCl als Arzneimittel

I. um *Atonie der Magensecretion*, sie sei Begleiterin von Dyspepsie oder Magencatarrh, oder Folge von Anämie und Atrophie zu beseitigen und durch Zu-führung besser vorbereiteten Speisebreis *die Darmfunktionen bei mangelhafter Thätigkeit des Darms zu bethätigen;*

II. um Absonderungen und Neubildungen, welche durch zahlreiche Zellenbil-dung charakterisirt sind (Schleim, Eiter), zu reifen; J. Braun;

III. um die *resorbirende Thätigkeit des Gefässsystems zu erhöhen* — zu dem Zweck der Resorption pathologischer Produkte oder der Anregung der progressiven Stoffmetamorphose;

IV. um *regressiven und progressiven Stoffwechsel unter Zunahme der allge-meinen Ernährung zu bethätigen;*

V. *um Blutungen zu stillen* und
VI *um in Fällen von Silberrergiftung durch Nachtrinkenlassen von NaCl-Lösung unlösliches und nicht corrodirendes Chlorsilber zu bilden — als Antidot des Silbers.*

Von diesen 6 Indikationen werden die ersten 4 ausnahmslos zur Beseitigung von Dyspepsien, chronischen Magencatarrhen und Magengeschwüren, chron. Darmcatarrh, Abdominalplethora, Leberkrankheiten, Schwellungen der Milz, Catarrhen, Tuberkulose, bei Gicht, Rhachitis, Scrofulosis, Ovarialtumoren und chronischen Infarkten des Uterus nur auf dem Wege *kurplanmässigen Gebrauchs von Kochsalzwässern* und Soolbädern in den betr. Badeorten erfüllt; es muss daher bezüglich derselben auf die balneologische Litteratur verwiesen werden.

V. Die blutstillende Wirkung des NaCl ist, namentlich bei Hämoptoë, klinisch wohl constatirt. Zu ihrer Erklärung lässt sich geltend machen, dass 1. *Reizung der sensiblen Nervenäste im Magen Gefässcontraktion,* welche bei Blutung aus einem corrodirten Gefäss der Lunge u. s. w. günstig wirken kann, *nach sich ziehen;* dass 2. *kleine Mengen HCl sich aus dem NaCl bilden.* in das Blut übergehen und dasselbe coaguliren könnten, und 3. dass bei Gegenwart derselben Säure gerade der Lungenkreislauf, was betreffs der Hämoptoë in Betracht kommt, bis zum Aufhören verlangsamt und unterdrückt wird; allein mit Ausnahme des ersten Punktes, — welcher wieder, was nicht wünschenswerth ist, Ansteigen des Blutdrucks nach sich ziehen müsste, schweben all diese Annahmen vorläufig in der Luft. Daher thun wir besser, unsere Unkenntniss über das Zustandekommen der blutstillenden Wirkung des NaCl frei einzugestehen. Bei allen Arten von Blutungen aus inneren Organen leistet Trinkenlassen concentrirter Chlornatriumlösung — als Unterstützungsmittel anderer blutstillender Medikamente häufig gute Dienste. Ueber ·

VI. Die antidotarische Wirkung des Chlornatrium bei Silbervergiftung haben wir Obigem nur noch zuzufügen, dass wenn Höllenstein in Stangenform, wie es bei Unglücksfällen während der Aetzung der Tonsillen, des Velum pal. etc. mehrfach geschehen ist, in den Magen gelangt ist, zu allererst Sorge dafür getragen werden muss, dass der Stift durch nachgetrunkenes Wasser oder Ausspülung mittels Magenpumpe gelöst und dann erst Chlornatrium nachgetrunken oder nachgespritzt wird. Immerhin bleibt die Prognose der Silbervergiftung, falls grössere Mengen dieses Metalls eingeführt worden sind, sowohl der örtlichen, als der entfernten Wirkungen desselben auf das Nervensystem wegen, eine sehr dubiöse. Das Fortlassen der NaCl würde gleichwohl ein Kunstfehler sein.

Es erübrigt nur noch einiger örtlichen Applikationsweisen
der NaCl in Krankheiten kurz Erwähnung zu thun. Hierher gehört
diejenige

1. *bei Ozaena* in Form der Weber'schen Nasendouche; bei Nicht-
complikation mit Syphilis genügt consequente Anwendung dieser Methode,
die intensivste Stinknase zu heilen;

2. *bei Stomatitis mercurialis* ist NaCl innerlich zu 5,0 Grm. pro
die von Laborde dringend empfohlen worden; es könnte dies höchstens
zur Unterstützung anderer örtlich applizirender Mittel am Orte sein;
Gurgeln mit chlorsaurem Kali u. s. w. kann durch das intern angewandte
NaCl nicht ersetzt werden. Dagegen sind

3. *bei Luftröhren- und Bronchialcatarrhen* (auch Tuberkulöser)
Inhalationen fein zerstäubter, mit einer Prise NaCl versetzter Kuhmilch
von grossem Nutzen; in der hiesigen Klinik habe ich zahlreichen Phthisikern dadurch Erleichterung verschafft. Endlich sind

4. gegen N e s t e l w ü r m e r Klystiere mit Kochsalz vielfach empfohlen;
sie schaden jedenfalls nicht; doch dürften sie durch die eigentlichen wurmwidrigen Mittel entbehrlich werden.

Endlich ist noch der Gebrauch des NaCl und der Kochsalzwässer
bei *Urethral- und Vaginalblenorrhöen, scrofulösen Ophthalmien, zum*
Verband schlecht secernirender Geschwüre und zur Beseitigung scrofu-
löser Drüsentumoren (Ueberschläge) zu gedenken. Soweit derselbe nicht
von den Aerzten in Sool- und Kochsalzwasserbädern geübt wird, findet
derselbe kaum noch warme Vertheidiger.

N a t r i u m ,c h l o r a t u m p u r u m. Chlornatrium ist in 2,8 Th. Wasser in der
Kälte löslich, deerepitirt über Kohlen, muss neutral reagiren und darf durch Schwefelwasserstoff, Schwefelammon, oxalsaures Ammon, salpetersauren Baryt und Natriumcarbonat nicht getrübt werden. Messerspitzen- und theelöffelweise; gegen Blutungen
1—2 Esslöffel in Wasser gelöst und innerlich genommen; ¹/₄—1 Pfund zu Halb-,
2—6 Pfund zu Allgemeinbädern; zu Umschlägen beim Wundverband. Die Wirkung
der Kochsalzwässer rührt nicht allein vom NaCl-Gehalt, sondern gleichzeitig von
gelöster Kohlensäure u. a. m. her.

VI. Calcariae praeparata. Kalkpräparate.

Die chemische Natur eines Oxydes des K a l k e r d e m e t a l l s (*Cal-*
cium: Ca) wurde erst von Davy 1808 erkannt und der phosphorsaure
Kalk in den Knochen von Scheele (1769) entdeckt. Den Alten waren
ausser dem Marmor drei Arten des gebrannten Kalks bekannt. In der
unorganischen Natur ist der Kalk neben der Kieselsäure am meisten
verbreitet in erdigen Gesteinen, Gebirgen und den indifferenten, kalkhaltigen Mineralwässern. Das nämliche gilt vom Pflanzenreiche: Salsola

kali ist die einzige völlig kalkfreie Pflanze. Während in den Pflanzen das Calciumoxyd vielfach an organische Säuren, Chlorwasserstoffsäure, Salpeter- und Kohlensäure gebunden ist, herrscht im Thierkörper, besonders in den das Knochengerüst desselben aufbauenden Gewebselementen desselben, der phosphorsaure Kalk vor.

Alle zum Aufbau des Thierkörpers geeigneten Blasteme enthalten nämlich die genannte Kalkverbindung, welche zu einem Theil aus der Nahrung stammt und zum andern Theile im Organismus selbst in der Weise gebildet wird, dass die osteogenen Substrate verhältnissmässig reich an Kalkcarbonat sind; dass aus den oxydirten Proteinsubstanzen und den phosphorhaltigen Bestandtheilen des Nervensystems und Blutes (*Lecithin*, *Protagon*) Phosphorsäure gebildet und zugeführt wird, und endlich dadurch dass, indem die CO_2 durch die Phosphorsäure verdrängt wird, phosphorsaurer Kalk resultirt. Die Richtigkeit dieser Angaben wird durch die Bildung des Knochengerüstes des Hühnchens im bebrüteten Ei erhärtet. Von der Eischale aus wird beständig Kalkcarbonat, vom (zersetzten und oxydirten) Lecithin des Dotters her aber Phosphorsäure, als Material für die für die Ossifikation erforderliche phosphorsaure Kalkerde zugeführt; Lassaigne. Kalksalze sind in allen Secreten (*Speichel, Galle, Harn*) enthalten; an dem für die Phosphatbildung erforderlichen Kalk fehlt es daher in den seltensten Fällen; im Trinkwasser und mit den Proteinsubstanzen verbundener phosphorsaures Kalk nicht nur, sondern auch in vegetabilischer Kost enthaltener gelangt in so grossen Mengen in den Organismus, dass es sich, wie Stiebel, welcher im Blute rhachitischer Kinder genügende Mengen Kalk fand, nachwies, bei mangelhafter Ossifikation des knorpeligen Knochengerüstes nur in den seltensten, physiologischen Bedingungen nicht entsprechenden Fällen um Mangel des Bildungsmaterials handelt, und vielmehr *entweder die Resorption der im Tractus enthaltenen Kalksalze sistirt ist, oder endlich der für das Vonstattengehen der normalen Ossifikation nothwendige Reiz der knochenbildenden Substrate des Thierkörpers,* ohne welchen selbst nach gehöriger Resorption des erforderlichen Materials der Verknöcherungsprocess ein mangelhafter bleibt', *fehlt.* Die interessanten Versuche Wegeners, welcher durch monatelange Einverleibung minimaler Mengen Phosphors bei jungen, übrigens in gewöhnlicher Weise gefütterten Thieren eine wahre Hypertrophie des Knochengewebes, d. h. anstatt spongiösen Knochengewebes ein vollkommen solides, compaktes, der Rinde der Röhrenknochen gleichendes Gewebe zu erzeugen vermochte, illustriren den oben ausgesprochenen Satz in schlagendster Weise. *Ein Plus an Kalk wird durch den Harn aus dem Körper fortgeschafft;* *bei animalischer Kost wird daher viel, bei antiphlogistischer Diät wenig Kalkphosphat mit dem Nierensecret eliminirt. Schwangere* im 6.—8. Monat, welche viele Kalksalze an das zu bildende Knochengerüst des Foetus abgeben müssen, *lassen besonders kalkarmen Harn.*

Pathologisch kommt diese Verminderung des Kalkgehaltes des Urins bei fieberhaften Krankheiten, Neurosen, Rückenmarks- und Nierenleiden, eine ·*Vermehrung* der Kalkausscheidung dagegen bei Rheumatismus, Rhachitis und Osteomalacie (hier findet ein *Erweichungsprocess, bei welchem die Knochenerde durch Milchsäure aufgelöst wird, statt;* O. Weber) vor. Der überhaupt nicht resorbirte Kalk aus der Nahrung oder

arzneilichen Kalkpräparaten verlässt den Thierkörper analog dem überschüssigen Eisen mit den Faeces.

Die Kalksalze, bis auf das nicht officinelle, leicht lösliche Chlorcalcium, sind durch *ihre schwere Löslichkeit in Wasser*, ihre Unlöslichkeit in Alkohol und ihre Füllbarkeit auch in verdünntester Lösung durch
Kohlen-, Oxal- und Schwefelsäure charakterisirt. Sie stellen weissliche
oder weisse, geschmack- und geruchlose Pulver dar. In kohlensäurehaltigem Wasser und Milchsäure lösen sie sich leichter. Man nimmt
an, dass Kalk als im alkalischen Serum lösliches Albuminat im Blute
enthalten ist.

Ueber die physiologischen Wirkungen der Kalksalze ist zu
bemerken, dass

1. Aetzkalk und Schwefelcalcium die *Haut* und andere thierische
Gewebe unter Wasserentziehung *anätzt und zerstört*; innerlich gegeben
wirken diese Verbindungen als *corrosive Gifte.*

2. Aetzkalk und Kalkcarbonat theilen die Eigenschaft der Alkalicarbonate, *die freie Säure des Magens bis zu einem gewissen Grade,
jedoch niemals soweit abzustumpfen, dass der Magensaft alkalisch wird.*

3. Kalkwasser *löst zähschleimige Secrete* — bei directem Contakt! —
selbst *croupöse* Membranen werden dadurch gelöst; Küchenmeister. In
den unter 1—3 erwähnten Wirkungen nähert sich der Kalk den Alkalien.

4. Kalkwasser *setzt die Sensibilität damit in Contakt kommender
Schleimhäute herab;*

5. ausserdem *beschränkt es die Absonderung des Darms* — vielleicht unter Bildung einer impermeablen Schicht (*wie Tannin*) — und
verlangsamt die Peristaltik.— Wirkungen, welche die Kalksalze mit den
Verbindungen der schweren Metalle: Zink, Kupfer, Blei etc. gemein
haben.

6. Kalk wird *zum Theil resorbirt* (der Ueberschuss geht mit den
Faeces fort) und soll die Secretion auch anderer Drüsen, als derjenigen
des Darms vermindern.

7. *Die Elimination des resorbirten Kalks besorgen die Nieren;* der
Harn kann hierbei alkalisch werden.

Ueber die Modifikationen, welche die vitalen Funktionen durch den
Uebergang des Kalks in die Blutbahn erfahren, ist nichts bekannt, wohl
aber nachzutragen, dass Kalk bis zu einem gewissen Grade *gährungswidrige und desinficirende* Wirkungen äussert. Bei ihrer Unlöslichkeit
vermögen kaustischer und kohlensaurer Kalk Fermente darstellende
kleinste Organismen einzuhüllen oder nach Art der gepulverten Kohle
mechanisch aufzusaugen und ausser Thätigkeit zu setzen. Aus Vorstehen-

dem ergeben sich die Indikationen der Kalksalze von selbst. Es sind dieses folgende:

I. Abstumpfung eines vorhandenen Ueberschusses an freier Säure im Magen;

II. Verminderung profuser Secretion von Schleimhäuten und Drüsen;

III. Lösung zähen Schleims oder albuminöser, fibrinöser etc. Exudate auf Schleimhäuten;

IV. Verminderung der Peristaltik des Darms; gleichzeitig häufig Desinfektion des Magen-Darminhalts;

V. Zuführung von Kalk, wenn die thierische Oekonomie desselben ermangelt und

VI. alle Anzeigen für Anwendung ätzender, adstringirender, austrocknender und örtlich die Sensibilität herabsetzender Mittel.

Ehemals wurde die *alkalische Natur der Kalkverbindungen* ganz besonders betont und dieselben gegen Lithiasis (Jane Stephenson erhielt sogar vom Parlament 1739 fünftausend Livers für ein der Hauptsache nach aus gepulverten Eierschalen bestehendes Geheimmittel gegen den Stein), Arthritis, Diabetes mellitus und Rheumatismus ganz so wie dieses bei Betrachtung der Alkalicarbonate auseinandergesetzt worden ist, empfohlen. Trotz Kissel's und Maach's etc. neueren Lobpreisungen dieser Medikation darf dieselbe zur Zeit wohl als obsolet betrachtet werden. Gehen wir hiernach obige Indikationen genauer durch, so haben wir auf

I. *die Anwendung der Kalkpräparate als überschüssige Säure im Magensaft abstumpfendes Mittel* unser Augenmerk zu richten. Hier sind es besonders 1. mit Brechneigung, Tympanites und Diarrhöe complicirte Fälle von Dyspepsie, wo der Kalkgebrauch mehr, als selbst derjenige der Alkalicarbonate leistet. Van Swieten wollte diesen Effekt lediglich aus der Alkalisirung des zuvor so stark sauren Magensaftes erklären; wir wissen jedoch, dass gen. Saft unter keinen Umständen alkalisch wird; folglich kann das günstige Resultat der Kalktherapie in den gen. Fällen nicht rein chemiatrisch gedeutet, sondern es muss ausserdem (*neben der Säurebindung!*) auch auf die gährungswidrige Eigenschaft des kleinste, gährungerregende Organismen durch Wasserentziehung vernichtenden Kalks, *Deckschichtbildung*, wodurch das vom Kalk nach Art aufgestreuten Kohlenpulvers mechanisch eingesogene Secret von Insulten der bereits in Reizungszustande begriffenen Darmschleimhaut abgehalten und sowohl *Secretion*, als *Sensibilität* der gen. Mucosa *herabgesetzt* wird, und sehr wahrscheinlich auch auf durch den directen Contakt mit Kalk hervorgerufene Modifikationen der Circulation der Darmschleimhaut Bezug genommen werden. Da ferner Dyspepsien gewisse Constitutionskrankheiten, namentlich das dyspeptische Stadium der Rhachitis, die Arthritis etc. begleiten und durch Kalkwasser oder kalkhaltige Mineralwässer ein Heilerfolg gegen diese Dyspepsien erzielt wird, so hielt man die Indicatio morbi für erfüllt, wo es sich lediglich um Erfüllung der Indic. symptomatica handelt und legte den Kalkwässern specifische Heilwirkungen gegen Krankheiten bei (vgl. unten p. 55), welche ihnen gar nicht

zukommen. Hiermit soll nicht in Abrede gestellt werden, dass Kalk
namentlich bei Rhachitis, unter Umständen Vorzügliches leistet. In der
Regel zusammen fällt die Erfüllung der

II. und III. Indikation: *Verminderung profuser Secretion von
Schleimhäuten und Drüsen mit derjenigen der Verlangsamung der Peristaltik des Darms.* Denn die hier in Betracht kommenden Krankheiten sind

1. in erster Linie chronische Diarrhöen, namentlich dysenterischer
Natur, bei Erwachsenen und Kindern. Zur Prophylaxe der *Sommerdiarrhöen* kleiner Kinder empfiehlt sich Zusatz 1 Esslöffels Kalkwasser
auf eine gewöhnliche Saugflasche Milch sehr. Auch *Kalkwasserklystiere*
(100—200 Grm. fr. Erwachsene) mit 1—2 Tropfen Opiumtinctur leisten
hier Vorzügliches. Ebenso sind

2. zur Beschränkung von Lungen- und Harnblasenschleimflüssen
Inhalationen im ersteren und Injektionen in die Harnblase im letzteren
Falle von Bretonneau, Trousseau u. A. gerühmt worden.

IV. *Behufs Lösung zähen Schleims und fibrinöser oder albuminöser
Exsudate* findet Kalkwasser gegenwärtig nur selten Anwendung. Nachdem Küchenmeister die Löslichkeit ausgestossener Croupmembranen in
Kalkwasser constatirt hatte, empfahl derselbe Inhalationen dieses Wassers bei
genannter Krankheit um der Neubildung der Pseudomembranen vorzubeugen.
Es ist indess ein grosser Unterschied zwischen der Auflösung gen. Häute in
Kalkwasser extra corpus und während des Verweilens bez. der Bildung
derselben in den Trachealverzweigungen. Weder Inhalationen, noch Gurgelungen, noch Bepinselungen können letzteren Falles den Uebelstand
vermeiden, dass schon in der Mundhöhle, oder wenn, wie ich es versucht,
nach gemachter Tracheotomie direct durch die Canüle zerstäubtes Kalkwasser eingeathmet wird, in der Trachea und den grossen Bronchis sich
soviel Kohlensäure aus der Exspirationsluft dem Kalkhydrat beimischt,
dass dieses in kaum noch lösliches und in genannter Richtung völlig un-
wirksames Carbonat verwandelt wird. Trotzdem, dass die Kalkwasser-
behandlung des Croup und der Diphtheritis, wie jede neuaufkommende
Methode ihre Verehrer gefunden hat, ist man ihrer sich auch in praxi
bewährenden Unzuverlässigkeit wegen, doch in neuerer Zeit immer mehr
davon zurückgekommen und hat der Brom- und Milchsäurebehandlung
den Vorzug gegeben.

V. *Die Zuführung von Kalk, wenn sich ein Mangel desselben im
Haushalte des Organismus herausgestellt hat*, erschien und erscheint
Manchen noch als die oberste, zuverlässigst zu erfüllende und voraussichtlich
stets die Heilung der auf mangelhafte Kalkzufuhr und ausbleibende Ossifikation des mehr knorpligen Knochengerüstes bei jugendlichen Individuen

zu beziehenden Krankheiten ermöglichende Indikation des therapeutischen Gebrauchs der Kalkpräparate.

1. Hier ist in erster Linie die Rhachitis zu nennen. Drei Umstände, nämlich a. *Armuth der Nahrung an Kalkphosphat;* b. *abnorm vermehrte Ausscheidung desselben* durch den Harn und c. *incomplete Resorption der* aus der Nahrung in die ersten Wege gelangenden *Kalksalze können ein Kalkdeficit bedingen.* Dass der Punkt a. Rhachitis im Gefolge hat, beweisen Chossat's und Roloff's Versuche über die Entstehung der Knochenbrüchigkeit bei mit kalkarmem Wiesenheu gefüttertem Rindvieh ebensowohl, wie die von Mouriès und E. H. Richter angestellten Ermittelungen über den Kalkgehalt der von der ärmeren Bevölkerung eingenommenen Nahrung, wonach in eben dem Maasse, als der Kalkgehalt der letzteren abnimmt, die Zahl scrofulöser und rhachitischer Kinder wächst. Von der als Norm angenommenen *Kalkphosphatmenge von 6 Grm. kommt pro Kopf der Stadtbevölkerung häufig die Hülfte in Wegfall*, und dieses Deficit wird ebenso wie bei Schwangeren, welche viel Kalk zur Bildung des Knochengerüstes des Foetus abgeben müssen, durch Kalkmedikation aller Voraussicht nach ausgeglichen werden können. Aber, schon die weitere Beobachtung, dass *rhachitische Kinder abnorm viel Kalkphosphat mit dem Harn entleeren*, sollte den Schluss nahe legen, dass doch eigentlich mit der Nahrung nicht allzuwenig Kalk eingeführt werden könne und bei der mangelhaften Ossifikation noch andere Momente in Betracht kommen müssen, ganz abgesehen davon, *dass*, wie oben gezeigt wurde, *nicht alles Kalkphosphat aus der Nahrung stammt, sondern ein Theil desselben im Organismus gebildet wird.* Ausser der Kalkzufuhr durch die Nahrung wird es sich auch um *normale Resorption* der im Darmsafte in löslichem Zustande enthaltenen Kalksalze handeln, wenn dieselben dem zu verknöchernden Knochengerüste zu Gute kommen sollen. *Können wir aber diesen versuchten Uebergang per os einverleibten Kalkphosphats in das Blut dadurch erzwingen, dass wir immer und immermehr Kalk einführen?* gewiss nicht; denn es geht in diesem Falle nur abnorm viel Kalk (unverbraucht) in die Faeces über. Endlich, vorausgesetzt selbst, dass bei Rhachitis, wie Stiebel gefunden hat, die normale Menge Kalk im Blute vorhanden ist, werden wir immer nur dann verbesserte Ossifikation *erzielen, wenn die osteogenen Substrate in normaler Weise gereizt, bez. zu ihrer gesundheitgemässen Thätigkeit angeregt werden.* Aus diesen Betrachtungen folgt zugleich, dass nichts den bei Rhachitis in der Regel obwaltenden Verhältnissen weniger entspricht, als ein schablonenmässiges Einführen irgend welchen Kalkpräparates, von den gepulverten, getrockneten Knochen bis zum frisch gefällten Kalkphosphate, um mit dem Ersatz

der angeblich mangelnden Kalkzufuhr der Indicatio morbi Genüge zu
thun. Nur wo letzterer Mangel, wie bei der armen Stadtbevölkerung,
thatsächlich zutrifft und die fast nie fehlenden *Digestionsstörungen*, welche
allerdings durch das säureabstumpfende Kalkwasser Besserung erfahren
können, nicht so in den Vordergrund treten, *dass eine Resorption grösserer Kalkmengen überhaupt zweifelhaft erscheinen muss*, ist der Kalk
neben guter Ernährung, Luftdiät und zweckentsprechendem Régime indicirt. Zusatz von Chlornatrium oder Eisenoxydsaccharat (*als appetit-
erregende Mittel*) bewirkt, dass Kalksalze besser assimilirt werden. Empfehlenswerth ist auch der Gebrauch des besonders in Frankreich allgemein üblichen Decoctum album Sydenhamii: 10 Grm. geglühtes und
gepulvertes Hirschhorn, 20 Semmelkrume, 10 Gummi arabic., 60 Zucker,
10 aqu. flor aurant auf 1 Liter Wasser Colatur. Aber auch dieses heilt
„*durch Düngung des kindlichen Organismus mit Kalk (Beneke)*" nur die
auf thatsächlichem Mangel an Kalk in der Nahrung beruhenden, uncomplicirten Fälle von Rhachitis ebenso wie Alkalicarbonat nur den sogen.
kleinen, auf Nichtoxydation des aus der Nahrung stammenden Zuckers
beruhenden Diabetes mellitus in Genesung überführt. Es gehört hierher ferner

2. bei Schwangeren sich herausstellender Kalkmangel,
welcher ebenfalls Krankheitserscheinungen hervorrufen kann. Letztere
sind wohlgemerkt von denen der Osteomalacie durchaus verschieden, einer
Krankheit, gegen welche, sofern ihr Knochenentzündung und Auflösung
der Kalkverbindungen im Knochengewebe durch Milchsäure zu Grunde
liegt, Kalkbehandlung nichts leisten kann. Sehr fraglich ist letzteres
bezüglich

3. der Lungentuberkulose, trotzdem, dass man den Erfolg des
Lippspringer Wassers diesem Leiden gegenüber auf den Kalkgehalt desselben und die durch letzteren bedingte Beförderung der Verkalkung der
Tuberkeln zurückzuführen bemüht gewesen ist. Allein es spricht gegen
diese Annahme die Thatsache, dass andere, kalkreiche Mineralwässer nicht
nur weniger als Lippspringe, sondern sogar nichts gegen Lungentuberkulose leisten. Dagegen hat Beneke gefunden, dass es *Phthisiker* giebt,
bei welchen abnorm wenig Kalk in den Harn übergeht, ein *Mangel an
in der Nahrung vorhandenem oder resorbirtem Kalk also sehr wahrscheinlich ist.* Vielleicht bringt Kalk oder kalkhaltiges Mineralwasser in
solchen Fällen auch dadurch Nutzen, dass es in angegebener Weise Dyspepsien beseitigt, eine Deckschicht auf exulcerirten Parthien des Darms
herstellt, daselbst vorhandene Gährungserreger vernichtet und die Neigung
zu Diarrhöen beseitigt. Endlich ist

VI. *der Gebrauch des Kalks als Aetzmittel* und *Heilmittel bei Haut-*

krankheiten zu betrachten. Hierzu dienen ausnahmslos der kaustische Kalk in Substanz oder als Kalkwasser, die Wiener Aetzpaste oder andere zusammengesetzte Präparate und sind die Anwendungen in genannter Richtung:

1. die als Aetzmittel oder Moxa. Geätzt wird besonders mit der Wiener Aetzpaste, zur Entfernung von Muttermälern, Warzen, lupösen Auflagerungen, Zerstörung von Gift in Wunden etc. Zur *Moxa* lässt man an der betreffenden Hautstelle ein kreisrundes, in der Mitte ausgeschnittenes Stück Pappe mit Heftpflaster appliciren, bringt erst ungelöschten Kalk und dann einige Tropfen Wasser in diesen modificirten *Pflasterkorb* und erzeugt, indem sich der Kalk löscht, eine T. von 187⁰.

2. Zur Epilation wird Schwefelwasserstoffgas in Kalkmilch geleitet und von dem so gebildeten, unreinen Schwefelcalcium eine 2—3 Millimeter dicke Schicht ebensoviele Minuten lang aufgelegt und dann abgewaschen; bei Tinea capitis.

3. Gegen Krätze ist oder war die Vleminckx'sche Abkochung von Calx. viv. ℔i, Sulfur ℔ii, Aquae ℔.XX auf ℔.XII berühmt; in unseren Krankenhäusern und Lazarethen hat sie der Storax verdrängt. Endlich

4. gegen andere Hautkrankheiten, wie Herpes, Eccema. Pemphigus und Erysipelas ist der lokalen Behandlung mit einer Mischung aus gleichen Theilen Kalkwasser und Mandelöl von zahlreichen Autoren das Wort geredet worden, jedoch in der Neuzeit in Vergessenheit gerathen. Nur bei Verbrennungen hat das *Liniment Velpeau* (1—3 Kalkwasser: 4 Olivenöl), oder das *Glycerolé Bruyne:* (Calcar. rec. praec. 3,0 Glycerin 150 Aetheris anaesth. 0,3) bei denen, welche nicht dem Watteverbande den Vorzug geben, sein altes Renommé bewahrt. Der Erfolg dieser Externa ist ein frappanter.

Pharmaceutische Präparate.

1. **Calcaria usta**, Kalkhydrat; Aetzkalk; CaO, (= $\begin{matrix} HO\,CaO \\ HO\,CaO \end{matrix}\Big|\,CO$ ist grauweiss; pulverförmig; es ist nur vor dem Knallgasgebläse zum Schmelzen zu bringen; in 800 Th. Wasser von 15⁰ und 1270 Theilen siedenden Wassers löslich. Mit wenig Wasser befeuchtet verbindet es sich unter Wärmeentwicklung, laugenartigem Geruch und Decrepitiren mit Wasser und zerfällt zu einem weissen Pulver (Calx. extincta). Zu interner und meist auch zu externer Anwendung wird die Lösung in Wasser oder

2. **Aqua calcis**, Kalkwasser (1 Th. von 1 auf 50 Wasser) benutzt; 50—200 Grm. in Milch, Bouillon);

3. * *Pasta caustica Viennensis*; Poudre de Vienne; Wiener Aetzpaste: 200 Th. Kali carbon. werden mit 1000 Th. Kalkerdehydrat und 25000 Th. Wasser zur Trockniss eingedampft; nur äusserlich

4. Calcaria carbon. pura praecipitata. Frisch gefällter kohlensaurer Kalk.
$CaO, CO_2 = Ca\{^O_O\} CO$ durch Präcipitation des Chlorcalcium mit Natrum carbonicum
erhalten. Weiss; nur in 1600 Theilen reinen, aber besser in kohlensäurehaltigem
Wasser löslich; auch in Lapid. cancrorum, Sepien- und Austernschalen. Letztere
werden geglüht und gepulvert und sind als Conchae praeparata officinell. Die
Dosis ist 0,5—2,0. Vielfach als Calomel cum creta verordnet; man vgl. Calomel.

5) *Calcaria phosphorica. Phosphate de chaux gélatineux; gallertartiges Kalkphosphat; durch Präcipitation mit Natrum phosphoricum gewonnen; weiss; Dosis 1,0.

Von der Kalkschwefelleber für Epilationszwecke war oben die Rede.
Der Zuckerkalk, Calcium oxydatum sacch., von Husemann gegen Carbolsäurevergif-
tung empfohlen und die bei Typhus und Wechselfieber angewandten milchphosphor-
sauren Salze, über deren Effekt Beobachtungen in ausreichender Zahl mangeln, sind
ebenso wenig officinell als Calcium chloratum, welches nicht mit Calcaria chlorata, unterchlorigsaurer Kalkerde oder Chlorkalk (vgl. Chlor), zu verwechseln ist.

c. Als Surrogate für zur Verdauung und Chylusbildung nothwen-
dige, unter physiologischen Verhältnissen von den Drüsen des Ver-
dauungsapparates selbst gelieferte, brauchbare Präparate.

VII. Pepsinum. Pepsin.

Das zuerst von Schwann isolirte und von Lucian Corvisart für
therapeutische Zwecke verwerthete „Pepsin" führt unterstützt vom Pan-
kreatin und der Körpertemperatur bei Gegenwart freier Säure die mit
der Nahrung eingeführten Proteinsubstanzen im Magen in *Peptone* und
Parapeptone über, und bewirkt somit, *dass die Eiweisskörper der Nahrung, welche uns, ohne mit dem gen. Ferment imprägnirt zu sein, als
rohe, jeder Nährkraft baare Substanzen auch nach Einbringung sehr
grosser Mengen in den Magen nicht vor dem Verhungern schützen würden,* zur Resorption gelangen und der Ernährung des Organismus zu
Gute kommen können (Corvisart). Wo nun durch Innervationsstörung
oder organische Veränderung der Magensaft absondernden Schleimhaut
ein Pepsindeficit zu Stande gekommen ist, oder das Pepsin bei intakter
Beschaffenheit der gen. Mucosa zufolge *Fiebers* (Manassein), zu *starker
Abstumpfung der freien Säure* des Magens oder *Einführung von Stoffen*
bez. *Medikamenten,* wie Tannin, Natrum sulfuricum, Metallsalzen u. s. w.
(vgl. unten!) schwindet oder in unlöslicher und *unwirksamer Form präcipitirt wird,* schwindet und somit die Magenverdauung mehr oder weniger
erhebliche Einbusse erleidet, sollte man a priori schliessen, dass diesem
Uebelstande durch künstliche Zuführung aus den Mägen normal beschaffener

Säugethiere abzuhelfen sein wird. In der That hat die klinische Erfahrung die Richtigkeit dieser Voraussicht durchaus bestätigt.

Die Darstellung des Pepsins geschieht in folgender Weise. 500 frische Hammelmägen werden gereinigt, geöffnet, nochmals mit Wasser gewaschen und auf der Innenfläche mit Bürsten abgerieben. Durch das Sammeln der an der Bürste hängen gebliebenen Partikeln erhält man ein Muss, welches mit Wasser verdünnt, digerirt und auf ein Colatorium gebracht wird. Das Abgelaufene (*Filtrat*) wird mit *Bleiacetatlösung* ausgefällt, der Niederschlag abfiltrirt, gewaschen und mit Schwefelwasserstoff zersetzt, das Filtrat im Vacuum oder bei 45⁰ eingedunstet und so das Pepsin des Code franç. erhalten, welches als *„Pepsine Corvisart"* gepulvert und, um die Haltbarkeit zu erhöhen, vielfach mit Amylum in verschiedenen Verhältnissen versetzt, besonders von Boudault in den Handel gebracht wird. Auch englisches Pepsin von Tuson oder Morson und amerikanisches von Scheffer in Louisville werden geschätzt. Leider kommen aber nach Hofmeister auch Präparate, welche keine Spur Pepsin enthalten und total unwirksam sind, im Handel vor.

Pepsin ist eine gummiartige, gelbliche, trockene, wenig hygroskopische Masse, welche unter Wasseraufnahme gelbweiss bis weiss wird, an Volumen zunimmt und stets Spuren freier Säure hartneckig zurückhält. Durch Alkohol wird es aus wässeriger Lösung niedergerissen ohne seiner eiweisspeptonisirenden Kraft verlustig zu gehen. Alle Metallsalze mit Ausnahme des Kaliumeisencyanürs fällen Pepsin aus wässeriger Lösung und machen es unwirksam. An sich incoagulabel wird es in Coagulis neben ihm in Lösung gehaltener Proteinsubstanzen — ebenfalls unter Verlust seiner physiologischen Wirksamkeit — niedergerissen.

Indicirt ist Pepsin als Verdauungsstörungen aus Pepsinmangel und auf den genannten Störungen beruhende Atrophie beseitigendes Mittel in folgenden Fällen:

1. bei auf *Pepsinmangel zurückzuführenden*, nicht mit Indigestion oder Anorexie zu verwechselnden *Dyspepsien*, welche den Ausgangspunkt für sehr ernsthafte Krankheiten bilden können, und in Innervationsstörungen oder organischen Veränderungen der die Labdrüsen enthaltenden Magenmucosa ihren Grund haben. Diese Dyspepsien können *eine wahre Phthisis dyspeptica* herbeiführen und ist selbstredend mit passender Ernährung verbundener Pepsingebrauch hier das allein rationelle und dringend gebotene Heilmittel. Dasselbe gilt von der

2. *Apepsia infantum*, einer sich in häufigem Abgang unverdauter Speisen durch Erbrechen, Diarrhöe oder Verstopfung gar nicht selten äussernden Krankheit, bei welcher die Kinder sogar einen krankhaft gesteigerten Appetit haben, aber trotzdem blass und mager bleiben, einen aufgetriebenen, dicken und hart anzufühlenden Leib neben welken Beinen zeigen und unter Auftreten von febriler Aufregung einer wahren Febris hectica verfallen können; *man gebe hier* 5 *Tropfen Pepsinwein* zweimal täglich.

3. *Magenkrankheiten* bez. Folgezustände solcher, bei denen Pepsinmangel vorhanden ist. Hier sistirt das Pepsin das in solchen Fällen häufig vorhandene höchst lästige Erbrechen.

4. *Reconvalescenz von schweren, erschöpfenden* Krankheiten, z. B. Typhus, kann ebenfalls Pepsin indiciren; drgl. Kranke brechen, weil zufolge des lange geherrscht habenden Fiebers Pepsinschwund eingetreten ist, jede in den Magen gebrachte Speise fort, eine Erscheinung, welche auch nach sehr copiösen Blutverlusten zur Beobachtung kommt. Auch hier ist Pepsin eine wahre Panacee. Endlich ist

5. *Vomitus gravidarum:* unstillbares Erbrechen der Schwangern als hierher gehörige Krankheitsäusserung zu nennen. Auch hier soll nach Corvisart der Mageninhalt abnorm beschaffen sein und Pepsin in vielen, sehr schweren und selbst das Leben bedrohenden Fällen Besserung und Rettung gebracht haben.

Pharmaceutische Präparate.

1. **Poudre nutrimentive composé;* Corvisart; Pepsinum porci 50 Grm.; Acidum lacticum 3 Tropfen; Amylum 0,5 in Oblaten zu geben.

2. **Pepsinwein;* Elixir de Pepsine Mialhe: Aqu. destill. 24 Grm.; Vin. gallicum album 54 Grm., Pepsine amylac. 6 Grm., Spirit. vini (33 %) 12 Grm., Sacch. alb. 30 Grm.

Zu vermeiden ist gleichzeitige Verordnung folgender Arzneimittel: Calcaria carbon. Magnesia hydrico-carbon.; Natrum et Kali carbonic. et bicarbon.; Bismuthum subnitricum; künstliche Mineralwässer; Ferri praeparata; Pflanzenextrakte; Jod-, Brommittel, Chinapräparate, Ratanhia, Tannin und Metallsalze überhaupt. Alle zusammengesetzten, namentlich Wismuth enthaltenden Präparate sind verwerflich.

VIII. Pancreatin. Pankreatin.

Den drei Klassen von Nahrungsmitteln: *Fetten, Kohlehydraten* und *Proteinsubstanzen,* entsprechen bekanntlich *drei* im Pankreassafte enthaltene *Fermente,* bezüglich deren Isolirung von einander auf die einschlägigen Arbeiten von Kühne und Danilewsky verwiesen werden muss. Mangel- oder fehlerhafte Absonderung des Pankreassaftes wird somit von tiefgreifenden Störungen der Verdauung gefolgt sein. Wie man beim *Pepsindeficit* durch Einführung des von Hammeln oder Schweinen stammenden Pepsin die von ersterem abhängigen Dyspepsien und Ernährungsanomalien zu beseitigen im Stande ist, hat man dasselbe auch bei krankhaften Zuständen, welche durch *Fehlen* oder quantitative wie qualitative Verminderung *des Pankreassaftes* hervorgerufen werden, versucht und frisch bereitete Emulsion von Kalbspankreas als Medikament nehmen lassen. Von Krankheiten dieser Art ist der Diabetes mellitus, bei welchem in einigen Fällen *Atrophie des Pankreas* durch die Obduktion nachgewiesen wurde, zu nennen. Die Fälle dieser Art sind indess noch zu wenig zahlreich, als dass sie zu endgültigen Schlüssen über den Werth der in Rede stehenden Behandlungsweise berechtigen könnten; Fall von Fles. Eine zweite, aus Nichtbeachtung oder Unkenntniss physiologischer Thatsachen hervorgehende Krankheit ist die *Dyspepsie kleiner Kinder zufolge zu frühzeitiger Fütterung derselben mit fett- und stärkemehlhaltigen Nahrungsmitteln*, deren Verdauung der kindliche Darmcanal deswegen nicht gewachsen ist, weil der Pankreassaft während der ersten Wochen, nach Anderen während der ersten Monate des Lebens physiologisch unwirksam ist; (Korowin; Prospero Sonsino), namentlich also Fette nicht emulsionirt werden und zur Resorption gelangen können. Die Folge hiervon ist eine Art von Tabes meseraica kleiner Kinder, welche durch kein anderes Mittel als den hier vollkommen rationellen Gebrauch der Pankreas-Emulsion gebessert und geheilt werden kann.

Pharmaceutische Präparate.

Eine Emulsion aus frischem Kalbspankreas lässt man vom Apotheker zum jedesmaligen Gebrauch bereiten; *Dosis* 2 Theelöffel. Leube hat den Glycerinauszug des Kalbspankreas zu Klystieren für die Ernährung vom Mastdarm aus angewandt. Die im Handel vorkommenden Pankreatin-Präparate können diese Emulsion nicht ersetzen.

---

2. Ordnung: Arzneimittel, welche den Stoffwechsel unter Beförderung der Ernährung dadurch beschleunigen, dass sie das vasomotorische Centrum in der Medulla oblongata reizen und Erhöhung des Blutdrucks bewirken.

IX. Amara. Bittere Mittel.

Die *appetitmachende* und *die Chymifikation befördernde* Wirkung der bitteren Mittel ist auch vom Laienpublicum nicht nur genugsam anerkannt, sondern sogar in gewisser Hinsicht überschätzt worden. Viele der im Nachstehenden zu betrachtenden Droguen sind *einheimischer Abstammung* und somit nicht allein aus Apotheken zu beziehen; es kann uns also nicht Wunder nehmen, dass sie, resp. die aus ihnen bereitete Extrakte und Tincturen, als magenstärkende Ingredienzien zahlreichen *Nahrungs- und Genussmitteln*: Chokoladen, Bieren und *Schnäpsen*, ja in vielen Ländern sogar dem Trinkwasser (*Orangeblüthenwasser*) zugesetzt werden. Wenn nun auch dieser Gebrauch, sofern nur in einem einzigen aus der Officin zu erlangenden bittern Mittel (*der Colombowurzel*) ein mit toxischen Eigenschaften begabtes wirksames Princip enthalten ist, an sich nichts Bedenkliches hat, so ist doch anderer-

seits die den Nichtärzten so geläufige magen- und nervenstärkende Wirkung
der Amara, weil sie bei an acutem oder chronischem Magencatarrh leidenden Individuen überhaupt nicht zur Geltung gelangt, und zu lange fortgesetzter, unvorsichtiger Gebrauch derselben nicht nur keine vermehrte Esslust, sondern vielmehr Dyspepsie und Magencatarrh erzeugt, cum grano salis zu verstehen.

Die unter dem Gebrauch der bitteren Mittel zu Stande kommende
*Aufbesserung der Verdauung und Assimilation, der Blutbildung und Er-
nährung* ist nicht etwa aus einer Absonderung qualitativ besserer Verdauungssäfte erklärlich (Buchheim und Engel), sondern, wie bereits
Traube vermuthungsweise aussprach und ich experimentell nachwies,
auf eine Reizung des Gefässnervencentrum in der Medulla oblongata
durch die in die Blutbahn übergegangenen Bestandtheile der Amara (bei
Gleichbleiben der Pulsfrequenz und Nichtafficirtwerden der Herznerven,
von denen nur die cardiotonischen bei directer Injektion in die Jugularvene vorübergehend paralysirt werden) zurückzuführen. *Reizung des genannten Centrum ist von Steigerung des Blutdrucks im gesammten Blutgefässsystem gefolgt und werden demzufolge sämmtliche Blutgefässdrüsen
stärker secerniren.* Indem somit Speichel-, Magen-, Pankreassaft und
Galle in grösserer Menge, als in der Norm abgesondert werden, wird
mehr Chymus gebildet, die Blutbildung befördert und die Ernährung begünstigt werden; indem aber andererseits auch das Blut in den Nierengefässen unter höherem Druck steht, werden auch *die Excretionsorgane
eine erhöhte Thätigkeit zeigen und Diurese und Schweisssecretion vermehrt* werden müssen. Mit einem Worte: die Amara bedingen, freilich
in ganz anderer Weise, wie die Alkalien, das Chlornatrium etc., eine zu
Gunsten der Ernährung ausschlagende Förderung sowohl der progressiven,
als der regressiven Stoffmetamorphose, und sind somit als *Unterstützungsmittel der Mittel der ersten Ordnung,* namentlich des Eisens, der Alkalien
und der Kalkpräparate, mit denen sie häufig combinirt werden, zu betrachten.

Ausnahmslos sind die bitteren Arzneimittel Wurzelstöcke, Blätter, Blüthen und
Rinden an den sogenannten „*Bitterstoffen*" reicher cryptogamischer (*Lichen island.*)
und phanerogamischer Gewächse. Neben diesen chemisch wie physiologisch nur
ungenügend studirten Substanzen enthalten die im Nachstehenden zu betrachtenden
Droguen (ausser *indifferenten* Bestandtheilen) ätherische Oele, anorganische
und Pflanzensäuren, Gerbstoff und Salze, welche die Wirkung der Bitterstoffe in mannigfacher Weise modificiren. Ein Alkaloid neben dem Bitterstoffe, ist
nur in der Columbowurzel, welche deshalb besonders energische medikamentöse und
toxische Wirkungen äussert, enthalten.

Die allerwenigsten Bitterstoffe sind rein dargestellt und noch weniger nach
modernen physiologischen Methoden auf ihre Wirkungen geprüft worden, so dass
wir uns über die physiologischen Wirkungen der bittren Mittel werden kurz
fassen können. Entsprechend dem chemisch-indifferenten Charakter ihrer wirksamen
Bestandtheile *kommt den bittern Mitteln auch eine energische Affinität zu be-*

stimmten Organbestandtheilen und thierischen Flüssigkeiten nicht zu. Auf den gesunden Organismus äussern mässige Dosen der Amara, von den unten zu besprechenden Aenderungen des Blutdrucks abgesehen, gar keine entfernte Wirkungen; höchstens *die Vermehrung einiger Secretionen*, jedenfalls eine solche der Speichel- und sehr wahrscheinlich auch der Magensaftabsonderung *neben bitterem Geschmack fallen in die Augen*; anders bei Danniederliegen der Verdauung. Hier bringen sie. zweckmässig und vorsichtig angewandt, durch die im Vorstehenden analysirte *Vermehrung der Verdauungssäfte*, passende *Regelung der Diät und normales Vonstattengehen der Resorption vorausgesetzt*, Anregung der Verdauungsfunktionen und Anfbesserung der Ernährung, welche dem Verfall der Kräfte vorzubeugen vermag, zu Wege. Ob man auf Grund der Beobachtung, dass die wirksamen Bestandtheile einiger hierher gehörigen Mittel, z. B. das *Quassin, kleine Thiere tödten*, auf gleiche vernichtende Eigenschaft der Amara kleinsten, gährungerregenden Organismen gegenüber und auf *desinficirende* bez. regulirende Wirkungen derselben bei abnorm verlaufenden *Gährungsvorgängen* zu schliessen berechtigt ist, muss, mangelhaften experimentellen Materials wegen zur Zeit ebenso unentschieden bleiben, wie die Frage, in welcher Weise sich mehrere der hier zu betrachtenden Mittel gegen Malariasiechthum heilkräftig erwiesen haben. *Betrachten wir hiernach die einzelnen vitalen Funktionen in ihrer Beeinflussung durch die bitteren Mittel* der Reihe nach, so werden wir passender Weise mit

1. der Verdauung beginnen. Neben Erzeugung bitteren Geschmacks hat die Einverleibung der gen. Mittel per os, weil dieselben, mit Schleimhäuten in Berührung kommend, vermehrte Secretion der in mucöse Membranen ausmündenden Drüsen bedingen, vermehrte Speichel- und Magensaftabsonderung zur Folge. Bezüglich des Darm-, des Pankreassaftes und der Galle glauben wir auf ein analoges Verhalten schliessen zu dürfen. (Nach Rutherford und Vignal *befördert freilich Taraxacum die Gallensecretion nur wenig*). Vermehrte Chymusbildung, Anregung der Peristaltik und Stuhlausleerungen und Erhöhung des Stoffansatzes gehen — passende Diät und Anwendung mässiger Dosen vorausgesetzt — mit dieser *Modification der Absonderung der Schleimhäute des Darmcanals und der drüsenförmigen Anhänge desselben* Hand in Hand. Gleichzeitig wird vielleicht perversen in den Secreten derselben Platz greifenden Gährungsvorgängen vorgebeugt und auch dadurch die Verdauung gebessert. Dass die Esslust nur bei Anwendung medikamentöser Dosen bitterer Mittel erhöht und durch unvorsichtigen bez. zu lange fortgesetzten Gebrauch der Amara *Dyspepsie und Magencatarrh* hervorgerufen wird, ist oben bereits hervorgehoben worden. Bezüglich

2. der Secretion und der Elimination der Bitterstoffe ist wenig mit Sicherheit ermittelt. Weil Gentianin im Harn wiedergefunden wurde und dieses Secret, sowie andere nach dem Gebrauch der Amara einen besonders bitteren Geschmack annehmen sollen, statuirt man einen unveränderten Uebergang der gen. Mittel ins Blut, und lässt es dahingestellt sein, ob sie wie die Alkaloide als Albuminatverbindungen zur

Resorption gelangen. Selbst darüber, *ob die Se- und Excrete nach Gebrauch bitterer Mittel quantitativ vermehrt werden*, sind die Akten nicht geschlossen. Wo dieses für den Harn mit Bestimmtheit beobachtet wurde, frägt es sich weiter, ob die Bitterstoffe an sich, oder neben denselben in den mehrgenannten Mitteln enthaltene, notorisch harntreibende pflanzensaure Salze an der Vermehrung der Diurese Schuld sind. *Chemische Analysen des Harns* etc. unter Medikation der Amara fehlen gänzlich, und ist somit nicht einmal festgestellt, ob, was wegen Beförderung des pro- und regressiven Stoffwechsels durch gen. Mittel a priori allerdings geschlossen werden muss, *eine vermehrte Harnstoffabscheidung dabei stattfindet*. Mehr ist über

3. **Herzbewegung und Blutdruck** unter Einverleibung der Amara durch Versuche festgestellt worden. Mit Cetrarin und Colombin von mir an Kaninchen angestellte Kymographionversuche ergaben *nach vorweggehenden Absinken* des Seitendrucks in der A. Carotis um 8—20 Millim. Quecksilber ein *Ansteigen des Blutdrucks* um 12—18 Millim. Quecksilber über die Norm, wenn die reinen, der schweren Löslichkeit der gen. Stoffe wegen niemals concentrirteren Bitterstofflösungen in die V. jugularis eingespritzt wurden. *Das Absinken fand auch nach Rückenmarksdiscision statt* und *ist somit im Herzen selbst* begründet, *das Ansteigen* des Blutdrucks dagegen *kam nach Rückenmarksdurchschneidung in Wegfall* und ist somit auf durch die resorbirten Bitterstoffe bewirkte *Reizung des Gefässnervencentrums* (vgl. oben) zurückzuführen. Sofern Reizung der Vagusendigungen als Ursache des primären Absinkens auszuschliessen ist, kann dasselbe nur auf eine vorübergehende Paralysirung der dem Tonus der Herzmusculatur vorstehenden nervösen bez. gangliösen Elemente bezogen werden.

4. *Die Temperatur der Versuchsthiere sinkt* auch, wenn alle Vorsichtsmaassregeln behufs Vermeidung von Beobachtungsfehlern ergriffen werden, nach Injektion von Cetrarin in die V. jugularis um circa 1° (Verfasser); doch waren die einschlägigen Beobachtungen nur wenig zahlreich. Vielleicht sind dieselben indess, sofern sie vielleicht mit der vielfach behaupteten antitypischen und fiebervertreibenden Wirkung der Amara, (Achillein, Salicin etc.) in Zusammenhang gebracht werden könnten, nicht ganz ohne Interesse. Anlangend

5. *die Beeinflussung des centralen und peripheren Nervensystems durch die Amara*, so wird man sich der Voraussetzung, *dass mit Aufbesserung der Blutbildung und Ernährung* im Allgemeinen auch *eine Erhöhung der Erregbarkeit* der Centralorgane sowohl, als der peripheren Ausbreitungen motorischer und sensibler Nerven nothwendig *verknüpft sein müsse*, nicht verschliessen. Experimente sind indess in dieser Richtung

nach stichhaltigen Methoden nicht ausgeführt worden. Das Alkaloid der Columbowurzel (Berberin), das des Räthselhaften viel bietende Lupulin, das Quassin und Gentianin sollen, worüber bei Betrachtung der einzelnen Mittel die Rede sein wird, *das Nervensystem* — bei Thieren — *beeinflussen.* Das „*Wie*" ist aber auch hier nicht festgestellt.

6. Wenn von einzelnen bitteren Mitteln behauptet worden ist, dass sie die Geschlechtsfunktionen erhöhten, so haben wir wohl weniger an bestimmte Beziehungen der wirksamen Bestandtheile derselben zu gewissen Abschnitten des centralen Nervensystems, etwa *Reizung des Lumbaltheiles des Rückenmarks*, zu denken, als zu erwägen, dass die genannten Mittel, indem sie Blutbildung, Ernährung und Innervation aufbessern und erhöhen, recht wohl zu Anregung der Geschlechtsfunktion — mittelbar — beitragen können. Ueber die Beeinflussung der Athmungssphäre, der Muskelcontraktilität und Irritabilität und der äusseren Haut durch die bitteren Mittel wissen wir nichts.

Allgemeine Indikationen für den Gebrauch der Amara

sind folgende.

1. Anwendung der gen. Mittel *zur Beseitigung von Dyspepsien und Folgezuständen solcher*, z. B. des Vertigo stomacal; Trousseau. Gegen die atonische Verdauungsschwäche werden die Amara von Aerzten und Laien häufig — auch mit gutem Erfolg — gebraucht, und haben sich in dieser Beziehung Absinth, Kalmus, Enzian, isländisches Moos, Löwenzahn, Colombo und Quassia ein gewisses Renommé erworben. Bittre Schnäpse und, noch besser, gut gehopftes Bier erfüllen diese Indikation ebenso vollständig wie Infuse und Decocte. In vielen Fällen mag hierbei die antifermentative und desinficirende Wirkung der Amara in Betracht kommen.

2. Anwendung der gen. Mittel zur *Aufbesserung der durch lange anhaltende Verdauungsstörung bedingten fehlerhaften Ernährung*. Ganz so wie beim Eisen und den Alkalien ausgeführt werde, gelingt indess die Erfüllung dieses therapeutischen Zweckes nur dann, wenn die Diät geregelt und für Einführung leicht verdaulicher, nährender Substanzen Sorge getragen wird. Bei gewissen Constitutionskrankheiten, wie Scrofulose, Tuberculose und Scorbut wird aus dem gen. Grunde durch Gebrauch der Amara dem Kräfteverfall vorgebeugt.

3. Zur *Beseitigung asthenischer Fieber* hat man Amara andern Mitteln als Adjuvantien beigegeben. Das Chinin zu ersetzen oder dessen Heileffekt zu erhöhen sind die Amara indess nicht im Stande, und wo wir ja mehrere Mittel combiniren, entschliessen wir uns meist zur gleichzeitigen Anwendung der die 4. Ordnung darstellenden.

4. *Die Behandlung des Erbrechens bei Dyspepsia potatorum* mit Amaris fällt mit der der Dyspepsie (!) zusammen.

5. Als *wurmwidrige Mittel* sind die Amara gegenwärtig ebenso ausser Gebrauch wie als febrifuge.

6. Die *emmenagoge Wirkung* fällt mit der Blutbildung und Ernährung begünstigenden zusammen. Der Nutzen der Amara als die Secretionen beförderndes Mittel ist um so weniger hoch anzuschlagen, als wir sicherer wirkende Sialagoga,

Diaphoretica und Diuretica besitzen und diesen also den Vorzug geben. Wo immer gelegentlich der späteren übersichtlichen Betrachtung der Amara von den Indikationen dieser Mittel im Allgemeinen die Rede sein wird, sind die unter 1. 2. 4. 6. im Vorstehenden erwähnten gemeint. Von diesem Schema etwa sich ergebenden Abweichungen werden wir im concreten Falle jedesmal besonders hervorheben. Endlich sind als

Contraindikationen des Gebrauchs der Amara

I. belegte Zunge, *Gastricismus*, acuter und chronischer *Magencatarrh*,

II. *organische Veränderungen des Magens*, wie Geschwürsbildung, Carcinosis und

III. *ausgesprochene Plethora* mit ihren Folgezuständen zu nennen.

Indem wir zur speciellen Betrachtung der einzelnen bitteren Mittel übergehen, gruppiren wir dieselben nach den Pflanzenfamilien und holen bei jedem derselben bezüglich der physiologischen Wirkung und therapeutischen Anwendung nur das nach, was etwa in den durch die allgemeinen physiologischen und therapeutischen Betrachtungen festgestellten Rahmen der physiologischen und therapeutischen Wirkung nicht zu passen scheint, oder lediglich durch die Empirie der Jahrhunderte feststeht.

Uebersicht der bitteren Mittel (Amara)

nach Abstammung, chemischer Zusammensetzung, physiologischer Wirkung, therapeutischer Anwendung und pharmaceutischen Präparaten.

I. Aroideae VI. 1. Linn.

Radix Calami aromatici. Kalmuswurzel.

Das zusammengedrückte, etwa daumendicke und durch abgestorbene Blattscheiden geringelte Rhizom des bei uns an Flüssen und Seen häufig wachsenden Calamus aromaticus.

Der wirksame Bestandtheil ist ein grüngelbes ätherisches Oel, welches in die Infuse übergeht. Letztere wurden besonders zur Erfüllung der a. Indikationen der Amara in chronisch verlaufenden Constitutionskrankheiten: Rhachitis, Scrofulosis etc. ehemals vielfach angewandt. Da sich das ätherische Oel auch Bädern mittheilt und eine Resorption desselben von der Haut aus wahrscheinlich stattfindet, so sind Zusätze einer Handvoll ($^1/_2$—2 $\mathit{\mathit{U.}}$) grobgeschnittener Kalmuswurzel zu Allgemeinbädern für scrofulöse und rhachitische Kinder empfehlenswerth. Der günstige Erfolg scheint die Theorie zu stützen.

Pharmaceut. Präparat: Tr. Calami aromatici (1:5); Dosis 20—60 Tropfen; bitterer Liqueur, welcher den Appetit anregt; auch im „Kalmüser", „Kräutermagen" etc.

II. Aurantiaceae VIII. 2. Linn.

Aurantii et citri praeparata. Pomeranze und Citrone.

Die sehr zahlreichen hier zu betrachtenden Zubereitungen stammen entweder von der Orange, Citrus vulgaris et Bergamia, oder der Citrone: Citrus Limonum Risso ab. Die Droguen aus beiden repräsentirt folgende Tabelle in übersichtlicher Weise. Es liefert

I. Citrus vulgaris: Orange.	II. Citrus Limonum.
α. während des Blühens und Ansetzens der Früchte:	Reife Frucht: Citrone; Davon ist als Fructus Citri hierhergehörig officinell:
Blätter. Folia aurantiorum: 3-4" lang, oval. lederartig; punktirt mit flügelförmigen Ansätzen; gewürzhaft riechend; 4-12 Grm. auf 1 Infus. 2 Grm. auf die Tasse Thee; obsolet.	Die feinalgeschälte, getrocknete Rinde: Flavedo corticis citri, welche
Blüthen. Flores aurantiorum: Fleischige Blumenbl. mit zahlreichen verwachsenen Staubfäden; davon: 1. Flores aurantiorum. 2. aeth. Oel: Ol. Neroli; ½-2 Trpf. daraus wieder: 3. Aq. florum Naphae; über den Blüthen abdestill. Wasser, vgl. mixtura oleoso-balsamica.	1. *Oleum citri* (ehemals: de cedro), aetherisches, sauerstoffreies, neutrales, angenehm riechendes, farbloses Oel enthält; für Thiere stark giftig (— in Gebäck gemischt!) und in der mixtura oleoso-balsamica, in Pulvis ad Limonadum, im Acetum aromat. und im Spiritus melissae compst.; vgl. Melissa und
Früchte. Fructus aurantiorum immaturi: Pomeranzen, die graugrünen, kleinen rundlichen Früchte enthalten: Hesperidin, einen Bitterstoff; daraus die pharmaceut. Präparate 1—6.	2. *Elaeosaccharum citri:* Citronenölzucker; auf 2 Grm. Zucker 1 Tropfen Ol. citri 1 (Corrigens für Pulver; mehr für Conditorwaaren benutzt), liefert.
β. nach dem Reifen der Früchte: Früchte: Aurantia amara: rothgelb, punktirt, kugelförmig mit 2—3" Durchmesser; bittersauer; enthalten in der Rinde, welche feingeschält: Flavedo cort. ur. darstellt, das Oleum corticis aurantiorum; Dosis ½-2 Tropfen; in Gebäck.	Ueber die Citronensäure vgl. die Säuren.

Von den Bestandtheilen der eben erwähnten Droguen ist nur das
Ol. aethereum citri physiologisch geprüft. Die Nerven werden bei directem Contakt mit diesem dem Terpenthinöl isomeren Kohlenwasserstoff
funktionsunfähig; es bildet sich Sensibilitätslähmung und tetanische
Muskelstarre aus; in Blut und Urin geht gen. Oel über; C. G. Mitscherlich. Die medikamentösen Wirkungen der Pomeranzen- und Citronenpräpa-
rate sind die der Amara überhaupt. Dass das Ol. aeth. citri auf Hysterische besonders günstig wirke, wie Stillé will, bedarf der Bestätigung.
Ihre Hauptanwendung finden die Pomeranzenpräparate als Corrigentien
für den Geschmack und als Zusätze zu feinem Backwerk. Von pharmaceut. Präparaten enthalten die Tr. amara und Tr. Rhei vinosa Pomeranzenschale.

Pharmaceut. Präparate: (vgl. ausserdem obige Tabelle!)
a. aus der reifen Pomeranze bez. der Flavedo corticis aurant (matur.); ausser
dem aeth. Oel etc.:

1. Extr. corticis aurantiorum: mit Wasser und Weingeist ausgezogen;
Consist. 2. Dosis 0,5—2,0.

2. Syrupus corticis aurantiorum: 2 Th. Pomeranzenschale, 14 Th. Weisswein, 18 Th. Zucker; theelöffelweise.

3. Tr. corticis aurantiorum (1 : 5); Dosis 20—60 Tropfen.

4. Elixir aurantiorum compst. Hofmann'sches Magenelixir: 6 Th. Pomeranzenschale, 2 Th. Zimmetcassie, 1 Th. Kali carbonic., 48 Th. Xereswein werden
8 Tage digerirt und der Colatur 1 Th. Extractum Gentianae, Absinthii, Trifolii fibrini
und Cascarillae zugesetzt; Dosis theelöffelweise.

5. Elixir amarum; Essentia amara; bitteres Elixir: Trifolium febrin,
Corticaurant. matur. aa 2 Th. in Pfeffermünzwasser und Weingeist aa 16 Th. nebst
1 Th. Spiritus aethereus; theelöffelweise; vgl. auch Tr. amara bei Gentiana IV.

b. aus den Pomeranzenblüthen:

6. Syrupus florum aurantiorums. Naphae: 9 Th. Zucker, 5 Th. Pomeranz-
blüthenwasser; vgl. die Tabelle: Dosis thee- bis esslöffelweise; nur als Corrigen zu
Mixturen, Auflösungen z. B. von Chloralhydrat etc. Bergamottöl ist Bestandtheil
des Acetum aromat.

III. Euphorbiaceae XXI. 8. Linn.

Cortex Cascarillae. Cascarillrinde.

Die federkiel- bis fingerstarke, 3—4″ lange Rinde des von den Bahamainseln
stammenden und seit 1670 in Europa bekannten Baumes Croton eluteria Linn.
Die weissgraue, mit vielen Querrissen versehene und durch aufsitzende, schmarotzende
Cryptogamen sprenklich anzusehende Korkschicht der beim Erwärmen vanillenartig
riechenden Cascarillrinde ist durch Vorhandensein schwarzer, getrocknetem Mäuse-
koth ähnlicher Flecken ausgezeichnet und kenntlich. Die Innenrinde ist ziemlich
braun, mit Harzzellen versehen und enthält 1,6 °/₀ ätherisches Oel, nebst 15,1 °/₀
bitteren Harzes.

Wirksam ist ausserdem Cascarillin; Duval; sämmtliche Bestandtheile sind physiologisch nicht geprüft worden. Die therapeutischen

Indikationen sind die der Amara im Allgemeinen. Viele ziehen bei *Dyspepsien* in der Reconvalescenz von Ruhr oder Typhus die Cascarillrinde den übrigen Amaris vor und loben dieselbe in mit Dyspepsie combinirten Durchfällen bei Schwächezuständen. Man muss jedoch in solchen Fällen sich streng davon überzeugt haben, dass keine Entzündung oder gar Geschwürsbildung im Darm mehr vorhanden ist. Die antifebrile Wirkung der C. ist sehr problematisch; Dosis 1 bis 2 Grm.

Pharmaceut. Präparate:

1. Tr. Cascarillae (1 : 5 Weingeist); 20—50 Tropfen.
2. Extr. Cascarillae (aquosum); Consistenz II. Dosis ½—2 Grm.; vgl. auch Elixir amarum unter II Praep. 5. p. 68.

IV. Gentianeae V. 1. Linn.

1. Herba Centaurii minoris; Tausendgüldenkraut.

Die eckigen, mit lanzettlichen, ganzrandigen Blättern und röthlichen Blüthen besetzten Stengel von Erythraea centaurium, einer bei uns gemeinen, im Juli blühenden Pflanze.

Den darin enthaltenen Bitterstoff Centaurin hat weder Jemand rein dargestellt, noch physiologisch geprüft. Zeigt die medikamentösen Wirkungen der übrigen Amara und wird höchstens noch als Pillenconstituens verordnet.

Pharmaceut. Präparate: Extr. Centaurii minoris Consistenz 2. *Dosis* 0.5—1 Grm. Auch in Tinctura amara; vgl. IV. Gentianeae; pharmac. Pr. 3. p. 70.

2. Radix Gentianae rubrae; Enzianwurzel.

Die cylindrische, im frischen Zustande fleischige Wurzel der auf den Alpen vorkommenden G. lutea; von Fingerdicke, innen gelb, aussen braun gefärbt, einfach oder verästelt, quergeringelt und mit linienstarker schwammiger Rinde versehen.

Wirksame Bestandtheile sind: Gentianin, Gentisin, Gentiansäure und Gentiopikrin; Leconte, welche im Harn wieder angetroffen werden, im Uebrigen aber physiologisch ebensowenig geprüft sind, wie das ebenfalls darin enthaltene Enzianöl, welchem die Einen narkotische, Andere gar keine Wirkungen zuschreiben. Gleichwohl rufen sehr grosse Gaben des Extrakts bedenkliche Erscheinungen hervor; Buchner und Brocklerey. Es *soll* Gentianin die Temperatur stark herabsetzen; daher wird Extr. Gentianae nach dem gewöhnlichen Schlendrian mit Vorliebe als Constituens für Chininpillen gewählt. Im übrigen gelten für Gentiana die allgemeinen Indikationen der Amara.

Pharmaceut. Präparate:

1. Extr. Gentianae (aquosum); Consistenz 2. Dosis 0,5—2.0.
2. Tr. Gentianae (1 : 3 Weingeist). Dosis 20—80 Tropf.

3. Tr. amara aa 2 Th. pom. aurantior. matur. Herba Centaurii min. und R.
Gentianae; dazu 1 Th. R. Zedoariae und 25 Th. Weingeist; Dosis 20—60 Tropfen.
Gentiana ist auch in Tr. Chinae compos. und Tr. aloës compst. enthalten.

3. Folia trifolii febrini; Fieberkleeblätter.

Die dunkelsaftgrün gefärbten, an der Basis scheidenartigen, langgestielten und gedrehten Blätter der bei uns gemeinen ♃ Wasserpflanze
Menyanthes trifoliata. Sie enthalten den von Ludwig und Kromayr
rein dargestellten Bitterstoff Menyanthin, welcher physiologisch nicht geprüft wurde. Erfüllt im kaum noch verordneten Infus (2,5—10 Grm.
auf 180) die allg. Indikationen der Amara; höchstens noch in Pillen als
Constituens; ferner im Elixir aurant. compst. vgl. III Präp. 4 p. 68.

Pharmaceut. Präparate: Extr. Trifolii febrini; Consist 2. Dosis 0,5—2,0.

V. Juglandeae XXI. 6 Linn.

Cort. fructus Juglandis. Grüne Walnussschalen. Folia Juglandis.
Nussblätter.

Die Fruchtschalen des bei uns häufig angepflanzten, aus Amerika stammenden
Baumes Juglans regia, welche durch ihre Bitterkeit längst bekannt sind; ebenso
schmecken die Blätter bitter.

Die chemischen Bestandtheile der Drogue sind ebenso unbekannt,
wie ihre physiologischen Wirkungen. Doch stellen sie ein überall zu beschaffendes, billiges und die allgemeinen Indikationen der Amara erfül-
lendes Mittel dar. Einen Thee aus gleichen Theilen Folia jugland. und
Herba Jaceae, welchen Kinder in Milch nehmen, habe ich gegen den
Kopfgrind kleiner (scrofulöser) Kinder: Eccema impetiginodes sehr
nützlich gefunden. Ausser Reinhalten des Kopfes war eine locale Behandlung daneben nicht erforderlich. Die getrocknete Schale war in dem
von Friederich gepriesenen und in Bayern bis vor Kurzem noch officinellen Pollini'schen antisyphilitischen Decoct enthalten; letzteres ist
obsolet.

VI. Lichenes XXIV. 3. Linn.

Lichen Islandicus. Isländisches Moos.

Ein von Catraria islandica stammendes, seit unvordenklichen Zeiten von den
Isländern als Hausmittel gebrauchtes und seit 1671 auch im übrigen Europa bekannt gewordenes Mittel. Das isländische Moos ist durch einen aufrechten, knorpeligen, blattartigen, beiderseits glatten, zerschossenen, gelben und an der Basis
rothbraunen Thallus ausgezeichnet, und enthält die durch Jod nicht violett gefärbte
Flechtenstärke: Lichenin und den Bitterstoff: Cetrarin.

Mit letzterem wurden nur von mir die Eingangs erwähnten Manometerversuche angestellt; somit ist derselbe physiologisch nicht geprüft worden.

Therapeutisch wird isländisches Moos nach den allgemeinen Indikationen der Amara angewandt; seinem Licheningehalte verdankt es eine grosse Nährkraft. Dasselbe wird daher zur Aufbesserung der Esslust und Ernährung durch abzehrende Krankheiten Heruntergekommener so vielfach angewandt, dass es geradezu von Scopoli und Anderen als eine Panacee der Lungenphthise bezeichnet wurde. Wenngleich dieser Nimbus in Wegfall gekommen ist, wird doch isländisches Moos auch gegenwärtig noch in Form der sogleich zu nennenden Zubereitungen bei Dyspepsien mit Verfall der Kräfte — auch ohne ärztliche Verordnung — vielfach gebraucht. Es passt bei Phthisikern aber nur, wenn dieselben weder fiebern, noch Neigung zu *Haemoptoë* haben. Das Ausziehen des isländ. Mooses mit *Kali carbon.**) ist, sofern die Pottasche das Cetrarin entzieht, mit einer künstlichen Entwerthung der Drogue, welche dem Apotheker noch dazu bezahlt werden muss, gleichbedeutend.

Pharmaceut. Präparate:

1. Gelatina lichenis islandici. Saccharetum l. J. 3 Th. isländisch Moos mit gleichen Gewichtsmengen Zucker und Wasser zu einer Gallerte eingekocht; *theelöffelweise.*

2. Gelatina lichenis islandici saccharata. Das entbitterte Moos wird zu Gallerte verkocht, diese āā mit Zucker versetzt, eingetrocknet und gepulvert. Giebt mit Wasser aufgekocht das Gelée (1). Zusatz von Aqua florum Naphae (vgl. II. Aurantiaceae) macht letzteres sehr wohlschmeckend. Leider nicht mehr officinell ist bei uns:

Pasta cacaotina cum lichene Islandico; Isländisch-Moos-Chokolade, welche in grösseren Chokoladenfabriken übrigens nach wie vor gefertigt und wie andere Chokolade gekocht und angewandt wird.

VII. Menispermeae XXII. 6. Linn.

Radix Columbo: Columbowurzel. Colombo.

Diese zu den wichtigsten unter den bitteren Mitteln zu rechnende Drogue ist die auf der Aussenseite graubraun, auf der Schnittfläche, besonders der Corticalschicht, gelbgefärbte, in Scheiben von 2—4''' Dicke und 1—2'' Breite geschnittene Wurzel der auf Mozambique wildwachsenden, rankenden Menispermee: Menispermum palmatum.

Wie das isländische Moos enthält die Colombowurzel circa ein Dritttheil ihres Gewichtes Amylum, daneben jedoch nicht nur den krystallinischen, schwer in Wasser löslichen Bitterstoff Columbin und die Columbosäure, sondern auch das mit intensiveren Wirkungen auf das Nervensystem ausgestattete Alkaloid Berberin. Hierin und somit auch in den therapeutischen Wirkungen weicht die Colomba von allen

---

*) Sogenannter Lichen islandicus ab amaritie liberatus; der Bitterstoff wird entfernt und das Stärkemehl bleibt übrig; 10—30 Grm. zu Abkochungen.

übrigen Bittermitteln ab. Leider sind die physiologischen Wirkungen des Berberins durch Falck's und Hoppe's Untersuchungen nichts weniger als klargestellt, und auch bezüglich des Bitterstoffes existiren nur die noch dazu der Zahl nach geringen, von mir angestellten Manometerversuche, aus denen sich ergiebt, *dass auch Columbin durch Reizung des Gefässnervencentrums Blutdrucksteigerung bewirkt.* Durch Selbstversuche mit Columbodecoct konnte ich toxische Wirkungen (an die der sogenannten scharfen Narcotica erinnernd) constatiren; ähnliche Symptome beobachteten die oben citirten Autoren an Vögeln und Säugethieren nach Berberinbeibringung. Dieser Stoff, welcher Würgen, Nausea, Erbrechen, Diarrhöe, Glotzen der Augen, Ohnmacht und Bewusstlosigkeit, starke Salivation, Convulsionen und Lähmungen der Extremitäten bedingt, *stempelt die Colombo zu einem Amarum sui generis.* Ob die den Stuhlgang retardirende Wirkung dieses Mittels von der Gegenwart des Berberin's oder der des Colombin's (auf den Amylumgehalt wird man sie doch wohl nicht zurückführen wollen) beruht, muss unentschieden bleiben. Therapeutisch wird die Columbo als Dyspepsien beseitigendes Amarum einerund als Diarrhöen bekämpfendes Mittel andererseits in folgenden Fällen mit Erfolg gebraucht:

1. *bei Funktionsanomalien des Magens*, bei welchen Hitzegefühl und Schmerz im Epigastrium, Nausea, Diarrhöe und selbst etwas febrile Aufregung vorhanden ist; ferner

2. *bei nervöser Reizbarkeit des Magens;* 3 Grm. Pulvis Colombo pro dosi; Fleuris;

3. *Dyspepsien* bei Daniederliegen der Magen- und Darmverdauung, habituellem Erbrechen, Gastralgie, oder mit Verstopfung alternirendem Durchfall; Trousseau. Ferner ist C. indicirt bei

4. *frisch entstandenen fieberlosen Diarrhöen*, wenn sich Anorexie und bitterer Geschmack hinzugesellen; ebenso

5. *bei auf Erschlaffung des Darms im Gefolge von Cholera, Dysenterie etc. beruhenden chronischen Diarrhöen* und endlich

6. *bei Diarrhöen der Phthisiker*, wo C. mit oder ohne Opiaten, eine Zeit lang wenigstens Ausgezeichnetes leistet. Man verordnet hier 15 Grm. Colombo auf 150 Grm. Infus oder Decoct.

Pharmaceut. Präparat: Extr. Colombo; Consist. 3. Dosis 1—2 Grm.; theuer.

VIII. Simarubeae X. 1. Linn.

Lignum Quassiae. Quassia.

Das in 1—8″ starken, fusslangen, zerbrechlichen, faserigen, weissgrauen, häufig mit der ebenso gefärbten, nach Art eines Handschuhfingers leicht abziehbaren Rinde bedeckten Stücken in den Handel kommende Holz der in Surinam wachsenden Simarubee: Quassia excelsa, von der jamaikanischen Quassia (v. Picraena excelsa) auch als L. quassiae Surinam. s. verum unterschieden. Von dem in der Quassia vermutheten, von Niemand rein dargestellten Bitterstoff „*Quassin*" (de Luca), welches nach den Einen zu 2—4 Grm. auf Hunde gar nicht wirkt (Husemann), nach Anderen dagegen bei Kaninchen Appetitlosigkeit, Mattigkeit und 5 Stunden anhaltende Parese der Beine hervorruft (v. Schroff), wissen wir mit Bestimmtheit nur, dass es Fliegen (nicht auch Darmwürmer, wie man weiter schloss; Schulze) tödtet. Methodische, chemische wie physiologische Untersuchungen darüber fehlen gänzlich.

Die *Impfungen* mit dem Quassin des Hrn. Max. Langenbeck zur Prophylaxe der Cholera haben unsere Kenntnisse auch nicht erweitert. Quassin erfüllt die allgemeinen Indikationen der Amara. Ihre specifisch-antidysenterische und antifebrile Wirkung ist durch Nichts erwiesen. Wohl aber steht fest, dass dem Quassiainfus unter allen bitteren Absuden der bitterste, nachhaltigste und unerträglichste Geschmack eigen ist. Sollte man deshalb immer noch eine besonders intensive Wirkung von diesem Mittel voraussetzen, und dasselbe, obwohl es einheimische bittere Mittel in ausreichender Zahl giebt, aus fernen Landen kommen lassen? Uns däucht, die Zeit, wo die sogenannten roborirenden Kuren in der Reconvalescenz mit Quassia eröffnet wurden, um auf einer Stufenleiter anderer Amara schliesslich zu den China- und Eisenpräparaten überzugehen, ist vorüber. *Zum Infusum:* 1—4 Grm.

Pharmaceut. Präparate: Extractum Quassiae. Consistenz 1. Dosis 0,3—0,6 Grm.

IX. Synanthereae. XIX. Linn.

Die Mehrzahl der hierhergehörigen bitteren Droguen ist durch einen reichlichen Gehalt an fruchtsauren oder salpetersauren Alkalisalzen, welche ihre schwach abführende und zum Theil stark diuretische Wirkung bedingen, ausgezeichnet. Man hat ihnen wegen dieser die regressive Stoffmetamorphose beschleunigenden Wirkung eine Aehnlichkeit mit den Alkalien (vgl. p. 33) vindicirt und sie als *Amara resolventia* von den übrigen getrennt. Eine etwas weniger oberflächliche Betrachtung derselben ergiebt aber, dass dieselben ausser dieser laxirenden und diuretischen Eigenschaft mit den Alkalien nicht das Geringste gemein haben, und die fernere Hypothese, dass gen. Amara die Secretion der Leber anregen sollen (wodurch man Anschwellungen dieses Organes beseitigen wollte), hat sich neuesten Versuchen von Rutherford und Vignal gegenüber ebenfalls nicht stichhaltig erwiesen. Der Effect der hier zu nennenden 5 Mittel, wovon das fünfte (*Absinth*) wieder durch seinen Gehalt an ätherischem Oel von den übrigen abweicht und lediglich als diätetisches (freilich vielfach gemissbrauchtes) Mittel zu betrachten ist, ist somit im wesentlichen der der übrigen Amara und ihre Anwendung in praxi eine beschränkte. Zu ihrem Lobe ist vielleicht nur anzuführen, dass die Mutterpflanzen derselben bei uns auf Wegen und Triften häufig wachsen, die Droguen also billig und leicht zu beschaffen sind. Wir werden dem Obigen gemäss uns über dieselben kurz fassen können. Noch immer officinell sind:

1. Folia cardui Benedicti; *Gottesgnadenkraut.*

Die hellgrünen, kurzgestielten, länglichrunden, dornig gezähnten, ganzrandigen oder buchtigen, beiderseits (im frischen Zustande) wollig und klebrig anzufühlenden, bitter und zugleich salzig schmeckenden Blätter des Distelgewächses Cnicus benedictus. Der daraus im krystallinischen Zustande isolirte Bitterstoff Cnicin (Scribe) schmeckt scharf, verursacht brennende Hitze und Constrictionsgefühl im Oesophagus, Wärme im Epigastrium, Nausea, Kolik, Erbrechen, Durchfall und soll Fieberaufregung bedingen können. Die abführende Wirkung des Cnicins wird durch die der gleichzeitig in der Drogue enthaltenen pflanzensauren Salze unterstützt.

Gottesgnadenkraut wirkt antidyspeptisch wie die übrigen Amara; hilfreich soll es besonders bei Dyspepsien der Säufer sein. Seiner problematischen resolvirenden Wirkung wegen hoffte man ehemals von ihm Heilung der Catarrhe namentlich bei Phthisikern, Coupirung febriler Zustände (obwohl Cnicin das Gefässsystem aufregt) und Aufbesserung der Magenfunktionen in Schwächezuständen. Die specifischen Wirkungen gegen Gelb- (vgl. das oben Angegebene) und Wassersuchten nimmt gegenwärtig wohl Niemand mehr an.

Pharmaceut. Präparate: Extr. Cardui benedicti (aquos.) Consistenz 2. Dosis 0,5—2,0.

2. Flores et herba Millefolii. *Schaafgarbenblätter.*

Die graugrünen, wollhaarigen, gewürzhaft riechenden Blätter, besser 3—5spaltigen Fiederblättchen, und die röthlichweissen, runden in endständigen Doldentrauben gruppirten Blüthen von Achillea Millefolium, welche ausser dem zu 0,5 Grm. die Pulsfrequenz nicht erhöhenden, aber Verdauungsstörung und Gefühl von Kälte und Schwere in der Herzgrube erzeugenden Bitterstoffe Achillein (Puppi), — ehemals als Chininsurrogat benutzt —, Tannin, ein blaues oder grünes ätherisches Oel und pflanzensaure Alkalien enthält.

Ihre antidyspeptischen Wirkungen (Hufeland, Coates) verdankt die Schaafgarbe dem Cnicin-, die blutstillenden dem Tanningehalte. Vielleicht werden beide Wirkungen — auch die hämostatische (vgl. das beim Terpenthinöl darüber Anzugebende) durch die Coexistenz des ätherischen Oeles unterstützt. Ihre ehemals gerühmten Wirkungen gegen Hämorrhoidalbeschwerden sind auf den Gehalt an pflanzensauren Alkalien zurückzuführen.

Pharmaceut. Präparate: Extr. Millefolii (mit wässerigem Weingeist bereitet); Consistenz 2. Dosis 0,5—1,0. Kaum anders als in Pillen.

3. Radix et herba Taraxaci. *Löwenzahnwurzel und Kraut.*

Die bekannten schwertförmigen und gezahnten Blätter und Wurzeln von Leontodon taraxacum, welche vor dem Blühen zu sammeln sind und den Bitterstoff Taraxacin, Taraxacerin (Kromayr), Harz, Gummi, Zucker, *phosphorsaures, schwefel-* und chlorwasserstoffsaures *Kali* und *pflanzensaure Kalksalze* in grosser Menge enthalten.

Taraxacum bewirkt durch den Bitterstoff antidyspeptisch, durch den Salzgehalt gelind abführend und in Form des Extr. Taraxac. liquid (theelöffelweise), dem man ganz rationeller Weise 1 Theelöffel Tartarus depuratus beisetzt, leicht zu nehmen, bei Hämorrhoidalbeschwerden Nutzen. Dass es die Lebersecretion anregt und Stauungen im Pfortaderkreislaufe hebt, ist durch Rutherford mehr wie zweifelhaft geworden. Dasselbe gilt von dem auf gleiche Ursache zurückgeführten angeblichen Nutzen des Taraxacum gegen auf Lebererkrankung und Anschwellung bezogene Catarrhe der Lunge, Congestionen zu derselben und Hämoptoe; Lungenphthise wird man dadurch nicht heilen.

Pharmaceut. Präparat: Extr. Taraxaci (aquos.) *Consist.* 2. Dosis 0,5—2,0.

4. Folia Farfarae. *Huflattichblätter.*

Die herzförmigen, langgestielten, rundlichen, eckig gezähnten und beiderseits filzigen Blätter von Tussilago Farfara. Sie enthalten Schleim, einen Bitterstoff, Tannin und Pflanzensäuren an Alkalien und Kalk gebunden. Bezüglich der Wirkungen gilt das beim Löwenzahn Angegebene. In der Volksmedicin spielt das von Aerzten kaum noch verordnete Mittel eine grosse Rolle in Form verschiedener, angeblich hartnäckige Catarrhe und wohl gar die Lungenschwindsucht heilender Theesorten. In Schweden und an verschiedenen Orten Deutschlands soll Huflattich zur Beseitigung von Catarrhen aus Pfeifen geraucht werden. Es wäre Zeit, dieses Mittel betreffs dessen alle exacte Versuche mangeln, aus der Series medicaminum zu streichen und seinen Gebrauch den wunderthätigen Kräuter- und Naturärzten, welche in Schuster Lampe's Fussstapfen wandeln, zu überlassen; 5—15 Grm. in Theeform.

5. Herba et summitates Absinthii. *Wermuth; Absinth.*

Die graugrünen, aromatisch riechenden, bitter schmeckenden, fiederspaltigen Blätter und gelblichen, kurz vor dem Blühen gesammelten Blüthenköpfchen von Artemissia absinthium, in welchen der Bitterstoff Absinthin und das auf Thiere toxische Wirkungen äussernde Wermuthöl enthalten sind.

Letzteres erzeugt bei mit grösseren Gaben vergifteten Thieren epileptiforme Krämpfe, und in den Leichen finden sich Ecchymosen und Blutüberfüllung im Hirn und den [Brust- und Unterleibsorganen vor. Der nachtheilige Einfluss, welchen Absinthschnaps nicht nur auf davon saufende Hähne (Pupier), sondern auch auf dem nämlichen 'Missbrauch ergebene Menschen äussert, ist wohl auf den Gehalt an ätherischem Oel zu beziehen. *Auf diesen Schnapsgenuss beschränkt sich gegenwärtig die Anwendung des Absinths überhaupt.* Neben der Wirkung des Alkohols und ätherischen Wermuthöls kommt darin die antidyspeptische des Absynthins in Betracht. *Als Medikament wird Absinth kaum verordnet;* der Wermuth hat vor den anderen Amaris nicht nur nichts voraus, sondern ist sogar, des Oelgehaltes wegen, welchem allerdings die diuretischen Wirkungen des Mittels zu verdanken sind, etwas verdächtig.

Das Wermuthöl ist ein Bestandtheil der Arquebusade (vgl. Rosmarin) und des Empl. meliloti.

Pharmaceut. Präparate:
1. Tr. Absinthii (1 : 5 Weingeist); Dosis 20—50 Trpf.
2. Extr. Absinthii der wässerig alkaholische Auszug der Drogue zu Consistenz 2 eingedickt; Dosis 0,5—1,0.

X. Urticeae XXII. Linn.

Strobuli Lupuli. Hopfen. *Lupulinum.*

Die fälschlich — weil sonst nur chemisch rein dargestellte Pflanzenstoffe durch die Endung: in bezeichnet werden — *„Lupulin"* genannte Drogue ist ein feines, hochgelbes, harzglänzendes, aus den 16—30 Hundertstel Millimeter grossen Glandulae der Bracteen der weiblichen Hopfenblüthe: Humulus lupulus bestehendes Pulver. Unter den chemischen Bestandtheilen des Lupulins ist der als mit Basen, z. B. Kupferoxyd, Salze bildende Säure erkannte Bitterstoff „Lupulit", ferner ein noch nicht geprüfter, ebenfalls krystallinischer, beim Schütteln in Kalilauge, und ein dritter, gleich beschaffener beim Schütteln in Aether übergehender Körper zu nennen. Hierzu kommt ein ⅔ des Gesammtgewichts des Lupulins ausmachendes Harz, welches Antheile des 5. Hauptbestandtheiles, eines bei 210⁰ C. siedenden, sauerstoffhaltigen ätherischen Oeles (Camphens), wovon das Lupulin 8,8 % enthält, einschliesst. Ob, wie Personne behauptete, unter den noch nicht analysirten Bestandtheilen, ein Nhaltiges, bei der Zersetzung Ammoniak linferndes Alkaloid vorhanden ist, werden erneute Untersuchungen feststellen müssen.

Wir müssen uns zur Zeit die appetitanregenden Wirkungen des Hopfens an das Lupulit, die schlafmachenden (der wahnsinnige Georg III. von England fand nur, wenn er auf Hopfenkissen gebettet wurde, Ruhe) *und anästhesirenden dagegen an das, allerdings sauerstoffhaltige, ätherische Oel gebunden vorstellen* und die Annahme der Existenz eines Alkaloides im Lupulin für unerwiesen erklären. Die angeblich besonders die *Sexualfunktion herabstimmende* Eigenschaft des Lupulins kann übrigens so weit nicht her sein, da sie zwar von älteren, gläubigeren Praktikern hoch in Ehren gehalten, von jüngeren dagegen entweder gar nicht bemerkt (Fromüller), oder doch wenigstens für sehr unerheblich erfunden wurde. Der ganze Streit ist glücklicherweise, da wir in Chloralhydrat ein unübertreffliches schlafmachendes und sensibilitätherabsetzendes Mittel besitzen, ohne irgend welche praktische Bedeutung: Lupulin wird, hauptsächlich in Form eines gut gehopften Bieres gegenwärtig nur noch als Dyspepsie beseitigendes, die Magenverdauung und Ernährung heruntergekommener, geschwächter, oder in der Reconvalescenz nach erschöpfenden Krankheiten begriffener Personen aufbesserndes Mittel verordnet und erfüllt in dieser Weise die allgemeinen Indikationen der übrigen Amara. *Besonders günstig soll Lupulin bei Potatoren und an Delirium tremens leidenden Personen wirken.* Ueber seinen Nutzen bei Hyperirritabilität der Blase (Wood) gehen mir eigene Erfahrungen ab. Alle sonst in älteren Handbüchern und Monographien, z. B. von Freake, enthaltenen Lobpreisungen des Lupulins gegen Gicht, Rheumatismus, Neuralgien etc. beruhen auf Uebertreibung. Die Dosis des Lupulins ist 0,2—0,6 Grm.

---

3. Ordnung: Mittel, welche den Stoffwechsel unter Beförderung der Ernährung dadurch erhöhen, dass sie auf das Herznervensystem, den Herzmuskel und zum Theil auf das vasomotorische Centrum in der Weise influenziren, dass die Herzarbeit erhöht wird.

X. Folia Digitalis. Fingerhutblätter. Digitalinum.

Die erst seit 1721 in die Londoner Pharmakopoe aufgenommenen und zufolge der Empfehlungen Witherings (1786) häufiger angewandten Blätter des *rothen Fingerhuts (Digitalis purpurea*; Scrofular.), einer bei uns in Gebirgswäldern häufig wildwachsenden, und durch ihre glockenförmigen, rosarothen, mit augenartigen Punkten schön gezeichneten und inwendig weichhaarigen Blumenkronen in die Augen fallenden, bis 4′ hoch werdenden zweijährigen Pflanze, müssen *von wildwachsenden Exemplaren zur Zeit der Blüthe* (Juli und August) gesammelt und jedes Jahr erneuert werden. Sie sind dunkelgrün, länglich elliptisch, im Blattstiel verschmälert, unterhalb etwas filzig, weisslich und mit prominenten, Caro's bildenden Adern versehen. Hierin gleichen sie den Maticoblättern, besonders in verlegenen, zerbrochenen Exemplaren, weichen jedoch in Farbe und Geschmack, welcher beim Fingerhut salzig ist, von denselben ab.

Die früheren chemischen Untersuchungen der Drogue ergaben mit Bestimmtheit nur, dass im Fingerhut, ebenso wie in anderen stark wirksamen Arzneikörpern, z. B. im Opium, *mehrere* in Bezug auf ihre chemischen Eigenschaften verschiedene, *in der Wirkung auf den thierischen Organismus aber einander nahestehende Stoffe*, welche von verschiedenen Autoren mit mehr oder weniger Uebereinstimmung als lösliches, unlösliches, nicht krystallisirbares (Homolle-D.) und *krystallisirtes Digitalin* (Nativelle-D.) bezeichnet werden, enthalten sind.

Klarheit in die Chemie der Digitalisbestandtheile hat erst in neuster Zeit O. Schmiedeberg gebracht, indem er nachwies, *dass vier genuine wirksame Substanzen*, deren Zersetzungsprodukte die Hauptmasse der übrigen Bestandtheile der im Handel vorkommenden Digitalinarten und auch wohl der Digitalis bilden, in den Fingerhutblättern enthalten sind, nämlich:

1. Digitonin, *ein dem Saponin* in physikalischer, chemischer und physiologischer Hinsicht *ähnliches Glukosid*, welches mit verdünnter Schwefelsäure gekocht sich granatroth färbt, mit concentrirter Chlorwasserstoffsäure lange gekocht dieselbe oder eine violettrothe Farbenreaktion giebt, und sich durch ein Minus von CH_2O vom Saponin unterscheidet.

2. Digitalin, welches in Wasser unlöslich und mit der „*Digitaline*" Homolle's identisch ist, bez. die Hauptmasse dieses früher allein in Officinen
vorräthig gehaltenen wirksamen Princips darstellt. Es ist *zu* 2—3% *in
den Fingerhutblättern* enthalten, geht, wiewohl an sich in diesem Menstruum
unlöslich, bei Gegenwart von Digitonin (1) und Digitalein in das Infusum
über, und bedingt neben dem (gleichzunennenden) Digitalein die Herzwirkung der löslichen, käuflichen Digitalinsorten (O. Schmiedeberg).
Es ist ebenfalls ein Glukosid und in mit Chloroform versetztem Alkohol
löslich. Die charakteristische Färbung in Roth von der Nuance der D.-
Blüthe auf Zusatz von concentrirter Schwefelsäure und Bromwasser (*neben
Grünfärbung durch Chlorwasserstoffsäure*) charakterisirt das Digitalin
ebenso wie

3. das Digitalein, welches neben Digitonin (1) den Hauptantheil
des löslichen, käuflichen (Homolle-) Digitalins darstellt und die Eigenschaften dieser beiden Bestandtheile vereinigt, vom Digitonin jedoch durch
die Leichtlöslichkeit in absolutem Alkohol unterschieden ist. Während
die unter 1—3 aufgeführten Substanzen sämmtlich nur gefärbt und
amorph erhalten werden konnten, gelang die krystallinische Darstellung
einer vierten durch besonders stürmische Wirkungen ausgezeichneten
Princips, welches von Schmiedeberg

4. Digitoxin zubenannt wurde und den hauptsächlichen Antheil
des gegenwärtig aus dem Handel verschwindenden Nativelle-Digitalins
bildet. Zwanzig Kilogramm trockner Digitalisblätter liefern nur die geringe Ausbeute von 2—2½ Grm. reinen Digitoxins, welches wie Digitalin und Digitalein durch Chlorwasserstoffsäure gelbgrün und grün gefärbt und durch concentrirte Schwefelsäure braun bis schwarzbraun gelöst
wird, ohne die somit nur für Digitalin und Digitalein (Schmiedeberg, Götz, Böhm) charakteristische Farbenreaktion auf Hinzufügung
von Bromwasser zu geben.

Auch zahlreiche Zersetzungsprodukte der obigen genuinen wirksamen Principe
des Fingerhuts (sämmtlich *stickstofffrei* und *zum Theil krystallinisch*) wurde von
O. Schmiedeberg und seinen Schülern Koppe, Perrier etc. isolirt und pharma-
kologisch untersucht. Ihre speciellere Betrachtung würde zu weit führen; es möge
daher die Bemerkung genügen, dass sie *zum Theil fertiggebildet in den Digitalis-
blättern und Saamen enthalten sind* und zum andern Theil bei der Darstellung
sowohl des löslichen (Homolle), als des unlöslichen (Nativelle-) Digitalin's (Digitoxins; Schmiedeberg) resultirend in den käuflichen Digitalisarten, von denen das
aus Digitonin und Digitalein neben wenig Digitalin bestehende Homolle-Digitalin (D. chloroformique) gegenwärtig noch allein officinell ist, vorkommen.
Den meisten derselben ist die als Digitaliswirkung bekannte Wirkung auf das Herz
eigenthümlich. Das Digitoxin theilt dieselbe zwar, ist jedoch durch *höchst
gefährliche*, uns hier nicht interessirende *toxische Wirkungen*: wie Hervorrufung
von Schwäche. Lähmungen, Nausea. Erbrechen, Dyspnoe ausgezeichnet. Als Re-

präsentanten der Digitaliswirkung können wir daher, freilich unter dem stillschweigenden Zugeständniss, dass wir es mit einer Mischung aus 2 oder 3 der Schmideberg'schen Digitalisbestandtheilen zu thun haben (*vgl. oben!*) das Homolle-Digitalin um so mehr betrachten, als es, bei uns wenigstens, gleichzeitig das einzige officinelle derartige Präparat darstellt, während die von Schmiedeberg isolirten Substanzen nicht käuflich sind. Von dem Gebrauch des Digitoxins (Nativelle-Digitalins) welchem Schmiedeberg seiner verhältnissmässig leichten Darstellbarkeit in krystallinischer Form das Wort redete, ist von Crocq und Thierness (bez, Depaire) gelegentlich eines der belgischen Akademie 1874 erstatteten Berichts eindringlich gewarnt und auf Grund vergleichend-klinischer Versuche sehr energisch dem (*officinellen*) Homolle-Digitalin der Vorzug vindicirt worden. Wo im Nachstehenden von Digitalin die Rede, ist die als Homolle-D. bekannte Mischung der analog wirkenden Substanzen: Digitalein und Digitalin mit Digitonin zu verstehen.

Die physiologischen Wirkungen des (Homolle-) Digitalins sind sehr vielfältig von Homolle und Quevenne, Stannius, Traube, Legroux, Brunton. Ackermann, den Dorpater Pharmakologen, Schroff, Vrf. und Anderen untersucht worden, und gipfeln die Versuchsresultate der gen. Autoren in folgenden Punkten:

1. *Das Herz ist der erste Angriffspunkt der Digitalinwirkung.* Unregelmässigkeiten in dem Rhythmus (Dicrotismus; auch in den Kymographioncurven als Arhythmie sich aussprechend) und der Schlagfolge dieses Organes sind am freigelegten Frosch- wie am Säugethierherzen in der Weise zu bemerken, dass bei Fröschen *die Diastole des Ventrikels von einer rudimentären Systole begleitet ist,* derenwegen sich der Vorhof nur incomplet entleeren und demzufolge wieder so mit Blut überfüllt werden kann, dass er berstet (Böhm; Verfasser), oder die *Anomalien der Ventrikelbewegung ganz in Wegfall kommen und die Diastole mehr, als in der Norm prononcirt* erscheint, oder endlich *kurze diastolische Stillstände* eintreten und in den dauernden Stillstand des Organes in Diastole übergehen.

2. In allen Fällen ist eine sehr bemerkenswerthe *Retardation der Herzcontraktionen*, welche allerdings in einem höheren Stadium der Vergiftung *durch grosse (nichtmedikamentöse) Dosen Digitalin in das Gegentheil umschlagen* kann, zu constatiren. Applikation des Sphygmographen weist 3. *ein beträchtliches Höherwerden der Pulswelle während des Stadiums der Retardation nach;* in Vergiftungsfällen macht dieses Symptom, während der Puls schliesslich sehr frequent und klein wird, dem entgegengesetzten Verhalten Platz. Endlich ist durch Kymographionversuche an Thieren

4. ein sehr erhebliches *Ansteigen des Blutdrucks* während der Periode der Pulsretardation von den Autoren übereinstimmend constatirt und

5. *Contraktion der peripheren Gefässe von der überwiegenden Mehrzahl derselben* (Brunton, Ackermann, Verf.) wahrgenommen worden.
Eine Analyse dieser Erscheinungen in der Kreislaufssphäre an der
Hand des physiologischen Experiments ergiebt, dass *die unter 2 hervorgehobene Retardation der Herzcontraktionen in Reizung der Hemmungsapparate der Herzbewegung*, nach deren Lähmung (durch Atropin u. a.
die Vagusendigungen paralysirende Gifte) die Pulsverlangsamung ausbleibt, begründet ist.   Dieselbe führt nach Einverleibung grösserer Digitalindosen zu *Ermüdung und Herabsetzung des Vagustonus auf ein Minimum*, so dass während eines zweiten Stadium *die Beschleunigungs-
nerven für den Herzschlag das Uebergewicht* bekommen und die zuerst
zu beobachtende Retardation in *Acceleration der Herzschläge* — ein
Symptom, welches nur unter mehr oder weniger erheblicher Ueberschrei-
tung der sanctionirten, medikamentösen Dosis denkbar ist —, übergeht.
Neben den genannten Herznerven wird indess, was von hoher praktischer
Bedeutung ist, auch der Herzmuskel selbst durch den als „Digitalin"
bezeichneten Complex wirksamer Digitalisbestandtheile in der Weise beeinflusst, dass die Herzcontraktionen im ersten Stadium verstärkt, im
zweiten unregelmässig werden, und die Muskulatur im dritten Stadium
in einen Zustand eigenthümlicher Starre geräth.   Sofern das die Vagusendigungen reizende Digitalin als das gebotene physiologische Heilmittel
zu Vagusendigunglähmung, führender organischer Erkrankungen des
Herzens und *das Antidot aller ebenfalls Paralyse der genannten Endapparate bedingenden Herzgifte anzusprechen ist*, kann die Thatsache,
dass die Digitalis *schliesslich* selbst *Herzmuskellähmung erzeugt*, also ein
Remedium anceps darstellt, nicht genug beherzigt und beim Gebrauch
des gen. Mittels nicht Vorsicht genug beobachtet werden.   Letztere thut
ausserdem umsomehr Noth, als wir ein Gegengift des Digitalin nicht
kennen und die Gefährlichkeit dieses Mittels in noch grellerem Lichte
erscheinen muss in Erwägung, dass die Eingangs ·genannten Digitalis-
stoffe ebenso wie das Blei *eine cumulative Wirkung* besitzen, d. h. dass
sich die Einzeldosen in ihrer Wirkung addiren und nun plötzlich (*wie
der Blitz an heiterem Himmel*) die Intoxikationssymptome: Kopfweh, Praecordialangst, durch Trinken gesteigerte Nausea; Zungenbeleg,
Schmerz im Epigastrium, Erbrechen, etwas frequente Respiration, sel-
tenes Harnlassen, Kühle der Haut bei geröthetem Gesicht, stark ver-
langsamter Herzschlag, Schwindel, Betäubung, Hallucinationen, Mydriasis,
Nubeculae, enorme Prostration, Collaps, ˙Unfühlbarwerden des sehr frequenten Pulses und — in letal endenden Fällen — Convulsionen zur
Beobachtung kommen.
      Die *sphygmographisch constatirte* und auch aus von Thieren genom-

menen Kymographioncurven ersichtliche *Höherwerden der Pulswelle* während des Retardationsstadium der Digitalinwirkung findet in dem oben bereits erwähnten Ausgiebigerwerden und der damit verknüpften (auch durch Benutzung des Ludwig-Coates'schen Herzpräparates am ausgeschnittenen Froschherzen zu demonstrirenden) vermehrten Herzarbeit ihre ausreichende Erklärung. *Die vermehrte Leistung des Herzmuskels* aber im Verein mit der *peripherischen Gefässcontraktion* dient der nach medikamentösen Digitalindosen wahrzunehmenden *Blutdrucksteigerung zur Begründung.* Die *Gefässcontraktion*, welche nach Halsmarkdiscision grösstentheils in Wegfall kommt, ist von Reizung des Gefässnervencentrum in der Medulla oblongata abhängig. Diese Veränderungen der Blutvertheilung machen

6. das nach Digitalinbeibringung zu beobachtende *Absinken der Körpertemperatur* erklärlich. *Gesteigerter Blutdruck geht* nach Heidenhain mit *Absinken der Innen- und Ansteigen der Hauttemperatur Hand in Hand;* es ist daher jenes Absinken der durch Beschleunigung der Blutbewegung bedingten *vermehrten Wärmeabgabe in der Peripherie* zuzuschreiben. Dem entsprechend steigt die Temperatur der Haut zwischen den Zehen um 0,55° C., während die in der V. Cava gemessene Innentemperatur um 0,4° sinkt (Ackermann), wenn Digitalin eingespritzt worden ist. Alle diese Erscheinungen finden, wenn wir mit Ackermann uns die Gefässe im Körperinnern contrahirt denken, die in der Peripherie dagegen nicht, eine einfache und zutreffende Erklärung. Es ist indess schon an dieser Stelle hervorzuheben, dass zur Hervorrufung einer irgendwie beträchtlichen Temperaturabnahme bei Gesunden wie bei Kranken stets *grosse, an die toxischen anstreifende Gaben* des genannten Mittels nothwendig werden. Ueber die Fälle, auf welche obige Erklärung nicht passt, vergleiche: *Indikation I. p. 83.*

7. *Die Frequenz der Athemzüge wird unter Digitalisgebrauch grösser;* v. Schroff sen.; Verf. An dieser Acceleration ist *Reizung des Athemcentrum* in der Medulla oblong. Schuld. Nach vorher bewirkter *Lähmung dieses Centrum* durch Saponin bleibt diese Beschleunigung der Athemzüge aus; Verf. Während des Reizungsstadium des gen. Centrum und der vermehrten Leistung des Herzmuskels wird mehr, während des paralytischen Stadium weniger H_2O und CO_2 mit der Expirationsluft ausgeschieden; v. Böck und Bauer.

8. Die Verdauung wird durch kleine Digitalindosen (0,002) während der ersten vier Tage des Gebrauchs nicht im mindesten beeinträchtigt; am 5. Tage aber kommt bitterer Geschmack, am 6. Nausea, dagegen erst vom 12. ab Appetitlosigkeit, Uebelkeit und Stuhlverstopfung, und vom 18. Behandlungstage ab Abmagerung, graue Gesichtsfarbe und leiden-

der Gesichtsausdruck zur Beobachtung; Stadion; Saunders. Abweichungen
von dieser Regel kommen nur selten und bei bestehender Idiosynkrasie
gegen Digitalis vor.

9. Die Diurese wird bei gesunden Menschen und Thieren durch
Digitalin jedenfalls *nicht* vermehrt. Die Thatsache, dass gen. Mittel sich
bei an *Compensationsstörnngen* zufolge organischer Herzfehler Leidenden
als Diureticum erweist, wurde bisher in der Regel *ans der durch das
Mittel hervorgerufenen Blutdrncksteigernng* in der Weise erklärt, *dass
bei bestehender Ueberlastung des venösen Gefässsystems mit Blut zufolge
der durch Digitalin bewirkten Contraktion der peripheren Arteriolen der
Abfluss des Blutes aus dem arteriellen Systeme verhindert, mehr Blut
dem Centrum zugepresst der arterielle Seitendruck erhöht und somit
Verminderung des Drucks im Venensystem zu Wege gebracht wird,*
welcher Umstand Rückfiltration von Transsudaten in die Venen, Zunahme
des Wassergehaltes des Blutes, und Anregung der Diurese im Gefolge
haben muss; Ackermann. Brunton und Power haben diese Erklärung auf Grund der an ätherisirten Hunden gemachten Beobachtung, dass
die Vermehrung der Diurese nach Digitalinbeibringung (0,01—0,02) nicht
mit dem Stadium der Blutdrucksteigerung, während welcher die Diurese
vermindert war oder ganz cessirte, sondern mit dem des Absinkens des
Drucks zusammenfällt, bestritten. Die genannten Autoren *statuiren vielmehr eine vorzugsweise Beeinflussnng der Vasomotoren des Nierenbezirks
in der Weise,* dass dieselben nicht nur eine besonders intensive Reizung
erfahren, sondern auch — abhängig hiervon — zu der Zeit, wo in den
Gefässen des übrigen Körperkreislaufes Gefässdilatation und Absinken des
Blutdrucks eintritt, die Nierenarterien *eine besonders intensive und ausgedehnte Relaxation erfahren* und *der Blutdrnck in den Glomerulis demzufolge in besonders ansgesprochenem Maasse anwächst.* Sofern endlich
die *Schnelligkeit der Harnsecretion* von dem *Unterschiede des Drucks
in den Glomerulis der Niere und des Drucks, welchen der Urin in den
Tubulis nrin. ansgesetzt ist, abhängt, findet anch die Vermehrung der
Diurese in der Periode des Absinkens des Blutdrncks* und der Gefäss-
relaxation *ihre einfache Erledignng.* Ob ausserdem die Digitalisbestandtheile das Nierenparenchym in specifischer Weise reizen, muss vorläufig
unentschieden bleiben. Während des Digitalingebrauchs nimmt die Menge
der mit dem Harn entleerten Harnsäure zu, specifisches Gewicht und
Gehalt des Harns an Harnstoff, Chlornatrium, Sulfaten und Phosphaten
dagegen ab; Stadion; Mégevaud.

10. Die Beeinflussung des Centralnervensystems durch
Digitalin ist für die Erklärung der therapeutischen Wirkung dieses
Mittels nicht weniger wichtig, als die der Nierenthätigkeit. *Störungen der*

Hirnfunktionen haben, da sie in das Bild der Digitalinvergiftung gehören (man vgl. oben bei 5), nur insofern Interesse, als ihr Auftreten uns zur äussersten Vorsicht mahnen und den Beweis, dass wir die medikamentösen Dosen überschritten haben, liefern muss. Dagegen ist das Digitalin durch eine ausgesprochene und nach Weil's und Meihuizen's Versuchen nach der Türck-Setchenow'schen Methode in *Reizung der Reflexhemmungscentra* (analog der nämlichen Wirkung der Entblutung, des Herzstillstandes, der Anhäufung von Kohlensäure im Blute) begründete und von der Wirkung des Digitalins auf die Circulation in zweiter Linie abhängige *reflexvermindernde* Wirkung ausgezeichnet. Das Rückenmark lähmt Digitalin spät. Die Geschlechtsfunktion setzt es herab; Dickinson.

11. Auf die *intakte äussere* Haut wirkt Digitalin gar nicht; eine Absorption desselben von der Haut aus (in Allgemeinbädern) ist behauptet worden.

12. Die *Zuckungs-Curve des Froschmuskels* wird durch Digitalin in der Weise *modificirt*, dass zwar das Stadium der latenten Reizung normal, das der steigenden und sinkenden Energie dagegen bei geringer Hubhöhe so bedeutend verlängert ist, dass eine Digitalin-Myographioncurve das $1\frac{1}{2}$fache des Trommelumfanges beansprucht, wenn die normale Zuckungscurve $\frac{2}{3}$ desselben bedarf; Eisenmenger.

Indikationen des Digitalin-Gebrauches in Krankheiten.

Die Digitalis bez. das Digitalin wird, wie sich aus obigen physiologischen Betrachtungen ergiebt, zum Heilmittel, indem sie

I. den *Puls verlangsamt und bei bestehendem Fieber die Temperatur herabsetzt*. Erstere Wirkung tritt zuverlässiger und bereits bei Anwendung kleinerer Gaben ein, als letztere. Das *Absinken der Temperatur, welches zur Pulsretardation in keinerlei bestimmtem Verhältniss steht, tritt bei Kranken zwar im Allgemeinen in grösserer Intensität und nach kleineren Gaben, als unter physiologischen Verhältnissen ein* — bei Typhuskranken früchzeitiger und zuverlässiger, als bei Pneumonikern; Traube —; *allein die erforderliche Dosis von 0,7—0,9 Grm. ist* nach Ansicht der berühmtesten Kliniker (Traube, Hirtz) *viel zu hoch* und in Anbetracht des möglicherweise zu erreichenden Effekts sowie der zu befürchtenden cumulativen Wirkung des Mittels viel zu gefährlich, um längere Zeit statthaft zu sein. Ganz abgesehen hiervon passt die im physiologischen Abschnitte gegebene Deutung dieser Wirkung (vermehrter Blutzufluss zur Peripherie und erhöhte Wärmeabgabe daselbst unter Sinken der Innentemperatur, *auf diejenigen Fälle, wo Aussen- und Innentemperatur gleich ist, von verstärkter Blutströmung durch die Peripherie zufolge erhöhten Blutdrucks also keine Rede sein kann, ebensowenig, als auf diejenigen, wo die höchste arterielle Spannung gerade mit dem niedrigsten Stande der Temperatur an der Oberfläche zusammenfällt*. Da somit die Frage, ob die Temperatursenkung unter Digitalisgebrauch bei Kranken ebenso wie bei Gesunden zu Stande kommt, nichts weniger als entschieden und eine auf alle Fälle passende

Deutung derselben, wie wir sehen, zur Zeit nicht zu geben ist, so kann es uns auch
nicht Wunder nehmen, dass in der Wahl der für die Digitalismedikation geeigneten
Fälle Missgriffe begangen werden und das gen. Mittel bei der Behandlung fieberhafter Krankheiten bezüglich der antipyretischen Wirkung nicht allzuselten im
Stiche lässt. Ferner nutzt Digitalin dadurch, dass es

II. die Herzcontraktionen nicht nur retardirt, sondern auch kräftiger und regelmässiger macht; Digitalin wird hiernach das gebotene Medikament aller Krankheitszustände, bei welchen wir eine Herabsetzung des Vagustonus
zu statuiren berechtigt sind, darstellen. Weit häufiger, als zur Erfüllung dieser Indikation wird Digitalis

III. als Mittel, welches die peripheren Gefässe zur Contraktion
bringt und *die Spannung im arteriellen Systeme erhöht bei Compensationsstörungen
zufolge Bestehens organischer Herzfehler* und in asthenischen Fiebern, wenn die
Kraft der Herzcontraktionen erlahmt und der Puls sehr klein, frequent, unregelmässig und wegdrückbar geworden ist, angewandt. Ferner kann sich

IV. die Gefässcontraktion auf catarrhalisch afficirte Schleimhäute
in der Weise geltend machen, dass durch eine damit gegebene günstige Modifikation
der Circulation in den daselbst verlaufenden Gefässen die Grundbedingung des
Catarrhs und somit dieser selbst gehoben wird. Ebenso ist

V. die durch Digitalin erzeugte und bei der Therapie der unten
zu nennenden Neurosen verwerthete Herabsetzung der Reflexerregbarkeit mit Erzeugung von Anämie in den Gefässen des Hirns und Rückenmarks — (Ischämie) — d. h. mit der gefässcontrahirenden Wirkung des Mittels in Zusammenhang zu bringen. Endlich wird die Digitalis als Arzneimittel geschätzt, weil
sie bei Kranken

VI. die Harnabscheidung bedeutend anregt und Oedeme, Exsudate etc.
zum Verschwinden bringt.

Contraindikationen des Digitalingebrauchs,

welche sich aus den vorstehenden therapeutischen Betrachtungen ergeben und in
tausendfältiger Erfahrung am Krankenbett ihre sichere Begründung finden, sind:

a. organische Veränderungen der Muskelsubstanz des Herzens, namentlich wenn ein höherer Grad von Verdünnung der Wandungen und Dilatation damit
verknüpft ist;

b. bestehender Magen- und Darmcatarrh höheren Grades, es sei denn,
dass derselbe eine Complikation einer mit Wassersucht verlaufenden und Compensationsstörungen hervorrufenden organischen Herzkrankheit darstellt (hier hebt Digitalis die Compensationsstörung nebst Folgekrankheiten);

c. sehr acut verlaufende Lungentuberkulose; hier ist der Digitalisgebrauch von offenbaren Nachtheilen für den Kranken gefolgt; v. Schroff sen.,
Posner.

I. Indikation: *Digitalis als pulververlangsamendes und temperaturherabsetzendes Mittel ist — vielfach recht schablonenmässig und selbst
unter Misskenntniss der physiologischen Wirkungen — für die Behandlung
fieberhafter, acuter Infektionskrankheiten,* namentlich des Typhus, und
lokalisirter Krankheiten, namentlich entzündlicher Affektionen der Brustorgane, wie Pneumonie, Pleuritis und Endocarditis, empfohlen

worden. Wieweit diese Empfehlungen etwas enthusiastischer, Art, oder mit anderen Worten, wiefern die nichts weniger, als wissenschaftlicherseits völlig aufgeklärten *antifebrilen* und antipyretischen Wirkungen des Fingerhuts cum grano salis zu verstehen sind, wurde oben bereits soweit angedeutet, dass wir uns im Nachstehenden mit einem kurzen Blick auf den bei Typhus, Pneumonie, Pleuritis und Endocarditis im concreten Falle von der Digitalisbehandlung zu erwartenden Nutzen unter Bezugnahme auf statistische Ermittelungen begnügen können. Am günstigsten gestalten sich in dieser Beziehung die Verhältnisse bei

1. dem Typhus. Wunderlich behandelte Typhöse mit einer Temperatur von 40° C. und 'einer Pulsfrequenz von 138 und mehr Schlägen — also nur schwere Fälle — mit Digitalisdosen von 0,9—1,2 Grm. und beobachtete, wenn bei geringen Fieberremissionen diese Behandlung möglichst frühzeitig eingeleitet werden konnte, Heruntergehen der Temperatur und Pulsfrequenz (letzteres auf mehrere Tage, indem die pulsretardirende die antiphlogistische Wirkung des Mittels übertrifft), sowie ein selteneres Auftreten von Complikationen, jedoch keine Verkürzung des Verlaufs der Krankheit. Thomas und Ferber, welcher 66 Fälle beobachtete, bestätigten Wunderlich's Angaben durchaus. *Die Temperaturherabsetzung erreicht nach F. ihr Maximum erst* $1/2$—1 *Tag nach Aussetzen des Mittels*, von welchem die Dosis von in summa 12 Grm. in 3—4 Tagen nicht überschritten werden darf. Hartneckig hohe Pulsfrequenz und Nierenreizung contraindiciren den Fortgebrauch des Mittels; Ferber verlor nur 3 Kranke. Er wie Thomas, Läderich, Hankel u. A. bezeugen, dass der günstige Effekt der Digitalis auf die Körpertemperatur beim Typhus weit seltener ausbleibt, als

2. bei der acuten Pneumonie. Bei letzterer Krankheit muss, was die Gefährlichkeit der Medikation (Herzlähmung, Hirnaffektion, cumulative Wirkung) erheblich steigert, die Dosis stets höher gegriffen werden, als beim Typhus; Traube. Fälle mit prädominirender Hitze und Pulsfrequenz bei Integrität der Hirn- und Verdauungsfunktionen und Individuen von plethoristischem Habitus, bei welchen ehedem zur Ader gelassen worden wäre, sind es, wo Digitalis das die Pneumonie begleitende Symptom „Fieber" in augenscheinlicher Weise mässigt und zum Verschwinden bringt. Hat indess hierbei schon die Grösse der zu greifenden Dosis aus den früher bemerkten Gründen ihr Missliches, und ist Digitalis bei Neigung der Kranken zu Collaps einer- und zu Suppuration andererseits geradezu ein gefährliches und verwerfliches Mittel, so muss uns ein auf das bezüglich der durch Digitalis bei Pneumonie erlangten Heilresultate vorliegende statistische Material geworfener Blick diese Behandlungsweise in noch verdächtigerem Lichte erscheinen lassen. Wenn

nämlich nach Thomas ausnahmsweise auch Typhusfälle vorkommen, wo
die antipyretische Wirkung der Digitalis versagt, so sind doch Pneumonien, wo durch Digitalis zwar der Puls auf 80—72 Schläge verlangsamt wird, die Temperatur jedoch sich unverändert auf der Höhe von
39° C. und mehr hält, wie schon Traube fand, und von Schrötter
und Thomas bestätigten, so wenig selten, dass Thomas es geradezu aus-
spricht: „Digitalis äussert auf die Temperatur bei der Pneumonie ihren
Einfluss keineswegs in einer Weise, welche nicht ebenso gut bei rein
expectativer Behandlung zur Beobachtung kommen könnte", d. h. Tem-
peratur- wie Pulscurven expectativ und mit Digitalis behandelter Fälle
verhalten sich durchaus nicht verschieden von einander. Noch mehr;
Bleuter beobachtete geradezu einen nachtheiligen Einfluss der Digitalisbehandlung auf die Mortalität; unter Beibringung von in Summa 11 Grm.
Digitalis betrug die Zahl der Todesfälle 21, bei expectativer Behandlung
dagegen nur 14,5%; dasselbe beobachtete Hossack. Bewirkt die Digitalis, wenn sie frühzeitig gegeben wird, auch im günstigsten Falle ein
etwas früheres Eintreten der Defervescenz, so ist dafür doch das subjec-
tive Befinden der Pneumoniker ein weit schlechteres, weil bei den grossen,
nöthig werdenden Gaben des Mittels Intoxikationssymptome nur ausnahmsweise fehlen. Da endlich, von der cumulativen Wirkung abgesehen,
grosse Digitalisdosen stets der Herzthätigkeit mit ernsten Gefahren drohen
und der durch dieselben zu erreichende antipyretische Effekt noch dazu
niemals lange anhält, so ist vor dem schablonenmässigen Gebrauch der
Digitalisinfuse bei jeder beginnenden Pneumonie. wie er nach dem gewöhnlichen Schlendrian noch von nicht wenigen Aerzten beliebt wird,
trotzdem dass derselbe a priori äusserst rationell erscheint, nicht eindringlich genug zu warnen. Das bezüglich der acuten Pneumonie Bemerkte
findet dem vollen Wortlaute nach auch auf

3. Pleuritis und Pericarditis Anwendung, wenngleich ich nicht
in Abrede stellen will, dass mir die durch Digitalisinfuse mit Kali aceticum bei frischen Pleuritiden erlangten Heilresultate günstiger, als die
bei Pneumonie erreichten vorgekommen sind. Es darf indess hierbei
nicht übersehen werden, dass bei der genannten Mixtur auch die diuretische Wirkung des Kali aceticum als zur Wegschaffung gesetzten und
zur Prophylaxe in der Bildung begriffenen Exsudats geeignet erscheinen
muss, der etwa erzielte therapeutische Effekt also nicht lediglich auf
Rechnung des Fingerhuts gesetzt werden darf. Endlich ist

4. der Endocarditis und speciell der sich im Gefolge des acuten
Gelenkrheumatismus entwickelnden E. mit einigen Worten zu gedenken.
Wie gegen die Temperaturerhöhung im Beginn anderer acuter Infections-
krankheiten z. B. der acuten Exantheme, ist auch gegen die den acuten

Gelenkrheumatismus begleitende mit Digitalispräparaten vorgegangen und dadurch nicht nur das Symptom Fieber erfolgreich bekämpft, sondern, wie die im Allgemeinen Wiener Krankenhause und von Oulmont in Paris gesammelten Krankenbeobachtungen beweisen, auch der Complikation des Leidens mit Entzündung des Endo- und Perikards vorgebeugt worden. Wir gehen hiernach über zu der

II. Indikation: Anwendung der Digitalis als auf Herz-lähmung beruhende Krankheitszustände beseitigendes Mittel. Von Sée und anderen Pariser Klinikern, welche sich unter anderen dem physiologischen Armentarium entlehnten diagnostischen Apparaten des Sphygmographen häufiger, als die Deutschen bedienen, sind Fälle dieser Art diagnosticirt und erfolgreich mit Digitalis behandelt worden. Es liegt ausserdem nahe, worüber hier nur ein Wort gesagt werden soll, das Digitalin als Antidot aller die Vagusendigungen im Herzen paralysirender Gifte, wie Atropin, Saponin etc. zu gebrauchen. Nach in dieser Richtung angestellten Thierversuchen des Verfassers vermag Digitalin allerdings eine Zeitlang die mit der Vaguslähmung verknüpften Störungen zu compensiren, niemals aber, wo es sich um grosse Dosen Atropin etc. handelt, Lebensrettung zu bringen, weil es, zumal bei Einverleibung grosser Gaben, selbst schliesslich Ermüdung des Vagus sowie Starre und Unerregbarkeit (Paralyse) der Herzmusculatur hervorruft. Jedenfalls am bedeutungsvollsten ist die

III. Indikation: *Gebrauch der Digitalis als periphere Gefäss-contraktion bedingendes, den arteriellen Druck erhöhendes und durch das Bestehen organischer Herzfehler bewirkte Compensationsstörungen besei-tigendes Mittel.* Für die Behandlung der namentlich durch *Mitralklappen-insufficienz* und *Stenose des linken venösen Ostium* bei sich ausbildender ungenügender Compensation durch vermehrte Arbeitsleistung der hyper-trophirenden Herzwandungen bedingten venösen Blutüberfüllung, bez. der davon wieder abhängigen hydropischen Ansammlungen, Anschwellungen der Blutgefässdrüsen, Lungencatarrhe u. s. w. ist Digitalin, wie Traube nachwies, geradezu ein *unentbehrliches Heilmittel.* Indem es in ange-gebener Weise bewirkt, dass *mehr Blut unter höherem Seitendruck in das linke Herz* gelangt, wird das venöse System, in welchem der Druck um ebensoviel absinkt, von Blut entlastet, Transsudate filtriren in die Venen zurück und mit der Zunahme des Wassergehaltes des Blutes da-selbst stellt sich vermehrte Diurese ein. Aber auch bei Aorteninsuffi-cienz und Ueberlastung des arteriellen Systems bringt Digitalin, indem es Pulsretardation erzeugt, dadurch Nutzen, dass hiermit Zeit für die Rückströmung des Blutes in das Herz gewonnen wird; Sidney Ringer. Leider ist dieser Heileffekt niemals so gross, dass er mit dem bei Mitral-

klappeninsufficienz zu erzielenden einen Vergleich aushalten könnte. Letzteren Falles schwinden nicht nur die Wasseransammlungen unter der *Vermehrung der Diurese* in der angegebenen Weise, sondern auch Catarrhe
und Dyspnoe nehmen ab und die Verdauung hebt sich. Ist die Dyspnoe
und Präcordialangst im Gefolge des organischen Herzleidens sehr bedeutend, so erweisen sich subcutane Morphiuminjektionen als Unterstützungsmittel der Digitalisbehandlung. Beiläufig ist noch zu bemerken, dass
auch bei der Basedow'schen Krankheit von der mit Hydrotherapie und
Eisenmitteln verbundenen Behandlung mit Digitalispräparaten von Aran
und Fletcher günstige Erfolge beobachtet worden sind. Die

IV. Indikation: *durch auf catarrhalisch afficirten Schleimhäuten
mittels der Digitalis bewirkte Gefässcontraktion die Circulation in den
betreffenden Gefässen so zu modificiren, dass mit Hebung der Grundbedingung des Catarrhs dieser zur Heilung gelangt*, findet in der Digitalisbehandlung der Gonorrhoe eine praktische Verwerthung. Indem
durch Digitalin die Reflexthätigkeit herabgesetzt wird, macht sich gleichzeitig eine antaphrodisiatische Wirkung des Mittels geltend und die
den *Tripperkranken* so häufig belästigenden schmerzhaften *Erektionen*
nebst Saamenergiessungen finden ihre Endschaft. Die Gefässcontraktion
durch Digitalin macht sich aber auch in Erzeugung von Ischämie der nervösen Centralorgane geltend und findet hierin die

V. Indikation: *Digitalis als reflexherabsetzendes Mittel bei mit
abnorm erhöhter Reflexthätigkeit verbundenen Psychosen und Neurosen*
therapeutisch zu verwerthen ihre wissenschaftliche Begründung. Unter
den Psychosen können die *Manie* und *Delirium tremens*, wobei die
Complikation mit Fettherzbildung ausgeschlossen sein muss, unter den
Neurosen Epilepsie und Asthma, Digitalis — oft mit Opium combinirt —
indiciren. Im Chloralhydrat, Bromkalium, Atropin und den Mutterkorn-
präparaten besitzen wir indess Mittel, welche dem nämlichen Heilzwecke
in prompterer und zuverlässigerer Weise genügen und den Digitalisgebrauch daher auch immer mehr und mehr verdrängt haben. Endlich
ist bezüglich der

VI. Indikation: *Anwendung der Digitalis als Diureticum, zur
Beseitigung von Wassersuchten*, Transsudaten etc. nur nochmals daran
zu erinnern, dass acute und subacute *Nephritis* den Gebrauch des gen.
Mittels absolut contraindiciren. Seine schönsten Triumphe in dieser
Richtung feiert die Digitalis bei den auf Compensationsstörungen be-
ruhenden Wassersuchten, betreffs derer auf die unter III. gemachten
Auseinandersetzungen zurück verwiesen werden muss.

Die *externe* Anwendung der Digitalismittel: *als diuret. Foment* auf die Nierengegend nach Brown, und *Digitalissalbe* ist wohl als obsolet zu bezeichnen.

Pharmaceut. Präparate:

1. Folia Digitalis; Dosis 0,03—0,2 drei bis viermal täglich im Infus; 0,2 Maximaldosis.

2. Extractum Digitalis; aus den frischen Blättern; II. Consistenz; Dosis 0,02—0,2.

3. Tr. Digitalis e succo. Dosis 5—20 Tropfen; Maximaldosis 2, pro die 6 Grm.

4. Tr. Digitalis aetherea, aus trocknem Kraut; 5—20 Trpf. Maximaldosis 3 Grm.

5. Acet. Digitalis: 1 Th. Fingerhutblätter mit 9 Th. Weinessig ausgezogen. Dosis 10 (in maximo 30) Tropfen; als Zusatz zu Saturationen.

6. Unguentum Digitalis: 1 Th. vom Extract (2) auf 9 Th. Wachssalbe; obsolet.

7. Digitalinum Homolle: 0,003—0,011 bis 0,02 bei Typhus (!) — Von dem Nativelle-Digitalin (Digitoxin) wurde 0,001—0,002 als Maximaldosis angegeben.

XI. Secale cornutum. Mutterkorn. Sclerotinsäure; Dragendorff.

Das zuerst von Lonicerus als Clavus silaginis beschriebene und durch die klinische Beobachtung der neueren Zeit als eines der unentbehrlichsten Arzneimittel erkannte Mutterkorn ist das Dauermycelium eines Pilzes: *Claviceps purpurea Tulasne*, dessen Entwicklung bereits in der ganz jugendlichen, noch von der Spelze umgebenen Blüthe von Secale cereale beginnt und mit der Zerstörung des Fruchtknotens des genannten Getreides durch den Roggenhonigthau (*Sphacelia segetum*; Léveillé) und Verwandlung dieses Knotens und des Eichens in einen die Contouren des ersteren beibehaltenden, anfänglich weichen, weisslichen, später violetten, walzenförmigen, länglichen Pilzkörper (*Sclerotium*) seine Vollendung findet. Durch jenes Mycelium wird das im gesunden Roggen zur Bildung des Roggenklebers verwandte Material in Stoffe verwandelt, denen gen. Drogue ihre eigenthümliche Wirkung verdankt, so dass wir im vorliegenden Falle ein pathologisches, aus putrider Zersetzung des normalen Pflanzengewebes bei Gegenwart eines Fäulnisserregers hervorgegangenes Produkt als Arzneimittel gebrauchen; Buchheim. Der Complex wirksamer Stoffe im Mutterkorn wurde bis vor Kurzem mit dem ein chemisches Individuum nicht bezeichnenden Namen Ergotin, besser Mutterkornextrakt, belegt; und zwar führte die Summe aller mit Wasser ausgezogener Stoffe den Namen Ergotin Boujean, während das alkoholische, nach meinen u. A. Untersuchungen von dem vorigen durchaus verschiedene Wirkungen äussernde Extrakt als Ergotin Wiggers bekannt war.

Erst in allerjüngster Zeit hat Dragendorff eine auf der Ausfällung des wässrigen, stark im Vacuum eingeengten Auszuges des Mutterkorns erst mit 44—45% und nach dem Abfiltriren des Niederschlages mit 75 bis 80% Alkohol beruhende Methode, die beiden identische Wirkungen äussernden und die Wirkung der Drogue repräsentirenden, wirksamen Principe des Mutterkorns: Sclerotinsäure und Scleromucin zu isoliren angegeben. Die Sclerotinsäure reagirt sauer, ist amorph, liefert ein 20°/₀ haltiges Kalksalz, zeigt eine gelbbräunliche Farbe, ist nur in verdünntem Alkohol und Wasser löslich und nach der Formel: $C_{12}H_{19}NO_9$ oder $C_{12}H_{19}NO_{10}$ zusammengesetzt. Der zweite, nach Dragendorff identische Wirkungen mit der Sclerotinsäure äussernde Körper, das Scleromucin, ist eine schleimartige, colloide, schon in mässig verdünntem Alkohol unlösliche, braune Substanz, welche, von gleichzeitig niedergrissenem Fett, Kalium- und Calciumsalzen befreit, auf 10 C 2,2 H und 2,2 N enthält. Alkaloidcharakter kommt dem Scleromucin nicht zu. Doch vermuthet Dragendorff, dass die von den früheren Experimentatoren isolirten Substanzen: Ecbolin, Ergotin und Ergotinin ein Gemenge auf den Froschorganismus toxische Wirkungen überhaupt nicht äussernder Alkaloide seien. Neben den genannten Bestandtheilen sind 4 Farbstoffe: Sclererythrin, Sclerojodin, Scleroxanthin (gelb, krystallinisch) und, aus diesem hervorgehend, Sclerocrystallin als wohlcharakterisirt von Dragendorff beschrieben worden. Ausserdem enthält das Mutterkorn: 30°/₀ verseifbares Fett, 0,036°/₀ Cholestearin, Mykose, Milchsäure (aus der Mykose hervorgehend), Mannit, Methylammin, Trimethylammin, Ammoniaksalze, Leucin, Kalium- und Calciumphosphat. Als für den ärztlichen Gebrauch geeigneter wirksamer Stoff der Drogue ist die Sclerotinsäure, welche zu 0,03—0,045 Grm. in der fünffachen Menge Wasser gelöst und subcutan injicirt alle sogleich zu nennenden charakteristischen Wirkungen des Mutterkorns hervorruft, zu bezeichnen. Scleromucin ist seiner Löslichkeitsverhältnisse und der Schwierigkeit seiner Reinigung wegen für therapeutische Zwecke weniger passend.

Die *physiologischen* Wirkungen des Mutterkorns beziehen sich

1. auf die Verdauungsfunktion. Mutterkorn besitzt einen widerlichen, etwas bitteren Geschmack, ruft per os eingeführt reichliche Speichelabsonderung hervor, reizt den Magen-Darmtractus nur bei Einverleibung grösserer Mengen unter Auftreten von Ekel, Erbrechen, Kopfschmerzen und Diarrhöe, und giebt auch bei Anwendung grosser Gaben nicht zur Entstehung von Gastroenteritis Anlass. Die wirksamen Bestandtheile des Mutterkorns gehen in die Blutbahn über; die hierdurch verursachten Modifikationen der chemischen Zusammensetzung des Blutes sind uns völlig unbekannt. Sclerotinsäurehaltiges Blut beeinflusst in erster Linie und in sehr augenfälliger Weise

2. die Kreislaufsfunktionen: Gefässlumen, Pulsfrequenz und Blutdruck. Unter den hierbei gesetzten Erscheinungen ist die von zahlreichen Beobachtern wahrgenommene hochgradige *Contraktion der peripheren Arterien und Venen*, welche sich nach Holmes auch auf den kleinen Kreislauf ausdehnt, die bedeutungsvollste. Schüller betrachtet

sie als Folge *directer, von vermittelndem Nerveneinfluss unabhängiger Einwirkung der Mutterkornbestandtheile auf die Gefässmuscularis.* Nach Eberty's unter meiner Leitung angestellten Untersuchungen kommt das durch die Gefässcontraktion bedingte starke Ansteigen des Blutdrucks in Wegfall, wenn vor der Mutterkornbeibringung das Halsmark durchschnitten bez. das vasomotorische Centrum ausgeschaltet worden ist. Eine reflektorische, nichts Specifisches habende Erregung dieses Centrum statuirt auch Zweifel, lässt jedoch die nach ihm überhaupt nichts weniger als sicher constatirte Gefässcontraktion lediglich von dem in der *sauren Beschaffenheit* des injicirten Ergotin Boujean begründeten *sensiblen Reiz* abhängig sein. Zugegeben selbst, dass auch andere Medikamente in analoger Weise diese Gefässcontraktion bedingen, so steht doch unter allen der Intensität und Extensität, in welcher dieselbe zu Stande kommt, wegen das wässerige Mutterkornextrakt obenan. Mit der Deutung der Erscheinung *aus sensiblem Reiz* möchte man gern die Erscheinung selbst wegdiscutiren, trotzdem dass dieselbe von einer grossen Reihe von Experimentatoren wahrgenommen und von den geübtesten Klinikern, z. B. Langenbeck, am Krankenbett bestätigt gefunden wurde. Ich möchte den Chirurgen sehen, welcher sich Blutungen bei Operationen durch Erzeugung heftiger Schmerzempfindungen (*Stechen, Quetschen von Nerven etc.*) zu stillen unterfinge. An der Existenz der Gefässcontraktion nach Mutterkornextraktbeibringung kann ebenso wenig ein Zweifel obwalten, wie an der weiteren Thatsache, dass dieselbe — *reflectorisch oder direct durch Contakt mit dem sclerotinsäurehaltigen Blut* — auf Erregung des Gefässnervencentrum zurückzuführen ist. Die auch von mir bestätigt gefundene Beobachtung, dass Ergotininjektion (Boujean) Wiederansteigen des durch Amylnitrit bis auf ein Minimum herabgesetzten Blutdrucks bewirkt, die Sclerotinsäure also sich dem die peripheren Vasomotoren beeinflussenden Amylnitrit gegenüber als Antagonist verhält, legen ausserdem die Möglichkeit einer Mitbeeinflussung der peripheren Gefässnerven durch die wirksamen Mutterkornbestandtheile nahe. Die Frage endlich, ob die Gefässmuscularis direct durch die genannten Bestandtheile gereizt werde, wird erst nachdem Durchspülungsversuche der Gefässe in aus eben verstorbenen Thieren entnommenen Drüsen (Leber, Nieren etc.) nach Mosso's Methode angestellt sein werden, zu entscheiden sein.

Bezüglich des Pulses wurde zuerst von Eberty *Pulsverlangsamung,* von Erregung der im Herzen belegenen *Hemmungsapparate* abhängig, constatirt. Zweifel bewies, dass, sofern auch die Asche des Ergotin Boujean diese Retardation hervorruft, nicht von einer specifischen Wirkung der (organischen) Mutterkornbestandtheile auf die genannten Centren die Rede sein kann und es sich dabei hauptsächlich um Wirkung der

1. bei *Affektionen des Nervensystems*, welche auf von Gefässerweiterung begleiteten Congestivzuständen der nervösen Centralorgane beruhen. Mit Erzeugung der Ischämie des Hirns und Rückenmarks bez. Ueberführung der daselbst bestehenden Hyperämie in Anämie durch das Mutterkorn, wird in derartigen Fällen die Indicatio causae erfüllt. Wir rechnen hierzu

α. Lähmungen, welche mit Dyspnoe, Harnverhaltung und Impotenz complicirt sind; ferner Lähmungen des Detrusor vesicae urin. alter Leute und Paraplegien hysterischen Ursprungs mit ebenfalls nicht selten bestehender Complikation mit Harnincontinenz. Passender Weise wird hier das Mutterkorn mit Eisenpräparaten oder Atropin (Grimauld; Taylor) combinirt. Wo sich ein Heilerfolg einstellt, bemerken die Kranken in der Regel Prickeln in den Fusssohlen und Formikation. Endlich ist Secale auch gegen die nach acuter Myelitis zurückbleibende chronische Rückenmarkshyperämie mit Erfolg gebraucht worden; ja Brown-Séquard will sogar eine seit 11 Monaten bestehende Bewegungsataxie durch Ergotin geheilt haben. Ferner ist Mutterkorn

β. bei Neurosen, wie Epilepsie, Chorea und Pertussis, als gefässverengendes Mittel in denjenigen Fällen, wo man auf Hyperämie der Nervencentren zu schliessen sich berechtigt glaubt und Ischämie der gen. Centra hervorzurufen beabsichtigt, mit ungleichem Erfolge angewandt worden. Stets ist lange Zeit fortgesetzte, consequente Medikation zur Erreichung des angegebenen Zweckes unumgängliches Erforderniss.

2. Unter den chronischen Congestivzuständen anderer Organe ist mit Volumszunahme verbundene chronische Hyperämie der Gebärmutter zu nennen. Indem Contraktion der Gefässmuscularis sowohl, als der übrigen organischen Muskelfasern des gen. Organes durch den Mutterkorngebrauch bewirkt wird, kommt Volumsabnahme des Uterus und hiervon wieder abhängige Besserung von Menstruationsanomalien, hysterischen Beschwerden mancherlei Art und selbst von Unfruchtbarkeit zu Stande.

3. Catarrhe gewisser Schleimhäute, i. B. der Vaginal- und Blasenschleimhaut, wenn sie noch im ersten Stadium ihrer Entwicklung begriffen und zum Mindesten nicht inveterirt sind, erfahren durch consequenten Ergotingebrauch häufig wesentliche Besserung oder Heilung. Die mit der durch die Wirkung dieses Mittels hervorgebrachten Gefässcontraction nothwendig verknüpfte Anämie der genannten Membranen stellt einen dem catarrhalischen, mit Gefässerweiterung, Hyperämie, Hypersecretion und Auflockerung des Gewebes verbundenen diametral entgegengesetzten Zustand dar. Ergotin wirkt hier nach seiner Resorption dem örtlich auf die blenorrhagische Conjunctiva bulbi applicirten Calomel

malog. Trousseau u. A. rühmten daher Ergotin gegen Leukorrhöe, Cystitis chronica u. s. w. Wir wenden uns hiernach zur Betrachtung

b. der contrahirenden Wirkung der Mutterkornbestandtheile auf die Gefässe des Lungenkreislaufs. Durch hier nicht ausführlich wiederzugebende Versuche an Hunden kam Hohnes zu dem Resultat, dass Ergotin (bez. *Sclerotinsäure*) eine Contraktion der Lungengefässe bedingt, dem entsprechend (weil weniger Blut in den linken Vorhof gelangt) ein vorübergehendes Absinken des Drucks in der Carotis bewirkt, und sich somit bezüglich der Beeinflussung der Gefässe des kleinen Kreislaufs dem Blei conform verhält. Wie letztere bringen die Mutterkornbestandtheile eine relative Blutarmuth des Lungengewebes zu Stande und haben darin vor den auch in den Lungengefässen den Seitendruck erhöhenden der *Digitalis* den entschiedenen Vorzug. Der hiernach theoretisch vom Mutterkorn bei Hämoptoe zu erwartende Nutzen hat sich in der Praxis so glänzend bewährt, dass Oppolzer das Ergotin unter allen gegen gen. Leiden gerühmten Hämostaticis neben dem Terpenthinöl obenan stellte. Selbstredend ist, weil das Mutterkorn dem zu Ulcerationen in den Lungen und Gefässcorrosion daselbst führenden Krankheitsprocesse gegenüber ohnmächtig ist, dieser bei Hämoptoe zu erzielende Heileffekt ein rein symptomatischer. Ebenso wie bei Hämoptoe documentirt sich die auf Gefässcontraktion zurückführende

II. blutstillende Wirkung des Ergotin Boujean (bez. der darin enthaltenen Sclerotinsäure) auch bei Blutungen aus zahlreichen anderen Organen, namentlich Epistaxis, Melaena, Menorrhagie und Metrorrhagie in vollstem Maasse. Auch gegen Purpura haemorrhagica, Aneurysmen, varikōse Ausdehnungen der Venen (Voigt) und Kohlenoxydgasvergiftung (Klebs) ist Mutterkorn empfohlen worden.

Diejenigen Autoren, welche mit Zweifel auf die Gefässcontraktion nach Ergotinbeibringung gar kein Gewicht legen, suchen (*nicht eben mit Glück*) die nach jener zu Stande kommenden Lähmungen (*des Herzens in erster Linie*; Borcisoha) mit dem styptischen Effekt in Zusammenhang zu bringen. Weit ungezwungener wäre ein Connex zwischen der Säurenatur der in das Blut gelangenden Sclerotinsäure und der Blutstillung, wobei freilich neben einer noch nachzuweisenden eiweisscoagulirenden Wirkung dieser Säure wieder die contrahirende der Gefässmuscularis gegenüber in Betracht kommen würde.

Die betreffs der günstigen Wirkung der Mutterkornpräparate bei Blutungen gesammelten zahlreichen Erfahrungen sind ein Gemeingut der Praktiker aller Nationen geworden, so dass Bedenken darüber, ob Secale in specifischer Weise, oder durch Hervorrufung des vielbetonten „*sensiblen Reizes*" so Grosses leistet der ferneren Verwerthung des gen. Mittels als Stypticum kaum engere Grenzen setzen dürften.

III. *Die reflexherabsetzende Wirkung der Mutterkornbestandtheile* ist,

Als *wehentreibendes* Mittel gebe man Mutterkornpulver zu 0,5—1,0 Grm. mit Zucker und etwas Zimmet vermischt.

Kleinere, längere Zeit zu gebrauchende Dosen von 0,2 dreimal täglich werden unbeschadet der Verdauung gut und lange vertragen.

Pharmaceutische Präparate:

1. Pulvis secalis cornuti, Mutterkornpulver; jedes Jahr, wenn es völlig reif ist, frisch zu sammeln; nach Extraktion von 30 % fetten Oels mit Aether hält es sich im getrockneten Zustande länger unzersetzt; Dosen oben.

2. Extractum secalis cornuti aquosum; Ergotin Bonjean. Mit Wasser (1 : 2) bereitetes Extrakt, Nachbehandlung mit Weingeist. In Wasser klar löslich. Dosis 0,03—0,3 in Pillen; wirksam; nicht subcutan.

3. Tr. secalis cornuti, Mutterkorntinctur; 1 Th. Mutterkorn mit 10 Th. verdünntem Weingeist ausgezogen; Dosis 10—30 Tropfen; kann weder 1. noch 2. ersetzen.

XII. Faba calabarica. Semen Physostigmatis venenosi.
Calabarbohne. „Calabar“.

Die von den Eingeborenen Westafrikas zur Anstellung einer Art von Gottesurtheil benutzten Samen des am Calabarflusse und in Guinea einheimischen, zu den Papilionaceen gehörigen, bis 15 Meter hohen Baumes: *Physostigma venenosum* Balf. sind bohnenförmig gestaltet, 25 Millim. lang, 10—15 Millim. breit, glänzend, zerreiblich und enthalten zwei wirksame, zu den Alkaloiden zu rechnende Substanzen: 1. das ehemals von dem einheimischen Namen *Esere*, für die Samen „*Eserin*“ genannte *Physostigmin* mit pupillenverengender, nervenparalysirender, dagegen Herz- und quergestreifte Muskulatur stark reizender Wirkung, welches in krystallinischer Form darzustellen ausser Leven und Vée Niemand mit mehr gelungen ist (Jobst, Hesse, Harnack); und 2. das durch seine Unlöslichkeit in Aether vom Ph. unterschiedene, tetanisirende Wirkungen äussernde und die Alkaloidreaktionen (auch auf Phosphorwolframsäure) gebende *Calabarin*. Das *Physostigmin* ($C_{30} H_{21} N_3 O_4$) ist eine spröde, harzähnliche, durch Berührung mit anderen Substanzen, i. B. Alkalien, sich leicht in einen, die Lösungen rothfärbenden Körper, das *Rubreserin* (Duquesnel) zersetzende Verbindung. Nur Calabarin enthaltende Extrakte der Bohne zeigen tetanisirende Eigenschaften; Harnack.

Fraser, welcher die pupillenverengende Wirkung des Calabar entdeckte, bemerkte nachdem er 0,3—0,6 Grm. der gepulverten Bohne eingenommen hatte, an sich folgende Erscheinungen: nach 5 Minuten eigenthümliches, später schmerzhaftes Gefühl im Epigastrium, Aufstossen, Schwindel, Schwäche in den Extremitäten; nach grösseren Dosen: Zuckungen in den Brustmuskeln, sehr starken Schwindel, Verminderung des Sehvermögens bei ungetrübtem Bewusstsein, Ansammlung von Flüssigkeit im Munde, Schweiss und Unmöglichkeit die Glieder zu bewegen oder zu gehen. Die Herzbewegungen wurden tumultuarisch und in einem Falle binnen $1\frac{1}{2}$ Stunden um 20 Schläge retardirt. Bei Vergiftungen durch sehr grosse Gaben gesellen sich den angegebenen choleraartige Symptome, kalte Schweisse, Collaps und starke Myosis zu.

Harnack und Witkowski gebührt das Verdienst, die widerspruchsreichen experimentellen Angaben zahlreicher Autoren gesichtet und eine klare und stichhaltige Analyse der sich auf den Menschen, Warm- und Kaltblüter äussernden physiologischen Wirkungen des Calabar gegeben zu haben. Diese beziehen sich auf

I. das Nervensystem. Nachdem ein auf die Injektion folgendes, von Zunahme der Pulsfrequenz begleitetes Aufregungsstadium, welches vielleicht indirect durch die Veränderungen der Circulation und Respiration zu erklären ist, vorübergegangen ist, kommen erst langsame, ungeschickte Bewegungen bei erhaltener Reflexfunktion, dann Motilitäts-, später Sensibilitätslähmung, Cessiren der Athmung und schliesslich completes Erlöschen der Reflexe auch auf die heftigsten Reize zur Beobachtung. *Stets ist die Lähmung eine directe,* nicht auf Erregung folgende und die Nervencentren in der Reihenfolge in Mitleidenschaft ziehende, *dass zuerst das Hirn und erst weit später das Rückenmark betroffen wird.* Eine Beeinflussung der Stämme der motorischen Nerven durch das Gift existirt ebensowenig, als eine Lähmung der motorischen Nervenendigungen in den Muskeln.

II. Die Erregbarkeit der quergestreiften Muskeln sowohl auf directe, als auf indirecte Reize vom Nerven aus wird durch Physostigmin nicht aufgehoben; fibrilläre, heftige Zuckungen in sämmtlichen Körpermuskeln sind für die Physostigminwirkung charakteristisch. An epileptoiden Meerschweinchen beobachtete Harnack nach der Physostigminbeibringung Ausbruch dem petit mal täuschend ähnlicher Krämpfe und auch bei einem epileptischen Idioten trat nach 0,0005 Grm. Physostigmin Verschlimmerung des Zustandes und Vermehrung der Zahl der Paroxysmen ein.*)

III. Die Respiration wird bei Warmblütern sehr frühzeitig und intensiv beeinträchtigt. Daher ist die durch Paralysirung des Athemcentrum in der Medulla oblongata hervorgerufene gänzliche Sistirung derselben als die Todesursache bei Physostigminvergiftung um so sicherer anzusprechen. als dieselben Thiere nach Einleitung und Unterhaltung der

---

*) Die Zuckungscurve der quergestreiften (Frosch-) Muskeln wird nach Harnack nur insofern verändert, als der absteigende Schenkel länger erscheint, die Wiederausdehnung desselben also langsamer erfolgt. Da auch bei curarisirten Fröschen nach Physostigminbeibringung die Muskelzuckung auf zugeleitete Inductionsströme bei weiterem Rollenabstande erfolgt, als beim normalen Controlthiere, so bezieht sich die excitirende und die Contraktilität erhöhende Wirkung der Ph. allem Anscheine nach auf den Froschmuskel selbst; Harnack.

künstlichen Respiration verhältnissmässig enorm grosse Gaben Ph. längere
Zeit unbeschadet des Lebens vertragen und letzteres, wenn die künstliche Athmung bis zur gänzlichen Elimination des Giftes aus dem Organismus fortgesetzt wurde, sogar erhalten bleiben kann. Diese Elimination findet der Hauptsache nach mit dem Nierensecrete statt.

IV. Die Herzcontraktionen werden nach der Calabarisirung langsamer und stärker; der Blutdruck steigt. Physostigmin hebt den durch
Muscarin hervorgerufenen diastolischen Stillstand des Froschherzens auf.
Ist dieser Zeitpunkt eingetreten und *wird hierauf ein muskellähmendes
Gift*, z. B. Apromorphin, *injicirt, so kommt der Muscarinstillstand sofort
wieder zur Beobachtung, zum Beweise dafür, dass obschon Vagusreizung
nach Physostigminvergiftung keinen diastolischen Stillstand, kein Absinken des Blutdrucks auslöst weder Reizung des Vagus, noch Lähmung
seiner Endigungen, sondern directe Excitation der Herzmusculatur von
solcher Intensität besteht, dass die Hemmungsnerven das unter stärkerem
Reize arbeitende Herz nicht völlig ausser Thätigkeit zu setzen vermögen.*

Die von Fraser, R. Böhm und Verf. statuirte Reizung des Vaguscentrum
oder der Vagusendigungen durch das Ph. wird dadurch unhaltbar, dass *Durchschneidung der Vagi oder Lähmung der Endigungen desselben* durch Atropin —
was Verfasser bestätigen kann — *auf die Retardation ohne Einfluss bleibt.* Die
vielleicht mit Erhöhung der Contractilität desselben zusammenhängenden, weit kräftigeren und eine weit bedeutendere Arbeitsleistung desselben bedingenden Contraktionen des Herzmuskels erfolgen langsamer, als in der Norm. Die von Röber
und Verfasser früher ausgesprochene Annahme, *dass diese Retardation ausserdem durch eine bestehende Lähmung der den Herzschlag beschleunigenden Nerven
begünstigt werde,* ist von Harnack und Witkowski weder bestätigt, noch widerlegt worden. Sofern also Physostigmin den Herzmuskel unter Erhöhung der Lei-
stungskraft desselben so stark reizt, dass der Vagustonus bei elektrischer Reizung
des Vagusstammes am Halse den Effekt dieses Reizes nicht zu übercompensiren vermag, die Vagusendigungen dagegen ganz intakt lässt, *ist dasselbe auch nicht länger
als der physiologische Antagonist des die Vagusendigungen lähmenden Atropins
anzusprechen;* Harnack. Die Thatsache, dass Physostigmin sich dem Antagonisten
des Atropins, dem Muscarin, gegenüber bezüglich der Herzwirkung wenigstens als
Antagonist verhält, dient diesem Satze zur weiteren Bestätigung.

V. Die Pupille wird, wie Fraser, v. Gräfe, Rosenthal, Bernstein, Grünhagen u. A. sich widersprechend bald durch Sympathicuslähmung, bald durch Oculomotoriusendigungenreizung zu erklären bemüht
waren, durch Physostigmin *verengt (nach Rossbach unter Umständen —
0,002—0,008 Grm.-Dosen — auch erweitert).* Nach Harnack's Versuchen
ist diese Erscheinung, der Herzmuskelreizung conform, ebenfalls auf *Muskel-
reizung: Reizung des Sphincter Iridis,* zurückzuführen und dieses um so
mehr, als wir auch an der organischen Musculatur

VI. des Darms, welche nach der Calabarisirung in einen solchen

Grad von *Tetanus* geräth, dass die Därme, i. B. von Katzen, als harte
Stränge durch die Bauchdecken durchzufühlen sind, analoge hochgradige
Reizungszustände constatiren können. Nach *Abklemmung der A.
Coeliaca
und Mesenterica superior vor der Vergiftung bleibt der Darmtetanus aus*,
nicht aber wenn das Ganglion coeliacum nebst den Enden der Splanchnici
vor der Injektion exstirpirt worden ist; Bauer. Nur nach Vergiftung
durch sehr grosse Dosen werden *choleraähnliche Erscheinungen* beobachtet; vgl. oben; nach Einverleibung medikamentöser und grösserer Gaben
kommt es nur zu durch Reizung des Parenchyms der Speicheldrüsen be-
dingtem Speichelfluss.

VII. Von anderen Secretionen gilt dasselbe für die der Thränen-
drüsen und der Nieren. Ueber die qualitativen Veränderungen, welche die
chemische Zusammensetzung dieser Secrete erleiden, ist ebenso wenig
etwas ermittelt, wie über die das Blut anbetreffenden.

VIII. Die Körpertemperatur sinkt; H. Köhler; eine Analyse
dieser Erscheinung ist experimentell nicht gegeben; vielleicht handelt es
sich um verminderte Wärmeproduktion zufolge der Beeinträchtigung,
welche die Athmung erleidet.

Indikationen des Calabargebrauches.

giebt es nur zwei, und von diesen wieder hat für die Praxis die höchste
Bedeutung die

I. Anwendung des Calabar als pupillenverengendes Mittel
in der Ophthalmiatrik

a. *bei anhaltender Mydriasis* zufolge unvorsichtigen Atropingebrauches;
um die Wirkung auf den Sphincter Iridis nachhaltig zu äussern muss
Calabar wiederholt auf das Auge applicirt werden; vgl. unten pharmac.
Präparate*);

b. *zur Lösung hinterer Synechien* bei Iritis variolosa;
sofern Calabar den Oculomotorius überhaupt nicht beeinflusst, kann es
auch Lähmung desselben nicht beseitigen.

II. Anwendung des Calabar als die Reflexthätigkeit herabsetzendes Mittel gegen unter abnormer Steigerung dieser Thätigkeit
verlaufende Neurosen (Tetanus, Chorea, Epilepsie).

Beim *Tetanus* traumaticus wurden, sofern von 28 mit Calabar behandelten Fällen 18 in Genesung ausgingen, durch gen. Mittel günstige
Erfolge erzielt. Zu 0,15 — 0,3 bei Chorea verordnet bewirkte dagegen

---

*) *Calabarpapier* (Reveil): 0,002 Extr. Calabar auf 1 Quadratcentmr. Papier
vertheilt; davon ¹/₆ auf die Conjunctiva b.

Calabarpulver nicht so oft Genesung; die Zahl der einschlägigen Fälle ist noch zu klein. Dass endlich Calabar bei Epilepsie sogar schaden kann, wurde oben bereits bemerkt; Harnack.

---

4. Ordnung: Mittel, welche die Oxydationsvorgänge im Organismus und den Stoffwechsel, unter Zunahme der Ernährung, dadurch befördern, dass sie, in erster Linie auf die motorischen Fasern der vasomotorischen Nerven erregend wirkend, Circulation und Secretion bethätigen.

Behufs Gewinnung allgemeiner, das Verständniss der Wirkung der sehr zahlreichen, sowohl der anorganischen Natur, als dem Thier- und Pflanzenreiche entstammenden und die 4. Ordnung unseres Systems bildenden Mittel ermöglichender Gesichtspunkte werden wir uns, sofern es sich hier um Beeinflussung peripherer Gefässnervenbezirke durch die in das Blut gelangenden und damit in Contact kommenden, flüchtig erregenden Ammoniakbasen oder ätherische Oele enthaltenden Mittel handelt, nachstehende, die *feinere Structur und physiologische Funktion der Grenzstrangganglien* des Sympathicus sowie der in diese, als bis zu einem gewissen Grade selbstständig zu denkenden *kleinsten nervösen Centralorgane* ein- und aus denselben austretenden, *marklosen und markhaltigen Nervenfasern* anbetreffende, auf anatomische Beobachtung und physiologisches Experiment basirende Lehrsätze gegenwärtig halten müssen:

I. Jedes *sympathische Ganglion* steht a) mit *motorischen* (centrifugalen), b) *mit sensiblen* (centripedalen) und c) *mit marklosen, specifisch sympathischen,* sogen. Remak'schen Fasern im Zusammenhang;

II. nach Kölliker sind aus jedem Ganglienpaare des Grenzstranges Remaksche Fasern, und zwar in überwiegender Menge (nachdem Aeste zu den Blutgefässen abgegeben worden sind) bis in die vorderen und hinteren Rückenmarkssträuge zu verfolgen, während weisse (markhaltige) Nervenfasern in geringerer Menge aus dem Rückenmarke in die Sympathicusganglien eintreten;

III. nach Remak *hängen die multipolaren Ganglienzellen des Grenzstranges dadurch zusammen, dass ihre schwanzförmigen Ausläufer sowohl mit breiten,* oder *cylindrischen, weissen (spinalen),* als *mit grauen, gelatinösen* (sympathischen) *Fasern communiziren,* bez. Anastomosen eingehen, so dass alle in die Ganglien ein- und aus denselben austretenden Nervenfasern auch mit den Ganglienzellen in Zusammenhang stehen;

IV. von Beale und Eberth sind die peripheren Verästelungen der sympathischen Nerven *bis in die Tunica adventitia der Blutgefässe,* und von Pflüger in die *secernirenden Drüsen* verfolgt worden. Hier perforiren sie die Membrana propria der Drüse in der Weise, dass der Axencylinder mit der M. propria in Continuität steht, die dunkelcontourirten, markhaltigen Fasern sich mit feinen, zahlreichen Ausläufern in den Drüsenzellen verästeln und die weniger zahlreichen, grauen, marklosen Fasern mit den *Epithelialzellen der Drüse* Verbindungen eingehen.

V. *Es verlaufen somit überall spinale und sympathische Nervenfasern mit und nebeneinander*, und nur die so complicirt zusammengesetzten Nerven scheinen die Bedingungen, von welchen die *Erhaltung des Electrotonus* abhängig ist, zu erfüllen. Ueber die Eigenschaften, welche jeder einzelnen dieser drei Arten von Nerven *(unabhängig von den übrigen gedacht)* für sich zukommen, haben C. Bernard und Schiff folgendes ermittelt:

VI. *Durchschneidung motorischer Nerven wirkt wie elektrische Reizung des entsprechenden sympathischen*, und *Durchschneidung der sympathischen wie Reizung der motorischen* Fasern, woraus folgt, *dass der der Secretion einer Drüse vorstehende Nerv stets ein motorischer ist* und die sensiblen Nerven dazu dienen, einen *Reiz von der Peripherie auf das secernirende Drüsengewebe zu übertragen*, während es die *directe Wirkung der motorischen Fasern* ist, welche das Phänomen der *Secretion vermittelt*.

VII. Die Remak'schen Fasern haben eine complexe Funktion; letztere bezieht sich auf die *Musculatur der Gefässe* und die *Controle der Ernährungsvorgänge*. Bekanntlich hat

Reizung des Sympathicus am Halse:	Durchschneidung desselben:
Verengerung der Arteriolen,	Erweiterung der Arteriolen,
Absinken der Temperatur,	Ansteigen der Temperatur und
Aufhören der Drüsensecretion;	Hypersecretion der Drüsen

im Gefolge. Auf dem richtigen *Wechselverhältniss* aller 3 in den vasomotorischen Nerven enthaltenen Nervenarten zu einander, beruht das *normale Vonstattengehen der Circulation und Secretion*. Werden alle drei, ehe sie in die Drüse eintreten, durchschnitten, so hört die Secretion derselben auf; werden die Remak'schen Fasern allein durchschnitten, so bekommen die motorischen das Uebergewicht und Hyperämie und Hypersecretion der Drüse ist die Folge; werden endlich die motorischen durchschnitten, so wird zufolge des Uebergewichts der Hemmungsfasern Blutgehalt und Secretion der betr. Drüse vermindert. *Werden dagegen die sensiblen Fasern schwach gereizt, so ist der Effekt der nämliche, wie nach Sympathicusdurchschneidung*; Hyperämie und Hypersecretion tritt ein; *werden sie endlich so stark irritirt, dass heftiger Schmerz entsteht, so ist das Gegentheil hiervon die Folge*.

VIII. Indem dem die Ernährungsvorgänge beeinflussenden und regulirenden, *sympathischen Nervensysteme* die bis zu einem gewissen Grade *selbstständige, nervöse Centralorgane* darstellenden *Ganglien interpolirt sind*, ist dem gen. Nervensystem auch *eine gewisse Unabhängigkeit gesichert*. Deswegen machen die durch das vasomotorische Nervensystem vermittelten Reflexe sich *nur auf die von genannter Nervenprovinz*, so zu sagen, *versorgten Organe geltend*, die durch gewöhnliche *sensible* Nerven vermittelten dagegen *auf beiden Körperhälften*; erstere haben die sympathischen Ganglien, letztere das Rückenmark und Hirn zum Mittelpunkte.

IX. Dem Verhalten bei den niederen Thierklassen analog, ist die anatomische Lage dieser sympathischen Centra durch die des Organes, zu welchem sie in Beziehung stehen, bestimmt, und *ernährt jedes gangliöse Centrum nicht nur die von ihm abgehenden sympathischen Nervenäste, sondern theilt ihm auch einen eigenthümlichen Charakter, wie es die Beschaffenheit des Bodens dem Sprösslinge gegenüber thut*, welcher von der Wurzel der Mutterpflanze aufspriesst, mit. Die *sensiblen* Fasern der gangliösen Centren *beeinflussen die Gewebsbestandtheile* oder *das Parenchym* der von ihnen abhängigen Organe. *Hyperämie* und *Hypersecretion* durch das den von denselben sensiblen Fasern übertragenen Reiz beantwortende Uebergewicht motorischer Fasern hervorgerufen, sind die unausbleibliche Folge. Die Remak'schen, sich in analoger Weise verbreitenden Fasern *reguliren* und *hemmen dagegen Blutstrom* und *secretorische* Thätigkeit, sodass die Vorgänge der Secretion und Assimilation (i. e. Ernährung) gesundheitsgemäss von Statten gehen können.

X. Ebenso wie es auf Verschiebung des normalen Gleichgewichts der Erregbarkeit und Leistungsfähigkeit der in den von nervösen Centren abhängigen, vasomotorischen Nerven der afficirten Organe enthaltenen 3 Arten von Nervenfasern zurückzuführende Krankheiten giebt (z. B. die durch Reizung der *Remak'schen Fasern* mit Contraktion der Hirncapillaren unter Krampf der Gefässmuscularis bedingte *Migräne*, du Bois-Reymond), ebenso giebt es Arzneimittel, welche durch *Reiz einzelner* Remak'scher und *Uebercompensirung der motorischen* Fasern Gefässcontraktion, Anämie und verminderte Secretion, und *andere, welche durch Erregung der motorischen und Lahmlegung der Hemmungsfasern* (marklosen Remak's) Hyperämie, Gefässerweiterung und Hypersecretion — *als wäre der Halssympathicus durchschnitten* — in von gewissen Abschnitten des peripheren vasomotorischen Nervensystems versehenen Organen hervorrufen. Zu den Mitteln ersterer Art gehören die meisten *Adstringentien* (mit Ausnahme des *Tannins;* Rossbach), zu denen letzterer die im Nachstehenden zu betrachtenden, ehemals als *Excitantien* bezeichneten. Ihnen allen ist somit die durch eine die Wirkung der Hemmungsfasern übercompensirende Reizung der motorischen Fasern der peripheren Vasomotoren verschiedener Gefässbezirke bedingte Fähigkeit, Hyperämie und Hypersecretion gewisser Organe zu erzeugen, eigen.

XI. *In der Regel reizen diese* (die Ammoniaksalze, die organischen Ammoniakbasen und die ätherischen und brenzlich-ätherischen Oele umfassenden) Mittel der 4. Ordnung *die motorischen Fasern der Vasomotoren derjenigen Organe, welche mit der Elimination derselben aus dem Organismus betraut sind, in erster Linie.* Sind dieses mehrere Organe, z. B. für Terpenthinöl: Bronchialschleimhaut und Nieren, so werden *durch die gen. Mittel auch verschiedene Provinzen peripherer vasomotorischer Nerven* zugleich beeinflusst. Handelt es sich um intensive Reizung der motorischen Nerven grösserer, ein gewisses Organ versorgender Gefässbezirke, so können auch die den Eliminationsorganen benachbarte Organe versorgenden Abschnitte vasomotorischer Nerven, z. B. die des Uterus bei stark auf den Nierenbezirk wirkenden, in Mitleidenschaft gezogen werden.

XII. *Die zu den Vasomotoren des Hirns in stricter Beziehung stehenden Mittel dieser Ordnung stehen für sich da.* Es ist indess hierbei nicht ausser Acht zu lassen, dass auch nach primärer Reizung entfernter Organe eine Alienation des Blutsgehalts und der Funktionen des Gehirns *auf dem Wege des Reflexes* gar nicht selten vorkommt.

Die in der Folge zu betrachtenden Mittel der 4. Ordnung gehören entweder

α. *der organischen Natur*, Ammoniaksalze — z. Theil freilich auch organische Säuren enthaltend;

β. *dem Thierreiche:* Castoreum, Moschus (ehemals auch Ambra), oder

γ. *dem Pflanzenreiche* (Aethereo-oleosa) an.

Letztere sind zu den Respirationsmitteln im Liebig'schen Sinne zu rechnen.

Ihre Bezeichnung als „*nervenstärkende*" ist, wie wir sehen werden, nur theilweise begründet: der starken Excitation folgt die Ermüdung auf dem Fusse nach.

Die *Ammoniaksalze* stellen, sofern sie einerseits der überwiegenden Mehrzahl nach der Fäulniss stickstoffhaltiger organischer Stoffe aus dem Thier- und Pflanzenreiche ihren Ursprung verdanken, andererseits aber, wie Chlorammon und schwefelsaures Ammon, fertig gebildet im Mineralreiche angetroffen werden, *die Uebergangsstufen zwischen den anorganischen und organischen chemischen Verbindungen* dar. Von letzteren ist bekanntlich eine grosse Zahl nach dem Typus Ammoniak zusammengesetzt und auch diese, gewöhnlich als flüchtige, organische Ammoniakbasen bezeichnet, stellen, indem sie in dem aus der arabischen *Dreckapotheke* übernommenen und noch immer officinellen *Smegma praeputii* des Moschushirsches und Bibers (*im Moschus und Castoreum*) enthalten sind (Wöhler), zu der grossen Reihe der hier zu betrachtenden Mittel ihr Contingent. Ammoniakgas und kohlensaures Ammon zeigen *alkalische Reaktion;* andere Ammoniaksalze sind *neutral*, und ist dieses Anlehnen derselben an die anorganischen *Alkalibasen* und deren salzartige Verbindungen auch bezüglich der *physiologischen und therapeutischen Wirkungen der Ammoniakalien* (vgl. diese!) von Interesse. Der überwiegend grössere Rest der, ihrer botanischen Abstammung nach nicht weniger *als 20 Pflanzenfamilien* angehörenden, flüchtigbelebenden und *theils auf sympathischem Wege*, durch Reflex, *theils nach erfolgter Resorption* durch das mit den Nervencentren und Nerven in Contact kommende Blut wirkenden Mittel enthält, als Träger dieser *flüchtig erregenden Wirkung*, die den Geruchssinn stark beeinflussenden, sauerstofffreien und sauerstoffhaltigen *ätherischen Oele* und Derivate solcher, *flüchtige organische Säuren* (Baldrian-, Benzoe-, Zimmetsäure), eigenthümliche entweder den *Säurecharakter* zeigende (*Cantharidin*) oder *völlig indifferente* Stoffe, wie Vaniglin, Arnicin u. s. w., *Gerbstoffe* und, wovon nur ein Beispiel bekannt ist, das angebliche *Alkaloid Piperin*, sowie andere zur Gruppe desselben gehörige Substanzen, wie *Pyrethrin.*

Die in 17 % aller überhaupt vorkommenden Pflanzenfamilien enthaltenen und theils darin *fertig gebildet vorhandenen* (Citronenöl, Terpenthinöl), theils *erst während der Destillation der Droguen* mit Wasser unter Einwirkung eines Ferments entstehenden ätherischen Oele (Senföl, Bittermandelöl) bestehen der Hauptsache nach aus einem sehr flüchtigen *sauerstofffreien Oele* (Camphen, Tereben, welches mit Wasser chemisch verbunden das Stearopten, Campherid oder den Campher des bez. ätherischen Oels bildet), und dem minderflüchtigen, sauerstoffhaltigen Oele *(Elaeopten).* Die Terebene ziehen begierig Sauerstoff aus der atmosphärischen Luft an und gehen in *Harze* über. Die sauerstofffreien sind daher meistens *Ozonträger*, wie das Terpenthinöl, und verbinden sich häufig mit oxydirenden Substanzen, bez. sehr sauerstoffreichen Körpern, so begierig, dass es zu Feuererscheinungen kommt, d. h. das Gemisch explodirt. In der Regel sind rein dargestellte ätherische Oele *farblos*; nur wenige sind durch Chlorophyll *grün*, und das Chamillenöl ist *blau* gefärbt. Allen ist endlich die *schwere Löslichkeit in Wasser* und ein *süsslicher*, bald mehr brennender, bald kühlender *Geschmack* eigenthümlich. Allen Mitteln der 4. Ordnung sind gewisse, in Erzeugung von Hyperämie, Hyperästhesie (zuweilen von Anästhesie gefolgt) und Hypersecretion gipfelnde Wirkungen, deren Analyse (Reizung motorischer Fasern peripherer Vasomotoren unter Uebercompensirung der Hemmungsfasern) in den Prolegomenis der 4. Ordnung (I—XII) gegeben ist, gemeinsam. Im Nachstehenden wollen wir das Bild dieser, die *Ammoniakalien* und *ätherische Oele enthaltenden Mittel* charakterisirenden physiologischen Wirkungen, nebst den sich daraus ergebenden allgemeinen Indikationen und Contraindikationen des therapeutischen Gebrauchs derselben möglichst kurz und übersichtlich in einen Rahmen zu fassen versuchen und uns die Angabe aller Abweichungen von dem aufzustellenden Paradigma für die Betrachtung der einzelnen hierhergehörigen Mittel vorbehalten. Wir beginnen mit den

physiologischen Wirkungen der Mittel der 4. Ordnung.

Charakteristisch für diese Mittel ist die nur wenigen Arzneikörpern aus anderen Ordnungen unseres Systemes, namentlich der Blausäure, zukommende *reflektorische Wirkung der Ammoniakalien und mehrerer ätherischer Oele* (namentlich des Senföls). Beeinflusst wird hierbei auf sympathischem Wege einerseits das Hirn und andererseits, bei Reizung der sensiblen Nervenäste des Tractus nasotrachealis sowie der Vagusausbreitungen im Magen, die Herzbewegung und der Blutdruck. Letztere Wirkung ist der bei mechanischen Insulten der Magenwand durch Kneipen mit der Pincette etc. resultirenden, analogen und ebenfalls auf dem Wege des Reflexes hervorgerufenen an die Seite zu stellen. Diese Wirkung erfolgt blitzschnell beim Riechen an den betreffenden Arzneistoffen und bei Einverleibung per os sehr häufig noch ehe dieselben in den Magen gelangt sein können, geht aber auch ebenso rasch, wie die Elimination der gen. Mittel von der Bronchial- oder einer andern Schleimhaut aus sehr rapid erfolgt, wieder vorüber. Die Anwendung hierhergehöriger Mittel, z. B. der Ammoniakalien, des Moschus, Baldrians u. s. w. bei Ohnmachten, Collaps, asthenischem Fieber, beruht auf der Hervorrufung dieser reflektorischen Wirkung, welche von der durch Uebergang der fraglichen Mittel in die Blutbahn bedingten, resorptiven wohl zu unterscheiden ist. Ehe wir aber auf letztere näher eingehen, werden wir uns mit

I. den örtlichen Wirkungen der hier zu betrachtenden Mittel zu beschäftigen haben. Dieselben betreffen

a. die Haut. Kaustisches Ammoniak und kohlensaures Ammoniak in wässeriger Lösung auf die Haut gebracht erzeugen Schmerz und Röthung; bei höheren Wirkungsgraden kommt es zu Exsudation unter die Epidermis und Blasenbildung. Diese destructive, zu Bildung eines *Aetzschorfes* führende Wirkung des Ammoniaks wird ausserdem dadurch erhöht, dass Ammoniak mit vielen organischen Substanzen, namentlich den Proteinsubstanzen und ihren Derivaten, chemische Verbindungen eingeht, weswegen auch das Aufgelöstwerden des Epithels der Oberhaut durch gen. Mittel nichts Auffallendes hat. *Minder energisch wirken die meisten ütherischen Oele auf die Haut.* Letztere wird empfindlicher, wärmer, röthet sich durch Anfüllung der Capillaren, in welchen anfänglich die Blutcirculation lebhafter von statten geht, und zeigt zufolge der früher besprochenen Einwirkung der Mittel auf die secretorischen Nerven *vermehrte Secretion.* Eine gleichzeitige Absorption von der Haut aus ist wenigstens für die Labiatenöle (nach Zusatz zu Allgemeinbädern) nachgewiesen; Topinard. Weit energischer äussert sich diese, durch primäre Reizung sensibler und dadurch ausgelöste Reizung motorischer Fasern der in den in Rede stehenden Vasomotoren bedingte Wirkung der Mittel dieser Ordnung auf

b. die Schleimhäute, deren *Capillarsystem deutlicher sichtbar wird* und in deren mehr Blut führenden, erweiterten Gefässen das Blut ebenfalls schneller dahinfliesst. Dieses gilt indess nur von Applikation *medikamentöser Gaben,* vermittels welcher wir in den Gefässen chronisch-catarrhalisch afficirter, schlaffer und pervers secernirender Schleimhäute durch Bethätigung der stockenden Circulation (*vielleicht unter Contraktion allzustark erweiterter Gefässe*) die Stasis zu heben und ein Normalwerden nicht nur der Absonderung, sondern auch der Ernährung, ausgesprochen in Neubildung gesundheitsgemässen Epithels, anzustreben im Stande sind (Balsame bei chron. Cystitis und Gonorrhö). Wird die Dosis gesteigert, so dass zufolge der zu stark gewordenen Reizung der motorischen Gefässnervenfasern die Schleimhautgefässe zu weit, zu blutreich und das Vonstattengehen der Circulation in denselben zu stürmisch wird, so folgen Ermüdung oder richtiger Lähmung der Vasomotoren des betheiligten Bezirks, (ausgesprochen in den bekannten Erscheinungen der Stase und Entzündung: Auswanderung weisser Blutkörperchen, *Exsudation*), Anschwellung, Temperatursteigerung, vermehrte Empfindlichkeit u. s. w. — mit allen ihren Folgen, und pflegen diese Erscheinungen um so ausgesprochener zu sein, wenn der Locus applicandi zugleich als Eliminationsstätte des Mittels dient, z. B. der Darm bei Einverleibung von Terpenthinöl, Asa foetida u. s. w. Die in Gasform oder in Lösung mit den Schleimhäuten in Contact gebrachten Ammoniakalien wirken hinsichtlich der Erzeugung von Entzündung mit allen Ausgängen derselben von den übrigen Mitteln dieser Ordnung nur graduell verschieden, wobei nochmals hervorzuheben ist, dass Ammoniak wegen seiner Affinität zu den organischen Substanzen, auf Schleimhäuten bei nicht gehörig bewirkter Verdünnung noch leichter Anätzung bedingt, als auf der Oberhaut.

c. Bezüglich der örtlichen Wirkungen der per os eingeführten Mittel dieser Ordnung *auf die Mund-, Magen- und Darmschleimhaut* ist eine strenge Sonderung derselben von auf sympathischem und resorptivem Wege erfolgenden kaum ausführbar. Reizung der Zungen- und Mundhöhlennerven ist von verschiedenem: süsslichem, brennendem, feurigem, laugenartigem *Geschmack* gefolgt. Unter *stärkerer Anfüllung der Blutgefässe der Schleimhaut des Tractus* und *Anregung der Esslust tritt stärkere Absonderung* aller mit ihren Ausführungsgängen auf genannter Mucosa ausmündenden *Drüsen*, besonders der Speichel- (auf sympathischem Wege) und Labdrüsen — (von Parkreas, Leber und Darmdrüsen vermuthen wir es) — *ein. Hiermit ist schnellere Chymifikation, raschere Resorption des Chymus und Anregung der Peristaltik* (stärkerer Abgang von Flatus; Beförderung der Stuhlausleerungen) *nothwendig verknüpft.* Es sind diese Wirkungen um so intensiver und nachhaltiger, wenn die Mittel langsam resorbirt werden und in unverändertem Zustande mit einem möglichst grossen Theile der Magendarmschleimhaut in Berührung kommen, oder wenn vollständige oder partielle Elimination der in die Blutbahn aufgenommenen Mittel von der Darmmucosa aus — *mit den Faeces* — stattfindet, *das Mittel also a tergo, so zu sagen, die genannte Schleimhaut noch ein zweites Mal örtlich beeinflussen kann.* Der Geruch nach dem eingeführten (Kümmel-, Terpenthinöl etc.) ist alsdann im ganzen Cavum peritonei verbreitet; C. G. Mitscherlich. Die Wirkungen toxischer Dosen interessiren uns hier nicht; es genüge also der Hinweis darauf, dass solche Gaben ätherischer Oele und Ammoniakalien *acute Gastroenteritis*, bei den Ammoniakalien von *Magen- und Darmblutung*, beim Senföl *von tiefgreifenden Strukturveränderungen gefolgt, hervorzurufen vermögen.* Die oben erwähnte vermehrte Schleimabsonderung im Darmcanal *und die bei den Ammoniaksalzen in Wegfall kommende Anregung der Peristaltik des Darms* werden durch die Resorption der in Rede stehenden Mittel, dagegen die nach Einverleibung ätherischer Oele per os beobachteten *Hirnerscheinungen* auf sympathischem Wege bedingt. Werden die hierher gehörigen Mittel: ätherische Oele in geringer Verdünnung, Campher in Substanz, mit der Magenmucosa in Contakt gebracht, so kann es nach Reizung der sensiblen Magennerven auf demselben Wege zu *Pulsverlangsamung und Ansteigen des Blutdrucks* kommen. Wir gehen hiernach, indem wir ohne die durch den Uebergang der Aethereo-oleosa in das Blut bedingten Veränderungen der chemischen Zusammensetzung des Blutes zu kennen auf diesen Uebergang (*Resorption*) aus dem *Wiederauffinden dieser Oele in den Secre-*

ten und der Expirationsluft schliessen, zu den entfernten Wirkungen der
gen. Mittel auf die vitalen Funktionen über. Die Ammoniakalien anlangend ist nachzutragen, dass einige Abweichungen betreffs der Form,
in welcher sie resorbirt und ausgeschieden werden, durch ihren chemischen
Charakter als Alkalibasen und Salzbilder bedingt sind. Im *Magen* werden dieselben in Chlorammon und milchsaures Ammoniak ¦*verwandelt
um sämmtlich als harn- und phosphorsaures Ammoniak mit beigemeng-
ten Spuren von Chlorammon in den Harn zu gelangen;* nicht an Säure
gebundenes, *freies oder kohlensaures Ammoniak* vermag das Epithel der
Darmschleimhaut zu lösen, die Gefässe zu durchdringen und das *Blut*
nach Art der Alkalien (p. 34) *dünnflüssig* und minder coagulabel zu
machen. Die durch toxische Gaben ätzenden Ammoniaks erzeugte *corrosive Gastroenteritis* interessirt uns hier nicht. Medikamentöse Dosen derselben bewirken keinerlei Störungen des Appetits und der Verdauung.

II. Die entfernten, resorptiven Wirkungen der hier zu betrachtenden Mittel beziehen sich auf

1. *das Rückenmark in erster, und das Hirn in zweiter Linie.* Wie
für die Digitalis das *Herz* und die Herznervensysteme, so bildet für die
Mittel der 4. Ordnung das *Rückenmark* den ersten Angriffspunkt der
Wirkung dar. *Hyperästhesien* (Rabuteau), *Krämpfe, Zuckungen und
abnorm gesteigerte Reflexerregbarkeit* von solcher Intensität der Erregung
der motorischen Nerven, dass sie nach Ammoniakbeibringung *selbst bei
curarisirten Thieren zur Beobachtung kommen* (Funke), *machen später
Lähmung und Reflexlosigkeit* Platz; C. G. Mitscherlich. Ob diese
primären, sehr heftigen und dem Strychnintetanus an die Seite zu stellenden Convulsionen rein reflectorischer Natur oder durch Reizung des
Rückenmarks durch das mit den qu. Mitteln geschwängerte Blut hervorgerufen sind, muss vorläufig unentschieden bleiben: *feststeht* nach me-
thodischen Untersuchungen Funke's *nur ihr centraler Ursprung.* Von
allergrösstem Interesse ist aber diese primäre Rückenmarksreizung, weil
sie nicht nur eine Uebertragung des Reizes von der Medulla auf den
N. phrenicus wahrscheinlich macht, sondern auch das Zustandekommen
einer Mitleidenschaft der aus dem Rückenmark in die sympathischen
Ganglien und aus diesen in die peripheren Sympathicusausbreitungen übergehenden motorischen und sensiblen Nerverfasern für die Gefässe und
secretorischen Drüsen in der Weise, dass der während des Stadiums der
Hyperästhesie durch die in höherem Grade erregbaren sensiblen Fasern auf
die gangliösen Centren übertragene intensivere Reiz erhöhte Thätigkeit
der motorischen Fasern (*ausgesprochen in grösserem Blutreichthum Dilatation und schnellerer Circulation in den peripheren Gefässen, Ansteigen
der Temperatur und Hypersecretion der Drüsen*) unter Uebercompen-

sirung der Remak'schen Hemmungsfasern auslöst. Nach Binz findet während der Erschlaffung der Gefässe Eindringen weisser Blutzellen durch die Stomata der Gefässe statt und das Blut wird nach Einverleibung ätherischer Oele reicher an solchen. Durch die auf Experimenten fussenden Untersuchungen Böhm's über die Ammoniaksalze, wonach Blutdrucksteigerung nach Injektion der gen. Verbindungen auch dann zu Stande kommt, wenn bei curarisirten Thieren das Halsmark durchschnitten wurde, ist erwiesen, dass, bei der Ammoniakwirkung wenigstens, eine wesentliche Beeinflussung des Gefässnervencentrums in der Medulla oblongata nicht Platz greift, sondern, — was ich als das Charakteristische für die Mittel der 4. Ordnung zuerst hervorgehoben habe — es periphere, oder zu bestimmten, mit der Ausscheidung der hier zu betrachtenden Mittel betrauten Organe in Beziehung stehende Gefässnervenbezirke sind, in welchen die mehrerwähnten Folgen der Reizung der motorischen Gefässnervenfasern zur Geltung gelangen. Eine Betheiligung des vasomotorischen Centrums in höherem Maasse ist nur für die die Vasomotoren der allgemeinen Hautbedeckungen beeinflussenden Mittel wahrscheinlich. Die von Mitscherlich u. A. beobachteten, *den Convulsionen folgenden Lähmungen ad sensum et motum nach Einverleibung grosser Dosen der in Rede stehenden Mittel sind centralen Ursprungs* und kann die hierbei resultirende *Vernichtung der Reflexe* durch wiederholte, kleine Dosen einen solchen Grad erreichen, dass selbst der *Strychnintetanus* nicht zum Ausbruch kommt. Einige ätherische Oele, z. B. das Terpenthinöl, rufen einen *rauschähnlichen Zustand*, Kopfweh, Schwindel und Delirien, ja sogar *Somnolenz* (Purkinje) hervor, influenziren also auf die Grosshirnhemisphären. Von den die Hirnfunktionen durch Aenderung des Blutgehalts (bez. Arterienlumens) beeinflussenden reflektorischen Wirkungen der Ammoniakalien und übrigen Mittel dieser Ordnung ist oben bereits die Rede gewesen. Wenig wird nach dem unter 1 Bemerkten noch über

2. die Modifikationen der Herzbewegung und des Blutdrucks zu sagen sein. Unter *Zunahme der Frequenz der Herzschläge* und dieser adäquat *nimmt der arterielle Seitendruck* nach Einverleibung der Ammoniakalien *zu;* Böhm. Inwieweit eine Verstärkung der Herzarbeit an der Drucksteigerung mit betheiligt ist, muss vorläufig unentschieden bleiben. Nach Bellini wirkt direct auf das Froschherz gebrachtes Ammoniak *funktionherabstimmend.* Eine von Funke für die Ammoniakalien statuirte *centrale Vagusreizung* fand Böhm *nicht bestätigt;* Funke führt zur Begründung seiner Angabe an, dass er *Zunahme des Blutdrucks unter gleichzeitiger Abnahme der Pulsfrequenz und Steigerung der Energie* der Herzcontractionen beobachtet habe. Bezüg-

lich *der Erweiterung der peripheren Capillaren bemerkt* Funke, *dass er
nur einmal* (Reizung gefässerweiternder Nerven nach Goltz?) *unmittelbar
nach der Einspritzung Erweiterung, später in das Gegentheil umschlagend,*
in allen andern Fällen *der Erweiterung* aber *Gefässcontraktion wie nach
Sympathicusreizung vorweg gehen gesehen habe.* Mit der Contraktion
— neben dem Vagusreiz — bringt er die Drucksteigerung in Zusammenhang. Steigerung der injicirten Ammoniakmenge über ein gewisses Maass hat rapides Absinken des Drucks bis auf die Nulllinie und
Herzstillstand zur Folge. Von grosser Wichtigkeit sind die durch Uebergang der qu. Mittel in das Blut bedingten

3. Veränderungen der Athmung. *Schnelleres Vonstattengehen
des Blutumlaufes* in den Lungencapillaren und *Häufigerwerden des Luft-
wechsels in den Lungen* haben neben der durch die qu. Mittel bewirkten *Reizung des Athemcentrum* bei Einverleibung medikamentöser und
kleiner Dosen Beschleunigung der Athmung zur Folge. Wird die *Dosis
soweit gesteigert, dass* das Athemcentrum *sehr stark gereizt wird* und
ausserdem die *Reflexthätigkeit des Rückenmarkes erlischt, so* tritt *Retardation der Athemzüge* unter die Norm ein. Am Zustandekommen der
Reizung des Athemcentrum kann man sich eine zur Oxydation der ätherischen Oele, namentlich der sauerstofffreien, nothwendig werdende *stärkere
Entziehung von Blutsauerstoff und Zunahme von Kohlensäure im Blute,
welche allerdings durch schnellere Circulation des Blutes* in den Lungengefässen und *grössere Frequenz der Athemzüge ausgeglichen* wird, betheiligt denken. (Die Frage, ob ein Theil des in den Organismus gelangten Ammoniaks mit der Exspirationsluft eliminirt wird, ist entgültig noch
nicht entschieden; Böhm bestreitet es.) Durch methodische Untersuchungen an Kaninchen wies Funke nach, dass Injektion geringer
Ammoniakmengen *bei intaktem Vagus erst Beschleunigung und Ver-
flachung* und später *kurze Zeit lang Vertiefung der Athemzüge* nach sich
zieht. Werden 2—3 Cub. Cmtr. zwanzigfach verdünnten Ammoniak-
liquors injicirt, *so äussert sich entweder die Acceleration in der angegebenen Weise, oder dieselbe geht in 2—3 Secunden dauernden exspira-
torischen Stillstand über*, oder es erfolgt ohne vorweggehende Beschleunigung sofort Athmungsstillstand, welcher entweder zu Convulsionen führt
(*während des Tetanus besteht Athmungsstillstand in passiver Exspirations-
stellung das Thorax*) oder verlangsamte und mehr oder weniger ver-
tiefte Respirationen einleitet. Führt der Tetanus nicht zum Tode, so
kommt die Athmung entweder unter vereinzelten, heftigen Inspirations-
stössen *allmälig*, oder *mit enorm vertieften*, theils *beschleunigten, theils retardirten Athemzügen* sofort wieder *in Gang*. Von Tetanus begleiteter und
ohne Krämpfe auftretender Athmungsstillstand ist wohl zu unterscheiden.

Sofern die kurzen Respirationsstillstände durch Vagusdiscision vor der Einspritzung verhindert werden, müssen sie auf Reizung der Vagusäste in der Lunge bezogen werden, während alle übrigen Modifikationen der Athmung auf *Erregung der respiratorischen Centren* in der Medulla oblongata von solcher Intensität, dass selbst der Fortfall der in der Norm durch den Vagus zum Hirn geleiteten Inspirationsimpulse gar nicht oder nur vorübergehend zum Ausdruck gelangt, begründet sind. Auf der Beschleunigung der Athmung und Circulation beruht es, dass

4. die Körpertemperatur nach Einverleibung der Mittel 4. Ordnung im Allgemeinen steigt. Wenn die oben erwähnte Beschleunigung des Pulses und der Athmung fortfällt oder durch sehr grosse Gaben der gen. Mittel die Reflexthätigkeit erloschen ist, geht auch die Temperatursteigerung in das Gegentheil über. Ueber diesen Punkt wird bei den einzelnen Mitteln, z. B. dem Campher, das Erforderliche angegeben werden.

5. Die Secretion der Blutgefässdrüsen wird, wie Eingangs bereits bemerkt wurde, wegen Reizung der motorischen Gefässnervenfasern, erhöht. Besonders auf die der Nieren findet dieses Anwendung. Da mehr Chymus und Chylus, folglich auch mehr Blut gebildet und bei Beschleunigung der Respiration schneller zu arteriellem oxydirt wird, und das Blut auch in den Nierengefässen ausserdem unter höherem Druck steht, so wird, zumal auch die *sensiblen Nierennerven* durch die in das Secret übergehenden ätherischen Oele, den Campher u. s. w., gereizt werden, *mehr Harn, als in der Norm,* abgeschieden. Die Ammoniakalien werden darin als Phosphat, ätherische Oele und Campher dagegen zum Theil unverändert wieder angetroffen. Ebenso wird Schweiss- und Milchsecretion von den meisten der zur 4. Ordnung gehörigen Mittel angeregt. Auch auf

6. die Geschlechtsorgane findet dieses Anwendung. Unter Aufbesserung der Verdauung und Ernährung, Zuführung von mehr Blut und Zunahme der Reflexe turgesciren sie. Daher nimmt die Samensecretion beim Manne zu, die Menses fliessen reichlicher und der Geschlechtstrieb bei beiden Geschlechtern wird gesteigert. Bei Frauen werden diejenigen der im Nachstehenden zu betrachtenden Mittel, welche den Blutgehalt der Uterinplexus erhöhen, zu Emmenagogis und, sofern es sich um Schwangere handelt, zu Pellentien (Sabina; Ruta).

Vielen ätherischen Oelen kommen desinficirende und nicht nur kleinste Organismen, sondern auch grössere Thiere niederer Ordnungen, wie Helminthen, Läuse und andere Insekten, vernichtende Eigenschaften zu.

Allgemeine Indikationen der Mittel der 4. Ordnung.

Die Wirkungen der Ammoniakalien und ätherische Oele enthaltenden Arzneimittel zerfallen, wie wir im vorigen Abschnitte zeigten, in sympathische, örtliche und entfernte oder resorptive. Von der Blausäure abgesehen, kommt die Wirkung per reflexum keiner andern Klasse von Mitteln in so charakteristischer Weise zu, wie der im Nachstehenden zu betrachtenden; wir beginnen daher mit den

a. aus den sympathischen Wirkungen der gen. Mittel sich ergebenden Indikationen. Diese sind

1. Anwendung der Ammoniakalien als *Heilmittel des Collapsus* und hochgradiger Schwächezustände. Hier kommt die blitzschnelle und unwiderstehliche Wirkung der den Geruchssinn stark afficirenden ätherischen Oele, Ammoniakalien und des Moschus auf die Funktionen des Centralnervensystems und der Kreislaufsorgane zur Geltung. Sehr wahrscheinlich sind es auch *Veränderungen der Blutvertheilung*, vielleicht sofortige Ueberführung anämischer Zustände des Hirns etc., in das Gegentheil, welche bei der *Beseitigung von Syncope, von Sopor* (nach Insolation) und von Collapsus während des Bestehens oder in der Reconvalescenz nach schweren, erschöpfenden Krankheiten mitwirken. Die dabei statthabenden palpablen Veränderungen der histologischen Elemente der Nervencentra entgehen freilich zur Zeit den Hülfsmitteln der anatomischen Wissenschaft vollständig. Reflexe auf die genannten Organe werden nicht allein nach Irritation der Nerven des Tractus naso-trachealis, durch die flüchtigen, stark riechenden Substanzen, sondern auch nach Einverleibung per os und Reizung der sensiblen Magennerven (Vagus), Blasennerven (Sigmund Mayer; Przibam) ausgelöst.

2. Anwendung der Ammoniakalien und campherartigen Mittel *gegen asthenisches Fieber (worüber unten)* und das Nervensystem stark deprimirende Gifte; über Krämpfe vergl. unten 8 und 10.

b. Die örtlichen Wirkungen der Mittel 4. Ordnung kommen in Betracht bei

3. der Anwendung derselben *als hautröthende* (Ol. Sinapis), *blasenziehende* (Cantharis, Cardol) und *Aetzmittel*, zu welchem Zweck nur die Ammoniakalien, Sabina, Cantharis brauchbar sind; ferner

4. bei der Anwendung *der genannten Mittel zum Verband schlecht secernirender und granulirender Wunden und Geschwüre;* in dieser Weise begünstigen Myrrha und Terpenthin die Bildung guter Granulationen und die Vernarbung, nachdem sie eine desinficirende Wirkung ausgeübt haben; endlich

5. bei der Anwendung der gen. Mittel zur *Beseitigung chronischer Schleimflüsse* (Blenorrhöen), indem sie den stockenden Blutumlauf in den Schleimhautgefässen anregen und auch, während der Blutdruck steigt, die sensiblen Drüsennerven dergestalt beeinflussen, dass sie auf eine mehr gesundheitsgemässe Anregung durch qualitativ, wie quantitativ normale Absonderung reagiren. Hierbei findet zugleich eine *Reizung der epithelbildenden Substrate* statt; das Secret wird reicher an Epithel, verdickt sich und während die Schleimhautoberfläche ein mehr normales Ansehen erlangt, wird auch der aufgelockerte, atonische Zustand des Schleimhautgewebes, welcher Blenorrhöen charakterisirt, beseitigt. Die Kur des Trippers durch Balsamica liefert ein Beispiel hierzu, wobei zu bemerken ist, dass die in den Balsamen enthaltenen Säuren mit Natron Salze bilden und die Lösungen dieser unter Aufhören der Functions-

II. Köhler, Materia medica. 8

fähigkeit derselben per Endosmosin in das Innere der Eiterzellen gelangen, bis das endosmotische Gleichgewicht derselben und des Zellinhaltes hergestellt ist. Jenachdem der Schleimfluss die Nasenhöhle, die Lungen-, Harnblasen-, Vaginal-schleimhaut anbetrifft, wird die Applikationsweise in der bei den einzelnen Mitteln zu erörternden Weise variiren. Die angeblich schleimlösende Wirkung des kohlen-sauren Ammoniaks oder Chlorammons (*bei Inhalationen*) ist ganz so wie die der übrigen Alkalien cum grano salis zu verstehen und findet das p. 41 hierüber An-gegebene auch auf die Ammoniakalien Anwendung.

c. Die resorptiven (entfernten) Wirkungen der hier zu betrachtenden Mittel werden verwerthet:

6. bei der *Anwendung derselben als Dyspepsie und Flatulenz beseitigende, die Esslust anregende, die Chymifikation und Blutbildung begünstigende und die Er-nährung erhöhende Mittel*; bei der Behandlung auf atonischer Verdauungsschwäche beruhender Dyspepsien; beim Daniederliegen der Magenverdauung und Ernährung in der Reconvalescenz und im Gefolge von Constitutionskrankheiten, wie Tuberkulose. Scorbut etc., sowie von chronischen Affektionen der Leber, des Herzens etc.; ferner

7. bei Anwendung der gen. Mittel *behufs Anregung der Nieren-, Milch-, Haut-drüsensecretion*, als Diuretica, Diaphoretica, Galactophora etc., in der in den Pro-legomenis physiologisch analysirten Weise. Zu Emmenagogis werden dieselben, in-dem sie die Indikationen 6 und 7 erfüllen und ausserdem dadurch, dass sie

8. den *Blutgehalt der Uterinvenen etc. erhöhen*, bez. Congestionen zu diesem Organe, welche bei Schwangeren *Uterincontraktionen* und *Abortus* bewirken, her-vorrufen. Weiter ist zu nennen

9. das von den Mitteln 4. Ordnung getheilte *Vermögen, auf chronischer Entzündung beruhende Anschwellungen der Blutdrüsen, sowohl der secernirenden, als der nicht secernirenden, zu beseitigen*. Diese ehemals als „*resorptive*" bezeichnete Wirkung der hier zu betrachtenden Arzneistoffe kommt zu Stande indem Esslust. Verdauung, Chymifikation, Darmbewegung und Defäcation angeregt, die Secretion, namentlich des Harns und sehr wahrscheinlich auch der Galle vermehrt, *der Blut-umlauf in den Drüsengefässen unter Erhöhung des Blutdrucks beschleunigt* und *die Thätigkeit der Saugadern belebt* wird. Die Ammoniakalien, denen die Wirkungen der übrigen *Alkalien* (vgl. p. 40, IV) in dieser Richtung ebenfalls zukommen, sind für die Erfüllung dieser Indikation besonders geeignet. Endlich ist

10. der *krampfwidrigen* (antispasmodischen) Wirkung der Mittel der 4. Ordnung Erwähnung zu thun. Diese Wirkung ist eine zweifach verschiedene, in-dem Krämpfe a) *ein Symptom in örtlichen, pathologischen Veränderungen der Nervencentren begründeter Krankheiten* darstellen, und b) auch *bei Krankheiten anderer innerer Organe per reflexum* erzeugt werden können. In ersterer Richtung nützen die in Rede stehenden Mittel selbst indem sie Reflexe auslösen und durch Beeinflussung der Nervencentren und der Herzbewegung die Blutvertheilung im Hirn und Rückenmark modificiren; wir wenden sie hier meist als Riechmittel an. Bezüglich der zweiten Varietät von Krämpfen liegt es nahe, dass ihre Be-seitigung nur zufolge der Heilung der primären Darm-, Nieren-, Lungenaffektion möglich ist. Heilung von Krämpfen bei mit Darmwürmern behafteten Kindern durch Tödtung und Austreibung der Parasiten ist ein naheliegendes Beispiel dieser Art. Viel mehr Noth macht schon die Heilung auf Dys- und Amenorrhö beruhender Krämpfe; genauer wird auf all diese Punkte bei der Betrachtung der einzelnen Mittel erst einzugehen sein.

11. Nachträglich ist noch zu bemerken, dass *die Anwendung der Ammonia-kalien zur Erfüllung der Indikationen der fixen Alkalien*, wie Behandlung des Diabetes, der Gicht etc., ferner behufs Verflüssigung des Blutes (vgl. p. 39) und Abstumpfung von Säuren. Säurevergiftungen etc., gegenwärtig nur noch wenige Vertheidiger findet.

12. Dadurch, dass *die ätherischen Oele für niedere Thiere*: Insekten, Milben. Helminthen gefährliche und *sicher tödtende Gifte sind*, werden sie zu geschätzten Mitteln zur Vertilgung von Ungeziefer, Krätzmilben etc. Diejenigen, welche sich besonders als Wurm-, bez. Bandwurmmittel eignen, werden in dem diesen Mitteln gewidmeten Anhange dieses Werkes Berücksichtigung finden.

Contraindikationen des Gebrauchs der Mittel 4. Ordnung.

Die in Rede stehenden Mittel dürfen nicht verordnet werden:

1. bei bestehendem *Gastricismus*, welcher ebenso, wie seine Folge-zustände, z. B. Congestion zum Hirn, Schwindel, Pulsaufregung etc., durch den Gebrauch derselben Verschlimmerung erfährt;

2. bei ausgesprochener *Plethora*, Atherose der Arterien, Prädisposition zu oder Vorhandengewesensein von Hirnschlagflüssen; Congestionen zu den Lungen etc.;

3. wenn *acute Entzündung* irgend eines wichtigen, inneren Organes besteht; und

4. bei nachweislicher Existenz *organischer Fehler des Herzens, des Hirns, der Lungen, der Nieren* etc., welche durch Pulsfrequenz, Blut-druck, Secretion etc. erhöhende Medikamente Verschlimmerung erfahren müssen, wie: Herzklappenfehler, Aneurysmen, Verdacht auf Lungen- und Hirntuberkulose *bei Kindern*, welche letztere ätherische Oele enthaltende Mittel überhaupt in der Regel schlecht vertragen.

———   ———

α. Mittel anorganischer Abstammung.

XIII. Ammonii s. Ammoniaci praeparata.
Ammoniakpräparate.

Zufolge einer Verwechselung mit dem in der lybischen Wüste. in der Nähe des Orakels des Jupiter Ammon (*ἄμμος = Sand*) vorkommenden Steinsalzes (als *„Sandsalz"* bezeichnet) war namentlich das bei der Verbrennung des getrockneten Kameelmistes gewonnene Chlorammonium schon den Kleinasiaten des Alterthumes bekannt. *In der Nähe von Vulkanen werden Chlorammon und Ammonsulfat*, in gewissen Gegenden, z. B. in Böhmen, wird der *Ammoniakalaun*, und im *Meer-wasser* sowie in eisenhaltigen *Mineralwässern* werden die als das Binde- und Uebergangsglied der anorganisch- und organisch-chemischen Verbindungen aufzu-fassenden Ammoniaksalze fertig gebildet angetroffen. Von Pflanzen enthalten Cheno-podium vulvaria, Fucus vesiculosus. Isatis tinctoria und Sorbus aucu-paria Ammoniakverbindungen.

8 *

Das Ammoniakgas (NH_3) ist ein farbloses, bestürzend auf die
Geruchsnerven einwirkendes, *irrespirables Gas* (*vgl. unten*), welches sich
in Wasser und Alkohol löst und *basische* Natur besitzt, d. h. sich wie
Kalium, Natrium, Lithium etc. *mit Säuren zu flüchtigen, sublimirbaren*
Salzen verbindet. Von letzteren reagirt das schon bei mittlerer Tages-
temperatur sich allmälig verflüchtigende *kohlensaure Ammon* stark *basisch,*
Chlorammon und phosphorsaures Ammon neutral. Weil *die basischen*
Eigenschaften des Ammoniaks geringer sind, als die der fixen Alkalien,
so geben die Ammoniaksalze mit den schwächeren, namentlich organischen
Säuren *leicht einen Theil der Basis ab und verwandeln sich in saure*
Salze. Unter den Ammoniakverbindungen, welche, von den Doppelsalzen
mit Eisenverbindungen (*Chloreisen, Eisenweinstein, citronensaurem Eisen*)
abgesehen, sämmtlich farblose Salzkörper darstellen, sind nur das Chlorammon und phosphorsaure Ammoniak leicht krystallisirbar. Ammoniak in grösster Verdünnung wird durch Nessler's Reagens (*stark*
alkalisch gemachte Lösung von Jodquecksilber in Jodkalium), welches
einen Niederschlag von $NH_4I + 2HO$ entstehen lässt, nachgewiesen.
Schwefelammon dient zur Unterscheidung der Eisen-, Nickel-, Cobalt-,
Zink- etc. -Sulfüre von den Schwefelverbindungen der übrigen, schon
durch Schwefelwasserstoff fällbaren Metalle.

Allen Ammoniaksalzen kommt die im allgemeinen Theile ausführlicher erörterte *flüchtig erregende*, theils *auf dem Wege des Reflexes,*
theils *nach erfolgter Resorption auftretende Wirkung der Mittel 4. Ord-*
nung zu, indem das im Organismus aus ihnen frei werdende NH_3 zur
Geltung gelangt. Hieraus folgt schon, dass Ammoniakliquor (d. i. die
Auflösung des NH_3-Gases in Wasser) und kohlensaures, schon an der Luft
NH_3 abgebendes Ammon die Ammoniakwirkung — sowohl die örtliche
auf *Oberhaut und Schleimhäute,* als die *reflektorische und resorptive* —
am intensivsten und reinsten äussern. Bei den Ammoniakverbindungen
mit den übrigen organischen und anorganischen Säuren tritt die ätzende
örtliche und *die reflektorische Wirkung durch Reizung der Trigeminus-*
äste des Canalis nasotrachealis, der Vagusäste in den Bronchien etc.
zurück, und entweder die secretionvermehrende, wie beim Ammon. acc-
ticum, oder die auf die Vegetationsvorgänge auf Schleimhäuten, bez. auf die
epithelbildenden Substrate gerichtete Wirkung, wie beim Chlorammon,
in den Vordergrund. Der Uebersichtlichkeit wegen theilen wir die therapeutisch verwertheten Ammoniakpräparate in folgende drei Gruppen:

1. Gruppe: Ammoniakpräparate mit besonders intensiv flüchtig erregender
und Reflexe vermittelnder Wirkung (dieselben sind auch durch ihre örtlich-ätzende
Wirkung auf Haut und Schleimhäute charakterisirt).

2. Gruppe: Ammoniakpräparate mit minder intensiv erregender und Reflexe

vermittelnder, dafür aber vorwaltend auf Erhöhung der secretorischen Thätigkeit der Drüsen gerichteter Wirkung.

3. Gruppe: Ammoniakpräparate, bei welchen neben der Ammoniakwirkung die auch den fixen Alkalisalzen und dem Chlornatrium eigenthümliche Beeinflussung der vegetativen Vorgänge auf Schleimhäuten, bez. der epithelbildenden Substrate in den Vordergrund tritt.

1. *Gruppe:* Aetzendes und kohlensaures Ammoniak.

Ueber die physiologischen Wirkungen dieser Mittel auf die Oberhaut, die Schleimhäute, die Magenverdauung, Respiration, Circulation und Wärmeregulirung, sowie auf das centrale (Rückenmark) und periphere Nervensystem ist das Erforderliche im Allgemeinen Theil (p. 109 ff.) mitgetheilt worden. Hervorzuheben ist an dieser Stelle nur, dass *Inhalation concentrirter Ammoniakdämpfe Verlangsamung und Vertiefung der Athemzüge* (unter Vermittlung des N. Vagus), *Expirationstetanus* (Knoll) und consecutive, heftige Bronchitis hervorruft, diese Applikationsweise also die grösste Vorsicht nothwendig macht. Ist ja zu viel Ammoniakdampf in die Luftwege gelangt, so muss für Einathmung möglichst reiner, mit Wasserdampf gesättigter Luft Sorge getragen werden. Dass die *hierhergehörigen Ammoniakalien*, falls sie unverdünnt und nicht durch ein schleimiges Vehikel eingehüllt in den *Darmtractus* gelangen, *Corrosion* bedingen und nach Art der übrigen Aetzgifte Gastroenteritis erzeugen, wurde ebenfalls früher bemerkt.

Bezüglich der schliesslichen Schicksale und der Elimination der Ammoniakalien ist endlich noch nachzutragen, dass es ebensowenig, wie der Magensaft durch Einführung von Ammoniak per os jemals neutral oder alkalisch wird, *gelingt,* durch Einverleibung auch der *grössten Mengen der gen. Substanzen die saure Reaktion des Harns auch nur vorübergehend in die alkalische zu verwandeln.* Hierin ist ein wesentlicher Unterschied in der Wirkung der fixen und flüchtigen Alkaliverbindungen begründet. Im Harn wird niemals die ganze Menge des eingenommenen Ammoniaks *als phosphor- und harnsaures Salz* wieder ausgeschieden, sondern ein Theil desselben geht in Harnstoff (Kniericm) — nicht in Salpetersäure, wie Bence Jones wollte —, über, und kann somit zur Abstumpfung der sauren Beschaffenheit des Harns nicht beitragen.

Kleine Mengen eingeführter Ammoniaks werden wahrscheinlich mit dem Schweisse eliminirt. Therapeutisch verwerthet werden in erster Linie *die örtlich-ätzende, hautröthende, blasenziehende und ableitende* und die *reflexvermittelnde* (diese 1. Ordnung charakterisirende) Wirkung des Ammoniaks und kohlensauren Ammons, während die die Circulation und Secretion (namentlich der Luftröhren) der Schleimhaut modificirende Wirkung derselben von mehr nebensächlicher Bedeutung ist.

a. Als Aetzmittel ist Ammoniak wegen seiner *geringeren* Affinität und *Kraft, Wasser zu entziehen,* einer- und wegen seiner Flüchtigkeit

(*bez. schnellen Verdunstung*), sowie der davon wieder abhängigen schnell
vorübergehenden Wirkung andererseits nicht zu gebrauchen. Dagegen hat
die durch Behinderung der Verdunstung zu erzielende Anwendung *als hautröthendes und blasenziehendes Mittel* deswegen viel für sich, weil extern
applicirtes Ammoniak, unähnlich der spanischen Fliege, niemals Nierenreizung bedingt. In Frankreich wird dieses Verfahren unter Benutzung der
Gondret'schen *Salbe* (aus 1 Th. Sapo, 1 Th. Adeps und 2 Th. Liquor
ammonii caust. bestehend und auf zusammengefaltete Compressen, über
welche ein Uhrglas gedeckt wird, oder auf Watte, welche in einen Fingerhut gefüllt und mit diesem durch eine Rollbinde befestigt wird, oder auf
ein ebenso applicirtes [*unterseits bestrichenes*] Stück Agaricus [*Lärchenschwamm*] aufgetragen) weit öfter, als dies bei uns gebräuchlich ist, praktisch ausgeführt. Als hautröthendes, von inneren (*entzündeten*) Organen
ableitendes, die Sensibilität herabsetzendes (z. B. bei Neuralgien) und Ansammlung von Exudat verhinderndes oder dasselbe zur Resorption bringendes Mittel, sowie als Mittel (durch Erzeugung lokaler Entzündung) zur Aufsaugung von Giften aus damit inficirten Wunden, und endlich als Mittel
plötzlich unterdrückte Secretionen, z. B. Fussschweisse, durch seine Wirkung
auf die peripheren Vasomotoren (vgl. die Prolegomena!) wiederherzustellen,
wird demnach das Aetzammoniak in Form der zahlreichen, unten aufzuführenden Linimente sehr vielfach (auch von Laien) angewandt. Beiläufig
ist endlich noch zu erwähnen, dass bei dem *Verband von Bienen, Ameisen* u. a. Insekten herrührender *Stichwunden in Ammoniakflüssigkeiten
getauchte Leinwandläppchen* häufig verwandt werden um die das Gift
der gen. Thiere darstellende *Ameisensäure zu neutralisiren.* Bei der viel-
geübten Einreibung von Linimenten in rheumatisch afficirte Haut- und
Muskelparthien kommt neben der Hautröthung auch die mechanische
Friction und Massage mit in Betracht; es ist in allen Fällen eine 20 bis
30 % Ammoniakflüssigkeit nothwendig.

b. Als reflexauslösendes Riechmittel findet der Liquor ammoniaci causticus Anwendung bei *Ohnmachten, Scheintod, Insolation,*
Ammonium carbon. bei dem durch Apoplexia serosa herbeigeführten Sopor-
fällen, in welchen es sich um Umwandlung acut entstandener Hirnanämie
in den gegentheiligen Zustand, Bethätigung der daniederliegenden Circulation in den Hirncapillaren und Anregung der Thätigkeit der Saugadern handelt. Stets ist hierbei die nöthige Vorsicht unerlässlich, sofern
es vorgekommen ist, dass zufolge der intensiven Phrenicus-
und Vagusreizung (vgl. p. 109 und oben p. 111) durch inhalirte
zu concentrirte Ammoniakdämpfe der Erstickungstod herbeigeführt wurde. Reflektorisch wirkt das inhalirte Ammoniak endlich
auch bei gewissen Neurosen der Athemsphäre, namentlich des Vagus, und

findet hierauf das betreffs zu übender Vorsicht soeben Angegebene gleichfalls Anwendung.

c. Als reflexvermittelndes, sehr flüchtig erregendes Mittel ist Ammoniak (inhalirt und in die Vene direct injicirt) bei *durch Asphyxie* zum Tode führenden *Vergiftungen*, z. B. den durch Schlangengift (*Cobra di capella* etc.), Blausäure und Alkohol bewirkten, empfohlen. Den Folgen des *Schlangenbisses* wurde durch Ammoniakinjection in eine Vene mehrfach vorgebeugt, bez. Lebensrettung bewirkt; Fayrer, Halford, Weir Mitchell; bei mit Blausäure Vergifteten kommt man in der Regel zu spät. Dagegen hat Ammoniak als Excitans für Athmung und Blutkreislauf und als Reizmittel für das Nervensystem in anscheinend verzweifelten Fällen von Alkoholvergiftung höchsten Grades wiederholt Nutzen gebracht (Chevallier); dasselbe vor einem Gelage genommen, soll der Trunkenheit vorbeugen.

d. Durch die *flüchtig erregende* und Reflexe auslösende Wirkung erweist sich endlich das kaustische, wie das kohlensaure Ammoniak auch in einer Reihe fieberhafter Krankheiten, namentlich Infektionskrankheiten, wie Typhus, oder bei mit der Eruption zögernden *acuten Exanthemen* (Scarlatina) und lokalisirte Entzündungen, namentlich *Pneumonie*, begleitenden Zuständen, wie Asthenie und Collaps, nützlich. Beide Ammoniakpräparate wirken indess hier keineswegs als Specifica, sondern sind durch eine ganze Reihe von Mitteln der 4. Ordnung pflanzlicher Abstammung, wie Campher etc., oder, wenn man etwas Unappetitliches lieber hat, durch Moschus ersetzbar. Wein, Weingeist und Aether sind in derartigen Fällen neben den Ammoniakalien zu reichen. Der Symptomencomplex sowohl des Collapses, als des asthenischen Fiebers muss als bekannt vorausgesetzt werden; aber auch selbst dann, wenn derselbe dem behandelnden Arzte völlig geläufig ist, ist der Zeitpunkt, wo die Antiphlogose mit dem excitirenden Verfahren: Wein, ernährender Diät etc., vertauscht werden muss, in den meisten Fällen keineswegs leicht festzustellen. Fleissiges und aufmerksames Beobachten am Krankenbett, nicht die Lectüre von Lehrbüchern, wird den jungen Praktiker in den Stand setzen, die ihm hier drohenden Klippen zu umschiffen und den richtigen Zeitpunkt mit sicherem Takt nicht vorübergehen zu lassen. Wenig Worte sind nur noch über

e. die interne Anwendung des Ammoniaks bei verschleppten Catarrhen, namentlich *der Lungenmucosa und bei schleichender Pneumonie* hinzuzufügen. Die Erklärung der hier in Betracht kommenden Wirkung ergiebt sich aus den Prolegomenis. Demnach scheint es uns auch allein nicht ausreichend, die günstige Wirkung, welche Ammoniakinhalation zuweilen gegen chronische *Coryza* und *chronischen Lungencatarrh* äussert, aus der durch das auf die betreffenden Schleimhäute gelangende Ammoniak bewirkten und *von vermehrter Secretion und häufigem Husten* gefolgten *örtlichen Reizung* zu erklären. Nicht die vermehrte Secretion und der Husten leiten die Heilung ein, *sondern es wird das Schleimhautsecret zur Zeit der Heilung vielmehr dickflüssiger*, sparsamer, reicher an Epithel und die richtige Regeneration des letzteren, also eine Beeinflussung der vegetativen Verhältnisse der Schleimhäute, bez. *der epithelbildenden Substrate* durch das Arzneimittel ist ganz so, wie wir bereits p. 41 nachwiesen, auch hier die Hauptsache. Vor dem Eindringen concentrirterer Ammoniakdämpfe wird man sich deswegen hüten müssen, weil die Erstickungsgefahr, falls auch nur geringe Mengen flüssigen Ammoniaks in die Glottis gelangen und Corrosion bedingen können, eine nicht gering anzuschlagende ist. *Die Empfehlung des kohlensauren Ammons in jedem Stadium der Pneumonie* (Patton), um durch Resorption desselben die jede Entzündung, folglich auch die Pneumonie begleitende Hyperinose in das Gegentheil zu verwandeln, *beruht auf Raisonnement*, welchem in den durch diese Behandlungsweise am Krankenbett erlangten Resultaten eine nur wenig augenfällige Begründung zu Theil geworden ist.

Pharmaceutische Präparate:

1. Liquor Ammonii causticus; Ammoniak liquor; Auflösung von 10 % Ammoniakgas in Wasser; darf durch Kalkwasser und nach dem Ansäuern mit Salpetersäure und Zusatz von Silbersalpeter nicht merklich getrübt werden; spec. Gew. 0,960. Ehemals mehr als jetzt zu V—X Tropfen mit viel Wasser verdünnt, innerlich gegeben; vielfach als Riechmittel, zu welchem Zweck eine Mischung aus 1 Chlorammon und 2 Aetzkalk zu substituiren ist. Anstatt in Wasser in Alkohol gelöstes Ammoniak (ebenfalls 10 % Lösung) ist der Liquor ammonii causticus spirituosus s. Dzondii. Die Dosis war dieselbe; ist in der Tr. jodii decolor enthalten.

2. Liquor ammonii anisatus; anishaltiger Ammoniakliquor; 5 Th. von 1, 24 Th. Spiritus vini und ein Theil Anisöl; Dosis 5—15 Tropfen in Verdünnung bei Lungencatarrhen. Hieraus wird

3. Elixir e succo liquiritae s. Glycyrrhizae bereitet; von 2 und vom Lakritzensaft werden āā 1 Th. auf 3 Th. Fenchelwasser genommen und gelöst; Dosis: theelöffelweise. — Zum externen Gebrauch:

4. Linimentum ammoniatum s. volatile; Flüchtige Salbe; 1 Th. Salmiakgeist (1); 4 Th. Olivenöl.

5. Linimentum ammoniatum camphoratum; flüchtiges Campherliniment; 1 Salmiakgeist; 4 Champheröl.

6. Linimentum saponato-ammoniatum; flüchtiges Seifenliniment; Militärpharmakopoë; 1 Th. Hausseife in 30 Th. Wasser und 10 Th. Weingeist mit 15 Th. Salmiakgeist (1) vermischt.

7. Linimentum saponato-camphoratum (spissum); Balsamum Opodeldoc. Opodeldok: 16 Th. Haus- und āā 8 Th. Oelseife und Campher in 320 Th. Weingeist gelöst unter Zusatz von 16 Th. Salmiakgeist, 2 Th. Rosmarin- und 1 Th. Thymianöl; gallertartig.

8. Linimentum saponato-camphoratum liquidum; Opodeldoc liquidum; flüssiger Opodeldok: 30 Th. Oelseife und 5 Th. Campher in 230 Th. Weingeist gelöst; dazu 1 Th. Thymianöl, 2 Th. Rosmarinöl und 8 Th. Ammoniakliquor.

9. Ammonium carbonicum purum. Sal volatile siccum; flüchtiges Laugensalz, gereinigtes Hirschhornsalz, kohlensaures Ammoniak; weisse, sich verflüchtigende Krystalle; Dosis: 0,2—0,6 in Lösung.

10. Liquor Ammonii carbonici. Ammon. carbonicum solutum: 1 Th. von 9 in 5 Th. Wasser; Dosis: 10—30 Tropfen in Verdünnung.

2. *Gruppe:* Liquor ammonii acetici. L. ammonii carbonici pyrooleosi. Liquor ammonii succinici.

Bei den Mitteln dieser wohlcharakterisirten Gruppe tritt die denjenigen der 1. in so hervorragender Weise eigenthümliche reflexvermittelnde Wirkung sehr in den Hintergrund. Auch ätzende Wirkungen auf Oberhaut und Schleimhäute kommen ihnen so wenig zu, dass Cullen 120 Grm. Ammoniacum aceticum einnehmen konnte, ohne andere Befindensstörungen als etwas *Reizung der Fauces, Gefühl sich im Magen verbreitender Wärme, etwas Appetitmangel und Kopfweh danach* zu verspüren. Auch *Rückenmarksreizung* wurde *selbst nach enorm grossen Dosen nicht beobachtet,* und ebensowenig sind *Inhalationen* dieser Mittel in concentrirterem Zustande von den im vorigen Paragraph wiederholt hervorgehobenen Gefahren begleitet. Die in die Augen springendste Wirkung dieser Mittel ist *Anregung der Drüsensecretion* in der in den Prolegomenis dargelegten Weise (*Uebercompensirung* der Remak'schen oder Hemmungsfasern). Demgemäss werden sie therapeutisch nur in Krankheitszuständen, welche durch Anregung gewisser Secretionen (Schweiss-, Harnsecretion, Absonderung der Drüsen der Bronchialschleimhaut, Monatsfluss) Besserung und Heilung erfahren, angewandt. Als solche sind zu nennen:

1. *Unter Fieber verlaufende Erkältungskrankheiten:* Coryza, Influenza; Rheumatalgien (*Hexenschuss*) und acuter Bronchialcatarrh, wo Anregung der Schweisssecretion bei warmem Verhalten allein zur Kur ausreicht. Hier gebührt dem von Minderer zuerst dargestellten essigsauren Ammoniak, in heissem Fliederthee etc. gelöst genommen, weil es nicht streng dosirt zu werden braucht und kein Alkaloid enthält, vor dem Pulvis Doveri (*vgl. Ipecacuanha*) den Vorzug. Ferner gehören hierher

2. *Wassersuchten;* hier bringen die obigen Mittel, wenn auch minder sicher als in den eben (unter 1) hervorgehobenen Fällen, durch Anregung der Diurese Nutzen; 4—8 Grm.-Dosen sind hierzu erforderlich. Doch lässt sich nicht leugnen, dass wir sicherer harntreibende Mittel pflanzlicher Abstammung besitzen, die gen. Ammoniakalien also entbehrlich sind. Endlich ist

3. derjenigen Zustände *der Genitalsphäre der Frauen, welche durch Hervorrufung der cessirenden oder zu sparsamen Menstruation Besserung erfahren,* zu gedenken. Selbst in der erwähnten Weise zu Stande gekommene *Nymphomanie* gelang es in angegebener Weise durch Ammonium aceticum zu heilen; Patin.

Pharmaceutische Präparate:

11. Liquor Ammonii acetici; Spiritus Minderi; essigsaurer Ammoniak liquor; Dosis: 2—20 Grm. in Thee.

12. Ammon carbon. pyro-oleosum; 32 Th. kohlens. Ammon mit 1 Th. stinkigen Thieröls versetzt (Ol. animale foetidum s. Dippely); Dosis: 2—6 Cntgrm.; entbehrlich.

13. Liquor Ammonii pyro-oleosi. Ein Theil von 12 in 5 Th. Wasser. Dosis: 10—30 Tropfen.

14. Liquor Ammonii succinici. Bernsteinsaurer Ammoniakliquor. Das vorige Salz (12) und āā 1 Th. Bernsteinsäure in 8 Th. Wasser. Spec. Gew. 1,050 Dosis: 10—30 Tropfen in Thee.

3. *Gruppe:* Ammonium hydrochloratum. Salmiak.

Während dieses gut krystallisirende, in Wasser leicht lösliche und in Alkohol unlösliche Salz bei Injektion in die Venen nach Böhm die toxischen Wirkungen der Ammoniakalien am intensivsten entfaltet, *sind mässige Salmiakdosen per os von Gesunden genommen, abgesehen von dem widerlichen Geschmack, von bemerkenswerthen Befindensstörungen*) nicht gefolgt.* Erst bei catarrhalischen Erkrankungen der Schleimhäute kommt der Charakter des Salmiaks als eines constanteren, neutralen, wenn auch flüchtigen Alkalisalzes zur Geltung. Salmiak reiht sich in dieser Hinsicht *den kohlensauren fixen Alkalisalzen und dem Chlornatrium* an. Alles was über die anticatarrhalische Wirkung dieser (p. 40 und 49) angegeben worden ist, findet bezüglich der Lungen-, Magen-, Darm- etc. Catarrhe auch auf den Salmiak Anwendung. *Dem Chlornatrium reiht er sich auch darin an, dass er gährungswidrig wirkt;* vielleicht verdankt er seine secretionbefördernde Wirkung *seinem Gehalt an Chlor,* welches, wie Jod etc., die zu den Drüsen tretenden sensiblen Nerven reizt und Hypersecretion bedingt. Die von Böcker behauptete Vermehrung der Harnstoffausscheidung bei Salmiakgebrauch fand Böhm nicht bestätigt.

Therapeutisch angewandt wird Salmiak (besonders auch vom Laienpublikum) *bei Catarrhen* der ober- und unterhalb des Zwerchfells belegenen Schleimhäute, in Pulverform und in Lösung unter Zusatz von

---

*) Nach 60 Grm. verspürte Oesterlen nur vorübergehendes Kopfweh und vermehrte Diurese; keine Verdauungsstörung; Andere beobachteten Gefühl vermehrter Wärme, Pulsbeschleunigung, Dyspepsie. Magenschmerz und — äusserst selten -- Diarrhöe und Kolik.

Succus liquiritiae oder Pulvis gummosus. *Aufschläge von Salmiaklösung,
um intumescirte oder verhärtete Drüsen zu verkleinern*, sind durch den
Gebrauch der Jodmittel (vgl. diese!) längst überflüssig geworden und
obsolet. Ueber die von Cholmeley jüngst wiedergepriesene „zauberhafte"
Wirkung des Salmiaks Neuralgien gegenüber gehen mir eigene Erfahrungen ab.

Pharmaceutische Präparate:

15. Ammonium chloratum s. muriaticum. Salmiak kommt in fibrös-kry-
stallinischen weissen oder fein krystallinischen Massen, deren Lösung weder durch
Schwefelammon, noch durch Chlorbaryum getrübt werden darf, vor. Auf Ferrocyan-
kaliumzusatz darf sich erst nach längerem Stehen der Flüssigkeit eine blaue Färbung zeigen. Dosis: 30—120 Centigrm. (0,3—1,2 Grm.)
Ueber Eisensalmiak vgl. Eisenpräparate, p. 29.

β. Mittel thierischer Abstammung: Moschus. Castoreum.

XIV. Moschus. Bisam.

Der Moschus ist das im frischen Zustande röthlichbraune, Salbenconsistenz
zeigende, später dunkel, trocken und klumpig erscheinende und alsdann mit grösseren
und kleineren glänzenden Flimmern vermischte, intensiv riechende, mit leuchtender
Flamme verbrennende, in Wasser zu $^3/_4$, in Weingeist zu $^1/_2$ lösliche, und der Hauptsache nach aus *flüchtigen Ammoniakbasen* (Wöhler) oder einem ätherischen
Oel (Rump) als wirksamen Principien bestehende *Smegma praeputii* des erwachsenen, geschlechtsreifen, männlichen Moschusthieres: *Moschus moschiferus* Linn. Eine
1—2$^1/_2''$ grosse, in der Mitte zwischen Nabel und Penis sitzende und mit einem,
nach der Mündung zu im Wirbel gestellte, steife, strahlig nach der Mitte gerichtete,
Haare enthaltenden Ausführungsgange versehene Präputialdrüse enthält denselben und kommt als Moschusbeutel in den Handel.

Die physiologischen Wirkungen grosser Dosen Moschus (0,3)
auf Thiere sind die der Mittel 4. Ordnung: Erscheinungen von Reizung
des Hirns, der Medulla oblongata und des Rückenmarks; Betäubung,
Schlaf, Depression neben den im allgemeinen Theile aufgeführten und
analysirten Modifikationen der Athmung und der Herzbewegung; Tetanus;
blutige Stühle etc. Medikamentöse kleinere und grössere Gaben erzeugen nach Jörg's an Kindern und Versuchspersonen beiderlei Geschlechts angestellten Versuchen Ructus mit Moschusgeruch, Gefühl von
Schwere im Magen, Pulsbeschleunigung, vorübergehende Erregung der
psychischen Functionen, gefolgt von Depressionserscheinungen, wie Schwere
im Kopfe, Kopfweh, Schwindel, Zittern, Müdigkeit und Schlafneigung.
Sowohl Hautperspiration, als Diurese sind vermehrt (Sundelin); ob die
Moschusbestandtheile in die entsprechenden Secrete übergehen ist mit
Sicherheit nicht festgestellt.

Bei Kranken mit Daniederliegen der Innervation und bei heruntergekommenen Individuen, bei erethischer Schwäche im Verlaufe fieberhafter Krankheiten und Nichtzustandekommen kritischer Entscheidungen erweist sich Moschus als kräftiges Belebungsmittel für das Nervensystem (namentlich das cerebrale) und die secretorische Thätigkeit der Hautdrüsen und wird, ohne das Gefässsystem allzustark anzuregen, seines unappetitlichen Ursprungs und seiner Widerlichkeit ohnerachtet vom Magen gut tolerirt.

Die Indikationen des Moschus fallen mit denen der übrigen flüchtig erregenden Mittel zusammen:

1. *plötzlich eintretender Collaps* und die unter dem Namen der Asthenie oder der Febris versatilis zusammengefassten Symptome, wie: kleiner, schneller Puls bei kühler Haut und blassem Urin, Krämpfe, Zuckungen, Sehnenhüpfen, Schluchzen, Deliriren, welche

die sogenannte retrograde Gicht (Trousseau), den Typhus, die acuten Exantheme, wie Scharlach, Masern, Blattern, (wenn die Eruption wegen bestehender Schwäche oder Gefässmuskelkrampf nicht erfolgen will), und (unter den lokalisirten Entzündungen) besonders den Hydrocephalus acutus, die Pneumonie, Endo- und Perimetritis begleiten;

2. *Collaps bei an Herzklappenfehlern, Fettherz Leidenden* oder im Gefolge von Blutungen, erschöpfenden Diarrhöen etc. eintretend; und

3. *unter den fieberlosen Nervenkrankheiten* bez. *Neurosen* (wo Moschus auf dem Wege des Reflexes *Modifikationen der Blutvertheilung und Innervation bewirkt*): Magenkrampf, Kolik, Asthma, Keuchhusten, Laryngismus. Fraisen der Kinder, hysterische Krämpfe und Neuralgien sind Krankheitszustände, bei welchen Moschus mit Nutzen — aber stets zur Erfüllung der *Indicatio symptomatica*, nicht der I. morbi — verordnet wird. Specifische Wirkungen äussert er dabei nicht und ist durch Campher oder campherhaltige Mittel, Aether, Terpenthinöl etc. in der Regel ersetzbar. Man gibt Moschus tunquinensis, die bessere Sorte, zu 1—3 Decigrm. stündlich bis dreistündlich als Pulver (*in Wachspapier*). Die Bestätigung der Angabe Max Langenbeck's, dass geimpfter Moschus eines der kräftigsten Anodyna (bei Zahn-, Ohren-, Gesichtsschmerz) sei, ist abzuwarten.

XV. Castoreum. Bibergeil.

Das Bibergeil ist, wie sein Name schon besagt, ein dem Moschus ebenbürtiger Bestandtheil der Dreckapotheke und wird wie dieses *von den duplicirten, in einen Ausführungsgang mündenden, blinden Aussackungen am Praepatium penis s. Clitoridis des Bibers* (Castor fiber) beiderlei Geschlechts geliefert. Während der Brunstzeit dünnflüssiger und sedimentreicher, ist das während der Monate Juli bis Februar gesammelte dickliche, gelbliche und stärker riechende Smegma praeputii der nicht in der Brunst begriffenen Biber das zu Arzneizwecken allein gesuchte und brauchbare. Harz, Carbolsäure, Fett, Kalk und Ammoniaksalze sind die nicht weiter geprüften Bestandtheile desselben.

Auch die physiologischen Wirkungen sind nur mangelhaft studirt. Alexander, Jörg und Meyer empfanden bei Selbstversuchen ausser lästigem Ructus nach Einverleibung des widerlichen Mittels keinerlei

Abweichungen von dem normalen Verhalten; Thouvenel will bei Kranken etwas Gefässaufregung nebst Ansteigen der Körpertemperatur und Congestionen zum Rückenmark nach Castoreumbeibringung beobachtet haben und vergleicht seine Wirkung derjenigen des Moschus, von welchem es nur darin, dass es die Hirnfunktionen weniger beeinflusst, verschieden sein soll. Bei Mangel jedweden Thierversuchs haben diese Angaben indess nicht mehr den Werth, wie die Hypothese der Alten, wonach Moschus dem Uterus durch seinen Geruch besonders angenehm ist und selbst die aus ihrer Lage gerückte Gebärmutter, wenn das Mittel in die Vagina gerieben wird, diesem Geruche folgt und sich gerade stellt etc.

Empirisch wissen wir, dass Castorcum eine sehr unzuverlässige medikamentöse Wirkung äussert und am ehesten noch bei Störungen in der Genitalsphäre der (*hysterischen*) Frauen, wie bei Krämpfen verschiedener Art, *Schmerzen* verschiedenen Charakters und Sitzes, bei Cardialgien, Koliken, nervösem *Schwindel*, Kopfweh, *Brustkrampf*, *Gebärmutterkrämpfen* während der ersten Hälfte der Schwangerschaft, Krampfwehen in partu und Nachwehen, Dienste leistet. Der *Praktiker verordnet das Mittel* auf Grund dessen nach Stellung der Diagnose: „*Hysterie*" schablonenmässig und sieht es — wie in der Regel jedes neuverordnete Medikament — eine Zeit lang sich bewähren. Der Werth dieser Art Therapie ergiebt sich aus dem Gesagten von selbst.

Pharmaceutische Präparate:

1. Tr. Moschi (1 Th. Moschus auf 50 Th. Weingeist); rothbraun. Dosis 20 bis 50 Tropfen.

2. Castoreum sibiricum (die bessere Sorte; Castoreum canadense, von den Jägern der Hudsonsbai-Compagnie geliefert, ist die schlechtere, billigere). Dosis 0,1—0,6 (Wachspapier).

3. Tr. Castorei sibirici (10 Th. Castoreum; 100 Th. Weingeist); 10—30 Tropfen; theuer!

4. Tr. Castorei canadensis; von gleicher Stärke; die nämliche Dosis; billig! Castoreum ist ein Bestandtheil der Aq. antihysterica Pragensis (vgl. *Asa fötid.*).

γ. Mittel pflanzlicher Abstammung: Aethereo-oleosa.

XVI.

Wir theilen die grosse Zahl hierhergehörender Mittel nach den Gefässnervenbezirken der mit ihrer Elimination betrauten Organe, auf welche sie, wie früher bereits hervorgehoben wurde, vorzugsweise einwirken, in folgende, zugleich das Schema der allgemein-therapeutischen Indikationen der einzelnen Mittel enthaltende sieben Unterordnungen, nämlich

1. *Mittel, welche die auf das periphere vasomotorische Nervensystem i. B. der Haut, gerichtete Wirkung am reinsten repräsentiren und sowohl örtlich applicirt, als nach ihrer Resorption vom Blute aus Hyperämie und Hypersecretion der Haut bedingen.* Wir betrachten unter denselben

a. die, welche nach örtlicher Beibringung Röthung. Schmerz, Ausschwitzung mit Blasenbildung und Temperaturerhöhung, also lokalbeschränkte Dermatitis (i. e. Gefässnervenparalyse) hervorrufen.

Diese Mittel wurden in den therapeutischen Systemen als *Rubefacientia, Epispastica, Erethistica* und *Derivantia* aufgeführt. Dass letztere Bezeichnung ihre Berechtigung hat, geht aus Schüller's Versuchen, wonach zufolge Applikation grosser Sinapismen und Erzeugung von Dermatitis (unter Entstehung von Blutleere der Gefässe) das Hirn und seine Meningen von Blut entlastet werden, hervor. Chemisch sind dieselben durch den Gehalt an Anhydriden gewisser organischer Säuren, oder an Gliedern einer eigenthümlichen Reihe, bei trockner Destillation Oenanthol und beim Kochen mit Salpetersäure Oenanthylsäure liefernder Fettsäuren (z. B. Crotonölsäure) oder an Cardol, Capsicol (ebenfalls in Oenanthol überführbaren Substanzen) charakterisirt. Hierzu kommen noch ätherische Oele und Harze. Als Ursache der örtlichen Reizung wird die *chemische Einwirkung* dieser auch als „scharfe Stoffe" zusammengefassten Substanzen *auf die Albuminate* betrachtet (Buchheim) und hierfür die Coagulation des Eiereiweiss durch gewisse ätherische Oele, sowie die Behinderung der Milchgerinnung nach Zusatz von Senföl oder Cardol zum Beleg beigebracht. In ihrer therapeutischen Anwendung haben sie das gemein, dass sie zur Zeit kaum anders als extern gebraucht werden, um von inneren, wichtigen Organen abzuleiten, oder behufs endermatischer Applikation von Arzneimitteln an der Aufnahmestelle die Cutis bloss zu legen. Nach den Pflanzenfamilien, von welchen sie abstammen, gruppiren sich die hierher gehörigen Mittel wie folgt. Es liefern

1. die *Coniferen:* Terpenthin, Pech, Theer, Bernstein. von verschiedenen Pinus- und Abies-Arten stammend.

Die in allen Erdtheilen verbreiteten Pinusarten finden ausser der ökonomischen und technischen Verwerthung auch arzneiliche Anwendung. indem a) ihr *unverändertes Harz* (Terebinthina), b) *der Rückstand bei der Destillation dieses Harzes* (Colophonium; Resina pini Burgundica). c) *das Schwellprodukt ihres Holzes* (Theer; Resina empyreumatica liquida : Pech) und d) *der Bernstein,* das fossile Harz antediluvianischer Coniferen. zu officinellen pharmaceutischen Präparaten. namentlich Pflastern und Salben, verarbeitet werden.

a. Terebinthina ist das halbflüssige Harz von Pinus picea, P. larix. P. balsamica und Pistacia terebinthus, welches aus den verwundeten Bäumen vom Februar bis Oktober abfliesst und nach dem Vegetationszustande der Bäume variirt. Halbflüssig, klebrig und zäh, scheidet sich T. meist in zwei Schichten. Man unterscheidet *T. communis* von P. picea, *T. laricina* von P. larix, den *Canadabalsam* etc. T. ist gelblichweiss oder bräunlich, trübe, körnig, schmeckt widerlich, löst sich in Alkohol und Aether, und ertheilt damit geschütteltem Wasser, in welchem es unlöslich ist, saure Reaktion (Ameisensäure). Chemisch betrachtet ist *Terpenthin eine Mischung kleiner oder grösserer Mengen Terpenthinöls mit Alkalien, Sylvin- und Pimarsäure.* Anwendung findet T. nur zur Anfertigung Geschwüre offenhaltender und die Granulationsbildung in per secundam intentionem heilenden Wunden befördernder Salben, nämlich:

1. Unguentum terebinthinae: āā 1 Th. Terebinthina comm. Ol. Terebinthinae. Cera flava.

2. Unguentum terebinthinae compst. āā 1 Th. Aloe und Myrrha, 8 Th. Provençeröl, 32 Th. Terebinthina veneta (laricina) und 4 Eidotter; auch als Ungt. digestivum bekannt.

3. Ungt. basilicum, Königssalbe; zum Wundverband: 1 Th. Terpenthin āā 2 Th. Kolophonium, Wachs, Talg, 6 Th. Olivenöl; gelbbraun; viel gebraucht und bewährt; Terpenthin kommt auch in anderen Medikamenten, z. B. Emplastr. Meliloti, opiatum, aromaticum, vor.

b. Colophonium: Geigenharz; Resina pini burgundica; Weisspech. Rückstand bei der Abdestillation des Terpenthinöls vom Terpenthin; der Hauptsache nach aus den oben genannten, nur in Alkohol, Aether und ätherischen Oelen löslichen Harzsäuren bestehend. Auf Leder gestrichen reizt es die Haut und dient als Rubefaciens; es wird Pflastern zugesetzt, um deren Klebfähigkeiten zu erhöhen. Weisspech ist bald mehr, bald weniger dunkel gefärbt und wird durch Umschmelzen in kochendem Wasser und Durchseihen durch Leinwand gereinigt. Ehemals als Pechkappe (2 Th. R. pini burgund. āā 1 Th.. Terebinthina und Cera alba auf Leinwand gestrichen) auf die zuvor abgeschorene Parthie des mit Grindkopf (*Eccema impetiginodes*) bedeckten Kopfes applicirt. Räucherungen von Hanfwerg mit Pechdämpfen und Auflegen des möglichst heissen Hanfwergs auf ödematös geschwollene oder rheumatisch afficirte Hautpartien sind viel gebräuchlich. Als Hautreiz ist es anzuwenden in Form

4. des Ceratum resinae pini oder des Emplastrum citrinum: 4 Th. Cera fl., 2 Th. Weisspech āā 1 Th. Terebinthina und Sebum ovillum zusammengeschmolzen, oder des

5. Emplastrum picis irritans: āā 12 Th. Therebinthina und E. Meliloti cerul. mit 32 Th. Weisspech und 3 Th. Euphorbium. Colophonium ist auch im Empl. oxycroceum, E. acre (vgl. *Cantharis*) enthalten.

c. Theer und Pech: Resina empyreumatica liquida und Pix navalis sind die neben gasförmigen und flüssigen (*Holzessig*) Substanzen resultirenden Schwelproducte des Holzes von Pinus sylvestris und der Buche (Fagus sylv.), bei deren Abdampfung zur Trockniss Schiffspech (Pix navalis) als trockne, harzige Masse zurückbleibt. Theer ist eine Mischung

aus Kohlenwasserstoffen (Benzol, Xylol, Toluol), Paraffin, Phenylalkohol
und Kreosot, welche letztere besonders die hautirritirende Wirkung desselben bedingen. Ausser dem offic. *Theer aus Pinus und Fagus*, kommt
noch das aus *Birkenholz* und *Wachholderholz* gewonnene, als *Oleum
Rusci* und *Oleum Cadini* im Droguenhandel vor und wird gegen Hautkrankheiten vielfach angewandt. Für die äussere Haut ist Theer (und
bei längerem Verweilen daselbst auch schwarzes Pech) ein örtlich irri-
tirendes, d. h. *Röthung und Entzündung hervorrufendes Mittel, welches
bestehende Hautentzündung selbstredend steigert.* Krätzmilben gehen in
Theer binnen 5 Minuten zu Grunde. Inhalation von Theerdämpfen hat
Reizung der Luftwege und Hypersecretion der Mucosa derselben zur Folge.
*Grosse Mengen Theers (innerlich genommen) bewirken Vergiftungen unter
den Erscheinungen der Carbolsäure-Intoxikation, Nierenreizung, Prostration;* Taylor. Sofern Theer gegenwärtig nur extern angewandt wird,
haben diese an Theerfressern beobachteten Vergiftungssymptome ein mehr
untergeordnetes Interesse. Theer ist ein unentbehrliches externes und
lokal wirkendes Heilmittel von

α. Hautkrankheiten, wie Prurigo (1 Th. Ol. Cadini, 2 Th. Adeps
oder 1 Th. Theer, 4 Th. Fett, 18 Th. Laudanum); Trousseau; v. Bärensprung; Eccema (30 Th. Ol. Cadini, 45 Th. Alkohol, 99 Th. Potassa
fusa, 3 Th. Ol. citronellae, Hebra; auch mit Zusatz von Quecksilberchlorid: Hebra, Bazin, Hardy, Anderson); Pemphigus (Köbner)
und Psoriasis, in welchem letzteren Falle Theer auch unvermischt
applicirt werden kann. Bei Eccem ist der Effekt ein in die Augen springender; eine Garantie gegen die Wiederkehr des Uebels gewährt indessen
die örtliche Theerbehandlung, deren Heilwirkung auf die Modifikation der
circulatorischen und secretorischen Verhältnisse der Haut, unterstützt durch
die antiparasitären und keimzerstörenden Eigenschaften des Mittels, zu
beziehen ist, nicht. Namentlich für die Behandlung der Psoriasis hat
man den externen Gebrauch des Theers mit der internen Arsenmedikation
combinirt. Weniger allgemein acceptirt ist der Gebrauch des Theers

β. als hautröthendes Mittel. Gegen Rheumatismus wird derselbe noch viel gebraucht. In den Händen der Laien befindliche Externa
sind Charta resinosa, Pechpflastergichtpapier etc. Theer findet ferner
Anwendung

γ. gegen chronische Lungenkrankheiten in Form von *Theer-
dampfinhalationen.* Zu diesem Behuf lässt man Theer in einer flachen
Schale über einer Spirituslampe langsam verdampfen. Zusatz einiger
Tropfen Natronlauge bindet frei werdende Essigsäure und mildert die
irritirende Wirkung auf die Lungenschleimhaut. *Dieser letzteren wegen kann
vor dem Gebrauch gen. Inhalationen seitens zu Hämoptoë prädisponirter*

Phthisiker nicht eindringlich genug gewarnt werden. Wie die Lungenmucosa wird auch

δ. bei Dyspepsie *die Magenschleimhaut durch Aufnahme des zu
diesem Zweck eingeführten, aber wegen der Unlöslichkeit des Theers in
Wasser ein Arzneimittel von sehr zweifelhaftem Werth darstellenden Theer-
wassers gereizt* und angeblich der *Appetit erhöht.* Andere bestreiten den
Effekt dieser Behandlungsweise gänzlich; jedenfalls ist es schwer begreiflich, wie der Theer überhaupt zur Resorption gelangt; *es sei denn, dass
er bei Zutritt gallensaurer Salze im Duodenum in einen emulsionähn-
lichen Zustand übergeführt wird.* Von Catarrhen anderer Schleimhäute,
welche angeblich durch Theerbehandlung Besserung erfahren sollen —
eigene Erfahrungen gehen uns hierüber ab — ist der Harnblasencatarrh,
zu dessen Kur Theerwasser in die Blase injicirt wird, zu nennen.

*Zum Verband schlecht secernirender oder mephitischen Geruch ver-
breitender Geschwüre,* z. B. carcinomatöser Exulcerationen, gebraucht
man Theer kaum mehr und ebenso sind die Krätzkuren mit Theersalben gegenwärtig obsolet. Officinelle Zubereitungen mit Theer sind:

6. Aqua picis s. picea; Theerwasser: 1 Th. Theer mit 10 Th. Wasser tagelang digerirt und das Flüssige abgegossen; Dosis: tassen- und becherweise. Zusatz
von Säuren oder Alkali, um mehr Theer zur Lösung zu bringen, verdirbt das Präparat; Adrian.

7. Charta resinosa: *Pix navalis;* Terebinthina āā 1 Th. Cera flava 4 Th.
Colophonium 10 Th. zusammengeschmolzen und auf Wachspapier gestrichen; als
hautröthendes, ableitendes Mittel.

d. Bernstein, Achtstein; Succinum ist das fossile *Harz von
Pinites succinifer;* Göppert. Derselbe ist als Rasura succini (Abfall
von Kunstdrechslereien aus Bernstein) in Officinen enthalten, von gelber
oder röthlichgelber Farbe, mehr oder weniger durchsichtig und ein Ge-
meng aus ätherischem Oel, Bernsteinbitumen (*Succinin*), Harzen und
freier *Bernsteinsäure.* Letztere ist im *liquor ammonii succinici* enthalten
(vgl. 122, 14) und der empirischen Formel $C_4H_6O_3$ entsprechend zusammengesetzt. Bernstein wird nur noch zu Räucherungen bei Muskelrheumatismus gebraucht. Er liefert

8. Oleum succini rectif. Bernsteinöl bei trockner Destillation (neben
Essig- und Bernsteinsäure). Dieses Ol. succini rectif. wurde als schweisstreiben-
es Mittel zu 5 Tropfen in Gallertkapseln verordnet.

2. Familie der Cruciferen: Semen sinapis nigrae. Schwar-
er Senf. Oleum sinapis. Senföl.

Die ²‴ dicken, rothbräunlichen und durch ein feines, deutlich erhabenes Netz
nebenen Samen des schwarzen Senfes enthalten einen eiweissartigen Ferment-

---

*) Theerinhalationen wurden von Robertson, Wansbrough und Thomson
auch gegen Keuchhusten gerühmt.

H. Köhler, Materia medica. 9

körper: *Myrosin* und *myrosinsaures Kali* oder *Sinigrin*, welches Schwefel, Stickstoff, Kalium, Kohlen-, Wasser- und Sauerstoff enthält und durch die Contaktwirkung
des ersteren in   *Senföl*: $C_4 H_5 NS$ (Schwefelcyanallyl)
          Rechtstraubenzucker: $C_6 H_{12}$ O_6
und *saures schwefelsaures Kalium*: H $SO_4 K$ gespalten wird
          Sinigrin: $C_{10}H_{18} NS_2 O_{10} K$

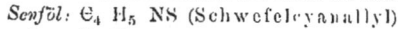

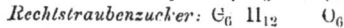

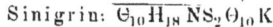

Senföl ist in dem Samen somit *nicht präformirt*, sondern entsteht erst während
der Destillation oder beim Anrühren des Senfmehls mit Wasser zu einem Brei (*Senf-
teig, Sinapsismus*), wobei ein so gern beliebter Zusatz von *Essig nicht nur nicht
nützlich, sondern vielmehr, wie schon die Alten wussten, geradezu nachtheilig ist*.

Dem Senföl, welches von einem *fetten*, milde schmeckenden, im Samen
präformirten *Oele* (Glycerid der Stearin- und Erucasäure) wohl
zu unterscheiden ist und ein farbloses oder gelbliches, dünnes Fluidum
von scharfem Geruch und Geschmack, *neutraler Reaktion*, in 50 Theilen
Wasser und in jedem Verhältniss in Alkohol und Aether löslich, darstellt,
sind die physiologischen Wirkungen der ätherischen Oele im ausgesprochensten Maasse eigen; Mitscherlich. Nicht nur bei Thieren, welche nach
Beibringung desselben unter Schmerzensäusserungen, Gastroenteritissymptomen, vermehrter Diurese und Convulsionen zu Grunde gehen, *sondern
auch bei Menschen ruft Senföl in Dosen über* $^1/_4$ *Tropfen bedrohliche
Vergiftungserscheinungen hervor.* Der noch mit dem Oberhäutchen bedeckte Samen bewirkt mit Wasser angerührt erst in Gaben zu 20 bis
40 Grm. beim Menschen Brennen im Schlunde, Erbrechen und Abführen.
Senfwasser ist in England und Amerika als *Unterstützungsmittel von
Emeticis* behufs Herausbeförderung von Giften in Fällen, *wo eine
Magenpumpe nicht zur Hand ist*, allgemein gebräuchlich (1—2 Theelöffel Senfmehl in lauem Wasser). In kleineren Mengen dient Senfmehl
als Mostrich *) als diätetisches Mittel, um gekochtes oder gebratenes
Fleisch geniessbarer und pikanter zu machen; ausser etwas vermehrtem
Stuhlgange hat dieser Gebrauch, wenn er in mässigen Grenzen bleibt,
keine üble Folgen. Zu medikamentöser Anwendung dient *Senfmehl nur
noch selten*; ehemals war Zusatz von 30 Grm. desselben auf 400 Grm.
Milch behufs Darstellung der *Senfmolken* (Serum lactis sinapisatum),
welche in Wassersuchten *stark die Diurese anregen*, sehr beliebt. In
neuester Zeit wurde ein Infusum, 5 Grm. auf 200 Wasser, von Jouaritz
und Bricheteau gegen unstillbares Schluchzen empfohlen; ich fand
die Wirkung dieses Mittels nichts weniger als zuverlässig.

Seine Hauptanwendung findet das Senföl als Hautreiz, indem es
selbst in stärkster Verdünnung Brennen, Röthung der Haut und bei
längerem Contact Blasenbildung erzeugt. Wird der wie Senföl wirkende

---

*) *Mustum ardens*: schwarzer Senf; daher Moutarde, Mustard, Mostrich.

Sinapismus nach 10 *Minuten,* wo der erst brennende, dann einem durch ein Glüheisen bewirkten vergleichbare und schliesslich zusammenzichende Schmerz (derartig, dass man einen schweren Körper auf den Muskeln etc. lasten fühlt) seinen Höhepunkt erreicht, entfernt, *so lässt der Schmerz beim Zutritt der Luft zu der bepflastert gewesenen Stelle in der Regel sofort nach und diese Stelle scheint kaum geschwollen zu sein. Sehr bald aber durchsetzt sie sich unter Wiederauftreten brennenden und durch die geringste Friction gesteigerten Schmerzes mit rothen, zu einer gleichmässig gerötheten Fläche confluirenden Punkten.* Je nach der Dauer der ersten Applikation kann der durch einen Sinapismus hervorgerufene Schmerz 6 und 8, ja sogar bis 12 Stunden anhalten und die Röthe den Schmerz noch um 10 *Tage* überdauern; Trousseau. Bei Frauen kann sich gefahrdrohende nervöse Ueberreizung hinzugesellen; Blasenbildung folgt erst auf wiederholtes Legen des Senfteiges oder nach Einreiben von Senfspiritus auf dieselbe Stelle. Man bedient sich dieser externen Applikation, a) um durch Erzeugung einer grösseren hyperämischen Stelle an der Peripherie innere, edle Organe von Blut zu entlasten, z. B. bei Augenentzündungen, Hirn- oder Lungencongestionen, b) um bei schmerzhaften Affektionen einen Gegenreiz zu erzeugen, z. B. bei Odontalgie und Rheumatismus (*letzteren Falles nützt Senföl vielleicht, indem es die Erregbarkeit der peripheren sensiblen Nerven herabsetzt*) und c) als Revulsivum, d. h. um durch starke Reizung peripherer Nerven eine starke Erregung der gesunkenen Thätigkeit der Nervencentren, z. B. bei Coma, Asphyxie, Ohnmachten, oder auf reflektorischem Wege der Inspirationsmuskeln bei Respirationsstörungen, hervorzurufen. In allen drei Richtungen leisten Senfteige, Senfbäder — namentlich in Fällen, wo Gefahr im Verzuge liegt, auch allgemeine — Ausgezeichnetes und sind durch andere Mittel, was unser längeres Verweilen beim Senfmehl begründen mag, nicht zu ersetzen.

Auf ein Allgemeinbad rechnet man 100—150, auf ein Hand- oder Fussbad 30—60 Grm.; letztere sind besonders gebräuchlich, um die Menses hervorzurufen und als Ableitungsmittel bei Ophthalmieen; letzteren Falles sind die Kranken vor den aus dem Bade aufsteigenden reizenden Dämpfen zu schützen. Es ist besonders hervorzuheben, dass in einem Allgemeinbade aus Senfmehlaufguss allgemeiner Frost, Zähneklappern, Zucken der Lippen und Gliedmaassen, Verfall der Gesichtszüge bei Pulsbeschleunigung und Gleichbleiben der Körpertemperatur an der Oberfläche eintritt. Ehe die Kranken das Bad verlassen, ist die Haut an einigen Stellen geröthet und schmerzlos; Schmerz, Stechen, Brennen etc. folgen erst, nachdem die Patienten abgetrocknet und in Decken eingehüllt sind. Den Senfteigen setzt man, um ihre Wirkung zu erhöhen, geschabten Meerrettig oder Pfeffer — niemals Essig! — um ihre Intensität zu mindern, Roggenmehl oder Hefe (Fermentum panis) zu. Officinell als passender Ersatz der Senfteige ist

Spiritus sinapeos: 1 Th. Senföl auf 50 Th. Spiritus v. zu Einreibungen,

9*

wo Senfteige, wie z. B. *im Gesicht*, nicht gut anwendbar sind. Senfpapier ist Filtrirpapier mit entöltem Senfmehl bestrichen.

3. Familie der Euphorbiaceen: Gummi resina Euphorbium. Euphorbium.

Der gelblich weisse, getrocknete Milchsaft des cactusartigen Gewächses Euphorbium canariense. In jedem der mehrkantigen, rundlichen, wie Wachs zwischen den Zähnen klebenden Stückchen sitzt noch der Stachel. Euphorbium enthält äpfelsauren Kalk, einen *indifferenten Stoff*, Euphorbon, und ein scharfes, als *Anhydrid der Euphorbinsäure anzusehendes Harz*, welches gepulvert die Nasenschleimhaut reizt und Niesen bewirkt. Euphorbium ist in Wasser, Weingeist und Aether theilweise löslich und bewirkt als Tinctur oder Salbe, womit man gern die durch Blasenpflaster freigelegten Cutisstellen offen erhält, auf die Haut gebracht, Röthung. Innerlich wird Euphorbium nicht mehr verordnet. Officinell ist:

1. Tr. Euphorbii (1 Th. E. zu 6 Th. Spiritus); unsicherer als Senfspiritus. Zu Salben 1 Th. Euphorb. auf 24 Th. Fett.

2. Emplastr. picis irritans; vgl. p. 127 E. cantharidum; vgl. auch Ungt. acre (p. 135).

4. Familie der Solaneen: Fructus capsici: Cayenne- oder spanischer Pfeffer.

Die aussen glänzenden, lederartigen, gelb- bis braunrothen, dünnwandigen Fruchtgehäuse von *Capsicum longum* und annuum. Vermöge *eines darin enthaltenen scharfen Harzes* bewirkt er, innerlich genommen, Vermehrung der Speichelsecretion, Brennen im Halse und Magen, Acceleration des Pulses bei Anwendung grosser Gaben, welche ausserdem Darmschmerzen, Erbrechen und Durchfall, ja sogar Gastroenteritis zu erzeugen vermögen. C. ist ein *Gewürz* und wird in Amerika, eben sowie das angeblich den wirksamen Bestandtheil desselben darstellende Capsicin, gegen Wechselfieber, Dyspepsie, Seekrankheit innerlich gegeben. Auf *die Haut gebracht und befeuchtet* bewirkt Capsicum *Hautröthung;* doch wird auch von dieser externen Anwendung bei uns ebensowenig Gebrauch gemacht, wie von dem zu Gurgelwasser bei Angina gangränosa benutzten Infusum (4—8 Grm. auf 200 Grm. Colatur). Officinell ist eine Tr. Capsici annui (1:6); Dosis: 10—20 gtt.

5. Familie der Thymeleen: Cortex Mezerei. Seidelbast.

Fusslange, linien- bis zollbreite *Streifen* der von der blassbraunen Aussenrinde befreiten Bastschicht der Rinde von *Daphne Mezereum* und *D. Laureola*, einen *Bitterstoff:* Daphnin und einen scharfen, als *Anhydrid der Mezereinsäure* (Buchheim) zu betrachtenden Stoff, Mezerin, enthaltend. Auf die Haut gebracht bewirkt der angefeuchtete Seidelbast *Röthe* und *Schmerz,* die Oberhaut hebt sich und zwischen ihr und der

Cutis sammelt sich Serum an; noch später kommt es zu Eiterbildung und bei empfindsamer Haut kommt auch *Eccembildung* in der Umgebung vor. Auf die Zunge gebracht bewirkt Seidelbast erst nach längerem Verweilen höchst unangenehme Empfindungen: Speichelfluss, im Magen Brennen, Ekel, Erbrechen, Durchfall, vermehrte Diurese (*zuweilen Hämaturie*) und Diaphorese; sehr grosse Gaben können *Gastroenteritis* bedingen.

Nur noch *äusserlich als Epispasticum*. Ein Stück vom Periderm befreiten Bastes wird in Wasser oder Essig aufgeweicht und als Ableitung mittelst einer Rollbinde am Oberarm etc. befestigt. Dieser Verband muss am 1. Tage zweimal, am 2. Tage einmal und wenn sich die Oberhaut abgelöst hat, jeden 2. Tag erneuert werden. Die *interne* Anwendung eines Mezereuminfuses (8 Grm. auf 150) gegen chron. Exantheme, Syphilis und Keuchhusten ist obsolet. Mezereum wird überhaupt kaum noch verordnet. Trotzdem hat Pharm. Germ. noch:

1. **Extr. Mezerei**, Spirituöses Extrakt; 1 Th. mit 105 Th. Salbe; auf Papier, Gichtpapier.

2. **Ungt. Mezerei**; 1 Th. des vorigen auf 9 Th. Wachssalbe; zum Offenhalten von durch Cantharis etc. der Epidermis beraubten Cutisparthien; wenig gebräuchlich.

3. *Emplast. Mezerei cantharid.*, vgl. Cantharis.

Anmerkung: Cardoleum ist das Weichharz aus den Akajunüssen (Anacardium occidentale) oder Elephantenläusen. Dasselbe wirkt, zu wenigen Tropfen auf die Haut gebracht und innig verrieben, hautröthend und blasenziehend; ebenso die zerschnittenen und befeuchteten Akajunüsse selbst. Letztere werden von marschscheuen Simulanten beim Militär und Civil zur Erzeugung einer künstlichen Phlegmone an den Knöcheln, welche das Anziehen der Stiefeln verbietet, nicht selten angewandt. Cardol *verordnen die Praktiker besonders dann, wenn sie die nierenreizende Eigenschaft der Cantharide fürchten*. Frerichs und Bartels rühmten das Cardol, weil es *Blasen ohne Schmerz* erzeugt, und weil nach dem Aufstechen der Blasen Eiterung eintritt, ohne dass die Applikation von Reizsalben nothwendig ist.

Anhang.

Epispastica thierischer Abstammung.

1. Cantharis, Spanische Fliege; Cantharidin; $C_5H_6O_1$.

Die ausschliesslich zu Pflastern, selten zu einer Tinctur verarbeiteten spanischen Fliegen: Lytta vesicatoria, L. Gygas, Mylabris cichorii, Cantharis vittata (potato fly) sind in allen 5 Erdtheilen vorkommende, mit goldglänzenden, grün oder violett schillernden Flügeldecken versehene *Koleopteren*. Wirksam darin ist das in Brust und Bauch in grösster Menge enthaltene *Anhydrid der Cantharidensäure*, das Cantharidin. welches selbst im höchsten Grade blasenziehend und irritirend auf Oberhaut und Schleimhäute wirkt (1/100 *Gran* = 0,0006 *Grm. in Alkohol gelöst, auf Fliesspapier eingetrocknet und auf die Haut applicirt hat schon Blasenbildung im Gefolge*) und mit den Alkalien, Magnesium, Ammoniak und Zink zu, ebenfalls blasenziehende Lösungen liefernden, salzartigen Verbindungen zusammentritt; Dragendorff. Neben dem Cantharidin ist in den sp. Fliegen ein ätherisches Oel und ein Fett, welches die Löslichkeit des ersteren befördert, enthalten. Von der Haut, von den Schleimhäuten und von Wundflächen aus wird C. resorbirt und kann nicht nur bei der *Elimination durch die Nieren* Nephritis mit *Blut- und Eiweissharnen*, Cystitis, *croupöse, als klumpig-fibrinöse Coagula* durch die Urethra abgehende *Auflagerungen auf der Blasenschleimhaut*, Dysurie, *Strangurie mit* als Reflexerscheinungen aufzufassenden schmerzhaften *Erectionen und Priapismus* bedingen, sondern kann auch bereits beim Verweilen in der Blutbahn, Reizung von Magen und Darm (febrile Erscheinungen nach sich ziehend) Respirationsstörungen (zu mangelhafter Oxydation des Blutes, Krämpfen und Convulsionen führend) und Excitation des Hirns und Rückenmarks hervorrufen. In noch prononcirterer Weise und nicht nur mit den Symptomen *acuter Gastroenteritis* (neben denen der *Nephritis*) sich combinirend, sondern auch zu nicht selten lethal endenden Intoxikationen sich steigernd, treten die oben geschilderten Erscheinungen nach Einverleibung der Cantharidm oder Tr. Cantharidum per os auf.

Eine abnorme Steigerung des Geschlechtstriebes bei Personen beiderlei Geschlechts durch in Chokoladen (in welchen feine, grünschillernde Punkte — Flügelfragmente — mit der Loupe zu erkennen sind) beigebrachtes Cantharidin, wovon nicht nur Hurenwirthinnen, sondern auch der allerchristlichste König Ludwig XV. für die Vorbereitung seiner Opfer für den Dienst im „Hirschpark" Gebrauch machten, ist weit übertrieben worden. Nach v. Schroff *rührt diese Wirkung nicht vom Cantharidin, sondern von dem oben erwähnten, in den sp. Fliegen enthalten flüchtigen Oele her.*

Innerlich werden sp. Fliegen nicht mehr angewandt; wohl aber — *stets intaktes Verhalten der Nieren vorausgesetzt* — extern. Wird die Haut mit sp. Fliegen in Berührung gebracht, so schwillt sie an und es kommt ziemlich schmerzlos, indem sich die Epidermis an mehreren, später confluirenden Stellen aufhebt, zu Exudation und *Bildung grosser Blasen.* Nachdem letztere geplatzt und ihres serösen, cantharidinhaltigen Inhaltes entleert sind, bleibt eine excoriirte Stelle, welche sich mit einem Schorf bedeckt, zurück. In der Regel, von welcher nur sehr alte oder kachektische Personen eine Ausnahme bilden, findet hierauf, falls nicht reibende Kleidungsstücke, oder absichtlich aufgelegte Reizsalben neue Entzündung — auch der Umgebung — erzeugen und den Heilungsprocess aufhalten, rasche Regeneration der Epidermis statt. Die Rückwirkung der Hautreize, als deren Hauptrepräsentant die sp. Fliege zu betrachten ist, auf die übrigen vitalen Funktionen und den Blutgehalt, namentlich des Hirns, kommt der Hauptsache nach *reflektorisch* zu Stande und *variirt nach der Intensität des Reizes.* Ist dieser schwach, so ist *Verengerung der Arteriolen* und *Zunahme der Energie und Frequenz der Herzschläge* die Folge; ist der Reiz dagegen stark, so tritt das Gegentheil, nachdem die eben genannten Erscheinungen sehr rasch vorübergegangen sind, ein und Erweiterung der Arteriolen, Schwächung und Retardation des Herzschlages und *Absinken der Körpertemperatur* — Erscheinungen eines nach schwachen Reizen erst als Nachwirkung weit später zur Beobachtung kommenden *Depressionsstadium* — machen sich geltend; O. Naumann. Unter der Einwirkung grösserer Hautreize wird das Hirn nebst Meningen blutärmer; es findet also in der That eine Ableitung des Blutes nach der Peripherie und eine Entlastung central gelegener edler Organe von demselben statt; Schüller.

Therapeutisch wenden wir sp. Fliegen an 1. *um die Thätigkeit der Haut, bez. des Nerven- und Gefässnervensystems in der angegebenen Weise zu modificiren und höher zu steigern;* oder

2. *um eine Ableitung von einem besonders bedrohten inneren Organe zu bewirken;* so bei Entzündungen seröser Membranen, wie Pleuritis, Pericarditis, Peritonitis und Meningitis acuta, bei chron. Entzündungen derselben und der Gelenke, acutem und chron. Gelenkrheumatismus (*als Gegenreiz!*), bei Gicht.

3. *um Congestionen nach inneren Organen vorzubeugen,* bei apoplektischen, soporösen Zuständen;

4. *bei Neuralgien,* Lähmungen, Krämpfen, wenn *Hyperämie der Nervencentren* zu vermuthen ist;

5. *zum Verband torpider, schlaffer Geschwüre,* exulcerirter Bubonen, schlecht secernirender Fisteln und vergifteter Wunden; .

6. als *Aetzmittel* in Form von *Streupulver auf Warzen,* breite Condylome etc. Als Regel muss bei jeder Anwendung der sp. Fliege wegen der derselben innewohnenden Gefahr, Nierenreizung und allgemeine Intoxikation hervorzurufen, sorgsame Beobachtung des Kranken und fleissige Prüfung seines Harns gelten. Als *Gegengift der sp. Fliege* in durch Unvorsichtigkeit bewirkten Fällen von Vergiftung wurde von Gubler der Campher empfohlen. Die Tr. Cantharidum als Diureticum und Heilmittel *unheilbarer* und räthselhafter Krankheiten, wie der Wasserscheu, innerlich anzuwenden ist zur Zeit obsolet.

Pharmaceut. Präparate:

1. Tr. Cantharidum (1 Th. sp. Fliege 10 Th. Weingeist); Dosis: 2—6 Tropfen (einst!); Max.-Dosis: 0,5 p. d.; 1,5 p. d. (verdünnt).

2. Ungt. Cantharidum: 1 Th. sp. Fliege mit 4 Th. Baumöl digerirt und mit 8 Th. Gelbwachs vermischt;

3. Ungt. acre; scharfe oder Hufsalbe: 50 Th. Canthar., 10 Th. Euphorbium,

250 Th. Schweineschmalz, 60 Th. Terpentin, 30 Th. Colophonium (*vgl. p.* 127) und 15 Th. Wachs; grünlichbraun.

4. Emplastr. vesicator. ordinarium s. Cantharid. ordin.; Blasenpflaster: 2 Th. sp. Fliege mit 1 Th. Ol. provinc. digerirt und mit einer Mischung aus 4 Th. gelbem Wachs und 1 Th. Terpentin zusammengeschmolzen.

5. Emplastr. Mezerei cantharidatum (Taffetas vesicans; E. vesicatorium); 30 Th. sp. Fliege, 10 Th. Seidelbast (vgl. p. 132) mit 100 Th. Essigäther ausgezogen, darin eine Masse aus 4 Th. Sandarak, 2 Th. Elemi, 2 Th. Colophon. gelöst und auf zubereitetes Baumwollenzeug gestrichen.

6. Emplastr. Cantharidum s. vesicat. perpetuum s. Janini; 22 Th. feingepulv. Canthariden, 6 Th. Euphorbium mit einer Masse aus āā 50 Th. Colophonium und Wachs, āā 25 Th. Fichtenharz und Talg und 37 Th. Terpentin zusammen geschmolzen.

7. Collodium cantharidatum; in Cantharidenäther (4 Th. Canth., 6 Th. Aether) 18 Th. und 3 Th. Spiritus gelöste Schiessbaumwolle.

Nachträglich ist zu bemerken, dass die Wirkung aller sp. Fliegenpflaster durch Bestreichen der der Haut zugewandten Seite derselben mit Oel vor der Applikation erhöht wird. Die Gegenwart des Cantharidins in Pflastern giebt sich durch Entstehung einer grünen Farbenreaktion auf Zusatz von Kaliumbichromat in dem Schwefelsäureauszuge zu erkennen. Kali carbon. und Blutlaugensalz fällen die Tinctur.

2. Formicae rufae; (Hymenoptera) Ameisen. Spir. Formicarum. Ameisenspiritus.

Die in den Waldameisen enthaltene Ameisensäure, welche im concentr. Zustande auf die Haut gebracht diese ganz so wie Cantharis stark reizt und Blasenbildung bedingt, ruft verdünnt innerlich genommen, wie letztere, nicht nur Gastroenteritis, sondern auch, zufolge specifischer Wirkung auf die *Nieren*, starke Reizung dieser, *Bluthaarnen* und Sauerwerden des bekanntlich alkalischen Kaninchenharns hervor, und wird vom Laienpublikum eben in Form der Ameisen ganz so, wie ehemals die Cantharide gegen Wassersuchten, Rheuma, Gicht, Neuralgien, Krämpfe etc., angewandt. Die Ameisensäure geht bei Destillation 1 Th. lebender Waldameisen mit 2 Th. verdünntem Weingeist und ebensoviel Wasser, wovon 2 Th. abgezogen werden, in das als Spiritus formicarum bekannte und fast nur noch zu Einreibungen äusserlich gebrauchte Destillat über.

Aetherische Oele enthaltende Mittel der I. Unterordnung. welche in erster Linie auf die angegebene Weise Hypersecretion der Hautdrüsen bedingen und schweisstreibend wirken.

Sie werden meist in Form von Theeaufguss und mehr vom Laienpublikum, Hebammen und Naturärzten, als von wissenschaftlich gebildeten Aerzten verordnet und sind von untergeordnetem Interesse. Nur die Chamille bietet einige interessante Gesichtspunkte dar.

6. Familie der Caprifoliaceen: Flores Sambuci. Elderoder Fliederblüthen.

Die bekannten, in gelbweissen Trugdolden gruppirten und beim Trocknen sich bräunenden Blüthen vom *Sambucus nigra* enthalten 1.2400 ätherisches, aus überdestillirtem *Campher* und einem zurückbleibenden.

in Aether unlöslichem Körper (Gladstone), welcher physiologisch nicht geprüft ist. bestehendes Oel. Laien brauchen Fliederthee als Schwitzmittel; Aerzte kommen selten in die Lage, Flieder zu verordnen. Letzterer wird auch als Zusatz zu Kräuterkissen und Cataplasmen benutzt. Der eingedickte Saft der Basen liefert Muss.

Präparate:
1. Flores Sambuci; 5—15 Grm. z. Iufus auf ein Paar Tage;
2. Aqua Sambuci; über den Blüthen destill. Wasser; überflüssig;
3. Succus Sambuci inspissatus; Roob Sambuci; zu Latwergen.

Endlich ist Sambucus in den offic. Species ad gargarisma: Althea, Malva, Sambucus āā enthalten.

7. Familie der Labiaten: Herba Galeopsidis grandiflorae. Flores Lavandulae. H. Majoranae. H. Melissae. H. Menthae crispae. H. Menthae piperitae. H. Rorismarini. H. Salviae. H. Serpylli. H. Thymi.

Aromatische Kräuter, welche höchstens, da sie Bestandtheile der *Sp. aromaticae* für Kräutersäckchen bilden, noch pharmaceutisches Interesse haben. Naturärzte, Sages femmes und Laien aller Stände kochen daraus Thee oder stellen, z. B. von der Melisse, kalte Infuse dar, denen sie schweiss- und windtreibende, belebende, nerven- oder selbst das Gedächtniss stärkende und lustig machende, oder den Eintritt der Menses regulirende etc. Wirkungen zuschreiben. Der Arzt verordnet diese Mittel äusserst selten oder gar nicht. In allen sind ätherische Oele enthalten, deren Wirkungen im Allgemeinen wohl mit den in den Prolegomenis erörterten zusammenfallen. Die Elimination der ätherischen Oele erfolgt durch den *Schweiss, den Magen und Darm* (daher im Cavum peritonei bei Obduktionen von Thieren deutlich der Geruch nach denselben zu bemerken ist,) und nur theilweise durch *den Harn*. Exakte Versuche sind mit den wenigsten angestellt worden. Wir halten uns daher für berechtigt, mit bündigster Kürze über die Labiatenmittel wegzugehen.

Herba Galeopsidis von Galeopsis ochroleuca; nach Wirkung und Bestandtheilen unbekannt. In den *Lieber'schen*, am Rhein ehemals für ein Specificum gegen Phthisis geltenden *Kräutern* enthalten; z. Thee.

Flores Lavandulae. Lavendel; von Lavandula offic.; enthält 1—1½ % ätherisches Oel, welches Filzläuse und Krätzmilben tödtet und in der für Krätzkranke höherer Stände von Bourguignon angegebenen, wohlriechenden Krätzsalbe enthalten ist. Das zu kosmetischen Zwecken dienende *Eau de Lavende* (Spiritus Lavandulae) verdankt ihm den Namen. Lavendel ist in den Species pro Cucuphis, Lavendelöl im Acetum aromat. und der Arquebusade, sowie in der Mixtura oleoso-balsamica enthalten.

Herba Majoranae. Meiran von *Origanum Majorana*; ein Suppenkraut und Gewürz für Würste; durch ätherisches Oel wirksam; eine Salbe daraus: Ungt. Majoranae, dient Päppelfrauen, um kleinen mit Coryza behafteten Kindern die Nase einzureiben. Uebrigens ist Meiran noch in den Species pro Cucuphis enthalten.

Herba Melissae (*Melissa officin.*) Gartenmelisse enthält sauer reagirendes ätherisches Oel, welches — *wohl reflektorisch* — auf das Hirn wirken soll. Trousseau erklärt namentlich ein kaltbereitetes Melisseninfus für ein exhilarirendes Mittel; jedenfalls hat diese Sorte Thee etwas Erfrischendes; Melisse soll auch Cardialgien beseitigen.

Heisser Melissenthee ist ein Diaphoreticum; die Melisse wirkt den Minzen ähnlich, aber milder; Schroff. Verordnet wird zum Thee 4—12 Grm; Ol. melissae 1—3 Tropf. Aqua Melissae 10 Th. Destillat aus 1 Th. Melisse; theelöffelweise. Spiritus Melissae composit: Karmeliterwasser (*Eau de Mélisse des Carmes*) enthält ausser der Melisse Gewürze: Citronenschalen-, Coriander-, Muskatnuss-, Zimmet- und Würznelkenöl, welche in das wässrig-weingeistige Destillat übergehen. Das französische ächte *Carmeliterwasser* enthält Angelika. Dosis: 20 Tropfen.

Folia menthae crispae, Krauseminze. Folia menthae piperitae, Pfefferminze.

Von den gleichbenannten Species Mentha, auch *M. arvensis, aquatica* stammend. Die ätherischen, darin wirksamen und etwa 1,25 $^0/_0$ ausmachenden Oele, welche aus unbekannten Kohlenwasserstoffen und Pfefferminzölcampher bestehen, werden grossentheils von der Schleimhaut des Darmtractus aus wieder eliminirt. Sie wirken daher in der im allgemeinen Theile besprochenen Weise bei Magenkrämpfen, schwacher Verdauung, Windsucht, Koliken, Erbrechen, Durchfall, hysterischen, hypochondrischen und krampfhaften Beschwerden günstig.

Der Arzt kommt kaum in die Lage, Mentha zu verordnen, weil er meist erst nachdem dgl. Hausmittel gebraucht worden sind, gerufen wird. Bei uns sind Aqua menthae crispae und piperitae (5 Th. Destillat von 1 Th. der trocknen Kräuter abgezogen), Spiritus menthae crispae et piperitae anglicus und Syrupe von beiden Minzsorten, nebst den zu 1—3 Tropfen zu reichenden Oelen officinell. Auch ein Oelzucker: Elaeosaccharum menthae pip. ist in Apotheken vorräthig und die Rotulae M. piperitae (*Windplätzchen*) sind in den Händen aller an Vapeurs leidenden Personen. Zum Thee, welchen die Chinesen dem aus Thea bohea bereiteten vorziehen, nimmt man 8—15 Grm.; das äther. Pfefferminzöl ist ein Bestandtheil der Arquebusade, der Aq. antihysterica, der Essentia amara; auch ist Pfefferminze in den Species pro Cucuphis und im Empl. aromaticum enthalten.

Folia Rorismarini von Rosmarinus offic., Rosmarin.

Dieses durch sein ätherisches Oel wirksame Kräutlein wird als nerven- und gedächtnissstärkendes, *Lähmungen* und *Quetschungen* beseitigendes Mittel im Volksmunde hochgehalten. Man bringt es auch mit den *Uterinfunktionen* in Zusammenhang; nicht nur wird in's Geheim ein Infus davon zur Zeit, wo die Periode eintreten soll, getrunken, sondern die von Näherinnen, überhaupt von ledigen Personen weiblichen Geschlechts vor den Fenstern cultivirten Rosmarinsträuchlein dienen vielfach auch schon durch ihre Gegenwart zur Befestigung der Hoffnung, dass die Menses nicht ausbleiben werden. Aerzte verordnen Rosmarin kaum anders als extern — *nt aliquid fiat* — in Form:

des Spiritus Rorismarini (4 Th. Destillat von 1 Th. Rosmarin, Wasser und [3 Th.] Weingeist); *Ungt. Rorismarini compst.* Nervensalbe, welche Muskat-, Rosmarin-, Wachholderöl, Wachs, Talg und Schweinefett enthält, oder als Aqua vulneraria spirituosa *s. gallica*: *Arquebusade*, Schuss- oder Wundwasser, worin Rosmarin-, Rauten-, Salbei-, Wermuth- und Lavendelöl āā 1 Th. enthalten sind. Wenig in Gebrauch sind noch Vinum aromat. (2 Th. aromat. Kräuter mit 15 Th. Arquebusade und 16 Th. Rothwein 8 Tage digerirt) und Aqua aromatica s. *cephalica*, *Balsamum embryonum*; Schlagwasser: eine Mischung verschiedener äther. Oele, über welchen Wasser abdestillirt ist. Rosmarin wird mit Pfefferminze, Quendel. Meiran, Lavendel, Würznelken und Cubeben zur Füllung von Kräutersäcken (*Sp. pro Cucuphis*), welche erwärmt auf ödematöse Theile, z. B. die Schamlippen post partum applicirt werden, vielfach gebraucht. Diese Mischung bildet die Species aromat. der Pharm. Germ. — Ol. Rorismarini ist auch im Opodeldok (*vgl. Ammoniak*) enthalten.

Herba Salviae von *Salvia officinalis*. Gartensalbei.

Die Blätter sind reich an *Gerbstoff;* Salbei wird daher in der Volksmedicin vorzugsweise bei *übermässigen Absonderungen mit dem Charakter der Atonie* angewandt, z. B. bei profusen *Schweissen* der Phthisiker, profuser und übermässiger Milchabsonderung und übermässig reichlicher Menstruation.

Aeusserlich dient Salbei zu Mund- und Gurgelwasser gegen *Anschwellung des Zahnfleisches, Angina tonsillaris*, Aphthen etc., wenn Erschlaffung vorherrscht; zum Aufguss: 8—15 Grm. In Wein genommen soll Salbei die Milchsecretion anlegen. Officinell ist das grünliche oder braungelbe, auch in der Arquebusade enthaltene, zu ¹⁄₂—2 Tropfen gegebene S.-Oel und die Aqua Salviae; Destillat von 10 Th. aus 1 Th. S.-Blätter; *theelöffelweise.*

Herba Serpylli (*florida*) von *Thymus serpyllum* und Herba Thymi von Thymus vulgaris.

Zwei gewürzhafte Suppenkräuter. Officinell davon sind Oleum Thymi und *Spiritus Serpylli*: Quendelgeist. Aus 9 Theilen Quendel werden nach Zusatz von āā 3 Th. Weingeist und Wasser 4 Th. abdestillirt. Quendelöl ist auch in der Aqua antihysterica Pragensis (vgl. Asa foetida) enthalten und Quendel bildet einen Bestandtheil der oben erwähnten Species aromaticae s. pro cucuphis. Ol. Thymi ist vorzüglich, um nach Obduktionen den cadaverösen Geruch der Hände und Kleider zu beseitigen; Bestandtheil der Mixtura oleoso-balsamica, des Acetum aromat. und des Opodeldoks (p. 120).

8. Familie der Papilionaceen: Herba Meliloti florida. Honigklee von Melilotus officin.

Enthält äther. Oel und „Cumarin“, welchem er *narkotische* Eigenschaften verdankt und wird nur äusserlich zu Bähungen, Breiumschlägen, Pflastern zur Zertheilung geschwollener Drüsen etc. benutzt. Officinell ist Emplastr. Meliloti (Ammoniakgummi, Colophon, Terpentin, Wermuth, Honigklee enthaltend). Auch ist Honigklee ein Bestandtheil der Species emollientes, *vgl. Chamomilla.*

14. **Anhangsweise** mag hier noch das zu den Volksmitteln gehörige Stiefmütterchenkraut: Herba Jaceae, *von Viola tricolor* (Violarineae) stammend, Erwähnung finden. Es soll nicht nur in der mehrfach erörterten Weise die Diaphorese anregen, sondern auch chronische Exantheme, namentlich Ecceme (*Crusta lactea*, Grindkopf) heilen. Zu letzterem Behuf habe ich einen Thee aus Jacea und fol. nucum juglandum vielfach bewährt gefunden; man verordnet 10—30 Grm. pro die.

II. *Mittel, welche auf die Mund-, Magen- und Darmschleimhaut versorgenden vasomotorischen Nerven in erster Linie wirken.*

Indem diese Mittel per os eingeführt werden und mit den genannten Schleimhäuten in Berührung kommen, *regen sie die Speichel-, Magen-* und wahrscheinlich auch *Pankreas- und Darmsaftsecretion* an, befördern somit die *Chymifikation der Nahrungsstoffe*, erhöhen die Esslust, beschleunigen die Peristaltik des Darms, sowie den Abgang von Blähungen und vermehren, wenn sie mit dem Nierensecrete den Organismus verlassen, die Diurese. Sofern ein Theil der darin enthaltenen ätherischen Oele nicht von den Nieren, sondern von der Schleimhaut des Darmtractus aus eliminirt wird und somit auf dem Rückwege, so zu sagen, ein zweites Mal mit der Innenfläche des Darms in Berührung geräth, wird die Beeinflussung der Funktionen des letzteren eine besonders nachhaltige sein. Die in Rede stehenden Mittel beseitigen laut dem oben Bemerkten Dyspepsien und sind vorzügliche *Medikamente der atonischen torpiden Verdauungsschwäche.*

Ihren Wirkungen nach stehen die hier zu betrachtenden, auch wohl mit dem Namen der Gewürze (Aromata) zusammengefassten Mittel den bitteren Mitteln (vgl. p. 65) nahe. Sie werden jedoch weit seltener, als diese ärztlich in Magistralformeln verordnet und sind vielmehr in officinellen gewürzhaften Tincturen und sonstigen Zubereitungen in Apotheken vorräthig. Sie beanspruchen daher ausschliesslich ein pharmaceutisches Interesse, oder mit anderen Worten: wir werden kaum mehr als diese Präparate über sie anzuführen haben. Wir lassen sie, wie die Mittel der 1. Unterabtheilung, in der alphabetischen Reihenfolge der Pflanzenfamilien, denen sie angehören, folgen.

1. Familie der Laurineen:

a. Folia et baccae Lauri, Lorbeerblätter; liefern Oleum L. expressum.

b. Cortex Cinnamomi Cassiae, Zimmetcassie von Cinn. aromaticum.

Enthält ätherisches Zimmetöl (Cinnamylwasserstoff $C_{18}H_8O_2$; Aldehyd der Zimmetsäure), wovon 5 Grm. ein Kaninchen in 24 Stunden tödten. Im Harn tritt die per os eingeführte Zimmetsäure als Hippursäure auf. Dem Zimmetöle werden seit Alters Uterincontraktionen auslösende Wirkungen beigelegt; daher sind Hebammen berechtigt, die Tr. Cinnamoni in ihrer Tasche zu führen. Die Zimmetcassie enthält ausserdem in ihrer dünnen und nur einmal zusammengerollten Rinde der Zweige und dünneren Aeste: Gerbsäure, welche ihre diarrhöebeseitigende Wirkung bedingen soll.

Alle in Officinen vorräthigen Präparate werden aus dem chinesischen Zimmet dargestellt, nämlich: a. Olenm Cinnamomi Cassiae; gelblich oder braungelblich; in Weingeist löslich; Dosis: 1,2—2 Tropfen. Aqua Cinnamomi splx.: 10 Th. Wasser·über 1 Th. Zimmetcassie abdestillirt; esslöffelweise. Aq. cinnamomi spirituosa: 5 Th. Destillat aus 1 Th. Zimmetcassie, 1 Th. Weingeist und 10 Th. Wasser; Dosis: theelöffelweise. Syrupus Cinnamomi, Zimmetsyrup: 1 Th. Cassia einnam. mit 1 Th. Rosenwasser und 6 Th. spirituösen Zimmetwassers 2 Tage ausgezogen und der Colatur 18. Th. Zucker zugesetzt. Tr. Cinnamomi: 1 Th. Zimmet in 5 Th. Weingeist; 5—20 Tropfen.

Pharmaceut. Präparate:
Pulvis aromaticus: 5 Th. Zimmet, 3 Th. Cardamom, 2 Th. Ingwer; messerspitzenweise.

Tr. aromatica: 4 Th. Cardamom. āā 1 Th. Würznelken, Galgant und Ingwer mit 50 Th. verdünnten Weingeist ausgezogen; Dosis: 20—60 Tropfen.

Ausserdem ist Zimmetcassie im Elixir aurant. compst., der Tr. Rhei aquosa. Tr. Chinae compst. Tr. opii crocata, und Zimmetöl im Acetum aromaticum, der Mixtura oleoso-balsamica (vgl. Perubalsam p. 151), dem Spiritus Melissae composit., dem Syrupus Rhei und dem Theriak (vgl. *Opium*) enthalten.

c. Cortex Cinnamomi acuti s. zeylanici; zeylonischer Zimmet.

Die bessere, in feineren, wiederholt in einander gerollten, feinere Struktur zeigenden Blättern der Rinde von C. zeylanicum vorkommende und ebenfalls Cinnamylwasserstoff und Zimmetsäure enthaltende Zimmetsorte. Officinell ist nur das ätherische Oel: Ol. cinnamomi zeylanici zu $^1/_2$—2 Tropfen.

2. Familie der Piperaceen: Piper album et nigrum. Weisser und schwarzer Pfeffer.

Beide Sorten stammen von Piper nigrum, welches rothe Beerenfrüchte entwickelt, ab. Werden diese Früchte einfach getrocknet, so wird Piper nigrum, werden sie in Salzwasser aufgeweicht, geschält und dann erst getrocknet, so wird Piper album gewonnen. Ersterer ist reicher an dem *sauer* reagirenden *ätherischen Pfefferöl und dem krystallisirbaren Stoffe Piperin* nebst dem terpentinartigen, amorphen Chavicin.*) Pfeffer ist ein Gewürz für culinarische Zwecke. Man legte ihm besondere Heilkraft gegen die Dyspepsie der Hämorrhoidarier bei (5—6 Körner), wandte ihn in Schnaps suspendirt zur Coupirung der Intermittens und als Diaphoreticum an, und glaubte durch Einnehmen von Pfefferpulver den Eintritt der Menses um 1—2 Tage verzögern zu können. Pharmaceutische Präparate sind nicht vorhanden; doch war Pfeffer ein Bestandtheil der einst berühmten Pillulae asiaticae (*vgl. Arsen).*

---

*) Piperin ist Piperidin, worin 1 H durch Piperinsäure ($C_{12}H_9O_4$) vertreten, Chavicin ein solches, worin statt 1 H Chavicinsäure enthalten ist.

3. Familie der Myristiceen: Nux moschata. Muskatnuss. Macis. Muskatblüthe.

Die pfirsichgrossen Früchte von *Myristica off.* werden getrocknet, bis der locker gewordene Samen klappert. Hierauf wird die lederartige Haut der Frucht entfernt. Unter der ersteren liegt der *gelbrothe Samenmantel*, welcher beim Trocknen vielfach einreisst und zerklüftet, und in diesem Zustande, während er frisch fleischig und auf dem Durchschnitt voller Oeldrüsen ist, als Macis oder Muskatblüthe in den Handel gelangt, um als Gewürz für Speisen angewandt zu werden. Im Macis ist ein brennend schmeckendes ätherisches Oel und myristicylsaures Glycyloxyd enthalten. Der Samenmantel umschliesst den als Muskatnuss bekannten, mit Nabel und Chalaza versehenen *Samen*, welcher von weissbrauner Farbe, wie marmorirt, ist und 6$^{0}/_{0}$ ätherisches Oel neben 30$^{0}/_{0}$ Myristicin enthält.

a. *Aus Macis wird dargestellt:* Tr. Macidis (1 : 3 Weingeist); 20—50 Trpf. und Oleum Macidis: Muskatblüthenöl, dünn, farblos oder gelblich; $^{1}/_{2}$—2 Trpf.; das Macisöl ist in der *Mixtura oleoso-balsamica,* dem Spiritus Melissae compst. und der Nervensalbe enthalten.

b. *Aus den Muskatnüssen:* Oleum Myristicae s. nucistae. Butyrum nucistae. Muskatbutter. Orangefarbig, talgartig; wird kleinen, an Windkolik leidenden Kindern in die Nabelgegend eingerieben um den Abgang von Flatus zu befördern; in 4 Th. Aether löslich.

Ceratum myristicae. Balsamum n. Muskatbalsam: 1 Th. gelbes Wachs, 2 Th. Provençeröl, 6 Th. des vorigen.

Emplastrum aromaticum, aromatisches oder Magenpflaster: 32 Th. gelb. Wachs, 24 Th. Talg, 8 Th. Terpentin zusammengeschmolzen; dazu 6 Th. Macis, 16 Th. Olibanum, 8 Th. Benzoe, 1 Th. Pfefferminz- und 1 Th. Nelkenöl. Graubraun; in Wachspapier aufzubewahren.

4. Familie der Orchideen: Siliqua Vanilla. Vanille. Vanillenschote; von *Vanilla planifolia.*

Dieses stark erhitzende Gewürz kommt in langen, grünschwarzen, mit nadelförmigen Krystallen des gegenwärtig auch künstlich dargestellten wirksamen Stoffes Vaniglin bestäubt in den Handel. Auch Benzoesäure wird in Ermangelung des Vaniglins ansublimirt; V. liefert Vanillenzucker: Vanilla saccharata (1 Th. V. mit 9 Th. Zucker) 0,2—0,5 und Tr. Vanillae, 1 Th. V. mit 9 Th. Weingeist; 20—50 Tropfen.

5. Familie der Myrtaceen: Caryophylli. Gewürznelken von *Caryophyllus aromaticus.*

Die Drogue besteht aus dem 2 fächerigen Fruchtknoten. 4 dreieckigen derben Kelchblättern und den kugelig übereinanderschliessenden. 20 Staubgefässe und 1 Stempel enthaltenden Blumenblättern. Enthalten: Eugenin. Nelkensäure und ein sauerstofffreies Oel ($C_{10}H_8$); Dosis: $^{1}/_{2}$—2 Tropfen. Nelkenöl bringt man besonders auf Watte in hohle Zähne (vgl. Pillulae odontalgicae b. Opium). Es vertreibt bez. tödtet Mücken und ist in der Mixtura oleosa-balsamica, der Tr. aromatica (vgl.

Zimmet), dem Spiritus Melissae compst., dem Acetum aromat., der Tr. opii crocata, dem Emplastrum aromaticum und den Species pro cucuphis enthalten.

6. Familie der Scitamineen:

1. Rhizoma Zingiberis. Ingwer; von *Zingiber officinale.*

Der Ingwer ist ein vielgebrauchtes, geschält (*Jamaika-I.*), halbgeschält (*bengalischer I.*) oder ungeschält (*chinesischer I.*) im Handel vorkommendes und durch die an jedem Aste des Rhizoms sitzende Knospe leicht kenntliches, brennend, scharf-gewürzhaft schmeckendes Mittel dieser Unterordnung.

Er liefert: Tr. zingiberis (1 : 5) und ist in Tr. aromatica und Pulvis aromaticus enthalten. Der Syrupus zingiberis ist durch Billigkeit ausgezeichnet. Die übrigen Scitamineenmittel sind Gewürze für Fischsaucen oder feines Backwerk; es sind dieses:

2. Rhizoma Galangae (Galgant) von *Alpinia officin.*

Fischgewürz; in Tr. aromatica enthalten. Rothbraune, cylindrische, oft ästige, faserige, oben breitere und durch 2‴ von einander entfernte Blattnarben geringelte Rhizome von gewürzhaftem Geruch.

3. Rhizoma Zedoariae, Zittwerwurzel von *Curcuma Zedoaria.*

An der Peripherie durch Blattnarben gefranste Scheiben.

Ze. hat nur pharmaceutisches Interesse als Bestandtheil folgender zusammengesetzter Officinalformeln: Aqua antihysterica Pragensis, Tr. amara, Tr. aloës cmpst. und Theriak.

4. Fructus Cardamomi minoris. Kardamom.

Von *Elettaria Cardamomum* stammend; ein Gewürz für feines Backwerk und im Pulvis aromaticus, der Tr. aromatica, Tr. Rhei vinosa und dem Theriak enthalten.

7. Familie der Synanthereen: Radix Pyrethri. Bertramwurzel von *Anacyclus officinarum.*

Die wenig gebräuchliche, leicht zerbrechliche, graubraune, längsrunzlige und in ihrer Rindensubstanz zahlreiche Balsamgänge enthaltende Bertramwurzel regt beim Kauen die Speichelabsonderung an. Der darin wirksame Stoff: Pyrethrin gehört zur Gruppe des Piperins und ist ein Piperidin, worin für ein Atom H der Rest der Pyrethrinsäure eingetreten ist; R. Buchheim. Sonst gegen Mundaffektionen, Zungenlähmung; Tr. Pyrethri (1 : 5 Th. Weingeist); Dosis: 5—10 Tropfen; hautröthend. R. Pyrethri ist ein Bestandtheil der Pillulae odontalgicae; vgl. Opium.

Anhangsweise ist hier noch des Sternanis: Fructus Anisi stellati (von Ilicium anisatum Magnoliaceae) als eines von Kuchenbäckern und Apothekern zur Morsellenfabrikation benutzten Gewürzes zu gedenken. Sternanis enthält ein dem in Nachstehendem zu erwähnenden Anisöl sehr ähnliches Oel und bildet einen Bestandtheil der Species pectorales Pharm. Germ.

III. *Mittel, welche in der angegebenen Weise auf die Vasomotoren des Darmrohrs und gleichzeitig auf die zur Bronchial- und Lungenschleimhaut tretenden wirken.*

Wäre jede Dyspepsie und jeder Leibschmerz entzündlicher Natur, so würden die hier zu betrachtenden, sämmtlich der natürlichen Pflanzenfamilie der Umbelliferen angehörigen, vermehrte Esslust, Abgang von Winden (daher in den älteren Systemen als Carminativa bezeichnet) und leichtere Expektoration bei bestehenden Luftröhren- und Lungencatarrhen bewirkenden Mittel, sofern sie vermehrten Blutgehalt wegen stärkerer Anfüllung der Gefässe der Magen- und Darm-, sowie *der zu ihrer Elimination dienenden Lungenschleimhaut* bedingen, nur selten oder ausnahmsweise indicirt erscheinen. Dem ist aber nicht so, indem gerade die schmerzhaftesten Unterleibsaffektionen nichts mit Entzündung zu thun haben und es andererseits auch von Constitutionskrankheiten, wie Gicht, abhängige Dyspepsien giebt. Beide: *Koliken, wie Dyspepsien*, gelangen bei Anwendung der in Rede stehenden Mittel erfahrungsgemäss zur Heilung, wobei zu bemerken ist, dass es sich, wenn die genannten Affektionen Symptome eines Allgemeinleidens darstellen, niemals um Erfüllung der Indicatio morbi, sondern nur um die der I. symptomatica handelt. Alles dieses gilt von den bei Chlorotischen und Anämischen, Arthritikern, Hämorrhoidariern, hysterischen Frauenzimmern, Melancholikern, Stubengelehrten, von Sorgen niedergedrückten, durch Blutungen, Missbrauch von Abführ- und Schwitzmitteln oder durch Excessus in Venere heruntergekommenen Personen auftretenden Dyspepsien ebenso ohne Einschränkung, wie von den bei eben diesen Personen, oder solchen, welche viel warmes Getränk zu sich nehmen oder vorwaltend vegetabilische Nahrung (i. B. blähende Gemüse) geniessen oder in heissen Klimaten wohnen, zu beobachtenden Koliken. Hier leisten die Mittel dieser 3. Unterabtheilung ebenso, wie viele der ersten, z. B. die Minzen (indem sie Dilatation verengter Darmcapillaren mit schnellerem Blutumlauf in denselben, vermehrte Peristaltik unter reichlichem Abgang von Flatus und Hypersecretion der Magen-, Darm-, sowie der neben diesen zur Elimination der in gen. Mitteln wirksamen ätherischen Oele dienenden Bronchialschleimhaut hervorrufen und dadurch zur Beseitigung von Cardialgie, von schmerzhafter Spannung des Abdomens, von Koliken, Borborygmen, Schwere im Magen, Frösteln, Palpitationen, Kopfweh, *sowie leichterer Expectoration zähflüssigen, catarrhalischen Bronchialsecretes* beitragen,) ausgezeichnete Dienste. Mit Erfüllung dieser Indikationen ist aber auch der therapeutische Nutzen der nachstehenden Umbelliferenmittel vollständig erschöpft, es wäre denn, dass man die diaphoretische Wirkung einiger derselben besonders hervorheben wollte.

1. Rhizoma Angelicae: Engelwurz; von *Angelica Archangelica*, einer im Norden Lapplands und Norwegens einheimischen und daselbst zum Brodbacken dienenden Umbellifere, welche ausserdem als Panacee der *Lungenschwindsucht* gilt. Sie enthält die vielleicht auch *als Glycerid im Crotonöl* vorkommende und aus dem römischen Kamillenöle ebenfalls darstellbare Angelikasäure ($C_{10}H_7O_3 + HO$) neben Baldriansäure (*vgl. Valeriana*) und einem nur unvollkommen rein dargestellten chemisch indifferenten Stoffe: Angelicin (Buchner). *Bei Brust- und Magencatarrhen* verordnete man 0,5 -2.0 im Aufgusse.

Officinell: Spiritus Angelicae compst.: von 16 Th. Engel-, 4 Th. Baldrian-wurzel. 4 Th. Wachholderbeeren. 75 Th. Weingeist und 125 Th. Wasser werden 100 Th. abdestillirt und mit 2 Th. Campher versetzt. Dosis: $\frac{1}{2}$—2 Grm. Ehemals in der Solutio Fowleri [vgl. *Arsen*], sowie in der Aqua antihysterica, im Theriak [vgl. *Opium*] und im französischen Melissengeist enthalten.

2. Fructus Anisi. Anis. *Früchte der Umbellifere: Pimpinella anisum.*

Enthalten 2 % ätherisches Anisöl, ein Gemisch von flüssigem und festem Anethol, welches die *Wirkungen der ätherischen Oele* äussert, durch Darm- und Lungenschleimhaut zur Elimination gelangt, für Thiere, namentlich für *Krätzmilben, Kopf- und Filzläuse, stark giftig ist* und zu 1—2 Tropfen als *Expectorans und Carminativum* verordnet wird.

Dasselbe ist im Liquor ammonii anisatus (vgl. *Ammoniak:* p. 120) und in der Tr. opii benzoica (vgl. Opium) enthalten. Anis ist hauptsächlich nur als Gewürz für Gebäck gebräuchlich und höchstens von pharmaceutischem Interesse als Bestandtheil der Species laxantes St. Germain.

3. Fructus s. semen Foeniculi. Spaltfrüchte von Foeniculum officinale: Fenchelsamen.

Enthalten bis 3 % ätherisches Fenchelöl, welches die Haut röthet und eingeathmet Husten erregt. Seine entfernten Wirkungen sind die der übrigen ätherischen Oele; wie diese hat es für Thiere stark toxische Eigenschaften und kann ebenso wie das Anisöl dem Perubalsam zu Krätzsalben als Adjuvans zugesetzt werden. Es soll — wenigstens zum Theil — mit dem Harn eliminirt werden; C. G. Mitscherlich.

Das äth. Oel ist officinell und wird als Ol. aeth. Foeniculi zu 1—5 Tropfen verordnet. Fenchel ist eine Hausarznei für die Kinderstube, woselbst er als Carminativum, Stomachicum und (schwaches) Expectorans vielfach Verwerthung findet. *Fenchelthee soll bei stillenden Frauen die Milchsecretion anregen.* Die Pharmak. Germ. kennt noch Aqua foeniculi und Syrupus foeniculi. Ausserdem ist in den Species laxantes St. Germain, im Syrup. Sennae c. Manna und im Curella-pulver Fenchel enthalten.

4. Fructus s. semen Phellandrii. Rossfenchel, Wasser-fenchel, Pferdesaat; von *Oenanthe Phellandrium,* einer leider mit giftigen Umbelliferen, wie Sium latifolium u. a., leicht zu verwechselnden, bei uns gemeinen Wasserpflanze. Darin wirksam ist Wasserfenchelöl, welches gewürzhaft schmeckt, durchdringend riecht und nur in grossen Gaben auf Thiere toxisch wirkt. Seine *appetitbefördernden und expecto-rirenden* Wirkungen sind früher viel mehr als jetzt bei Behandlung der chronisch verlaufenden Lungenphthise verwerthet worden.

Ein Infusum von 8—15 Grm. Wasserfenchel auf 180 Colatur wird von Schwind-süchtigen lange Zeit gern genommen. Ein Skoda verordnete dasselbe noch mit Vorliebe, ohne das Mittel etwa, wie früher geschah, als *specifisches Heilmittel der Phthise* ansprechen zu wollen. Gegenwärtig ist dasselbe mit Unrecht, da es ein die Magenfunktion nicht beeinträchtigendes, kräftiges Expectorans ist, in Vergessenheit gerathen.

5. **Radix Pimpinellae**: Bibernellwurzel von *Pimpinella saxifraga* und *Heracleum sphondilium* stammend und ein aus Essig- und Octyläther ($C_8 H_7 O$) und Capronsäure-Octyläther $C_6 H_7 O$ + $C_6 H_{11} O$) bestehendes, gelbes ätherisches Oel enthaltend. Die daraus bereitete Tinctur bringt, zu 10—15 Tropfen genommen, bestehende Hyperämie der Glottis und der oberen Luftröhrenschleimhaut sofort (in einer vielleicht der Wirkung des auf die blenorrhagische *Conjunctiva bulbi aufgestäubten feinen Calomelpulvers* vergleichbaren Weise) zum Verschwinden und gewährt bei frisch entstandenen Catarrhen der Luftwege mit Räuspern, Kitzel und andern Symptomen verlaufend oder besser: anhebend, ganz entschiedenen Nutzen. Ehemals wurde P. auch gegen Magencatarrhe, Dyspepsien und Koliken gerühmt.

Verordnet wird die Tr. Pimpinellae zu 10—50 Tropfen auf Zucker; selten findet noch ein Infus: 4—8 Grm. auf 180, Anwendung. Extr. Pimpinellae ist in den Pill. hydragogae Heimii enthalten.

Anhangsweise nennen wir als ganz unbedeutend zwei *Küchenkräuter:*

Semen carvi von Carum carvi Kümmel, Kümmelöl enthaltend, und

Semen coriandri von *Coriandrum sativum* ($\kappa \acute{o}\rho\iota\varsigma$ = Wanze), ebenfalls bei den Alten als Gewürz geltend. Auch wurmtreibende, die Samensecretion anregende, Kopfschmerzen beseitigende [*umgekehrt sollte im Uebermaass genommener Koriander Delirien erzeugen*] Eigenschaften wurden dem Koriander, welcher das eine Mischung flüchtiger, bei 180° destillirender Oele darstellende Korianderöl enthält, beigelegt. Gegenwärtig dient er als blähungswidriger Zusatz abführender, Rheum, Senna u. s. w. enthaltender Mixturen, namentlich des Electuarium e Senna; auch ist er Bestandtheil des Spiritus melissae compst. Ganz obsolet ist endlich die ehemals gegen Lungenblenorrhöen, Asthma etc. gerühmte Radix Imperatoriae oder Meisterwurz von Imperatoria obstruthium. Sie enthält Meisterwurzöl, ein Gemisch von Hydraten des Kohlenwasserstoffs $C_5 H_5$, und wird gegen die genannten Krankheiten zum Infusum (5—15 Grm. auf 150 Colatur) kaum noch verordnet.

IV. *Mittel, welche, indem sie von der Lungenschleimhaut aus (woselbst sie Hyperämie und Hypersecretion erzeugen) gleichzeitig mit der Exspirationsluft eliminirt werden, in erster Linie die Vasomotoren der genannten Schleimhaut in der wiederholt erörterten Weise beeinflussen.*

Die hier zu betrachtenden Mittel, mit Ausnahme der Benzoësäure, sind als von Morton ihrer expectorirenden Wirkung wegen besonders gerühmte Panaceen der chronischen Lungentuberkulose, Bronchorrhöe und anderer chronischer Lungenaffektionen gegenwärtig bei uns so gut wie ganz in Vergessenheit gerathen und nur noch als Krätzmittel, wozu sie sich ihres Gehaltes an ätherischen Oelen wegen besonders eignen, in Gebrauch. Ehemals wandte man diese als *Balsame* zusammengefassten

Medikamente in Form von Fumigationen, Inhalationen und innerlich in Gestalt von Emulsionen, Pillen, Bissen etc. vielfach an. Ihr hoher Preis mag, zum Theil wenigstens, an der Vernachlässigung, welche die Balsame als interne Medikamente betroffen hat, Schuld sein. Dazu kommt, dass die meisten nach ihrer Einverleibung per os sehr bald ein Gefühl von Hitze und Oppression im Magen, Nausea, Erbrechen, Kolik und Durchfall hervorrufen und ausserdem in der den Mitteln 4. Ordnung eigenthümlichen Weise Pulsfrequenz und Schweisssecretion erhöhen. Hiervon abgesehen ist endlich die Zahl derjenigen Fälle chronisch verlaufender Lungenaffektionen, bei welchen die Balsame mit Nutzen inhalirt etc. werden, eine verschwindend kleine. Die Ansicht der Alten, *dass die Balsame ebenso, wie sie Geschwüre an äusseren Körpertheilen rasch zur Heilung bringen, auch die mit Substanzverlust verbundenen Verschwärungen des Lungengewebes beseitigen* bez. der Vernarbung entgegenführen müssten, ist selbstredend längst widerlegt.

Trousseau gebührt das Verdienst, die Balsamica am Krankenbett aufs Neue geprüft und durch Feststellung ihrer Indikationen und Contraindikationen ermittelt zu haben, dass die gen. Mittel nur bei sehr chronisch verlaufenden, auf Lungentuberkulose, *Bronchiektasien* und selbst auf Empyemen mit schleichendem Verlauf beruhenden Catarrhen alter Leute (Nichtvorhandensein aller akuten Entzündungserscheinungen vorausgesetzt) passen und sich in derartigen Fällen nicht nur als ausgezeichnete Expectorantien bewähren, sondern auch das Allgemeinbefinden der Kranken aufzubessern im Stande sind. Andererseits sah Trousseau auch bei Bronchitis acuta der Kinder, nachdem die erste siebentägige Periode der Krankheit vorüber und der *Sturm der Entzündung gebrochen war*, vom Gebrauch des Syrupus Balsami de Tolu Nutzen. Bei uns hat dieses Verfahren bisher gar keine oder jedenfalls weit geringere Nachahmung gefunden, als in Frankreich. Ist somit die interne Anwendung der gen. Mittel derzeit eine sehr beschränkte und der externe Gebrauch derselben der Hauptsache nach ebenfalls auf *Krätzkuren* beschränkt, so werden wir uns, dieser verhältnissmässig geringen therapeutischen Bedeutung derselben entsprechend, in unseren Angaben über die Balsame, wie bei den beiden vorigen Unterordnungen, mit Fug und Recht der bündigsten Kürze befleissigen dürfen. Wir ordnen dieselben wieder den Pflanzenfamilien, welchen sie entstammen, entsprechend an wie folgt:

1. Familie der Burseraceen: 1. Gummi resina Elemi; 2. G. r. Myrrha, Myrrhe; 3. G. r. Olibanum, Weihrauch.

1. Gummi resina Elemi. Elemi; von dem auf den Antillen wachsenden Baume *Icica Icicariba* (Amyrideae) stammend und über Yukatan in unregelmässig geformten, grau oder gelb gefärbten, stark balsamisch riechenden Stücken in den Handel kommend, enthält einen Campher, welcher angeblich dem Terpentinöl ähnlich, aber minder toxisch auf Thiere wirkt; Mannkopf. E. wird nur noch äusserlich als Bestandtheil des Emplast. opiatum, des Unguentum Elemi s. *Balsamum*

Arcaei (*Elemi, Terpentin, Fett*, z. Wundverband) und des Emplastrum Mezerei cantharidatum angewandt.

2. Gummi resina Myrrha, Myrrhe; von *Balsamodendron Ehrenbergianum* stammend.

Die Myrrhe kommt in zerreiblichen, durchscheinenden, rothbraunen, fettglänzenden, bitter schmeckenden und eigenthümlich erfrischend riechenden Körnern aus dem glücklichen Arabien zu uns. M. enthält Myrrhol ($C_{10}H_{14}O_2$) und Myrrhin, ein durch Alkohol ausziehbares Harz, und ist grösstentheils in Wasser löslich. Nach Hirt soll *bei Gebrauch der Myrrha die Zahl der farblosen Blutkörperchen abnehmen.* Angewandt wird Myrrha als Expectorans zu Räucherungen (selten!) und zum Verband schlecht granulirender Wunden.

Officinell ist: Tr. Myrrhae (1 M. 5 Weingeist Dosis: 20—60 Trpf. und Extractum Myrrhae: Zusatz zu Verbandsalben, Zahnfleischbalsam und Griffith's Pillen. Die Myrrhe ist ein Bestandtheil des Theriaks; (vgl. Opium), des Elixir proprietatis Paracelsi (vgl. Aloë), des Empl. oxycroceum, des Ungt. Terebinth. compositum, der Aqua antihyst.

3. Gummi resina Olibanum, Weihrauch, von Boswellia serrata in Afrika und Ostindien; weisslich oder röthlichgelbe, matte, wie bestäubte, wachsartig durchscheinende, zerreibbare und mit eigenthümlichem Geruch verbrennende Körner, welche 4 % ätherisches Oel enthalten.

Nur noch gebräuchlich als Bestandtheil des Emplastrum aromaticum (vgl. Macis p. 144), des Empl. opiatum (vgl. Opium) und Empl. oxycroceum.

4. Familie der Leguminosen, α. *Papilionaceae:* 1. Balsamum Peruvianum. Perubalsam.

Die in den Urwäldern Neu-Granadas und Guatemalas wachsenden Myroxylonbäume werden von den wilden Eingeborenen mit flachen Axthieben in die Borke angeritzt, mit Lappen umwickelt und, um den Stamm zu erhitzen, in einiger Entfernung mit Feuer umgeben. Hierbei schwitzt der Balsam in die umgewickelten Lappen, welche später entfernt und in Kesseln mit Wasser ausgekocht werden. Nach dem Erkalten schwimmt der schwarze, eigenthümlich süsslich riechende Balsam (*Baume de coque*) an der Oberfläche und wird abgeschöpft, um in eigenthümlich gestalteten, mit Blättern umwickelten Gefässen in den Handel gebracht zu werden.

Der Perubalsam enthält Zimmetsäure ($2 C_7 H_6 O_2$) und Cinnamein (Zimmetsäure-Benzyläther) ($C_{61}H_{14}O_2$) neben Harzen. Cinnamein ist physiologisch nicht geprüft; man schreibt ihm im Allgemeinen die Wirkungen der übrigen ätherischen Oele zu. Als Expectorans nach Morton's Empfehlung wird Perubalsam verschwindend selten gebraucht, dagegen viel zu Krätzkuren in der Weise benutzt, dass der Kranke, nachdem er ein Reinigungsbad genommen, an den krätzigen Stellen mit 4 Grm. = 36 Tropfen Perubalsam, welchem man einen Tropfen Anisöl zusetzen kann, eingerieben wird, und dass dieses Verfahren 4 bis 6 Mal.

was zur Kur genügt, wiederholt wird. Nach 2 Tagen erhält der Kranke seine bei hoher Temperatur ausgeschwefelten Kleider wieder und wird entlassen; Burchardt.

Ferner dient *Perubalsam zum Wundrerbande*, namentlich des Milzbrand-Carbunkels. Letzterer ·wird mit einem Ringe ¼" stark aufgestreuter Wiener Aetz-paste (vgl. p. 57) umgeben, bis sich unter sehr heftigen, oft die Anwendung des Chloroforms nothwendig machenden Schmerzen eine Demarkationslinie gebildet hat. Nachdem unter fleissigem Cataplasmiren (unter Zusatz narkotischer Kräuter) die Ab-stossung des Brandschorfes erfolgt ist, wird mit einer Mischung aus Balsam. peru-vianum und Olivenöl aa 1 Theil mit Ol. Hyoscyami coct. 3 Th. (auf Charpie) ver-bunden, bis die Wunde geschlossen ist. Der Erfolg ist ein ausgezeichneter; Bergson; Sankiewicz.

Endlich hat man auch zum *Verbande wunder Brustwarzen oder Frostballen* von Salben aus 1 Th. Perubalsam und 4 Th. Cacaobutter mit Nutzen Gebrauch gemacht; Ribke.

Für den *inneren Gebrauch* ist die Dosis des Perubalsams, welcher meist emulsionirt wird: 5—20 Tropfen.

Officinell ist: Syrupus b. Peruviani als Zusatz zu expectorirenden Mixturen und zur Mixtura oleoso-balsamica s. *Balsamum vitae Hoffmanni*, Ph. G. Es werden ätherische Oele (Lavendel-, Würznelken-, Zimmet-, Thymian-, Citronen-schalen-, Macis- und Orangeblüthenöl) āā 1 Th. mit 3 Th. Perubalsam in 240 Th. Weingeist gelöst und filtrirt. Dosis: 10—20 Tropfen in Wein; kostspielig und wenig gebraucht. Von Pflastern enthält das E. opiatum Perubalsam.

2. Balsamum Tolutanum. Tolubalsam.

Von *Myroxylon toluiferum*, welches an den Ufern des Magdalenen-stromes bei Tolu und Turbaco wächst, stammend und durch *Einschnitte der Borke* nach Unterstellung von Gefässen in etwas appetitlicherer Weise als der Peru-B. gewonnen, stellt T.-Balsam durchscheinende, trockne rothbraune Stücke von unregelmässiger Gestalt dar. Seine chemischen Bestandtheile, soweit sie erforscht, stimmen mit denen des Peru-B. überein. Er ist selten ächt zu haben und daher bei uns fast ganz ausser Gebrauch; *mehr noch in Frankreich;* Dosis wie beim vorigen.

Die alte Welt hat ihren Balsam in Form des Balsamum de Mecka von *Amyris opobalsamum*, einer arabischen Burseracee; *Baume de Judée, de Giléad;* ohne Bedeutung.

β. *Styraceae*: 3. Resina Benzoës, Benzoë (*Acidum benzoicum*).

Das von *Storax Benzoin* auf Sumatra, Java etc. stammende Harz wird durch Einschneiden der Rinde des Baumes in Höhe der untersten Aeste gewonnen; der Saft tritt aus, erhärtet an der Luft und wird mit Hülfe des Messers abgekratzt. Benzoë enthält bis 18 % ätherische Oele, Benzoësäure und Harze. *Benzoë als Expectorans* ist kaum anders, als zu *Inhalationen aus Räucherkegeln* (Carbo vegetabilis 0,5; Benzoë 0,25; Jodum 0,10; Balsam. de Tolu 0,05 und Natr. nitricum 0,1 m. f. Trochiscus; Roumier) in Gebrauch. Benzoë ist auch in Tr. opii benzoica (vgl. Opium), Emplastrum opiatum und im Emplastr. adhaesivum anglicum enthalten. *Officinell* ist Tr. benzoës: 1 Benzoë : 5 Th. Weingeist; äusserlich.

Unter den Bestandtheilen der Benzoë hat die *Benzoësäure* ($C_7 H_6 O_2$), welche die Kohlensäure aus ihren Verbindungen austreibt und neutrale Salze bildet, für uns das meiste Interesse. Sie krystallisirt, durch Sublimation gereinigt, in mikroskopischen, Nadeln und Blättchen mit Seidenglanz darstellenden, sechsseitigen Säulen, ist in 2 Th. Weingeist, 25 Th. Aether, 200 Th. kalten und 30 Th. siedenden Wassers löslich, schmilzt bei 121,4° und ist sublimirbar. Innerlich in grossen Dosen (15 Grm. in 2 Tagen) genommen erzeugt sie Kratzen im Halse, Wärmegefühl im Abdomen, und später im ganzen Körper, Zunahme der Pulsfrequenz um 30 S. und Tages darauf reichliche Schweisse und vermehrten Schleimauswurf neben Verdauungsstörung und Eingenommensein des Kopfes. *Im Harn tritt die Benzoësäure, indem sie die Elemente des Glycocolls in sich aufnimmt, als Hippursäure auf:*

$$C_7 H_6 O_2 + C_2 H_5 N O_2 - H_2 O = C_9 H_9 N O_3; \text{ Marchand.}$$

Nur Hühner machen hiervon eine Ausnahme; Sheppard. Da nach Benzoësäuregebrauch die Harnsäure aus dem Urin verschwindet, so liess Ure den N in der Hippursäure aus zersetzter Harnsäure herstammen und empfahl die Benzoësäure, *um Blasensteinbildung und Gichtablagerung vorzubeugen.* Diese Annahme ist, wenngleich sich mehrere Kliniker dafür erklärten, aus den bei Betrachtung der Alkalien (p. 37) hervorgehobenen Gründen ebenso unhaltbar, wie der Nutzen der Benzoësäure gegen Ammoniaemie und *Krankheiten der Leber* (welche, sofern sie das zur Hippursäurebildung gehörige Glycocoll bildet, unter der Benzoësäurewirkung beeinflusst werden musste), namentlich *Icterus* (Falck senior und Justi) noch der Bestätigung bedarf.

So bleibt nur die Anwendung der Benzoësäure als Expectorans übrig, zu welchem Behuf dieses Medikament *bei chronischer Bronchitis* (*in späteren Stadien*) und *bei Pneumonien der Greise, wenn Lungenödem droht,* gewöhnlich in zu grossen Dosen, verschrieben wird. Liegt in letzterem Falle der Orthopnoë eine sich ausbildende Kohlensäurevergiftung zu Grunde, so ist ein kleiner Aderlass am Orte. Wo Collaps eingetreten ist, entschliesse man sich zur subcutanen Injektion von 1 Benzoësäure : 11 Weingeist, oder: Acid. benzoic. 1,5; Camphorae tr.; Spir. vini rectificat. 12 Th.; Rohde. Die Dosis ist: 0,2—0,3; 0,6 ist des Kratzens im Halse wegen unerträglich. Da sich aus der in der Reine Claude und Pflaume enthaltenen Benzoësäure beim Durchgang derselben durch die Blutbahn viel Hippursäure bildet und im Harn anzutreffen ist (Duchek), so würden sich in Fällen, wo es auf Vermehrung des Harnsäuregehaltes ankommt (vgl. die obigen Theorien von Ure, Falck etc.), Reine Claudekuren empfehlen; v. Schroff. Verdünnte Benzoëtinctur, die sogenannte

Jungfernmilch, dient Damen, welche ihren Teint bessern oder conserviren wollen, als Schönheitsmittel.

4. Storax liquidus. Styrax oder Storax.

Der in ähnlicher Weise wie Benzoëharz gewonnene Storax stammt von *Liquidambar styraciflua, Styrax offic., Altingia excelsa* und *Platanus orientalis* her, ist graugelb, von Salbenconsistenz, riecht vanilleartig und schmeckt widerlich - süsslich, hinterher kratzend. Die chemische Zusammensetzung ist die vom Perubalsam angegebene. Gebraucht wird Storax nur zu *Krätzkuren;* W. Schulze. Zu diesem Behuf werden 15 Grm. Storax und 8 Grm. Olivenöl gemischt und auf 2 Einreibungen des zuvor gebadeten Patienten verwandt. In der Regel (48 Mal unter 55 Fällen) waren nur 2 Einreibungen erforderlich und wurden 55 Kranke in 197 Behandlungstagen und 116 Einreibungen geheilt; W. Schulze. Der Kurpreis stellt sich pro Kopf auf 10 Reichspfennige. Für die interne Behandlung der beim Perubalsam erwähnten Krankheiten zieht man diesen dem mehr widerlichen Storax vor.

Anhangsweise ist hier noch Radix Iridis Florentinae, Veilchenwurzel, zu nennen. Ehemals als Expectorans gebraucht, dient sie gegenwärtig nur noch als Streupulver für Pillen und ist im Pulvis fumalis nobilis (*Räucherpulver*) enthalten.

V. *Mittel, welche den Bezirk der zu den Nieren, der Harnblase und Harnröhre tretenden vasomotorischen Nerven zum Angriffspunkt ihrer Wirkung haben und den Organismus grösstentheils auch mit dem Nierensecret wieder verlassen.*

Familie der Coniferen: 1. Baccae s. fructus Juniperi, *Wachholderbeeren;* von Juniperus communis.

Die erbsengrossen, fast kugeligen, oben mit drei zinnenförmigen, zusammenlaufenden Nähten versehene Beerenfrüchte des Wachholders enthalten ein *farbloses,* grünliches oder bräunlichgelbes, linkspolarisirendes, *aus zwei Camphenen* bestehendes, unter Sauerstoffaufnahme aus der Luft *Wachholdercampher lieferndes, mit Jod versetzt explodirendes,* neutral reagirendes, gewürzhaft riechendes *ätherisches Oel,* essig-, schwefelsaures- und Chlorkalium, Wachs, Gummi, Zucker etc.

Die Wirkungen des Oels sind die der übrigen äth. Oele. Es tödtet zu 30 Grm. einverleibt Kaninchen in 20 Stunden, und vermehrt in angegebener Weise die Diurese. *Grosse Dosen können Hämaturie erzeugen;* stets nimmt der Urin hierbei den Geruch des ätherischen Oeles an. Angewandt wird Wachholder — meist vom Laienpublikum — um den Harn zu treiben und um bei bestehendem *chron. Catarrh der Blasen- und Harnröhrenschleimhaut* die Circulations- und Secretionsverhältnisse in der Weise günstig umzuändern, dass Auflockerung des Schleimhautgewebes, Atonie der entsprechenden Gefässe und perverse Secretion der daselbst ausmündenden Drüsen einem normalen Verhalten Platz machen. Man empfahl die jetzt nur noch als Hausmittel dienenden Wachholderbeeren *gegen Tripper, Blasencatarrh* und *Ischurie* ganz so wie gegenwärtig die Cubeben. Bei Anasarca im Stadium der Nierenschrumpfung bei Morbus Brightii, bei hydropischen Ansammlungen im Gefolge von Lungen- oder chronischen Herzleiden thut Wachholderthee als Unterstützungsmittel anderer Medikamente gute Dienste. Man räuchert auch *Kräuterkisschen* mit den aus auf Kohlenbecken geworfenen Wachholderbeeren sich entwickelnden Dämpfen und applizirt sie oder in gleicher Weise behandeltes Hanfwerg auf geschwollene (ödematöse) Schamlefzen (post partum) oder auf aus anderen Ursachen schmerzhafte Theile [z. B. *bei Rheumatismus und Gicht*].

Mit Wachholderdämpfen sucht man auch die Luft in Krankenstuben zu verbessern. *Officinell* sind: Oleum Juniperi zu 2—4 Trpf.; Spiritus Juniperi, Dosis: 20—60 Tropfen und Roob Juniperi; Wachholderbeerenmuss; theelöffelweise oder zu Latwergen mit diuretischen Zusätzen; letzteres selten; Ol. Juniperi ist Bestandtheil der Nervensalbe; die Beeren werden zur Darstellung des Spir. Angelicae compst. gebraucht.

2. Oleum Terebinthinae. Terpentinöl; *von Pinusarten.*

Terpentinöl wurde zuerst 1692 aus dem Harz von *Pinus maritima* in der Gegend von Marseilles und Bordeaux durch Destillation gewonnen und von Boerhave *als diuretisches, purgirendes* und *antirheumatisches Mittel* innerlich angewandt.

Unter allen ätherischen Oelen ist Terpentinöl das am meisten zu Heilzwecken benutzte und zugleich dasjenige, dessen therapeutischer Werth von Jahrzehnt zu Jahrzehnt immer vollständiger erkannt und gewürdigt worden ist. Terpentinöl, mag es deutsches, französisches, venetianisches, die Polarisationsebene des Lichtes nach links drehendes, oder englisches (bez. amerikanisches), rechts polarisirendes sein, ist frisch abdestillirt und rectificirt *sauerstofffrei* und ein Gemenge nach der *Formel:* $C_{20}H_{16}$ oder $C_{10}H_{16}$ zusammengesetzter Kohlenwasserstoffe. Farblos, dünnflüssig, brennend schmeckend, *ist es von um so weniger intensivem und durchdringendem Geruch, je reiner es ist.* Es siedet erst bei 158—160⁰, nimmt zum Theil in die aktive Modifikation übergehenden Sauerstoff (*Ozon*) aus der Luft auf *und verharzt unter Bildung von Kohlen- und Ameisensäure.* Geschieht dieses unter Wasser, so resultirt Terpentinöloxyhydrat.

Beim Einleiten von Chlorwasserstoffsäure-Dämpfen in kalt gehaltenes T.-Oel entsteht Terpentinölcampher: $C_{10}H_{16}Cl$, welcher nur insofern Interesse hat, als den entsprechenden Verbindungen mit den höheren Oxydationsstufen des Phosphors (*der terpentinphosphorigen Säure*) nach *meinen* Untersuchungen die toxischen Eigenschaften des metallischen Phosphors nicht zukommen und es somit erklärlich wird, dass (*sauerstoffhaltiges*) Terpentinöl eines der rationellsten und, rechtzeitig angewandt, sichersten Antidote des Phosphors darstellt; A n d a n t, V e t t e r, H. K ö h l e r.

Nach Einverleibung *kleiner Gaben* (10—30 Trpf.) einige Male täglich fällt unter den Wirkungen des T.-Oels auf gesunde Menschen nur eine Vermehrung der Diurese in die Augen. Der Urin nimmt, so lange kleine Dosen eingehalten werden und das Nierenparenchym intakt ist (W a r b u r t o n B e g b i e), einen *Geruch nach Veilchen* an, gleichviel ob das Oel per os oder subcutan beigebracht oder inhalirt worden ist. Nach Injektion von Terpentinölemulsionen in das Blut gelingt es, nach jüngst von Hrn. K o b e r t unter meiner Leitung angestellten Untersuchungen, nur nach der Einverleibung kleiner Dosen V e i l c h e n u r i n zu erhalten. Wird auf 1—3 Grm. pro dosi angestiegen, so sind Magenschmerz, Abgang unangenehm nach Terpentinöl riechender Ructus, Kolik, vermehrtes Wärmegefühl und bald Diarrhöe, bald vermehrte Diurese, welche bei Steigerung der Gabe auf 5—15 Grm. sich vermindert, um Hämaturie und Ischurie Platz zu machen, bald Anregung der Speichel- und Schweisssecretion die Folge. In der Regel findet man in den Leichen durch T.-Oel zu Grunde gegangener Thiere B l u t a u s t r i t t z w i s c h e n E p i t h e l u n d G e f ä s s h a u t unter massenhafter und ausgedehnter *Abstossung des Epithels* im ganzen Darmtractus, nicht allzuselten aber auch *Gastroenteritis* mit Geschwürsbildung vor; C. G. M i t s c h e r l i c h; H. K ö h l e r.

Bezüglich der resorptiven Wirkungen des Terpentinöls sind wiederholt gereichte kleine und grosse Dosen, welche die vitalen Funktionen diametral verschieden beeinflussen, streng auseinanderzuhalten.

A. *Kleine*, nach dem Einnehmen oder Einathmen nach subcutaner oder intravenöser Injektion in die Blutbahn gelangende Terpentinölmengen bedingen durch ihren Contakt mit den nervösen Centralorganen:

1. *Reizung der Reflexhemmungscentra* von solcher Intensität, dass von in umgekehrtem Sinne auf diese Centren einwirkenden Giften, wie Ammonium carbon. und Strychnin, enorm grosse Mengen vertragen werden, ehe ihre deletäre Wirkung zur Geltung gelangt. Dem Strychnin-Tode durch wiederholte intravenöse Injektionen 1—2 $^0/_0$ T.-Oel-Emulsionen vorzubeugen, gelang bei Kaninchen, Hunden und Katzen selten. Ein Versuch mit subcutan oder mit in analoger Weise beigebrachten kleinen Gaben des Oels wird unter gleichzeitiger, consequent durchgeführter, künstlicher Respiration bei mit Strychnin vergifteten Menschen gleichwohl nicht zu unterlassen sein; vielleicht liegen hier die Verhältnisse besser. Es kann aber nicht genug betont werden, dass grössere Dosen T.-Oel (vergl. unten B. 1.), welche die Reflexhemmungscentra lähmen, sorgfältigst zu meiden sind. Unter dem Einfluss wiederholt applizirter kleiner Dosen stehende Warmblüter sind *vollständig reflexlos;* auf Kitzeln der Cornea erfolgt ebensowenig eine Reaktion, wie auf die heftigsten Schmerzeindrücke — man kann Katzen den Schwanz in die Gasflamme halten, ohne dass sie im mindesten zucken. Kaltblüter und Warmblüter verhalten sich in dieser Hinsicht vollständig gleich; K o b e r t - K ö h l e r.

2. *Reizung des Gefässnervencentrum* in der Medulla oblongata, ausgesprochen in Blutdrucksteigerung, welche letztere wieder schnellere, kräftigere Circulation in der Peripherie, Ohrensausen u. a. Symptome von Congestionen zum Hirn (Rausch), Sinken der Temperatur und Hypersecretion aller Drüsen (*Vermehrung des Harnvolumens, Salivation, Steigerung des Appetits, Ausfluss aus der Nase, Anregung der Diaphorese*) im Gefolge hat. Eine deutliche *Verlangsamung des Pulses,* auf welche man aus der Blutdrucksteigerung schliessen möchte, kommt bei Warmblütern sehr selten vor; sicher aber kommt es in diesem Stadium (und *bei kleinen Dosen*) nie zu erheblicher Acceleration.

3. *Durch Reizung der Inspirationsmuskeln vorstehender Centren bez. Ganglien in der Nähe der Vagusursprünge* im IV. Ventrikel kommt es nach wiederholten Injektionen (zuweilen sind 36 und mehr von 1 $^0/_0$ Emulsion in die V. jugularis erforderlich!) zu *Inspirationstetanus* unter so hochgradiger Retardation der Athmung, dass die *Zahl der Respirationen* auf 8 per Minute absinken kann. *Hierauf kann* — ich betone: *nach wiederholter Einverleibung sehr kleiner Mengen* z. B. 2 Cub. Cmtr. 1$^0/_0$ Emulsion — *die Athmung plötzlich ganz aufhören,* und kann das Thier, wenn nicht schleunigst künstliche Athmung eingeleitet wird, sterben, oder aber auch die Gefahr geht vorüber und in dem Maasse, wie die diametral entgegengesetzte Wirkung *grosser* Gaben complet wird, wird die *Athmung* (unter Fortfall der inspiratorischen Stillstände) *regelmässig, frequenter* und leicht von statten gehend. Dass diese Wirkung kleiner T.-Oel-Gaben eine centrale ist, bez., dass sie *nicht auf Reizung exspirationsverlangsamender Vagusfasern* zu beziehen ist, beweist ihr unverändertes Zustandekommen auch nach beiderseitiger Vagusdurchschneidung; Kobert-Köhler. Umgekehrt verhalten sich

B. *grössere und grosse* (bez. *toxische*) Dosen. Nach Einspritzung 10 $^0/_0$ Terpentinölemulsion und in den späteren Stadien der chronischen Vergiftung durch gen. Oel kommt nämlich:

1. die unter A 1 erwähnte *Reizung der Reflexhemmungscentra in Fortfall.* Mit grossen Gaben Terpentinöl (intravenös) vergiftete Thiere sind weder bewusst-, noch reflexlos. Das Aufhören der Reaktionslosigkeit Schmerzeindrücken gegenüber liefert im concreten Falle (*bez. Experiment*) den sichersten Anhaltepunkt dafür, dass die Wirkung kleiner Dosen derjenigen grosser Platz gemacht hat und die bestanden habende Reizung der Reflexhemmungscentra in Paralyse derselben übergegangen ist. Thiere sterben zum weiteren Beweis für diese Annahme während dieses Stadiums unter Beibringung *kleinerer, als der minimal-toxisch-lethalen Dosen Strychnin.* Letzteres und Terpentinöl in grossen Gaben addiren sich in

ihren Wirkungen. Neben den *Reflexhemmungscentren* sind jetzt auch andere Provinzen der Nervencentren gelähmt, und Lähmungen, besonders der Hinterbeine, ad motum machen sich geltend. Es kann zu *Convulsionen* kommen; weit häufiger aber springt ein beständig zunehmender, hochgradiger *Depressionszustand* der nervösen Funktionen in die Augen.

2. *Das vasomotorische Centrum* wird durch grössere T.-Oelgaben *paralysirt;* daher ist ein beträchtliches Absinken des Blutdrucks, verbunden mit schwächerer Circulation in der Peripherie, Entstehung globulöser Stasen, Ansteigen der Temperatur, Verminderung der Drüsensecretion (daher Abnahme des Appetits und Harnvolumens, Trockenwerden der Schleimhäute, Durst etc.) eine weitere Folge.

3. Indem das Blut in den Lungenbläschen langsamer circulirt, bez. eine *mangelhafte Ventilation desselben stattfindet*, bildet sich unter Schwarzfärbung des Blutes ein *asphyktischer Zustand* aus. Letzterer kann allmälig zum Tode führen. Weit häufiger aber kommt es, besonders wenn grosse Mengen Terpentinöl allmälig noch in das Blut gespritzt worden sind (n. b. *stets als Emulsion, weil reines Oel zu Engorgement der Lungen führt, emulsionirtes nicht;* Kobert-Köhler), zu plötzlicher *Sistirung der Athmung, während das Herz fortschlägt.* Hier kann das Leben nicht (wie nach Rückenmarksdiscision im Halstheile) so lange unterhalten werden, als man mit der künstlichen Athmung fortfährt. Der *Tod durch Athmungslähmung* ist nach Einverleibung grosser T.-Oelgaben jedenfalls der *häufigere*, und weit seltener gehen Thiere

4. an *Lähmung der motorischen Centren des Herzens* (bez. Herzparalyse) *zu Grunde*. Letztere tritt vielmehr in der Regel erst nach erfolgtem Respirationsstillstande ein. Beim Einspritzen 10 % T.-Oel-Emulsion wird der Puls *anfänglich sehr frequent*, um später retardirt zu werden und schliesslich ganz aufzuhören. N. Vagus und Depressor werden durch T.-Oel nicht beeinflusst.

5. Auch die *Athmung* wird nach Beibringung 10 % Emulsion anfänglich sehr frequent und bald darauf, ehe es zur Sistirung kommt (vgl. oben 3.), retardirt. Auf die Beschleunigung der Athmung ist *Vagusdurchschneidung ohne Einfluss.*

6. *Das Blut* färbt sich, wie gesagt, schwarz. Eine gänzliche Verdrängung des Sauerstoffs findet dabei nicht statt. Wenigstens gelingt es noch, an dem im Momente des Todes (in v. Recklinghausens feuchter Kammer) aufgefangenen Blute den Absorptionsstreifen des *Oxyhämoglobins* spektroskopisch nachzuweisen. *So lange Warmblüter unter der Wirkung kleiner Terpentinölgaben stehen, vermehrt sich der Gehalt des Blutes an weissen Zellen um das Doppelte. Tritt die Wirkung grosser Dosen ein,*

so verschwinden dieselben dagegen, wenigstens temporär, vollständig;
Kobert-Köhler. Es dürfte somit ein Versuch mit therapeutischer Anwendung wiederholter kleiner Gaben T.-Oel bei der Leukämie nicht unrationell erscheinen.

7. Weder kleine, noch grosse Gaben T.-Oel beeinflussen *periphere Nerven* und *quergestreifte Muskeln.* Die Zuckungscurve der letzteren bleibt unverändert. Ein Aufhören der Darmperistaltik ist in Lähmung der motorischen Centra der Darmbewegung begründet; Kobert-Köhler.

8. *Terpentinöl setzt,* in wiederholten, kleinen Gaben gereicht, *die Temperatur* nicht nur unter physiologischen Bedingungen, sondern auch bei bestehendem einfachem oder septischem Fieber, und bei Steigerung der ersteren nach Blutverlusten *herab;* Kobert-Köhler.

9. Wie andere Mittel der 4. Ordnung besitzt auch Terpentinöl *stark gährungs- und fäulnisswidrige Eigenschaften.*[*]

10. Beim Durchgange des T.-Oels durch den thierischen Organismus *löst es das in den Geweben der letzteren enthaltene Fett, um es mit dem Harn als fettsaures,* beim Erkalten dieses Excretes herauskrystallisirendes *Salz zur Ausscheidung zu bringen.* Besonders geschieht dieses bei der chronischen T.-Oel-Vergiftung; Kobert-Köhler. Ein eingehenderes chemisches Studium der Se- und Excrete nach T.-Oelbeibringung bleibt der Zukunft vorbehalten. Auch nach Einspritzung in das Blut findet ebenso wie nach allen anderen Applikationsweisen eine theilweise Elimination des T.-Oels von der Lungenschleimhaut aus, bez. mit der Exspirationsluft, statt.

11. *Für die niederen Thierklassen: Insekten, Würmer,* (Helminthen) u. s. w. *ist Terpentinöl ein gefährliches Gift,* jedoch nicht in so ausgedehntem Maasse, wie das Senföl — das giftigste unter allen; C. G. Mitscherlich. Von der bisher noch nicht berührten blutstillenden Wirkung des Terpentinöls wird unten ausführlicher die Rede sein. Aus vorstehenden physiologischen Betrachtungen lassen sich die Indikationen und Contraindikationen des therapeutischen Gebrauchs des Terpentinöls mit Leichtigkeit deduziren. Wir beginnen mit den

Contraindikationen des Terpentinölgebrauchs.

Dieselben fallen mit den für die Mittel der 4. Ordnung gültigen (vgl. p. 115) im Allgemeinen zusammen; als von besonderer Wichtigkeit sind indess folgende 4 Punkte, nämlich

---

[*] Ueber die örtlichen Wirkungen des T.-Oels auf Haut und Schleimhäute ist nachzutragen, dass dasselbe auf ersterer Röthung, Exsudation u. s. w., auf den letzteren Catarrhe mit starker Desquamation der Epithelien und hämorrhagischen Erosionen bedingt. Subcutan injicirt erzeugt T.-Oel Phlegmone und collaterales Oedem.

I. Bestehen acuter oder chronischer Entzündung der Nieren,

II. acuter Catarrhe der Magen- und Darmschleimhaut,

III. Vorhandensein organischer Herzleiden, insbesondere von Aneurysmen, und

IV. Congestivzustände, und Praedisposition zu solchen oder zu chronischen Entzündungen des Hirns und seiner Meningen zu nennen. Wir gehen weiter zu den

Indikationen des Terpentinölgebrauches

über. Terpentinöl wird zu einem der geschätztesten Heilmittel, indem es

I. *das Hirn flüchtig reizt und bei Collaps und adynamischem Fieber in eben der Weise* — zum Theil auf dem Wege des Reflexes — *wie die Ammoniakalien, Moschus und die später zu nennenden ätherischen Oele nebst dem Campher günstige Wirkungen hervorruft.* In wieweit Modifikationen der Blutcirculation in den Gefässen des Hirns und seiner Meningen einer-, und etwaige, beim Contakt der histologischen Elemente der genannten Centren mit T.-Oelhaltigem Blute resultirende chemische oder morphologische Veränderungen der Ganglienzellen und Nervenfasern bez. des Inhaltes derselben andererseits, an diesem günstigen Effekt mitbetheiligt sind, lässt sich durch unsere gegenwärtigen chemischen und mikroskopischen Hülfsmittel nicht entscheiden. Von Krankheiten, in welchen Terpentinöl nach der I. Indikation gegeben wird, sind Choc, Sopor nach Insolation, adynamisches Stadium der Cholera, Adynamie im Verlauf anderer acuter Infektions- und lokalisirter Krankheiten, wie Typhus, acut. Exanthemen, Pneumonie, Endo- und Perimetritis, Lähmungen verschiedenen Ursprungs und Vergiftungen mit narkotischen Substanzen, wie Blausäure und Opium, zu nennen. Letztere Intoxikationen sind indess gegenwärtig kaum noch Gegenstand der Terpentinölbehandlung. T.-Oel nützt ferner

II. indem es auch *auf Rückenmark und Medulla oblongata excitirend wirkt* und *somit zu einer erhöhten Erregbarkeit und Leistungsfähigkeit der peripheren motorischen Nerven*, sowie zu kräftigeren Contraktionen von solchen versorgter *musculöser Organe* (Herz, Gebärmutter) *Veranlassung wird.* Diesen reihen sich ungezwungen *die Blutgefässe* an, *deren Muscularis in Contraktion geräth*, was Verengerung des Gefässlumens nach sich zieht und, grossentheils wenigstens, die blutstillende Wirkung des Terpentinöls erklärt. Laut Obigem büsst das Blut, welchem T.-Oel-Sauerstoff entzieht, unvorhergesehenerweise hierdurch an Coagulabilität ein, wird dünnflüssig und dem scorbutischen ähnlich. Unter den hier in Betracht kommenden krankhaften Zuständen sind die gefährlichen *Lungenblutungen bei Tuberculose, Darmblutungen bei Typhus,* Blutungen aus Nase, Harnblase und Uterus zu nennen.

Mehr oder weniger rasch, je nach der Grösse der einverleibten Dosis Terpentinöl, geht später die Rückenmarksreizung in *Depression der*

Rückenmarksfunktionen und in Herabsetzung der Reflexerregbarkeit auf ein Minimum über. Als reflexherabsetzendes Mittel in oft wiederholten kleinen Dosen hat sich das T.-Oel in gewissen Neurosen, wie Asthma und Tetanus (angeblich auch Epilepsie!?) mehrfach, jedoch weit weniger sicher, als in der unter III. zu erörternden Richtung, nämlich der Schmerzstillung, bewährt. Es erweist sich das T.-Oel, in kleinen Dosen gereicht, auch

III. durch Beeinflussung des Grosshirns, vielleicht ebenfalls nach vorweggehender Excitation (*Rausch*), als ein unschätzbares Heilbez. **Palliativmittel** schmerzhafter Leiden. Auf rheumatische Ursache zurückzuführende *Neuralgien*, wie Ischias und Tic douloureux (unter Ausschliessung von Malariasiechthum und Erkrankung der Beckenknochen ersteren Falles) erfahren nicht nur durch Terpentinölmedikation (60—200 Tropfen pro die) und örtliche Applikation des Terpentinöls (bei welcher auch die hautröthende und ableitende Wirkung des gen. Oels in Betracht kommt) in der Regel Besserung, sondern auch *idiopathische Neuralgia visceralis* (Trousseau).

Endlich gehört zu den hier zu erwähnenden Affektionen auch die **Gallensteinkolik**, welche durch Terpentinöl nicht etwa, wie ehemals behauptet wurde, gehoben wird, weil es Cholesterin (Hauptbestandtheil der genannten Concremente) löst, sondern weil es **als Anaestheticum wirkt**. Die Indicatio morbi wird hierbei nicht erfüllt; derartige Pat. finden nur in Karlsbad und anderen alkalischen Bädern radikale Heilung. Berühmt für diese symptomatische Behandlung der Gallensteinkolik wurde das aus 1 Th. Oel und 2 Th. Aether bestehende, mehrmals täglich zu 10—30 Tropfen zu nehmende **Durand'sche Mittel**.

Unter den hier zu betrachtenden, durch Terpentinölgebrauch zu bessernden schmerzhaften Leiden ist anhangsweise die *bei anämischen Frauen auftretende Algie des Gehirns* zu nennen. Hier nützt Terpentinöl sehr wahrscheinlich dadurch, dass es, der Hauptsache nach auf dem Wege des Reflexes, die Circulationsverhältnisse im Hirn und seinen Hüllen modifizirt bez. aufbessert.

IV. Terpentinöl wird zum Arzneimittel, *indem es die Vasomotoren, welche zu den mit seiner Elimination betrauten Schleimhäuten der Respirations- und Urogenitalorgane treten, in der Art der Mittel der vierten Ordnung beeinflusst*, bez. die Circulation in den Blutgefässen anregt, den Tonus der Gewebe erhöht und die Secretion in quantitativer wie in qualitativer Hinsicht modificirt. Hierdurch nützt es bei Catarrhen der genannten Schleimhäute, namentlich *chronisch verlaufenden Schleimflüssen*. Die erweiterten Gefässe derselben erlangen, indem der Tonus ihrer Muscularis wächst, ihr normales Lumen wieder, bestehende Stasen werden gehoben, die Erschlaffung und Auflockerung des Schleimhautgewebes macht dem gesundheitsgemässen Verhalten Platz und das Secret nimmt eine bessere, d. h. dicklichere und an Epithelien, deren normalere Regeneration durch Reizung der sie bildenden Substrate angebahnt wird, reichere Beschaffenheit an.

Bei der putriden Bronchitis und beim Lungenbrand beschränkt sich sogar der Heileffekt hierauf nicht. sondern T.-Oel, in geeigneter Weise inhalirt, wirkt hier auch desodorisirend, und unter Abnahme des Gestankes der Sputa tritt Reinigung und Heilung der Brandhöhlen ein. Diese günstige Einwirkung des T.-Oels hängt möglicherweise mit der bekannten *ozontragenden Eigenschaft desselben* in der Weise zusammen, dass sich zufolge rascherer Verbrennung keine Fäulnissprodukte mehr bilden, oder dass durch die direkt reizende Wirkung desselben eine reaktive, zur Heilung führende Entzündung hervorgerufen wird; v. Schroff. Hat man auch *Erzeugung eines starken Hustenreizes durch Einathmung mässig mit Terpentinöldämpfen geschwängerter Luft nicht zu befürchten*, und wird dieser vielmehr dadurch nicht selten beschwichtigt, so gingen doch auch die zu weit, welche im Terpentinöl ein Specificum der Lungentuberkulose erblicken wollten. Mehr, wie *Beförderung der Expektoration* und eventuell *Sistirung einer Lungenblutung* (Oppolzer) leistet es nicht.

Ebenso wie die Lungenschleimhaut wird selbstredend auch die chronisch-catarrhalisch affizirte *Schleimhaut der Urogenitalorgane* beim Contakt mit dem Terpentinöl oder mit ein Zersetzungsprodukt desselben enthaltendem Harn in einer wohlthätigen Weise beeinflusst. Während man bei dem hier in erster Linie zu nennenden Harnblasencatarrh junger Leute (sei er Folge eines die Bauchgegend betroffen habenden Trauma's, oder des Missbrauchs von Canthariden, oder rheumatischer Metastase, — eines Trippers, oder endlich *Symptom eines Rückenmarksleidens*) die febrile Periode vorüber lassen muss, ehe — häufig nach Vorwegschickung einer Blutentziehung — zum Terpentinölgebrauch übergegangen werden kann, passt das gen. Mittel bei der Cystitis der Greise, welche, mag sie primär oder durch Steinbildung bei sitzender Lebensweise entstanden oder durch im Gefolge früher überstandener Gonorrhöen sich ausbildende Stricturen der Urethra hervorgerufen sein, des sehr chronischen Verlaufes dieser Erkrankung wegen auch dann, wenn vorübergehende Hitze in den Abendstunden, Brennen der Handteller etc. einstellt.

Trousseau behauptet sogar, dass bei der chronischen Cystitis alter Leute um so sicherer auf dauernden Heilerfolg zu rechnen sei, wenn die T.-Oel-Behandlung anfänglich eine Exacerbation der Symptome, wie: Gefühl von Hitze in Urethralund Nierengegend, Zunahme der Empfindlichkeit des etwas mehr aufgetriebenen Hypogastrium bei Druck, Schmerzen in der Blase, Brennen in der Urethra, Strangurie und Ischurie, sowie Vermehrung des catarrhalischen Secretes, nach sich zieht. Ein warmes Bad, copiöses Getränk, eine Emulsion mit Nitrum sind in solchen Fällen Unterstützungsmittel des T.-Oels, mit deren Hülfe sich der Sturm der Erscheinungen bricht.

V. Indem Terpentinöl bei bestehendem *Torpor der Nieren durch Reizung des Parenchyms derselben* bez. der zu letzterem tretenden sen-

siblen Nerven die secretorische Thätigkeit der gen. (zu seiner Elimination
wesentlich beitragenden) *Organe anregt*, wird es zu einem höchst brauch-
baren Heilmittel derjenigen *Wassersuchten*, bei welchen acut-entzündliche
Zustände der Nieren auszuschliessen sind. Indem durch fortdauernd-
copiöse Harnentleerung allmälig eine relative Wasserarmuth des Blutes
erzeugt wird, werden die Saugadern zur Rückaufsaugung in seröse
Höhlen oder in das Unterhautzellgewebe ausgetretener seröser Flüssigkeiten angeregt, und nicht nur Oedeme mannigfacher Art, sondern auch
Hydrothorax, Hydropericardium und Ascites erfahren mehr
weniger andauernde Besserung. Von einer Erfüllung der Indicatio morbi,
bez. Heilung des zu Grunde liegenden organischen Herz- oder Nieren-
leidens (bei bereits bestehender Schrumpfung) wird freilich wohl kaum
jemals die Rede sein können; der Heileffekt bleibt vielmehr auf Beseitigung eines Symptoms beschränkt.

VI. *Als Gährungsvorgänge sistirendes, kleinste krankheiterregende Organismen vernichtendes und desinficirendes* (auch desodorisirendes; vgl. oben
unter IV. *Lungenbrand!) Mittel ist* Terpentinöl — weniger bei uns, als *in
England und Amerika* — bei der Behandlung des gelben Fiebers, wo
Laxirmittel vorweggeschickt werden, bei der Behandlung der Ruhr, der
Cholera (im adynamischen Stadium vgl. oben I. p. 159), namentlich aber
des Puerperalfiebers vielfach verwerthet worden. Dass gen. Oel nach
seiner Resorption oder lokal — indem seine Dämpfe nach Applikation der
üblichen Fomente auf den Unterleib mit den inneren, doch wohl als primärer Locus affect. zu betrachtenden Genitalien in Berührung kommen —
in letzteren Organen oder im Blute enthaltene Krankheitserreger pflanzlichen oder thierischen Ursprungs vernichtet bez. fortpflanzungsunfähig
macht, ist indess experimentell nicht bewiesen.

Eher wird bezüglich der zuerst genannten Infektionskrankheiten schon von
einer Desinfektion des Darminhaltes, mit welcher eine schnellere Vernarbung
bestehender Geschwüre verbunden sein dürfte, die Rede sein können. Daher gelangte
Trousseau durch klinische Untersuchungen über den vielfach gepriesenen Nutzen
des Terpentinöls bei Puerperalfieber zu dem von den Angaben der Autoren
etwas stark abweichenden Resultat, dass es sich in der überwiegenden Mehrzahl der
beschriebenen Fälle gar nicht um Puerperalfieber, sondern um Peritonitis, Perimetritis und Metritis in puerperio gehandelt habe. Hier wirken die T.-Oel-Fomente
auf den Unterleib in der unter III. hervorgehobenen Weise *anästhesirend;* das
innerlich genommene Oel aber könnte dadurch nützen, dass es, während zufolge
des fieberhaften Processes schnell ein Absinken des Blutdrucks wegen verminderter
Herz- und Vasomotorenthätigkeit eintritt und daraus Stasen in den Eingeweiden
folgen, in kleinen Dosen den Blutdruck steigert, die Blutcirculation anregt und die
Wärmeabgabe befördert.

Von den Infektionskrankheiten ist endlich das *Wunderisypel* (Lücke.
Meigs) zu nennen. Die als Ursache der genannten Krankheit erkannten

Kugelbakterien (*Schistomyceten; Orth*) gehen durch den Contakt mit Terpentinöl, welchem man als Adjuvans nach Kaczorawski auf 10 Th. einen Th. Carbolsäure zusetzen kann, zu Grunde. Das T.-Oel wird *in die erisypelatösen Parthien eingerieben*, eine in Bleiwasser getauchte Compresse darübergelegt und der Eisbeutel applicirt; eintretende Adynamie macht (internen) Gebrauch von Ungarwein und Campher nöthig.

VII. Auch ohne Mikroskop wahrnehmbare *Haut- und Darmparasiten* werden durch T.-Oel getödtet. Nicht nur Favus und Mentagra werden durch Vernichtung der sie bedingenden pflanzlichen Parasiten mittelst T.-Oel beseitigt, sondern auch blutsaugende Insekten, wie der Erdfloh in heissen Klimaten, gehen daran zu Grunde. Hiervon abgesehen ist seit Bremser, Clossius und Kämpf T.-Oel als vorzügliches *Bandwurmmittel* erkannt worden. Kämpf liess 24 Grm. gen. Oeles mit Eidotter in 1 *U.* Wasser suspendirt binnen 2 Stunden verbrauchen. Der Zusatz des *stinkenden Thieröls* nach Bremser und Chabert (vgl. *Pharmac. Praep.*) ist eine unnütze Quälerei; 15—20 Grm. T.-Oel, Morgens und Abends genommen, beseitigen Taenien oft, wo alle anderen Mittel im Stich liessen.

VIII. *Als ableitendes*, d. h. *entzündete innere Organe durch Hervorrufung von Hyperämie der Haut oder der Schleimhäute von Blut entlastendes Mittel* wurde Terpentinöl in Form von *Einreibungen*, Fomenten und Klystieren vielfach angewandt. Auch die T.-Oel-Ueberschläge bei Peritonitis (vgl. oben VI.) nützen zum Theil, indem sie als Rubefacientien und Revulsiva wirken. Klystiere von 16 Grm. T.-Oel auf 500 Gerstendecoct sollen den Eintritt der Menstruation befördern.

IX. Die oben bereits erwähnte Neigung des Terpentinöls (Terebens) mit den höheren *Oxydationsstufen des Phosphors unschädliche*, durch den Harn eliminirbare *Verbindungen einzugehen*, stempelt denselben nach Letheby's, Andant's und meinen Untersuchungen zu einem vortrefflichen Antidot des Phosphors. Es muss ungefähr das hundertfache Gewicht des Phosphors an Terpentinöl aufgewandt werden um allen Phosphor in *terpentinphosphorige Säure* zu verwandeln; H. Köhler. Fette (*Milch*) und *fette* Oele sind, weil sie die Auflöslichkeit und somit die Resorbirbarkeit des P. erhöhen, strengstens zu meiden. Man gebe T.-Oel zu 1,0 dispensirt in Gallertkapseln. Zehn bis zwölf der letzteren genügen, vorausgesetzt, dass es sich um Vergiftung mit Streichhölzerinfus, nicht mit der weit mehr P. enthaltenden Phosphorlatwerge handelt, in der Mehrzahl der Fälle. Ist seit der Vergiftung eine längere Zeit als *eilf* Stunden verflossen, so kommt man, weil hier aller Phosphor bereits resorbirt ist, mit dem T.-Oel zu spät.

X. In der Chirurgie hat man vom Terpentinöl und von Terpentinölpräparaten häufig erfolgreich Gebrauch gemacht, um *Flächen in*

Eiterung zu erhalten, bei atonischen und torpiden Geschwüren kräftige Fleischwärzchenbildung zu erzielen, zu desinficiren und zu desodorisiren. Von dem Terpentin enthaltenden, diese Zwecke besonders zuverlässig erfüllenden *Ungt. basilicum* war p. 127 die Rede. Perniones heilen unter dem Verbande mit Oleum Terebinthinae und Ol. petrae āā; dasselbe gilt von Verbrennungen, wo die verbrannten Theile mit Terpentinspiritus abgewaschen und später mit T.-Oel enthaltenden Ungt. basilicum verbunden werden; Kentish. Eccema cruris heilt Beullard durch 5stündiges Fomentiren mit T.-Oel, worauf mit Decoct. Altheae oder Fliederinfus versetzter Bleiessig übergeschlagen wird; über Erisypelas traum. vgl. oben VI. Auch Carbunkel wurden von Thielemann mittelst eines T.-Oel und Campher enthaltenden Liniments angeblich ohne Incision (in 342 Fällen) geheilt. Endlich hat Scinner das T.-Oel als *geruchverbesserndes Mittel bei* Carcinoma uteri [mit Myrrha und Campher] empfohlen.

Man giebt Terpentinöl zu 5—15 Trpf. pro dosi in Gallertkapseln oder in Emulsion mit Vitellum ovi. *Officinelle* und bei uns noch gebräuchliche Präparate sind:
1. Oleum contra taeniam Chaberti: 1 Th. rohes Thieröl mit 3 Th. Terpentinöl zusammen destillirt und 3 Th. abgezogen; *Dosis:* 15—30 Trpf.
2. Sapo terebinthinatus: *Balsam. vitae extern.* Sapo venetus mit Terpentinöl āā 6 Th. und 1 Th. kohlensaurem Kali zu Salbe verrieben.
3. Ol. Terebinthinae sulfuratum: Balsamum sulfuris terebinthin. Schwefelbalsam; Ruland's Balsam; *Universalbalsam; Harlemer Oel:* 1 Th. geschwefeltes Leinöl in 3 Th. Terpentinöl; 5—10 Tropfen in Gallertkapseln (bei Steinbeschwerden); extern zu Einreibungen.

Familie der Leguminosen. Balsamum Copaivae. Copaivbalsam.

Der seit 1648 bekannte Copaivabalsam stammt von *Copaiferabäumen* in Westindien. Die angebohrten Bäume liefern je nach ihrem Alter, ihrem Vegetationszustande, Witterungs- u. a. Einflüssen verschiedene Mengen des in der Regel blassgelben, eigenthümlich riechenden, bitter und scharf schmeckenden und die Consistenz eines fetten Oeles zeigenden — (*daher in Alkohol, Aether, ätherischen und fetten Oelen leicht, in Wasser dagegen gar nicht löslichen*) — Balsams. Die Bestandtheile sind das nach der Formel $C_{20}H_{32}$ zusammengesetzte Gopaivaöl, welches ähnliche toxische Wirkungen wie Citronen- und Terpentinöl auf Thiere äussert und die aus diesem hervorgehende, 40 % des Ganzen bildende und der Hauptsache nach das wirksame Princip des Copaiv-B. darstellende Copaivasäure, welche an Alkalien gebunden im alkalischen Blutserum gelöst erhalten und mit dem Harn (*aus welchem sie durch Salpetersäurezusatz dem Eiweiss täuschend ähnlich in Flocken praecipitirt wird*) aus dem Körper wieder entfernt wird. Sehr wahrscheinlich wird auch das zu 31—80 % im Balsam enthaltene *Copaivaöl im Organismus in Copaivasäure verwandelt,* bez. als *copaivsaures Alkali* in die Blutbahn übergeführt. Wahrscheinlich ist die Lösung der Harz-(Copaiv-)Säure an die Gegenwart gallensaurer Salze im Darmtractus geknüpft. Nach Weikart ist die therapeutische Wirkung des Copaivbalsams dem Harnröhrentripper und der chron. Cystitis gegenüber auf den Contakt der die catarrhalische Schleimhaut bedeckenden Eiterkörperchen mit copaivsauren Alkalisalzen zurückzuführen. Letztere dringen, *indem die Eiterzellmembran die dialysirende Membran bildet, per Endosmosin in das Innere der Eiterzellen, während neutrale und saure Fette letztere per Exosmosin verlassen,* bez. durch die gen. Alkalisalze daraus verdrängt werden. Indem sich gleichzeitig die *Form der Eiterzellen ändert* und dieselben ihrer Fähigkeit, sich durch Kerntheilung u. s. w. zu vermehren, verlustig gehen, verlieren die Blasen und Harnröhrenschleimflüsse ihren specifischen Charakter und werden in Heilung übergeführt. Sofern das Wesen dieses Heilungsprocesses auf der *Modifikation des Inhaltes und der Funktionsfähigkeit der Eiterzellen bei Tripper beruht,* ist, ehe man Copaiv-B. anwendet, auch das suppurative Stadium abzuwarten. Eine Stütze der Weikart'schen Theorie liefert Ricord's Beobachtung, wonach bei 3 mit Tripper behafteten *Hypospadiäen* die Gonorrhöe nur auf dem hinteren von copaivsaures Alkali enthaltendem Urin bespülten Abschnitt der Urethralschleimhaut erlosch, auf dem vorderen dagegen fortbestand, und die Erfahrung, *dass der Tripper beim weiblichen Geschlecht,* wo der Harn, der bedeutenderen Weite der Harnröhre wegen, weit schneller abfliesst als beim Manne, *zu seiner Heilung weit mehr Zeit erfordert, als beim männlichen.*

Ausser den eben geschilderten örtlichen Wirkungen bei ihrer Elimination mit dem Harn, äussert aber die *in die Blutbahn übergegangene Copaivasäure,* auch entfernte, sich in Bauchgrimmen, Brechneigung, Ructus, Schmerz im Epigastrium, Zittern und Schüttelfrösteln äussernde und zu ausgesprochenen Vergiftungserscheinungen mit Blutharnen oder profuser Diarrhöe steigernde Wirkungen, welche mit denen des Copaivaöls, wie: Steigerung der Pulsfrequenz, Kopfweh, Ischurie, Strangurie, bei Verminderung der Diurese, Collaps sich combiniren. *Die Harzsäure treibt den Urin stärker;* bei vielen Kranken entwickelt sich ein *roseolaartiges* Exanthem, *Verdauungsstörungen und Kopfgestionen; die Ausathmungsluft riecht nach Copaivaöl;* C. G. Mitscherlich.

Auch die amerikanischen Wilden haben ihren Tripper und wussten ihn seit Alters durch den Gebrauch des Copaivbalsams zu beseitigen. Von ihren Medicinmännern drang die Kunde von diesem Trippermittel zu den Aerzten der neuen und alten Welt. Während nun die Vorsichtigen unter letzteren den in das suppurative Stadium getretenen Tripper mit 4 Grm.-Dosen (*Morgens 4, Abends 4 Grm.*) Copaivbalsam, welcher zu 2 Th. mit 1 Th. Wachs und 3 Th. Pflanzen- oder Cubebenpulver (vgl. *Cubeben*) oder mit Magnesia calcinata (Balsam 32 Th., Magnesia 28 Th.; Pillulae magistr. Balsami Copaivae; *Codex*) zu Pillen verarbeitet wird, anwenden, glauben Andere, nach Vorgang des Prof. Ribes (1824), welchem ein Patient, der 32 Grm. Balsam auf einmal genommen, sofort vollständig genas, die Gonorrhöe mit möglichst grossen

Dosen C.-B. *so früh wie möglich coupiren zu müssen.* Ein Fortschreiten der durch die irritative Wirkung des Balsams auf der *Urethralschleimhaut* zu Stande gebrachten Entzündung auf den *Blasenhals* und die *Blase* muss hiernach a priori erwartet werden; die Freunde der Schnellkuren leugnen dieses, können jedoch die weitere Thatsache, dass im Vaterlande dieser Kuren *Harnröhrenstrikturen* mit ihren *Consecutivleiden* besonders häufig zur Beobachtung kommen (was schon Richter behauptete) nicht in Abrede stellen. Beim Auftreten sehr starker Reizungserscheinungen liess übrigens auch Ribes lokale Blutentziehungen vornehmen.

Für den inneren Gebrauch des C.-B.'s beliebt ist, namentlich in Frankreich, der Chopart'sche Trank: Rp. Balsam Copaivae, aq. menthae pip., Spirit. vini āā 120 Grm., Spirit. nitrico-aethereus 60 Grm., Aq. florum Aurant. 16 Grm.; dreistündlich einen Esslöffel. Wo wegen unbesiegbaren Widerwillens des Kranken dem Mittel gegenüber oder wegen bestehender hochgradiger Verdauungsstörungen die Einverleibung des C.-Balsams per os nicht gerathen erscheint, kann man sich der *Klystierform* bedienen. Von 8 Grm. pro die ansteigend auf 32 Grm. lässt man mit Eidotter und möglichst wenig Wasser ein Clysma bereiten und täglich einen setzen. Hodenanschwellung contraindicirt dieses Verfahren *nicht;* wo das Rectum sehr empfindlich oder wo schmerzhafte Erection vorhanden ist, setze man etwas *Opium* oder, letzteren Falles, etwas *Campher* zu. Der Pat. muss das Klystier möglichst lange bei sich behalten; Hervorrufung von Diarrhöe durch das Mittel ist zur Sicherstellung des Heileffektes nicht erforderlich; Velpeau. Diese Methode hat beim Tripper des weiblichen Geschlechts besonders gute Resultate geliefert. Man kann auch verschreiben: Rp. Bals. Copaiv. 40 Th., Natr. carbonic. 20 Th., Aq. destill. 940 Th. und davon 75 Theile mit 25 Wasser und 10 Th. Laudanum (vgl. Opium) versetzt auf ein Klystier nehmen lassen; Jeannel. Vielleicht noch vortheilhafter und präciser als Klystiere wirksam sind von Wehner in Lyon angegebene *Suppositorien* mit Balsam. Copaiv. 186, Opij p. 0,38, Butyri Cacao, Cetacei āā 46, Cerae albae 3 M. forment. supposit. No. XII DS. Eines des Morgens und ein Zweites des Abends einzuführen.

Bezüglich des chronischen Harnblasencatarrhs findet alles darüber beim Terpentinöl Angegebene auch auf den Copaiv-Balsam Anwendung; auch bei Cystitis hämorrhagica sah Baizeau vom Copaiv-Balsam Nutzen. Abgesehen von der internen Medikation des Balsams in Form von 0,4 enthaltenden Trochiscen (15—24 Stück pro die; Caudmont) kann man sich auch der Einspritzungen von 2—4 Grm. Balsam per Liter *Leinsamendecoct* als Unterstützungsmittel dieser Kur bedienen; Devergie. Souchier liess die Harnblase mit Gerstendecoct vollspritzen, āā 60 Grm. Cop.-Balsam und Gerstendecoct nachinjiciren und diese Flüssigkeit möglichst lange in der Blase zurückhalten. Als Mittel gegen Lungenblenorrhöen (Nothnagel sah sogar bei Haemoptoe davon Nutzen) und als Diureticum in Wassersuchten ist Copaiv-Balsam vergessen.

Familie der Piperaceen: 1. Cubebae. Cubeben. Schwanzpfeffer.

Die 1305 zuerst als Gewürz in Europa eingeführten und 1818 zuerst (durch Crawford und Adams) als Arzneimittel empfohlenen Cubeben sind die graubraunen, netzrundlichen, gestielten Früchte des in Java und dem indischen Archipel einheimischen *Piper caudatum*, von Grösse eines *Pfefferkorns*, von eigenthümlichem Geruch und brennendem Geschmack. Ihre chemischen Bestandtheile sind 14 % eines aus 2 Kohlenwasserstoffen von der Formel $C_{15}H_{24}$ bestehenden, links polarisirenden, schwach aromatisch riechenden und campherartig-brennend schmeckenden ätherischen Cubebenöls, ein indifferenter, sehr schwer in Wasser und Alkohol (140 Th.), aber leicht in Aether löslicher Stoff (Cubebin), welcher vielleicht zu den *Bitterstoffen* gehört und, wie diese, auf Appetit und Chymusbildung etc. befördernd wirkt. Seine Zusammensetzung entspricht der Formel: $C_{33}H_{34}O_{10}$; Schmidt. Nach demselben Autor liefert das mit Aetzkali zusammengeschmolzene Cubebin das Kaliumsalz der Cubebensäure $(C_{13}H_{14}O_7)$, welche auch präformirt im Schwanzpfeffer enthalten ist. Anlangend die Wirkungen dieser Körper, so findet alles über das *Verhalten der Copaivasäure zu den Eiterkörperchen* Angegebene auch auf die demnach ebenfalls erst im suppurativen Stadium des Trippers indicirte Cubebensäure Anwendung.

Das *Cubebin ist* nach Schmidt *der Gonorrhöe gegenüber wirkungslos, und gilt dasselbe* nach Bernatzik vom *Cubebenöl*, welches nach Schmidt die Verdauung beeinträchtigt. Die Anwendung der Cubeben als Antidyspepticum (auch von der Dyspepsie abhängigen Schwindel sollten sie heilen — daher der Name *Schwindelkörner* — und das Gedächtniss stärken (?)) war daher nichts weniger als rationell. *Die Cubebensäure ist somit das im Schwanzpfeffer wirksame Princip,* welches in zu grossen Gaben genommen (10 Grm.!) Aufstossen, Wärmegefühl im Epigastrium, Temperatursteigerung, Blähungen und *Harnzwang* hervorruft und sowohl in den Faeces, als im Harn wieder aufgefunden wird. Die von Trousseau acceptirte Hypothese: Copaivbalsam und Cubeben heilten den Tripper dadurch, dass sie eine *substitutive Entzündung* der Harnröhrenschleimhaut, mit deren Bestehen dasjenige der Gonorrhöe unvereinbar sei, erzeugten, ist durch Nichts erwiesen. Zwischen der Ueberführung der Gefässerschlaffung und Dilatation in den entgegengesetzten Zustand und der einer Entzündung vorweggehenden und ihr Wesen begründenden Hyperämie ist ein ebenso himmelweiter Unterschied wie zwischen Beseitigung vorhandener Stase und Hervorbringung von Entzündung — Begriffen, welche sich geradezu gegenseitig ausschliessen. Indikationen und Formen des Gebrauchs der Cubeben sind die hier nicht noch einmal zu wiederholenden des Copaiv-Balsams.

Cubeben gelten als leichter *zu vertragen, wie Copaiv-Balsam*, und sind (*wie dieser*) sowohl zur Coupirung frisch entstandener Gonorrhöen, als zur Vorbeugung des Nachtrippers empfohlen worden. Vorsichtige und rationelle Aerzte lassen auch hier, um das Auftreten von Hodenanschwellungen oder gefahrdrohender Congestionen zu Hirn und Lungen zu vermeiden, das acute, entzündliche Stadium des Urethralschleimflusses vorübergehen, ehe sie Cubeben verordnen. Nach Trousseau geschieht dieses am besten, indem *1 Stunde vor dem Mittagessen 4 Grm.*, um *sechs Uhr*

Abends ebenfalls 4 Grm. und um zehn Uhr vor dem Schlafengehn ein *drittes Mal 4 Grm.* genommen werden.

Klystiere aus 8 Grm. auf 160—190 Grm. Flüssigkeit (nach Velpeau) und *Latwergen* aus Schwauzpfeffer und Honig leisten weniger, als dasselbe Mittel in Pulver- oder Pillenform. Den Pillen setzt man auch wohl Copaivbalsam zu.

Ausser gegen Tripper wurden Cubeben (wie Copaivbalsam) auch gegen Leukorrhöe, chronische Cystitis und in neuester Zeit gegen Croup von Trideau empfohlen. Ueber den Nutzen letzterer Behandlungsweise gehen uns eigene Erfahrungen ab. Dosis vom Pulvis Cubebarum: 1—3—16 Grm.; Extractum Cubebarum (1 Consist.); alkoholisch-ätherisches Extrakt; Dosis: 0,3—1,0. Cubeben sind auch in den Sp. pro cucuphis enthalten.

2. Matico. *Matthäuskraut; Injection Matico;* Grimauld.

Matico, von *Piper rediculatum, P. aduncum,* L. und *P. lanceaefolium* in den Vereinigten Staaten, Neu-Granada und Südamerika stammend, wurde als Mittel gegen Tripper und Blutungen durch den Marinearzt Dr. Ruschenberger in Amerika und durch Dr. Jeffreys in Europa bekannt. Ein Matthäus genannter Soldat soll die Blutung aus einer im Kriege empfangenen Wunde dadurch gestillt haben, und hiernach der die Blätter liefernde Strauch Matico oder „yerba del soldado" benannt worden sein; Maisch. Die in kugelförmigen Packeten im Handel vorkommenden, mit sehr prominenten Blattnerven versehenen, blass-saftgrünen, lanzettlichen, vielfach zerbrochenen *Blätter riechen theils nach Cubeben, theils nach Minze* und enthalten grünes Maticoöl, ein Harz und nach Guibourt: *Kupfer.* Versuche damit fehlen gänzlich. Matico wird als *„Injection Matico"* von Grimauld gegen Tripper, Blähungen und als Aphrodisiacum empfohlen und etwas charlatanmässig ausgebeutet. Extractum Matico, mit 30% Alkohol ausgezogen, wird *zu Pillen* (0,2 pr. dosi) verarbeitet.

Familie der Umbelliferen: 1. Radix Levistici. Liebstöckelwurzel.

Die Wurzel von *Ligusticum Levisticum* enthält ein ätherisches Oel. über dessen Wirkung exakte Versuche durchaus fehlen. Liebstöckel ist ein beliebter Bestandtheil diuretischer Species und *soll ausserdem den Auswurf befördern;* daher ehemals Bestandtheil des Elixir pectorale regis Daniac. Zum Infus verordnet man 15 Grm. auf 180 Colatur.

2. Semina Petroselini. Petersilie. Zilie.

Die graugrünlichen Zwillingsfrüchtchen von *Petroselinum sativum,* welche grüngelbliches, dünnflüssiges, erst *zwischen* 160 und 170° C. *siedendes Oel enthalten.* Letzteres ist als in *Campher* gelöster *Petersiliencampher* zu betrachten (Löwig) und tödtet wie andere ätherische Oele Ungeziefer. Petersiliensamen wird infundirt als Thee oder Aqua petroselini als Menstruum für Darstellung harntreibender Saturationen mit Acetum squillae etc. angewandt; Krukenberg.

Apiol von Homolle und Joret ist eine farblose, ölige, bei —12° nicht erstarrende Flüssigkeit, welche aus der alkoholischen Tinctur des Petersiliensamens bereitet wird, in Wasser unlöslich ist, sich leicht in Alkohol, Chloroform und Aether löst und ein spec. Gewicht von 1,078 haben muss. Es wirkt wie andere ätherische Oele und *beeinflusst die Grosshirnfunktionen stark*. Ausserdem soll es *emmenagoge Eigenschaften* besitzen. Dosis: 0,2—0,3 pro die; fast obsolet.

Anhangsweise sind noch folgende wenig untersuchte und mehr oder weniger in Vergessenheit gerathene Pflanzenmittel, weil sie immer noch in der Pharmakopöe figuriren, kurz anzuführen:

a. Radix caricis arenariae von Carex arenaria, Sandgriesgraswurzel; zu Abkochungen 20—50 Grm.

b. Radix Chinae; von Smilax China; ganz obsolet; trotzdem in der Pharm. German.; dieselbe Dosis.

c. Herba Cochleariae. Löffelkraut von Cochlearia offic. (Crucifer.); enthält Myronsäure, Harz, Extractivstoffe. Aus 8 Th. frischen blühenden Krauts werden unter Zusatz von āā 3 Theilen Weingeist und Wasser vier Theile abdestillirt: *Spiritus Cochleariae*, nur noch zu Mundwässern.

d. Radix Ononidis spin.; Hauhechelwurzel; von Ononis spinosa; Leguminos.; eine vielköpfige, holzige, 1—2' lange, 4—6''' dicke, unten verästelte und faserige Wurzel. Dieselbe wird gern diuretischen Kräutern zugesetzt, enthält *Ononin* (*Glukosidkörper*), *Anocerin* etc. und liefert:

Species ad decoctum lignorum. Holzthee.

4 Th. Guajakholz (vgl. p. 141) und āā 2 Th. Rad. Bardanae und Ononidis spinosae werden nebst aa 1 Th. Radix liquirit. und Lignum Sassafras geraspelt und untereinander gemischt; z. Thee.

e. Lignum Sassafras von Laurus Sassafras. Fenchelholz; enthält ätherisches Oel und wird daher den eben genannten Kräutern am besten sub finem coctionis zugesetzt. Soll Harn und Schweiss treiben (im Aufguss zu 30—60 Grm.); vgl. auch Species ad decoctum lignorum.

f. Herba Spilanthis oleracei Parakresse; von Spilanthes oleraceus; enthält ätherisches Oel; eine ehemals gegen Zahnweh und Scorbut als Kaumittel gerühmte, gegenwärtig als Zusatz zu diuretischen Kräutern kaum noch verordnete Drogue.

VI. *Mittel, welche das Gebiet der den weiblichen Geschlechtsapparat (Uterus und benachbarte Theile) versorgenden Vasomotoren in erster Linie beeinflussen.*

Unter den Mitteln dieser 6. Unterabtheilung: Summitates Sabinae und Folia Rutae, welche (sofern mit Hülfe derselben eine so hochgradige Hyperämie der *Uteringefässe* erzeugt wird, dass bei Schwangeren Abortus erfolgt) immerhin für den sie verordnenden Arzt *etwas Ominöses* haben, ist ohnstreitig ersteres, als Pellens auch dem Laienpublikum bekannt, welches die Sadebaumspitzen in ihren Wirkungen durch Zusatz schwarzer (*Schmier-* oder *Kali-*)*Seife* zu verstärken meint, das wichtigere. Von der Ruta wird weniger zu sagen sein. Wir beginnen mit der

Familie der Coniferen. Summitates Sabinae. Sadebaumspitzen; von *Juniperus Sabina*. Sie sind *nicht mit Thuja occident. zu
verwechseln* und stellen die jungen, noch krautartigen Blätter und Zweige
des gen., bei uns gemeinen und vielfach cultivirten Strauches dar. Die
immergrünen Blätter sind paarweise, gegenständig und dicht übereinander-
stehend in der Weise angeordnet, dass sie den Stengel mehr oder weniger
bedecken und nur selten mehr schuppenförmig über einander gerückt
erscheinen. Klein und nadelförmig, sitzen sie mit der breiteren Basis
dem dadurch vierzeilig erscheinenden Stengel dicht an, oder stehen, wenn
sie die Länge von $1\frac{1}{2}'''$ erreicht haben, pfriemenförmig von ersterem ab.

In einer *an der Rückenfläche jedes Blättchens belegenen Oeldrüse* ist (zu
10%) das blassgelbe oder farblose, durchdringend riechende, gewürzhaft schmeckende,
auf der Zunge brennende, leicht in absolutem Alkohol und Weingeist lösliche Sadebaumöl enthalten, welches mit Jod in Berührung kommend unter Detonation ver-
pufft und für Thiere eines der giftigsten ätherischen Oele darstellt. Dasselbe *geht
in Blut, Urin und Exspirationsluft* über; C. G. Mitscherlich.

Aber auch beim Menschen erzeugt das auf die Haut gebrachte
Sadebaumöl Brennen, Röthe und Blasenbildung. Schon mittlere Dosen
stören die Verdauung, bewirken Acceleration des Pulses und häufige
Entleerung nicht selten blutigen Urins, sowie copiösen Abgang der
Menses zur Zeit derselben. Grosse, meist von Fruchtabtreibern benutzte Dosen haben noch weit gefährlichere Folgen, wie: Congestionen
zu inneren Organen, Magenschmerz, Unwohlsein, Nausea, Erbrechen,
Diarrhöe, Abgang blutiger Faeces und blutigen Urins etc., und ziehen
bei Schwangeren Abortus nach sich. Müssen dergleichen Frauen ihr
Verbrechen mit dem Tode büssen, so weist die Obduktion Entzündung
des Darms, des Bauchfells und der Gebärmutter nach. Die Leibesfrucht
geht apoplektisch zu Grunde.

Nur bei Dysmenorhöe und Menostasie *unverheiratheter oder wenigstens
ungeschwängerter Frauenzimmer*, welche unter heftigen Schmerzen zur Zeit der Menses
nur wenig dunkles, klumpiges Blut entleeren oder abwechselnd bald sehr stark,
bald sehr schwach menstruirt sind, lässt sich der Gebrauch der Sabina verant-
worten.*) Dass Sadebaumöl durch Hervorrufung von starken Contraktionen der
Uterinmusculatur auch Uterinblutungen stille, ist von Wedekind und Aran
behauptet worden. Gegen Constitutionskrankheiten, wie Syphilis, Gicht etc. und
als Wurmmittel wendet man Sabina längst nicht mehr innerlich an; die Dosis ist
0,3—0,6 pro die.

Eher wird Sabina hin und wieder noch *extern als Aetzmittel auf
breite Condylome* und indolente Geschwüre applicirt; Campher neben der

---

*) von Schroff heilte einen Fall von durch Menostasie bei einer dreissig-
jährigen, unverheiratheten Frauensperson bedingter Manie durch Sabina in kurzer
Zeit. Mit Beseitigung der Amenorrhöe wich auch das consecutive Leiden.

abina ist beliebt. Als hautröthendes Mittel ist das Sadebaumöl mit
Recht verpönt. Zu äusseren Zwecken dient noch Ungt. Sabinae, 1 Th.
Sabina-Extrakt auf 9 Th. Ungt. cereum. Letzteres Extrakt, mit Wasser
und Weingeist $\overline{aa}$ bereitet, (von 2. Consistenz) wurde ehemals zu 0,03—0,15
(0,21) pro dosi und 1 Grm. pro die verordnet.

Familie der Rutaceen. Folia Rutae; Rautenblätter; von
Ruta graveolens.

Dieses gegenwärtig nur noch selten angewandte Mittel gaben die Hippokratiker
schon um die Menses hervorzurufen oder (vgl. Sabina) um Metrorrhagien zu heben. Auch
die Raute enthält ein chemisch als Methylcaprinol zu bezeichnendes ätherisches Oel: $C_{10}H_{10}(CH_3)C$, welches, wie das der Sabina, bei *Applikation auf die
Oberhaut Röthung der letzteren hervorruft* und als Infus (der frischen Rautenblätter)
innerlich genommen *bei Schwangeren*, unter Schmerz im Epigastrium, Erbrechen, Entzündung und *Anschwellung der Zunge, Salivation, Kolik, Fieber, Durst, Schwindel,
Paresis, Gesichtsstörung, Pupillencontraktion, Delirien und Somnolenz* bedingt und
nach 24—72 Stunden den Abortus herbeiführt; Buchner, Hélie. Bei Obduktionen
fand man die Residuen der Enteritis mit besonders starker Blutüberfüllung der Uteringefässe vor. Das im Allgemeinen nach Art der Mittel 4. Ordnung, theils entzündlich
reizend auf den Darmtractus, theils excitirend und später paralysirend auf die Nervencentralorgane wirkende Rautenöl beeinflusst hiernach, wie das vielleicht noch intensiver wirkende Sadebaumöl, die Vasomotoren der weiblichen Genitalien und diesen
benachbarter Organe. Wie mittelst Sabina könnte man, was selten geschieht, *torpide
Amenorrhöe und von heftigen Schmerzen begleitete Dysmonorrhöe*, sowie die hiermit häufig Hand in Hand gehenden Darmkrämpfe und Koliken hysterischer
Frauenzimmer durch ein Rauteninfus von 8—16 Grm. (fr.) Blätter beseitigen.
Rautenöl setzte man ehemals Klystieren bei Windkolik zu. Das Mittel ist in jeder
Beziehung — auch als die Haut röthendes — entbehrlich. Endlich ist Rautenöl
auch in der Arquebusade (vgl. *Rosmarin* p. 138) enthalten.

Familie der Umbelliferen. Gummi-resina Asa foetida.
[*Laser oder Laserpitium*]; Teufelsdreck.

A. f. ist *der aus in die Wurzel gemachten Einschnitten ausgetretene,*
an der Luft getrocknete und mit einer Art von Spatel abgekratzte, röthlichbraune Massen darstellende, in der Wärme erweichende und knoblauchartig
riechende *Milchsaft von Ferula Asa foetida*, welcher auf den Bergen
von Chorosan und Laer (*Persien*) gesammelt wird und über Bombay zu
uns gelangt. Mit Wasser vermischt giebt Asa foetida eine Emulsion und
wird auch von Weingeist nur unvollständig gelöst.

Sie enthält Harze, krystallinische Ferulasäure ($C_{10}H_{10}O_4$) und zwei *schwefelhaltige ätherische Oele:* (C_6H_{11}) 2 S und $C_6H_{10}S$; Hlasiwetz und Barth. Es
ist fraglich, ob Asa f. bei Gesunden überhaupt andere Befindensänderungen, als
Uebergang des ätherischen Oels in die Exspirationsluft (weshalb schon Aristo-
phanes die Perser in seinen „*Rittern*" verspottete), *den Schweiss, die Faeces* und
den Harn, und häufige Ructus hervorbringt; Trousseau und Pidoux; Semmer. Jörg
wollte dagegen bei einigen seiner Versuchsgenossen Kitzel an der Glans penis und
bei den Genossinnen *vorzeitigen Eintritt der Menses* nach Asa f. beobachtet haben.

Diese Angaben sind indess keinesweges wie die negativ lautenden Semmer's durch exakte Versuche gestützt. Daher muss es jedem Praktiker überlassen bleiben, ob e Glaubensseligkeit genug besitzt, sich zu der Lehre zu bekennen, dass A. foetid recht wohl *den unter physiologischen Bedingungen befindlichen Organismus nich augenfällig beeinflussen, bei krankhafter Innervation desselben dagegen*, wie wi solche bei Hysterischen statuiren, *vielleicht durch Hervorrufung von Reflexen gün stige Wirkungen auf das Allgemeinbefinden äussern könne*, womit ihr Nutzen gegei *Krämpfe hysterischer Damen* erklärt sei.

Wer sich mit empirischem Material begnügt, möge das Mittel gegen Krämpfe hysterischer und nichthysterischer Personen, Amenorrhöe und davon wieder abhängige Kolik, Trägheit des Darms und Flatulenz versuchen. Weil nach Asa f.-Gebrauch die Secretion der auf der Lungen mucosa ausmündenden Drüsen bez. bei Catarrhen die Expectoration ver mehrt werden soll (Uebergang des Oels in die Exspirationsluft legt allerdings eine Elimination des Asa-Oels von der genannten Schleimhaut nahe), wurde der Teufelsdreck in Verbindung *mit anderen die Heraus beförderung der Sputa erleichternden Mitteln*, i. B. den Ammoniakalien. der Lobelia u. s. w. gegen chronische Lungencatarrhe alter Per sonen mit stockendem Auswurf, mit Dyspnoe und Neurosen der Athem sphäre, wie Asthma und Keuchhusten, empfohlen: ein Heilmittel (*sogen. Antispasmodicum*) von völlig unbekannter Wirkung gegen nicht minder räthselhafte und in ihrem Wesen unerklärte Krankheiten. Laronde liess Kindern bei Keuchhusten Klystiere aus Asa f. und Chinin — welches auch per os eingeführt diese Krankheit in vielen Fällen abkürzt und bessert (*man vgl. Chinin*), setzen. Auch die Erklärung M. Hall's, dass Asa foetida-Oel auf die peripheren motorischen Nerven wirke und durch Paralysirung derselben *Nachlass bestehender spasischer Contraktion der Muscularis der Bronchi* bedinge, dürfte zum Verständniss der behaup teten durch Asa f. erlangten Heilerfolge dem Asthma, dem Keuchhusten etc. gegenüber wohl kaum ausreichen.

Man verordnet Asa foetida am besten in Form der mit Gelatine überzogenen Globules f. zu 0,1—0,6. Auf ein Klystier mit Oel oder Eigelb versetzt rechnet man 4—8 Grm. Asa f. Officinell sind:

1. Tr. Asae foetidae (1 Asa f. auf 5 Weingeist); Dosis: 10—30 Tropfen. und

2. Aqua antihysterica Pragensis: Baldrian und Zedoaria āā 16. Asa f. und Mentha pip. āa 12, Galbanum, Serpyllum (vgl. p. 139) und römische Camillen āā 8 Th., Myrrha 6, Angelica 4, und Castoreum 1 Th. werden mit 150 Th. Alkohol digerirt. 300 Theile Wasser zugefügt und davon 300 Th. abdestillirt; theelöffelweise. Ueber Empl. foetidum vgl. G. r. Ammoniacum p. 173.

Gummi resina Ammoniacum. Ammoniakgummi; von *Dorema Ammoniacum.*

Gelbbräunliche oder bräunliche unter sich zusammenklebende oder einer bräunlichen Masse eingemengte Körner, fettglänzend, zuweilen milchweiss, in der Wärme schmelzend, von ekelhaft bitterem Geschmack und durchdringendem Geruch. Die chemischen Bestandtheile sind Harz und 0.4 °/₀ eines nach Przeciszewski schwefelfreien ätherischen Oeles. Der eben genannte Dorpater Forscher sowohl, als Trousseau und Pidoux konnten bei Gesunden nach Einverleibung des Ammoniacumöles *keinerlei Befindensveränderungen* constatiren. Die älteren Autoren stellen, was mit dem eben Bemerkten gut übereinstimmt, Ammoniakgummi der Asa foetida an die Seite, *lassen ersteren Krämpfen gegenüber minder wirksam sein, dagegen die Gefässthätigkeit mehr beeinflussen* und *sowohl Absonderung, als Resorption mehr anregen*, wie den Teufelsdreck.

Seitdem die krankhaften Vorgänge im Organismus an der Hand der pathologischen Anatomie sorgfältiger beleuchtet und auf die durch Einführung von Arzneikörpern gesetzten Veränderungen gründlicher eingegangen zu werden pflegt, hat auch das Ammoniakgummi das die übrigen Gummiresinosa betroffene habende Schicksal der nach Obigem nicht ganz unverdienten Vernachlässigung erfahren. Ein Mittel, welches unter Umständen gar keine Wirkungen äussert, darf besondere Hochschätzung, selbst wenn ausgezeichnete Kliniker, wie Delioux de Savignac, es wieder zu Ehren bringen wollen, nicht beanspruchen. Die Empfehlungen derselben gegen Hämorrhoidalbeschwerden, Anschwellungen der Unterleibsorgane, Gicht, Gelb- und Wassersucht sind daher vergessen.

Am ehesten ist gen. Mittel noch im Stande, *bei chronischen Lungenblenorrhöen*, Emphysem der Lunge mit vermehrter Schleimsecretion dann günstig zu wirken, wenn diese Krankheiten den Charakter des Torpors an sich tragen und jede febrile Aufregung fehlt. Aeusserlich wirkt Ammon. als *Hautreiz* und wird in *der Volksmedicin zur Zertheilung torvider Drüsengeschwülste* oder von Anschwellungen der Mammae, Hoden, Gelenke, oder endlich zum Verband kalter Abscesse in Form von Pflastern wie *E. diachylon compost.* (vgl. Galbanum und Blei), E. Meliloti (vgl. *Melilotus* p. 139) und E. oxycroceum (vgl. *Galbanum* p. 174) angewandt. Officinell ist ausser diesen noch:

1. Emplastrum ammoniaci, Ammoniakpflaster: aus gelbem Wachs und Fichtenharz aa 2 Th., Ammoniakgummi 3 Th., und Galbanum 1 Th. (in 3 Th. Terpentin gelöst) bestehend; und

2. Emplastrum foetidum: Stinkpflaster; *Schmucker'sches* Pflaster: 3 Th. Asa foetida, 1 Th. Gummi ammoniacum und aa 2 Th. Wachs, Fichtenharz und Terpentin.

Die Dosis des Ammoniakgummis *pro usu interno* ist 0,7—4,0 Grm. in gelatinirten Pillen.

Gummi-resina Galbanum. Mutterharz; *von Ferula erubescens.*

Bräunlich-gelbe, leicht in der Wärme auseinanderfliessende, stinkende, *mit Umbelliferensamenfragmenten beklebte Massen*, welche aus schwefelhaltigem Harz, einem ätherischen, dem Terpentinöl isomeren Oel und einem

saurem, Schwefel enthaltenden (wie die eben genannten beiden Bestandtheile keinerlei Befindensänderungen hervorrufenden) zweiten ätherischen
Oel bestehen; Semmer. *Nach älteren Angaben vermehrt G. den Blutgehalt der Uteringefässe* — daher: *Mutterharz.*

Gegenwärtig wird Galbanum nur noch äusserlich zu Pflastern angewandt und
ist hierbei zu bemerken, dass es so stark hautreizende Eigenschaften besitzt, dass
man sich vor *Applikation dieser Pflaster auf mit zarter Haut bekleidete Parthien, wie Hodensack und Mammae, hüten muss, um nicht zu Blasenbildung Anlass zu geben.* Zur Zertheilung intumescirter Drüsen (E. de Galbano croc. oder E.
oxycroceum mit Empl. saponatum āā), zum Verband eröffneter Abscesse, Panaritien,
etc., wenn die Secretion dicken Eiters einer mehr wässrigen Platz macht, sind die
nachstehenden Mutterharzpflaster, welche *sich ihrer Kostspieligkeit wegen freilich
vielfach verbieten,* wohl geeignet. Galbanum ist in der Aqua antihysterica enthalten.

Officinelle Praeparate:

1. Emplastrum de Galbano crocatum: 24 Th. Galbanum und 1 Th. Crocus
werden mit dem aus 24 Th. einfach. Bleipflaster, 8 Th. gelb. Wachs und 6 Th.
Terpentin bestehenden Pflastercoustituens zusammengeschmolzen; theuer!

2. Emplastr. Lythargyri compst. s. diachylon compst. Zugpflaster;
Zug-Diakel; Gummi ammoniacum, Galbanum, Terpentin aa 2 Th. mit 2 Th.
E. diachylon simplex (vgl. Blei) und 3 Th. gelbem Wachs zusammengeschmolzen.

3. Emplastr. oxycroceum. Oxycrozpflaster. Je 2 Th. Ammoniak, Galbanum, Olibanum Mastix und Myrrha, sowie 1 Th. Crocus werden mit dem aus āā
6 Th. Colophon, Fichtenharz und gelbem Wachs bestehenden, geschmolzenen Pflasterconstituens innig vermischt.

*VII. Mittel, welche in erster Linie auf die zu den Centralorganen des
Nervensystems gehenden vasomotorischen Nerven influenciren und dadurch
(während ihnen die allgemeinen Wirkungen ätherischer Oele eigen sind)
die Funktionen der Nervencentren modificiren.*

Die Mittel dieser letzten Unterordnung haben, wie sich schon aus
ihrem allgemeinen physiologischen Charakter ergiebt, das gemeinsam, dass
sie *die Hirnfunktionen beeinflussen.* Eine excitirende und nachher deprimirende Wirkung auf das Gefässnervencentrum, wie beim Campher,
dem Paradigma dieser Reihe von Mitteln, kann, sofern letztere auf die
dem Sitz dieses Centrum zunächst belegenen Bezirke von Vasomotoren
influenciren, an denselben am wenigsten auffallen.

Nächst dem Hirn ist meistens die *Medulla oblongata* mit den in ihr enthaltenen *Centren* (Athem-, Krampfcentrum etc.) und in vielen Fällen, wie bei den chemals als Excitantien zusammengefassten Medicamenten überhaupt (*man vgl. p. 111 ff.*),
das Rückenmark in Mitleidenschaft gezogen. Das *Herz* kann bei Warmblütern,
wie beim Campher, entweder unbetheiligt bleiben, oder secundär *auf dem Wege des
Reflexes* Modifikationen seiner Thätigkeit erfahren. Das Beispiel des Camphers
lehrt wieder in überzeugendster Weise, wie sehr diejenigen in die Gefahr Fehl-
schlüsse zu begehen gerathen, welche das unter Anwendung toxischer Gaben
eines Mittels an Fröschen Beobachtete auf den Menschen und auf die medicamen-

tösen Wirkungen des Medicaments zu übertragen versuchen. Obenan steht unter den hier zu betrachtenden Mitteln seiner Wichtigkeit wegen der von der

Familie der Laurineen gelieferte Camphor, Camphora; Kampher, Japancampher. Der Campher ist das von dem Bäumchen Camphora officinarum (Cochinchina, südöstl. China, benachbarte Inseln, Japan) gelieferte *Stearopten* eines wohl ursprünglich sauerstoffreien, begierig Sauerstoff aufnehmenden *ätherischen Oeles* und hat die durch die chemische (*empirische*) Formel $C_{10}H_{16}O$ ausdrückbare Zusammensetzung.

Durch Auskochen der den Campher oft in krystallinischer Form enthaltenden Pflanzentheile und Auffangen der sich mit den Wasserdämpfen verflüchtigenden C.-Partikeln in einem mit Stroh gefüllten sehr primitiven Helm wird der Rohcampher gewonnen*) und durch wiederholte Sublimation gereinigt. So vorbereitet kommt er in kuchenförmigen, concav-convexen, weissen, körnig-krystallinischen, zähen Massen mit glänzendem Bruch, eigenthümlich starkem, bestürzendem Geruch und bittrem, nachher kühlendem Geschmack im Handel vor. Kleine Campherstückchen schwimmen mit stark rotirender Bewegung auf dem Wasser. An der Luft verflüchtigt sich Campher bei gewöhnlicher Tagestemperatur; angezündet verbrennt es mit russender Flamme. In Wasser ist C. schwer, in Alkohol, Aether, Chloroform, Benzin, Schwefelkohlenstoff etc. dagegen leicht löslich. *Durch oxydirende Mittel wird Campher* in Camphorsäure $C_{10}H_{16}O_4$, welcher besondere Wirkungen abgehen, verwandelt; von seinen Substitutionsprodukten hat der Monobromcamphor ($C_{10}H_{15}BrO$) medicamentöse Anwendung gegen Delirium tremens erfahren; Deneffe.

Das Studium der *toxischen Wirkungen* des Camphers *auf Frösche*, bei denen Rückenmarks- und Grosshirnfunctionen eher, als die bei Warmblütern zuerst gelähmte Medulla oblongata afficirt werden (weswegen die bei letzteren nie fehlenden rhythmischen Convulsionen**) — bei Winterfrösten wenigstens — in Wegfall kommen), bei denen ferner, während die Muskeln erregbarer werden, die peripheren motorischen Nerven frühzeitig der Paralyse unterliegen, und bei welchen endlich, ganz wie beim Calabar (vgl. p. 98) eine so *intensive Reizung der musculomotorischen Herzganglien* bez. des Herzmuskels resultirt, dass weder Muscarin, noch Vagus- oder Sinusreizung diastolischen Herzstillstand hervorzurufen vermag, genügt für Erklärung des am Menschen zu beobachtenden *nicht*

---

*) Der von Dryobalanops Camphora (Dipterocarpeae) stammende sogenannte Borneocampher hat, weil er seines hohen Preises wegen nicht zu uns kommt, kein Interesse für uns. Er enthält Campheröl ($C_{10}H_{16}$), aus welchem der Campher: $C_{10}H_{16}O$ (ein Aequivalent H mehr, als der Laurineencampher enthaltend) hervorgeht; Pelouze. Durch Liegen an der Luft geht ersterer in Laurineencampher über.

**) deren Sitz, weil sie nach Trennung von Medulla oblong. und Rückenmark fortfallen, die M. oblongata etc. ist.

nur nicht, sondern kann höchstens Verwirrung schaffen. Bei Warmblütern haben kleine Gaben Campher im Allgemeinen Excitation, Zu-
nahme der Pulsfrequenz und Fliessen des Blutes in stärkerem Strome
zur Folge. Constant sind auch diese Erscheinungen nicht, indem
C. Wiedemann bei Katzen zwar *Zunahme des Blutdrucks* zufolge
Reizung des Gefässnervencentrum (*merkwürdigerweise nach vor der
Camphorbeibringung bewirkter Vagusdiscision ausbleibend*), *jedoch keinerlei
Aenderung der Frequenz und des Rhythmus der Herzschläge nach Ein-
verleibung von Campher constatiren konnte.* Die Empfänglichkeit für die
Campherwirkung ist indess jedenfalls ebenso bei Warmblütern, wie beim
Menschen individuell verschieden. So allein ist es erklärlich, dass Baum
schon nach Beibringung nicht-toxischer (allerdings die Temperatur herab-
setzender) Gaben Campher während des Lebens *stärkere Action* und
*nach dem Tode längeres Erhaltenbleiben der Erregbarkeit des Herzens bei
Thieren* wahrnahm, und dass wir oft genug Gelegenheit gehabt haben, bei
Patienten mit Collaps oder bedeutendem Daniederliegen der Herzthätigkeit (jüngst bei einem Typhösen zufolge der Anwendung von 10 Grm.
Natrum salicylicum) nach kleinen, oder vielmehr sogar minimalen
Camphordosen die Herzcontractionen kräftiger und *den Puls deutlicher
fühlbar, weniger weich und wegdrückbar und regelmässiger werden* zu
sehen. Mag somit bezüglich der Herzwirkung des Camphers immerhin
die Regel gelten, dass kleine Dosen excitirend (wenn überhaupt!),
grosse dagegen deprimirend wirken (was Wiedemann bei Katzen
ebenfalls nicht bestätigt fand), so kommen andererseits doch auch Fälle
vor, wo nach kleinen Gaben C. zufolge starker *Reizung des Ductus naso-
trachealis* oder der sensiblen Magennerven (Mayer und Przibram) *per
reflexum* Herzvagusreizung, *also Verlangsamung der Herzpulse*, eintritt,
oder wo bei Einbringung grosser Gaben Camphor per os (in Pulverform)
durch Erzeugung *entzündlicher Reizung der Magenschleimhaut durch die*
damit in Contakt kommenden *kleinen Campherpartikeln febrile* Aufregung
und somit Acceleration des Pulses resultirt. Aus der keinesweges
seltenen Existenz der Ausnahmen von obiger Regel ergiebt sich, dass
das Verhalten des Pulses für die Charakterisirung der Wirkungen kleiner
oder grösserer Dosen Camphor überhaupt nicht verwerthet werden kann.

Weit mehr hat es mit der Wirkung des C. auf die Nervencentralorgane bei grösseren Warmblütern und beim Menschen auf sich. Bei
beiden können wir nach Dosen über 0,5 Grm. unterscheiden:

a. ein Stadium der Unruhe oder Excitation, während dessen
das Gesicht geröthet, der Blick starr, die Augen glänzend (*wie bei bestehenden Hirncongestionen!*) erscheinen, die Buchstaben beim Lesen
gleichsam vor den Augen tanzen, Ohrenklingen, Unsicherheit des

Ganges, Schwindel, Hyperästhesien vorkommen und eine Art Trunkenheit etc. besteht;

b. ein Stadium der unter heftigem Geschrei auftretenden,
rhythmischen, von der M. oblongata ausgehenden Convulsionen, während welcher *Verwirrung der Ideen, Delirien,* Raserei, Tanz-
wuth, Bewusstlosigkeit, *Hin- und Hertaumeln,* Ansichziehen aller in der
Umgebung befindlichen Gegenstände besteht, häufig die Herzaction de-
primirt, oder bei erzeugter Entzündung der Magenmucosa [*durch C. in
Stücken*] fieberhaft aufgeregt erscheint (Trousseau), die Ausathmungsluft deutlich nach Camphor riecht; und

c. ein Stadium des Erlöschens der Reflexe — stets nach
Gebrauch sehr grosser toxischer Dosen Campher —, während dessen die
Motilitäts- und Sensibilitätsparalyse complet wird, die Leitung durch das
Rückenmark aufgehoben ist, die *Augen gegen Lichtreiz unempfindlich*
und die *Pupillen erweitert sind,* die Haut mit klebrigem Schweiss bedeckt
ist, beständig schmerzhafter *Drang zur Entleerung* eines klaren, bisweilen nach Campher riechenden *Harns* empfunden wird, *Sopor* mit
Krampfanfällen, Trismus und *Tetanus* abwechselnd auftritt, und unter
tiefem Schlaf allmälige Rückkehr zum Bewusstsein und zur Norm, oder
unter Wiederkehr epileptiformer Paroxysmen apoplektischer oder asphyktischer Tod (durch die bekannten Obduktionsbefunde erhärtet) erfolgt.

Im Depressionsstadium werden Athmung und Puls im Allgemeinen, d. h. wenn nicht lokale Entzündung der Schleimhaut des Tractus
intest. zu Stande gekommen ist, langsam, die Nase etc. fühlt sich kalt
an und die Temperatur sinkt auch objektiv nachweislich herab.

Wird die Dosis von 0,5 Grm. nicht erreicht, sondern 0,03—0,3 Grm. C. gegeben, so kommen im Allgemeinen *die flüchtig-erregenden Wirkungen* der Aethereo-
oleosa (vgl. p. 111 ff.) auf die Kreislaufs-, Athmungs- und Hirnfunktionen, die secretorischen Drüsen u. s. w., deren Analyse in den Prolegomenis zur 4. Ordnung gegeben
worden ist, zur Beobachtung. Nur die Temperatur soll, falls nicht Gastroenteritissymptome (vgl. oben) das Bild der Campherwirkung verdunkeln, regelmässig absinken. Die Darmperistaltik erfährt Beschleunigung, es erfolgt Aufstossen oder Abgang von Blähungen, die Haut bedeckt sich, während sich das Gesicht röthet, mit
Schweiss, und die Harnentleerung wird vermehrt. Doch finden auch hierin bedeutende individuelle Verschiedenheiten statt, so dass kleinere Dosen bald gar keine
Befindensänderungen bedingen, bald in der angegebenen Richtung prompt und energisch wirken. Ausserdem ist jedoch die Intensität der Wirkung nicht nur von der
individuellen Empfänglichkeit, sondern auch von der Menge Campher, *welche beim
Durchgange desselben durch die Blutbahn in ein saures, krystallinisches und nach*
C. Wiedemann's Untersuchungen *stickstoffhaltiges Derivat verwandelt wird,*
Campherwirkungen also nicht entfalten kann, abhängig. Ist sie gross, so fehlt
nach Einverleibung kleinerer Gaben der Camphergeruch der Ausathmungsluft, des
Harns und des Schweisses gänzlich, und auch grössere Dosen C. wirken selbstver-
ständlich unter diesen Bedingungen zuweilen *nicht* in dem Maasse toxisch, als

man erwarten sollte. Leider ist über die chemische Natur des Campherderivates zur Zeit durch Analysen Genaueres nicht ermittelt, wie denn überhaupt betreffs der Campherwirkung, *namentlich kleinerer Dosen*, auf Hirn, Herz und Gefässnervensystem, deren Funktionen zuerst gesteigert und später gelähmt werden, erst die Anfänge einer physiologischen Prüfung vorliegen. Mehr als über die entfernten ist über

β. die örtlichen Wirkungen des Camphers bekannt geworden. Der *Oberhaut* und *den Schleimhäuten* gegenüber documentirt sich dieselbe als eine *ziemlich stark reizende*. Auf die Oberhaut eingerieben verursacht Campher Stechen, Brennen und Erythembildung, bei subcutaner *Injektion Röthung und Schmerzhaftigkeit der Injektionsstelle* und bei Applikation auf die blossgelegte Cutis heftige Schmerzen. Auf *Schleimhäute* wirkt C. reizend bis zur *Entzündung*. Im Munde und auf der Zunge erzeugt C. *von Kältegefühl gefolgtes Brennen*, nebst reichlicher Absonderung von Speichel und Schleim; nach halbstündigem Contakt resultirt Hitze und Entzündung, und dem völlig analog verhält sich der Magen nach Einführung von Campher in Pulverform, wonach es zu *Gastritis mit Geschwürsbildung* unter den Erscheinungen von Brennen im Schlunde, Erbrechen, Durst, Hitze- und Kältegefühl, Schmerz im Magen, Fieber etc. kommen kann. Bei mit Campher vergifteten Thieren sind Magengeschwüre durch die Obduktion ebenfalls nachgewiesen worden. Endlich sind noch einige Bemerkungen über

γ. die elementaren Wirkungen des Camphers nachzutragen. *Campher verhindert die Umsetzung organischer Materie*, welche auf der Thätigkeit protoplasmatischer Fermente beruht, und wird dadurch zu einem energischen *gährungs- und fäulnisswidrigen Mittel*; Binz. Nach Binz und Scharrenbroich sistirt C. wie das Chinin (?) die amöboiden Bewegungen der weissen Blutkörperchen. In welcher Weise C. die histologischen Elemente der Muskeln, der Nerven und des Blutes beeinflusst, ist z. Z. völlig unbekannt.

Indikationen des Camphergebrauchs.

Von wie grosser praktischer Wichtigkeit auch die Kenntniss der nach zu grossen Gaben Campher zur Beobachtung kommenden Vergiftungs-Erscheinungen sein mag, so würde dieselbe demohnerachtet doch mehr schaden als nützen, wenn man (von dem oben ausgesprochenen Grundsatze, *dass kleine Campherdosen excitiren, grosse dagegen deprimiren*, ausgehend) der Vorstellung Raum gäbe, dass, um die Indikationen der grossen Gaben zu erfüllen, *letztere auf eine der toxischen äusserst nahe kommende Grösse gesteigert werden müssen*. Hiervon kann, wie die zahlreichen durch Missbrauch der Raspail'schen *Camphercigaretten* verursachten, gefährlichen *Vergiftungen* beweisen, nicht ernst genug gewarnt werden. Wo Campher indicirt ist, wirken schon sehr kleine Gaben (0,1—0,3 auf 150—180 Wasser), von alten Praktikern als „*Aura camphorae*" bezeichnet, excitirend und leisten bei *Collaps* und *asthenischem Fieber* mindestens eben so ausgezeichnete Dienste wie

die Ammoniakalien oder die Mittel aus der Dreckapotheke: Moschus und Castoreum, wie ich selbst auf die Gefahr hin, in den unverdienten Verdacht ein Lobredner der Homöopathie zu sein zu gerathen, auf zahlreiche am Krankenbett gesammelte Erfahrungen Bezug nehmend, versichern kann. Anderseits äussern mässige,
grössere Gaben, etwa 2—3 Decigramm, deprimirende, sedative und selbst hypnotische Wirkungen. Nach diesen uns wohl am Platze erscheinenden Vorbemerkungen
gehen wir zur speciellen Betrachtung

A. *der Indikationen kleiner Campherdosen* über.

Einigermaassen übersichtlich zusammengestellt sind dieses folgende:

a. **Anwendung des Camphers als die Funktionen der Nervencentralorgane und des Herzens flüchtig belebendes Mittel.**
Diese Indikation ist eine der wichtigsten und erfüllt C. dieselbe in Fällen

1. *von Collaps*, welcher sich sowohl im Verlaufe schwerer Infektions-
oder lokalisirter Krankheiten, z. B. Typhus, Pneumonie, als auch während
der Reconvalescenz von solchen ganz plötzlich entwickeln und, z. B. während der Kranke den Nachtstuhl benutzt, den Tod herbeiführen kann. Hier
leistet Campher, hauptsächlich wohl *auf dem Wege des Reflexes und
vielleicht auch durch functionserhöhende Einwirkung auf die cardiotonischen
Nerven bez. den Herzmuskel*, Ausgezeichnetes. Man verbindet ihn hier
gern mit anderen erregenden Mitteln, namentlich Wein; vgl. Vinum
camphoratum.*)

2. *Bei asthenischem Fieber (Adynamie)*, wie solches sich nicht nur
bei Typhus, namentlich bei Petechialtyphus (als welcher wohl manche sogenannte Pestepidemie des Mittelalters aufzufassen ist), sondern auch bei
Febris remittens, bei maligner, larvirter Intermittens, bei den mit
der Eruption zögernden acuten Exanthemen: Variola, Scarlatina, Morbilli,
beim Erysipelas und bei lokalisirten Entzündungen, wie **Pneumonie.**
Perimetritis und **Puerperalfieber**, herausbildet — die Prognose
im concreten Falle sehr stark trübend —, kann der Gebrauch kleiner
Camphergaben in Wein oder als Emulsion nicht genug empfohlen
werden. Möglich, dass Campher in derartigen Fällen als direktes Antipyreticum wirkt (vgl. oben Baum), möglich auch, dass seine *desinficirenden Eigenschaften* dabei zur Geltung gelangen, wobei zu erinnern,
dass die zymotischen Krankheitsprocesse vielleicht Analogien mit Fäulniss-
vorgängen darbieten, jedoch weit davon entfernt sind mit solchen zu-
sammengeworfen zu werden. Hierfür spricht schon die Thatsache, dass
ein durchaus nicht fäulnisswidriges und desinficirendes Mittel, wie das

---

*) Selbstverständlich ist Campher aus gleichen Gründen auch in nicht von
Fieber begleiteten Zuständen, z. B. grosser Schwäche der Herzcontraktionen nach
profusen Blutungen oder bei zu vermuthender Fettentartung des Herzens bei Säufern, dringend angezeigt.

Natrum salicylicum, beim Typhus, Febris hectica etc. so ausgezeichnete antipyretische Wirkungen äussert. Hier sind häufiger (*stündlich*) gereichte kleine Gaben Campher (*Aura camphorae der Alten*) am Orte und ersetzen Moschus u. s. w. in der Regel vollständig.

b. Als mit der Exspirationsluft von der Lungenmuscosa wieder ausgeschiedenes und hierbei voraussichtlich die Circulations- und Secretionsverhältnisse der genannten Haut modificirendes Mittel ist der Campher vielfach bei mehr chronisch verlaufenden *Pneumonien mit stockendem Answurf bei alten Leuten oder bei Potatoren, wenn Lungenödem droht*, empfohlen worden. Man verbindet ihn hier nach dem Vorgange älterer Kliniker mit Mineralkermes (vgl. *Stibium*), oder legt grosse Vesicatore auf die Brust und lässt Plumb. acetic. zu 0,015 ¦mit Campher nehmen; Traube. Von anderen Seiten sind Klystiere mit 4 Grm. Campher erfolgreich angewandt worden. Besonders ist noch der oft sehr hartnäckigen Bronchitiden, welche als Nachkrankheiten der Masern auftreten und häufig mit catarrhalischer Pneumonie nur schwer auseinander zu halten sind, zu gedenken; hier verbindet man Campher mit Stibium sulph.-aurant. und setzt erst wenn C. den Dienst versagt dem Schwefelantimon Moschus zu. Endlich verdienen an dieser Stelle Bronchitiden mit asthenischem Charakter Erwähnung. Die Annahme Raspails, dass dem Asthma zu Grunde liegende kleinste krankheiterregende Organismen durch den Campher seiner viel angepriesenen Cigaretten vernichtet werden, hat wohl weniger für sich, als die oben ausgesprochene Voraussetzung, dass Campher hier auf dem *Wege des Reflexes* oder durch Vermehrung des Blutgehaltes der Lungen- und Kehlkopfmucosa wohlthätige Wirkungen äussere. Die Behauptung, *dass C. vor allen anderen sogenannten excitirenden und expectorirenden Mitteln bei chronisch entzündlichen Affektionen der Lungen deswegen, weil er unter keinen Umständen Acceleration, vielmehr weit eher Retardation der Athmung bedinge, den Vorzug verdiene, schwebt so lange, als uns Experimente über die Beeinflussung der Respiration durch kleine Gaben Campher gänzlich abgehen, lediglich in der Luft.*

c. Als desinficirendes, fäulnisswidriges Mittel wird Campher vorzüglich äusserlich angewandt; vgl. unten! Wir können somit zu

B. *den Indikationen grösserer Gaben Campher*

übergehen. Unter diesen sind zu nennen:

d. die Anwendung des Camphers, um bei bestehender Ischämie der Nervencentralorgane und deren Hüllen den Blutreichthum genannter Theile zu vermehren und somit unter Erfüllung der Indicatio causae die von der Anämie abhängigen secundären, chronischen Krankheiten: wie Lähmungen, Neuralgien, Convulsionen und Neurosen, wie: Chorea und Epilepsie, zu beseitigen. Campher wirkt bezüglich der *Vermehrung des Blutgehaltes* der Nervencentren dem *Strychnin* analog und dem Ergotin und Atropin (vgl. diese), welche Ischämie der genannten Centra erzeugen, schnurstracks entgegengesetzt. Gerechtfertigt ist indess diese Anwendung des Camphers in den genannten Fällen nur dann, wenn jede Spur von activer Hyperämie fehlt. *Die Prognose gestaltet sich besser, wenn die genannten Affektionen zugleich auf rheumatischer oder gichtischer Basis ruhen und in der Ableitung auf das Hautorgan* (durch Campher bewirkter Diaphorese) *ihre normale Entscheidung finden* oder mit *sexuellen Ausschweifungen in ursächlichem Zusammenhange stehen;* v. Schroff. Erhöht wird der Effekt des Camphers in der genannten Richtung noch dadurch, dass letzterer, freilich nur in fast toxischer Dosis,

e. reflexherabsetzend wirkt und somit bei Krankheiten, welche (wie Epilepsie, Chorea, Tetanus) durch abnorme Vermehrung der Reflexerregbarkeit charakterisirt sind, Nutzen schaffen muss. Die Wirkung der grossen Gaben Campher ist jedoch der individuellen Empfänglichkeit und der Differenzen wegen, welche in den beim Durchgange durch die Blutbahn höher oxydirten und somit nicht zur Wirkung gelangenden Mengen dieses Arzneikörpers bestehen, eine im Allgemeinen so wenig zuverlässige, dass derselbe gegenwärtig in den genannten Fällen meist durch andere Mittel ersetzt wird.

f. Von der deprimirenden Wirkung grosser Camphergaben auf Hirn- und Rückenmarksfunctionen gilt das Nämliche.

Gegen Manie, Delirium tremens und andere Psychosen leistet C. weniger, als das den C. völlig überflüssig machende Chloralhydrat mit oder ohne Bromkalium- oder Morphiumzusatz. Nur der Anwendung des Camphers gegen Priapismen, Satyriasis, Nymphomanie, die reizbare Schwäche beim Beginn der Tabes dorsalis und Chorda bei Tripper wird immer wieder aufs Neue, z. B. jüngst von John Harley, welcher die deprimirende Wirkung genannten Mittels bestätigt fand, das Wort geredet. Die mildeste Application des Camphers in derartigen Fällen war die des damit gefüllten Säckchens auf die Pudenda: des „Camphorsäckchens", welches, jedenfalls einen sehr verdächtigen Geruch um das Corpus delicti verbreitend, *vor Pollutionen schützen sollte.* Bei Nymphomanie, Satyriasis etc. liessen Locher und v. Schroff 2,5 Grm. pro die in Essig gelöst nehmen; Auenbrugger liess bei Furor uterinus die Kranken in die Zwangsjacke stecken und ihnen ausserdem noch die Hände festbinden, reichte Campher in grossen Gaben und bedeckte die Genitalien mit erweichenden Cataplasmen. Um analgesirend und anästhesirend zu wirken, bedarf es so grosser und gefährlicher Dosen Campher, dass dieser zu Gunsten der subcut. Morphin- und Atropininjektionen zur Zeit als gänzlich verlassen betrachtet werden darf. Endlich ist

g. die Anwendung grosser Gaben Campher bei Vergiftungen mit Substanzen, welche, wie Opium, Belladonna, eine
hochgradige Depression der Hirn- und Nerventhätigkeit nach
sich ziehen, zu nennen. Gubler empfahl Campher gegen Can-
tharidenvergiftung.

Aeusserlich wird Campher *als erregendes, ableitendes, fäulnisswidriges bez. desinficirendes Mittel* gebraucht. Vielfach sind noch *Cam-
pherräucherungen* und Einreibungen mit *Campherlinimenten* gegen
Ischias, Lumbago etc. gebräuchlich; auch bei Distorsionen und Quetschungen wird geschmiert. *Kräutersäckchen mit Campher*zusatz werden
auf intumescirte Drüsen, z. B. bei Parotitis pseudom., gequetschte Theile,
bez. die grossen Labien post partum, applicirt. Auch gegen Perniones
und Erysipelas wurde C. gerühmt. Bei rheumatischem Zahn-
oder Ohrenschmerz schob man C., in Watte verpackt oder mit Oel
und Wachs zu Pillen geformt (*Pinter'sche Ohrenpillen*), als Ableitungsmittel in den äusseren Gehörgang. Alles dieses ist indess dem Nutzen
welchen Campherverband bei schlecht secernirenden, jauchenden, gan-
gränösen Wunden und Geschwüren, i. B. dem serpiginösen
Chanker, bringt, gegenüber von geringem Belang. Hier wird das Scrotum gehörig gelagert bez. durch zusammengelegte Handtücher unterstützt
und der Penis so lange mit *in Campherwein getauchten Compressen* verbunden bis Heilung erfolgt, bez. das Brandige abgestossen worden ist.

Pharmaceutische Präparate:

1. Camphora trita in Substanz (in Wachspapier), in Pulver- oder Pillenform
oder in Emulsion: um excitirend zu wirken zu 0,03—02 Grm., um sedativ zu wirken zu 0,5—0,8 Grm. (vgl. übrigens oben p. 181). Grosse Dosen in Pulverform
irritiren den Magen; besser daher Emulsion.

2. Spiritus camphoratus: 1 Campher in 7 Weingeist mit 2 Th. Aq. destillata. Dosis: 10—20 Tropfen; bei Collaps 1—2 Theelöffel in heissem Thee
oder Grog.

3. Vinum camphorat., Kampherwein: āā 1 Th. Campher und Gummi ara-
bicum werden verrieben und in 48 Th. Weisswein gelöst, trübe; beliebtes Ver-
bandmittel.

4. Oleum camphoratum: 1 Campher, 9 Th. besten Olivenöles; zu Emulsionen.

Ueber die Campherlinimente vgl. Ammoniakpräparate p. 120; über Ungt.
cerussae camph., Empl. fuscum camphorat.: E. noricum vgl. Blei. *Campher* ist
ausserdem auch in Tr. opii benzoica, Spiritus Angelicae compst., der Plenck'schen
Solution und dem Ungt. ophth. compst. (vgl. Quecksilber) enthalten.

Camphorartige mehr oder weniger obsolete Mittel.

Familie der Aristolochiceen. Radix Serpentariae; *virginische Schlangenwurzel.*

Die dünnen gelbgrauen Wurzelfasern des höckerigen, gewundenen Rhizoms von *Aristolochia serpentaria* mit baldrianartigem Geruch und scharf-gewürzhaftem, campherartigem Geschmack.

Unter den Bestandtheilen ist nur ein gelbes, ätherisches Oel bestimmt ermittelt, aber physiologisch nicht geprüft; über das Aristolochin, einen angeblichen Bitterstoff, weiss man noch weniger. Das Mittel, ehemals gegen asthenische und Wechselfieber, sowie gegen putride Anginen (in Amerika) nach Art des Camphers gerühmt, war den indianischen Medicinmännern, welche es gegen Schlangenbiss anwandten, entlehnt und ist zur Zeit um so mehr mit Recht verlassen, als irgendwie brauchbare Versuche über seine physiologischen und therapeutischen Wirkungen nicht existiren. Dosis: 0,6—1,8 zum Infusum (10—20) 150—200. Serpentaria ist im *Theriak* (vgl. *Opiumpräparate*) enthalten.

Familie der Myrthaceen. Oleum Cajeputi. *Cajeputöl. Kajuputöl.*

Das im gereinigten Zustande farblose, aber auch grün gefärbte und kupferhaltige Kajuputöl stammt von Melaleuca minor, einem auf den Molukken einheimischen Bäumchen.

Physiologisch ist dasselbe nicht geprüft. Es riecht stark campherartig und wird nur noch höchst selten zu 1—3 Tropfen auf Zucker gegen Koliken und Tympanites genommen. In der Volksmedicin gilt es, auf Watte in den hohlen Zahn oder den äussern Gehörgang gebracht, als Antontalgicum und Taubheit heilendes Mittel. Kajuputöl ist ebenfalls ganz obsolet und nur noch ein offic. Bestandtheil der *Pillulae odontalgicae* (vgl. *Opium*).

Familie der Synanthereen: 1. Flores Arnicae; *Wohlverleiblüthen.* Radix Arnicae.

Die mit Harz - oder Balsamgängen versehenen, einfachen oder 2—3theiligen Rhizome und die dottergelben, mit haarförmiger, scharfer, zerbrechlicher Haarkrone versehenen Blüthen von *Arnica montana*, in welchen ein gelblich-braunes ätherisches Oel, der indifferente Stoff *Arnicin* und Harz, nachgewiesen ist.

Nach den wenig stichhaltigen, älteren Versuchen mit in die Vene gespritzten Arnicainfusen an Thieren von Viborg und Hertwig, und den Selbstversuchen von Jörg's Schülern sind der Arnica (*Oel! Arnicin?*) im Allgemeinen die Wirkungen der Mittel 4. Ordnung eigen. Doch reizt Arnica, innerlich genommen, die Magen-Darmschleimhaut sehr und erzeugt in grösseren Gaben Hyperämie der Lungen, der Baucheingeweide, des Hirn- und Rückenmarks. Die Hirnfunctionen werden alterirt, Kopfweh, unruhiger von Träumen unterbrochener Schlaf und Mattigkeit stellen sich ein. Auf die Haut applicirt erzeugt Arnica Jucken, Brennen und geringe Röthe, aber keine Blasenbildung; innerlich genommen Vermehrung der Nieren- und Schweiss-

secretion. Sofern Arnicainfus und Tinctur bei unvorsichtigem internem Gebrauch
wiederholt zu Vergiftungen Anlass gegeben haben, ist es umsomehr geboten diesen
Gebrauch zu verpönen, als über die Entstehungsweise der durch Arnica bedingten
Narkose, Mydriasis und Störung der Herzthätigkeit auf dem Wege des exakten Experiments nichts ermittelt und vielmehr Alles darüber sowohl, als über die *therapeutischen Wirkungen* des gen. Mittels Mitgetheilte auf Hörensagen beruht.

Man wendet Arnica daher kaum noch innerlich (Infuso-Decoct aus
10—15 Grm. pro die) an, und bedient sich der T i n c t u r a   A r n i c a e
(1:10) zu Einreibungen bei Quetschungen. Distorsionen, traumatischen
Lähmungen und Neuralgien (*mit Bleiwasser, oder Kornschnaps* verdünnt) nur noch äusserlich.

Dorfpastoren und sages femmes glauben dadurch in ebenso ausgedehntem
Maasse alle äusseren Schäden beseitigen zu können, als man ehedem in dem innerlich
genommenen Arnicainfuse eine Art von Universalmedicin gegen alle möglichen inneren
Krankheiten erblicken wollte. A. wird vielfach als Species für Umschläge von Wunden
und Quetschungen gebraucht; *von Aerzten wird sie selten verordnet.*

2. Radix Artemisiae. *Beifusswurzel.*

Die 1—2 Mllmtr. dicken, cylindrischen Nebenwurzeln der durch fast
ganz Europa verbreiteten Composite: *Artemisia vulgaris.* In der mit
Harzgängen durchsetzten Rinde ist ein ätherisches Oel enthalten. Der
Artemisiacampher wurde von den asiatischen Eroberern so hoch geschätzt,
dass unterworfene Völkerschaften ihren Tribut, wie anderwärts in Borneocampher, in demselben bezahlen mussten. Ueber die chemischen Bestandtheile der Beifusswurzel ist wissenschaftlich ebensowenig Bestimmtes
ermittelt, als über die physiologischen Wirkungen. Von H u f e l a n d,
B u r d a c h und jüngst wieder von Caspari ist gen. Wurzel empirisch
als *Antiepilepticum* bewährt gefunden worden. N o t h n a g e l sah Nutzen
von der Anwendung derselben nach B u r d a c h's Vorschrift in Fällen von
Epilepsie bei an Amenorrhö oder sonstigen Störungen im sexuellen Ap-
parat leidenden Frauen. Es werden 30—40 Grm. in Warmbier möglichst
heiss in der Bettlage getrunken, die hiernach eintretende starke Diaphorese gut abgewartet und dieses Verfahren mehrfach wiederholt.

Familie der Valerianeen: Radix Valerianae minoris, *Baldrianwurzel.*

Die 1,5″ langen und 1‴ dicken, graubraunen Wurzelfasern von
V a l e r i a n a   officinalis L., welche stark *nach Baldriansäure riechen.*
bitter schmecken beim Kauen Brennen erzeugen und 0,4—0,8 $^0/_0$
blassgelbes, dünnflüssiges, beim Stehen braun und dickflüssig werdendes.
sauer reagirendes, wie die Wurzel riechendes und gewürzhaft-brennend
schmeckendes ätherisches Oel (aus welchem B a l d r i a n c a m p h e r :

$C_6H_{10}\Theta$ resultirt), Baldriansäure ($C_6H_{10}O_2 + H_2\Theta$), Harz und zwei Gerbsäuren (Czyrniansky) enthalten. Ihre Wirkung auf das centrale und periphere Nervensystem verdankt die Valeriana dem ätherischen Oele, nicht der Baldriansäure; Rabuteau, Strübing.

Nach letzterem *hat* Einverleibung von Baldrianöl, *wonach ausserdem die Zahl der weissen Blutkörperchen zunehmen soll* (Binz), *Verminderung des relativen Werthes der Phosphorsäure, bez. Phosphate des Harns, zur Folge.* Im Uebrigen wirkt Baldrianöl, wenn auch nicht besonders intensiv, in der die Mittel 4. Ordnung im Allgemeinen charakterisirenden Weise. Bei Gesunden beeinflusst B. das Allgemeinbefinden überhaupt wenig, und auch *von Kranken, bez. Epileptikern*, welche Herpin täglich 100—300 Grm. (*in Summa oft* ½ *Centner*), ohne dass es zu Vergiftungserscheinungen kam, nehmen sah, scheint dieses zu gelten. Nur bei Anwendung sehr grosser Gaben äussern sich Kopfweh, Schwindel, Ohrensausen, Uebelkeit, Ziehen längs der Wirbelsäule und Kriebeln in Händen und Füssen.

Dass somit neben dem Rückenmark, *dessen Reflexfunction so herabgesetzt wird, dass mit wiederholten kleinen Gaben Baldrianöl vergiftete Thiere bei nachfolgender Strychnisirung keinen Tetanus bekommen* (v. Grisar) *und höchstens*, was auch vom Terpentinöl gilt, *unter fibrillärem Muskelzucken sterben*, das Grosshirn den Angriffspunkt der Baldrianwirkung bildet, kann um so weniger einem Zweifel unterliegen, als geradezu Beobachtungen, wo Kranke bei der fraglichen Behandlung Hallucinationen, namentlich *Gesichtshallucinationen* (wie der *Kranke Barbier's v. Amiens,* welcher den halben Krankensaal in hellen Flammen stehend zu sehen vermeinte) zeigten, von zuverlässigen Beobachtern mitgetheilt worden sind. Das Wie dieser Nervenwirkung, bezüglich derer wohl nur die Reflexherabsetzung (als in Reizung der Reflexhemmungscentra begründet) eine wissenschaftliche Erklärung gefunden hat, bleibt freilich ebenso räthselhaft wie das Wesen der Hysterie und Epilepsie, gegen welche Krankheiten B. seit Fabius Columna's Zeiten in zahlreichen Fällen Hülfe geleistet haben soll. Namentlich gegen Hysterie ist der Gebrauch der Baldriantincturen bei Frauenärzten beliebt; ob indess der angebliche Nutzen dieses Mittels gegen Hysterie lediglich auf der durch das Baldrianöl erzielten *hochgradigen Herabsetzung der Reflexthätigkeit* beruht, oder ob bei Einführung kleiner Dosen gleichzeitig die auch durch andere äth. Oele bewirkte *Verminderung der Sensibilität neben Vermehrung der Peristaltik und der Esslust* in Betracht kommen, lassen wir dahingestellt. Von acuten Krankheiten sind es die wiederholt genannten zymotischen und lokalisirten, welche mit *asthenischem Fieber* verlaufen und sich ausserdem *mit krampfhaften Symptomen compliciren* (Typhen, larvirte Intermittenten); von chronischen Nervenkrankheiten, welche *Hyperästhesien und Krampferscheinungen in vorwaltendem Maasse* darbieten und mit abnorm gesteigerter Reflexerregbarkeit ver-

knüpft sind, sind es die Hysterie, Hypochondrie und Neurosen
wie Epilepsie, welche zu einem Versuch mit Valeriana auffordern, deren
Effect freilich mit dem des Bromkalium und Chloralhydrates wohl kaum
den Vergleich aushalten dürfte.

Als Koliken beseitigendes Mittel ist Baldrianinfus besonders *Kindern
in der Dentitionsperiode* (wo namentlich Baldrianklystiere fast immer
sofort Ruhe und Schlaf bringen) zu empfehlen. Ganz besonders ist zu
betonen, dass es — *abweichend von den übrigen ätherischen Oelen — von
Kindern gut vertragen wird.* Viele schlaflose Nächte können Müttern
und Kindern erspart bleiben, wenn vor dem Schlafengehen dem Säuglinge ein halbes Tassenköpfchen schwachen Baldrianthee's mit dem Löffel
eingeflösst wird. Endlich gehört hierher der *Zusatz der Valeriana zu
Wurmmitteln,* um die von Helminthen abhängigen Koliken und Krampferscheinungen zu sistiren. Empirisch ist B. von Trousseau gegen
Schwindel (*Vertige essentiel*) und Diabetes insipidus empfohlen
worden. Man verordnet 4—30 Grm. R. Valerianae pro die; zum Infus:
20—40 Grm. auf 150; für ein *kaltes Infus:* 5—10 auf 250—400 Grm.
zum Getränk; auf 1 Klystier: 8—15 Grm. (als Infus).

Pharmaceut. Präparate:

1. Oleum Valerianae aethereum; äth. Baldrianöl; Dosis: 1—3 Trpf. auf
Zucker.

2. Aqua Valerianae, 10 Th. Destillat von 1 Th. Wurzel; thee- und esslöffelweise.

3. Tr. Valerianae, Baldriantinctur; 1 Baldrian mit 5 Weingeist ausgezogen; 20—50 Trpf.

4. Tr. Valerianae aetherea. Aetherische Baldriantinctur; wie 3., aber mit
Spirit. aethereus; Dosis: dieselbe.

5. Extr. Valerianae. Baldrianextrakt; mit Wasser und Weingeist bereitet;
Consistenz 2. Dosis: 0,5—2,0.

Valeriana ist im Theriak (vgl. Opium), in der *Aq. antihyst.* und im Spiritus
Angelicae compst. enthalten.

XVII. Anhang zur 4. Ordnung.

Durch trockene Destillation organischer Substanzen künstlich dargestellte (empyreumatische) ätherische Oele.

1. Creosotum. Buchenholztheerkreosot.

Das 1832 von Reichenbach unter den Produkten der trocknen Destillation
des Buchenholztheers entdeckte Kreosot stellt eine ölige, farblose, allmälig gelblich
werdende Flüssigkeit von starkem, empyreumatischem Geruch dar. K. ist in 100 Th.
Wasser und gut in Alkohol und Aether löslich. Eine Eisenchloridlösung wird auf
Zusatz von K. nicht blau und verändert erst auf Alkoholbeimischung ihre Farbe in

grün; K. siedet bei 203° und wird bei −20° noch nicht fest; dasselbe ist eine Mischung von *Guajakol* ($C_7 H_8 O_2$), *Kreosot* ($C_8 H_{10} O_2$), *Carbolsäure* und *Kressylalkohol* ($C_7 H_8 O$). Jahre lang wurde dem Buchenholztheerkreosot *Carbolsäure substituirt.*

In der conservirenden, fäulnisshindernden Wirkung ($x\varrho\acute{\epsilon}\alpha\varsigma\text{-}\sigma\acute{\omega}\zeta\omega$) kann Kreosot in der That nicht nur die jetzt viel gebräuchlichere Carbolsäure ersetzen, sondern übertrifft die letztere sogar. Dosen von 2,5 K. tödten Kaninchen und Katzen unter frühzeitiger, grosser *Athemnoth, Herabsetzung der Herzthätigkeit und Lähmungen.* Krämpfe wie bei Carbolsäureintoxikation fehlen; das *Blut* wird *durch Kreosot dickflüssiger und coagulabler* — eine zweite Differenz der Carbolsäure gegenüber, welche das Kreosot an Giftigkeit bei weitem übertrifft — Ummethun; Th. Husemann. Mit einer blutenden Stelle in Berührung gebracht hebt Kr. durch Coagulation der Eiweisssubstanzen die Blutung. Kreosot zerstört das Epithel der Oberhaut; Schleimhäute werden dadurch unter Weissfärbung stark corrodirt; *auf die Zunge gebracht erzeugt Kr. Schmerz;* sodann tritt *Salivation* ein und es kommt zu Nausea, Erbrechen, Leibschmerz und Diarrhöe. Kleine Dosen Kr. längere Zeit genommen sollen *Obstipation* erzeugen; Corneliani. Der *Puls wird nach Kreosotbeibringung frequenter.*

Abgesehen von der coagulirenden ist die Wirkung des Kr. auf das Blut ganz unbekannt. Kreosot ist für *Nerven wie Muskeln ein heftiges Gift;* auch den Herzmuskel paralysirt es; es beeinflusst nach der Resorption die Nervencentra, indem es Kopfweh, Schwindel und Eingenommenheit des Kopfes erzeugt. Die Respiration wird danach retardirt und mühsam; Kr. ist in der Exspirationsluft enthalten; die Diurese wird dadurch stark angeregt.

Kreosot wurde ehemals häufig in Form der *Aqua Binelli* als blutstillendes Mittel gebraucht. Im Uebrigen fallen seine Indikationen mit denen der Carbolsäure (vgl. diese) zusammen. Ehemals wurde es gegen eine sehr grosse Zahl von Krankheiten als Panacee gerühmt; davon hört man nichts mehr. Es wird in *kleinen Dosen gegen Durchfälle kleiner Kinder* und *nervöses Herzklopfen* empfohlen. Aeusserlich dient es bei *cariösem Zahnschmerz* auf Watte in den cariösen Zahn eingebracht, um das freiliegende Nervenende zum Absterben zu bringen. Man giebt es noch selten zu $^1/_2$—4 Tropfen in schleimigem Vehikel oder in Pillenform. Zu Injektionen bei Blutungen dienen 2 Trpf. auf 150 Grm. Wasser, zu Salben 8 Grm. Kr. auf 60 Fett; zu Klystieren 25 Trpf. per Kilo Flüssigkeit.

Officinell ist noch Aqua Creosoti; 1 in 100 Th. Wasser; trübe; zu Umschlägen auf schlecht secernirende Wunden, bei Knochen-Caries; bei Blutungen.

2. Acetum pyrolignosum. Acid. pyrolignosum Holzessig.

Der bei trockner Destillation besonders harter Hölzer resultirende
Holzessig ist der Hauptsache nach Methylalkohol ($CH_4\Theta_2$) $1^o/_o$, Essig-
säure 6—8 $^o/_o$, Brenzkatechu- und Ameisensäure mit Kreosot.
Er vereinigt die Wirkungen des letztern mit denen der Essigsäure.

Berres 1821 pries ihn gegen eine grosse Zahl von Nerven- und Hautkrankheiten, Schleimflüsse, Gangrän, Caries. Gegenwärtig ist er ganz obsolet. Dosis:
2,0—8,0 im 20fachen Vol. Wasser oder Schleim.

3. Oleum animale foetidum. Thieröl.

Das nach dem Entdecker desselben, Dippel (1673—1733), welcher es für das
Lebenselixir hielt, benannte stinkige Thieröl resultirt bei der trocknen Destillation
thierischer Gewebe, wie Knochen, Klauen, Haare, Horn etc., und besitzt, ehemals
fälschlich auf einen Blausäuregehalt zurückgeführte toxische Eigenschaften. Letztere
verdankt das Dippel-Oel vielmehr den darin von Werber jun. nachgewiesenen
und (neben Nikotin) auch im Tabaksrauche vorkommenden, sogenannten Pyridin-
basen: *Pyridin* ($C_{10}H_5N$), *Picolin* ($C_{12}H_7N$), *Lutidin* ($C_{14}H_9N$), *Collidin*
($C_{16}H_{11}N$) u. s. w., welche in erster Linie auf Hirn und Rückenmark wirken.
Somnolenz, Convulsionen und Lähmungen hervorrufen und anscheinend *das Herz
nicht beeinflussen*. Rectificirtes Thieröl muss farblos bis hellgelb sein. Es riecht
penetrant wie Pfeifenschmirgel und wirkt nicht nur auf kleine Thiere, sondern auch
auf den Menschen toxisch.

Die früheren Lobeserhebungen dieses widerlichen Mittels gegen
Lähmungen, Neurosen, Hysterie, Tabes dorsalis sind vergessen. Nur die
wurmwidrige Eigenschaft desselben wird gegenwärtig noch verwerthet,
indem man — selten — das Oleum animale aethereum zu 3—10—20
Tropfen in Gallertkapseln, oder das *Oleum contra taeniam Chaberti*
(1 Thieröl, 3 Terpentinöl) kaffeelöffelweise verordnet. Chabert's Oel ist
in kleinen, stets vollgefüllt zu erhaltenden Gläsern aufzubewahren.

4. Petroleum. Steinöl.

Petroleum ist ein Gemenge verschiedener *Kohlenwasserstoffe*. Die abdestillirten, flüchtigsten derselben kommen als *Petroleumäther* (Ligroine) im Handel
vor. Der durch auf 2 Atmosphären gespannte Wasserdämpfe nicht mehr zu verflüchtigende Theil stellt das *Petroleum*, welches auf Lampen gebrannt wird, dar. *Aus
dem Petroleumäther werden wieder die flüchtigsten Kohlenwasserstoffe* durch
fractionirte Destillation getrennt (0,730 spec. Gew.) und der hierbei bleibende Rückstand ist das von der Pharmak. vorgeschriebene *Benzin* oder *Benzol* (C_6H_6).

Die Wirkungen des gereinigten Steinöls sind im Allgemeinen diejenigen der Mittel der 4. Ordnung: Beschleunigung der Circulation,
Anregung der Schweiss- und Harnabsonderung, der secernirenden Thätigkeit der Schleimhäute und bei Arbeitern in P.-Fabriken: Schwindel,
Ohrensausen und Convulsionen unter asphyktischen Erscheinungen (Eulen-
berg). Auf der *Haut* bewirkt es Brennen, Hitze und bei Arbeitern *ein*

dem Scharlach gleichendes Exanthem, sowie Beulen auf unbehaarten Körpertheilen. Indikationen für den ehemals beliebten internen Gebrauch des P. gegen Blenorrhöen der Lunge, der Harnblase und der Nieren, gegen Wassersuchten, Rheuma und Gicht sind aus Obigem nicht abzuleiten. Auch der *externe Gebrauch* zu Einreibungen gegen kalte Abscesse, Gicht-knoten und Frostbeulen in Form von Lein- oder Terpentinöl und Am-moniak enthaltenden Linimenten ist in Vergessenheit gerathen. So bleibt denn die Anwendung gegen *Krätzmilben*, welche darin übrigens auch mit Sicherheit nicht sterben, übrig. Benzin mit Luft vermischt in Dampf-form inhalirt ist ein Anaestheticum; B. W. Richardson. Ebenso erzeugt auch Benzin bis zu 50 Tropfen per os eingeführt Eingenommensein des Sensorium. Naunyn gab es zu 20 Trpf. zweimal täglich bei *abnormen Gährungsvorgängen* im Magen, und Mosler erblickte darin das sicherste Mittel gegen *Darmtrichinen* (10 Tropfen in Verbindung mit Abführ-mitteln, weil Benzin verstopfend wirken soll). Die Erfahrung während der letzten Trichinenepidemien hat Mosler's Erwartungen nicht recht entsprochen. Der Aether petrolei der Ph. Germ. (*vgl. oben*) wirkt wie Benzin anästhesirend und ist ebenfalls äusserlich zu Einreibungen gegen Krätzmilben empfohlen worden.

Rhigolene, gleichfalls ein Destillationsprodukt des P., hat Jackson als An-aestheticum zu verwerthen gesucht. Dem Chloroform, Aether und (leider!) Stick-oxydulgase für chirurgisch-operative und zahnärztliche Zwecke hat indess die Rhigolene wohl niemals erheblichen Abbruch gethan. Petroleum und seine De-stillationsprodukte haben ausschliesslich commercielles Interesse und sind für Arznei-zwecke entbehrlich.

II. Klasse:

Mittel, welche die Oxydationsvorgänge im Organismus und den Stoffwechsel unter Abnahme der Ernährung erhöhen.

1. (5.) Ordnung: Mittel, welche mehr oder weniger lokal-reizend auf den Darmcanal wirken und denselben zu vermehrten peristaltischen oder antiperistaltischen Bewegungen anregen, was zur Folge hat, dass die zu assimilirenden Nahrungsmittel aus den ersten Wegen eher entfernt werden, als sie verdaut und resorbirt werden können.

A. *Rein lokal auf den Darm wirkende Mittel:*

XVIII. Abführmittel.

Schon eine oberflächliche Betrachtung lehrt, dass Mittel, welche, wie die im Nachstehenden zu betrachtenden, *nicht nur den Darminhalt unter Sistirung der Magenverdauung schneller durch den Anus entleeren machen, als seine flüssigen Bestandtheile zur Resorption durch die Darmzotten gelangen können* (so dass im Colon und Rectum Faeces von der Beschaffenheit, wie sie in der Norm, der Duodenum- und Jejunum-Inhalt zeigt, angetroffen werden), sondern welche auch *mit diesem nicht weiter veränderten Chymus eine grosse Menge für Bildung der Verdauungssäfte* (Speichel, Magen- und Pankreassaft) *vom Blute (nutzlos) gelieferter chemischer Bestandtheile, wie:* Wasser, Eiweisssubstanzen und Salze, *dem Organismus entziehen,* ein Deficit im Haushalte des letzteren — ausgesprochen in Körpergewichtsabnahme und Abmagerung — herbeiführen müssen. Die ehemalige Eintheilung der in Rede stehenden Mittel in gelinde Abführmittel: Eccoprotica s. Lenientia, und scharfe, drastische Abführmittel: Purgantia s. Laxantia, hat gegenwärtig nur noch in dem Sinne Bedeutung, dass milde Abführmittel solche sind, *bei welchen Magenverdauung und Bewegung fortdauert, der Dünn-*

darm nach unten abnehmend stürmische Peristaltik zeigt und die Dick-
darmperistaltik normal erfolgt; scharfe dagegen solche, *welche unter
Sistirung der Magenbewegung und Verdauung eine stürmische Peristaltik
des übrigen Tractus intestinalis hervorrufen;* Radzicjewski. In dem
einen Falle werden Produkte mehr oder weniger completer Dünndarmverdauung im Dickdarm aufzufinden sein, im andern nicht.

Zwei Erscheinungen fallen beim Zustandekommen der Abführwirkung sofort
in die Augen, nämlich 1. *Anregung der Peristaltik des Darms* und 2. *Absonderung
abnorm grosser Mengen von Flüssigkeit* seitens der Schleimhautoberfläche des Darms,
welcher zufolge eine Auswaschung, so zu sagen, des Darminhaltes zu Stande kommt.
Beide Erscheinungen treten in sehr verschiedener Intensität auf. Einige Abführmittel, wie Aloë, regen vorzugsweise die Darmperistaltik an und vermehren die von
der Darmmucosa abgesonderte Flüssigkeit nur in geringem Maasse; andere, wie die
abführenden Neutralsalze, vermehren umgekehrt ohne besonders starke Anregung
der Peristaltik die genannte Darmabsonderung in hohem Maasse, und machen es
möglich, dass die im Dünndarm ergossene Flüssigkeit in dem sich träge bewegenden
Colon so lange verweilt, bis sie wieder aufgesogen werden kann; und wieder
andere, deren Repräsentant das Crotonöl ist, steigern Peristaltik und Absonderung
gleichzeitig, so dass von dem in den Magen eingeführten Nährmaterial Wenig oder
Nichts resorbirt werden und dem Organismus zu Gute kommen kann. Gehen wir
zuvörderst

1. auf die Vermehrung der Peristaltik ein, so ist dieselbe zu betrachten
als ein Reflex auf *sympathische Nervenausbreitungen* der durch die Einverleibung genannter Mittel gereizten Vagusäste des Magens, der Meissner-Auerbach'schen
Plexus (welche das Darmrohr umspinnen), sowie anderer, die *A. Mesenterica in-
ferior* umgebender Plexus (deren Reizung Contraktion des Colon descendens und
Rectum zur Folge hat), *des Halsvagus* (dessen Reizung stürmische Bewegung des
Colon ascendens und transversum bedingt), oder des *Rückenmarks* in Höhe der 4 letzten
Lendenwirbel (wodurch Contractionen des Colon hervorgerufen werden). Hierbei ist zu
bemerken, dass Reizung sowohl des Vagus, als des Sympathicus und Rückenmarks stets
vermehrte Peristaltik in circumscripten Darmabschnitten, starke Magenreizung dagegen
starke Beschleunigung der Peristaltik im Allgemeinen hervorruft. Splanchnicusreizung anderseits löst Hemmung der letzteren, *Compression der Bauchaorta* dagegen Beschleunigung der Dünndarmbewegungen aus. Nehmen wir endlich hinzu,
dass (gleichfalls auf sympathischem Wege) heftige *Gemüthsaffekte,* wie Furcht oder
Schrecken, zu stürmischem Vonstattengehen der Darmperistaltik Anlass geben können,
so dürfte die Zahl der nervösen Elemente, deren Irritation auf dem Wege des Reflexes vermehrte Peristaltik des ganzen Darms oder bestimmter Darmabschnitte
bewirkt, erschöpft sein. Gehen wir ferner

2. auf die Vermehrung der von der Darmwand in das Darmlumen
ergossenen Flüssigkeit ebenfalls etwas näher ein, so liegen zwei Möglichkeiten
ihres Ursprungs vor, nämlich a. *Transsudation von Serum* aus den Darmgefässen;
C. Schmidt; und b. *vermehrte Secretion der auf die Darmmucosa ausmündenden
Drüsen.* Dabei ist indess zu bemerken, dass a priori *Gründe zu der Annahme*
vorliegen, *die erwähnte Flüssigkeitszunahme im Darm sei eine nur scheinbare,* von
den unter a. und b. genannten Momenten unabhängige, nämlich: 1. die Thatsache.
*dass die in der Norm mit dem Speichel und dem Secret der Leber, des Pankreas
und der Intestinaldrüsen in das Lumen des Darms ergossene Flüssigkeitsmenge*

(bez. der Gehalt dieser Ausscheidungen an Wasser) *grösser ist, als derjenige der Facces bei der profusesten Diarrhöe, so, dass selbst unter der hierbei stattfindenden rapiden Weiterbeförderung* des Darminhalts nach Rectum und Anus zu die jedenfalls *sehr beeinträchtigte Resorption flüssigen Nährmaterials* seitens der Darmzotten nicht gänzlich sistirt zu sein braucht (Kühne); und 2. *die weitere Beobachtung, dass Abführsalze, wie Natrum sulfuricum und Kali bitartaricum (dadurch, dass sie selbst schwer diffundiren und, während sie auf angegebenem Wege die Darmperistaltik anregen, das mit den Nahrungsmitteln eingeführte oder mit den Verdauungssäften zugekommene Wasser binden)* die Aufsaugung des Wassers hindern und somit eine *Ausspülung des Darmcanals* von einem Ende zum andern (ohne stattfindende Transsudation oder Hypersecretion der Darmdrüsen) *zu Stande bringen.* Das Vorhandensein von Transsudaten im Darm nach Darreichung von Abführmitteln wurde von Radziejewskj, welcher den Darminhalt viel zu arm an Eiweiss und auch im Uebrigen seinen chemischen Bestandtheilen nach wie in der Norm zusammengesetzt fand, widerlegt. *Dass aber auch keine Hypersecretion der auf die Darmschleimhaut ausmündenden Drüsen stattfindet,* schien aus den negativen Resultaten von Thiry, Schiff und Radziejewski an Thiry'schen Fisteln, in welche Crotonöl, Senna, Magnesia sulfurica, Aloë oder Jalape eingebracht wurde, hervorzugehen. Es folgt indess aus neueren Experimenten Moreau's, Vulpian's und Brunton's, welche eine vorgezogene Darmschlinge (nachdem sie ihres Inhalts durch Ausdrücken entledigt worden war) durch vier umgelegte Ligaturen in 3 gesonderte Abtheilungen zerlegten, sodann in die mittelste derselben Lösungen von Abführmitteln mit der Pravaz'schen Spritze injicirten und den Darm reponirten, die Bauchwunde schlossen und das Thier nach einigen Stunden tödteten, dass in der That (in direktem Widerspruch mit den an Thiry'schen Fisteln erlangten Resultaten) durch den vermittelst des in den Darm gebrachten Abführmittels auf die Darmmucosa geübten *Reiz Hypersecretion* der daselbst ausmündenden Drüsen hervorgerufen wird, welche zu der an diarrhöischen Facces wahrzunehmenden Flüssigkeits- bez. Wasserzunahme beiträgt, *da bei der Section in den seitlichen, abgebundenen Darmabschnitten keine nennenswerthe Menge von Flüssigkeit,* in dem *mittelsten,* das Abführmittel enthaltenden Fache — so zu sagen — dagegen ein *beträchtliches Quantum,* wenig Eiweiss enthaltender und demnach nicht als Transsudat zu deutender Flüssigkeit vorgefunden wurde. Die Abführwirkung ist hiernach sowohl durch die Zunahme der Darmperistaltik, als auch durch die zufolge des beim Contakt der eingebrachten Mittel mit der Darmmucosa geübten (örtlichen) Reizes resultirende, eben analysirte Vermehrung des wässrigen Darminhalts charakterisirt. Die seit Radziejewskj's epochemachender Arbeit von den meisten deutschen Pharmakologen vertretene Ansicht, wonach das Wesen der Abführwirkung einzig und allein in der Erregung einer stürmischen Peristaltik des Darms beruhen sollte, hat somit eine kleine Modification erfahren.*)

Betrachten wir, nachdem im Vorstehenden eine physiologische Analyse der bei der Abführwirkung platzgreifenden Vorgänge gegeben worden ist, die Mittel, welche diese Wirkungen äussern, etwas näher, so haben wir zu unterscheiden:

---

*) Ohnstreitig nähert sich das Verhalten des Darms bei den Versuchen nach Moreau, Vulpian und Lauder Brunton den physiologischen Bedingungen weit mehr, als Thiry's Fistel, wo das Darmstück nur noch durch die Gefässe und Nerven des Mesenterium mit dem übrigen Tractus in Zusammenhang steht.

I. bezüglich der Abstammung: der anorganischen Natur zugehörige Mittel (die Neutralsalze der Alkalien und der alkalischen Erden) von denen, welche das Pflanzenreich liefert, und welche die Mehrzahl bilden. Letztere enthalten selbst wieder:

1. *schwefel-, bor- und fruchtsaure Alkalisalze,*
2. *Gerbstoff,*
3. *Glyceride der Fettsäuregruppe* (Ricinol- und Crotonolsäure),
4. *Glukoside,* d. h. bei Behandlung mit verdünnten Säuren in Zucker und in differente Stoffe zerfallende Körper (Jalapin etc.),
5. *Anhydride von Harzsäuren* (Elaterin),
6. *chemisch indifferente Stoffe* (Amylum, Extraktivstoffe, Cellulose, Lignin).

II. rücksichtlich der Löslichkeit haben wir zu unterscheiden:
1. *in Wasser* lösliche (Neutralsalze, cathartsäurehaltige Mittel, Aloë);
2. *im freien Alkali des Darmsaftes verseifbare:* Crotonöl, Ricinusöl, und
3. *solche, welche um gelöst zu werden und zu wirken der Gegenwart der Galle. bez. gallensaurer Salze, im Darm bedürfen.* Es sind dieses: Scammonium, Jalapa, Agaricus, Gummigutt, Podophyllin, Elaterium. Den Nachweis der Richtigkeit dieser Thatsache hat Buchheim *geführt*, dessen Schüler eine Darmschlinge durch Ausdrücken des Inhalts entledigten, dieselbe beiderseits abbanden, eines der oben genannten Mittel bez. die wirksamen Bestandtheile in den abgeschnürten, leeren Darmabschnitt injicirten, die Bauchwunde schlossen und nach 6—9 Stunden das Thier tödteten, worauf das Mittel, welches nicht gewirkt, ungelöst vorgefunden wurde. Ebenso hat der Verfasser, welcher vor Einbringung der gen. Mittel dem Darm durch Ligatur des Ductus choledochus und durch Anlegung einer Gallenfistel die Galle entzog und die Wirkung der ungelöst gebliebenen Purgantien ausbleiben sah, die gleiche Beobachtung gemacht. Es genügt auch die Einbringung in das fast keine unveränderten Gallenbestandtheile mehr enthaltende Rectum in Pulverform, um die Abführwirkung der schärfsten Drastica, z. B. des Elaterium, ausbleiben zu sehen und bei der Section des getödteten Thieres das Medicament ungestört im Mastdarm wieder aufzufinden.

III. Anlangend die physiologischen Wirkungen der Purgantien im Allgemeinen, so sistiren einige, wie bereits Eingangs bemerkt wurde, die Magenverdauung. Ueber die Beeinflussung der vitalen Funktionen ist Nichts bekannt und sind grosse Veränderungen derselben, sofern gen. Mittel *der Hauptsache nach örtlich auf den Darmcanal und seine Nerven einwirken*, auch nicht zu erwarten. Einige scharfe Abführmittel, z. B. Gutti, wirken auch harntreibend. Ueber *Veränderungen*, *welche das Blut erfährt*, wissen wir nur, dass es ärmer an Wasser, Salzen und Eiweissstoffen, welche es an die Verdauungssäfte in grosser Menge abgiebt, wird; auch bei *der vermehrten Secretion der auf der Darmschleimhaut ausmündenden Drüsen* muss das Blut Wasser hergeben, ganz so als wäre direct Transsudation in den Darm erfolgt —, es muss somit zur Wiederaufnahme von Ergüssen und Wasseransammlungen aus den Geweben und Körperhöhlen gezwungen sein; Radziejewski. Hierauf beruht der Nutzen längere Zeit gebrauchter drastischer Mittel bei Wassersuchten; vgl. *Pillulae hydragogae Heimij.* Bezüglich der Frage, ob gewisse Abführmittel, wie Colocynthis, Elaterium, ausser den örtlichen auch allgemeine, auf das *Nervensystem* gerichtete Wirkungen hervorbringen, sind die Ansichten der Autoren getheilt. Schroff sen. und Verf. nehmen es seitens der Cucurbitaceenmittel an.

IV. Ueber bestimmte Beziehungen der einzelnen Abführmittel zu gewissen Darmabschnitten ist mit Sicherheit wenig ermittelt. Aloë, Colocynthis, Senna wirken allgemeiner Annahme nach in erster Linie auf den Dickdarm. Indem sie vermehrten Blutreichthum der betreffenden Darmparthien bedingen, kann es uns nicht Wunder nehmen, dass sich auch in den dem Colon bez. Rectum benachbarten Organen, z. B. dem Uterus, Hyperämieen ausbilden und hierdurch zu reichlicherem Fliessen der Menses bei nichtgeschwängerten und zu Abortus bei schwangeren Frauen Anlass gegeben wird. Die an drastischen Abführmitteln reichen Morison'schen Pillen stehen hiernach als Mittel zur Fruchtabtreibung in offenbar nicht unverdient schlechtem Ruf. Wir nennen als

Allgemeine Indikationen der Abführmittel:

1. ihren Gebrauch als Evacuantien, um unverdauliche Speisen, verhärtete Kothballen, giftige Substanzen oder Würmer aus dem Darmcanal zu entfernen;

2. ihre Anwendung als Derivantien, d. h. um durch Ableitung von Blut auf den Darm congestionirte oder entzündete innere Organe (Leber, Lungen, Hirn) davon zu entlasten;

3. ihren Gebrauch um in der angegebenen Weise das Blut wasserärmer zu machen und die Rückaufsaugung von Ergüssen in freie Höhlen oder ins Zellgewebe anzubahnen;

4. ihren kurplanmässigen Gebrauch in Form glaubersalzhaltiger Mineralwässer um die retrograde Stoffmetamorphose in so hohem Grade zu bethätigen, dass Schwund von Fettablagerungen und Abnahme des Körpergewichts erfolgt;

5. ihre Anwendung als die Gallensecretion anregende Mittel. Indem sie das Duodenum reizen und dieser Reiz sich auf Gallengänge, Gallenblase und Leber fortpflanzt, sollen Stauungen der Galle in gen. Wegen beseitigt werden. In der That genügt ein Laxans

nicht selten, frisch entstandenen catarrhalischen Icterus zur Heilung zu bringen; endlich

6. ihre Anwendung als harntreibende und emmenagoge Mittel, wobei ihre entfernten Wirkungen in Betracht kommen.

Diese therapeutische Verwerthung ist allen Abführmitteln gemeinsam. Nur die Abweichungen von dem eben gegebenen Schema, sofern sie für einzelne derselben charakteristisch und für die Praxis wichtig sind, werden wir in nachstehender, möglichst concinner Betrachtung der einzelnen Mittel besonders berücksichtigen und hervorheben. Zuvor aber sind noch die

Contraindikationen der Abführmittel,

welche sich ebenfalls auf alle beziehen (Ausnahmen werden besonders hervorgehoben werden), anzugeben. Es sind dieses:

1. *bestehende hochgradige Schwäche, bez. drohender Collaps;*

2. *bestehende acute Entzündungen des Darmcanals, der Nieren, des Peritoneum und des Uterus.* Fieber an sich contraindicirt die Purgantien nicht; einige, wie die Mittelsalze, werden sogar, wenn Verstopfung herrscht, während des mit bedeutender Temperaturerhöhung verbundenen 1. Stadiums des Typhus mit Vorliebe gegeben.

3. *Was von ausgesprochener acuter Entzündung der gen. Organe gilt,* findet auch, wenigstens für gewisse Purgantien, wie Aloë, *auf chronische Congestivzustände* derselben Anwendung. Sofern wir durch Missbrauch der Aloëtica Hämorrhoidalzustände und Blutungen zu Stande kommen sehen, werden wir die gen. Mittel beim Bestehen solcher zu meiden haben.

4. Endlich werden wir die *nur bei Gegenwart von Galle im Darm löslichen* und zur Wirkung gelangenden Abführmittel bei bestehender Acholie entweder gar nicht verordnen, oder dieselben mit Galle oder gallensauren Salzen combiniren.

I. Abführmittel, deren wirksame Bestandtheile in Wasser löslich sind.

a. Abführmittel anorganischen Ursprungs. Kühlende Mittelsalze.

1. Natrum sulfuricum. Schwefelsaures Natron. Glaubersalz

$$NaO, SO_3 + 10 \text{ aq.} = \frac{NaO}{NaO} \Big| SO_2, 10\ H_2O.$$

Das durch Umkrystallisiren des (bei vielen chemischen Operationen als Nebenprodukt gewonnenen) unreinen schwefelsauren Natrons erhaltene officinelle Präparat stellt grosse, wasserhelle, leicht verwitternde Säulen, welche bei 33° bereits in ihrem Krystallwasser schmelzen und bei 100° alles Wasser verlieren, dar. Beim Erhitzen gesättigter Lösungen scheidet sich wasserfreies Salz in Rhombenoctaëdern ab.

Ueber die physiologische Wirkung ist im Vorstehenden das Nothwendigste bereits angeführt worden. Hinzuzufügen wäre noch, dass, wenn die Menge des Glaubersalzes, welches das Wasser aus der Nahrung

und den Verdauungssäften hartnäckig bindet und seiner Resorption durch
die eigene schwere Diffundirbarkeit hindernd entgegentritt, nicht mehr als
6—8 Grm. beträgt, dasselbe allmälig, ohne Durchfall zu erregen, fast vollständig ins Blut übergehen kann, *dass dagegen, wenn 15—30 Grm. genannten Salzes eingeführt werden, die Darmschleimhaut gereizt wird, bez. durch
den Diffussionsprocess der Schwellungszustand und die chemischen Verhältnisse der Darmschleimhaut eine vorübergehende Veränderung erleiden,*
woran auch die den Reflex vermittelnden, in der Einleitung aufgezählten Nerven, welche sich in gen. Schleimhaut verbreiten, Theil nehmen
und somit Beschleunigung der Peristaltik auslösen.   Da das Glaubersalz aus genanntem Grunde im oberen Theile des Darms nicht nach
Art des Kochsalzes und anderer leicht diffundirender Körper ins Blut
übergeht, jedoch auch wieder zu stark diffundirt, um auf die Darmmucosa ganz ohne Einfluss zu bleiben, so spielt sich seine Wirkung
vornehmlich im unteren Theile des Darmes ab.   Indem der *dünnflüssige
Darminhalt schnell durch die zum Theil gashaltigen Gedärme getrieben
wird, entsteht ein polterndes Geräusch* und kürzere oder längere Zeit
darauf (nachdem die Flüssigkeit im Rectum angelangt ist) erfolgen *wässrige
Ausleerungen* mit denen um so mehr von dem Mittel entleert wird,
je copiöser und schneller die diarrhöischen Stuhlgänge erfolgen.   Nur
wenn aus irgend einem Grunde der baldige Eintritt der Abführwirkung
verhindert wird, gehen etwas grössere Mengen Glaubersalz in das Blut
über; Buchheim.   Alles in das Blut gelangte Natriumsulfat geht unverändert in den Harn über; H. Wagner.   Der Concentrationsgrad der
eingeführten Natriumsulfatlösung ist hierauf ohne Einfluss; Aubert.

Die chemischen Zersetzungen, welche Glaubersalz im Darm erfährt, indem
vorhandenes *Kali als stärkere Basis ihm Schwefelsäure entzieht, sind unerheblich;*
erst bei längerem Verweilen im Darm wird ein Theil des gen. Salzes zu Schwefel-
metallen reducirt, welche ihrestheils wieder durch die Kohlensäure des Darms
zersetzt werden und dadurch zum *Abgange von schwefelwasserstoffreichen Flatus*
Anlass geben.   Von der bei längerem Gebrauch des Glaubersalzes am Blute voll-
zogenen Wasserentziehung und der dadurch bedingten Rückaufsaugung in die Gewebe ergossener seröser Flüssigkeit seitens der Saugadern ist früher die Rede gewesen.   Glaubersalz ist ausserdem aber noch dadurch charakterisirt, dass sich
zufolge der mit seinem längeren Gebrauch verknüpften Abnahme der Nahrungszufuhr
Schwinden des Fettes im Unterhautzellgewebe, einstellt.   Zuweilen verschwinden
nach einer längeren Kur in Karlsbad, bezüglich welcher auf die balneologischen
Lehrbücher verwiesen werden muss, sogar pathologische Ablagerungen.   Eine Verminderung des Stickstoffumsatzes durch den Gebrauch glaubersalzhaltiger oder
Bitterwässer, wie Seegen behauptete, findet nicht statt; anderseits hat aber Voit
nachgewiesen, dass die Harnstoffausscheidung während des Glaubersalz-
gebrauches nicht zunimmt.   Wie Glaubersalz niemals örtlich-entzündungerregend
auf den Darm wirkt, so sind auch seine resorptiven oder entfernten Wirkungen auf
die Körperfunktionen und diejenigen Organe, mit welchen glaubersalzhaltiges Blut

In Berührung kommt, von der mehrfach erwähnten Erzeugung relativer Wasserarmuth des Bluts und Beeinflussung der Ernährung (*Schwund des Fetts bei längerem Gebrauch!*) gleich Null. *Entzündungen*, selbst der Nieren (Nothnagel), contraindiciren nicht den Gebrauch des Glaubersalzes, welches nur durch seinen schlechten Geschmack lästig wird, *aber niemals Kolik oder Tenesmus erheblichen Grades hervorruft*; sogar bei Lokalisation des *typhösen Processes im Dickdarm* und bestehender Obstipation während der ersten Periode dieser Krankheit erweist sich Glaubersalz als kühlendes, wenig angreifendes Eccoproticum nützlich.

Seine Indikationen sind im Allgemeinen die der übrigen Abführmittel. Als Evacuans dient es mit Vorliebe als Unterstützungsmittel bei *Bandwurmkuren*, nachdem der Parasit durch das eigentliche Anthelminthicum getödtet ist, und zur Beseitigung von Stuhlverstopfung, falls diese während des Verlaufs fieberhafter Krankheiten Exacerbationen veranlasst (vgl. oben *Typhus*). Endlich bedient man sich aus chemischen Gründen in Fällen acuter Bleivergiftung des Natriumsulfates, um unlösliches Bleisulfat zu bilden und dieses·, ehe grössere Mengen davon resorbirt werden können, mit den diarrhoischen Stühlen aus dem Körper zu entfernen. Vom Gebrauch der *glaubersalzhaltigen Natronwässer* (*Karlsbad*, Marienbad, Tarasp, Franzensbad, Elster) gegen Fettleibigkeit war oben die Rede. Ausserdem sind es: Diabetes mellitus, Leberkrankheiten (Gallensteine, catarrh. Icterus), Hämorrhoidalzustände, sogenannte Unterleibsplethora und Hypochondrie, welche eine kurplanmässige, balneotherapeutische Behandlung durch die genannten Mineralwässer erfordern können. Von mehreren Autoritäten ist eine Erhöhung der Heilkraft der Colchicum- und Aconitpräparate (vgl. diese) gegen Gicht durch Combination derselben mit Purgantien, namentlich Glaubersalz, behauptet worden.

Officinell ist: Natrum sulfuricum crystallisatum zu 1—4 Grm. als Laxans zu 15—30 Grm. und *Natrum sulfuricum siccum* (dilapsum), verwittertes und entwässertes Glaubersalz, welches, wenn Natr. sulfuricum verschrieben ist, zu dispensiren ist. Die Dosis ist die Hälfte d. vorigen.

Alles vom Glaubersalz bezüglich der physiologischen und therapeutischen Wirkung angegebene findet auch auf folgende Salze Anwendung:

2. Kali oder Kalium sulfuricum. Schwefelsaures Kali. Sal polychrestum: $KO, SO_3 = \left.\begin{array}{c}KO\\KO\end{array}\right\}SO_2$.

Von Croll zuerst dargestellt und im Polyhalit (Böhmen), in der Senegawurzel, der Myrrha und dem Opium enthalten. Spuren davon kommen im menschlichen Blute vor. Ein in 9 Th. Wasser von 10° lösliches, in vierseitigen durchsichtigen Säulen oder doppelte sechsseitigen Prismen krystallisirendes Salz, dessen Lösung weder durch Schwefelammon, noch durch kohlensaures Kali gefällt werden darf. *Es wird in praxi kaum noch verwerthet* (Dosis: 8—10 Grm.). ist jedoch ein Bestandtheil des Pulv. Doveri (vgl. Ipecacuanha).

3. **Magnesia sulfurica. Magnesium sulfuricum.** Schwefel-saure Magnesia. Bittersalz. Epsom-Salz. Sedlitz-Salz. Seidschütz-Salz:

$$Mg \genfrac{}{}{0pt}{}{|O}{|O} SO_2 H_2 O + 6 H_2 O.$$

Von Grew zuerst aus *Epsomwasser* dargestellt; aber auch vielfach fertig ge-bildet in Hochasien, Sibirien und Frankreich (Basses-Alpes) efflorescirend und in den natürlichen Mineralwässern von Püllna, Seidschütz, etc. enthalten. Krystallisirt in 4seitigen, rechtwinkligen, rhombischen, denen des Zinksulfates isomorphen Prismen. Im Handel kommt es in farblosen Nadeln vor, welche nur wenn noch Chlormagnesium anhaftet hygroskopisch sind und kaum weniger unangenehm, als Glaubersalz und das Vorige schmecken.

Bittersalz ist in 2 Th. Wasser von 0^0 und $^4/_5$ Th. Wasser von 100^0 löslich. *Im Darm erleidet es, weil ihm K und Na als stärkere Basen die Schwefelsäure entziehen, eine Zersetzung in der Weise, dass das Magnesium, zum Theil an die Bestandtheile der Galle gebunden, fast vollständig im Darm zurückbleibt* bez. *mit den Faeces entleert wird;* O. C. Dumberg und Buchheim. Nach Combe ist gepulverter und gerösteter, zu 100 Grm. damit aufgekochter Kaffee das beste Geschmacks-corrigens für Bittersalzlösungen. Die Indikationen sind genau dieselben wie für Glaubersalz. Man unterscheidet:

a. **Magnesia sulfurica crystallisata;** Bittersalz. Dosis: 2—5 Grm.; als Laxans: 30 Grm.

b. **Magnesia sulfurica sicca;** in der Wärme zerfallnes Bittersalz. Dosis: $^2/_3$ der vorigen. Durch Zusatz von 2 Grm. Acid. sulfuric. oder Acid. tartaricum wird der Geschmack verbessert.

4. **Magnesia hydrico-carbonica.** *Magnesium hydrooxydatum.* Magnesia pura. Magnesia usta. *Magnesia calcinata.* Magnesia-oder Talkerdehydrat: $(3 [MgO, CO_2] + MgO + 5 HO)$ oder

$$HOMg \genfrac{}{}{0pt}{}{OO}{CO} \! \sim \! Mg \genfrac{}{}{0pt}{}{OO}{CO} \! Mg, OH + 4 H_2 O.$$

Die *kohlensaure* Magnesia der Apotheken enthält je nach der Menge des zum Ausfällen benutzten Alkalis stets *überschüssiges Wasser* und Magnesiahydrat. Durch Glühen derselben resultirt das *Magnesiahydrat* MgO, HO = HOMgOH, welches, erst in 55,000 Theilen Wasser löslich, begierig Kohlensäure aus der Luft anzieht und, soll es als Arsen- oder Phosphorantidot brauchbar sein (vgl. unten), in mit gut ein-geschliffenen Stopfen versehenen Gläsern aufbewahrt werden muss. Das Magnesium-oxyd und die Magnesiasalze sind durch ihre Unfällbarkeit durch kohlensaures Ammon und dadurch, dass sie in Gegenwart von Ammoniak auch durch Oxalsäure nicht gefällt werden, vor den übrigen Salzen der alkalischen Erden ausgezeichnet.

Reine Magnesia wird, wenn sie nicht durch Glühen ihre Löslichkeit eingebüsst hat, durch die im Darmcanal enthaltene Kohlensäure in doppelt-kohlensaure Magnesia verwandelt, welche den Darm genau so wie Glaubersalz beeinflusst und wie dieses als Laxans gebraucht werden kann. Wie die Magnesia werden auch *Chlormagnesium* und sämmtliche *pflanzensauren Magnesiumverbindungen* im Darmcanal als Bicarbonat angetroffen, welches grossentheils mit den Faeces weggeht und nur zum kleinsten Theil in die Blutbahn gelangend gleichwohl die Menge des gelassenen Harns vermehrt; Buchheim, Gulcke, Kerkovius, Magawly. In letzterer Hinsicht und dadurch dass sie einen vermehrten Gehalt des Magensaftes an freier Säure bis zu dem bei den Alkalien erwähnten Grade zu compensiren und abzustumpfen vermag, ist Magnesia vom Magnesiumsulfat unterschieden. Hierauf sind auch einige Abweichungen in den Indikationen der Anwendung der Magnesia, nicht nur von denen der Magnesiummittel, sondern auch von denen der Laxirmittel überhaupt, begründet. Wir wenden Magnesia hydrico-carbonica und Magnesia usta an:

a. *gegen Pyrosis*, saures Aufstossen und davon abhängige Cardialgie, Kolik und Migräne;

b. *als Abführmittel*, wobei zu bemerken ist, dass Dorvault auf Grund einschlägiger vergleichender Versuche die Magnesia als das am gelindesten, aber zugleich am nachhaltigsten wirkende unter allen hier zu betrachtenden salinischen Abführmitteln ansieht. Auch eine Gewöhnung an genanntes Mittel findet nicht statt. Wir geben dasselbe am besten in Form einer *Schüttelmixtur* aus 8 Grm. Magnesia usta, 15 Grm. Zucker und 100 Grm. eines aromatischen Wassers, z. B. Aqua menthae piperitae, in allen in der Einleitung angegebenen Fällen, wo Purgantien indicirt sind. Diese Mischung gelatinirt ebenso wie Mialhe's analog zusammengesetzter Lac Magnesiae und muss demnach schnell verbraucht werden. Von der Magnesia alba (M. hydrico-carbon.) ist die 2—3fache Menge zur Erreichung des nämlichen Effekts erforderlich. Bei Windkoliken kleiner Kinder wird der M. usta ein krampfwidriges und ein schmerzstillendes Mittel zugesetzt.

Ferner wird Magnesiahydrat vielfach (in Wasser suspendirt)

c. als Antidot bei Vergiftungen durch Säuren, Arsenik, Kupfer- und Quecksilbermittel angewandt. Es bildet sich nämlich bei Gegenwart arseniger Säure im Magen die unlösliche und lediglich durch die Magenpumpe zu entfernende *arsensaure Ammoniakmagnesia* (Mandel, Graf, Schuchard), welche unlöslich ist und nicht corrodirt. Bei Vergiftungen durch die genannten Metallsalze wirkt sie dadurch günstig, dass sie als stärkere Base sich der Säuren der löslichen Metallsalze bemächtigt und die Metalloxyde nicht nur präcipitirt, sondern auch so lange, als noch ein Ueberschuss an freier Magnesia vorhanden ist, unschädlich macht (v. Schroff). Nebenbei ist hierbei eventuell auch die diuretische Wirkung der Magnesia von Nutzen. Endlich präcipitirt sie auch bei *Vergiftungen durch Alkaloidsalze*, indem sie diesen die Säure entzieht.

die freiwerdenden Pflanzenbasen und verhindert, indem sie die freie Säure des Magensaftes wenigstens der Hauptsache nach bindet, die Resorption der gen. Gifte so lange, bis der Magen durch ein Emeticum oder durch Ausspülen mit Hülfe der Magenpumpe seines fremdartigen Inhalts entledigt werden kann. Anwendungen der Magnesia nach den Indikationen der Alkalien (vgl. p. 37 ff.) gegen Gicht. Lithiasis, Diabetes u. s. w. sind z. Zeit völlig obsolet.

Pharmaceutische Präparate der Magnesia alba und M. usta.

1. Magnesia carbonica, subcarbonica; Dosis: theelöffelweise und mehr; zu Salben gegen Eccem 4 Grm. auf 60 Grm. Fett; Green; zu Pillen mit B. Copaivae. vgl. diesen p. 165.

2. Magnesia usta; Magnesiumoxyd, durch Glühen der vorigen erhalten; die Dosis ist 1/3 kleiner zu greifen.

3. Trochisci magnesiae ustae. M. u. mit Cacaopasta aa; jedes Stück = 0,1 Magnesia.

5. Magnesia citrica; citronensaure Magnesia.

Dieses zuerst (1784) von Scheele aus der Reseda (R. luteola) dargestellte Salz ist seiner Geschmacklosigkeit wegen besonders durch Dorvault in Frankreich in den Handel gebracht und als Abführmittel gerühmt worden. Die Citronensäure gestattet ihrer Structurverhältnisse wegen Substitution von 4, ja sogar von 5 Wasserstoffatomen durch Metallaffinitäten. Daher hat das gen. Salz nicht in allen Fällen dieselbe Zusammensetzung und enthält bald 3 Moleküle Säure, bald 4 Atome. bald ebensoviel Citronensäure auf 5 Atome Magnesium.

Das saure Citrat ist gummiartig und leicht löslich. Durch Sättigen von Magnesia alba mit Citronensäure in der Kälte resultirt die Verbindung: $C_6H_5O_{11} + 3$ MgO + 14 aq.) oder

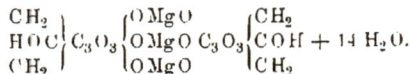

$$\begin{matrix} CH_2 \\ HOC \\ CH_2 \end{matrix} \Big| C_3O_3 \begin{cases} OMgO \\ OMgO \\ OMgO \end{cases} C_3O_3 \begin{cases} CH_2 \\ COH \\ CH_2 \end{cases} + 14\ H_2O.$$

Im Darm findet sich das Magnesiumcitrat als doppelt kohlensaures Salz vor; Magawly; 30—60 Grm. bewirken ohne vorweggehende Kolik binnen 5—6 Stunden mehrere dünne Stühle.

Für Frauen und Kinder werden daraus Limonaden gefertigt. Ein solches Limonadenpulver ist Magnesia citrica effervescens Ph. G. theelöffelweise in Wasser, wie Brausepulver.

6. Magnesia lactica; milchsaure Magnesia.

Magnesia alba wird mit Fleischmilchsäure neutralisirt, die Lösung eingedampft und zur Krystallisation gebracht. Weisse, stark glänzende. in 6 Th. kochenden und 28 Th. kalten Wassers lösliche Prismen von der Zusammensetzung MgO, $C_6H_5O_5 + 3$ aq. oder:

$$\text{Mg} \begin{cases} OOC & \overset{\overline{\text{H. OH, CH}_3}}{\text{C}} \\ OOC & \underset{\overline{\text{H. OH, CH}_3}}{\text{C}} \end{cases} + 3\,H_2O.$$

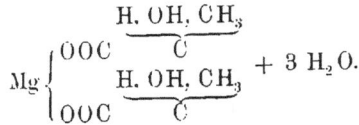

Wird wie das vorige Salz im Darmcanal zu Bicarbonat. Die Dosis ist 15 bis 30 Grm.; wie Mg. sulfurica wirkend.

7. Kalium bitartaricum. Tartarus depuratus. Cremor tartari. Weinstein.

Durch Reinigen und Umkrystallisiren des sich aus dem Weine absetzenden weissen oder rothen Weinsteins (zu 70—80 %) dargestellt erscheint das saure weinsteinsaure Kalium in weissen rhombischen Prismen, schmeckt und reagirt stark sauer, enthält kein Krystallwasser und ist in 240 Th. kalten oder 15 Th. kochenden Wassers löslich. An feuchter Luft aufbewahrt oder geglüht geht das Salz in Kaliumcarbonat über. Die Zusammensetzung ist

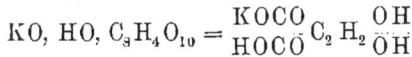

$$KO,\ HO,\ C_3H_4O_{10} = \begin{matrix} KOCO \\ HOCO \end{matrix}\ C_2H_2\ \begin{matrix} OH \\ \overset{..}{O}H \end{matrix}$$

Die Wirkungen sind die der übrigen sogenannten kühlenden Abführsalze. Letzteren Namen verdient der Weinstein mit um so mehr Recht, als er, Dank seinem Gehalt an freier Säure, nach Art der organischen Säuren Herzthätigkeit (Pulsfrequenz, Blutdruck) und Temperatur herabsetzt. Kleine Dosen vermehren die Diurese. Hämorrhoidalzustände bessert Weinstein, weil er abführt und zugleich Congestivzustände beseitigt. Weinstein in Verbindung mit Lac sulfuris (vgl. Schwefel) ist daher ein beliebtes und bewährtes stuhlgangbeförderndes Linderungsmittel für mit Hämorrhoiden behaftete Personen. Weinstein 30 Grm., Saft aus einer Citrone, 1/2 Pfd. Zucker und 3 Pinten Wasser liefern das als „Imperial" bekannte und besonders in Amerika beliebte, kühlende und pulsverlangsamende Getränk für fiebernde Kranke. 60 Grm. pro die soll man nicht übersteigen, weil Vergiftungen durch sehr grosse Gaben Kaliumbitartrat beobachtet worden sind; Tyson. Die gewöhnliche Dosis ist: 1/2—4 Grm.; als Laxans theelöffelweise; Säurezusatz erhöht die Löslichkeit. Weinstein ist in den Species laxantes St. Germain (vgl. Senna p. 208) enthalten.

8. Kalium tartaricum. Neutrales weinsteinsaures Kalium. Tartarus tartarisatus.

Das nach der Formel $(2\,KO,\ C_8H_4O_{10}) = \begin{matrix} KOOC \\ KOOC \end{matrix}\ C_2H_2\ \begin{matrix} OH \\ OH \end{matrix}$ zusammengesetzte neutrale Kaliumtartrat besteht aus farblosen, an der Luft schnell Wasser anziehenden, in Wasser leicht, in Alkohol schwer löslichen und weit schlechter als der Weinstein (7) schmeckenden Krystallen. Es wird aus letzterem Grunde kaum noch zu 0,5—2,0, als

Laxans zu 30—50 Grm. verordnet; vor dem vorigen hat es keinerlei Vorzüge.

Pharmaceutische Präparate:

1. **Tartarus natronatus.** Natrokalitartaricum. Seignette- oder Rochelle-Salz: 4 Th. Natrum carbon. in der Siedehitze mit Weinstein behandelt; Formel: KO, NaO, $C_8H_4O_{10}$ + 8 aq.; luftbeständig; in 2 Th. Wasser löslich; als Laxans 15—30, in getheilten Portionen 4—8 Grm.; ist im Infusum Sennae compst. (vgl. Senna p. 208) enthalten.

2. **Pulvis aërophorus e natro.** Brausepulver; 10 Th. Natr. bicarbon.; 9 Th. Weinsteinsäure; 19 Th. Zucker; theelöffelweise in Wasser.

3. **Pulvis aërophorus anglicus;** englisches Brausepulver: Natrum bicarbon. 2,0; Acid. tartaricum 1,0 dispensirt und jedes für sich in blauen und rothen (Säure-) Kapseln vertheilt; in ½ Glas Wasser.

4. **Pulvis aërophorus laxans.** P. aëroph. Seidlitziensis. Seidlitzpulver; 7½ Grm. Seignette-Salz (1) und 2½ Grm. Natrum bicarbon. in blaue und 2 Grm. Weinsteinsäure in rothen Papierkapseln dispensirt.

5. **Tartarus boraxatus,** vgl. Borax p. 203.

9. **Kalium aceticum.** Essigsaures Kali. (*Terra foliata tartari.*) **Natrium aceticum.** Essigsaures Natron. (*Terra crystalli-sata tartari.*)

Ersteres war schon Raimund Lullius bekannt, letzteres stellte F. Meyer in Osnabrück (1677) dar.

Essigsaures Kalium: KO, $C_4H_3O_3$ = KOCOCH$_3$ ist ein fast neutrales *in 2 Theilen Wasser und 4 Th. Spiritus vini rectificts. lösliches,* stechend alkalisch schmeckendes Pulver. Es darf durch Schwefelammon, Schwefelwasserstoff, Chlorbaryum und Silbersalpeter nicht getrübt werden.

Essigsaures Natrium: NaO, $C_4H_3O_3$ + 6 aq. = NaO COCH$_3$ + 3 H_2O, durch Neutralisiren von Natron carbon. mit Essigsäure und Eindampfen in rhombischen Säulen oder in Nadeln erhalten, ist in 2,8 Th. kalten Wassers und 2,1 Theilen siedenden Alkohols löslich.

Es ist physiologisch das eine wie das andere Acetat mangelhaft untersucht. Beide führen ab und reihen sich durch ihre stark harntreibende Wirkung den Tatraten an. *Der Harn wird danach (vorüber-gehend) alkalisch, weil im Organismus die Essigsäure zu CO_2 und H_2O oxydirt wird* und Carbonate resultiren. Ehemals wurde Kali aceticum gern gegen Wassersucht gebraucht und mit Scilla combinirt. Eine Saturation aus Kali carbon. und ⅓ des dazu erforderlichen Essigs an Acetum scillae oder Ac. Digitalis erfüllt denselben Zweck. Vielfach wird bei Pneumonie und Pleuritis ein *mit Kali aceticum versetztes Infus. Digitalis* zur Erfüllung der bei der Digitalis angegebenen Indikationen erfolgreich, was Pulsverlangsamung und wohl auch Temperaturabnahme anlangt, verordnet. Als Laxans zu 15—30 Grm. werden die Acetate kaum mehr angewandt, als Diureticum: 0,5—2,0.

10. Natrum biboracicum. *Borax. Tinckal.* Borsaures Natron.

Fertig gebildet findet sich der rohe Borax (Tinckal) von blaugrüner Farbe in Bengalen vor. Gegenwärtig wird die offic. Drogue nicht mehr durch Umkrystallisiren des Tinckal (in Venedig) sondern durch Behandlung von 26 Th. in 30 Th. Wasser gelöster Soda mit der aus den Lagoni von Toskana gewonnenen Borsäure dargestellt. Borax kommt in farblosen, schiefen, rhombischen Säulen, welche in 12 Theilen Wasser von 20° löslich, in Weingeist dagegen unlöslich sind, im Handel vor. An der Luft verwittert der Borax nach Art anderer Natronsalze. Seine Formel ist:

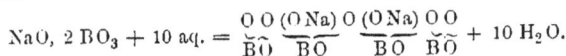

$$\text{NaO, } 2\,\text{BO}_3 + 10\,\text{aq.} = \underbrace{\text{O O}}_{\text{BO}}\underbrace{\text{(ONa) O}}_{\text{BO}}\underbrace{\text{(ONa) O O}}_{\text{BO BO}} + 10\,\text{H}_2\text{O}.$$

Borax weicht von anderen hierher gehörigen Salzen darin ab, dass in seinen Lösungen *eine grosse Anzahl sonst in Wasser unlöslicher Substanzen:* Stearinsäure, Harze, Schellack, Benzoë, *aufgelöst werden*, eine Eigenschaft, welche in der Technik zahlreiche Verwerthung findet. Medicinischer Gebrauch wird nur von seiner lösenden Kraft den *harnsauren Salzen* gegenüber gemacht. Borsaure und borcitronensaure Salze sind vielfach mit angeblichem *Erfolg gegen Nieren- und Blasensteine* angewandt worden; Meltzer 1720. Wichtiger vielleicht sind die gährungswidrigen, fäulnisshemmenden und *antiparasitären Wirkungen der Boraxlösungen*, in welchen Leichentheile und andere leicht faulende Substanzen lange Zeit mit Vortheil aufbewahrt werden können. Praktisch am meisten verwerthet wird die antiparasitäre Wirkung des Borax bei der Behandlung der Aphthen kleiner Kinder und gewisser Anginen mit Pinselungen aus 1 Th. Borax.mit 4—12 Th. Honig oder Syrup. Unterstützt wird diese Kur durch Gurgelwässer aus Boraxlösung. Letztere dient auch vielfach zu kosmetischen Zwecken als Waschwasser (2,5 Borax auf 30 Wasser) bei schlechtem Teint, rother Nase, Tinea, Pityriasis versicolor u. dgl. Weniger zuverlässige Erfolge wurden durch Borax, welcher die Schleimhäute mässig reizt, bei Diphtheritis erzielt; desgl. bei Kehlkopfcatarrhen nach Trousseau's Vorgange. Dass Borax auch Hautparasiten vernichten soll, wurde oben angedeutet. Boraxlösungen mit Mineralsäuren zu versetzen ist völlig irrationell. Wehentreibende Eigenschaften gehen dem Borax ab und ist im Mutterkorn 'ein viel zuverlässigerer Ersatz desselben gefunden. Als Abführmittel dient Borax nur selten in Form des Tartarus boraxatus Ph. G.: 2 Th. Borax mit 5 Th. Weinstein; Dosis: 30 Grm.; als Diureticum: 0,5—2,0 Grm. Borax ist endlich auch in Tr. Rhei aquosa (vgl. Rheum) enthalten.

β. Abführmittel pflanzlicher Abstammung.

11. Aloë. Aloes. Aloë.

Die Drogue stellt den getrockneten Inhalt der in Längsreihen geordneten und die fleischigen Blätter von *Aloë vulgaris*, *A. socotrina* und *A. spicata* constituirenden Parenchymzellen dar. Der Saft der gen. Blätter wird durch Einschnitte in die Blätter und durch Trocknenlassen des Ausgetretenen an der Luft (*Aloë lucida*) oder durch Auskochen derselben und Eindampfen zur Trockniss (*Aloë hepatica*) gewonnen. Die gebräuchlichen Aloësorten stammen vom Cap, Zanzibar, Socotra, Barbados und von Ostindien her. Von Aloë lucida, wie von A. hepatica kommen verschiedene Sorten in den Handel. *Ihre Güte richtet sich nach dem Gehalt an Aloin, einer strohgelben, theils krystallinisch* (in der Leberaloë), *theils in amorpher* Modifikation (in Aloë lucida) vorkommenden, *bitter schmeckenden*, der Aloë sehr ähnlich riechenden, in Wasser, Alkohol und Aether löslichen und *zu 0,1—0,8 abführenden Substanz*, welche durch Behandlung mit Salpetersäure in 4 verschiedene Säuren zerfällt. Ausserdem enthält A. sehr kleine Mengen eines dem Pfefferminzöl ähnlichen, seiner Wirkung nach unbekannten ätherischen Oeles (W. Craig) und das nicht abführende, mit dem ebenfalls indifferenten Aloin auseinanderzuhaltende Aloëharz. Aloin hat die Zusammensetzung: $C_{17}H_{18}O_7$ und Glukosidnatur, indem es mit verdünnten Säuren in *Rottlerin* (vgl. *Kamála*) und Traubenzucker gespalten wird; Rochleder.

Die Aloë bez. Aloin (und äther. Oel?) wirkt *anregend auf die Verdauungsfunktionen*, macht in kleinen Mengen genommen Appetit, und *vermehrt die Absonderung sowohl des Tractus intest. selbst,* 'als seiner *drüsigen Anhänge, namentlich der Leber.* Letzteres ist durch die neuesten Versuche von Rutherford und Vignal ausser Zweifel gestellt. Zu 0,2—0,6 Grm. genommen ruft Aloë vermehrte Darmausleerungen hervor. Hierbei ist der Angriffspunkt *der in der Regel spät, d. h. 6—10 Stunden nach der Medikation sich äussernden Wirkung das Rectum,* welches, wie die im benachbarten Organe, ins Besondere der Uterus, stark hyperämisch angetroffen wird. Die durch Aloë hervorgerufenen Stühle sind von breiiger Consistenz (nicht wässrig). Weil Aloë vermehrten Blutgehalt der von ihr beeinflussten Parthieen des Darms und der diesen eng benachbarten Theile erzeugt, so schwellen nicht nur vorhandene Hämorrhoidalknoten unter Aloëgebrauch stark an, sondern dieser Gebrauch hat auch, wie bereits Leonhard Fuchs an den Hamburgern beobachtete, Entstehung solcher Knoten im Gefolge. Indem ferner Aloë die Uterinplexus stark mit Blut anfüllen macht, befördert sie *bei Schwangeren* den vorzeitigen Eintritt von Uterincontraktionen *bez. Abortus,* und *ruft bei Nichtschwangeren copiösere Menstruation und selbst Menorrhagien hervor. Wunde,* mit Aloë verbundene *Hautstellen gelangen schnell zur Heilung;* auch nach dieser Applikationsweise der Aloë will man Abführen beobachtet haben; v. Schroff.

Die Indikationen der Aloë sind die der Abführmittel im Allgemeinen. Charakterisirt ist Aloë dadurch, dass sie in kleinen Dosen genommen die *Esslust anregt* und sich hierin der Rhabarber nähert; ferner durch ihre *Beziehungen zur Leber*, deren Secretion Aloë anregt und wobei zugleich durch Entleerung grösserer Mengen Galle in den Darm zu *vermehrter Peristaltik* des letzteren Anlass gegeben wird, und endlich durch ihr Vermögen, *vermehrten Blutzufluss zu den Uterinvenen* hervorzurufen, welchem zufolge Aloë ein sehr brauchbares Emmenagogum ist. Gegen *habituelle Leibesverstopfung* muss Aloë, an welche leicht Gewöhnung stattfindet, ihrer Neigung wegen, Hämorrhoidalbeschwerden zu erzeugen, mit grosser Vorsicht gebraucht werden; bei bestehender Plethora, Reizbarkeit des Darmcanals, activen Congestionen, Blutflüssen (auch den Menses) und Schwangerschaft ist Aloë zu meiden. Als *wurmaustreibendes Mittel* und Evacuans für Scybala in der sogenannten Kothinfarkten-Krankheit leistet A. weniger, als andere, grössere Abschnitte des Darms beeinflussende Purgantien. *Ihre heilende und vernarbende Wirkung atonischen Haut- und Schleimhautgeschwüren gegenüber* ist etwas (und zwar unverdientermaassen!) in Vergessenheit gerathen. Ehemals ward Ungt. terebinthinae compst. (vgl. die Präparate) zu diesem Zweck viel gebraucht.

Pharmaceutische Präparate:

1. Aloë lucida (vom Cap); Dosis: 0.06—0.3; als Laxans: 1,0; zu Pillen mit Seife, auch mit Honig; zum Klystier: 1—8 Aloë; Vitell. ovi No. 1, 500 Wasser.

2. Extractum Aloës; Aloëextract; wässriges; Consistenz: III. Dosis: 0,05 bis 0,3, als Laxans 0,6.

3. Extr. aloës acido sulfurico correctum; 8 Th. der vorigen mit 32 Wasser und 1 Th. Schwefelsäure zur Trockniss gebracht. Dosis dieselbe; wird von alten an habitueller Leibesverstopfung leidenden Leuten besonders gut und lange vertragen; vgl. auch Elixir proprietatis Paracelsi 6.

4. Tr. Aloës. Aloëtinctur (1 Aloë : 10 Weingeist); Dosis: 5—20 Trpf.

5. Tr. Aloës compst. Elixir ad longam vitam Paracelsi: Gentiana, Zedoaria, Agaricus, Rheum, Crocus, Aloë und Weingeist enthaltend; *theelöffelweise.*

6. Elixir proprietatis Paracelsi. Aloë, Myrrha āā 2 Th. mit 24 Th. Weingeist und 2 Th. verdünnter Schwefelsäure acht Tage digerirt und filtrirt; Dosis: 1/2—1 Theelöffel.

7. Pillulae aloëticae ferratae āā 8 Grm. Ferrum sulfur. calcinat. und Aloë zu 60 Pillen.

Ausserdem ist Aloë im Ungt. terebinth. compst.; Extr. Rhei compst.; Extr. Colocynth. compst. enthalten.

12. Poma Colocynthidis. Colocynthis praeparata. Koloquinthe.

Die stürmischen Abführwirkungen und die toxischen Eigenschaften der *von Cucumis Colocynthis stammenden,* in Ostindien, Japan, am Cap d. g. H. und Nubien einheimischen Koloquinthe waren bei den griechischen Aerzten so gefürchtet, dass die Hippokratiker dieses Mittel während der 3 kältesten Monate des Jahres überhaupt nicht verordneten und es auch während der übrigen Zeit durch andere Purgirmittel, namentlich Scammonium, gleichsam verdünnten.

Nur die 4fächerige, *geschälte türkische K.* von Grösse eines Borsdorfer Apfels ist in Officinen statthaft, die weit grössere ägyptische nicht. *Die ungeschälte ostindische K.* dient in England und Japan, wo sie allgemein zur Abtreibung der Leibesfrucht gemissbraucht wird, als eine Dekoration der shops etwa wie bei uns die Citrone. Die Drogue besteht aus pergamentartigen, Fächer zwischen sich lassenden und süsse, ölige Kerne enthaltenden Hüllmembranen und der schwammigen, leichten Pulpa. Das wirksame Princip ist *das neutrale Glukosid: Colocynthin* (Walz) = $C_{56}H_{84}O_{23}$; welches durch Behandlung mit verdünnten Säuren in Colocynthein und Zucker gespalten wird. Ausserdem enthält die K. Colocynthidin und Extraktivstoffe.

Der *Angriffspunkt der* (unter heftiger Kolik und Vermehrung der Peristaltik des ganzen Darmcanales) wässrige Stühle hervorrufenden *K. ist das Colon.* Hier wie in den benachbart liegenden Nieren erzeugt K. Hyperämie und ist daher unter allen Abführmitteln pflanzlicher Abstammung neben Gummigutt das einzige, welches neben den purgirenden entschieden harntreibende Wirkungen äussert. Eine cholagoge Wirkung der K., wie sie von der Aloe feststeht, ist behauptet worden, aber experimentell nicht nachgewiesen und gilt dasselbe bezüglich der schon von Hippokrates, welcher Pessarien mit Coloquinthenpulver bestreut einführte, statuirten emmenagogen. Den Darm beeinflusst die K. in der den scharfen Abführmitteln im Allgemeinen eigenthümlichen Weise. Gaben über 4 Grm. können unter blutigen Stuhlgängen und den (auch durch die Obduktion bestätigten) Erscheinungen der Gastroenteritis den Tod herbeiführen; Schroff.

Angewandt wird K. 1. *als evacuirendes Mittel* bei hochgradiger Kothinfarctenkrankheit, wo ich sie, nachdem alle andern Drastica im Stich gelassen hatten, Hülfe bringen sah;

2. *als ableitendes Mittel* bei inneren Entzündungen, z. B. der Hirnmeningen;

3. *als harntreibendes Mittel* in Wassersuchten. Letzteren Falles kommt auch die durch zahlreiche wässrige Stühle herbeigeführte relative Wasserarmuth des Blutes, derzufolge Rückaufsaugung von Exsudaten stattfindet, in Betracht. Weniger gebräuchlich ist

4. *K. als Emmenagogum*, trotzdem dass diese Anwendung die Klassicität für sich hat. In den leider vielfach zur Fruchtabtreibung benutzten Morison'schen Pillen der Belgischen Pharmakopöe ist K. — neben Aloë — enthalten. Als *Bandwurmmittel* ist K. entbehrlich. Ueber den behaupteten Nutzen der *Tr. Colocynthidis gegen Nachtripper* gehen mir Erfahrungen ab. Ebenso wie bei Apoplexien das Hirn entlastet K. auch die Plexus spinales externi et interni von Blut und bringt hierdurch, wie auch in jüngster Zeit wieder (von Frerichs) beobachtete Fälle beweisen, bei auf *chron. Congestivzuständen und Hyperämien des*

Rückenmarks und seiner Häute beruhenden *Lähmungen* Hülfe. Ehemals war K. auch gegen Neurosen, z. B. *Asthma*, in Gebrauch.

Pharmaceutische Präparate:

1. Colocynthis praeparata (Alhandal); zerkleinerte, mit 5 Th. Gummi Mimosae und Wasser zu einer Pasta verarbeitete K. Das getrocknete und pulverisirte Präparat zu 0,01—0,1. Max.-D.: 0,3—1,0 pro die.

2. Tr. Colocynthidis (1 : 10 Weingeist). Dosis: 5—10 Trpf.; Maxim.-Dosis: 1,0; p. die 3,0.

3. Extr. Colocynthidis; Consist. III. mit wässrigem Weingeist bereitet; 0,005—0,01. Maxim.-Dosis: 0,06, pro die 0,4.

4. Extr. Colocynthidis compst. 8 Theile des vorigen Extrakts, mit 8 Th. Aloë, 10 Th. Resina Scammonij, 5 Th. Extr. Rheï und Weingeist zusammen verrieben und getrocknet; Consist. II. Ein grobes braunes Pulver. *Dosis*: 0,01—0,06.

13. Die cathartinsäurehaltigen Mittel:

a. Folia Sennae alexandrinae; b. Radix Rhei; c. Cortex frangulae; d. Baccae spinae cervinae *sind durch einen Gehalt an Gerbsäure neben dem abführenden*, allen gemeinsamen *Princip: Cathartinsäure* ($C_{128}H_{58}O_{46}N_2P$) (Kubly und Dragendorff) *charakterisirt.* Da letztere, eine amorphe, dunkelbraune, nach dem Trocknen schwarze, aus alkalischer Lösung durch Säuren fällbare und mit Basen lösliche Salze bildende Substanz, eher resorbirt wird, als der Gerbstoff, so tritt erst Abführwirkung und später (durch den Gerbstoff bedingt) Neigung zu Stuhlverstopfung ein. Drei bis fünf Stunden nach der Medikation erfolgen, nach vorweggehender Aufgetriebenheit des Unterleibes und Koliken, unter reichlichem Abgang von Darmgasen wiederholt wässrige Stühle.

Der Angriffspunkt der Cathartinsäurewirkung *ist der Dickdarm* (Buchheim) und das untere Drittheil des Dünndarms, welches Rutherford und Vignal bei unter der *Sennawirkung* stehenden Thieren stark vascularisirt fanden. Diese Wirkung auf den Darm ist von viel geringeren Koliken, als sie Koloquinthe, Crotonöl u. s. w. erzeugen, begleitet; Rheum und Senna etc. erfreuen sich daher auch als im Ganzen milde Abführmittel grosser und allgemeiner Beliebtheit. Mit der Aloë theilen die in Rede stehenden Mittel die *cholagoge* Wirkung, welche *bei Senna weniger ausgesprochen ist* als bei der Rhabarber, *welche letztere wieder mit der Aloë ausserdem die appetitbefördernde Wirkung kleiner Dosen gemein hat*, während man von der *Senna* behauptet, dass sie in der bei der Aloë und Koloquinthe erörterten Weise *Hyperämie der Uteringefässe*, Menorrhagien und *Abortus bewirken könne*. Von letzterer nicht sicher constatirten Nebenwirkung abgesehen, entsprechen obige Mittel ihren Wirkungen und Indikationen nach dem Paradigma der leichten (nicht den ganzen Darm beeinflussenden) Abführmittel in allen Stücken und sind nur dann gegen andere, namentlich gegen die durch ihre Geschmacklosigkeit vor ihnen ausgezeichnete Jalape zu vertauschen, wenn man die in ihrem Gefolge auftretende Neigung zu Obstipation im concreten Falle zu fürchten Grund hat. Diesen Vorbemerkungen werden wir demnächst nur kurze Angaben über Abstammung, chemische Zusammensetzung und Präparate der einzelnen Mittel folgen lassen und beginnen mit

a. Folia Sennae alexandrinae. Sennesblätter.

Die mit den Blättern von *Solenostema Arghel* (in Arabien etc.) und *Coluea arborescens* (in dem europäischen Droguenhandel) verfälschten Fieder-Blättchen der zu den Leguminosen gehörigen und in Arabien dem Sudan, Aegypten und Ostindien (*Tinevelly-S.*) einheimischen, durch Blüthen, welche in gelbe, achselständige Trauben (etwa nach Art unserer *Robinien*, mit denen sie auch die zusammengesetzte Blattform gemein haben) vereinigt sind, ausgezeichneten Strauchgewächse: Cassia lenitiva angustifolia, obovata u. s. w., deren sich der Prophet Mohammed als Medicin bedient haben soll. Die Sennesblätter enthalten ausser den Cathartinsäure fruchtsaure Salze, einen Farbstoff: *Chrysoretin* (Bley) oder Chrysophansäure, die Bitterstoffe: *Sennapicrin* und *Sennacro* (Ludwig) und *Cathartomannit* (Zucker). Ein Sennainfus reagirt stark sauer und enthält *Gerbsäure*, während im Harn Gallussäure nachweislich ist. Unter gelindem Leibschneiden geht die Purgirwirkung in 3—5 Stunden vorüber und nur selten ist am anderen Tage noch etwas Zungenbeleg. vorhanden. Die wirksamen Sennabestandtheile müssen da auch Kinder, welche von Senna nehmenden Ammen gestillt werden, Toramina und Diarrhöe bekommen, in die Blutbahn übergehen und von der Darm-mucosa aus oder mit der Galle wieder eliminirt werden bez. zur Wirkung. gelangen. Senna wird, falls nicht acute Entzündung oder ab-norm gesteigerte Sensibilität des Darmkanales vorhanden. ist, selbst von schwächlichen Frauen und Kindern gut ver-tragen. Es giebt daher auch viele S. enthaltende

Pharmaceutische Präparate:

1. **Folia Sennae** 0,5—4,0 in Infusen, Latwergen, Pulvern. F. S. spiritu vini extracta sind, weil Weingeist das wirksame Princip (Cathartinsäure) auszieht, verwerflich.

2. **Species laxantes St. Germain** enthalten: F. Sennae sp. vini extracta 16 Th.; Flor. Sambuci 10 Th., Fenchel, Anis 5 Th. und Tartarus depuratas (Kalium bitartaricum); davon 1 Esslöffel auf 2—3 Tassen.

3. **Syrupus Sennae c. Manna:** 10 Th. Senna, 1 Th. Fenchel, 15 Th. Manna, 10 Th. Zucker, 50 Th. Wasser; theelöffelweise.

4. **Infusum Sennae compst.:** Infusum laxativum viennense. Wiener Tränkchen: zum Infusum aus 2 Th. Senna und 12 Th. kochenden Wassers, 2 Th. Natrokalitartaricum und 3 Th. Manna; esslöffelweise.

5. **Electuarium e Senna** s. Electuarium lenitivum: 10 Th. Sennapulver, 1 Th. Coriandersaamen (vgl. p. 148), 15 Th. Pulpa Tamarindorum mit 50 Th. Sy-rupus sacchari z. Latwerge; theelöffelweise.

6. **Pulvis liquiritiae** compst. Pulv. Ghyzirrhizae compst. Pulv. Cu-rellae; Curella'sches Brustpulver. Fenchel und Schwefelblumen (vgl. Sulfur) āā 1 Th., Senna- und Süssholzpulver āā 2 Th. mit 6 Th. Zucker; theelöffelweise.

b. Radix Rhei. Rhabarber.

Die *Rhabarber* ist der *Wurzelstock* der in Kan-su, der chinesischen Tartarei, im Himalayagebirge und in Sibirien einheimischen Polygonee Rheum officinale. Die Drogue erscheint in Form planconvexer, sorgfältig geschälter, mit dem Messer beschnittener, kleinerer (selten grösserer), gelbbestreuter Stücke mit gleichmässig derbem Gefüge. Dabei ist die Rhabarber von geringem Gewicht. *Jedes Stück zeigt ein durchgehendes, rundes Loch*, durch welches die zum Trocknen erforderlichen Stricke gezogen werden. In die für die beste geltende, leider gegenwärtig aus dem Handel verschwundene sibirische oder moskowitische Rhabarber stiessen *die russischen Mauthbeamten* dieses Loch mit Hülfe eines Locheisens von bestimmter Weite und die auf diese Weise gewissermaassen geaichte Waare kam *über Kiachta* auf dem Landwege nach Europa.

Gegenwärtig kommt nur noch geschälte, chinesische Rhabarber, in welche die Chinesen zu dem genannten Zweck oder zur Nachahmung der russischen Steuermarke ebenfalls ein rundes Loch bohren, *über Batavia zu uns.* Gute Rhabarber zeigt auf dem Durchschnitt ein weissgelb und röthlich marmorirtes Ansehen. Die gelbröthlichen Parthien entsprechen der *Cathartinsäure*, die amorphen weissen *dem Amylum* (dessen Menge im Herbst, wo die Rhabarbar daher nicht gesammelt werden soll, zunimmt) und die glänzenden, krystallinischen, zu einem ungleichförmig *krystallinischen Bruch Anlass gebenden* weissen Parthien dem in grösserer Menge in der Rhabarber enthaltenen und das Knirschen zwischen den Zähnen (wenn sie gekaut wird) verursachenden *oxalsaurem Kalk.* Ausser den eben aufgeführten Bestandtheilen enthält Rh. noch die durch Kochen mit verdünnten Säuren in Rheumsäure und Zucker gespaltene Rheumgerbsäure, Chrysophan, ein ebenfalls *durch oxydirende Potenzen* in die auch aus Aloë darstellbare Chrysamminsäure überführbares Glukosid und die nach Art eines Bitterstoffs wirkende und die längst bekannten harzartigen Zersetzungsprodukte: *Phäoretin, Aporetin* etc. liefernde Chrysophansäure. Die von Buchheim und dessen Schülern behauptete *abführende Wirkung der letzteren fand* Schroff bei 0,5 Dosen *nicht bestätigt.* Anderseits habe ich mich davon überzeugt, dass von Kubly dargestellte Cathartinsäure aus Rh. zu 0,1—0,3 binnen 3—14 Stunden bald wässrige, bald mehr breiige Stuhlausleerungen bewirkt. Ueber die appetitbefördernde und cholagoge Wirkung der in noch höherem Grade als Senna Neigung zu Obstipation zurücklassenden Rh. war oben die Rede. Dagegen verdient an dieser Stelle hervorgehoben zu werden, *dass kleine, sogenannte anticatarrhalische Dosen* (von 0,1—0,5 Grm.) *Rh., in welchen die Rheumgerbsäure zur Wirkung gelangt, nicht abführen, sondern den Stuhlgang retardiren.* Sie erweisen sich namentlich in Verbindung mit dem in kleinen Gaben analog wirkenden Calomel bei Darmcatarrhen kleiner Kinder durch Hervorrufung von Contraktion der Gefässe und der Muscularis des Darms, sowie damit wieder verknüpfte Retardation der Peristaltik, Heruntersetzung der Sensibilität und Modifikation der Secretion des Darms nützlich. In *grossen Dosen* von 1,0—5,0 Grm. gereicht ist Rh. *ein gelindes, nur den Dickdarm beeinflussendes*, Magen- und Dünndarmverdauung intakt lassendes *Abführmittel*.

Pharmaceutische Präparate:

1. Extractum Rhei (*II. Consistenz*), wässrig-weingeist. Auszug; Dosis: 0,2—0,8; Laxans 4,0.

2. E. Rhei compst. Extractum catholicum. E. panchymagogum Crollij. Rheum 3 Th.; Extr. Aloës 1 Th.; Sapo jalapinus ebensoviel. Dosis: 0,1—0,6; III. Consistenz.

3. Pulvis Magnesiae cum Rheo s. pro infantibus. 3 Th. Rheum, 12 Th. Magnesia hydrico-carbonica, 8 Th. Eleosaccharum foeniculi; Dosis: messerspitzen- bis theelöffelweise.

4. Tr. Rhei aquosa (Anima Rhei). Rheum 100 Th.; Kali carbon. und Borax aa 10 Th. mit 850 Th. Wasser infundirt; dazu 100 Th. Weingeist und 150 Th. Aqua Cinnamomi; theelöffelweise.

5. Tr. Rhei vinosa (Tr. Darelii): 8 Th. Rheum, 2 Th. Cort. aurant., 1 Th. Cardamomen mit 100 Th. Xereswein und 1 Th. Zucker; theelöffelweise.

6. Syrupus Rhei: 12 Th. Rheum; 3 Th. Cassia Cinnamom., 1 Th. Cinnamom., 1 Th. Kali carbon., 100 Th. Wasser eine Nacht macerirt und auf 80 Th. Colatur 144 Th. Zucker zugesetzt; thee- und esslöffelweise. Rheum ist Bestandtheil des Extr. Colocynthidis compst.

c. Cortex Frangulae. Faulbaumrinde.

Die zusammengerollte, aussen graue oder graubraune und mit kleinen weisslichen Warzen bestreute, innen bräunlichgelbe Rinde von *Rhamnus frangula;* der Bruch ist faserig und die Fasern zeigen citronengelbe Farbe. Die Bestandtheile sind: *Cathartinsäure* (Kubly), *Chrysophansäure* (Martius) und *Gerbstoff*. Wird ganz wie Rheum benutzt und führt den Namen „Rhabarbarum proletariorum" mit Recht. Man giebt 15—30 Grm. im Infus, welchem man auch ein billig zu beschaffendes *Mittelsalz zusetzen* kann; aus ökonomischen Gründen ist F., da auch die Zuverlässigkeit der Wirkung nichts zu wünschen übrig lässt, nicht genug zu empfehlen.

d. Baccae spinae cervinae. Kreuzdorn- oder Schiessbeeren.

Die blaugrünlichen Früchte von Rhamnus cathartica. Enthält Chrysophansäure; ob „*Rhamnin*" oder „*Rhamnocathartin*" mit Cathartinsäure identisch ist, fragt sich noch. Man verordnet ausschliesslich *kleinen* Kindern den daraus bereiteten Syrupus spinae cervinae s. *domesticus*, 5 Th. des frisch ausgepressten Safts auf 9 Th. Zucker enthaltend. Dosis: theelöffelweise.

1. **Glyceride, welche nach ihrer Verseifung durch das freie Alkali des Darmsaftes zur Wirkung gelangen.**

14. Oleum Crotonis. Crotonöl.

Aus dem Kern der Nussfrucht von *Croton tiglium* in Ostindien werden 2 Oele ausgepresst. Das eine derselben ist das *Glycerid* der *Oelsäure* ($C_{18}H_{34}O_2$), welches ich indifferent verhält, und das andere das freie Säure enthaltende *Glycerid der Crotonolsäure*, welche durch Behandlung mit oxydirenden Substanzen *in Sebacyl-, Oenanthyl-* und *Crotonylsäure übergeht.* Nicht das Glycerid, sondern nur die freie Crotonolsäure ruft die später zu erörternden stürmischen, bez. toxischen Wirkungen hervor.

Kommt das helle, seifenartig riechende Crotonöl in den Mund, so bewirkt die geringe Menge der in 1 Tropfen desselben vorhandenen freien Crotonolsäure heftiges Brennen neben öligem Geschmack. Das Brennen erstreckt sich über die gesammte Mund- und Gaumenschleimhaut und wird beim Ausathmen vermehrt. Daher *erfolgen die Respirationen kürzer und schneller* und *ausserdem nimmt die Pulsfrequenz* zu. Nach 2 Stunden äussern sich Unruhe, *Eingenommenheit des Kopfes* und *Brechneigung.* Gelangt endlich das Crotonöl in das Duodenum und den Dünndarm, so findet eine Verseifung des Glycerids durch freies Alkali statt und die bisher als Glycerid verbundene Crotonolsäure äussert ihre volle, *drastische Wirkung in so energischer Weise, dass man auf 1 Tropfen 15 wässrige Stuhlausleerungen erfolgen sah.* Wird die Dosis gesteigert, so äussern sich die Erscheinungen der Gastroenteritis, und kommt es, unter den häufigsten Entleerungen nach oben und unten, zu Herabsetzung der Circulation und Erschwerung der Athmung, und unter Cyanose und Kälte der peripheren Theile tritt der Tod ein. Es ist nothwendig, sich diese stark giftigen Eigenschaften des Crotonöls gegenwärtig zu halten, mit Dosen von $^1/_4$ *Trpf.* in *Capsules* mit *Ricinusöl* zu beginnen und die Gabe von 2 Tropfen nie zu überschreiten.

Ausser durch die Giftigkeit ist Crotonöl vor allen Abführmitteln dadurch ausgezeichnet, *dass es nicht nur die Schleimhäute, sondern auch die Oberhaut stark reizt* und, zu 8 Tropfen eingerieben, Röthung der betreffenden Hautstelle und *Blasenbildung* erzeugt. Crotonöl ist daher ein starkes Erethisticum und noch Tage lang nach der Einreibung zeigt die qu. Hautstelle abnorm vermehrte Empfindlichkeit; Schroff. Diarrhöe erfolgt nach Einreibung in die Haut nur ausnahmsweise.

Therapeutisch wird Crotonöl nach den *Indikationen der Drastica angewandt.* In den Vordergrund treten hierbei die *derivirende,* von entzündeten inneren Organen auf den Darm ableitende Wirkung in Fällen von *Hirnapoplexie, Insolation* u. s. w., und die stark evacuirende Wir-

14*

kung bei *Kothinfarct*, *Bleivergiftung* u. s. w. Ein unverkennbarer Vortheil des Crotonöls ist, dass es in der sehr kleinen schon wirksamen Dosis leicht beizubringen und selbst bewusstlosen Kranken auf die Zunge zu appliciren ist, ein Nachtheil, dass es vielfach mit fetten Oelen verfälscht wird und demgemäss nicht recht zuverlässige Wirkungen äussert.

Extern (*zu 10—30 Tropfen auf 5,0—10,0 eines fetten Oels*) auf die Haut applicirt wirkt Crotonöl der Brechweinsteinsalbe sehr ähnlich und wird wie diese als stark ableitendes Mittel bei Entzündungen der Haut nahe belegener innerer Organe, z. B. bei *Laryngitis auf die Haut am Halse*, applicirt. Bei Kahlköpfigkeit empfahl Hochstetter Einreibungen von 1—2 Grm. Crotonöl auf 15 Grm. Mandelöl in die Kopfhaut und in neuester Zeit behauptete Cersoy von Einreibungen auf die Haut beim ersten Auftreten von Purpura haemorrhagica Heilerfolge beobachtet zu haben. *Die Dosis des Crotonöls pro usu interno ist:* $^1/_{10}$—1 Trpf.; 0,3 pro die! —

15. Oleum Ricini. *O. palmae Christi.* Ricinusöl.

Die Drogue ist das dickflüssige, farblose, geruchlose, widerlich schmeckende fette Oel aus den Samen von Ricinus palma Christi. Wiewohl seine Abführwirkungen in eben dem Maasse gelind sind, wie die des Crotonöls stürmisch, so gehören doch beide deswegen zusammen, weil auch hier nur die im Glycerid noch ungebunden enthaltene freie Ricinolsäure ($C_{18}H_{34}O_3$), nicht das Glycerid die Abführwirkung bedingt; Buchheim. Um zu wirken *darf die Ricinolsäure nicht an Basen gebunden sein.* Erst Gaben über 30 Grm. erzeugen mehrere dünne Stühle unter geringer Kolik und unter so unbedeutender Reizung des Darms, dass Ricinusöl mit Vorliebe in denjenigen fieberhaften, anfänglich von Obstipation begleiteten Infektionskrankheiten, bei welchen Lokalisation im Darm und später sogar Geschwürsbildung daselbst vorauszusehen sind, wie bei *Dysenterie, Gelbfieber* und *Typhus,* angewandt und von mehreren Autoren *mit einigen Tropfen Terpentinöl versetzt* wird. Als mildes Laxans wird es auch von Wöchnerinnen, ferner bei Peritonitis, Nephritis, Metritis etc. vertragen. Die Anwendung als evacuirendes Mittel bei Kothinfarkt, Bleikolik u. s. w. geschieht in der im allgemeinen Theile besprochenen Weise. *Kindern* giebt man *4,0—15,0, Erwachsenen 30—60 Grm.* Einige Löffel genügen in der Regel um die durch Granatwurzelrinde zum Absterben gebrachte Taenie unter eintretender Diarrhöe aus dem Darm zu entfernen. Das beste Corrigens für Ricinusöl bez. eine daraus gefertigte Emulsion sind einige Tropfen Chloroform. Duparque ersetzte im Durande'schen Mittel gegen Gallensteinkolik das Terpentinöl durch Ricinusöl und verordnet: Aetheris sulfurici 4,0; Olei Ricini; Sacchari albi aa 30,0; halbstündlich 1 Esslöffel.

III. Abführmittel, welche nur bei Gegenwart von Galle oder von gallensauren Salzen im Darm zur Wirkung gelangen.

16. Tubera Jalapae. Resina Jalapae. Jalappenwurzel.

Die seit 1692 bekannten Wurzelknollen des in einer Höhe nicht unter 5000 bis 6000' *in den mexikanischen Andes* einheimischen, auf der Erde kriechende Ranken aussendenden Windengewächses I p o m a e a p u r g a. Die Tubera J. sind botanisch betrachtet die Stolones der Wurzel und nicht selten von solchem Volumen, dass sie die Grösse eines Kindskopfes erreichen. Sie werden im März und April gesammelt und 10 bis 14 Tage lang in Netzen über dem Feuer getrocknet. So resultirt eine Drogue von *räucherigem Ansehen*, mit dunkelbrauner längsgefurchter Oberfläche und hornartig-muscheligem Bruch, welche ein mehliges Pulver liefert und über Veracruz und Tampico zu uns kommt.

Das wirksame Princip ist das durch Weingeist mit Leichtigkeit aus der Drogue auszichbare *Anhydrit der Convolvulinsäure:* C o n v o l v u l i n, welches, in gallensauren Salzen gelöst, bei Gegenwart freien Alkalis im Darm den Convolvulin Wasser entzieht, hierdurch in Convolvulinsäure übergeht und durch den rein örtlich auf den Darm geübten Reiz vermehrte Peristaltik und dünne, unter heftiger Kolik erfolgende Stühle zu Wege bringt. *Jalapa wirkt als Laxans zwar etwas energischer als Senna, jedoch weit schwächer als alle übrigen hierher gehörigen Mittel; sie ist ganz ohne Geschmack und wird auch von hartnäckig verstopften Kindern gut vertragen.* Das Harz von Ipomoea purga ist unreines C o n v o l v u l i n ($C_{31}H_{50}O_{16}$); das der falschen oder Stengeljalappe (*Convolvulus Orizabensis*) ebenfalls ein Säureanhydrid: Jalapin, von dem Convolvulin homologer chemischer Zusammensetzung. Beide Harzsäureanhydride werden durch verdünnte Säuren in Traubenzucker und chemisch indifferente Zersetzungsprodukte gespalten und färben sich mit concentrirter Schwefelsäure in Berührung gelangend schön amaranthroth.'

Jalapa erfüllt alle Indikationen der Abführmittel sicher und *bis auf die Kolik ohne Beschwerden für den Kranken;* kein Wunder, dass sie nebst ihren Präparaten das gegenwärtig von Aerzten wohl am häufigsten verordnete Purgirmittel darstellt. Trägheit des Stuhlgangs, besonders bei zu Grunde liegendem Hirn- oder Wurmleiden indiciren die Jalappe, welche gern mit Calomel combinirt zu werden pflegt. Durch Jalappe sucht man auch auf den Darm abzuleiten, um namentlich das Hirn von Blut zu entlasten, oder dem Blute so viel Wasser zu entziehen, dass Rückaufsaugung des aus den Gefässen ausgeschwitzten Serum seitens der zu erhöhter Thätigkeit angeregten Saugadern angebahnt wird. 0.2—0,5 Grm. pro die genügen für Kinder, $1^{1}/_{2}$—3 Grm. für Erwachsene um Abführen zu bewirken. Man giebt Jalappe in Pulver- oder Pillenform mit Weinstein, Rheum oder Calomel combinirt. Ausserdem hat man folgende

Pharmaceutische Präparate:

1. R e s i n a J a l a p a e. Jalappenharz; unreines Convolvulin; durch Weingeist ausgezogen. Dosis: 0,03—0,2.

2. T r. r e s i n a e J a l a p a e. Jalappentinctur 1 Th. Harz in 10 Weingeist; 30 Trpf.

3. Sapo jalapinus: gleiche Theile des Harzes und Sapo medicatus in Weingeist gelöst und zu Pillenconsistenz eingedampft; Dosis: 0,1—0,3; ein beliebtes Constituens für Laxirpillen.

4. Pilulae Jalapae. Jalappenpillen. 3 Th. des vorigen Präparates mit 1 Th. Jalappenpulver: 2—6 Stück. Jalapa ist auch im Extr. Rhei compst. enthalten.

17. Scammonium. Resina scammonii.

Die Jalappe der alten Welt. In die Wurzelknollen der in Kleinasien einheimischen Convolvulacee, Convolvulus Scammonia, werden im Monat Juli von den Eingeborenen Muschelschalen eingebohrt, in welche sich der Saft aus den Stolonen entleert und mannigfach verfälscht als „Scammonium" in den Handel gelangt. Letzteres ist von grünlicher oder braungrüner Farbe, harzglänzend und mit zahlreichen, von einer weissen Masse ausgefüllten Hohlräumen versehen. Der Verfälschung wegen ist die Wirkung des Sc. so unzuverlässig, dass das weiter nichts als eine gewisse Klassicität für sich habende Mittel in nicht unverdiente Vergessenheit gerieth. Leider ist es dieser durch die Ph. G. entrissen worden, welche Radix Scammoniae zur Darstellung *der angenehm (wie frischbackenes Brod) riechenden* — aber theuren — Resina Scammonii (*Dosis:* bis 0,2) vorschreibt. Letztere ist unreines (auch in der *Stengeljalappe:* Conv. Orizabensis vorkommendes) Jalapin. Alles über Jalappe Angegebene findet auch auf Scammonium, welches man zu 0,3—0,6 gab, Anwendung. Scammonium ist noch Bestandtheil des Extr. Colocynthid. compst.

18. Agaricus albus. Lärchenschwamm.

Polyporus officinalis, ein den Lärchenbäumen Südeuropas aufsitzender Pilz (Boletus laricis), welcher in weissgelblichen, leicht zerreiblichen, schwammigfaserigen Stücken von sehr verschiedener Grösse im Handel vorkommt und gekaut erst süsslich, dann bitter und brennend schmeckt. Nachgewiesen ist darin ein von Martius Laricin genannter, harzartiger, nur bei Gegenwart gallensaurer Salze löslicher und wirksamer Körper — vielleicht wie Convolvulin etc. ein Säureanhydrid; ferner *Fumarsäure*, welcher der Lärchenschwamm seine schweissbeschränkende Wirkung verdanken soll, und Kalk- bez. Kaliumsalze der Citronen-, Essig- und Phosphorsäure. Ehemals im Elixir ad long. vitam Paracelsi enthalten. A. macht leicht Nausea, Erbrechen und starke Kolik. Dosis: 0,05—0,15; kaum noch verordnet.

19. Gutti. Gummi Guttae. Gummigutt.

Gummigutt ist der aus den verwundeten Bäumen in Bambusröhren ausgeflossene und getrocknete Milchsaft der in *Ceylon und Cambodscha* einheimischen Guttifere Hebradendron gambogioides. Die Drogue stellt crocusgelbe, gelbbestäubte und noch die Abdrücke der auf der Innenseite des Bambusrohrs vorhandenen Längsstreifung zeigende Stangen mit durchscheinenden Kanten und muscheligem Bruch dar.

G. ist geruchlos und schmeckt anfänglich schwach, später scharf; dabei färbt sich der Speichel gelb; sein *Staub reizt eingeathmet zum Niesen.* Zu 1—1½ Decigrm. innerlich genommen *erzeugt es Vermehrung der Secretion des Darms*, nicht selten auch der Nieren, und unter heftiger Kolik *flüssige Stuhlausleerungen* (Schroff), denen sich Erbrechen und nach Einverleibung grosser Dosen Erscheinungen von Gastroenteritis, Ohnmachten und der Tod zugesellen können. Das wirksame Princip des G. ist die durch Weingeist ausziehbare und durch Salzsäurezusatz zu diesem Auszuge zu isolirende Gambogiasäure ($C_{30}H_{24}O_{4}$), welche von kirschrother Farbe, in Wasser unlöslich und von saurer Reaktion ist und schwächer abführend wirkt, als Gutti selbst. Ihr Kaliumsalz ist unwirksam (Berg), das Magnesiasalz dagegen führt ab. Gutti kommt wie die vorigen Mittel der 3. Unterabtheilung, nur wenn es mit Fett und Galle oder gallensauren Salzen (und vielleicht pankreatischem Saft) vermischt in den Darm gelangt, zur Wirkung; Daraskiewicz. Grosse Mengen Natronsalz der Gambogiasäure fand Schaur in den Faeces, nicht im Harn wieder; dieses Salz bedingt nach demselben Beobachter Fröschen injicirt *Zerfall der Muskelbündel.* Gummigutt erfüllt die Indikationen der scharfen Abführmittel und *hat mit der Coloquinthe die diuretische Wirkung gemeinsam.* Wie andere auf Rectum und Colon besonders stark influencirende Drastica soll es Abortus hervorrufen können und ist daher auch sowohl in den berüchtigten Morison'schen, als in den bei Wassersucht viel gebräuchlichen Pillulae hydragogae Heimii enthalten (Rp. Gutti, Bulb. Scillae. Stibii sulf. aurant. Fol. Digitalis. Extr. Pimpinellae āā 1,5 M. f. pill. 50; d. 3mal 2—3 Stück). Von Rulle wurde G. besonders empfohlen, um die Ausstossung des durch Filixsäure zum Absterben gebrachten Bandwurms zu bewirken. In Alkalien löst sich G. mit rother Farbe. Dosis: 0,01—0,15, Maximaldosis: 0,3 pr. dosi —1,0 pro die.

20. Elaterium album. Springgurkensaft.

Der getrocknete weisslich grüne, in Täfelchen in den Handel kommende Milchsaft von Ecbalium offic., der sogenannten Spring- oder Eselsgurke. Durch Eindampfen des Saftes dargestelltes Elaterium (nigrum) ist verwerflich, weil ein grosser Theil des wirksamen Stoffes, des Elaterin, welches *als Anhydrid der Elaterinsäure* zu betrachten ist, in der Siedehitze zersetzt wird. E. album entzieht dem Blut und den Geweben Wasser und gelangt nur bei Gegenwart gallensaurer Salze im Darm zur Wirkung (Buchheim, H. Köhler). Elaterium wirkt als scharfes Drasticum; 0,001 Elaterin ruft nach 45 Minuten schon Ekel, Erbrechen, Kratzen im Halse, Salivation, Ructus, Kollern im Leibe, Kolik, *Eingenommensein des Kopfes, Kopfschmerz* und nach 6 Stunden reichliche flüssige Stuhlgänge hervor; v. Schroff. *Bei Hunden sah Vrf. Convulsionen* auftreten, zum Beweis, dass dem Elaterin ausser der bei Gegenwart von Galle auftretenden drastischen, auch eine durch den Uebergang des Mittels in das Blut bedingte Wirkung auf das Nervensystem zukommt. Elaterium album wird zu 0,01—0,06, Elaterium cryst. zu 0,005 verordnet; beide sind *bei uns* obsolet.

21. Podophyllinum; Radix Podophylli

ist das besonders in England und Amerika in Aufnahme gekommene schwach gelbliche Harz aus Podophyllum peltatum, einer in feuchten Wäldern Nordamerikas einheimischen Berberidee. Das Podophyllin entspricht der Hauptsache nach *dem Anhydrid einer organischen, bei Contakt mit Wasser und Alkali daraus resultirenden Säure* (Podophyllinsäure); R. Buchheim.

Ausser Speichelfluss ruft P. unter heftiger Kolik auch zahlreiche flüssige Stühle hervor. Nach Rutherford und Vignal ist es ein ausgesprochenes Cholagogum und übertrifft Aloë und Senna in dieser Hinsicht bedeutend. Man hat es daher als Laxans — oft mit Rheum und Galle combinirt — gegen Icterus gerühmt. In Deutschland hat sein Gebrauch als Laxans und Cholagogum keinen rechten Anklang gefunden. Dosis: 0,04 — 0,08. Rcp.: Podophyllini 2,0. Saponis med. q. s. u. fiant Pillulae No. C. Der dadurch erregten heftigen Kolik wegen wird P. vielfach mit Narcoticis combinirt; Pietro.

Anhangsweise nennen wir noch als ganz obsolet: Herba Gratiolae; Gottesgnadenkraut von Gratiola offic. stammend (Scrofularin.). Diese in ganz Deutschland wildwachsende Pflanze enthält von Walz chemisch untersuchte Glukoside. Gratiola ist ein so scharf den Darm reizendes und bald heftiges Erbrechen, bald stürmische Diarrhöe hervorrufendes Mittel, dass es dem Veratrin in dieser Hinsicht sowohl, als weil es ausserdem Herzschlag und Athmung beeinflusst, an die Seite zu stellen und als Abführmittel zu meiden ist. Extr. Gratiolae: 0,05—0,2 ist ganz obsolet.

B. *Mittel, für deren Wirkung Magen- und Darmcanal ebenfalls den ersten Angriffspunkt bilden, welche jedoch nicht (wie die der vorigen Unterordnung) durch Reflex vermehrte peristaltische, sondern vielmehr antiperistaltische Bewegung des Darmkanals bedingen und in weit ausgesprochenerem Maasse, als die unter A. erörterten entfernte Wirkungen hervorrufen.*

XIX. Brechmittel.

Der Brechakt, welchem eine im Ekelgefühl sich aussprechende Reizung sensibler Nerven vorweggeht, kann entweder ausgelöst werden: direkt durch Reizung des Brechcentrums (welches sehr wahrscheinlich mit dem Athemcentrum identisch ist) mittels des mit dem Medikament imprägnirten Blutes, oder reflektorisch durch Reizung des Vagus am Halse (*sowohl Discision des Halsvagus einer Seite mit Reizung des centralen Stumpfes, als Durchscheidung beider Vagi zieht diesen Effekt nach sich*), durch Reizung der Magenäste des Vagus, der von demselben Nerven an die Bronchi abgegebenen Nerven, der Glossopharyngeusäste am weichen Gaumen und

Pharynx, der zu Leber- und Gallenwegen tretenden Vagus- und Sympathicusfasern, der Renal-, Mesenterial-, Vesical-, Uterin- und Ovarialnerven, sowie endlich durch Reizung gewisser Hirnabschnitte und durch psychische Einflüsse (Vorstellungen widerlicher, Ekel erregender Dinge). Magendie hielt, weil er einen anstatt des Magens am Oesophagus befestigten und in die Bauchhöhle eingenähten elastischen Sack sich während des vom Brechcentrum aus eingeleiteten Brechaktes seines Inhaltes nach oben (per ösophagum) entledigen sah, *den Magen bei dem genannten Akt nur für passiv betheiligt.* Diese Ansicht wird jedoch, weil von Budge während des Vomitus starke *Contraktionen des Pylorustheiles* mit Aufblähung des Sackes beobachtet worden sind (nicht mit den wurmförmigen Bewegungen vom Pylorus- zum Cardialabschnitte des Organes zu verwechseln), nicht länger aufrecht zu halten sein. Indem sich ferner die *Reizung der Vagusäste vom Magen auf diejenigen des Darmes weiter verbreitet,* kann es uns nicht Wunder nehmen, *dass in letzterem Anregung der Peristaltik auf dem im vorigen Abschnitte erörterten, ebenfalls reflektorischen Wege zu Stande kommt,* oder mit andern Worten, dass es Brechmittel giebt, welche post festum auch noch zur Entstehung von Diarrhöe Anlass geben (z. B. *der Brechweinstein*). Anfüllung des Magens mit Flüssigkeit befördert, weil sie die Bauchpresse erleichtert, den Brechakt. Bezüglich des letzteren ist schon im Voraus zu betonen, dass die hieran wesentlich betheiligten Contractionen des Diaphragma's zu Verengerung des Hiatus oesophageus und Compression der Bauchaorta Veranlassung werden müssen. Hiermit aber müssen Rückstauungen des Blutes im Körper- und secundär auch im Lungenkreislauf, auf welche in dem § über die Contraindikationen zurückzukommen sein wird, nothwendig verknüpft sein. *Vorläufig bemerken wir, dass diese starke Zusammenziehung des Zwerchfells bei tiefer Inspirationsstellung des Thorax, Anfüllung der Lungen mit Luft und Glottisverschluss die erste Scene des Brechaktes, dagegen Contraktion des Pylorustheiles, Aufblähen des Magens und der von Diaphragma und Bauchmuskeln,* welche, obwohl eine Exspiration angestrebt wird, in der Inspirationsstellung verharren, *ausgeübte bedeutende Druck die zweite Scene,* und die unter *Herausbeförderung des Mageninhalts nach oben erfolgende und mit Oeffnung der Glottis und Nachlass der Blutstauungen in den Hals-, Hirn- und Rückenmarksgefässen verbundene starke Exspiration die dritte und letzte Scene repräsentiren.* Gleichzeitig mit dem Brechakt stellen sich Röthung des Gesichts, Hervortreten der Bulbi, Hervorstürzen von Thränen und, zufolge der energisch wirkenden *Bauchpresse,* häufig auch Abgang von etwas Koth und Urin bei dem Erbrechenden ein. Ueber die Modifikationen der vitalen Funktionen, welche sämmtlichen Brechmitteln eigenthümlich sind, ist Folgendes zu bemerken und nicht nur auf die im Nachstehenden abzuhandelnden Emetica pflanzlicher Abstammung, sondern auch auf die später zu besprechenden als Emetica dienenden Salze des Brechweinsteins, Kupfers und Zinks zu beziehen:

1. Nach der Medikation folgt unmittelbar ein Schwanken des Pulses mit vorwaltender Neigung zum Sinken, welches mit dem Eintritt des Ekels einer Acceleration desselben bis zu bedeutendem Grade Platz macht. Letztere erreicht mit dem ersten oder zweiten Brechakte ihre Akme und ihren Wendepunkt, und geht nach vollendetem Erbrechen abermals in Absinken der Pulsfrequenz über. Das Absinken erfolgt während des Ekels und bis zum Ende desselben schnell, später aber allmälig, so dass schliesslich die Pulszahl etwas niedriger ist, als vor Einverleibung des Brechmittels. *Dabei wird der Puls um so kleiner, je höher, und um so voller, je tiefer sein Stand sich bewegt;* Ackermann.

2. Die Respiration wird nach desselben Forschers an Menschen angestellten

Versuchen fast zu eben derselben Zeit frequenter wie der Puls, oder weniger frequent; ihre Frequenz steigt indess verhältnissmässig nie so hoch wie die des letzteren. Tartarus stibiatus beeinflusst in beiden Richtungen Herzbewegung und Athmung intensiver, als die Ipecacuanha. Kaninchen sind zur Controle dieser Veränderungen deswegen nicht brauchbar, weil schon subcutane Injektion kleiner Mengen von Brechmitteln eine so starke, in enormer Retardation der Athembewegungen ausgesprochene Reizung des Athemcentrum bewirkt, dass demzufolge auch der Puls verlangsamt wird und gleichzeitig mit der Athmung erst dann, wenn zufolge Elimination der gen. Mittel durch die Galle in den Darm oder durch die Darmdrüsen in denselben acute Gastroenteritis erzeugt wird, wieder eine die Norm weit überschreitende Beschleunigung zeigt. Hiermit würde ausserdem eine wesentlich falsche Vorstellung über

3. die Wärmeregulirung unter Brechmittelwirkung, welche nach Ackermann beim gesunden Menschen keinerlei wesentliche Veränderung erleidet, gewonnen werden. Nach Dumérils, Lecointe's und Demarquay's noch zu bestätigenden Angaben soll dagegen die Temperatur nach nauseosen Dosen Ipecacuanha ein geringes Absinken, nach 1,0 Dosen jedoch ein Ansteigen um 1—2⁰ zeigen, so dass sich die Brechwurzel und der Brechweinstein in dieser Hinsicht gerade umgekehrt verhalten würden (man vgl. Stibium). Nach Pécholier endlich fand bei Kaninchen nach Beibringung von 0,005 Grm. Emetin ein geringes Absinken der Aussen- und ein Ansteigen der Innentemperatur statt.

4. Auf die Funktionen der Nervencentren wirken sämmtliche Emetica in nauseoser wie in emetischer Dosis herabstimmend. Für das Hirn weisen diese Thatsache Beobachtungen an Kranken nach. Bezüglich der Herabsetzung der Reflexthätigkeit und des Leitungsvermögens des Rückenmarks, welche allerdings d'Ornellas an mit Emetin vergifteten Thieren vermisste, liegen physiologische Untersuchungen von Pécholier vor. Letzterer sah ausserdem die Erregbarkeit der peripheren sensiblen Nerven aufgehoben, die der motorischen vermindert werden.

5. Die quergestreiften Muskeln erleiden durch alle Brechen erregenden Mittel eine Herabsetzung ihrer Erregbarkeit bis zur Paralysirung; Harnack.

Ueber die Veränderungen, welche die Oberhaut, die Schleimhäute des Respirations- und Digestiontractus, das Blut und die Secrete nach Einverleibung der Brechmittel erfahren, wird bei jedem dieser Mittel, da sich allgemeine Gesichtspunkte auf Grund des wenigen bisher darüber Erforschten zur Zeit nicht aufstellen lassen, das Erforderliche bemerkt werden. Dasselbe gilt von den Indikationen, welche nicht bei allen Emeticis genau dieselben sind. Dagegen ergeben sich aus den obigen Erörterungen bereits

die Contraindikationen der Brechmittel

zur Genüge und lassen sich in folgenden, für alle Brechmittel Geltung habenden 12 Punkten übersichtlich und klar zusammenstellen.

Emetica sind gänzlich contraindizirt oder wenigstens nur im äussersten Nothfalle anzuwenden:

1. Bei hochgradiger Schwäche und Collaps; wo sie, wie beim Croup, die J. vitalis erfüllen, combinire man sie mit flüchtig belebenden Mitteln.

2. Bei Greisen, wo Rigidität der Arterien und Prädisposition zu Hirnapoplexie besteht.

3. Bei stark skoliotischen, kyphotischen, mit kurzem, dickem Halse versehenen und fettleibigen Personen.

4. Bei Schwangeren; das von Roux gegen unsere Annahme ins Feld geführte unstillbare Erbrechen der Schwangeren ist deswegen nicht beweisend, weil es zwar nicht oft, aber doch hin und wieder ebenfalls zu Abortus Veranlassung wird.

Im Puerperium sind dagegen Emetica durch zu befürchtende Blutungen, welche Ipecacuanha sogar vielmehr sistirt, nicht absolut contraindicirt.

5. Bei bestehenden Hernien sind Emetica, wenn man sich auch ungern zu ihrem Gebrauch entschliesst, gleichwohl, da man durch die unterstützende Hand oder kunstgerecht angelegte Bandagen während des Brechaktes Einklemmungen der Bruchs vorbeugen kann, nicht absolut contraindicirt.

6. Mit ausgesprochener Plethora oder Neigung zu activen Hirncongestionen behaftete Personen werden, weil während des Erbrechens zufolge der Compression der Bauchaorta im contrahirten Hiatus oesophageus Rückstauung des Bluts in den Hirn- und Rückenmarksgefässen erfolgen muss, durch Brechmittel gefährdet. Demnach contraindiziren auch

7. Aneurysmen des Herzens und der grossen Gefässe den Gebrauch der Emetica absolut.

8. Von bestehenden acuten und subacuten Entzündungen des Magens, Darms, Bauchfells, der Leber und der Nieren, Ulcus ventriculi, Magen- und Oesophaguskrebs gilt dasselbe.

9. Während eines hysterischen oder epileptischen Paroxysmus oder Convulsionen aller Art soll man Emetica nicht anwenden.

10. Bestehende Idiosynkrasie verbietet den Gebrauch dieser Mittel ebenfalls.

11. In fieberhaften, mit gesteigertem Verbrauch von Ernährungsmaterial und Abnahme des Körpergewichts verbundenen Krankheiten meidet man den Gebrauch der Emetica, welche in der Wirkung der Purgantien ganz analoger Weise ihrerseits ebenfalls ein Deficit im Haushalte des Organismus herbeiführen, geflissentlich. An eine Evacuation der Materies morbi durch Erbrechen glaubt Niemand mehr. Endlich hat man sich

12. bei bestehender hartnäckiger und hochgradiger Obstipation vor Gebrauch der Emetica zu hüten.

1. Radix Ipecacuanhae. Brechwurzel.

Diese seit 1648 in Europa bekannte und durch die von Helvetius mittels derselben bewirkte Heilung des Dauphin, späteren Ludwig XV., von der Ruhr als „*Ruhrwurzel*" berühmt gewordene Drogue stammt von dem in den Sümpfen Brasiliens einheimischen, 2—3′ hohen Strauchgewächs Cephaëlis Ipecacuanha her. Die 3—6″ langen, 1½‴ dicken, hin und hergewundenen Wurzelstöcke zeigen eine dunkelbraungraue, durch fast ringförmige Gliederungen gewulstete und abgesetzte Rinde, welche nebst der blassgelben, hornartigen Mittelrinde in den Perlen eines Rosenkranzes vergleichbaren Segmenten von dem dünnen, zähen, weissen Holzkern abgestreift werden kann. Die Rinde schmeckt stark bitter, hinterher sauer und je nach ihrem Amylumgehalt auch schleimig. Sie allein enthält das von Pelletier und Caventou zuerst isolirte wirksame Princip, das *Alkaloid* Emetin: $C_{40}H_{30}N_2O_{10}$, welches als krystallisirtes, noch immer etwas gelbliches E. purum und als mehr extraktförmiges Emetinum coloratum s. impurum im Handel vorkommt.

Dasselbe ist der Repräsentant der Brechwurzelwirkung und ruft schon in minimalen Mengen in alkoholischer Lösung auf die *Zunge* gebracht stundenlang anhaltendes heftiges *Brennen*, starke *Ekel*empfindung und Brechneigung hervor. Nach 0,007 Grm. erfolgt heftiges Erbrechen und nach grossen Gaben ausser den im allgemeinen Theile geschilderten Modifikationen der vitalen Funktionen Gastroenteritis *mit den anatomischen Befunden der Geschwürsbildung und der brandigen Zerstörung der Magenschleimhaut.* Pneumonie kommt hierbei nicht zu Stande, v. Schroff. Dagegen ist die *Irritation der Schleimhäute der Athmungswege* durch eingeathmetes Ipecacuanhapulver eine so intensive, dass bei besonders empfänglichen oder bereits an Catarrh leidenden Personen Spasmus bronchiorum, *Dyspnoe,* Erbrechen und *suffokatorische Erscheinungen* danach zur Beobachtung kommen, und dass es Pharmaceuten giebt, welche nach dem Dispensiren des Mittels tagelang von asthmatischen Beschwerden und *Unwohlsein geplagt* werden. Aber auch die Oberhaut wird durch Ipecapulver bis zur *Erythem- und Pustelbildung* gereizt und kommt hiernach, ganz mit O. Naumann's Beobachtungen über die Hautreize übereinstimmend, Pulsverlangsamung zur Entwicklung; Turnbull.

Die Ipecacuanhawurzel wirkt wie verdünntes Emetin; ihr Pulver reizt die Augenschleimhaut heftig; in die Mundhöhle gelangend ruft sie Speichelfluss, Brennen der Lippen, nach Einverleibung grösserer Gaben Gähnen, Dyspnoe, Schaudern, Frösteln, Nausea, Würgen und Erbrechen, zuweilen auch *Diarrhöe* hervor und nach grossen Gaben Ipecacuanha kann. wie zwei derartige Fälle beweisen, *die Reizung des Lungenvagus* und des mit dem Brechcentrum nach L. Hermann und Grimm identischen *Athemcentrum* eine solche Intensität erreichen. *dass augenblicklicher Tod die Folge davon ist.* Wenngleich also Ipecacuanha die Magenschleimhaut minder heftig reizt. als die später zu besprechenden, Brechen bewirkenden Metallsalze, so erheischt doch auch ihr Gebrauch Vorsicht. wie ausserdem aus ihrem Gehalt an einem sehr stürmisch wirkenden, giftigen Alkaloid zu schliessen ist. Ueber die Veränderungen, welche das Blut durch Uebergang des Emetins in dasselbe erfährt, wissen wir nichts. Bezüglich der Secretionen steht nur fest, dass die des Speichels und Schweisses dadurch vermehrt werden. Pécholier will eine Verminderung des Leberzuckers an mit Emetin vergifteten Kaninchen beobachtet haben.

Indikationen des Ipecacuanhagebrauches*)

ergeben sich aus

1. der evacuirenden Wirkung des Mittels in allen Fällen, wo es sich darum handelt, den Magen und oberen Darm von unverdauten Speiseresten, Giften oder andern zu Funktionsstörungen Anlass gebenden Substanzen zu befreien. In zweiter Linie erstrebt man die gleichzeitig mit dem Brechakt bez. mit der Entleerung des Mageninhaltes nach oben und mit der Oeffnung der Glottis während des Completwerdens der kräftigen Exspiration erfolgende Entleerung des Tracheal- und Bronchialsecretes oder in der Trachea befindlicher fremder Körper. Dass auch hiermit die Erfüllung der Indicatio vitalis gegeben sein kann, beweist das Beispiel des Croups, wo das Emeticum zwar die Ausstossung des Krankheitsproduktes bewirkt, der Neubildung desselben aber leider keinen Eintrag thun kann. Ferner hat

2. die lokale Wirkung der Ipecacuanha auf die Magen-Darmschleimhaut bei bestehenden *Catarrhen* derselben, dadurch wohlthätige Folgen, dass sie in einer allerdings in ihren Phasen nicht klar zu verfolgenden Weise die Circulations- und Secretionsverhältnisse der genannten Schleimhaut modifizirt, und dass aller Wahrscheinlichkeit nach ausserdem durch das Emetin eine *gührungswidrige*, kleinste Organismen zerstörende Wirkung auf den Inhalt des Tractus und eine Erregbarkeit herabsetzende Wirkung auf seine sensiblen Nerven ausgeübt wird.

Kleine Gaben Ipecacuanha sind es, welche in der genannten Richtung wirken und ausserdem durch Einleitung antiperistaltischer Bewegungen die Peristaltik des Darms verlangsamen. Wir benutzen sie:

a. *bei Dyspepsien*, welche auf Torpor des Magens beruhen, wobei die Speisen lange im Magen verweilen und sich körperliche Schlaffheit, geistige Trägheit, von Träumen gestörter Schlaf, nervöse Reizbarkeit, Stuhlverstopfung etc. entwickeln; Budd; ferner

b. *bei chronischem Darmcatarrh mit Erschlaffung des Darms*, wenn entzündliche Erscheinungen fehlen; die Faeces halb schleimig, zu häufig und von Tenesmus begleitet sind; ferner

---

*) Für die Praxis halten wir an der Normirung a. nauseoser I.-Dosen zu 0,01—0,05 und b. emetischer zu 0,05—0,3 Grm. fest.

c. *bei epidemischem Brechdurchfall*, gegen welchen von einigen Autoren grosse Gaben I. empfohlen worden sind, während Andere mittlen und kleinen Gaben i. B. bei cholerineartigem Verlauf in Verbindung mit Opium (vgl. P. Doveri) den Vorzug vor den grossen einräumen. Ganz besonders oft findet I.

d. *bei Dysenterie* Anwendung. Hier nützt sie, während Ricinusöl abwechselnd mit einigen Tropfen Tr. opii stündlich gegeben sich im ersten Stadium der genannten Krankheit in der Regel ganz besonders wohlthätig erweist, wenn der Sturm der Entzündung gebrochen ist und in den vorgerückten Stadien neben den zu häufigen Stuhlgängen lästiger Tenesmus oder sonst eine krampfartige Erscheinung im Bezirk des Darms vorwaltet. In diesem Falle wandte Délioux auch *die grossen Gaben* J., gegen welche sich sehr rasch Toleranz ausbildet, an. Die Engländer verordnen Gaben von 1,5—7,0 Grm. und daneben bis 30 und mehr Tropfen Tr. opii pro die. Auch *Klystiere* aus 0,6 rad. Ipec. 2,0 Tr. opii und 60,0 Decoct. Arowroot oder aus Tannin (0,4 auf 60) mit Pulv. Doveri, welche letztere Form ich besonders empfehlen kann, sind beliebt. Es darf indess nicht verschwiegen werden, dass, wenngleich die Ruhrwurzel in den angegebenen Richtungen *bei Dysenterie* gute Dienste leistet, Darmblutungen sistirt und solchen wahrscheinlich auch vorbeugt, es nichtsdestoweniger Ruhr-Epidemien giebt, wo der Heilerfolg ausbleibt und man sich zum Gebrauch anderer, namentlich metallischer Mittel, wie Calomel, Argent. nitricum, Cuprum sulfuricum etc., überzugehen genöthigt sieht. Von therapeutischer Bedeutung ist ferner

3. die secretionvermehrende Wirkung, welche die I. den Schweiss- und Bronchialdrüsen gegenüber äussert. Durch Erregung einer kräftigen Diaphorese mit Hülfe eines vor dem Schlafengehen in Thee genommenen P. Doveri gelingt es sehr häufig, Erkältungskrankheiten, wie Muskelrheumatismus (Lumbago), Neuralgien anderer Art (Zahn-, Gesichts-N.) und unter Fiebererscheinungen auftretende, der Influenza verwandte Erkrankungen rasch zu beseitigen. Durch die Vermehrung des Bronchialsecretes zufolge des auf die Schleimhaut der Luftwege geübten Reizes wird I. zu einem geschätzten Expectorans bei Bronchitiden und catarrh. Pneumonien der Kinder mit stockendem Auswurf. Nicht selten beobachtet man hier, nachdem sich die *I.-Wirkung bis zur Erregung von Erbrechen gesteigert hat* und dem zufolge eine copiöse Entleerung des Schleims in den Bronchialverästelungen erfolgt ist, eine überraschende Wendung zur Besserung. Es darf hierbei ausserdem nicht übersehen werden, dass Ipecacuanha gleichzeitig dadurch nützt, dass sie

4. die Erregbarkeit der sensiblen, peripheren Nerven überhaupt, somit auch derjenigen der Lungen herabsetzt und den

bei Bronchitis besonders ausgesprochenen quälenden Hustenreiz mildert. Dieselbe Wirkung auf die *Nerven der Athemsphäre*, namentlich den Vagus, macht sich bei Keuchhusten, Asthma, mit Spasmus bronchiorum complicirter Bronchitis u. s. w. geltend, wenn man sich, um umstimmend auf die nervösen Funktionen zu wirken, eines Brechmittels bedient. In solchen Fällen übertrifft allerdings Brechweinstein die Ipecacuanha an Nachhaltigkeit der Wirkung bedeutend; allein es kommen die beim Brechweinstein anzugebenden Contraindikationen dieses Mittels nicht selten in so zwingender Weise in Betracht, dass man von letzterem absehen und sich auf ein Emeticum aus Ipecacuanha beschränken muss.

5. Nauseose Gaben I. setzen bei länger fortgesetztem Gebrauch die psychischen Funktionen und die Reflexerregbarkeit in so hohem Grade herab, dass davon bei Manie, Delirium tremens und mit abnormer Steigerung der Reflexthätigkeit verknüpften Neurosen — ehemals mehr als jetzt, wo Chloralhydrat diese nauseose Kur verdrängt hat — nicht selten mit gutem Erfolge Gebrauch gemacht worden ist. Endlich wird I.

6. als blutstillendes Mittel bei Blutungen aus der Lunge, dem Magen, Darm und Uterus nützlich. Ueber das Zustandekommen dieser Wirkung lassen sich nur Vermuthungen hegen. Namentlich liegt die Annahme, dass es sich dabei um *Auslösung von Reflexen handelt*, um so näher, als uns die Veränderungen, welche das *Blut* unter I.-Gebrauch erfährt, völlig unbekannt sind und auch das Vorkommen von Contraktion der peripheren Gefässe unter den angegebenen Bedingungen durch exakte Versuche nicht festgestellt worden ist. Man giebt I. in Pulverform (1—2,0) oder als Infusum 4—8,0 auf 60—100 Grm. Colatur als Brechmittel. Die nauseose Dosis ist im Vorstehenden angegeben worden (0,01—0,05 als Pulver, 0,3—0,6 als Infus). Auf 1 Brechpulver setzt man in der Regel, falls es nicht contraindicirt ist, 0,03—0,06 Brechweinstein zu.

Pharmaceutische Präparate:

1. Tr. Ipecacuanhae, Brechwurzeltinctur. (1 I. : 10 Th. Weingeist); Dosis: 5—20 Trpf.; Max.-D.: 5,0 pro die.

2. Vinum Ipecacuanhae, Brechwein. (1 Ip. auf 10 Th. Xereswein); Dosis: wie bei 1.

3. Trochisci Ipecacuanhae; das Lösliche von 0,005 Ipecac. enthaltend.

4. Pulvis Ipecacuanhae opiatus, P. Doveri. Dover'sches Pulver āā 1 Th. Ipecacuanha und Opium mit 8 Th. Kalium sulfuricum. Weder Emetinum purum (0,005), noch E. coloratum sind officinell.

XX. Anhang.

Physiologisch wenig ausreichend untersuchte, durch örtliche Wirkung auf das Darmrohr Emetocatharsis (zum Theil
auch nach Uebergang in das Blut Reizung bez. Lähmung der nervösen
Apparate, oder bei der Elimination Reizung des Nierenparenchyms und
vermehrte Diurese) bedingende Arzneimittel:

1. Bulbus squillae s. Scillae. Meerzwiebel.

Die über Triest zu uns gelangende Zwiebel der an den Küsten des mittelländischen Meeres wachsenden *Liliacee*: Scilla maritima, von welcher es eine
rothe, nach Schroff vorzüglichere, und eine *weisse*, bei uns vorgeschriebene Varietät
giebt. Dieselbe kann die Grösse eines Kindskopfes erreichen und besteht aus *fleischigen*, concentrischen, saftigen *braunrothen Schalen*, welche den Zwiebelstock
scheidenartig umfassen, in Stücke geschnitten und getrocknet ein hornartiges Aussehen bekommen und die Drogue darstellen.

Als wirksames Princip der S. gilt ein bitterer, indifferenter Stoff,
„*Scillitin*", über welchen jedoch die Angaben der Autoren auseinander
gehen. Fest steht, *dass ihm toxische Eigenschaften innewohnen*, indem
damit vergiftete Thiere unter Schmerzensäusserungen, Laxiren, Erbrechen, Unruhe, später Betäubung, Muskelschwäche oder Convulsionen,
Fallen auf eine Seite, Somnolenz, Paresen und beständigen Kaubewe-
gungen zu Grunde gehen und in ihren Leichen Gastroenteritis (Blutaus-
tritt in das Lungenparenchym) und Nephritis nachweislich sind. Scillitin, welches nach modern-physiologischen Methoden nicht geprüft ist,
ruft ausserdem Retardation der Herzschläge um 40 pro Min. hervor.
Die diuretische Wirkung steht mit der brecherregenden in umgekehrtem Verhältniss; je intensiver letztere oder die purgirende ist, desto
weniger wird vom Scillitin resorbirt und von den Nieren aus eliminirt
werden können. *Menschen und Thiere verhalten sich der Wirkung der
Scilla gegenüber völlig gleich.* Zuweilen bleibt die Wirkung auf Darmcanal, Nervensystem und Nieren aber auch aus; die Diurese kann
vermindert sein und Pulsfrequenz und Temperatur können eine
Steigerung erfahren — Punkte, zu deren Erklärung weitere Untersuchungen nöthig sein dürften. *Auf die Haut applicirt erregt Scilla
durch den Contact mit den zahlreichen darin enthaltenen feinen Kalk-
oxalatnadeln Röthung in rein mechanischer Weise.* Auch für den Menschen gilt die Regel, dass Sc. nur dann diuretisch wirkt, wenn sie geringe Emetocatharsis hervorruft.

Wissenschaftlich sicher begründete Indikationen des Gebrauchs der Sc. sind
hiernach nicht aufzustellen. Empirisch wendet man das Mittel, dessen toxische
Eigenschaften nie aus dem Auge gelassen werden dürfen, und welches laut Obigem
an Zuverlässigkeit zu wünschen lässt, an:

1. als Diureticum bei Wassersuchten, vorausgesetzt, dass parenchymatöse Nephritis auszuschliessen ist. Bei Torpor und schwachen Constitutionen ist Squ. besonders am Orte und passt nach Schroff in allen Fällen, wo Digitalis contraindicirt ist. Squilla ist in den pag. 215 erwähnten Heim'schen Pillen enthalten. P. Frank verordnete: Cremor tartari 30,0 Natri nitrici 3,5, B. Scillae, Fol. Digitalis aä 0,36 Grm. M. f. p. Div. in 12 p. aequal.; zweistündlich ein Pulver. Zu empfehlen ist die Tr. sq. kalina.

2. Als Emeticum passt Squilla nur für die Kinderpraxis; man verordnet Oxymel. sq.

3. Expectorirende Wirkungen bei Bronchitis u. s. w. will man von der Squilla ebenso wie von der Ipecacuanha beobachtet haben; alles bezüglich der letzteren Angegebene findet auch auf Sq. Anwendung. Sie wird vielfach mit Goldschwefel, Salmiak, Myrrha combinirt. Auf gelähmte Theile durch die in der örtlich applicirten S. enthaltenen spitzen Kalkkrystalle nach Art des *Baumscheidtismus* erregend zu wirken, fällt im Ernst bei uns wohl Niemand mehr ein. Die Dosis der Squilla ist: 0,03—0,25 in Pulvern, Pillen, Aufgüssen.

Pharmaceutische Präparate:

1. Tr. squillae s. scillae. (1 Meerzwiebel:5 Weingeist); Dosis: 10—20 Trpf.

2. Tr. squillae kalina: 8 Th. Squilla, 1 Aetzkali mit 50 Th. Weingeist ausgezogen; Dosis dieselbe.

3. Extr. squillae (alcohol.), Consistenz II.; löst sich auch in Wasser; Dosis: 0,03—0,15.

4. Acetum squillae: 1 Meerzwiebel, 1 Weingeist, 9 Essig; Dosis: 1—6 Grm., auch — mit Zusatz von Acet. crudum — zu Saturationen bei Hydrops.

5. Oxymel squillae. Ein Theil von 4 mit zwei Theilen Honig auf 2 Th. eingedampft. Dosis: 2—10 Grm. Nur für Kinder ein Emeticum; wirkt schwach harntreibend.

2. Bulbus et semen Colchici. Herbstzeitlosen-Wurzel und -Samen.

Wie das vorige hat dieses immer mehr ausser Gebrauch kommende Mittel nur die Classicität für sich. Die Droguen sind die wallnussgrossen, dunkelbraunen, mit leicht abziehbarer Haut versehenen, innen weissen und saftigen Zwiebeln und die rundlichen, $\frac{1}{2}'''$ dicken, tabackähnlich riechenden, eine feste dünne, schwarzbraune Samenhaut und einen farblosen, ölhaltigen und kratzend schmeckenden Kern enthaltenden Samen von Colchicum autumnale, welche im Herbst desjenigen Jahres, in dessen Juli die zweijährige Pflanze geblüht hat, gesammelt werden müssen.

Colchicum ist ein auch in Mitteldeutschland auf feuchten Wiesen häufig vorkommendes, monocotyledonisches, violettroth blühendes Gewächs, in dessen

Samen 0,2, der Blüthe 0,25 und der Wurzel 0,06 % des wirksamen, das Alkaloid Colchicin ($C_{17}H_{19}NO_5$) darstellenden Princips enthalten sind. Letzteres reagirt alkalisch, ist ein weissgelbliches, bisweilen krystallinisches Pulver und in 2 Th. Wasser, Alkohol und Amylalkohol löslich. Mit Salpetersäure behandelt färbt sich Colchicin erst veilchenblau, dann roth, endlich gelb, die wässrige Lösung anfangs gelb, später tief roth. Mit conc. Schwefelsäure giebt es eine gelbe Lösung, welche sich auf weiteren Zusatz conc. Salpetersäure erst blau, hierauf grün, dann purpurroth und schliesslich wieder gelb färbt. *Colchicin ist ein dem Veratrin in vielen Beziehungen ähnliches Mittel; es unterscheidet sich jedoch darin von letzterem, dass es in Wasser gut löslich ist, eingeathmet kein Niesen, in den Mund gebracht kein Brennen* und keine Salivation, *und auf die Haut applicirt keine Röthung erzeugt,* sowie dadurch dass es nicht zu Erbrechen Anlass giebt, dagegen, was beim Veratrin nicht vorkommt, constant Gastroenteritis hervorruft und das Rückenmark nicht in so intensiver Weise reizt und Reflexkrämpfe bewirkt, auch die Herzaction gar nicht beeinflusst (*vielmehr den Tod durch Respirationslähmung bedingt*).

C. von Schroff's an Menschen und Thieren angestellte Versuche wurden jüngst von Rossbach mit völlig positivem Resultat wiederholt und Schroff's Angaben nur in dem einzigen Punkte nicht bestätigt, dass Colchicin Thieren unter die Haut gespritzt, ausser dem schon von Schroff beobachteten gänzlichen *Verlust der Empfindung* — demzufolge die Versuchsthiere mit geschlossenen Augen wie im tiefsten Schlafe daliegen, in den unbequemsten Stellungen verharren und auch durch die heftigsten Schmerzenswirkungen nicht aus dem Sopor erweckt werden können — *auch eine Lähmung der peripheren sensiblen Nerven und reflexvermittelnden Centren des Rückenmarks, bei Intaktbleiben der peripheren motorischen Nerven und Muskeln, zur Folge hat.* Das Herz bleibt, wie schon Krahmer fand, durch Colchicin unbeeinflusst. Der Herzvagus wird, wenn auch spät und erst kurz vor dem Tode, immerhin eher gelähmt, als die Bauchvagusäste: Rossbach. Magen und Darmschleimhaut zeigen die Residuen stattgehabter Gastroenteritis, deren Symptome auch während des Lebens hervortreten. Auch die Nieren werden stark hyperämisch angetroffen. Eine abnorm vermehrte Abscheidung von Harnsäure unter Gebrauch der Colchicumpräparate, auf welcher deren angeblicher Nutzen bei Gicht beruhen soll, wurde schon von Schroff, welcher auch ohne C.-Gebrauch grössere Quantitäten gen. Säure von Gichtkranken mit dem Harn entleeren sah, in Abrede gestellt. Ihm stimmt Rossbach bei, welcher den Effekt des Mittels gegen Gichtparoxysmen auf die sensibilitätherabsetzenden Wirkungen desselben zurückführt und keine andere rationelle Indikation des Gebrauch dieses immerhin gefährlichen Mittels statuiren will, als den eines lokalen Anaestheticum. Sein therapeutischer Werth bei Gicht, wo Viele C. mit Jodkalium combiniren, und Rheumatismus acutus (Eisenmann verordnete 6 Th. Tr. sem. Colchici mit 2 Th. Tr. opii) wird hiernach zu ermessen sein. Die meisten Autoren bestreiten, was a priori sehr plausibel erscheint, den Heileffekt des C. bei gen. Krankheiten,. wenn Emetocatharris erfolgt, bez. dasselbe schneller, als ausreichende Mengen resorbirt werden können, wieder eliminirt wird; es ist indess auch hierüber Uebereinstimmung der Angaben nicht vorhanden. Als Diureticum bei Hydrops oder als Bandwurmmittel ist C. durch andere minder gefährliche Mittel zu ersetzen. Es bleibt somit die auf Empirie begründete Anwendung des sogenannten Eisenmann'schen Mittels (Vin. semin. Colchici 30,0 Tr. opii 4,0; 3 mal täglich 20 Trpf.) gegen Tripper übrig, dessen Nutzen in verschleppten Fällen ich auf Grund eigener Erfahrung bestätigen kann; stets muss dem Pat. aber eine gewissenhafte Dosirung dringend empfohlen werden, weil die den Spruch: Viel hilft Viel! befolgenden Kranken der Gefahr sehr bedrohlicher Intoxikation ausgesetzt sind. Die Semina C. zu 0,05—02 pro Dosi infundirt sind kaum mehr gebräuchlich.

Pharmaceutische Präparate:

1. Tr. Semin. Colchici; Zeitlosentinctur: 1 Th. Samen mit 10 Th. Weingeist; Dosis: 20—40 Trpfn.;

2. Vinum semin. Colchici; Zeitlosenwein; 1 Th. C.-Samen auf 10 Th. Xereswein; Dosis dieselbe;

3. Acetum Colchici. Zeitlosenessig; 1 Colchicum, 1 Weingeist, 9 Essig; 1—4 Grm. in Verdünnung.

4. Oxymel Colchici; 1 Th. des Vorigen auf 2 Honig auf 2 Th. abgedampft; theelöffelweise; obsolet.

3. Radix Hellebori viridis. Grüne Nieswurzel.

Das dritte der aus hohem Alterthume überkommenen und der Gefährlichkeit wegen absolut verwerflichen Mittel stammt von dem auch bei uns in Gebirgsgegenden vorhandenen Helleborus viridis her, während die Alten den *H. orientalis* gegen Epilepsie (Proteus' Töchter) anwandten. Nach Marmé enthält die Drogue zwei *Glukoside:* Helleborein und Helleborin, von denen ersteres $(C_{26}H_{44}O_{15})$ nicht nur wie Colchicum und Squilla — jedoch ohne Gastroenteritis zu erzeugen — den *Darmcanal sehr stark reizt, sondern auch das Herz in dem Digitalin völlig analoger Weise* (man vgl. p. 80) *beeinflusst*, oder mit anderen Worten ein Herzgift ist, das Helleborin $(C_{36}H_{42}O_6)$ dagegen neben den Wirkungen scharfer Stoffe *narkotisirende*, bez. *nach vorweggehender Exaltation Hirn und Medulla obl. deprimirende Wirkungen* äussert und durch Lähmung der letzteren schliesslich den Tod herbeiführt; Marmé. Auch die Nierensecretion wird, wie bei den vorigen Mitteln, durch Helleborus viridis angeregt. Hautkrankheiten suchte man durch Abkochungen von 4 Grm. auf 150 Colatur äusserlich appliciert zu heilen. Gegenwärtig wird das Mittel, und zwar nach Marmé's Warnungen vor den mit seinem Gebrauch verknüpfen Gefahren, mit Recht kaum mehr verordnet. Um die retrograde Stoffmetamorphose anzuregen besitzen wir unverfänglichere und einen längeren Gebrauch in passenden Dosen zulassende Mittel. Die Dosis des Wurzel-

pulvers war 0,03—0,1; Maxim.-Dosis: 0,3; pro die 1,2. Officinell: Tr. H. viridis
(1 Th. Wurzel mit 10 Th. Weingeist). *Dosis*: 2—8 Trpf. in Schleim.

4. Herba Chelidonii majoris. Schöllkraut.

Das frische Kraut enthält einen gelben Milchsaft, in welchem ehemals ein Gehalt an Gummigutt vermuthet wurde. Das Wirksame
darin sind zwei ungenügend physiologisch geprüfte Alkaloide:
Chelidonin ($C_{19}H_{17}N_3O_3$) und Chelerythrin oder Sanguinarin
($C_{19}H_{17}O_4$), welches letztere toxische Wirkungen äussert —; ein Herzgift
nach Weyland. Der gelbe Saft galt den Alten für das gebotene *Heilmittel*
der Gelbsucht und auch gegenwärtig glauben die Praktiker noch, dass
Ch., welches neben Reizung des Magens und Darms auch Betäubung zu
erzeugen vermag, die Absonderungen der Unterleibsorgane stärker anrege, die Aufsaugung begünstige, die Circulation im Pfortader-
gebiete beschleunige, Schweiss- und Harnabsonderung vermehre und Anschwellungen in erster Linie der Leber, in zweiter der Milz beseitige.
Auch bei *Gelbsuchten, Wassersuchten und inveterirten Hautausschlägen*
wird es von Einzelnen noch angewandt. Physiologische Versuche, auf
deren Resultate man sich bezüglich dieser Anwendungen in Krankheiten
stützen könnte, giebt es nicht. Man hat noch immer: Extr. Chelidonii
majoris 0,06—0,2 und Tr. Chelidonii majoris (e succo r.); Dosis: 5—30
für klinische (!) Experimente.

5. Herba Lobeliae inflatae.

Von der Quäkercolonie New-Libanon bei New-York werden $\frac{1}{2}$—1 Pfd.
schwere Packete der gänsekielstarken, rauhhaarigen, vielfach zerbrochenen Stengel,
der ebenfalls zerbrochenen, etwa 2'' breiten ovalen Blätter und der nicht minder
ramponirten, in Trauben gestellten Blüthen von Lobelia inflata, einer in Amerika einheimischen und im vorigen Jahrhundert gegen Syphilis gerühmten Pflanze,
in den Handel gebracht. Das wirksame Princip, ein flüchtiges Alkaloid Lobelin,
hat dem Nicotin ähnliche Eigenschaften und gleicht im Aussehen dem Conijn;
v. Schroff.

Die aus der nach Art der Gemüse comprimirten Drogue dargestellte
Tr. Lobeliae inflatae (1:5 Weingeist) befördert Hautausdünstung und
Auswurf, wenn kleine Dosen angewendet werden, erzeugt dagegen in
grösseren Gaben verordnet: Brennen im Halse, Dysphagie, Brennen im
Magen, Praecordial-Angst, Nausea, Erbrechen, Laxiren, Betäubung, Myosis.
Muskelschwäche, Schwindel und Dysurie. Lobelia reiht sich somit als
ein modernes Medikament der neuen Welt den aus dem griechischen Alterthume überkommenen Medikamenten der alten Welt an. Nach jüngst von
Ott angestellten Thierversuchen *bewirkt Lobelin in kleinen Dosen Erhöhung*
des Blutdrucks zufolge Reizung des peripheren vasomotorischen Systems (u. z.
so, dass Halsmarkdurchschneidung Nichts daran ändert), erzeugt anfänglich

Retardation, später Acce'leration des Pulses, beeinflusst das Athem-centrum stark und setzt die Temperatur (bei Katzen) herab. Empirisch wenden wir Tr. Lobeliae als ein vorzügliches, zugleich Spasmus bronchiorum beseitigendes Expectorans mit gutem Erfolg an; auch bei älteren, an chron. Bronchitis, Bronchorrhoë, Asthma etc. leidenden Personen ist sie, wie ich bestätigen kann (ich setze gern Tr. opii benzoica zu), von guter Wirkung. Als Emeticum kann Lobelia die Ipecacuanha nicht ersetzen. Die Dosis der Tinctura L. ist 5—10 Tropfen.

6. Radix Asari europaei. Haselwurz.

Ein wieder in die Ph. G. aufgenommenes Surrogat der Ipecacuanha, welches eine Art Campher, „Asarin", enthalten soll. Physiologisch nicht geprüft und völlig obsolet. Dosis: (ehedem) 0,06—0,3—1,0.

---

2. (6.) Ordnung: Mittel, welche Vermehrung des Stoffwechsels unter Abnahme der Ernährung dadurch bewirken, dass sie, ohne primär auf die vasomotorischen Nerven zu influenciren, die zu den secretorischen Drüsen tretenden sensiblen Nerven reizen und dadurch die Thätigkeit der gen. Ausscheidungsorgane dergestalt steigern, dass, der Hauptsache nach unabhängig von dem Contraktionszustande der muskulösen Elemente der Drüse und vom Blutdruck, mit ihrem Secret mehr Material aus dem Körper fortgeschafft wird, als letzterem durch die Nahrung wieder zugeführt werden (bez. zu Gute kommen) kann.

1. Unterabtheilung: Organodecursorische Mittel.

XXI. Jodum. Jod.

Das nach der violettblauen Farbe seiner Dämpfe ($\iota o \varepsilon \iota \delta \eta \varsigma$) benannte Jod wurde 1812 von Courtois entdeckt. Es findet sich dasselbe, *in allen drei Naturreichen verbreitet*, in zahlreichen Mineralwässern (Hall, Marienbad, Adelheidsquelle, Kissingen, Schwalbach etc.), in Fucus- und Laminaria-Arten, in Spongien, Sepien, Gorgonen und im Fett von Gadus (Leberthran) vor. Unter den drei Halogenen Jod, Brom und Chlor ist *dem Jod allein* bei gewöhnlicher Temperatur *der feste Aggregatzustand eigen*. Jod stellt schwarzgraue, trockene, metallisch glänzende, rhomboidale Krystalle gewöhnlich in Blättchenform

dar, welche in (500 Th.) Wasser schwer, in Weingeist und Aether mit
brauner, in Chloroform mit Purpurfarbe vollkommen löslich sind und bei
180° C. unverändert sublimiren. Wie die beiden andern Salzbildner
besitzt auch Jod nicht nur *zu anorganischen Stoffen*, namentlich
Metallen, eine grosse, allerdings durch den festen Aggregatzustand des
Elements etwas abgeschwächte Affinität, *sondern geht auch mit organischen Stoffen Verbindungen* ein.

Dabei kommt die besonders ausgesprochene Verwandtschaft des J zum H in
erster Linie in Betracht; Jod entzieht den H den organischen Verbindungen entweder theilweise oder gänzlich, so dass ausser HJ jodfreie Produkte gebildet werden,
oder es tritt auch an Stelle der ausgeschiedenen H-Atome eine adäquate Anzahl von
Jodatomen in die organische Verbindung, oder endlich es tritt ohne Elimination von H
Jod an die genannte Verbindung. Auf dieser Affinität beruhen die *desinficirenden Wirkungen und die kleinste, gährung- und fäulnisserregende Organismen vernichtende
Eigenschaft*, welche Jod mit dem Brom und Chlor theilt. Andrerseits erklärt diese
Affinität des Jods zu Eiweisskörpern, zum Leim, Schleim, Wasserextrakt der Muskeln
u. s. w. die örtlich-ätzenden Wirkungen des J auf die Oberhaut und insbesondere
auf die Schleimhäute. Unter diesen Verbindungen mit chemischen Bestandtheilen
des Thierkörpers ist die zum Eiweiss, welche nach Duroy sogar diejenige
(des J) zum Stärkmehl übertrifft, von grossem Interesse. *Jod wird vom
Eiweiss*, welches dabei in die coagulirte Modifikation übergeht, *mechanisch in grosser
Menge aufgenommen;* durch die Dialyse oder Coagulation kann man das
J. vom Eiweiss dadurch trennen, dass man das Coagulum sorgfältig
auswäscht. Das in angegebener Weise (*Dialyse etc.*) freigewordene *Jod verbindet
sich mit den ebenfalls ausgeschiedenen Alkalien zu Jodüren und Jodaten.* Neu-
tralisirte oder durch Dialyse salzfreigemachte (und in letzterem Falle erheblich
weniger Jod aufnehmende) Eiweisslösungen werden *auf Zusatz von J. unter
wahrscheinlicher Bildung von JH sofort sauer.* Mit Jod übersättigte, gelbgewor-
dene Eiweisslösungen lassen einen gelben, aus coagulirtem Eiweiss bestehenden Niederschlag fallen. Auch Hämoglobin (ohne seiner charakteristischen Eigenschaften verlustig
zu gehen), Leimlösung und *der Harn, letzterer wegen seines Harnsäuregehalts,
absorbiren freies Jod;* Böhm und Berg. Nicht das Circulationseiweiss, sondern
das Organeiweiss wird vom Jod beeinflusst; dies geschieht jedoch laut obigem
nicht durch chemische Verbindung von J und Eiweiss oder Substitution von H
durch Jodatome; Böhm. Letzteres beweist im negativen Sinne schon die alkalische Reaktion der Jodeiweisslösungen, welche, wenn Jod an nascirenden
H träte (um JH zu bilden), der sauren Platz machen müsste. Nach Heubel's
vergleichenden Versuchen haben die Drüsen, namentlich Speicheldrüsen, die Lungen,
die Milz und Leber bez. das Drüseneiweiss eine besonders ausgesprochene Affinität
zum Jod.

Wird Jod in alkoholischer Lösung auf die Haut applizirt, so entsteht daselbst *Hitzegefühl*, Brennen, Jucken, *Röthe;* alsdann wird wegen
der Affinität des J. zum Horngewebe *die Oberhaut gelb* und bei
wiederholter Applikation braun, wird *trocken* und *brüchig* und stösst sich
unter Schmerzen in Fetzen ab. Hierbei wird nach Braune weder Jod,
noch Jodwasserstoffsäure von der gesunden Haut aufgenommen; wohl

aber kann ein Theil des sich verflüchtigenden Jods durch die Luftwege in die Blutbahn übergehen. Jod kann adhäsive Entzündung erzeugen und ist ein schwaches Aetzmittel. Weit energischer ist die *Wirkung auf des Epithels beraubte, geschwürige Hautstellen.* Hier entsteht Brennen und, unter Coagulation des Secretes bildet sich durch Zusammenziehung und Austrocknung eine Art Firniss über die betreffende Partie, welche dem Zutritt der atmosphärischen Luft Eintrag thut und das Weiterfortschreiten des Exsudationsprocesses hemmt. *In allen Fällen durchdringt in der angegebenen Weise* oder in Form eines Bades applicirtes *freies Jod die Oberhaut* (Lehmann) und bringt, indem es sehr schnell resorbirt wird, nicht nur die später zu nennenden *Veränderungen in den vitalen Funktionen* oder nach grossen Dosen selbst toxische Wirkungen hervor, sondern ist auch als *Jodnatrium im Harn* und an den übrigen, sogleich zu nennenden Eliminationsstätten wieder aufzufinden. Noch schneller kommen zu Stande: die Resorption des freien Jods von intakten Schleimhäuten und die Elimination desselben mit dem Speichel (die Elimination vom Magen aus, welche E. Rose auf Grund einer nach Injektion von $2\frac{1}{2}$ Drachme Jodtinctur in eine Cyste erfolgten und von ihm beobachteten *Jodvergiftung* in den Vordergrund stellte, fand Böhm bei Versuchen an Thieren nicht bestätigt), dem Schweiss, der Milch, dem Harn und bei Schwangeren mit dem Fruchtwasser und Mekonium; Spätb. Freies Jod wirkt auf dieselben so stark irritirend, dass seine Einverleibung per os (minimale, den Appetit anregende Gaben abgerechnet) wegen dieser Wirkungen und der Gefahr einer sich entwickelnden, im Allgemeinen in Salivation, (Jod-) Schnupfen, Schling- und Athembeschwerden, *Husten, Gastroenteritissymptomen, Nierenreizung, Kopfweh, Funkensehen, Sopor* u. s. w. sich documentirenden Vergiftung (Jodismus*) verpönt und der Gebrauch des Jods als Jodtinctur auf die gegenwärtig eine grosse Ausdehnung erreichende chirurgische Anwendung beschränkt worden ist. Man war hierzu um so mehr berech-

---

*) Die Meisten unterscheiden 3 Formen des Jodismus, nämlich: 1. den acuten J., welcher nach der Anwendung grosser, toxischer Dosen Jod zu Stande kommt, ferner 2. den chronischen J., oder die nach längerem Fortgebrauch kleiner Gaben resultirende Sättigung des Organismus mit Jod, und endlich 3. den von Rilliet in Genf aufgestellten, bei besonders dazu prädisponirten Individuen auch durch wenige und kleine Gaben Jod hervorgerufenen und in seinem Vorkommen an gewisse, durch bestimmte geologische Formationen und davon wieder abhängige Eigenthümlichkeiten der Wasserverhältnisse charakterisirte Gegenden gebundenen, sogenannten constitutionellen Jodismus. Hier äussern sich die Symptome des J., wie abnorm gesteigerter Appetit (Boulimie), Herzklopfen, pseudohysterische Erscheinungen, Tremor, Muskelunruhe, Schlaflosigkeit, trockner Husten und rapide Abmagerung in bedrohlichster, zum Aussetzen der Medikation zwingender Weise.

tigt, als die Alkaliverbindungen des Jods, in welche letzteres noch dazu nach seiner Aufnahme in die Blutbahn übergeht, die volle, wenn auch minder stürmische Jodwirkung entfalten und dabei den Vortheil bieten, in sehr grossen Gaben vertragen zu werden, weil sie niemals Irritation der Schleimhäute oder Corrosion und nur äusserst selten die oben erwähnten Erscheinungen des Jodismus oder einen der Acne ähnlichen Ausschlag im Gesicht hervorrufen. Dazu kommt, dass, wiewohl die Epidermis die Aufnahme der Jodalkalien verhindert, bei stärkerer Einwirkung derselben auf die Poren der Haut und die Schweissdrüsen, Dank wiederholter Waschungen mit concentrirten Lösungen der gen. Salze in Wasser oder Dank der Einreibungen der dieselben enthaltenden *Salben in die Haut*, Resorption stattfindet und Jod in den zu seiner Elimination dienenden Secreten, i. B. dem Harn, nachweislich ist. Nach Lehmann und Röhrig kommt bei dieser Resorption auch wohl der Umstand, dass eine Zersetzung der Alkalisalze durch die freie Säure des Schweisses stattfindet, dadurch Jod freigemacht wird und nun ganz so wie in Alkohol gelöstes Jod die Epidermis durchdringt, mit in Betracht. Als Repräsentant der Jodwirkung in angegebenem Sinne ist

das Jodkalium (Kalium jodatum) KJ

zu betrachten und zu heilkünstlerischen Zwecken auch allein im Gebrauch. Dasselbe krystallisirt in Würfeln, ist farb- und geruchlos, an der Luft unveränderlich und in $^3/_4$ Theilen Wasser oder 6 Theilen 90$^0/_0$ Alkohol löslich. Wässrige Chlorbaryumlösung soll die wässrige KJ-Lösung kaum trüben, und das durch Zusatz von Silbersalpeter erzeugte Präcipitat soll mit Ammoniak geschüttelt eine Auflösung geben, welche mit Salpetersäure nur getrübt wird und keinen Niederschlag absetzt. Nachdem wir über die örtlichen, dem freien Jod eigenthümlichen Wirkungen auf Oberhaut und Schleimhäute uns oben ausführlicher ausgesprochen haben, erübrigt noch, auf

die Beeinflussung der vitalen Funktionen durch Jod
bez. Jodkalium

einzugehen. Wir gehen hierbei von der Einverleibung kleinerer oder grösserer, *medikamentöser Gaben Jodkalium per os* aus und betrachten demgemäss:

1. die nach Einbringung von Jod per os auftretenden Veränderungen der Magenverdauung und die resorptiven Wirkungen. Kleine Mengen Jod oder KJ rufen bei besonders empfänglichen Individuen Steigerung des Appetits, der Harn- und Schweisssecretion und geringe Acceleration des Pulses hervor. Werden mässige Gaben längere Zeit fortgesetzt, so kann sich der Appetit zur Gefrässigkeit steigern, *die Puls-*

eschleunigung in Fieber übergehen und es können Congestionen zu Hirn und Lungen (welche Böhm stets ödematös und nach Injektion von KJ ein klares, nach Einspritzung von NaJ ein blutig tingirtes pleuritisches Exudat enthaltend vorfand), *Blutungen aus den Lungen, der Gebärmutter* oder *den Nieren* entstehen. Die gewundenen Canälchen der letzteren sind in der Rindensubstanz mit blutgefärbten Detrituskörnern oder *Blutkörperchencylindern*, welche, *je mehr man sich den Nierenpapillen nähert, immer zahlreicher werden*, angefüllt; Böhm. Der längere Gebrauch mässiger Gaben verursacht Schlaflosigkeit, Abnahme des Volumens der weiblichen Brüste (seltener der Hoden und anderer *drüsiger Organe*), besonders aber der als Kropf bekannten Vergrösserung der Glandula thyreoidea. Schliesslich kommt es dabei mehr oder weniger zu allgemeiner Abmagerung. Gesellen sich hierzu noch Kratzen im Halse, Herzklopfen und ein Acneausschlag im Gesicht (Stirn), Heiserkeit, Hüsteln, Brust- und Kopfschmerzen, nervöse Symptome (Angst, Unruhe, Schwindel, Ohrensausen, Gesichtsstörungen, Zittern oder convulsivische Zuckungen), nebst *Neigung zur Diarrhöe*, wobei der Heisshunger Verdauungsstörungen gewichen sein kann, so hat man das Bild des chronischen Jodismus vor sich. Letzterer kann, was für den Praktiker zu wissen nothwendig ist, bei nervösen und besonders disponirten Personen schon nach geringen Dosen eintreten, bei anderen dagegen selbst nach Einverleibung grösserer Gaben in Wegfall kommen. Die Resorption erfolgt vom Magen aus so rasch, dass Rabuteau bereits *5 Minuten* nach Medikation von Jod 2 Grm. KJ im Harn nachweisen konnte. Dasselbe gelang noch 90—96 Stunden nach der Einverleibung; Claude Bernard glückte es sogar, *noch drei Wochen nach der Einverleibung per os* Jod im Speichel und Magensafte nachzuweisen. Selbstredend wird man nach Obigem zuvörderst an die Affinität des J. zu den Eiweisssubstanzen, bez. ein Deponirtbleiben des Metalloids oder eines Derivates desselben im Parenchym der Speichel- und Magendrüsen und ein Wiedergelöstwerden und Wiederindieblutbahngelangen desselben auf dem Wege der regressiven Stoffmetamorphose denken; mit ebenso viel Recht aber kann die Ansicht aufrecht erhalten werden, dass wenn einmal Jod per os eingeführt und vom Magen aus resorbirt worden ist, ein beständiger Kreislauf in der Weise stattfindet, dass das in die Blutbahn gelangte Jod nur zu einem grösseren Bruchtheil als Jodnatrium oder Jodkalium mit dem Harn eliminirt wird, das Uebrige von den Speicheldrüsen ausgeschieden, der Mundflüssigkeit und dem Mageninhalte zugeführt, vom Magen aus wieder resorbirt und wieder zu einem nun kleiner werdenden Bruchtheil mit dem Speichel eliminirt wird, und dass sich dieses so lange wiederholt, bis der in den Speichel gelangende Theil gleich Null, resp. alles Jod mit dem Nierensecrete aus dem Organismus fortgeschafft worden ist. Sehr wahrscheinlich kommen diese Vorgänge für die Deutung der Ueberführung in den Drüsen deponirt gewesener Metalle, wie Quecksilber und Blei, in die Blutbahn und die Secrete unter Jodgebrauch mit in Betracht. An der Steigerung der Esslust ist endlich jedenfalls auch die durch Jod bewirkte Vermehrung aller Verdauungssäfte betheiligt.

2. Herzbewegung und Blutdruck werden durch Jod- und Jodkaliumgebrauch weit weniger intensiv beeinflusst, als man aus den Angaben älterer Beobachter annehmen sollte. Zwar bewirkt Jod ein *Frequenterwerden des Pulses* und nach v. Schroff kommt diese Erscheinung bei besonders empfänglichen und reizbaren Personen in geringerem Grade auch nach grösser gegriffenen Gaben Jodkalium zur Geltung; allein es folgt aus jüngst wiederholten Thierversuchen von Böhm die Richtigkeit der älteren Beobachtung, dass *Gefässcontraktion in der Peripherie nicht zu Stande kommt und der Seitendruck in den Arterien derselbe bleibt*, was als Beweis dafür gilt, dass an der Jodwirkung die vasomotorischen Nerven nicht betheiligt sind. Bogolepoff statuirte dagegen eine durch KJ zu Stande kommende periphere Gefäss-Erweiterung unter Absinken des Blutdrucks. Auffallenderweise kommt nach klinischen Beobachtungen von Joubin *die Röthe des Gesichts nach Jodgebrauch bei phlegmatischen, nicht zu Pulsaufregung prädisponirten Personen* am ausgesprochensten zur Geltung. Als Axiom gilt, dass Jod die Thätigkeit der Saugadern anrege. In wiefern bei der Wirkung des KJ auf das Herz der Kaliumgehalt eine modificirende Rolle spielt, ist zur Zeit experimentell nicht erwiesen. Selbst grosse Dosen Jodnatrium (0,5), wiederholt direkt in das Blut gespritzt, modificiren Pulsfrequenz und Blutdruck gar nicht; beim Jodammon dagegen kommt auch die Ammoniakwirkung (Gefässkrampf) zur Geltung; H. Köhler. Ebenso dürftig ist das nach stichhaltigen Methoden Ermittelte über

3. die Veränderungen, welche die Athmungsfunktion unter Jodkaliumgebrauch erfährt. *Inhalirte Joddämpfe* erzeugen catarrhalische Reizung der Schleimhaut der Luftwege, Hustenreiz und vermehrten Schleimauswurf; bestehende entzündliche Reizung wird hierdurch gesteigert. Nach längerem Gebrauch kleiner oder Einverleibung grosser, toxischer Jodgaben tritt als eines der ersten Vergiftungssymptome der sogenannte *Jodschnupfen* und später *Athembeklemmung* auf. Ob hierbei die Vagusäste in der Lunge oder das Athemcentrum direkt den Angriffspunkt bilden, muss bei Mangel allen experimentellen Materials z. Z. unentschieden bleiben; dabei muss jedoch hervorgehoben werden, dass nach Heubel's Versuchen über die Jodabsorption seitens der drüsigen Organe eben getödteter und mit Jodkaliumlösung injicirter Thiere die Lungen diejenigen Organe sind, welche das meiste Jod aufnehmen.

4. *Die Körpertemperatur erfährt nach Beibringung kleiner Jod-menyen eine unbedeutende Steigerung*, während grosse, toxische Gaben Jod und Jodkalium ein Absinken derselben im Gefolge haben sollen. Aber auch über diesen Punkt ist, bis Versuche darüber an Thieren angestellt sein werden, kein Spruch zu fällen; E. Rose sah beispielsweise die Temperatur nach Einspritzung grosser Mengen Jodtinctur dieselbe bleiben.

5. Im Bereiche der Nervensphäre sind Kopfschmerz, Zittern und fibrilläre Zuckungen der Augen- und Extremitätenmuskeln als Wirkungen *medikamentöser* Dosen aufzufassen, Delirien (*ivresse jodique*), Trunkenheit, Hallucinationen, *Mydriasis*, Torpor, Zuckungen oder Lähmungen dagegen als Symptome der *Vergiftung durch grosse Jodgaben*. Wie andere Kaliumsalze setzt auch KJ bei längerem Gebrauch medikamentöser Dosen die Reflexerregbarkeit herab. Bezüglich der Geschlechtsfunktion ist nachzutragen, dass kleine Dosen Jod in eben dem Maasse, als sie den Appetit erhöhen und die Magenverdauung aufbessern, *bei Frauen den Eintritt der Menses beschleunigen*, bei beiden Geschlechtern *sexuelle Aufregung* bedingen und bei Schwangeren Uterincontraktion und Abortus einleiten können. Wird dagegen Jodkalium bez. Jod einige Zeit fortgegeben, so kommt es in eben dem Maasse, als allgemeine Abmagerung eintritt, auch zu Schwund der Hoden, der Mammae und der Eierstöcke.

6. Die Veränderungen, welche das Blut durch den Uebergang des Jods oder der Jodüre in dasselbe erfährt, sind ebenfalls nur unvollkommen studirt. Jod verändert die Form der rothen Blutkörperchen nicht (Schultz), trotzdem, dass das Hämoglobin dasselbe genau so, wie vom Eiweiss angegeben wurde, aufnimmt; Böhm und Berg. Von den Jodmetall-Albuminverbindungen vermuthen wir, *dass sie im alkalischen Blutserum löslich sind* (Melsens). Dass Jod in Jodkaliumlösung gelöst auf das Blut verflüssigend wirke, ist behauptet, aber nicht erwiesen worden; dagegen steht es fest, dass in das Blut gelangendes KJ oder NaJ das endosmotische Aequivalent desselben ganz so, wie wir p. 47 bezüglich des Chlornatrium ausgeführt haben, zu ändern vermag und dass das Blut durch *schleunige Elimination des überschüssigen Jodürs* durch den Harn den gleichbleibenden, für sein physiologisches Verhalten nothwendigen Gehalt an Halogen-Salzen herzustellen bestrebt sein wird. Wenn ferner activer Sauerstoff von den Blutkörperchen in Gegenwart von Jodkalium an andere organische Verbindungen abgegeben wird, so muss stets eine Abscheidung freien J.'s erfolgen; letzteres ist aber, weil es von dem Eiweiss des Blutes sofort wieder gebunden wird, durch chemische Reaktionen nicht nachweislich; Buchheim; Schönfeldt. Man nahm bisher ferner an, dass die Hälfte des freien Jods eine äquivalente Menge Wasserstoff aus dem Eiweiss verdränge, während der H sich mit der anderen Hälfte des J zu JH, welche an die Alkalien des Darms trete, verbinde, und dass andrerseits, da das gebildete Jodalbumin auf die Länge der Zeit nicht bestehen könne, eine Zersetzung desselben durch die Alkalien des Blutes in der Weise stattfinde, dass das Eiweiss unter Wiedereintritt des verdrängten H und Bildung eines alkalischen Jodmetalls restituirt werde. Da letzteres mit dem Blute die

Capillaren immer aufs Neue durchströmt, so müssen sich die Zersetzungen in der angegebenen Weise so lange wiederholen, als noch nicht alles Jodmetall aus dem Organismus eliminirt ist. Am meisten wird die Jodalbuminbildung, indem sie als ein auch die Gefässwandungen anbetreffender *Reiz wirkt*, in den Blutgefässdrüsen, wo ein besonders häufiger Contakt der genannten Wandungen feinster Arterien und Capillaren und eine besonders lebhafter Umwandlung arteriellen Blutes in venöses unter Freiwerden bisher locker gebundenen Sauerstoffs stattfindet, für die Vorgänge des Stoffwechsels ins Gewicht fallen. Sie macht es zugleich erklärlich, dass

7. *unter Jodgebrauch alle Blutgefässdrüsen mehr als in der Norm secerniren, wobei dem Blute allmälig soviel Wasser* (neben Salzen und Eiweissabkömmlingen) *entzogen wird, dass relative Wasserarmuth desselben eintritt,* und dass unter erhöhter Thätigkeit der Saugadern *Rückaufsaugung von Exsudaten oder hydropischen Ansammlungen,* sei es in freie Höhlen, sei es in das Unterhautzellgewebe, angebahnt wird. Die durch vorübergehende, jedoch sich beständig wiederholende Bildung von Jodalbumin *auf die das wesentlichste histologische Element der Gefässdrüsen darstellenden arteriellen Gefässe hervorgebrachte Reizung* bezieht sich jedoch nicht auf die Gefässwandungen allein, sondern auch auf die zum Drüsenparenchym tretenden **sensiblen Nervenäste**. Zufolge der letzteren kommt *Hypersecretion* der Drüsen unabhängig von Zu- oder Abnahme des arteriellen Seitendrucks zu Stande, und die Beobachtung an Versuchsthieren, Gesunden und Kranken bestätigt in der That betreffs sämmtlicher se- und excretorischen Drüsen eine in dem Grade gesteigerte und durch **Erhöhung** des **endosmotischen Aequivalents,** bez. Erleichterung der Wasserdiffussion bei Gegenwart der Jodalkalien noch begünstigte Zunahme der Absonderungsgrösse, dass der damit verknüpfte *Aufwand* an vom Blute geliefertem Wasser, Salzen und Eiweisssubstanzen *durch Nahrungszufuhr auf die Dauer nicht gedeckt werden kann,* und dass ein in **Körpergewichtsabnahme** ausgesprochenes Deficit im Haushalte des Organismus die nothwendige Folge ist.

Indem die Drüsen unter vermehrter Thätigkeit ihres Parenchyms mit dem Secret mehr von dem zu ihrem Wiederaufbau erforderlichen Ernährungsmaterial hergeben müssen, als ihnen von dem mit dem arteriellen Blute zugeführten zu Gute kommen kann, leidet während der sich allmälig entwickelnden Abmagerung ihre Ernährung in erster Linie: sie schrumpfen, wie man an Schilddrüse und Milz besonders deutlich wahrnimmt, ein und werden selbst (wie angeblich die Hoden und Brustdrüsen) geradezu atrophisch. Eine direkte Theilnahme der Gefässe der Blutgefässdrüsen in der Weise, dass mit dem Contakt der Wandungen derselben mit jodhaltigem Blut Gefässcontraktion und hiermit wieder verminderte Blutzufuhr und Ernährung derselben verknüpft seien (Buchheim), wird dadurch unwahrscheinlich, dass Gefässcontraktion und Ansteigen des Blutdrucks nach Einverleibung von Jod nach den exaktesten Untersuchungsmethoden nicht nachweislich sind; Böhm und Berg. Wegen hochgradigen *Schwundes des Paniculus adiposus und Abnahme des Volumens drüsiger* Organe nicht nur, sondern auch wegen hochgradiger allgemeiner, besonders durch zu lange fortgesetzten internen Gebrauch der Jodtinctur herbeigeführter Abmagerung glaubte man fälschlich, auch

Pseudoplasmen, Knochenauftreibungen und Hypertrophien nichtdrüsiger Organe, wie des Uterus, der Ovarien u. s. w., durch Jod beseitigt zu haben.

Aber nicht nur die Funktionen, sondern auch die Secrete der Blutgefässdrüsen erfahren durch die Aufnahme von Jod in die Blutbahn wesentliche Veränderungen. Mit dem Speichel wird Jodnatrium in die Mundhöhle, mit dem Nasenschleim auf die Nasenschleimhaut ergossen. In beiden Fällen findet sich, wenn auch in geringen Mengen, so doch immerhin so viel freier, ozonisirter Sauerstoff vor, dass nach Einverleibung grösserer Mengen Jodkalium hinreichende Mengen freien Jods mit den genannten Schleimhäuten in Berührung kommen, um, wie inhalirte Joddämpfe, in Bronchitis, (Jod-) Speichelfluss und (Jod-) Schnupfen sich documentirende katarrhalische Reizung derselben hervorzurufen; im Munde giebt sich dabei der widerliche Jodgeschmack kund. In die Milch geht Jod ebenfalls über; vgl. den therapeutischen Th.: *Scrofulosis*. Ebenso findet sich von innerlich genommenen alkalischen Jodverbindungen fast die ganze Menge in dem innerhalb 24 Stunden nach der Aufnahme gelassenen Harn wieder. Ueber die hierbei zu Stande kommenden Veränderungen der chemischen Zusammensetzung des Harns ist wenig bekannt. *Jedenfalls wird die Menge des ausgeschiedenen Harnstoffs nach Jodkaliumgebrauch nicht vermehrt;* v. Böck; nach Anderen (Rabuteau, Milanesi) wird sie *sogar vermindert.* Von besonderem Interesse endlich ist die von Melsens constatirte Thatsache, dass bei chronischer Quecksilber-, Blei- etc. -Vergiftung in den drüsigen Organen (vgl. *Hydrargyrum*) deponirt gewesenes Quecksilber- etc. -Albuminat bei Jodkaliumgebrauch in löslichem Zustande als Kalium- oder Natrium-, Quecksilber-, Blei- etc. -Jodür so lange wieder in die Blutbahn übergeführt und im Harn angetroffen wird, als sich noch eine Spur des genannten schweren Metalloxyd-Albuminates im Organismus vorfindet. Diese Ausscheidung der Schwermetalle im Harn ist nur durch die Annahme einer Zersetzung in den Organen erklärlich, wobei vielleicht die *Harnsäure*, in deren Lösung Jodtinctur ohne Entstehung einer Trübung aufgenommen wird, während Zusatz von harnsaurem Natron oder Natronhydrat die Reaktion aufhebt, eine Rolle spielt. Jodmetalle bewirken nach Schönfeldt Verdichtung der Capillaren und der Gewebe zufolge Albuminatbildung seitens der Metalloxyde unter gleichzeitiger Verflüssigung der Gewebsbestandtheile durch das in lösliche Verbindungen übergeführte Jod. *Diese Verflüssigung steht ihrerseits wieder mit der zu Vermehrung und Beschleunigung der Wasserdiffusion führenden grossen Löslichkeit der Jodalkalien in Zu-*

Contraindikationen des Jodgebrauchs.

Jodmittel sind contraindicirt:

1. Bei irritablen, zu Congestionen neigenden oder an wahren Plethora leidenden Personen. Individuen von schlaffer, leucophlegmatischer Constitution und pastösem Aussehen, welche weder zu venöser Blutüberfüllung, noch zu Congestionen neigen, vertragen die Jodmittel am besten.

2. Bei bereits bestehender Abmagerung und Marasmus.

3. Bei vorgeschrittener Lungentuberkulose.

4. Bei bestehenden Menstrual-, Hämorrhoidal- und anderen Blutungen oder Prädisposition zu solchen.

5. Während der Schwangerschaft.

Vorsicht im Gebrauch der gen. Mittel ist geboten

6. während der Pubertätsentwicklung und (bei Struma) in Gegenden, wo constitutioneller Jodismus nicht zu den Seltenheiten gehört.

Indikationen des Jod- und Jodkaliumgebrauchs in Krankheiten.

I. Jod wird in kleinen, längere Zeit fortgenommenen Dosen als appetitaufbesserndes und die Ernährung begünstigendes Mittel angewandt bei der Scrofulose, welche bekanntlich von Vielen als in Störung der Magenverdauung begründet angesehen wird. Stets denkt man hierbei an die im Vorstehenden erörterten Beziehungen des Jods zu den Drüsen und erklärt die unter Jodgebrauch zu Stande kommende *Zertheilung intumescirter Hals-, Achsel-, Inguinal- und Mesenterialdrüsen* scrofulöser Subjekte, welche übrigens nur so lange, als genannte Drüsen noch nicht dem Tuberkulisirungsprocess anheim gefallen sind, gelingt, in der am a. O. klargelegten Weise.

Weniger sicher, als gegen die Drüsentumoren, leistet Jod gegen *scrofulöse Hautausschläge, Knochen- und Gelenkleiden* Hülfe. Stets ist bei Mitgliedern von Familien, in welcher Lungentuberkulose erblich vorkommt, der Verordnung des Jods eine besonders sorgfältige Exploration der Brustorgane des Patienten vorwegzuschicken und falls auch nur ein begründeter Verdacht auf bestehende Verdichtung des Lungengewebes, besonders in den Spitzen, auftaucht, vom Jod, unter dessen Gebrauch sich in derartigen Fällen häufig floride Lungenphthise entwickelt, gänzlich abzustehen; Lännek; v. Schroff.

Niemals ist endlich zu vergessen, *dass die Jodmedication stets mit passender Regelung der Diät, mit Fleischkost, Milchkuren, Aufenthalt in See-, Wald- oder Gebirgsluft verbunden werden muss*, wenn sichere und andauernde Besserung, bez. Heilung erzielt werden soll.

II. Als die Blutgefässdrüsen verkleinerndes Mittel feierte Jod bei der Behandlung des Kropfes die glänzendsten Triumphe. Ausgeschlossen sind multiloculäre, oft mit knorpligen Wänden versehene Cysten und die Struma aneurysmatica. Bei der lymphatischen Form der *einfachen Struma* bewirkt dagegen Jod in der That überraschend günstige Heilerfolge, und zwar in der Regel schon bei örtlicher Application. Wenn sich Chatin's Untersuchungsresultate bewahrheiten, nach welchen Wasser und Luft in hohen Gebirgen, i. B. das Schneewasser, weit ärmer an Jod sind als in der Ebene, und das Flusswasser je mehr es sich von der Quelle entfernt durch zufliessendes Regenwasser und Zersetzung darin enthaltener Pflanzen und Thiere immer jodreicher wird, also die in Gebirgen einheimische *Struma* und der *Cretinismus*, welche sich mit *Scrofulose gegenseitig ausschliessen*, vielleicht mit Jodmangel in genetischen Zusammenhang zu bringen sind, würde *Jod beim Kropf die Indicatio causae et morbi erfüllen*. Schon lange ehe das Jod entdeckt und untersucht war, bediente man sich zur Behandlung des Kropfes des gebrannten, jodhaltigen Badeschwammes oder der Aeste von Fucus- und Laminaria-Arten. Ebenso, wenn auch minder augenfällig wie die der Schilddrüse, werden Intumescenzen der Milz, weniger der Leber, durch Jodgebrauch beseitigt, vorausgesetzt, dass denselben keine bösartigen Neubildungen, besonders Krebswucherungen, zu Grunde liegen.

III. Indem Jod bez. Jodkalium in der im physiologischen Abschnitte besprochenen Weise die retrograde Stoffmetamorphose so energisch steigern, dass ein sich herausstellendes Deficit durch die zugeführte Nahrung nicht gedeckt werden kann und Körpergewichtsabnahme und *Abmagerung* die nothwendige Folge ist, erweisen sich die gen. Mittel gegen Fettsucht (*Pimelosis*) nützlich. Ehe Jod entdeckt war, bediente man sich der Spongia usta.

IV. Dadurch, dass Jod Hypersecretion sämmtlicher se- und excretorischen Drüsen, i. B. auch der Nieren, hervorruft und relative Wasserarmuth des Blutes bedingt, hat es eine um so promptere Rückaufsaugung in die Organe, in freie Höhlen oder in das Unterhautzellgewebe ergossener Flüssigkeiten, bez. Heilung auf derartigen Ansammlungen von Serum oder Entzündungsresiduen beruhender *Krankheiten*, *wie Hydrocele*, *Hydrarthrus*, *Hydrocephalus*, *Hydrothorax*, *Hydrovarium*, *chron. Periostitis*, durch Residuen von *Myelitis*, *Encephalitis*, *Hirnapoplexie* bedingte Lähmungen oder Neuralgien, *Spina befida* u. s. w. im Gefolge, als es, wie früher bemerkt wurde, äusserst rasch in das Blut und alle Organe übergeht. Die Behauptung, dass auch Hypertrophien, Verhärtungen, Anwulstungen und Schwellungen der Schleimhäute oder gar des Knorpel- und Knochengewebes auf demselben Wege, wie der Paniculus adiposus (III.) oder wassersüchtige Ansammlungen (IV.) durch längeren Jodgebrauch zum Schwunde gebracht werden, bedarf noch der sicheren Begründung; dass dgl. Hypertrophien und Hyperplasien bei

erheblich abgemagerten Personen weniger augenfällig erscheinen, soll
nicht geleugnet werden.

V. In specifischer, d. h. *zur Zeit physiologisch nicht zu erklä-
render Weise leistet KJ*

a. in den secundär- und tertiär-syphilitischen Affektionen besonders dann Hülfe, wenn allzu energisch durchgeführte, un-
zweckmässige Quecksilberkuren vorweggegangen sind, oder die *secundäre*
Syphilis bei zu Salivation und Diarrhöe besonders prädisponirten Subjekten auftritt; Schroff.

Wenngleich Hermann und Lorinser mit der Behauptung, dass den tertiär-
syphilitischen Krankheitsformen überhaupt nicht Syphilis, sondern durch früher überstandene Quecksilberkuren acquirirter Mercurialismus zu Grunde liege, zu weit
gehen, so kann doch an der Wirksamkeit des durch eingeführtes Jodkalium in die
Blutbahn zurückgeführten, deponirt gewesenen Quecksilbers in Form des *Kalium-
quecksilberjodürs oder Jodids dem syphilitischen Grundleiden gegenüber* wohl um
so weniger gezweifelt werden, als wir häufig beobachten können, dass secundär-
syphilitische Affektionen, welche Schmierkuren oder Quecksilberchlorid nicht wichen,
durch den *Gebrauch des Ricord'schen, Jodquecksilber und Jodkalium enthaltenden Sassaparilldecocts* (vgl. Hydrargyrum bijodatum) überraschend schnelle
Besserung erfahren. Ueberhaupt aber sollte man nach Trousseau's u. A. Zu-
sammenstellungen über die bei secundärer Syphilis *durch Mercurialien* und
bei tertiärer Lues durch Jodpräparate erreichten Heilresultate an der therapeutischen
Schablone, wonach secundäre Affektionen Quecksilber, *tertiäre Jod erfordern*, nicht
länger festhalten, sondern der nicht wegzuleugnenden Thatsache Gerechtigkeit
wiederfahren lassen, dass *Fälle, wo durch Mercur nicht gebesserte, entschieden
secundär-syphilitische Affektionen durch Jod,* und umgekehrt Fälle, *wo tertiär-
syphilitische Erkrankungen, namentlich innerer Organe, nachdem Jodkalium den
Dienst versagte, durch Quecksilber geheilt werden,* keineswegs zu den grossen
Seltenheiten gehören.

Bei secundär-syphilitischen Erkrankungen wird man daher zwar mit
Mercurgebrauch beginnen, aber eine Vertauschung oder Combination desselben mit Jodmedication, wenn ersterer allein nicht zu dem gewünschten Ziele
führte, nicht ausschliessen. Von den tertiär-syphilitischen Affektionen weichen *Nodi, Tophi, Gummata* und andere die *Knochen und
Gelenke* betreffende Leiden dem Jodkalium in der Regel und nach Rodet
sogar *um so zuverlässiger, wenn nie zuvor Quecksilber angewandt worden ist;* allein bei der Visceralsyphilis muss das KJ in nicht wenigen
Fällen mit Quecksilberchlorid oder Jodid vertauscht werden.

Endlich sind unter den durch KJ zu heilenden syphilitischen Leiden
die Lähmungen zu nennen.

b. Muskel- und Gelenkrheumatismus (besonders die chronische Form) erfahren durch Jod und Jodkalium, innerlich und äusserlich
angewandt, erfahrungsmässig Besserung. Bei Arthritis deformans und
chronischer Gicht sahen die französischen Kliniker von 0,06 - Dosen drei-

mal täglich bei längerem Gebrauch ebenfalls gute Heilerfolge. Eisenmann und Lebert combinirten *KJ mit Vinum seminum Colchici*, und Oppolzer liess bei Muskelrheumatismus ausserdem noch Bepinselung der afficirten Stelle mit 0,23 Jod, 0,36 Kalium jodatum in 15—30 Grm. Ol. aethereum Juniperi vornehmen.

Ob die von Rabuteau gegebene Erklärung der günstigen Wirkung des KJ bei Rheumatismus, aus dessen (angeblich) *die Verbrennung herabsetzender und Urate lösender Eigenschaft* das Richtige trifft, mag vorläufig dahingestellt bleiben. Auch rheumatische Lähmungen und Neuralgien, namentlich Ischias und Prosopalgie, erfahren durch Jod Besserung.

Jod ist in einer Reihe zymotischer bez. unter Fieber verlaufender Infektionskrankheiten, wie *Typhus* (Aran: 0,05 Jod, 0,5 Kalium jod. auf 120,0 Wasser), *Intermittens* (von Willebrand) und *Dysenterie*, versucht worden. Der anfänglich laut gewordene Enthusiasmus für diese Behandlungsweise hat sich stark abgekühlt. Gutes leisten dagegen *Bepinselungen mit Jodtinctur bei Variolois, wenn es sich um Verhütung der Narbenbildung handelt*, und Applikation derselben Tinctur in gleicher Weise auf die Tonsillen (wobei man gut thut, gleiche Theile Tr. Gallarum zuzusetzen) bei Angina scarlatinosa.

VII. Wegen der Beziehungen des Jods zum Lungengewebe und der gleichzeitig *expektorirenden, desinficirenden und desodorisirenden Wirkungen* desselben hat man bei chronischer, mit fötidem Auswurf verbundener Bronchitis und selbst bei mehr chronisch verlaufender Lungentuberkulose Inhaltationen von Jod empfohlen. Man zündet zu diesem Behuf jodhaltige Räucherkegel (vgl. die von Roumier bei Balsam. peruv. p. 152) an, setzt eine grosse Papierdüte darüber und lässt aus deren oben durchschnittenen Spitze die mit Luft vermischten Dämpfe einathmen. In solchen Räucherkegeln sind in der Regel auch *balsamische Stoffe* enthalten. Schon der Verdacht auf Bestehen subacut oder schleichend verlaufender Entzündungsvorgänge in den Luftwegen — namentlich bei Tuberkulösen — contraindicirt diese Inhalationstherapie absolut. Am rationellsten ist die Einathmung zerstäubter Jodlösungen in KJ-haltigem Wasser (Kletzinsky), bekannt als Lugol'sche Lösung, von welcher 3 Concentrationen, nämlich:

	I	II	III
Jod:	0,02	0,05	0,07
KJ:	0,07	0,8	0,12
Wasser:	2,50	2,50	2,50

existiren, auch zum innern Gebrauch.

VIII. Von der *an den Kaliumgehalt des KJ gebundenen reflexherabsetzenden Wirkung* des gen. Mittels hat man bei der Behandlung

gewisser Neurosen, wie Epilepsie, Chorea, Gebrauch gemacht. Die Heileffekte werden weniger zuverlässig als durch andere Mittel erreicht; am
ehesten hat man von KJ noch dann Erfolg zu erwarten, wenn Syphilis
(bei *Epilepsie*) oder chronischer Rheumatismus (bei *Chorea*) als dem
Leiden zu Grunde liegend nachgewiesen werden können.

IX. Auf den im physiologischen Abschnitt erwähnten Versuchsresultaten von Melsens (*Ueberführung in den Organen deponirt gewesener schwerer Metalle in löslicher Form in den Harn*) und den günstigen bei mit Quecksilberkachexie behafteten Syphilitischen durch KJ
erreichten Heilerfolgen fussend, glaubte man im Jod ein sicheres Mittel
gegen *jede Form des Mercurialsiechthums gefunden* zu haben. Daher
wurde es gegen Mercurialspeichelfluss, chron. Mercurialismus und Tremor
der in Quecksilberbergwerken beschäftigten Arbeiter und als Prophylak-
ticum gegen die bei letzteren zufolge der beständigen Beschäftigung mit
dem toxischen Metall sich entwickelnde Kachexie empfohlen. Die Erfahrung hat den praktischen Nutzen dieses prophylaktischen
bez. Heilverfahrens, wie die Versuche mit jodhaltigen Mundwässern
an den Arbeitern in Idria beweisen, nicht bestätigt. Dagegen sind
von Oettingen Fälle, wo KJ bei Bleivergiftung dadurch nützte,
dass es die Elimination des Bleies durch den Harn einleitete und begünstigte, mitgetheilt worden.

Indem das Jod in der angegebenen Weise die Elimination deponirt
gewesener toxischer Metalle vermittelt, wird es zum Heilmittel der Blei-
lähmungen und anderer mit den gen. Intoxikationen in Zusammenhang stehender Innervationsstörungen.

X. Noch bei weitem *problematischer* muss der behauptete und auch
durch klinische Beobachtungen angeblich bestätigte Nutzen des Jods
als Antidot bei Vergiftungen durch Pflanzenalkaloide, wie
Strychnin, Veratrin etc., erscheinen.

Bildet allerdings Jod mit den Pflanzenbasen auch nichtcorrodirende, schwer
lösliche und *schwer resorbirbare Verbindungen*, so sind dieselben doch ebensowenig
ganz unlöslich, wie beispielsweise schwefelsaures Bleioxyd, und müssen demgemäss
genau so wie die durch Tannin erzeugten Niederschläge baldmöglichst mittelst der
Magenpumpe entfernt werden. Es liegt also kein zwingender Grund vor, das Tannin
als Alkaloidantidot mit dem Jodkalium zu vertauschen.

Wir knüpfen an das Vorstehende einige Bemerkungen über

die externe (*chirurgische*) Anwendung der Jodmittel.

Dieselbe findet statt, um die Wirkungen des nach den angegebenen
Indikationen innerlich angewandten Jods zu verstärken, oder, wo man es
mit rein örtlichen Leiden zu thun hat, lediglich örtliche Wirkungen
hervorzurufen. Dieses geschieht:

A. in Form von Jodpinselungen, durch welche *Aetzwirkungen*, wie bei Condylomen, oder revulsive, Aufsaugung von Exudaten bez. *Austrocknung bedingende, Exudationen vorbeugende* und *antiparasitäre* oder desinficirende Wirkungen erzielt werden sollen. So bepinselt man gequetschte oder in Abscedirung begriffene erysipelatöse Stellen der Oberhaut, oder mit Impetigo capitis (*Tinea*) oder Pityriasis behaftete Stellen der Kopfhaut mit Jodtinctur. Als Revulsivum sind Bepinselungen der Haut, besonders für Kinder und Frauen, anderen Hautreizen vorzuziehen, wenn es sich um *Entzündungen der Lymphdrüsen, Lymphgefässe, Venen, Gelenke, Schleimbeutel, der Knochenhaut* und mit *serösen Häuten ausgekleideter Höhlen* handelt, oder Ergüsse von Flüssigkeiten in letztere oder das Unter-hautzellgewebe, oder endlich Entzündungsresiduen entfernt werden sollen. Von Schleimhautaffektionen sind bösartige Geschwüre der Zunge, Angina tonsillaris, wobei die Siegmund'sche, *mit Tr. Gallarum au versetzte Jodtinctur* besonders zu empfehlen ist, fungöse Geschwüre am Collum uteri und Bepinselungen der Vaginalschleimhaut behufs Radikalheilung des Prolapsus uteri oder Heilung des weissen Flusses zu nennen. Viele syphilitische und scrophulöse Hautausschläge, von den parasitären abgesehen, erfahren durch Bepinselung mit Jodtinktur Besserung. — Man bedient sich ferner

B. der Jodeinspritzungen, wo es sich um *Erzeugung adhäsiver Entzündung* (Hydrocele), *Atrophirung secernirender Drüsen* oder Ver-ödung Parasiten oder seröse Flüssigkeiten enthaltender Cysten etc. handelt. Ausserdem ist verdünnte Jodtinctur in Sehnenscheiden, Gelenkhöhlen, bei Empyemen in den Pleurasack, ja selbst in das Cavum Peritonei eingespritzt worden. Bezüglich der Indikationen und Technik derartiger Operationen sowohl, wie der Einspritzungen in Ovariencysten muss auf die einschlägigen chirurgischen und gynäkologischen Werke verwiesen werden.

Pharmaceutische Präparate:

1. Tr. Jodii; Jodtinctur (1 : 10 Spiritus); intern (kaum noch!) 2—6 Trpf. Aeusserlich zu Ueberschlägen 5,0—20,0 auf 250 Wasser; zu Injektionen 1 auf 5—10 Wasser.

2. Tr. Jodii decolorata: Jod, Natrium subsulphurosum, Aq. destillata āā 10 Th. werden digerirt bis eine farblose Lösung hergestellt ist, 16 Th. Liquor ammonii causticus spirit. und 75 Th. Spiritus zugesetzt, 3 Tage bei Seite gesetzt und filtrirt.

3. Kalium jodatum. Kalium hydrojodicum. Jodkalium: KJ. 0,1—0.5 mehrmals täglich; zu Mund- und Gurgelwässern 1,0—3,0 auf 100 Wasser; zu Salben ebensoviel KJ auf 25 Th. Fett.

4. Ungt. kalii jodati: 20 Th. des vorigen (3), 1 Th. Natrium subsulphurosum, 15 Th. Aqua destillata, 165 Th. Fett. Darf nicht gelblich (J) aussehen.

16*

5. Plumbum jodatum: Jodblei; gelb; Dosis: 0,1—0,5; zu Salben 1:8 Fett.

6. Sulfur jodatum: Jodschwefel; gegen Hautausschläge (Biett) 0,05—0,2 auf 4,0 Grm. Fett.

XXII. Bromum (Br). Brom. Kalium bromatum. Bromkalium (KBr).

Das Brom (von βρῶμος Gestank) wurde 1826 von Balard in Montpellier entdeckt. In reinem Zustande ist dasselbe flüssig, dunkelbraunroth, undurchsichtig, von unangenehmem, an Chloroxyd erinnerndem Geruch und widerlichem Geschmack. Bei 58,6° C. wird es gasförmig, entwickelt jedoch bereits bei gewöhnlicher, mittler Tagestemperatur *bräunliche, irrespirable* und die *desinficirenden, bleichenden und desodorisirenden Eigenschaften* des Chlors theilende Dämpfe.

Brom hat geringere chemische Affinität zum Wasserstoff und Basen als Chlor. Es wirkt dagegen physiologisch energischer wie dieses, jedoch schwächer als das eben betrachtete Jod, welchem bei geringsten chemischen Affinitäten unter allen 3 Halogenen die stärksten physiologischen Wirkungen zukommen. Letzteres (J) *färbt Amylum* bekanntlich *violett, Brom orangefarben.* Das Brom ist in verschiedenen Zink- und Silbererzen, in Mineralwässern (worin es neben Chlornatrium und Jodverbindungen enthalten ist), wie Kreuznach, Hall, Kissingen u. s. w., und verschiedenen Salsola-Arten aufgefunden worden. Wiewohl reines Brom, von der selten beliebten Verwendung zu *Aetzpasten* abgesehen, kaum noch verordnet wird, so müssen wir uns doch, um uns für die von derjenigen anderer Kaliumsalze durchaus differente Wirkung des einzig und allein gebräuchlichen Bromkalium ein klares Bild machen zu können, mit dem Bilde der Bromwirkung, bez. des Bromismus, bekannt machen.

Oertlich wirkt *reines Brom* sehr energisch auf die *Oberhaut,* welche *gelb* oder braungelb wird. *Die Haare erscheinen wie versengt und auf den der Epidermis beraubten Hautstellen ruft Brom tiefgreifende Zerstörungen hervor.* Noch stürmischer wirkt Brom auf die Schleimhäute der Luftwege und des Verdauungscanales. In den Lungen wird nach Einathmung concentrirterer *Bromdämpfe Hepatisation,* in den Verdauungsorganen nach Einverleibung toxischer Dosen Brom analog dem Verhalten des Jods *Gastroenteritis erzeugt.* Zu letzterer gesellt sich, wie nach Jodbeibringung, Speichelfluss. Die Lungen werden, da stets ein Theil des per os einverleibten oder in die V. jugularis eingespritzten (*verdünnten*) Broms *in der Ausathmungsluft wieder angetroffen* wird. sowohl bei der Ingestion, als bei der Elimination, also in doppelter Weise. gereizt. Von den resorptiven Wirkungen des Broms sind hervorzuheben: *Unregelmässigwerden des Herzschlages* bei Unverändertbleiben des *Blutdrucks* (eine weitere Analogie mit dem Jod; Barthez) *und des Lumens der peripheren Arteriolen,* später in Retardation übergehende Beschleunigung der Athmung, Pupillenerweiterung, Abstumpfung der

Sensibilität bis zur completen Anästhesie, Prostration, Benommenheit des Sensorium, Bewusstlosigkeit, Schlafsucht und gänzliches Erlöschen der Reflexe (auch bei Irritation der Schleimhaut des Gaumensegels und der Conjunctiva bulbi); ferner in Vergiftungsfällen: *dem Tode vorweggehende Convulsionen, Tetanus und ein starkes Absinken der Körperwärme;* Heimerdinger; Höring; Franz. Diese Beobachtungen älterer verdienter Forscher geriethen eine Zeit lang über den wichtigen neueren Untersuchungen über die Wirkungen der Kaliumsalze in Vergessenheit. Man ging so weit, *den Bromgehalt des KBr für gänzlich irrelevant* oder mit anderen Worten: die Wirkung des KBr mit derjenigen der anderen Kaliumsalze für identisch zu erklären, weil Brom, mit stärkerer Affinität zum K ausgerüstet, nicht in der beim Jod besprochenen Weise vom Kalium abgespalten werde (um zur Hälfte an Organeiweiss zu treten, zur andern mit H Bromwasserstoffsäure zu bilden), sondern aufs Neue an Natrium des Blutserums gebunden und wieder abgespalten werde; Eulenburg; Guttmann; Binz; Schouten (man vgl. *Jod* p. 233). Dass trotzdem das Br im KBr neben dem K wirkt, wurde jedoch durch die Resultate der unter Edleffsen's Leitung von G. Krosz angestellten vergleichenden Experimente mit Chlorkalium einer- und Bromnatrium andererseits aufs Neue bewiesen. — Es wurde nämlich der Nachweis geliefert, dass das Brom im Bromkalium eine *centrale Lähmung der Verbindungsfasern zwischen den sensitiven und den motorischen und sensoriellen Ganglien bewirkt,* in geringem Maasse Verlangsamung der Herzaktion erzeugt und wenigstens zum grössten Theil das acneartige, nach KBr-medikation vorkommende Exanthem hervorruft. Für die therapeutische Bedeutung des Bromkalium ist endlich noch besonders zu betonen, dass die bei Behandlung von Hirnkrankheiten in erster Linie verwerthete, *hochgradige Herabsetzung der Reflexerregbarkeit auf Rechnung des Bromcomponenten zu setzen ist;* G. Krosz.

Gehen wir auf der durch die oben genannten Versuche an Menschen und Thieren gewonnenen Basis für die richtige Würdigung der Bromkaliumwirkungen auf diese letztere genauer ein, so ist bezüglich kleiner Gaben (1—2 Grm. dieses Salzes) zu bemerken, dass ausser salzigem Geschmack und bisweilen Ekel in der Regel keinerlei Störungen des Allgemeinbefindens zur Beobachtungen kommen und nur bei besonderer, individueller Empfänglichkeit für das Mittel nach diesen kleinen Dosen Schlaf eintritt (Débout). Nach Steigerung der Gaben auf 6,0 Grm. gesellt sich dem salzigen Geschmack: *Speichelfluss, leichtes Aufstossen, Magendrücken, Neigung zum Schlaf, Halbschlummer, Drang zum Harnlassen* (zuweilen mit geschlechtlicher Aufregung verbunden). *Durstgefühl* und *Trockenheit* im Munde, Wärmegefühl im Epigastrium zu; nach

$1\frac{1}{2}$— 2 Stunden wird ausserdem *Trübung des Gesichts*, *Schwere der Augenlider, Betäubung und Somnolenz, Schlaf mit Träumen* und *Alpdrücken*, schwankender Gang, *schwerfällige Sprache, Herabsetzung der Reflexthätigkeit*, A b s t u m p f u n g des Gefühls für taetile Reize (bei Erhaltensein des Gefühls gegen schmerzhafte Reize) und V e r l a n g - s a m u n g und A b s c h w ä c h u n g des Pulses wahrgenommen; La b o r d e. Nach längerem Gebrauch medikamentöser Dosen Bromkalium wird die Verminderung der Reflexerregbarkeit der Schleimhaut des Isthmus faeium und der Urethra immer augenfälliger und die Geschlechtsthätigkeit erscheint in vielen Fällen herabgesetzt. *Kleine Dosen KBr lassen Beschaffenheit und Frequenz des Pulses unverändert, grosse bedingen Pulsretardation.* In das Blut und alle beim Jodkalium erwähnte Se- und Excrete, so wie *in die Exspirationsluft* geht Brom sehr schnell über *und kann* in der bei der Ausscheidung des JK auf Schleimhäuten erwähnten Weise u n t e r M i t w i r k u n g des ozonisirten Sauerstoffs die p. 235 *angegebene Reizung der genannten Schleimhäute gerade so wie das Jod bedingen.* Wie Jodkalium bewirkt aus den bei diesem angegebenen (p. 236) Gründen auch Bromkalium *Vermehrung der Diurese.* Endlich findet das vom Jodkalium bezüglich der Ueberführung deponirt gewesener S c h w e r m e t a l l e in den löslichen Zustand und bezüglich deren Elimination in Form von Jodüren durch den Harn Bemerkte auch auf das Bromkalium Anwendung; Sée. In Zeiten, wo, wie gegenwärtig, Bromkalium billiger als Jodkalium ist, wird man dasselbe letzterem vorziehen. Nach sehr langem Gebrauch selbst sehr kleiner Dosen Bromkalium *kommt es*, um die Analogie mit dem Jodkalium vollständig zu machen, wie bei der Jodmedikation, *zu von Blässe der Haut und Körpergewichtsabnahme begleiteter Abmagerung*, Bronchial- und Darmcatarrhen. *Muskelschwäche*, allgemeiner Prostration, *Impotenz, Abnahme des Denkvermögens, Paralysen* und selbst zu comatösen Zuständen. Von mehreren Seiten sind c u m u l a t i v e W i r k u n g e n des KBr — analog dem Blei und der Digitalis — beobachtet worden.

Suchen wir nun eine Analyse der im Vorstehenden aufgeführten Wirkungen des Bromkaliums zu geben, so haben wir die bereits p. 246 zusammgruppirten E r s c h e i n u n g e n in der N e r v e n s p h ä r e (Somnolenz, Sopor, Verlust des Intellectus, Erlöschen der Reflexe, Sensibilitätslähmung u. s. w.) *auf den Bromcomponenten*, die haüptsächlich nur an Thieren beobachtete L ä h m u n g des H e r z m u s k e l s, bez. *der Herzganglien*, gefolgt von R e t a r d a t i o n der A t h m u n g und A b s i n k e n der K ö r p e r t e m p e r a t u r und die *vom Centrum nach der Peripherie fortschreitende* L ä h m u n g der N e r v e n und die Muskelparalyse *auf die Wirkung des* im Bromkalium enthaltenen *Kalium zu beziehen:* K r o s z.

Gehen wir auf erstere zurück, so wird die nur in seltenen Fällen auf Excitation folgende oder mit dieser alternirende Depression der Grosshirnfunktionen von Vielen, wie Rabuteau, Clarke und Amory, Lewitzky, *auf Contraktion der Hirngefässe*, die davon wieder abhängige Ischämie der Nervencentralorgane und die vielleicht ebenfalls in diesem anämischen Zustande begründete Herabsetzung der Reflexe auf ein Minimum zurückzuführen gesucht auf Lähmung der (Selschenow'schen) Reflexhemmungscentra. *Auch decapitirte*, unter Bromwirkung stehende *Frösche reagiren nicht mehr* und auch in denjenigen Extremitäten derselben, welche vor der Einverleibung des KBr *durch Ligatur der Gefässe* vor der Zuführung des Gifts durch den Blutstrom bewahrt bleiben, *entwickelt sich Anasthesie*, welche centralen Ursprungs, d. h. in aufgehobener Leitung im Rückenmark begründet sein muss.

Eine Schwäche dieser von den Meisten acceptirten Deutung der Bromkaliumwirkung auf das Nervensystem *liegt in der nicht sicher erwiesenen Annahme der Gefässverengerung und Anämie*, während von anderen Autoren, wie Mossop und Saib Mehmed, geradezu *Erweiterung der Gefässe* des Augenhintergrundes bei Brom nehmenden Menschen und der Ohrgefässe bei bromisirten Kaninchen beobachtet wurde und es andererseits auch an älteren wie neueren Beobachtern, welche den Blutdruck nach Brombeibringung völlig unverändert fanden, nicht gefehlt hat. Die aus chemischen Gründen erschlossene Unwahrscheinlichkeit des Abgespaltenwerdens von Brom in den Geweben und Parenchymsäften ist nicht beweiskräftig. Zugestanden auch, dass Brom eine stärkere Affinität zum Kalium besitzt wie Jod, so ist es doch bisher noch Niemand gelungen, in frischgelassenem Arterienblute nach Schütteln desselben mit verdünnter Jodkaliumlösung eine Spur freies Jod nachzuweisen (Schönbrodt); wenn man also den Ort der Spaltung für Jodkalium in die Organe verlegt, so hat man dazu nicht mehr Recht, als für Ableugnung desselben Vorganges für das Bromkalium. Dazu kommt noch, dass diese Abspaltung durch den von mehreren Seiten geführten Nachweis des Br in der Exspirationsluft und damit die bei Bleivergiftung ganz in derselben Weise, wie wir vom KJ zu berichten hatten, durch Bromkaliumgebrauch erlangten günstigen Resultate (*Elimination des deponirt gewesenen Bleies als Bleibromür durch den Urin*) sehr an Wahrscheinlichkeit gewinnt.

Betreffs der Analyse der auf die Wirkung des Kalium im KBr zu beziehenden, oben erwähnten Erscheinungen in der Kreislaufs- und Athemsphäre, der Nerven- und Muskellähmung (erstere könnte sich — freilich nur bei Anwendung enorm grosser, *für Menschen toxischer Dosen* KBr — mit der ebenfalls vom Centrum nach der Peripherie fortschreitenden, durch Br erzeugten combiniren) verweisen wir auf die Betrachtungen über die physiologischen Wirkungen der Kaliumsalze. Die nach Bromkalium beobachtete *Vermehrung der Diurese* hat dieses Salz mit *den übrigen Kaliumsalzen* gemein; nach Bill bleibt hierbei *der Gehalt des Harns an Harnstoff* unverändert, während der an Farbstoff, Chloriden und Phosphaten und der Säuregrad eine Vermehrung erfahren. Bezüglich des auch nach KBr zu beobachtenden *Thränen-* und *Speichel-*

flusses, der Bronchialcatarrhe und des Ueberganges von Brom in den
Schweiss ist auf das (p. 232) vom Jodkalium Angegebene zu verweisen.

Indikationen des Brom- und Bromkaliumgebrauches
ergeben sich:

1. aus der kräftig desinficirenden, kleinste, krankheiterregende Organismen durch Wasserstoffentziehung vernichtenden Wirkung, welche das Brom mit dem Chlor und Jod theilt.
Wie wir Eingangs bemerkten, greift Brom die Gewebe sehr stark an und
wird dadurch zum Aetzmittel. Landolfi verstärkte die Aetzwirkung,
indem er Chlorbrom anwandte und daraus mit Süssholzpulver eine (ehemals mehr, als jetzt) benutzte Aetzpaste bereitete. Unbestreitbar die
wichtigste Anwendung in Infektionskrankheiten findet das Brom gegenwärtig noch *bei der Behandlung der Diphtheritis und des Croups mit
Brompinselungen und Brominhalation* nach der Methode von J. Schütz
in Prag. Derselbe lässt āā 0,36 Brom und Bromkalium in 180 Grm.
Wasser lösen, einen Schwamm hineintauchen und diesen in eine Düte
aus starkem Kartenpapier legen. Die Düte wird vor Mund und Nase
gehalten und stündlich, wie beim Chloroformiren. 5—10 Min. inhalirt.
Hierdurch verlieren die diphtheritischen Massen an Consistenz und werden
leichter ausgeworfen.

Ob Bromwasser im zerstäubten Zustande (0,5 auf 90 Wasser), *nach der
Tracheotomie* durch eine aus Hartgummi gefertigte Canüle *inhalirt*, sich in eben
dem Maasse, wie aus dem Schwamm per os eingeathmetes Brom gegen Diphtherie
heilkräftig erweist, müssen erst klinische Erfahrungen lehren; a priori würde sich
dieses Verfahren, gegen welches allerdings die Gefahr des Zustandekommens einer
entzündlichen Schwellung der Tracheal- und Bronchialschleimhaut eingewandt
werden könnte, deswegen empfehlen, weil die in der Exspirationsluft enthaltene
Kohlensäure die Bromdämpfe nicht, wie dies bei Kalkwasserinhalationen der Fall
ist (vgl. p. 54), chemisch verändern, bez. unwirksam machen kann.

2. Die sensibilitätherabsetzende und reflexvermindernde
Wirkung des KBr hat diesem Mittel für die *Behandlung der Neurosen mit abnorm erhöhter Reflexerregbarkeit* im Allgemeinen und der
Epilepsie und Puerperalconvulsionen ins Besondere ein grosses
Renommé verschafft. Es ist indess zu bemerken, dass nach Trousseau
KBr zwar das zuverlässigste Heilmittel des petit mal darstellt, jedoch
nach derselben Autorität lange Zeit, nämlich *ein Jahr lang, consequent*
von 4,0 auf 10,0 Grm. pro die aufsteigend, und ein zweites Jahr jeden
dritten Monat durch gegeben werden muss. Eben weil die Kranken auf
unseren stationären Kliniken behufs Kur der Fallsucht kaum jemals auch
nur ein halbes Jahr aushalten, kommen wir so selten in die Lage, einen
anderen Heileffekt des KBr der genannten Krankheit gegenüber, als

etwa eine geringere Intensität der nicht einmal constant an Zahl abnehmenden Paroxysmen zu beobachten. Schroff nennt auf Störungen in der *Uterinsphäre* beruhende sensible oder psychische Erregungen, Nothnagel die *auf peripheren Reiz zurückzuführenden* Fälle von Epilepsie als diejenigen, welche die beste Prognose zulassen. Ausser bei den oben genannten Neurosen hat man auch bei *Chorea, Tetanus, Krampfhusten* und *Asthma* vom KBr mit Nutzen Gebrauch gemacht. In freilich nur zwei Fällen leistete mir das Mittel bei *Paralysis agitans* und *P. senilis* gute Dienste. Die auf pathalog.-anatomischen Veränderungen der histologischen Elemente des Hirns beruhenden Formen von Epilepsie, welchen gegenüber KBr sich keinesweges als ein Specificum verhält, heilt das gen. Mittel wohl niemals; v. Schroff. Endlich ist Bromkalium auch gegen *Eclampsie der Kinder* und Gebärenden und unstillbares Erbrechen der Schwangeren in Gebrauch.

3. Die schlafmachende Wirkung des KBr kommt, wie Frommüller's Erfahrungen erweisen (zuweilen liessen 40 Grm. pro die im Stich), *minder prägnant* und zuverlässig wie die reflexherabstimmende zur Geltung. Man hat daher, wo man das Mittel in genannter Richtung gegen *nervöse Schlaflosigkeit*, Delirium potatorum und Psychosen zu verwerthen suchte, sich gern der Combinationen desselben mit Chloralhydrat oder Morphium bedient.

4. Um in den (drüsigen) Organen deponirte Schwermetallalbuminate in eine lösliche Form zu verwandeln und wieder in die Blutbahn, sowie (als Bromüre) in den Harn überzuführen, ist Bromkalium dem Jodkalium völlig analog anwendbar.

5. Als die Reflexthätigkeit stark herabsetzendes Mittel wurde KBr von Husemann und auf Grund toxikologischer Thierversuche von Schroff jun. als Antidot des Strychnins empfohlen. Gillespie und Bard theilten einschlägige, den Nutzen des KBr bei genannter Vergiftung bestätigende klinische Beobachtungen mit. — Endlich ist

6. Bromkalium, weil es die Reflexerregbarkeit der Zungenbasis, des Gaumensegels und der Epiglottis stark vermindert für Laryngoskopie und Operationen im Kehlkopf-Inneren zu verwerthen gesucht worden. Die Erfolge in Praxis haben indess den von dem Mittel gehegten Erwartungen keinesweges entsprochen; Tobold.

Beiläufig ist noch zu bemerken, dass Bromkalium als harntreibendes, die retrograde Stoffmetamorphose bethätigendes, Wasserarmuth des Blutes hervorrufendes und hierdurch die Rückaufsaugung von Exsudaten etc. anbahnendes und Drüsenanschwellungen beseitigendes Mittel ganz nach den Indicationen des Jodkaliums angewandt worden ist. Es wirkt indess das KBr in den genannten Richtungen weit weniger energisch und zuverlässig als K J. Am wenigsten aber vermag es letzteres als Heilmittel der Syphilis zu ersetzen.

Von Leuten, welche, wie Arbeiter in chemischen Fabriken, in einer Chloratmosphäre
leben und notorisch abmagern, wird behauptet (!), dass ihr Blut dunkler gefärbt
erscheine und an Coagulabilität einbüsse; Hertwig.

Es giebt nach Vorstehendem nur eine durch Chlorpräparate, unter
denen wohl der Chlorkalk (*vgl. unten!*) zu diesem Behuf den Vorzug
verdient, zu erfüllende Indikation, nämlich die der Desinfektion, wobei es sich, was unsern Körper anlangt, stets nur um eine örtliche Wirkung, z. B. auf die Mundflüssigkeit, handeln kann; Geschwürsbildungen
im Munde scheinen demzufolge [unter Cl-Gebrauch schneller zu heilen.
Hier werden übelriechende, das Exspirium verpestende Stoffe, ohne
übrigens ihrer Neubildung vorbeugen zu können, zerstört. Eine *Auf-*
besserung des Appetits durch den gährungswidrigen Einfluss des Chlor-
wassers auf den Mageninhalt, Beseitigung von Dyspepsien und Vermehrung der Ernährung gelingt deswegen nicht, *weil* zufolge Wasser-
zersetzung durch das freie Chlor so viel HCl gebildet wird, *dass Pyrosis*
entsteht. Beim Puerperalfieber hat man, um Contagien zu zerstören, Injektionen von Chlorwasser in die Vagina, beim *Typhus zur Desinfektion*
des Dickdarms Klystiere damit empfohlen. Ich habe niemals davon
Effekt, vielmehr in einer Puerperalfieberepidemie auf dem Lande
(1860), des consequentesten Chlorgebrauchs ohnerachtet, nicht weniger als
eilf Neuentbundene binnen 3—5 Tagen sterben sehen.

Ganz verwerflich, weil gefährlich und dabei unnütz, sind *Chlorgasinhalationen*
bei Vergiftungen durch Blausäure, Hydrothiongas u. s. w., und gilt von den nämlichen Einathmungen behufs Beförderung der Expectoration bei stockendem Auswurf
phthisischer oder anderer mit chronischen Catarrhen behafteter Personen, weil bestehende Entzündungszustände in den Respirationsorganen durch Cl gesteigert
werden, dasselbe. Es bleibt somit die Desinfektion von Nachtstühlen,
Krankenzimmern bei herrschenden Infektionskrankheiten, Obduktionszimmern, Gebär-
und Quarantäneanstalten durch Chlorpräparate allein übrig.

Pharmaceutische Präparate:

1. Aqua Chlori s. Chlorum solutum. Chlorwasser; in schwarzen Gläsern
zu verordnen, um die Zersetzung durch das Sonnenlicht zu verhindern. *Dosis:* theelöffelweise in Wasser; *30 Grm. pro die.*

2. Calcaria chlorata s. hypochlorosa. Unterchlorigsaure Kalkerde; durch
Darüberleiten von Chlorgas über Aetzkalk hergestellt. Dient nur zur Desinfektion.
Hitzig empfahl 0,05—0,1 in 150 Wasser zu Injektionen bei indolentem Nachttripper.
Zum Verbande von Geschwüren 4,0—8,0 in 200 Wasser. Der interne Gebrauch
(0,1—0,5) ist obsolet.

3. Liquor natrii chlorati s. hypochlorosi. Eau de Javelle; unterchlorig-
saures Natron (mit 5 pro Mille Chlor und durch Einleiten von Chlor in Sodalösungen
dargestellt). Dient als Desinfektionsmittel, zum Bleichen und Fleckenreinigen.

4. Gesetzlich vorgeschriebene Fumigatio chlori nach Guyton-Mor-
veau:

a. F. chl. fortior: Kochsalz und Braunstein aa 1 Th. mit 2 Theilen mit Wasser aa verdünnter Schwefelsäure, werden in einer Schale zusammengebracht.

b. F. chl. mitior: zu Brei angerührter Chlorkalk wird mit Essig übergossen.

(*Ueber Kali chloricum vgl. Kaliumsalze.*)

Anhang.

XXIV. Sulfur. Schwefel. Kalium sulfuratum. Schwefelkalium.

Der schon den Alten bekannte und von den Hippokratikern bei Frauenkrankheiten angewandte Schwefel (θεῖον) findet sich auf Milo, Teneriffa, Island, in verschiedenen Gegenden Italiens und in Guadeloupe theils amorph, theils krystallinisch fertig gebildet vor. Zahlreiche Mineralwässer, wie Aachen, Amélie-les-Bains, Ax, Baden in der Schweiz und Baden bei Wien, Barèges, Burtscheid, Eaux-bonnes, Eaux-chaudes, Eilsen, Escaldas, Langenbrücken, Luchon, Cauterets, Cadéac, Cambo, Castéra, Digne, Enghien, Gréoulx, Acqui, Allevard, Aix-la-Chapelle, Aix en Savoie, St. Honoré, St. Sauveur, Pierrefonds, Pietra Pola, Schinznach, Vernet, Viterbe, Warmbrunn, Weilbach, Yverdon u. A. enthalten Schwefel, bez. Verbindungen desselben mit Wasserstoff oder Metallen. Schwefelmetalle, i. B. Schwefeleisen, sind in Gebirgsformationen vielfach verbreitet. Die ätherischen Oele gewisser zu den Cruciferen gehöriger Pflanzen sind schwefelhaltig und der Schwefel stellt, was uns weit mehr interessirt, auch einen integrirenden Bestandtheil gewisser Organe des Thierkörpers, z. B. des Hirns, des Blutes und der Secrete (Galle) dar.

In den Handel kommt der Schwefel in Stangenform; derselbe ist dimorph. Amorpher Schwefel hat geringeres specifisches Gewicht, als krystallinischer. Seine gelbe Farbe geht beim Erhitzen in Orangegelb über. Bei 111,5⁰ schmilzt, bei 420⁰ verwandelt sich der Schwefel in purpurrothe Dämpfe, um als sublimirter Schwefel, oder Flores sulfuris, wieder in fester Aggregatform verdichtet zu werden. Neben dem gereinigten (S. depuratum) und sublimirten steht noch der präcipitirte (S. praecipitatum, Lac sulfuris) Schwefel — durch Zersetzung des Schwefelcalcium (Kalkschwefelleber) mit verdünnter Chlorwasserstoffsäure gewonnen — officinell. Ueber diese Zubereitungen und die Verbindungen des Schwefels mit Alkalien (Schwefelkalium etc.) wird in dem den pharmaceutischen Präparaten gewidmeten § das Erforderliche angegeben werden. Schwefel ist unlöslich in Wasser und leichtlöslich nur in Chlor- oder Schwefelkohlenstoff.

Kleine Gaben Schwefel (0,2—0,4) bewirken keinerlei Befindensveränderungen, nur gehen nach Schwefelwasserstoff riechende Flatus ab. Zu 4—6 Grm. längere Zeit genommen, stört Schwefel bisweilen die Verdauung, die Zunge wird belegt und es kommt zu Erregung der Darmperistaltik. Laxiren und Kolik repräsentiren die lokalen Wirkungen des sich im Darm aus dem Schwefel bildenden Schwefelkalium bez. Schwefelnatrium auf die Darmmucosa. Bedrohliche Allgemeinwirkungen bez. Intoxikationserscheinungen nach der Einverleibung grosser Gaben Schwefelkalium sind zwar bei Pferden und Katzen, welche unter Coma und Collaps zu Grunde gehen, aber nur äusserst selten bei Menschen beobachtet worden. In diesen Fällen handelt es sich um die resorptiven Wirkungen grösserer Mengen Schwefelwasserstoffgases, welche sich aus dem nicht als schwefelsaures Kalium in die Blutbahn gelangten Schwefelkalium im Darm entwickeln und Angstgefühl, erst Verstärkung, dann Aufhören der Athembewegungen, grosse Schwäche der Herzaktion, allgemeinen Collaps und selbst den Tod herbeiführen können. Mittle Gaben des zum grössten Theil resorbirten und sowohl Vermehrung der Sulfate im Harn, als Elimination von Schwefelwasserstoff mit der Exspirationsluft, mit dem Hautdrüsensecret und den bereits erwähnten mephitischen Flatus nach sich ziehenden Lac sulfuris haben nur dünne Stuhlausleerungen im Gefolge. Grosse Gaben führen, weil das nicht resorbirte fein vertheilte Schwefelpulver selbst, indem es auf der Darmschleimhaut liegen bleibt, eine impermeable Deckschicht bildet, nicht stärker ab als mässige, auf welche man sich also zur Vermeidung der oben erwähnten Uebelstände (SH_2-Resorption) wird beschränken müssen. Längere Zeit fortgebrauchte medikamentöse Gaben von Lac sulfuris bedingen, da die Deckschichtbildung in Wegfall kommt, allmälig immer zahlreicher erfolgende dünne Stuhlausleerungen unter Kolik und angeblicher Pulsbeschleunigung und es kann, wie unter Jod- oder Bromgebrauch, zu Abmagerung kommen. Immerhin geht der grösste Theil des als solcher eingeführten Schwefels unverändert mit den Faeces ab und nur ein kleiner wird, wie gesagt, neben kleinen Mengen von Hydrothiongas resorbirt, um in Schwefelsäure verwandelt, an Alkalien gebunden und mit dem Harn (in welchem nach Böcker Harnstoff und Harnsäure unter Schwefelgebrauch vermehrt sind) eliminirt zu werden. Ueber die entfernten Wirkungen des S. auf die vitalen Funktionen ist nur bekannt, dass er bei sehr erregbaren und zu Wallungen prädisponirten Personen die Pulsfrequenz vermehrt. Bei den keineswegs in ausreichender Weise angestellten physiologischen Versuchen mit Schwefel ist eine Vermehrung der Diaphorese niemals beobachtet worden; v. Schroff.*)

---

*) Sofern, wie bereits oben bemerkt wurde, auch der feinvertheilte Schwefel als solcher nicht in das Blut aufgenommen wird, sondern theils als Kaliumverbindung, theils als aus dieser resultirendes Hydrothiongas Wirkungen bedingt, repräsentirt die per os eingeführte Schwefelleber (Kalium sulfuratum) zum Theil die lokalen, und grösstentheils die resorptiven Wirkungen des Schwefels. Sie bewirkt Aufstossen von SH_2, Gefühl von Wärme, Pulsbeschleunigung, Vermehrung der Absonderung des Darmkanals und kann, in toxischen Dosen gereicht, die oben erwähnten

Ein direkter Uebergang von Schwefel als solchem in das Blut ist nicht erwiesen, wenn auch behauptet worden. Je feiner er vertheilt ist, desto mehr wird der Gehalt des Harns an Sulfaten vermehrt. Wird viel Fett neben dem Schwefel eingeführt, so findet eine Vermehrung der Sulfatausscheidung nicht statt; A. Krause. Salkowski gelang es, durch Taurinfütterung eine Bildung von soviel Schwefelsäure (aus dem S. des Taurius) im Status nascens im Blute zu bewirken, dass hiermit eine bei Kaninchen zum Tode führende Alkalientziehung verknüpft war. Bei Fleischfressern und somit wohl auch beim Menschen gestalten sich die Verhältnisse nach den neuesten Untersuchungen von M. Regensburger (unter Voit) so viel günstiger, dass jedenfalls die Möglichkeit des Zustandekommens einer sauren Reaktion des Blutes auf dem von Salkowski bei Kaninchen versuchten Wege bezüglich des Menschen bestimmt auszuschliessen ist.

Wie dem Jod, Chlor und Brom kommen auch dem Schwefel desinficirende und kleinste, krankheiterregende Organismen vernichtende Eigenschaften zu (vgl. das über Diphtherie im Nachstehenden Angegebene).

Indikationen des Schwefelgebrauchs:

1. Durch Darreichung von Schwefel beabsichtigt man *die Darmperistaltik anzuregen*. Diese Abführung kommt zu Stande, indem aus dem Schwefel, wie angegeben wurde, im Darm Alkalisulfuret resultirt und die Darmschleimhaut mehr oder weniger stark reizt. Hiermit soll eine starke Beförderung der retrograden Stoffmethamorphose verknüpft sein.

2. Schwefel, oder — besser — *Schwefelkalium*, dient als *Antidot bei chronischen Metallvergiftungen*, weil aus ersterem resultirendes (bez. als solches eingeführtes) Schwefelkalium die gebildeten und in den Drüsen deponirten Metallalbuminate zu lösen vermag, und weil man sich ausserdem von dem aus dem Schwefelkalium, wie angegeben, hervorgehenden und Metallsulfurete bildenden Schwefelwasserstoffgase bei den genannten Intoxikationen auch bei mehr acutem Verlauf Nutzen verspricht.

3. Dem aus dem Schwefelkalium herrührenden, in die Blutbahn aufgenommenen SH_2 werden die *Schweisssecretion anregende Wirkungen* zugeschrieben; vgl. dagegen unten und im physiol. Theile p. 254.

4. Schwefel wird aus gleichem Grunde auch als *expectorirendes Mittel* bei der Behandlung von Catarrhen gerühmt.

5. Dem Schwefel oder vielmehr der Zersetzung desselben erst in Schwefelkalium und später in Schwefelwasserstoff hat man *eine besondere Beziehung zum Pfortadersysteme vindicirt* und hierauf den erfahrungsmässig bei der Schwefelbehandlung der Hämorrhoidalzustände zu beobachtenden therapeutischen Effekt zurückführen wollen. Nach Roth wird der gebildete SH_2 direkt vom Darme aus und unter Ver-

Intoxikationserscheinungen hervorrufen, welche durch Darreichung einer Auflösung des unterchlorigsauren Natrons bekämpft werden.

meidung der übrigen Abschnitte des Gefässsystems in die Vena portae aufgenommen, beseitigt demzufolge auf passiver Hyperämie beruhende Anschwellung der Leber, und bringt von der letzteren wieder abhängige, bez. dieselben complicirende Lungencatarrhe zur Heilung. — Endlich hat man 6. die *desinficirenden,* keimzerstörenden und die *kleinste zu Krankheiterregern werdende Organismen vernichtenden Wirkungen* des Schwefels bei der Behandlung der später zu nennenden Infektionskrankheiten zu verwerthen gesucht. —

Die Contraindikationen des Schwefelgebrauchs

beziehen sich der Hauptsache nach auf die *balneotherapeutische Anwendung* der schwefelhaltigen Mineralwässer und sind: Schwangerschaft, Zeit der Menstruation, Bestehen entzündlicher und fieberhafter Krankheiten, Herz- und Gefässkrankheiten, Praedisposition zu Congestionen bei vollblütigen Personen, Scorbut, Krebskachexie, profuse Eiterungen, ausgedehnte pleuritische Exsudate, Hydropsien und Schwächezustände überhaupt.

Therapeutische Anwendung des Schwefels.

Die von dem Erfolge derselben gehegten hohen Erwartungen sind sehr wesentlich herabgestimmt worden, seitdem bekannt wurde, dass nicht nur der interne Gebrauch dieses Mittels gegen Krätze völlig überflüssig ist, sondern dass auch andere Arzneistoffe, sowohl dem Sarcoptes scabiei als anderen, zu *Exanthemen Anlass gebenden Hautparasiten gegenüber, dasselbe oder selbst mehr leisten, als der Schwefel.* Hiervon abgesehen, lehrt eine kritische Betrachtung der übrigen im Vorstehenden aufgeführten Indikationen sofort, wie viel Hypothetisches bezüglich derselben mit klinischen Thatsachen verflochten und wie vielfach der erwiesene Effekt der Schwefelbehandlung gewissen Krankheiten gegenüber um ein Bedeutendes übertrieben worden ist. Gehen wir nach Vorwegschickung dieser Bemerkungen obige Indikationen der Reihe nach durch, so ergiebt sich schon:

1. betreffs *der ersten, dass Schwefelmittel als Purgantien vor anderen Medikamenten dieser Art durchaus nichts voraus haben.* Sofern sich unter dem Gebrauch schwefelhaltiger Mineralwässer sogar Verstopfung einzustellen pflegt, erscheint die Abführwirkung des genannten Mittels sogar etwas problematisch, um so mehr, als die tägliche Beobachtung lehrt, dass Tartarus depuratus (vgl. p. 201) mit oder ohne Zusatz eines Amarum, wie Taraxacum (vgl. p. 74), Hämorrhoidariern ebenso grosse Erleichterung verschafft, wie die complicirten, schwefelhaltigen, von den Altvorderen überkommenen Hämorrhoidalpulver.

2. Dass *schwefelhaltige Bäder* (z. B. Warmbrunn) *bei Gicht und Rheumatismus Ausgezeichnetes leisten,* soll nicht in Abrede gestellt

werden. Trotzdem aber ist es durchaus nicht erwiesen, dass diese wohlthätige Wirkung — für welche man den Uebergang von Schwefelverbindungen in den Schweiss als Beleg beibringt — auf Anregung der Diaphorese beruht.

3. *Misslicher* noch ist es um den *Werth des Schwefels als expectorirendes Mittel* bestellt. Zu diesem Behufe bedient man sich der schwefelhaltigen Mineralwässer, welche man, um direkt auf die kranke Schleimhaut zu wirken, in zerstäubtem Zustande inhaliren lässt. Unter den Stadien der Wirkung dieser schwefelwasserstoffhaltigen Inhalationen führen die französischen Balneologen neben dem Stadium der Beruhigung, der Erregung und der Toleranz auch ein Intoxikationsstadium an. Muss diese Thatsache an sich zur Vorsicht im Gebrauch dieser Inhalationen auffordern, so wird die therapeutische Bedeutung der letzteren ausserdem um so mehr Bedenken erregen, als vorurtheilsfreie Balneologen, wie J. Braun, den Schwefelwässern alle specifisch anticatarrhalischen Wirkungen absprechen und höchstens von Anwendung derselben bei von Hämorrhoidalleiden bez. Leberhyperämien und Anschwellungen abhängigen Lungencatarrhen etwas wissen wollen. Im Uebrigen müssen wir bezüglich aller die unter 2. und 3. erörterten Indikationen betreffenden Details auf die balneologischen Handbücher und Monographien verweisen.

Schwefel als solcher wird, wie ich auf Grund eigener Erfahrung bestätigen kann, mit Erfolg nur gegen eine einzige Form von Catarrh, nämlich Pharyngitis granulosa, ein sehr hartnäckiges und leicht recidivirendes Leiden, angewandt. Zur Unterstützung der örtlichen Behandlung kann man nebenher Inhalationen der Schwefelwässer von Weilbach oder Eauxbonnes verordnen. Stets wird eine lange Zeit und consequent durchgeführte Kur nothwendig.

4. Ueber den Werth des Schwefels als *„die güldene Ader“ öffnendes* (*Hämorrhoidalleiden linderndes*), *Hämorrhoidalfluss und Menses* (durch Hinleitung des Blutstromes zu den Hämorrhoidal- und Uterinvenen) *anregendes Mittel* wird dem früher Bemerkten nur wenig zuzufügen sein. Eine specifische Wirkung des S.'s und der schwefelhaltigen Mineralwässer in der genannten Richtung ist zum mindesten nicht bewiesen und die oben gegebene Erklärung dieser Wirkung hat nur das Recht einer Hypothese zu beanspruchen. Erfolg wird man mit einiger Sicherheit nur von grösseren, Diarrhöe oder zum Mindesten breiigen Stuhlgang hervorrufenden Gaben Schwefel zu erwarten haben. Anders, bez. günstiger verhält es sich

5. mit der Indikation: *Anwendung des S.'s als Antidot von Metallvergiftungen*, allerdings ebenfalls mit der Klausel, *dass die gen. Vergiftungen* (Blei-, Kupfer-, Quecksilber- Arsenvergiftung) *chronisch verlaufen müssen:*

den acuten Metallintoxikationen gegenüber leisten Schwefelpräparate und Schwefelwässer nichts; v. Schroff u. A. Man hat grosse Gaben Schwefelmilch in Bouillon oder Honig nehmen lassen (Lediberder), oder der Glycolschwefelsäure (Siew), oder endlich dem Natriumsulfid (Astrić), welches, wie oben bereits hervorgehoben wurde, die Metallalbuminate — angeblich auch die in den Drüsen aufgespeicherten — löst, den Vorzug gegeben. Mit der chronischen Metallintoxikation schwinden auch die von derselben abhängigen secundären Krankheitserscheinungen, wie Koliken, Exantheme, Knochen- und Nervenleiden, namentlich Lähmungen. Daher das verdiente Renommé, welches Aachen gegen von Mercurialdyskrasie bei misshandelten Syphilitikern bedingte Erkrankungen dieser Art erworben hat. Ausführliches über derartige sogenannte Nachkuren in Fällen, wo man zweifelhaft sein kann, ob Syphilis oder Mercurialdyskrasie vorliegt, ist ebenfalls aus den Werken über Balneotherapie, deren Gebiet wir nur an den Grenzen berühren dürfen, ersichtlich.

6. *Die antiparasitären, keimzerstörenden und desinficirenden Wirkungen des Schwefels*)* sind ebenfalls vielfach übertrieben worden. Hiermit soll jedoch der Werth des S. als Krätzmittel (Ol. Fagi [vgl. p. 128]: Sulfuris c. ā͞a 180, Sapon. virid. Axung. porci ā͞a ℥i Cretae a. 120 M. f. ungt.; Hebra; — vgl. auch Vleminckx beim Kalk p. 57), nicht bestritten werden. Der Storax (vgl. p. 153) hat den Schwefel auch in den Militärspitälern ersetzt. Ausser bei Scabies wurde Schwefel von Hebra auch in folgender Pasta: Sulf. praecip. Kali carbon. Glycerini. Aq. laurocerasi Spir. vini Gall. ā͞a 8 M. f. pasta, gegen Acne rosacea angewandt. In Frankreich zog man *Jodschwefel* zu diesem Behuf dem gewöhnlichen S. vor; A. Warion. Gegen *Pruritus* u. a. Hautkrankheiten sind Bäder aus Schwefelwässern, deren Heileffekt kein ganz unbestrittener ist, allein in Gebrauch. Auch betreffs des Details dieser balneotherapeutischen Kuren müssen wir uns ein ausführlicheres Eingehen auf balneologisches Gebiet versagen. Specifisch und in allen Fällen dieser Art zur Heilung führende Wirkungen äussern die Schwefelbäder, wie unparteiische Balneologen selbst zugestehen, nicht.

Endlich hat man seit Fritze, welchem in jüngster Zeit zahlreiche andere Autoren gefolgt sind, Schwefel- und *Schwefelquecksilberräucherungen* behufs Zerstörung der als Krankheiterreger wirkenden Pilzsporen in eben der Weise, wie dgl. Räucherungen das Oidium Tuckeri vernichten, *gegen Rachendiphtheritis und Croup* warm empfohlen. Uns gehen eigene

---

*) Bei der Desinfektion durch Schwefel handelt es sich strenggenommen gar nicht um diesen, sondern um die allerdings prompte und nachhaltige Wirkung der sich aus verbrennendem S. entwickelnden schwefligen Säure.

Erfahrungen über diese Behandlungsweise ebenso ab, wie über den Effekt der von Duchassen und Senf gepriesenen (innerlich gegebenen) Schwefelleber den gen. Krankheiten gegenüber. Richter bezeichnete bereits die Beibringung dieses wegen üblen Geruchs und schlechten Geschmacks von Kindern nur unter kaum zu überwindendem Widerwillen genommenen Mittels — da es doch nichts half — als unnütze Quälerei.

Pharmaceutische Präparate:

1. Sulfur (citrinum) Schwefel: a. S. sublimatum s. Flores sulfuris. Schwefelblumen; nur äusserlich; ehemals mehr als gegenwärtig zu Krätzsalben. b. S. depuratum s. Floris sulfuris loti; Dosis: 0,3—0,6; bei Vergiftungen 30—60 Grm. (in Honig etc.) pro die; wirksamer noch: c. Lac sulfuris s. Sulfur praecipitatum, Schwefelmilch (über die Darstellung vgl. p. 253); Dosis: 0,1—0,4; Lac s. wird grösstentheils resorbirt und ist somit b. pro usu interno vorzuziehen.

2. Ungt. sulfuratum. Schwefelsalbe; unnütz weil Krätzmilben darin fortleben.

3. Ungt. sulfurat. composit. Jasser'sche Krätzsalbe: $\overline{aa}$ 1 Th. Flores sulfuris und Zincum sulfuricum (Zinkvitriol) mit 8 Th. Schweinefett.

4. Oleum lini sulfuratum. (corpus pro balsamo sulfuris), geschwefeltes Leinöl: 1 Th. Schwefel durch Kochen in 6 Th. Leinöl gelöst; zäh; rothbraun; in Terpentinöl löslich.

5. Oleum Terebinthinae sulfuratum, Balsamum sulfuris terebinthinatum Schwefelbalsam (Ruland's Balsam, Harlemer Oel, auch Universalbalsam): 1 Th. von 4 in 3 Th. Terpentinöl gelöst. Flüssig, rothbraun, 5—10 Trpf. in Gallertkapseln; soll Steinbeschwerden und fast alle (!) inneren und äusseren Krankheiten — nach dem Volksglauben — zu heilen vermögen.

6. Kalium sulfuratum: Hepar sulfuris: Schwefelkalium, Kali-Schwefelleber

$$(2 KS_3 + KO, S_2 O_2 = K_2 S_3 + \begin{matrix} KO \\ KO \end{matrix}\Big| S_2 O;$$ in 2 Formen, als: a. K. sulfuratum depuratum (ad usum internum); aus 1 Th. S. depuratum und 2 Th. Kalium carbonic. bereitet; Dosis: 0,3—1,2 Grm. in Pillen mit Gallertüberzug; und b. K. sulfuratum crudum (pro balneo) aus den unreinen Rohstoffen bereitet, vorkommend; 100 Grm. auf ein Vollbad.

7. Carboneum sulfuratum: Alkohol sulfuris, Sulfur carboneum, Anthrakotheion, Schwefelkohlenstoff, Schwefelalkohol. Farblose, stark lichtbrechende, leicht entzündbare, stark riechende Flüssigkeit von 1,272 spec. Gew. Als anästhesirendes Mittel: 2—6 Tropfen in Milch oder Schleim; mehr zu schmerzstillenden Einreibungen.

---

2. Unterabtheilung: Organodepositorische Mittel.

Wie die Mittel der ersten Unterabtheilung bedingen dieselben, ohne Herznervensystem und vasomotorisches Centrum zu beeinflussen, durch Reizung der sensiblen Drüsennerven Hypersecretion in einer die Ernährung um so mehr beeinträchtigenden Weise, als sie zufolge einer freilich noch unerklärbaren Beeinflussung ausserdem auch die rothen Blutkörperchen funktionsunfähig zu machen vermögen. Wie die Mittel unter 1 wirken auch die hierzu betrachtenden keimzerstörend und desinficirend und besitzen eine noch weit ausgesprochenere Affinität zum Drüseneiweiss, wie J, Br, Cl, so dass sie Wochen und Monate lang in den drüsigen Anhängen des Darmtractus deponirt bleiben können, woher auch ihr Name genommen ist.

XXV. Hydrargyri praeparata. Mercurialia. Quecksilberpräparate.

Das Quecksilber und seine Verbindungen gehören zu den wichtigsten, weil zuverlässigst wirkenden Arzneikörpern. Leider sind wir weit davon entfernt, diese gern als *„specifische"* bezeichneten Wirkungen aus den mangelhaft bekannt gewordenen physiologischen Daten auch nur annähernd erklären zu können. *Selbst die chemische Verbindung* (in NaCl und Eiweiss lösliches Quecksilberoxydalbuminat), *in welche sowohl das metallische Quecksilber als die Salze desselben verwandelt werden, ehe sie in die Blutbahn gelangen können, ist*, da neuere Forscher die Möglichkeit der Bildung mehrerer Verbindungen des Eiweisses mit Quecksilber statuiren, *nicht über allen Zweifel sicher gestellt.* Im Interesse der Uebersichtlichkeit nehmen wir 3 Gruppen von Quecksilberverbindungen an, nämlich 1. metallisches Quecksilber mit seinen Verreibungen; 2. Quecksilberoxydul- und 3. Quecksilberoxydsalze, und betrachten jede dieser 3 Unterabtheilungen in einem besonderen §.

1. Gruppe: Metallisches Quecksilber und Verreibungen desselben.

Das Quecksilber ist das einzige bei mittler Tagestemperatur flüssigen Aggregatzustand zeigende Metall und zugleich die einzige, mit convexer Oberfläche versehene Flüssigkeit. *Als chemisches Element betrachtet* besitzt Hg zum Sauerstoff eine geringe, zum Chlor, Brom, Jod eine grössere Affinität und *reiht* sich hierin, wie in seiner leichten Reducirbarkeit, *den edlen Metallen* an. Bei starkem Erhitzen (360° C.) verflüchtet sich das bei gewöhnlicher Temperatur zinnweisse, metallisch glänzende und durch sein hohes spec. Gewicht (13,558) ausgezeichnete Quecksilber vollständig. (Dämpfe entwickelt dasselbe auch bei mittler Temperatur; daher verschwindet ein in einem Gefäss zwischen Quecksilberoberfläche und Stopfen aufgehängter goldener Ring, indem sich Goldamalgam mit dem flüchtigen Hg bildet, allmälig gänzlich; bei —40° wird Quecksilber fest und hämmerbar.)

Ausser durch Amalgamation (innige Verbindung mit Metallen — wovon das Eisen ausgenommen ist) kann flüssiges, metallisches Quecksilber durch *innige Verreibung* mit Zucker, Gummi, Fett, Brom, Jod und Schwefel in die feste Aggregatform übergeführt werden. Von den Produkten dieser als „Extinction" bezeichneten Manipulation sind die beiden ersten z. Zeit obsolet, die übrigen aber zu wichtigen, später zu erörternden Arzneimitteln geworden. Zu Arzneizwecken dient das gen. Metall erst seit den Zeiten der Araber und des Paul von Aegina, welcher den Quecksilberspeichelfluss zuerst beschrieb. Die ersten Schmierkuren gegen secundär-syphilitische Affektionen unternahm Barbarossa von Mytilene; Franz I. von Frankreich gehörte zu seinen vornehmsten Klienten. Andere lassen den Gebrauch des Quecksilbers in Dampfform gegen Lues in unvordenklichen Zeiten aus Ostindien nach Europa verpflanzt worden sein; Klein; Rosenbaum.

Dass metallisches Quecksilber sich auch bei gewöhnlicher Temperatur der Luft mittheilt, wurde oben bereits bemerkt; hinzuzufügen ist noch, dass es hierbei, und zwar höchst wahrscheinlich als solches (Hg), zu voller — toxischer — Wirkung gelangt. Die Erscheinungen der auf diesem Wege herbeigeführten Quecksilbervergiftung (*Mercurialismus*), für welche man je nach der Intensität bez. je nach der aufgenommenen Quecksilbermenge*) zwei Stadien annimmt, documentiren sich:

a. im *ersten Stadium* in metallischem Geschmack, Foetor des Speichels, Röthung des Zahnfleisches, Lockerwerden der Zähne, vermehrter Diaphorese, Ermattung und Absonderung trüben Urins (vgl. unten); werden diese Symptome unbeachtet gelassen, so steigern sie sich zu

b. denen *des zweiten Stadium*, für welches Anschwellung von Zahnfleisch und Zunge, Speichelfluss (*bis 16 ℥. pro die betragend*), Geschwürsbildung auf der Mundschleimhaut (leicht mit Chanker zu verwechseln). Schwankendwerden des Pulses, klebrige Beschaffenheit der mit kaltem Schweiss bedeckten Haut, Diarrhöe oder Stuhlverstopfung, Schlaflosigkeit, Zittern und bei Vergiftung höheren Grades oder langem Bestehen desselben Lähmungen, Hautausschläge und Knochenaffectionen, bei Frauen Menstruationsstörungen und *bei Schwangeren Abortus* charakteristisch sind. Die offenbare Aehnlichkeit der geschilderten Symptome des Mercurialismus mit den durch secundäre und tertiäre Syphilis hervorgerufenen Lokalerkrankungen der Oberhaut, der Schleimhäute, der Drüsen, des Nervensystems, der Knochen und Gelenke bewogen Hermann und Lorinser die Existenz der secundären und tertiären Syphilis überhaupt zu leugnen und alle damit bisher in Zusammenhang gebrachten Krankheitsäusserungen für Folgen früher überstandener Quecksilberkuren, bez. dadurch erworbener Quecksilberkachexie zu erklären. Der hierüber entbrannte Streit hat zur Zeit nur noch historisches Interesse und darf es nach wie vor als feststehend betrachtet werden, dass Quecksilber nach richtigen Indikationen angewandt das vorzüglichste Heilmittel der secundären Syphilis darstellt. Per os eingeführtes metallisches Quecksilber geht in der Regel schnell und unverändert durch den Darmcanal, ohne andere als physikalische, d. h. durch das Gesetz der Schwere

---

*) Orfila fand in Abscesshöhlen des Lungenparenchyms Quecksilberkügelchen; Pflanzen in der Nähe von Spiegelfabriken verdorren (Decandolle) und Hunde gehen in gleicher Nachbarschaft zu Grunde. Nichtsdestoweniger ist die Ansicht, Hg kreise in metallischem Zustande im Blute, wohl kaum haltbar.

bedingte Wirkungen hervorzubringen. Traube statuirt neben diesen noch eine mit dem beim längeren Verweilen des spez. schweren Queck-silbermetalls im Magen (bez. den hierbei geübten Druck und Zug nach *unten*) verbundene und zur Vermehrung der Darmperistaltik anlass-gebende, *reflektorische* Wirkung.

Therapeutische Anwendung ist hiervon *bei Volvulus* und *Darm-Invagination,* wobei 30—400 Grm. metallisches Quecksilber per os eingeflösst wurden, gemacht worden. Mehrfach ist, besonders in der Hufelandischen Zeit, in verzweifelten Fällen der genannten Art Lebensrettung bewirkt worden. Nichtsdestoweniger verdient hervorgehoben zu werden, dass die Beibringung grösserer Mengen metallischen *Quecksilbers, weil unter Um-ständen ein Theil desselben oxydirt* wird, bez. als in das Blut übergehen-des *Quecksilberoxyd* Allgemeinwirkungen hervorrufen kann, auf die Fälle äusserster Lebensgefahr, so lange kein Verdacht auf Gan-grän besteht, zu beschränken ist. Weniger sicher festgestellt ist der Nutzen des innerlich zugleich mit Electuarium lenitivum genommenen metallischen Quecksilbers gegen hartnäckige Stuhlverstopfung.

Pharmac. Präparate des metallischen Quecksilbers sind, wenngleich bei uns nicht officinell:

I. die berühmten und besonders in England allgemein gebräuchlichen Pillulae coeruleae (*blue pils*), aus 2 Th. Hydrargyrum, 3 Th. Latwerge aus Rosen und 1 Th. Süssholzpulver bestehend, an dieser Stelle hervorzuheben. — Unter den Ver-reibungen oder Extinctionen des Hg verdient

II. das Ungt. hydrargyri cinereum; graue Salbe, Läusesalbe, Ungt. Nea-politanum, in erster Linie unsere Aufmerksamkeit. Behufs Darstellung dieser Salbe werden 6 Theile gereinigtes Quecksilber mit übriggebliebenem 1 Th. alter grauer Salbe so lange innig verrieben, bis in einem auf Wachspapier gestrichenen Pröbchen der Mischung mittels der Loupe keine Quecksilberkügelchen mehr zu constatiren sind; ist dieser Zeitpunkt erreicht, so wird die ganze Portion mit 4 Th. geschmol-zenen Hammel- und 6 Th. ebenso behandelten Schweinefettes innig und sorgfältig vermischt; auch in der so erhaltenen grauen Salbe dürfen freie Hg-Kügelchen mit bewaffnetem Auge nicht sichtbar sein. Gleichwohl ist in diesem viel gebrauchten Präparate theils metallisches, feinst vertheiltes Quecksilber, theils stearin-, palmitin-und ölsaures Quecksilberoxydul enthalten; Voit.

Wird graue Salbe *in die Haut eingerieben,* so gelangt Quecksilber auf doppeltem Wege in den Organismus, nämlich: a) dadurch, *dass aus gen. Salbe sich Hg-Dämpfe entwickeln* und eingeathmet werden (Kirch-gässer, Oesterlen) und b) dadurch, *dass die Ausmündungen der Glan-dulae sebaceae, die Schweissdrüsen und die Bulbi der Haare die Durch-gangspunkte für feinvertheiltes Quecksilber* (Oesterlen, van Hasselt, Overbeck, Blomberg u. A.) oder aus der Salbe stammendes bez. bei Berührung des Hg mit den Secreten der Haut resultirendes fettsaures Quecksilberoxyd (Bärensprung, Hoffmann) *bilden.* Der von

J. Neumann mikroskopisch nachgewiesene Uebergang von Quecksilberkügelchen in das Corium der Haut nach Einreibungen der grauen Salbe
in letztere wurde von Bärensprung und in neuester Zeit von Rind-
fleisch bestritten. Wie dem auch sei, ob als Metall, oder als Oxydulsalz in den Organismus gelangend — *jedenfalls vermag man durch die
mehrerwähnten Inunctionen die Symptome des constitutionellen Mercurialismus zu erzeugen*, was auch, selbst wenn nur minimale Mengen des
gen. Metalls von der Oberhaut oder Luftröhrenschleimhaut aufgenommen
würden, in Anbetracht der kleinen Sublimatdosen, welche nach subcutaner Injektion dieselben Intoxikationssymptome hervorzurufen vermögen. nichts weniger als wunderbar erscheinen kann. Weit schwieriger
ist es, sich eine Vorstellung darüber, wie nach dem Uebergange so kleiner
Mengen Quecksilber eine Aufstapelung (*Deposition*) desselben in inneren
Organe, i. B. in den Blutgefässdrüsen, zu Stande kommen kann, zu bilden.

Verfolgen wir, die eben berührten Streitfragen unentschieden lassend, die
chemischen Wandelungen, welche das von der Haut oder von den Schleimhäuten aus aufgenommene Quecksilber bis zu seinem Uebergange in die Blutbahn *als
im Alkali des Serums lösliches Metall(oxyd)-Albuminat* erfährt, weiter, so dürfte
zur Zeit noch an der von J. Müller, Marchand, H. Rose und Voit aufgestellten
Lehre festzuhalten sein, dass sich bei Gegenwart von Chlornatrium (dessen Menge
im Schweiss freilich augenscheinlich selbst für die Chlorürung kleiner Hg-Mengen
kaum ausreichen dürfte), activem Sauerstoff und Eiweisssubstanzen erst ein lösliches Doppelsalz von *Chlorquecksilberalbuminat-Chlornatrium* bildet und aus diesem
durch nochmalige Zersetzung, bez. Abgabe des Chlors an freies Alkali der Parenchymsäfte, Quecksilberoxyd-Albuminat-Chlornatrium (*löslich in letzterem und
in Eiweiss*) resultirt, welches in das Blut aufgenommen und von diesem den Organbestandtheilen und nervösen Centren zugeführt wird. Noch leichter kommt die *Aufnahme des Quecksilbers von Schleimhäuten aus* zu Stande und auch dieses durch-
läuft die oben geschilderten chemischen Wandelungen bis es die allen Quecksilber-
salzen gemeinsame Schlussmetamorphose in Quecksilberoxydalbuminat-Chlornatrium
erfährt und als solches die resorptiven Wirkungen hervorbringt.

Welche *Veränderungen der chemischen Zusammensetzung des Blutes*
beim Uebergange des Quecksilberoxyd-Albuminats in dasselbe resultiren,
ist zur Zeit völlig unbekannt. Die älteren Analysen, nach unvollkom-
menen Methoden angestellt, lieferten sehr weit divergirende Resultate
und auch die einschlägigen Angaben neuerer Autoren, wie Farre, Ayrer,
Kussmaul u. A., widersprechen sich in vielen Punkten so, dass wir auf
dieselben nicht weiter eingehen können. Nur die Angabe von Polo-
tebnow, wonach *mit Quecksilberoxyd-Albuminat und Luft geschütteltes
Blut* sehr schnell und nachhaltig dadurch verändert wird, dass *die rothen
Blutkörperchen nicht nur ihr Absorptionsvermögen für Sauerstoff*, sondern auch *ihre normale Gestalt einbüssen*, zackig und schliesslich zerstört werden, verdient Erwähnung; verschwiegen darf indess hierbei nicht

werden, dass es zum mindesten sehr zweifelhaft ist, ob die geringen nach medikamentösen Quecksilberdosen im Blute circulirenden *Albuminatmengen gross genug* sind, die erwähnten Wirkungen, aus welchen sich des Weiteren der entzündungswidrige Effekt der Mercurialien ableiten liesse (*Funktionsunfähigkeit der Sauerstoffträger muss das Erlöschen auf Hyperoxydation beruhender Processe nach sich ziehen*), zu erklären. Ergiebt sich aus Vorstehendem, dass der Uebergang des Quecksilberoxyd-Albuminates in das Blut qualitative und quantitative (auch Transsudation von mehr Eiweiss, Salzen und Wasser als in der Norm, so dass das Blut unter Quecksilbereinfluss dickflüssiger werden soll, haben Einige beobachtet; Kussmaul) Veränderungen des Blutes mit der Gewissheit äusserst nahe stehender Wahrscheinlichkeit nach sich zieht, so liegt uns weiter ob, die von diesen Veränderungen wieder abhängigen Modifikationen der vitalen Funktionen einer Prüfung zu unterwerfen. Wir beginnen

1. mit der Drüsensecretion. Die grosse Affinität des Quecksilbers zum Organeiweiss macht die Energie der Wirkung dieses Mittels auf das Drüsenparenchym und *die letzteres versorgenden Nerven* erklärlich. Wir finden nämlich in Vergiftungsfällen die *Blutgefässdrüsen* besonders reich an abgelagertem Quecksilber — ein Vorgang, welcher ausser aus der erwähnten Affinität des Hg zum Eiweiss vielleicht aus der leichten Reducirbarkeit der Quecksilberverbindungen in der Weise erklärt wird, dass unter uns unbekannten Bedingungen metallisches Quecksilber frei wird und entweder als solches liegen bleibt (von Oesterlen an der Leber, Milz etc. constatirt) oder in gewiss minimalen Mengen und in sehr fein vertheiltem Zustande mit dem Blutstrome fortgerissen und vielleicht wieder in einem anderen drüsigen Organe deponirt wird. Ausserdem aber findet auch in der zuerst von Ludwig angegebenen Weise eine der Hauptsache nach *vom Blutdruck unabhängige* Hypersecretion der gen. Drüsen statt.

a. *Die Speicheldrüsen* stehen in dieser Beziehung obenan. Ist ein gewisses Quantum Hg in den Organismus übergegangen, so deutet der Eintritt von Speichelfluss das Completwerden einer gern als *Sättigung des Organismus mit Hg* bezeichneten Mercurialvergiftung an. Ehemals hielt man es für das Gelingen der gegen Syphilis gerichteten Kuren für erforderlich. dieses Symptom herbeizuführen. Gegenwärtig weiss man, dass secundäre Syphilis durch Schmierkuren auch bei sorgsamer Vermeidung der Salivation heilbar ist und sucht deswegen dem Kranken nicht nur die damit verknüpften Uebelstände, wie widerlichen Metallgeschmack, Gefühl von Brennen im Munde, üblen Geruch aus letzterem, Anschwellung des sich rosaroth verfärbenden Zahnfleisches, durch den Contakt mit Hg haltigem

Speichel erzeugte Geschwürsbildung am Zahnfleisch, Glossitis und Gingivitis, Zahnschmerz, Lockerwerden und Ausfallen der Zähne, consecutive Nekrose des Alveolarfortsatzes und Entzündung der Speicheldrüsen, welche Processe unter febriler Aufregung verlaufen, zu ersparen, sondern sucht ihn auch vor der weit grösseren Gefahr der die Entstehung von chronischem Mercurialsiechthum involvirenden Aufstapelung von Quecksilber in den Organbestandtheilen, namentlich in den Drüsen, zu bewahren. Der in grossen Mengen abfliessende, meist kleine Mengen Hg enthaltende Speichel zeigt anfänglich normale Zusammensetzung; später dagegen wird er klarer, reicher an Wasser und Schleimkörperchen, aber frei von Rhodankalium. Plötzliches Erlöschen der profusen Salivation, gefolgt von nicht zu stillenden Durchfällen ist eine nur die übelste Prognose zulassende Complikation.

Bei allen Schmierkuren ist die Prophylaxe des Speichelflusses, zu welchem Behuf der Pat. fleissig die Zähne putzen, mit chlorsaurem Kalium gurgeln und sich den Mund reinigen muss, nicht einen Augenblick zu vernachlässigen und zu dem gleichen Zweck eine häufige Inspektion der Gebilde in der Mundhöhle, woselbst auch Angina mercurialis neben den früher erwähnten Geschwürsbildungen und Zahnleiden zur Entwicklung kommen kann, unerlässlich. Ist bei alledem Salivation eingetreten, so sind erwärmte Kräuterkissen auf die Speicheldrüsengegend zu appliciren, Mundwässer mit Kali chloricum, Alaun in Salbeiinfus, kleine Mengen Opiumtinctur brauchen zu lassen, oder eine subcutane Injektion von Atropin zur Beschränkung der Absonderung vorzunehmen. Salivation ist stets ein hartnäckiges und häufig ein gefährliches, den Kranken dem Rande des Grabes nahebringendes und wenn irgend möglich zu vermeidendes Leiden. Hand in Hand damit geht, besonders im Verlauf eines damit verknüpften adynamischen, sogenannten Mercurialfiebers,

b. *die Vermehrung der Diaphorese.* Begleitet von Kopfweh, Frösteln u. s. w., zieht die Unterdrückung derselben in der Regel die übelsten Folgen nach sich. Ausdrücklich sei bemerkt, dass die vielverbreitete Ansicht, Kinder vertrügen Mercurialien leichter als Erwachsene und würden von Salivation und Mercurialfieber um so seltener befallen, je jünger sie seien, falsch und unhaltbar ist. — Endlich wird

c. *die Harnsecretion nach Inunction* der grauen Salbe sehr erheblich modificirt. Der Harn enthält minimale, nicht auf gewöhnlichem Wege, sondern *elektrolytisch* nachweisbare Mengen Quecksilber. *Sein Gehalt an Wasser und Phosphaten nimmt zu, der an Alkalisalzen, Harnstoff und Harnsäure dagegen ab;* Ayrer. Dabei *bleibt*, indem überhaupt ein grösseres Volumen Harn als in der Norm entleert wird, gleichwohl die *Stickstoffbilanz* (was, sofern Hg das Organeiweiss, nicht das Circulationseiweiss beeinflusst, nicht Wunder nehmen darf) *unverändert;* von Böck. Der vermehrte Zerfall des Organeiweisses hat Uebergang von Zersetzungsprodukten desselben wie *Leucin, Tyrosin* und

baldriansaurem Ammoniak in das Nierensecret zur Folge; Overbeck,
Von abnormen Harnbestandtheilen wurden Eiweiss und Zucker (Saikowsky, Rosenbach) nach Quecksilbergebrauch im Harn nachgewiesen.

Auf die quantitativen und qualitativen Veränderungen, welche das
Secret der Magendrüsen, des Pankreas und der Leber unter angegebenen Bedingungen erfahren, kommen wir beim Calomel und Sublimat, welche im Gegensatz zu dem gegenwärtig nur noch extern angewandten Ungentum cinereum, in den Darmcanal einverleibt werden,
zurück.

Anticipiren wir indess an dieser Stelle die Thatsache, dass unter
Quecksilbergebrauch einerseits *die Secretion des Pankreas* (Radziejewsky)
und sehr wahrscheinlich auch die der *Leber ebenso vermehrt wird*, wie die
Secretion der Nieren, Schweiss- und Speicheldrüsen und die Magenverdauung andererseits gestört werden, so liegt es klar am Tage, dass (während das Blut abnorm grosse Mengen Wasser, Eiweisssubstanzen und
Salze abgeben muss ohne diese Einbusse an Nährmaterial durch vermehrte Chymifikation und Chylusbildung decken zu können, wodurch
wieder die Magenverdauung sehr wesentlich beeinträchtigt ist), ein Deficit
im Haushalte des Organismus eintreten muss. Dieses findet in

2. Störungen der Ernährung, *Abmagerung, kachektischem Aussehen, Körpergewichtsabnahme und einer secundären Verschlechterung der
Blutmischung* seinen Ausdruck. Das Blut wird nämlich unter Zunahme
des Serumgehalts ärmer an Blutkörperchen, Faserstoff und Salzen, besonders an Chlorverbindungen, welche mit dem Speicheldrüsen- und Darmsecret in abnorm grossen Mengen entleert werden. Dadurch kommt (wie
beim *Jod und Brom*) eine relative Wasserarmuth des Blutes zu Stande.
Mit den genannten Haloiden theilt daher das, seiner grossen Affinität
zum Organeiweiss wegen weniger leicht und rasch als jene wieder eliminirte Quecksilber die Eigenschaft, Abmagerung zu erzeugen, die Thätigkeit'der Saugadern anzuregen und die Rückaufsaugung in freie
Höhlen oder in das Unterhautzellgewebe ergossener seröser Flüssigkeiten
zu beschleunigen, intumeszirte Drüsen zu zertheilen, und Entzündungsresiduen in den Weichtheilen und Knochenauftreibungen zum Verschwinden zu bringen.

Ueber die Beeinflussung der übrigen (grossen) Körperfunktionen ist
nur bekannt, dass

3. die Körpertemperatur zufolge der durch Quecksilber bedingten
örtlichen Entzündungen des Zahnfleisches, der Speicheldrüsen, der Zunge
und der Tonsillen, der Lungen- und Darmmucosa ansteigt; dass

4. dem entsprechend, wie bei anderen Entzündungen und Fieber,
die Pulsfrequenz wächst. Eine physiologische Analyse der im Gebiete

des Kreislaufs nach Quecksilberbeibringung auftretenden Veränderungen existirt noch nicht. Durch Orfila wissen wir nur, dass Einspritzungen grösserer Mengen eines Quecksilbersalzes in die Bauchvene bei Fröschen von Herzstillstand gefolgt sind.

5. Werden plötzlich grössere Mengen dampfförmigen Quecksilbers *inhalirt*, so ist in Hyperämie ausgesprochene bedeutende Reizung der Luftwegschleimhaut und bei sehr grossen Mengen Pneumonie die Folge. Auf die übrigen Schleimhäute, z. B. die Conjunctiva bulbi, wirkt Ungt. cinereum dem entsprechend; wir kommen hierauf beim Calomel, nochmals zurück.

6. Die intakte Oberhaut wird durch Ungt. cinereum nur bei sehr empfindlichen Individuen und an besonders empfänglichen Körperstellen, wie dem Scrotum, gereizt. In der Eruption begriffene acute Exantheme, z. B. die Pocken, vermag diese Salbe in der Entwicklung aufzuhalten; das Wie dieser Wirkung entzieht sich unserer Kenntniss. Uebrigens wirken die verschiedenen Quecksilberpräparate auf die Oberhaut sehr verschieden ein. Daselbst domicilirende Parasiten gehen alle zu Grunde.

7. Die Beeinflussung der nervösen Sphäre deduciren wir lediglich aus klinischen Beobachtungen. Dass Quecksilber auch zum Nerveneiweiss Affinität hat, unterliegt keinem Zweifel; die chemischen hierbei Platz greifenden Veränderungen sowohl, als die zu Stande kommenden Störungen der feineren Struktur des Nervengewebes sind uns jedoch vollständig unbekannt. Die Symptome der die Nervencentren betreffenden Affektionen durch abgelagertes Quecksilber, wie sie namentlich an Spiegelbelegern, Vergoldern, Malern und Arbeitern in Quecksilberzwecken zur Beobachtung kommen, sind Tremor mercurialis, Stottern und andere convulsivische Erscheinungen, welche allmälig in Motilitätsparalyse übergehen; Schmerzen und Formikation leiten die Sensibilitätslähmung ein und auch die Grosshirnfunktionen werden in Mitleidenschaft gezogen.

8. Ueber die Wirkungen des Hg auf die Muskeln hat nur Rabuteau Mittheilungen gemacht; nach ihm vernichtet Hg die idiomusculäre Contraktilität.

Aus den im Vorstehenden mitgetheilten entfernten oder resorptiven Wirkungen, welche allen die Schlussverwandlung in Quecksilberoxyd-Albuminat-Chlornatrium erfahrenden Quecksilberverbindungen gemeinsam sind, lassen sich zur Zeit allgemeine Indikationen für die therapeutische Anwendung der gen. Mittel wissenschaftlich nicht begründen.

Zwar wissen wir, dass Quecksilberoxyd-Albuminat Gährungsvorgänge sistirt, sehr wahrscheinlich kleinste Gährung erregende Organismen vernichtet und wie das extinguirte Hg in Form der grauen Salbe Wanzen, Läuse, Milben und anderes Ungeziefer tödtet; allein es ist nichts weniger als bewiesen, dass diese Erklärung auf die noch immer als specifische betrachtete Heilwirkung desselben der Syphilis (und anderen Constitutionskrankheiten, wie Gicht und chron. Rheumatismus) gegenüber passt, weil wir vom Wesen dieser Krankheit durchaus keine Vorstellung haben. Hält man ihre Entstehung an das Flottiren sich sehr schnell durch Theilung vermehrender, eigenthümlicher Zellbildungen im Blute für gebunden, und sucht man den Grund des vom Hg der Lues gegenüber geäusserten Heileffektes darin, dass die mit Quecksilberoxyd in Contakt gerathenden pathologischen Zellbildungen bez. Krankheiterreger funktionsunfähig werden und zu Grunde gehen, so widerspricht dem *die neueste Beobachtung* Keye's, *wonach unter Hg-Gebrauch die Zahl der rothen Blutkörperchen*, welche bei Syphilis unter die Norm gesunken sein soll, *zunimmt*, ebenso entschieden, wie *sie auch die Erklärung der antiphlogistischen Wirkung der Mercurialien aus der* durch Experimente an dem Körper entnommenem Blute allerdings constatirten *Fähigkeit* derselben, die rothen Körperchen ihres Vermögens aktiven Sauerstoff zu übertragen zu berauben, unhaltbar erscheinen lässt. Denn es ist a priori wohl kaum glaublich, dass unter dem Einfluss eines in das Blut gelangenden Mittels gleichzeitig eine numerische Vermehrung und eine Vernichtung der Funktionsfähigkeit der wichtigsten Formelemente des Blutes stattfinden, bez. die eine neben der anderen einhergehen wird. Sagen wir es also lieber frei heraus, dass wir weder die antisyphilitische, noch die antiphlogistische Wirkung der Mercurialien, i. B. der grauen Salbe erklären können, wie wir dieses bezüglich der abführenden Wirkung des Calomels (vgl. dieses), der im Vorstehenden besprochenen, durch Hg erzeugten und zu Wasserarmuth des Blutes und Rückaufsaugung von serösen Ergüssen in Höhlen u. s. w. führenden Hypersecretion der Drüsen, sowie der durch Applikation von Calomel oder Sublimat zu Stande gebrachten, lokalen, gefässcontrahirenden, deckschichtbildenden und desinficirenden (vgl. *Calomel; Grammdosen*) oder ätzenden Wirkung allerdings vermögen. Auch die Behauptung, dass Hg specifische Beziehungen zur Oberhaut habe und demzufolge nicht allein Circulations- und Secretionsverhältnisse derselben modificire, sondern auch andere als syphilitische Hautausschläge bei örtlicher oder interner Beibringung zur Heilung bringe, wie es profuse Schweisse hervorzurufen vermag, schwebt rein in der Luft.

Besser wie mit der wissenschaftlichen Begründung allgemeiner Indikationen des Quecksilbergebrauches in Krankheiten ist es, auf Grund der früher gemachten Angaben über die Beeinflussung der vitalen Funktionen und der vollständigen Umstimmung der Ernährungsvorgänge durch dieselben, mit der Aufstellung von

Contraindikationen des Quecksilbergebrauchs

bestellt. Derselbe ist streng verpönt:

1. bei bereits bestehender Abmagerung, sich ausbildendem Marasmus, drohendem Collaps und im Allgemeinen während der Reconvalescenz von lange dauernden und erschöpfenden Krankheiten;

2. bei an vorgeschrittener Lungentuberkulose leidenden Subjekten;

3. bei bestehenden Menstrual- und Haemorrhoidalblutungen, und

4. während der Schwangerschaft, weil nicht nur Hydsargyrose der Frucht, sondern auch Abortus die Folge sein kann.

5. Vorsicht in Anwendung der Mercurialien ist anzurathen bei Personen, welche unter voller Jodwirkung stehen und bei welchen Bildungen von Jodquecksilber während des Durchganges der letzteren durch den Organismus nicht ausserhalb des Kreises der Möglichkeit liegt. Endlich wird man selbstverständlich von Quecksilbernamentlich Schmierkuren

6. in allen Fällen, wo man in der Diagnose: Syphilis oder Mercurialkachexie schwankt, abstehen.

Therapeutische Anwendung

hat die *graue Salbe* seit den ältesten Zeiten

1. gegen die syphilitischen Affektionen gefunden.

Allen gegen die angeblich zuerst von Béranger von Capri geübte Inunctionsmethode gemachten Ausstellungen gegenüber ist zu bemerken, dass dieselbe deswegen, weil sie Jahrhunderte lang *gemissbraucht* wurde und bei unvorsichtiger Anwendung unzählige Kranke unheilbarem Siechthum verfallen liess, ohne übrigens stets Heilung von der Syphilis oder Vehütung von Recidiven zu bewirken, ebensowenig verurtheilt werden darf wie beispielsweise die Vaccination, welche gewissenlos geübt ebenfalls den grössten Schaden über Familien bringen kann und thatsächlich gebracht hat. Trotz alledem steht fest, dass heutigen Tages noch die nach einem geläuterten Kurplane vorsichtig und unter sorgfältiger Erwägung der *Constitution des Kranken*, gewisser Krankheitsanlagen desselben sowie der äusseren Umstände im concreten Falle überhaupt eingeriebene graue Salbe das wirksamste Heilmittel der constitutionellen Syphilis darstellt; v. Siegmund. Ebenso wie die Zeiten der Leitern und Gewichte, gehört auch die von Chicoineau und Haguinot, Sydenham und Boerhaave praeconisirte „speicheltreibende" (von der von Anderen gerühmten Extinctionsmethode zu unterscheidende) Methode, welche bei den Kranken einen Speichelfluss von 3 bis 4 Pfund Speichel 36 Tage lang zu unterhalten vorschrieb, einer weit hinter uns liegenden Zeit an.

Wenngleich noch Louvrier und Rust, sowie von Neueren Trousseau und Pidoux, eine sogenannte Hunger- und Schmierkur (von Anderen noch durch Laxirmittel unterstützt), wobei Allgemeinbäder genommen wurden, jeden 2. Tag 4—8 Grm. graue Salbe in verschiedene Körperstellen eingerieben, die Diaphorese angeregt, Erkältung sorgfältig vermieden und während der nothwendig werdenden 12 Inunctionen in 24 Tagen eine Entziehungsdiät eingehalten wurde, als Ueberbleibsel jener Salivationskuren*) lehrten und übten, so gilt es gegenwärtig doch

---

*) Mit Recht wurde von diesen behauptet, dass „*die Patienten dieselben erduldeten*". Die in den Organismus eingeführten Quecksilbermengen waren so enorme, dass sich im Hemd mit grauer Salbe geschmierter Freudenmädchen beim Schwitzen während des Tanzes Quecksilberkügelchen ansammeln konnten und dieses Metall auch beim Aufsägen der Schenkelknochen der Leichen solcher Unglücklichen in untergestellte Gefässe abtropfte.

als erste Regel, die *Extinction der Syphilis secund. durch planmässige
Einreibung möglichst kleiner und möglichst wenig zahlreicher Inunctionen*
von grauer Salbe unter strengster Vermeidung von Salivation und möglichster Schonung des Kräftezustandes des Kranken zu erreichen. Ricord
gebührt das Verdienst, dieser humaneren Behandlungsweise, unter Beseitigung zahlreicher in einer Art von wissenschaftlichem Aberglauben
wurzelnder Missbräuche, die Bahn gebrochen zu haben.

Diese Zwecke erfüllt die auf verschiedenen Kliniken mehr oder weniger
modificirte kleine oder Cullerier'sche Schmierkur, welche auf der Halle'schen
Klinik seit Jahren in folgender Weise ausgeführt wird. Der Kranke wird, nachdem er
nach seiner Aufnahme ein warmes Vollbad genommen hat, in ein auf 16—18° R. erwärmtes
Zimmer gebracht und auf knappe Diät (Mehl- und Griessuppen, nebst soviel Milch
und trockner Semmel, als Pat. verlangt) gesetzt. Ausserdem muss derselbe zur Unterstützung der Kur täglich mindestens 2 Tassen Holzthee trinken und darf das Bett
sorgfältig in Decken eingehüllt nur um den Nachtstuhl zu benutzen verlassen. Am
ersten und zweiten Tage werden in je einen Arm, am dritten und vierten Tage in
je einen Unterschenkel und am fünften und sechsten Tage in je einen Oberschenkel
2 Grm. (*während der 6 Schmiertage also in summa 12 Grm.*) graue Salbe eingerieben. Für Leibesöffnung und Unterhaltung der Diaphorese wird Sorge getragen und durch fleissiges Zähneputzen und Gurgeln mit einer Lösung von Kali
chloricum (10 auf 200 Th. Wasser) der Entwickelung der Stomatitis mercurialis
auf das Sorgfältigste vorgebeugt. Nach Kirchgässer wird dieser Zweck um so
vollständiger erreicht, je weniger Pat. in der Lage ist, Quecksilberdämpfe einzu-
athmen. Zu diesem Behuf lässt K. abwechselnd nur die Abschnitte der unteren
Extremitäten einreiben und mit weichem Leder überziehen; während der Nacht
darf der Kranke die Bettdecke nicht weit an das Gesicht heranziehen und muss
abgesehen hiervon fleissig die Bettwäsche wechseln. Das Schlafzimmer wird am
besten des Morgens vom Kranken mit einem anderen auf die angegebene Temperatur gebrachten Zimmer vertauscht, nachdem die Tages zuvor geschmierte Stelle
sorgfältig abgewaschen und eine neue eingerieben worden ist, und des Abends erst
bezieht Pat. sein inzwischen gelüftetes und erwärmtes Zimmer wieder. Während der
warmen Jahreszeit will K. seinen Kranken sogar den Aufenthalt in freier Luft gestatten, was sein Bedenkliches haben möchte. Wo nur ein Zimmer vorhanden ist, wird
des Abends das am Morgen desselben Tages eingeriebene Glied wieder abgewaschen.

Die Erfolge dieser Inunctionskur sind augenfällige und tausendfach
erprobte. Der Vorzug derselben beruht darin, dass sie, *weil der Magen-
Darmcanal als locus applicandi vermieden wird,* auch bei Subjekten mit
krankhaften Veränderungen des Tractus zulässig sind. Dagegen ist an
denselben, wie Buchheim mit Recht betont, auszusetzen, *dass sie am
besten nur in stationären Kliniken und Krankenhäusern ausgeführt werden und die Mengen Hg, welche während derselben vom Organismus
aufgenommen worden sind, niemals auch nur approximativ bestimmt werden können.* Selten sind mehr als 12 Einreibungen binnen 14 Tagen
(am 7. und 14. Tage erhalten die Kranken die gewöhnliche Krankenkost
mit Zulagen, Compot etc.) zur Kur erforderlich. Garantie gegen Recidive

gewährt die kleine Schmierkur so wenig wie die Rust-Louvrier'sche
Hunger- und Schmierkur oder irgend eine andere Quecksilbermedikation.
Bei Syphilis congenita liess Sir B. Brodie *die graue Salbe auf Flanell-*
binden gestrichen an verschiedenen Körpertheilen appliciren; andere un-
erwarfen, um quecksilberhaltige Milch für den Säugling zu gewinnen,
die Ammen der Schmierkur. Kleine Kinder vertragen Schmierkuren
schlecht und gilt dasselbe von Erwachsenen, *wenn die Umgebung des*
Chankers roth, geschwollen und bei Druck empfindlich ist oder *Prädis-*
position zu Gangrän besteht. Tuberkulose, Scorbut und in der Regel
auch Schwangerschaft contraindiciren gen. Kuren.

Anstatt der Einreibungen lässt Tomowicz *Suppositorien aus Butyrum*
Cacao mit 1,0 Grm. Ungt. hydrarg. cin. in den Mastdarm einbringen.
Marschall und O. Martini ersetzten die Einreibungen von grauer
Salbe mit Aufpinselung von Hydrargyrum oleinicum in 1—25 % Lösung.
Martini wirft diesen Kuren vor, dass danach mehr Recidive wie nach
der Cullerier'schen Kur eintreten. Nur die secundäre Syphilis macht sie
nothwendig.

Schmierkuren zur Beseitigung hartnäckiger anderer Constitutions- oder lokalisirter Krankheiten, wie chron. Rheumatismus, Gicht und davon abhängiger
Lähmungen etc., anzuwenden, ist nur dann, wenn es sich um Kranke mit kräftiger
Constitution und guter Ernährung handelt, statthaft; in praxi geschieht es nur
ausnahmsweise.

2. Als resorptionsbeförderndes Mittel wird die graue Salbe
bei die serösen Häute betreffenden Entzündungen wie Pleuritis, Peritonitis,
Meningitis cerebralis et spinalis, Laryngitis, Otitis, Ophthalmie (in die
Umgebung des Auges einzureiben), Lymphangoitis und Lymphadenitis,
Orchitis, Phlegmone, Milz-, Leber- und Mesenterial- oder Inguinal-Drüsen-
anschwellung, Gelenk- und Knochenhautentzündung sehr häufig mit
Nutzen angewandt. In welcher Weise diese günstige Wirkung der in
die Haut eingeriebenen Quecksilbersalbe auf den Entzündungsvorgang oder
die Resorption von Entzündungsresiduen (*hierher gehören gewisse*
Neuralgien und Lähmungen) zu Stande kommt, ist unbekannt. Auch der
überraschende Erfolg, welchen vorsichtige Einreibungen grauer Salbe in
die obere Halsgegend bei Diphtheritis nach sich ziehen, ist durchaus
unerklärlich — aber bewährt.

3. Um der Eruption der Variolapusteln, bez. der Bildung
entstellender Narben im Gesicht, vorzubeugen wird eine Mischung aus
10 Th. Sapo med. 4 Th. Glycerin und 20 Th. Ung. cin. aufgestrichen;
Revillod. Dieses Verfahren hat sich nicht nur gegen Variola, sondern
auch gegen Zoster bewährt. — Endlich dient die graue (*Läuse-*)Salbe

4. als antiparasitäres Mittel. Vorsicht in der Dosirung ist

dringend nöthig. Schon nach unglaublicher Verdü
Salbe mit Fett gehen Kopf- und Filzläuse rasch zu (
mittel ist gen. Salbe zu verpönen; Einreibungen über
zu genanntem Zweck, von einem Pfuscher besorgt, h:
Kranken in 24 Stunden zur Folge; Leiblinger bei

III. Emplastrum hydrargyri. E. mercuriale. E
silberpflaster; 4 Th. Quecksilber werden mit 2 Th. Terpentinöl
verrieben und 12 Th. Empl. diachylon simplex (vgl. Bleipräpa
Wachs zugesetzt. Ehemals suchte man durch Belegen grosser
diesem *Emp. hydrargyri* oder *Empl. de Vigo* allgemeine W
ausserdem wurde dasselbe bei Pocken zur Unterdrückung der
an mit zarter Haut oder Schleimhäuten bekleideten Körpertheil
oben (p. 271) vom Ungt. hydrarg. cinereum angegeben worde

2. Gruppe: Der Oxydulstufe entsprechende Qı

1. Hydrargyrum chloratum mite. Calome
Quecksilberchlorür Hg_2Cl_2.

Der Name „Schönschwarz" wurde diesem durch Sul
Verreibung von 4 Th. Quecksilberchlorid mit 3 Th. metal
Wasser oder Weingeist resultirenden gelblichweissen Präpar
Mayenne (1655) seinem schwarzen, ihm bei den alchymistisc
den Lieblingsdiener zu Gefallen beigelegt. Die Ph. G. schreibt I
tione paratum und H. chloratum mite vapore paratum vor. I
Auflösung des salpetersauren Quecksilberoxyduls mit verdü
säure erhaltenes Quecksilberchlorür ist bei uns anzuwenden ni

Calomel ist ein spec. schweres, feines, gelblich-
ches beim Schütteln an destillirtes Wasser nichts abge
Glühen nicht schmelzen, sondern unverändert sublimi
oder Natronlauge in Berührung gebracht, schwärzt
jedoch dabei keine Spur ammoniakalisch riechender
wohl aber rothe, wenn es mit Salpetersäure von 1,
Lösung übergeführt wird.

Die für Deutung der das Calomel charakterisi
andere Quecksilbermittel nicht zu erzielenden therapeı
in Betracht kommenden Eigenschaften des Hg_2Cl_2 si

a. die trotz seiner absoluten Unlöslichkeit
lichen Menstruis: Wasser, Alkohol und Aether zur
Abführwirkung. Von der Unlöslichkeit rührt offenba
bei grösseren Gaben *niemals zu Corrosion* oder ent
höheren Grades der Magen-Darmschleimhaut sich s
der lokalen Wirkung des gen. Mittels her (*allerdings
etwas Magenschmerz und nicht selten Erbrechen herv*
lich macht, dass man selbst 0,5—2,0 Grm. Calomel

kann, abhängig. Da es indess andererseits feststeht, dass auch durch längere Zeit fortgegebene sehr kleine Dosen Calomel constitutioneller Mercurialismus, bez. Salivation hervorgerufen werden kann, so muss nothwendiger Weise eine Lösung des genannten, in den gewöhnlichen Menstruen unlöslichen Quecksilbersalzes während des Durchganges desselben durch den Tractus intestin. stattfinden. Mialhe behauptet, dass dieses in der Weise geschehe, dass das Calomel durch die *freie Chlorwasserstoffsäure* des Magens in Quecksilberchlorid verwandelt, dieses an Eiweiss gebunden und, wie früher angegeben wurde, unter Mitwirkung des freien Alkalis in Quecksilberoxyd-Albuminat verwandelt werde, die Wirkung des Calomels und Sublimates also, weil beide dieselbe chemische Schlussverwandlung erführen, die nämlichen seien. Durch von Oettingen ist diese Annahme widerlegt und durch Riederer und Radziejewsky nachgewiesen worden, *dass nur bei sehr langem Verweilen des Calomels im Darm und bei Gegenwart von viel Kochsalz Sublimat gebildet* und zur Entstehung von Darmgeschwüren Anlass gegeben werden kann; Traube. Dass in allen beiden Fällen *stets nur kleine Mengen Quecksilber zur Lösung und Resorption gelangen* und nichtsdestoweniger die erwähnten Wirkungen hervorbringen, kann uns nach dem über die Wirkungen der grauen Salbe Bemerkten nicht auffallen. Einen wesentlichen Ausschlag bezüglich der Mengen des zur Lösung und Resorption kommenden und des unzersetzt mit den Faeces abgehenden Quecksilbers giebt die je nach der *Grösse der Dosis* zu Stande kommende oder ausbleibende *Anregung der Darmperistaltik*. Ist letztere nicht beschleunigt und passirt fein vertheiltes Calomel die Darmwindungen langsam, so wird, indem sich eine im alkalisch reagirenden Darmsafte lösliche Verbindung von *Quecksilberoxydul* (v. Oettingen) oder *Quecksilberoxyd* (Voit, Mulder etc.) mit Eiweiss bildet und aufgesogen wird, der grösste Theil des eingeführten Calomels zur Wirkung gelangen; nur ein minimaler Rest wird *in die Faeces spinatgrün färbendes Schwefelquecksilber* verwandelt und per anum*) eliminirt, nachdem er *durch Reizung der zu dem Parenchym der Drüsen tretenden sensiblen Nerven die Absonderung im Darm vermehrt und copiöseren Zufluss von Galle in denselben* bewirkt hat. Ist dagegen die Calomeldosis hochgegriffen und Vermehrung der Darmperistaltik dadurch angebahnt worden, so gelangt stets eine

---

*) An dieser grünen Färbung der sogenannten *Calomelstühle* hat indess auch Uebertritt abnorm grosser Mengen durch Alkohol aus den Faeces extrahirbarer Galle Antheil. Dass die einfache aber innige Mischung mehr oder weniger normaler gelbbrauner Faeces mit den kleinen Mengen Schwefelquecksilber die Grünfärbung allein nicht bedingt, wird daraus erweislich, dass nach Einnehmen von Schwefelquecksilber keine Calomelstühle beobachtet werden.

weit grössere Menge unzersetzten Calomels in das untere Ende des Darms und geht zum grösseren Theil unwirksam mit den Faeces ab. *Man zieht daher für die Fälle, wo man nur eine abführende Wirkung hervorrufen will, grössere, wo man dagegen den Uebergang des Mittels in das Blut zu befördern sucht, kleinere Quecksilberchlorürmengen vor.* Bei Vermehrung der Peristaltik nach Einverleibung grösserer Calomeldosen werden die Faeces, von der Grünfärbung abgesehen, wegen Vermehrung der Secretion des Darms auch weicher. Bei gewissen Verdauungsstörungen findet die Umwandlung in Schwefelquecksilber schon in den oberen Darmabschnitten statt; ja man kann bisweilen schon im Magen Quecksilber finden; Buchheim.

Wir haben bisher von kleineren und grösseren Calomeldosen gesprochen und somit noch auf die Wirkung kleiner und grosser Gaben des gen. Mittels mit einigen Worten einzugehen. *Erstere* (0,005—0,01) *beeinflussen die Darmschleimhaut genau in derselben Weise, als wenn feinverstäubtes Calomel mittelst Pinsels auf die blenorrhoïsche Conjunctiva bulbi aufgetragen würde,* d. h. sie bringen eine zweite, das Calomel in refracta dosi vor allen andern Mercurialien auszeichnende und therapeutisch wichtige Wirkung hervor, nämlich

b. Gefässcontraktion. Die bestehende Hyperämie der Darmschleimhaut wird in das Gegentheil verwandelt, die Erschlaffung des Gewebes derselben macht einem normalen Tonus Platz, die etwa vorhandene Hypersecretion des Darms und die abnorm gesteigerte Peristaltik wird beseitigt und somit catarrhalischen Zuständen des Darms entgegengearbeitet. Mit Recht hat man daher diese minimalen Dosen fein vertheilten Calomels, zum Unterschiede von den grösseren, abführenden: *anticatarrhalische* genannt und bestimmte therapeutische Indikationen derselben festgestellt. Ebenso grundverschieden wie die minimalen anticatarrhalischen Dosen von den grösseren abführenden, sind die Wirkungen der grossen sogenannten Scrupeldosen. Betreffs derselben gelangt

c. gleichzeitig die Deckschicht bildende, Sensibilität herabsetzende und desinficirende Eigenschaft, des, wie wiederholt hervorgehoben wurde, nur bei Gegenwart freien Alkali's löslichen und sich in der angegebenen Weise begierig mit Eiweiss verbindenden Calomels zur Geltung. Ob die von älteren Autoren behauptete grosse *Affinität des Calomels zum Schleim besteht oder nicht,* lassen wir dahingestellt; bestimmt erwiesen ist, dass, wenn grosse Mengen feinzertheilten C's auf die Darmschleimhaut gebracht werden, *ein Theil* desselben *sich mit dem Albuminat verbindet,* während ein überwiegend grösserer Theil ungelöst liegen bleibt und *nach Art des Köhlenpulvers das gebildete Lösliche nicht nur absorbirt und seinem Uebergang in die Blutbahn* (bez. seiner

Aufsaugung durch die Darmzotten) *vorbeugt, sondern auch keimzerstörend und gährungswidrig auf den Darminhalt einwirkt,* oder vielleicht nach Art anderer Metallverbindungen ausserdem auch die *Sensibilität* der Darmschleimhaut vermindert. Gefässcontraktion bringen die *Scrupeldosen* nicht zu Wege, wohl aber *Hyperämie* des Darms und *Abgang von Calomelstühlen* 2—4 Stunden nach Einverleibung des Mittels. Obwohl sie in allerdings verschwindend seltenen Fällen Enteritis zu bedingen vermögen, haben sie den grossen Vortheil vor den Laxir- oder ableitenden grösseren Calomeldosen und noch mehr vor den kleineren anticatarrhalischen, dass sie zwar heftige Kolik und diarrhoische, grüngefärbte Stuhlausleerungen, aber niemals Speichelfluss, bez. Mercurialismus, hervorrufen, und dass bei ihnen, vorausgesetzt, dass für Nichtvorhandensein stark sauren oder viel Chlornatrium- bez. Chlorammonium enthaltenden Speisebreies Sorge getragen worden ist, Bildung von Quecksilberchlorid und Corrosion der Darmschleimhaut auch beim Verweilen grosser Calomelmengen im Tractus nicht zu befürchten ist.

Aus Vorstehendem folgt, dass die Eintheilung der Calomelgaben in a. *anticatarrhalische,* b. *grössere laxirende* oder *ableitende,* und c. *grosse (Scrupel-) Dosen* eine thatsächlich begründete ist; aus unseren therapeutischen Bemerkungen wird die praktische Verwerthbarkeit derselben für die Aufstellung verschiedener Heilindikationen zur Evidenz hervorgehen.

Die entfernten oder resorptiven Wirkungen des schliesslich, wie alle anderen Quecksilbermittel, in Quecksilberoxyd-Albuminat verwandelten Calomels fallen mit denen der Mercurialien überhaupt zusammen. Dahin gehören die Affinität zum Organeiweiss, die hiermit in Zusammenhang stehende *Beeinflussung des centralen Nervensystems, die Irritation zum Parenchym der Blutgefässdrüsen tretender sensibler Nerven* (von welcher Hypersecretion dieser Drüsen, relative Wasserarmuth des Blutes und Rückaufsaugung ergossener seröser Flüssigkeiten abhängt) und die auch im Vorstehenden bereits erwähnte *dlsinficirende Wirkung.*

Bezüglich der Anregung der Drüsensecretion ist nachzutragen, dass Radziejewsky unter Einführung von Calomel eine deutliche Beeinflussung der *Pankreassecretion,* ersichtlich aus dem Vorhandensein grösserer als der in der Norm darin vorkommenden Mengen von Verdauungsprodukten des Pankreas, wie Leucin, Tyrosin, Peptonen, Indol etc. in den Faeces, beobachtete. Nicht so genau wie über die Pankreasabsonderung stimmen die Angaben über die Gallensecretion unter Calomeleinwirkung überein, weil sich in den Calomelstühlen stets grosse Mengen aus der Galle stammender Stoffe vorfinden. Daher galt Calomel nicht nur von jeher *als ein Cholagogum,* sondern es wurde auch der Nutzen grosser Gaben dieses Mittels im Beginn von Typhus, Ruhr, Gelbfieber u. s. w. auf das Vermögen desselben, dem Darm grosse Gallenmengen zuzuführen, bezogen. Direkte Thierversuche zur Beantwortung dieser Frage gaben indess ein *negatives* Resultat, so dass Mosler, Scott und das Edinburgher Comité unter Hughes Bennet geradezu *eine Abnahme der Gallenabscheidung* unter Calomeleinfluss proklamirten. Lauder Brunton acceptirt *eine cholagoge Wirkung des Calomels insofern, als die Mercurialien (als auf das Duodenum wirkende Purgantien) einerseits Galle aus dem Darm fortschaffen, andererseits aber auch die Gallenbildung vermindern und somit den Gehalt des Blutes an Galle, auf dessen Vermehrung der Zustand der Biliosität beruht, herabsetzen.* Sofern die Galle nach Calomelgebrauch stark quecksilberhaltig ist (Headland lässt das Calomel vorzugsweise durch dieses Excret in die Circulation gebracht werden), kann an eine doppelte örtliche, bez. *abführende* Wirkung (*bei grossen Dosen*) dieses Mittels gedacht werden: einmal direkt nach seiner Einverleibung per os und dann zum zweiten Male, indem der mit der Galle in das Duodenum und den Dünndarm gelangende Antheil die Darmschleimhaut *zu vermehrter Secretion und den Darm zu beschleunigter Peristaltik anregt.*

Meistens bewirken grosse Calomeldosen, einmal gegeben, wässrige ungefärbte Stuhlentleerungen. *Grün färben sich dieselben in der Regel erst, wenn diese Dosen wiederholt werden;* in allen Fällen aber bilden heftige Kolikschmerzen, Gastroenteritissymptome und Speichelfluss nach Einverleibung derselben die Ausnahme von der Regel. Dieser Umstand sowohl, als die Sicherheit, mit welcher durch wiederholt gegebene *kleine Dosen des geschmacklosen, leicht zu nehmenden Mittels* die constitutionellen Quecksilberwirkungen oder die nicht minder wichtigen anticatarrhalischen des Calomels hervorgerufen werden, erklären es, warum Calomel eines der meistgebräuchlichsten und beliebtesten Mittel des Arzneischatzes geworden ist. Lässt sich auch nicht leugnen, dass Calomel wie jedes andere Quecksilbermittel zu Vergiftungen Anlass geben kann, so sind solche aus den früher dargelegten Gründen doch äusserst selten gerade bei Anwendung grosser Dosen zur Beobachtung gekommen.

Die Indikationen des Calomels sind die der Mercurialien im Allgemeinen:

a. Ohne bei *externer Anwendung* die Oberhaut sichtbar zu verändern, wird es gleichwohl von derselben aus resorbirt. Früher mehr, wie gegenwärtig wurde davon bei Ophthalmien in der Weise Anwendung gemacht, dass Calomel mit Opium und etwas Wasser angerührt in die Haut am oberen oder unteren Augenhöhlenrande eingerieben wurde. Von der Beeinflussung der Schleimhäute durch dasselbe war oben die Rede. Feinstes Calomelpulver wird bei Blenorrhöen des Auges, granulöser Augenentzündung, scrofulöser zu Hornhauttrübung führender Keratitis u. s. w. mittelst eines Pinsels aufgestäubt; auch dient es als Streupulver und in Salbenform bei syphilitischen Hautaffektionen, Geschwüren, Ozaena u. s. w.

b. Für den *internen Gebrauch* empfiehlt es sich für den Praktiker, die verschiedenen oben erwähnten Dosen stärker auseinander zu halten. Man verordnet:

A. Calomel in dosi refracta, bez. *anticatarrhalischer* Dosis
zu 0,005—0,03,

1. in *Constitutionskrankheiten*, wo es sich, wie man gewöhnlich sagt, darum handelt, umstimmend auf die vegetativen Processe einzuwirken, oder zur Zeit sich der wissenschaftlichen Erklärung entziehende, sogenannte specifische Wirkungen ansteckenden Krankheiten gegenüber hervorzurufen. Unter diesen Krankheiten steht die Syphilis hier, wie bei sämmtlichen Mercurialien, obenan. Primär syphilitische Affektion heilen unter Calomelgebrauch nicht schneller, als bei einer lokalen Behandlung mit nicht mercuriellen Mitteln; die englische Methode, gegen derartige Chanker zweistündlich 0,01 Calomel nehmen zu lassen, bis Salivation eintritt, ist daher absolut verwerflich. Aber auch gegen secundär-syphilitische Affektionen leistet Calomel nicht mehr als die Inunctionskur (vgl. p. 270); letzterer vorzuziehen ist dieses Mittel für die Behandlung der secundären (*hereditären*) Syphilis der Säuglinge und kleinen Kinder, sowie bei der Behandlung von Chankern mit ausgesprochener Neigung, einen phagedänischen Charakter anzunehmen.

Seltener wird Calomel bei uns zur Beseitigung des chronischen Rheumatismus und der Gicht angewandt, mag ersterer im Gefolge von Tripper auftreten oder eine Lokalisation desselben in inneren Organen bestehen. Man giebt dann Calomel 3 Th. Opium 1 Th. mit Conserva rosarum zu Pillen geformt. Skoda gab Calomel in allerdings grösserer Dosis beim acuten Gelenkrheumatismus.

2. Calomel in längere Zeit consequent fortgenommenen kleinen Gaben *wendet man auch in Wassersuchten an*, um in der früher specificirten Weise Rückaufsaugung der in freie Höhlen oder das Unterhautzellgewebe ergossenen Flüssigkeit anzustreben, intumescirte Blutgefässdrüsen, wie Leber und Milz, zu verkleinern, in chronisch entzündlicher Anschwellung der Nervenscheiden oder Rückenmarkshäute begründete Neurosen zu heilen u. s. w. Hierher gehören die Empfehlungen des Calomel gegen M. Brightii nach Scharlach. — Ebenso wird Calomel

3. *zur Heilung chronisch verlaufender rheumatischer nnd gichtischer Entzündungen* und inveterirter *Hautausschläge, Drüsenverhärtungen* etc., besonders bei Kindern verordnet. Gern verbindet man dasselbe zu diesem Behuf mit Schwefelantimon in Form des Plumer'schen Pulvers; vgl. unten. Endlich

4. leistet Calomel *in der anticatarrhalen Dosis gegen die während der heissen Sommertage bei unzweckmässig ernährten*, bez. *schlechte Milch trinkenden Kindern häufig* auftretende und manches Jahr zahlreiche Opfer fordernde *Sommerdiarrhöe* vorzügliche Dienste. Ist das Kind

jünger als $\frac{1}{4}$ Jahr, so darf die Dosis von 0,015, ist es zwischen $\frac{1}{4}$ und und $\frac{1}{2}$ Jahr alt, die von 0,03 Grm. nicht überschritten werden. Die dünnen, schleimigen Stuhlausleerungen werden, *wenn das Mittel anschlägt*, seltener und consistenter. Empfehlenswerth ist hier die Combination des Calomel mit Conchae praepac. Als Regel mag gelten, nach vergeblicher Anwendung von 4, höchstens 6 Dosen ungesäumt zu anderen Mitteln, wie: verdünnter Salzsäure, Klystieren mit Pulv. Doveri, Silbersalpeter, Cuprum sulfuricum, oder zu den taninhaltigen Mitteln (auch Kreosot innerlich ist empfohlen bei hydrocephaloid disease; vgl. 187) überzugehen. Calomel schlägt nicht in jeder Epidemie an.

B. Calomel in grösserer, abführender, derivirender Dosis
(0,06—0,12)
wird gegeben:

5. *Als Laxans* bei hartnäckiger Stuhlverstopfung. Um die Dosis des immerhin ein zweischneidiges Schwert darstellenden Mittels nicht über Gebühr zu erhöhen, thut man gut, dasselbe mit Abführmitteln, wie Rheum und namentlich Jalapa oder Resina Jalap., zu combiniren. Bei Vorhandensein von Spulwürmern gehen letztere nach Calomelmedikation häufig ab; trotzdem ist Calomel als Wurmmittel besser durch andere Medikamente zu ersetzen.

6. *Um auf den Darm, wie man sagt, abzuleiten*, d. h. Hyperämie und vermehrte Secretion desselben hervorzurufen und hierdurch *hyperämische* oder *entzündete* innere Organe, wie das Hirn mit seinen Meningen, die Lungen, das Bauchfell und den Uterus, von Blut zu entlasten. Besondere Erfolge pflegt man vom Calomelgebrauch *bei Entzündungen derjenigen edlen Organe, welche durch eine grosse Neigung zur Ausschwitzung plastischer Lymphe ausgezeichnet sind*, wie Tracheitis, Laryngitis, Pleuritis, Meningitis cerebralis der Kinder und Hepatitis, wie sie besonders in den Tropen zur Beobachtung kommt, zu erwarten. Das Blut sollte, der sehr verbreiteten Annahme vieler Praktiker nach, durch Uebergang des Hg in dasselbe minder congulabel werden, die rothen Blutkörperchen ihrer Funktion als Sauerstoffträger verlustig gehen und somit ein Mangel an dem zum Zustandekommen der Entzündung unumgänglich nothwendigen Sauerstoff eingeleitet werden. Dass diese Lehre in den am Krankenbett bei Diphtheritis, Croup und croupöser Pneumonie (Weber in Petersburg; Hjaltelin) durch Calomel nicht selten erzielten günstigen Erfolge, welche Verf. bestätigen kann, eine Art von Begründung findet, mag dem Kliniker genügen; durch exakte physiologische Beobachtung ist nichts, was sie im Mindesten stützen könnte, ermittelt worden. *Bestehende Nephritis contraindicirt den Calomelgebrauch.*

Von den specifischen Darmaffektionen mit Ausgang in Ulceration ist der Ruhr zu gedenken. Hier bewirken grössere Calomeldosen, besonders während des ersten Stadium, augenfälligen Nutzen; gewöhnlich setzt man in diesen Fällen dem Calomel Opium zu. Jahrelang hat Verf., nach Canstatt's Vorgange, die Ruhr in der angegebenen Weise mit bestem Erfolg behandelt, ist jedoch, nachdem ihm ein Patient, welcher schon mehrere Tage kein Calomel mehr genommen, während der Reconvalescenz plötzlich so bedeutende Salivation bekommen hatte, dass er beinahe noch verloren gegangen wäre, in letzterer Zeit von dieser Methode abgegangen. Die exorbitanten Erfolge der Calomelbehandlung bei der croupösen Pneumonie (Weber) dagegen fand derselbe zu bestätigen keine Gelegenheit. — Endlich ist Calomel vielfach

7. *als Cholagogum bei Leberaffektionen:* Icterus, Gastroduodenalcatarrh, wobei die Excretion der Galle in den Darm stockt, mit offenbarem Erfolg angewandt worden. Wir haben die Gründe hierfür bereits oben angegeben (p. 275) und wiederholen hier nochmals, dass die ältere Ansicht, wonach Calomel die secretorische Thätigkeit der Leber erhöht, durch die neueren Experimentaluntersuchungen unhaltbar geworden ist. — Es erübrigt hiernach noch

C. der Anwendung des Calomel in grossen oder Scrupeldosen (0,5—3,0)

Erwähnung zu thun. Zwei gefährliche Infektionskrankheiten: Cholera und Typhus abdominalis, sind es, deren Behandlung mit Gaben von 0,3—0,5 und mehr Calomel zahlreiche und lebhafte Vertheidiger gefunden hat. Pfeufer und R. Köhler beobachteten in den bayrischen Cholera-Epidemien von den genannten Calomeldosen in die Augen springenden Nutzen; in neuerer Zeit haben sich indess zahlreiche Stimmen gegen diese Behandlungsweise der Cholera erhoben; man tadelt an derselben, dass sie die bei gen. Krankheit bestehende Neigung zur Säftezersetzung nothwendig noch erhöhen müsse. Uns gehen hinreichende Erfahrungen zur Begründung eines Urtheils für oder wider ab.

Dagegen müssen wir auf Grund jahrelanger und aufmerksamer Beobachtung für die *Behandlung des Typhus abdominalis mit Scrupeldosen* Calomel in die Schranken treten.

Scharf gesalzene oder säuerliche Nahrung (bez. *Getränk*) neben der Calomelmedikation ist aus den Eingangs ausgeführten Gründen strengstens verpönt. Wird diese Vorsicht gewissenhaft beobachtet und, je frühzeitiger je besser, während des Prodromal- oder ersten Stadium des Abdominaltyphus und so lange, als man das Bestehen von Darmgeschwüren nicht zu gewärtigen hat, Calomel zu 0,5 in vierstündigen Abständen (3mal pro die) gegeben, so gelingt es sehr häufig, nach Abgang von 2—3 Calomelstühlen Herabgehen der Temperatur auf die Norm und offenbare Sistirung des Krankheitsprocesses zu erreichen. Ich habe dieses Ver-

fahren nach Wunderlich's Vorgange sehr oft in praxi angewendet *und Eintritt
von Speichelfluss niemals*, den augenfälligsten *Heilerfolg sehr oft* danach
beobachtet. Sind die ersten Tage der Krankheit vorüber und Erscheinungen, welche
für Entwicklung von Geschwüren sprechen, vorhanden, so sinkt die Aussicht auf
Erfolg auf ein Minimum; in derartigen Fällen stehe man lieber von der Calomelbehandlung ab. Letztere ist dagegen — stets im Beginn der Krankheit —
besonders dann indizirt, wenn es sich a. *um plethorisch erscheinende*, jugendliche
Subjekte handelt; b. *wenn noch keine Darmgeschwüre vorhanden* sind und c. *schon
die erste Dosis in kurzer Zeit grüne Stühle hervorruft*. Dass der Nutzen letzteren
Falles in der Entlastung der Leber von Galle und Ueberführung der letzteren in
den Darm begründet sei, ist zum mindesten unerwiesen.

Schlecht vertragen dagegen heruntergekommene, anämische, zu
colliquativen Diarrhöen und Salivation prädisponirte Kranke das Calomel.
Adynamischer Charakter des Fiebers verbietet den Gebrauch dieses Mittels
ebenfalls. Salivation ist stets eine sehr üble Complication, welcher man
energisch vorzubeugen suchen muss.

Nachträglich ist noch anzuführen, dass die F r a n z o s e n nach
L e c l e r c's Vorgange auch die R u h r im Initialstadium mit Calomel zu
2,0—3,0 mehrmals täglich behandeln und dabei das Abdomen des Kranken mit grossen Belladonnapflastern bedecken. Eine Erklärung des Heilwirkung des Calomels in solchen Fällen (*Deckschichtbildung*, *Disinfektion
des Darminhalts*) haben wir p. 274 gegeben. Wir haben den Werth
dieser Behandlungsweise zu prüfen bisher noch niemals Gelegenheit
gehabt.

P h a r m a c e u t i s c h e   P r ä p a r a t e :

1. C a l o m e l a s. Hydrargyrum chloratum mite a. laevigatum. Dosis: 0,01—
0,2—0,6 3 mal täglich. Weinhold'sche Kur: am Abende des ersten Tages 0,6 Calomel;
1 Stunde danach eine Tasse Bouillon; am nächsten Morgen dieselbe Dosis und hierauf
einen Tag um den andern um 0,08 Grm. Calomel gestiegen. Knappe Diät; erfolgt
bis zum zweiten Tage kein Durchfall, so wird er durch neben dem Calomel gereichte Laxantien angestrebt. Diese höchst angreifende Kurmethode hat zur Zeit
nur noch historisches Interesse.

b. H y d r a r g. c h l o r a t. mite v a p o r e p a r a t u m; energischer als das vorige
wirkend, wird besonders zu augenärztlichem Gebrauch nur auf ausdrückliche Verordnung dispensirt.

2. A q u a p h a g e d ä n i c a n i g r a : S c h w a r z w a s s e r. 1 Calomel, 60 Kalk-
wassers liefern einen schwarzen Niederschlag von Quecksilberoxydul; dient zum
Verband für sehr empfindliche syphilitische Geschwüre, Feuchtwarzen, Exantheme; selten.

3. P u l v i s P l u m m e r i : gleiche Theile Calomel und Stibium sulf. aurant. mit Guajak; Dosis: 0,05—0,2; besonders von Nutzen gegen Hautausschläge scrofulöser Kinder
in Fällen wo ein Verdacht auf gleichzeitig vorhandene hereditäre Syphilis besteht.
Muss stets frisch bereitet werden, weil sich sonst Schwefelquecksilber und das
ätzende Antimonchlorür bilden.

4. C a l o m e l cum c r e t a; gegenwärtig durch Calomel mit Zusatz von 0,3
Conchae praeparata zu dispensirten Pulvern ersetzt.

II. Hydragyrum oxydulatum nigrum Hahnemanni.
Quecksilberoxydul.

Oxydfreies salpetersaures Quecksilberoxyd mit Ammoniakflüssigkeit ausgefällt und der sammetschwarze Niederschlag gewaschen etc. Wird im Magen in Calomel verwandelt; daher unnütz; ehemals zu 0,03.

III. Hydrargyrum nitricum oxydulatum. Liquor Bellostij.
Quecksilbersalpeter: $(Hg_2[NO_3]_2)$.

Wird Quecksilber mit kalter überschüssiger Salpetersäure von 1,20 spec. Gewicht in der Kälte behandelt, so schiesst das salpetersaure Quecksilberoxydul in farblosen, wenig verwitternden Säulen an. Diese werden in der magistralen Receptur gar nicht mehr gebraucht. Sehr selten geschicht dieses mit einer Lösung von 100 Theilen dieses Salzes in 15 Th. Salpetersäure und 885 Th. destillirten Wassers, welche unter dem Namen L. Bellostij bekannt ist. Man ätzt damit hier und da noch syphilitische Geschwüre, Feuchtwarzen, Carcinome. Die früher (in schleimigem Vehikel) beliebte interne Anwendung dieses Liquors gegen räthselhafte und unheilbare Krankheiten (1—3 Trpf.) ist zur Zeit vergessen.

IV. Hydrargyrum jodatum flavum. *Quecksilberjodür:* $Hg_2 J_2$.

Acht Theile Quecksilber und 5 Th. Jod werden unter Spirituszusatz so lange innig verrieben, bis ein grünlich-gelbes Pulver, welches mit Alkohol ausgesüsst wird, resultirt. Cullerier und Ricord rühmten es zu 0,005—0,020 in Pillenform oder in Jodkalium gelöst. Zu Salben verordnet man 1 Th. auf 25 Th. Fett bei Syphiliden. Es vereinigt die Wirkungen des Jods und Quecksilbers; über dieselben hat Ranieri Bellini Untersuchungen veröffentlicht. Das gen. Mittel ist kaum noch im Gebrauch.

V. Hydrargyrum sulfuratum nigrum. *Schwefelquecksilber:* Hg_2S_2.

Diese schon von den Alten zur Zinnoberbereitung verwandte Quecksilberverbindung wird durch Extinction gleicher Theile metallischen Quecksilbers mit Schwefel erhalten. Die Quecksilberwirkung kommt nach Einverleibung desselben nicht zur Geltung, sondern nur die des Schwefels; Salivation wird dadurch ebensowenig hervorgerufen, wie jemals Syphilis dadurch geheilt worden ist. Dosis: 0,1—0,2 für Kinder; 0,3—0,6 für Erwachsene. Sublimirt liefert dasselbe (ehemals Aethiops mineralis genannt) den ebenfalls physiologisch unwirksamen Zinnober (*Cinnabaris*).

3. Gruppe: der Oxydstufe entsprechende Quecksilberverbindungen.

Der Repräsentant derselben ist:

VI. Hydrargyrum bichloratum corrosivum. *Quecksilberchlorid:* $Hg_2 Cl_2$. *Aetzendes Quecksilbersublimat.*

Das Quecksilberchlorid ist eines der ältesten, nach Pearson den Chinesen, welche es aus Zinnober darstellten, seit unvordenklichen Zeiten bekanntes Arzneimittel. Intern hat dasselbe nachweislich zuerst Paracelsus angewandt.

Die gegenwärtig *durch Sublimation von schwefelsaurem Quecksilberoxyd und*

Chlornatrium fabrikmässig dargestellte Droge erscheint in Form schwerer, halb durchsichtiger, farbloser Stücke von krystallinischem Gefüge, welche grobkörnig brechen, jedoch gut pulverisirbar sind, bei 260⁰ C. schmelzen, bei 300⁰ C. sieden und unverändert ohne einen Rückstand zu lassen sublimiren.

Charakterisirt ist dieses giftigste aller Quecksilbersalze durch seine leichte Löslichkeit in Alkohol und Wasser, ja sogar in Aether, im Gegensatz nicht nur zum Calomel, sondern auch zu allen übrigen Quecksilberverbindungen. Hiermit steht der ungemein herbe, unangenehme metallische Geschmack des Mittels und die grosse, alle andern Mercurialien übertreffende *Schnelligkeit, mit welcher Quecksilberchlorid an die Eiweisssubstanzen tritt, in engster Beziehung.* Eine weitere Folge hiervon ist, da die Schleimhäute des Speisecanals ebenfalls aus Eiweissderivaten zusammengesetzt sind, Corrosion der Wandungen des Tractus, falls zur Bindung des HgCl nicht genügende Eiweissmengen mit der Nahrung eingeführt worden sind. Diese Anätzung aber wird mit um so tiefer greifender Zerstörung drohen, als das gebildete, *weisse Sublimatalbuminat in Kochsalzlösung, Alkalien, Essigsäure* u. s. w. *leicht löslich ist*, und somit sowohl der saure Magen-, als der alkalische Darmsaft soviel von dem Albuminat aufnehmen können, dass die Magen- oder Darmwand bis zur Perforation verdünnt wird. Mit diesem destructiven Process des Gewebes der Wandungen des Tractus geht *Corrosion daselbst verlaufender Gefässe* und das Auftreten nicht selten profuser Magen- und Darmblutungen (Haematemesis, Melaena), welche für die Sublimatvergiftung charakteristische und selten zu vermissende Symptome darstellen, Hand in Hand. Ausser durch die leichte Löslichkeit ist das gebildete Albuminat aber auch durch seine *chemische Zusammensetzung* ausgezeichnet. Das Chlorquecksilber-Albuminat setzt sich nämlich nach Rose, Mulder, Elsner u. A. im Contakt mit dem freien *Alkali des Darmsafts* sehr rasch in das, wie früher wiederholt hervorgehoben wurde, als Schlussprodukt der chemischen Verwandlung aller Quecksilbersalze im Organismen aufzufassende und ebenfalls leicht lösliche, 10—11 % Quecksilberoxyd und 88—89 % Eiweiss enthaltende, unverändert in die Blutbahn übergehende Quecksilberoxyd-Albuminat (löslich in freiem Alkali und Kochsalzlösung) um. Da hiernach das an sich leicht lösliche Sublimat bis zur Schlussphase der von ihm durchzumachenden chemischen Wandelungen unter allen Quecksilberverbindungen den kürzesten Weg zurückzulegen hat und die beiden hierbei in Betracht kommenden Produkte: Quecksilberchlorid-Albuminat (-Chlornatrium) und Quecksilberoxyd-Albuminat, ebenfalls leichtlöslich sind, so ist die Thatsache, *dass Sublimat unter allen Mercurialien nicht sowohl am intensivsten, als auch am schnellsten wirkt*, bez. constitutionelle Wirkungen beim Gebrauch kleiner und corrosiv-toxische nach Einverleibung grösserer Gaben hervorruft, vollkommen aufgeklärt.

Ist die medikamentöse Dosis des Sublimats überschritten worden, so äussern sich folgende Erscheinungen der Intoxikation, welche dem Praktiker bekannt sein müssen, nämlich: heftige Schmerzen im Verlaufe der Speiseröhre und in der Magengegend (welche sich über das gesammte Abdomen fortverbreiten) und choleraartige, nur durch die Complikation mit *Blutungen* aus dem Darmcanal von jenen zu unterscheidende Symptome, nämlich: häufiges Erbrechen schleimiger, blutig-schaumiger Massen und heftige Diarrhöe. Später wird, da jede Schleimhaut, durch welche Sublimat aus dem Organismus wieder eliminirt wird, entzündliche Veränderungen erfährt, auch die Mucosa der Luftwege und Harnwerkzeuge in Mitleidenschaft gezogen. Die Harnsecretion wird unterdrückt; der Unterleib erscheint stark aufgetrieben; es stellt sich unlöschbarer Durst ein und schaumige, blutige, überaus übelriechende Excremente werden in grösster Menge entleert. Sehr bald gesellen sich auch die übrigen *Erscheinungen der acuten Gastroenteritis*, wie Herzklopfen, Bangigkeit, Gliederzittern, Angst, Irrereden, Schluchzen, Respirationsbeschwerden, kalte Schweisse, Collapsus, zuweilen Coma, oder Delirien, Convulsionen und Lähmungen hinzu und binnen 20—30 Stunden tritt der Tod ein. Falls die Intoxikation weniger stürmisch verläuft und bis zum Tode die für Ausbildung des constitutionellen Mercurialismus erforderliche Zeit bleibt, kommt es zu Mund-, Rachen- und Speicheldrüsenaffektion mit oft sehr profuser Salivation. Bei der Obduktion werden in der Regel *alle Schleimhautstellen, welche mit Hg Cl₂, bez. dem Albuminat desselben, in Contakt kamen, hochgradig entzündet*, ekchymosirt oder mit plastischen Ausschwitzungen bedeckt angetroffen; der gen. Process kann den Ausgang in Brand nehmen. Auch die Bronchialschleimhaut und einzelne Abschnitte der Lungen findet man in einem entzündlichen Zustande. Wo der Tod nicht erfolgt, tritt ein längeres Siechthum, welches sehr allmälig der Rekonvalescenz Platz macht, ein. *Milch als Antidot*, sofern das Sublimat-Albuminat leicht löslich und resorbirbar (*wenn auch nicht corrodirend*) ist, *ist nur als Nothbehelf* oder neben Ausspülungen des Magens mittels der *Magenpumpe* zu gebrauchen. Brauchbare Antidote sind frischgefälltes *Schwefeleisen* (welches mit Hg Cl₂ Eisenchlorid und Schwefelquecksilber giebt) und (nach Schrader weniger brauchbar) *Magnesia usta*.

Längere Zeit fortgenommene kleine Gaben (0,003—0,03) Sublimat führen, nachdem vorübergehend Anregung der Esslust und des Geschlechtstriebes eingetreten, allmälig zum constitutionéllen Mercurialismus. Sofern nun Salivation nach Sublimat nur ausnahmsweise beobachtet wird und neuere Forschungen zu einer Methode, welche die Einverleibung per os und somit auch Corrosion oder entzündliche Reizung der Magen-Darmschleimhaut zuverlässig zu vermeiden gestattet, geführt haben, hat die kurplanmässige, gut überwachte und mit strenger Diät combinirte Sublimatanwendung gegen Lustseuche, bez. auf Lokalisation derselben in inneren Organen beruhende, später zu nennende Affektionen, sowie gegen gewisse, sehr hartnäckige rheumatische Leiden viele warme Vertheidiger gefunden. Es lässt sich nicht läugnen, dass diese Kuren, z. B. Dzondi's Sublimatkur, unter den angegebenen Bedingungen Vorzügliches leisten, wenn sie auch in veterirten Fällen keines-

wegs immer dauernde Heilung bewirken. Die Beeinflussung der *Körperfunktionen* durch in medikamentösen Gaben gereichtes Sublimat, erfolgt
in der p. 263 ff. angegeben Weise. Nach Rabuteau vernichtet $HgCl_2$ die
idiomusculäre Contraktilität; vielleicht steht diese Thatsache mit der
durch das Mittel bewirkten und zu Stillstand führenden *Herzparalyse*
in genetischem Zusammenhange. Von der Erzeugung von *Diabetes* durch
Sublimatbeibringung (Saikowsky) war früher die Rede. Auch der
durch lange Zeit fortgesetzte Sublimatmedikation unter Vermeidung von
Gastroenteritis hervorgerufene chronische Mercurialismus kann Abmagerung,
Bronchitis, zuweilen *Haemoptoë und Innervationsstörungen* verschiedener
Art, wie incomplete Lähmungen, Amblyopie, Taubheit und allgemeinen
Marasmus im Gefolge haben.

Endlich erübrigt noch darauf hinzuweisen, dass dem $HgCl_2$ die antiparasitären, gährungs- und fäulnisswidrigen Wirkungen der Mercurialien in prägnan-
tester Weise eigenthümlich sind. Namentlich bei Gegenwart grösserer Kochsalz-
mengen *sistirt* $HgCl_2$ *die Ueberführung der Eiweisskörper in Peptone* vollständig,
weswegen auch während des internen Sublimatgebrauchs stark kochsalzhaltige
Speisen strengstens verpönt sind; M. Marle. Sublimat ist, wie bekannt, zur Conservirung von Leichentheilen gut zu verwerthen. Darm- und Hautparasiten gehen
an Sublimat, sei es innerlich in Klystierform, sei es äusserlich in Form von Bädern,
Waschungen oder Salben applicirt, sehr schnell zu Grunde.

Therapeutische Anwendung findet Quecksilberchlorid als sou-
veränes Antisyphiliticum, wenn die Lustseuche entweder sehr rasch
und unter bedeutender Zerstörung der Organe vorschreitet, oder als in-
veterirtes Leiden sich in Knochenaffektion, Hautexanthem (Syphiliden),
Rachen- oder Nasengeschwüren documentirt, bez. unter der Form der
Gicht oder des chron. Rheumatismus auftritt. Selbst Wechselfieberkranke
und Scorbutische vertragen Sublimat besser, als jedes andere Quecksilbermittel; v. Siegmund. Salivation erzeugt kurplanmässig genommenes
Sublimat äusserst selten. Man verbindet das Mittel gern mit Opium
und lässt es in Pillenform (0,05 mit āā Pulvis et Extr. Liquiritiae zu
50 Pillen; davon Früh und Abends 3 Stück; Schroff), oder in Tropfen-
form (0,06 auf 30 Grm.; davon 30 Trpfn. p. d.), oder nach van Schwie-
ten in Branntwein gelöst (0,6 in 2 ℔. Branntwein: Morgens und Abends
ein Esslöffel) nehmen. Stets ist es gut, vor der Medikation etwas Milch
oder Suppe und auch nach jeder Dosis etwas schleimiges Decoct nehmen
zu lassen.

Von den planmässigen Sublimatkuren steht Dzondi's Kurmethode obenan.
Man lässt aus 0,72 Sublimat 240 Pillen von 0,06 Gewicht und 0,003 Sublimatgehalt
formiren. Mit 2 × 2 Pillen je nach einer Mahlzeit genommen wird begonnen und
Bier oder Wasser nachgetrunken. Am 3. 5. 7. 9. 11. etc. Tage wird die Zahl der
Pillen je um 2 vermehrt, so, dass Pat. am 27. Tage 30 Stück nimmt. In hart-
näckigen Fällen liess Dzondi die Kur rückwärts schreitend, d. h. einen Tag um

den andern die Pillenzahl um 2 vermindernd bis wieder auf 2 × 2 angekommen wurde, wiederholen. *Muss* wegen Erbrechens, Durchfalls (trotz Opiumzusatz) oder *Salivation die Kur unterbrochen werden, so fährt man nach Beseitigung der üblen Complikationen mit derjenigen Pillenzahl, bei welcher abgebrochen wurde, fort.* Es wird daneben fleissig Holzthee getrunken, die Nahrung auf $^1/_3$—$^1/_6$ der Norm beschränkt, Bettlage und sorgfältige Kultur der Zähne in der p. 270 erwähnten Weise anempfohlen und für Unterhaltung der Diaphorese bei einer gleichbleibenden Zimmertemperatur von 16—18° R. Sorge getragen.

Cirillo gab eine (jetzt wenig mehr beliebte) Schmierkur mit Sublimat-salbe (4 Th. $HgCl_2$ auf 32 Th. Fett) an. Davon wurde nach zuvor genommenen Allgemeinbädern, Klystieren und Holzträuken allabendlich 3,75—5,0 in die Fusssohlen eingerieben und die Füsse in Leinwandlappen gehüllt. Diese Methode hat nur den Vorzug der Reinlichkeit und ist im Uebrigen unzuverlässig.

Neben diesen kurplanmässigen in- und externen Applikationen des Sublimats hat man noch Sublimatklystiere (0,1—0.2 auf 360 Wasser) empfohlen; seitdem indessen dadurch *Unglücksfälle*, bez. Tod unter hektischem Fieber, herbeigeführt wurden, ist diese Methode verlassen. Es folgten die von Kopf, Wedekind und v. Siegmund präconisirten Sublimat-bäder (4—12—30 Grm. Sublimat mit der gleichen oder doppelten Menge Salmiak auf ein Allgemeinbad); allein sie haben nicht einmal den Vorzug, rationell zu sein, weil während der gewöhnlichen Dauer eines Bades *gar kein Sublimat von der Haut aus resorbirt und in das Blut über-geführt wird;* Schroff. Einen noch betrübenderen Ausgang nahm es mit den von Lewin enthusiastisch empfohlenen subcutanen Injek-tionen von 0,003—7 Sublimat. Dieselben hatten so häufig Phleg-mone und stürmische Allgemeinerscheinungen im Gefolge, dass sie an ihrer Pflanz- und Ausbildungsstätte, der Charité zu Berlin, höheren Ortes strengstens verboten wurden.

In neuester Zeit haben nun J. Müller und Stern das Quecksilber-chlorid-Chlornatrium in Chlornatrium, sowie jüngst v. Bamberger das *Quecksilberoxyd-Albuminat* in Chlornatrium gelöst, d. h. diejenige Doppel-verbindung, in welche $HgCl_2$ im Organismus verwandelt wird, subcutan zu injiciren angefangen. Unter Fortfall von *Schmerzhaftigkeit und Sen-kungsabscessen sollen bei dieser Modifikation des Lewin'schen Verfahrens* gute Heileffekte erreicht werden. Ehe dasselbe allgemein acceptirt wird, wird indess eine grössere, als die bisher in der Literatur niedergelegte Zahl günstig lautender klinischer Beobachtungen abzuwarten sein. Stern injicirte 2—2$^1/_2$ % Sublimat und 20—25 % NaCl-Lösung; Bamberger löst 1 Grm. Fleischpepton in 50 Ccmtr. Wasser, setzt 20 Ccmtr. einer 5 % Sublimatlösung zu und bringt den sich bildenden Niederschlag durch 30 % NaCl-Lösung wieder zur Auflösung. Diese Manipulationen werden in einem Mischcylinder vollzogen und schliesslich die gesammte Flüssig-

keitsmenge durch Wasserzusatz auf 100 Cemtr. gebracht. Jeder Cubik-
centimeter der Lösung entspricht einem Centigramm Sublimat.

Pharmaceutische Präparate:

1. **Hydrargyrum bichloratum corrosivum.** Sublimat; Dosis: 0,003 —
0,03 (!), 0,1 (!) pro die gern in Pillen; wo starke Magenreizung eintritt, setzt man
Opium zu; in Lösung 0,12 : 180; zu Augenwässern 0,015 : 30; zu Salben 1 : 24 Fett;
auf ein Allgemeinbad 5—10—30 Grm.

2. **Aqua phagedänica lutea**; Altschadenwasser; 1 Sublimat auf 300 Kalkwasser; äusserlich; jetzt so gut wie ganz obsolet; doch officinell.

3. **Liquor van Swieten**: 1 Grm. Sublimat in 100 Grm. Alkohol mit 900
Grm. Wasser verdünnt; 1 Theelöffel = 0,005, 1 Esslöffel = 0,015 Sublimat; in Eiweiss-
wasser oder Milch zu reichen.

4. **Plenck'sche Solution**; ehemals sehr berühmt (pro usu externo): 3,75
Sublimat, 1,87 Alaun und ebensoviel Campher und Bleiweiss mit āā 15 Grm. Alkohol und Acetum c.

VII. **Hydrargyrum bichloratum ammoniatum. Mercurius prae-
cipitatus albus.** *Weisses Präcipitat.*

Zwei Theile Quecksilberchlorid werden in 40 Th. Wasser gelöst,
3 Th. Ammoniakliquor und abermals 18 Th. Wasser zugesetzt und der
weisse Niederschlag (gewaschen und getrocknet) an einem dunklen Orte
aufbewahrt. Das Präcipitat muss in HCl klar und vollkommen löslich
und sublimirbar sein.

Innerlich wird das gen. Mittel gar nicht mehr angewandt, sondern
nur extern gegen Eccem nach vorweggegangener Bepinselung der Haut
mit Terpentinöl (Beullard) oder ohne solche (F. Niemeyer), und in
der Augenheilkunde, in beiden Fällen in Form des

VIII. **Ungt. hydrargyri praecipitati albi.** *Weisse Präcipitat-
oder Zeller'sche Salbe.*

1 Theil des weissen Präcipitats mit 9 Th. Fett z. Salbe verrieben.

Anwendung findet dieselbe hin und wieder noch — von obigen abgesehen —
bei parasitären Hautkrankheiten, wie Pityriasis, Herpes circinnatus, Sy-
cosis (nach vorheriger Epilation). Als (Zeller'sche) Krätzsalbe wird die weisse
Präcipitatsalbe nicht mehr gebraucht.

IX. **Hydrargyrum oxydatum rubrum. Hydrargyrum praecipit.
rubrum.** *Rothes Präcipitat.*

Ein besonders von Libavius, Paracelsus und Boerhaave prä-
conisirtes, gegenwärtig jedoch, da es bereits im Magen *in Quecksilberchlorid verwandelt* wird, mit gutem Grunde nur noch wenig gebrauchtes
Mittel. *Salpetersaures Quecksilberoxyd wird an der Luft geglüht*, oder
die Lösung desselben mit verdünnter Kalilauge ausgefällt. Im ersteren

Falle wird ein intensiv ziegelrothes, in letzterem ein mehr gelbgefärbtes Pulver gewonnen; beim Erhitzen färbt sich das auf trocknem Wege dargestellte rothe Präcipitat noch tiefer roth und giebt dabei Sauerstoff ab. Es ist in den gewöhnlichen Lösungsmitteln so gut wie ganz unlöslich; an Wasser giebt es nur so viel ab, dass ein metallischer Geschmack resultirt.

Anwendung fand es ehemals innerlich (zu 0,005—0,01) gegen secundäre Syphilis in Form der vielgerühmten

Berg'schen Kur: 0,06 r. Praecipitat. mit 7,5 Stibium sulfur. nigrum in 8 Theile getheilt und Morgens und Abends ein Pulver genommen; am 5. Tage wird 0,0675 wieder in 8 Pulver vertheilt, am 9. 0,075 u. s. f. verordnet bis der Pat. 4 Tage 0,06 nimmt: Zur Wirkung gelangt, wie gesagt, Sublimat (HgCl$_2$). Ich kann bestätigen, dass die Berg'sche *Methode den Vorzug hat, keine so strenge Abwartung des Kranken zu erfordern* und demgemäss auch in der Privatpraxis brauchbar zu sein. In neuerer Zeit ist dieselbe — wider Verdienst — in Vergessenheit gerathen. Dagegen wird r. Praecipitat. äusserlich: zum Verband von Chankergeschwüren, Condylomen, Rhagaden und in der Augenheilkunde in Form von Salben mit Wachs oder Wallrath, mit oder ohne Zusatz von Zinkoxyd, augewandt.

Pharmaceutische Präparate:

1. Ungt. hydrargyri rubrum; 1 Theil von IX auf 9 Theile Fett.
2. Ungt. ophthalmicum rubrum. 1 Theil von IX auf 49 Th. Wachssalbe.
3. Ungt. ophthalmicum compst. Balsamum ophthalm. St. Yves. 15 Th. rothes Qecksilberoxyd, 15 Th. Campheröl, 6 Th. Zinkoxyd, 24 Th. Gelbwachs, 140 Th. Fett.

X. Hydrargyrum bijodatum rubrum. *Quecksilberjodid* HgJ$_2$.

Dieses unentbehrliche Quecksilberpräparat wird durch Ausfüllung einer Sublimatlösung mit Jodkalium in der Weise, dass kein KJ-Ueberschuss (worin HgJ$_2$ löslich ist) stattfindet, erhalten. Dasselbe stellt *ein feurig scharlachrothes Pulver*, vom gelben Jodür durch die Farbe sowohl, als durch die Löslichkeit in KJ-haltigem Wasser, Alkohol und selbst Aether unterschieden, dar. In letzterer Beziehung wie auch in der Wirkung, soweit diese studirt ist, nähert es sich dem *Quecksilberchlorid*. Nach Bellini bildet Quecksilberjodid *bereits im Magen bei Gegenwart freier Chlorwasserstoffsäure eine chlorhaltige, auch in Chloralkalien lösliche* und daher leicht resorbirbare Verbindung; es ist also nichts weniger als wunderbar, dass das Quecksilberjodid leicht Reizung bez. Corrosion des Magens bedingt. Dem entsprechend giebt man das Mittel zu 0,004 bis 0,01 am besten nach der Mahlzeit und in Pillenform. Das Bijodat bewährt sich besonders bei Behandlung hartnäckiger Hautausschläge, bei Lichen, Lupus, scrofulösen und syphilitischen Geschwüren; zu Salben 1 : 20 Fett. In den *Fällen von Syphilis, wo bereits Schmierkuren angestellt worden sind* und Roseola oder andere Exantheme, betreffs derer man zweifelhaft sein kann, ob sie der Syphilis oder der Mercurialcachexie ihren Ursprung verdanken, vorhanden sind, beobachtet man vom Quecksilberjodid vortreffliche Heilerfolge; *dasselbe gilt von Recidiven anderer syphilitischer Affektionen*, wenn vor nicht langer Zeit eine Schmierkur gebraucht wurde und anscheinend Heilung brachte. Ich verordne in solchen Fällen nach Ricord: Hydrarg. bijodat. 0,1 Kali jodati 3,0 in Decoct Sarsaparillae mit 30,0 Syrup; 3—4 mal täglich einen Esslöffel. Der Kropf wurde ebenfalls und wird noch in Ostindien durch Einreibungen einer Salbe aus HgJ_2 geheilt. Gegen Drüsenanschwellungen anderer Art wird HgJ_2 kaum noch angewandt.

Zusatz: Der Zinnober (*Cinnabaris*; Hydrarg. sulfuratum rubrum) ist eines der am längsten zu Arzneizwecken benutzten Quecksilberpräparate. Er kann durch Sublimation aus dem schwarzen Schwefelquecksilber (vgl. p. 281) gewonnen werden. Physiologische Wirkungen ruft er innerlich genommen überhaupt nicht hervor. Ehemals war er ein Bestandtheil des Frère Cosme'schen Aetzpulvers gegen Krebs, in welchem ausserdem als wirksame Bestandtheile arsenige Säure und daneben noch gebranntes altes Schuhsohlenleder und Sanguis Draconis enthalten waren.

XXVI. Stibii seu Antimonii praeparata. Spiessglanz- oder Antimonpräparate.

Der Name *„Stibium"* hängt mit στιμμι. der griechischen Bezeichnung für das von den Asiatinnen und Griechinnen zum Schwarzfärben der Augenbrauen benutzte schwarze Schwefelantimon (St. sulfuratum nigrum laevigatum), zusammen. Antimonium wird auf Anti moins bezogen, weil es ein in alter Zeit gebräuchlicher roher Scherz war, den zur Tafel geladenen Mönchen und Klerikern Wein, welcher über Nacht in Bechern aus Spiessglanzmetall *) gestanden hatte, zu trinken zu geben und sich an den Grimassen, welche die so in Nausea versetzten Schlachtopfer beim Anblick verlockender Gerichte schnitten, zu ergötzen. Dass dieser Spass sehr übel ablaufen konnte, zeigt das Beispiel des Basilius Valentinus, welcher seinen Klosterbrüdern Brechweinstein unter die Speisen mischte, um sie, wie er zuvor an Schweinen erprobt hatte, ihre Fettleibigkeit verlieren zu machen. Mit dem Embonpoint büssten die Aermsten das Leben ein und ein Witzbold verherrlichte die tragikomische Geschichte in „Basilii Valentini Triumphwagen Antimonii".

Das Antimon ist durch geringe Basicität seiner Sauerstoffverbindungen, wodurch es sich den sogen. *elektronegativen* Metallen anreiht, ausgezeichnet. Das reguläre Metall gelangt nur, wenn es längere Zeit in feinvertheiltem Zustande im Darmcanale verweilt, zu einer wenig intensiven Wirkung. Bei längerem Verweilen der Arbeiter in den Hütten entwickeln sich, weil das in der Hitze sich verflüchtigende *Metall in antimonige Säure verwandelt und in Gasform eingeathmet wird*, nicht nur Husten, asthmatische Zufälle, Bronchitis und pneumonische Symptome, sondern es stellt sich geradezu eine *eigenthümliche, chronische Intoxikation* ein, ausgesprochen in Mattigkeit, Zungenbeleg, Appetitlosigkeit, metallischem Geschmack, Ekel, Brechneigung, Kolikschmerzen, Neigung zu profusen

---

*) Dasselbe wird gegenwärtig aus Rosenau in Ungarn bezogen.

Schweissen, Hautausschlägen mit Geschwürsbildung und chronisch entzündlichen Zuständen der Lungen. Adynamisches Fieber und Abmagerung
sind secundäre Folgen dieser Antimonvergiftung.

*Sämmtliche Antimonialien wirken nur graduell verschieden auf den
Organismus ein* und zwar am gelindesten die Schwefelungs-, etwas intensiver die Oxydationsstufen, welche ihrer geringen Löslichkeit wegen nur
langsam und unvollständig zersetzt werden, noch intensiver der als Repräsentant der Antimonsalze zu betrachtende Brechweinstein, und am intensivsten die Verbindung mit Chlor. Allen gemeinsam ist in gewissen Dosen
(*kleinen beim Brechweinstein*) die secretionsvermehrende Wirkung
den drüsenförmigen Anhängen, sowie der Schleimhaut des Nahrungs-
canals, der Lungen, der Nieren und den Schweissdrüsen gegenüber. In
etwas grösseren Gaben gereicht, rufen namentlich *die löslichen Salze: Ekel,*
Druck in der Magengegend, Gähnen, Aufstossen, *Würgen, erschwertes
Schlingen, Frösteln, Abgeschlagenheit,* Erbrechen und Diarrhöe hervor;
Puls und Respiration sind eine Zeitlang beschleunigt. Bei längerem Gebrauch kleiner Gaben aber wird der Appetit gänzlich unterdrückt, die
Zunge noch mehr belegt, der Stuhlgang breiig oder dünnflüssig und der
Leib durchweg bei Druck empfindlich. *Grössere Gaben* haben auch Ent-
stehung von Entzündung damit in Contakt kommender Schleimhäute,
welche zur Geschwürsbildung und Brand führen kann, im Gefolge. Alle
Antimonverbindungen endlich wirken deprimirend auf Herz und
Rückenmark (*ästhesiodische Substanz*) und ziehen, wie Arsen und Phos-
phor, *fettige Entartung,* namentlich drüsiger Organe, z. B. *der Leber und
Nieren,* nach sich. Dass auch die Antimonderivate dieselbe Affinität zum
Eiweiss besitzen wie die Quecksilbersalze, ist, trotzdem uns eine genauere
Kenntniss dieser Albuminate gänzlich abgeht, ebenso über jeden Zweifel
sichergestellt, wie *der Uebergang dieser Doppelverbindungen in das Blut,*
die Milz, die Galle u. a. Se- und Excrete. Charakteristisch für die acute
Intoxikation durch Antimon ist das Auftreten von Catharto-Emesis und
von Anschoppung der Lunge, bez. von pneumonischen Erscheinungen. Wir
betrachten im Nachstehenden als Repräsentanten der Antimonialien

1. den Brechweinstein, Stibio-Kali-tartaricum, Tartarus
emeticus,

etwas genauer. In chemischen Fabriken im Grossen dargestellt, kommt
diese zuerst von Mynsicht dargestellte Doppelverbindung von antimon-
saurem Kali und weinsaurem Kali, der Formel $2 \left(\begin{matrix} Sb\,O \\ K \end{matrix} \right\} C_4 H_4 O_6 \right) + H_2 O$
entsprechend, in wasserhellen glänzenden Oktaëdern (des rhombischen
Systems), oder als weissliches, erst süsslich und später *metallisch schmecken-*

des Pulver, welches, *im Apparate von Marsh untersucht, sich arsenfrei erweisen muss*, im Handel vor. Durch seine Löslichkeit in 14,5 kalten und 1,9 Theilen heissen Wassers ist derselbe vor allen Antimonialien ausgezeichnet. Diese Lösungen *schimmeln* bald; sie werden *durch Alkohol* und auch in grösster Verdünnung *durch Gerbstoff* und *Schwefelwasserstoff gefällt*.

Die Wirkungen des Brechweinsteins sind die im Vorstehenden angegebenen der Antimonialien im Allgemeinen. Von praktischem Nutzen ist es indess hier wie beim Calomel, die sich aus der Dosenhöhe (wobei stets medikamentöse Gaben ins Auge zu fassen sind) ergebenden feineren Unterschiede in der *durch Tartarus emeticus bewirkten Beeinflussung der Körperfunktionen* sorgfältig auseinander zu halten. Wir haben somit die Wirkungen a) *kleiner Gaben:* 0,005—0,1 (T. e. in dosi fracta), b) *mittler, nauseoser* Gaben: 0,03 — 0,06; und c) *grosser oder Brechdosen:* 0,06—0,12—0,4 in gesonderten Bildern zu betrachten. Charakterisirt sind

α. die kleinen, längere Zeit gereichten Gaben Brechweinstein
(0,005 — 0,01)

dadurch, dass sie unter Eintritt von Uebelsein und Schwinden des Appetits nicht nur vermehrte wässrige Absonderung des Darms und vermehrte Diurese, sondern auch *Hypersecretion* der Speichel-, Bronchial- und Schweissdrüsen in der beim Quecksilber (p. 264) erörterten Weise bedingen. Indem somit aus dem Organismus mehr aus- als eingeführt wird, muss ebenso, wie bei den Halogenen Brom, Jod, Chlor und beim Quecksilber, *relative Leere der Gefässe und Wasserarmuth des Blutes* (zur Rückaufsaugung der aus dem Blute ausgeschwitzten oder transsudirten wässrigen Flüssigkeit, *zur Resorption in das Cavum pleurae* oder Peritonei, in das Unterhautzellgewebe u. s. w. *ergossenen Serums* Anlass gebend), *Körpergewichtsabnahme und Abmagerung* resultiren. In den älteren Schriften wurde dieser Symptomencomplex unter der Bezeichnung der resolvirenden Wirkungen des in dosi refracta (längere Zeit) genommenen Brechweinsteins zusammengefasst. Ziemlich scharf hebt sich das Bild

β. mittler, sogenannter nauseoser Brechweinsteindosen
(0,03—0,06)

von dem Rahmen der unter α. geschilderten ab. Während die Beeinflussung des Magen-Darmcanals (ausgesprochen in Nausea, Kolik und Diarrhöe), die Hypersecretion der gen. Drüsen, Wasserarmuth des Blutes u. s. w. ebenfalls in die Erscheinung treten, prägt die augenfällige *Depression, welche das Centralnervensystem* (sich äussernd in geistiger Verstimmung, Niedergeschlagenheit, Kopfweh, Unfähigkeit zu geistiger Arbeit), der Vagustonus (daher Weichwerden des Pulses, Verlangsamung der Athmung, Dyspnoë) *und die Thätigkeit der willkürlichen Muskeln erleiden*, den nach nauseosen Brechweinsteindosen zu beobachtenden Modifikationen der vitalen Functionen einen durchaus eigenthümlichen Stempel auf, so, dass uns die Erfüllung ganz anderer als der für die Anwendung der Dosis refracta des Brechweinsteins aufzustellenden Heilindikationen durch mittle Dosen nichts weniger als auffällig erscheinen kann. *Entstehung eines rothverfärbten Randes am Zahnfleisch* und *Eruption pustulöser Hautausschläge* sind nicht selten vorkommende, für Ausbildung einer chronischen Brechweinstein-Intoxikation sprechende Complikationen. Am wenigsten wird über die Erscheinungen, welche nach Einverleibung

γ. grosser medikamentöser, oder emetischer Brechweinsteindosen

eintreten, deswegen zu bemerken sein, weil wir den Verlauf des Brechaktes, welcher bei allen Brechmitteln derselbe ist, bei Betrachtung der Betrachtung der Ipecacuanha ausführlich erörtert haben (p. 217 ff.). Wir müssen daher zugleich bezüglich der *die Analyse der Herz- und Athembewegung*, *Wärmevertheilung*, *Innervation* und *Muskelthätigkeit* anbetreffenden Veränderungen auf die eben citirten Stellen zurückverweisen und haben hier nur hervorzuheben, dass Brechweinstein auch nach direkter Injektion in die Jugularvene durch Reizung des sehr wahrscheinlich in nächster Nähe des respiratorischen in der Medulla oblongata belegenen Brechcentrum — freilich erst nach Einführung weit grösserer Dosen und viel langsamer als vom Magen aus — Erbrechen hervorruft. Die nach Einverleibung grosser Brechweinsteindosen am Froschherzen beobachtete, anfänglich beschleunigte und später schwache, *retardirte, unregelmässige und selbst in diastolischen Stillstand übergehende Herzbewegung* ist durch den Antimoncomponenten des gen. Doppelsalzes bedingt (Buchheim) und nicht, wie man eine Zeitlang glaubte, eine Aeusserung der Kaliumwirkung. Die auf Pulsbeschleunigung und Sinken des Blutdrucks folgende Irregularität des Pulses mit anfallsweise auftretender Retardation desselben erklärt A. Mosso, weil letztere nach *Vagusdurchschneidung* und Atropinisirung — bei Hunden — ausbleibt, für eine Folge von Vagusreizung; vgl. auch unten das über Entstehung der Magenhyperämie Angegebene. Sofern diese Abschwächung der Contractionen *nicht allein auf den Herzmuskel beschränkt ist, sondern sich*, wie bei den Brechmitteln überhaupt, *auch bei den quergestreiften willkürlichen Muskeln zeigt* (worin Buchheim das beim Gebrauch des Brechweinsteins auftretende Schwächegefühl begründet glaubt) und auch *nach subcutaner Injektion des Mittels zur Beobachtung kommt, ohne dass Erbrechen eintritt, kann dieselbe unmöglich durch den Brechakt bedingt sein*, dürfte vielmehr von direkter Einwirkung der Antimonverbindung *auf die Muskelsubstanz selbst* abhängen. Diese Thatsache erklärt zugleich, warum nach wiederholter Beibringung kleiner Brechweinsteinmengen das Erbrechen aufhört, da der Brechakt zu seinem Zustandekommen (Bauchpresse) der energischen Thätigkeit einer ganzen Reihe von Muskeln bedarf; Buchheim. *Herabsetzung der Muskelirritabilität, nicht, wie die älteren Autoren meinten, Gewöhnung an das Mittel trägt Schuld daran.* Mit der Schwächung der Herzthätigkeit geht *Sinken des arteriellen Seitendrucks*, Verminderung der Blutstromgeschwindigkeit und *Stauung* des Blutes im venösen System, *an cyanotischer Hautfärbung kenntlich*, Hand in Hand. Neben capillärer und venöser Hyperämie besteht *arterielle Anämie* und in eben dem Maasse, wie die Energie der Herzarbeit nachlässt, findet eine *relative Zunahme des Widerstandes* statt. Am meisten wird sich diese Zunahme in den mit Klappen versehenen Venen- und Capillarbezirken *der vom Herzen entfernt gelegenen Theile mit grosser*, die Abkühlung begünstigender *Oberfläche*, namentlich in den *Händen* und *Füssen*, geltend machen. Diese Anomalien der Blutvertheilung erklären also das unter Brechweinsteinwirkung zu beobachtende Absinken der Körpertemperatur, welches mit Beginn des Ekels und der gereichten (*Brech-*) Dosis adäquat stattfindet, um mit dem Eintritt der secundären Zunahme der Pulsfrequenz (vgl. die allgemeinen Bemerkungen über den Einfluss des Erbrechens auf die Zahl etc. der Herzpulse p. 217) *einem allmäligen Wiederansteigen der Temperatur* (wahrscheinlich wegen Paralyse der Gefässe, stärkeren Blutzuflusses und erhöhten Stoffumsatzes; Ackermann) *Platz zu machen*, so dass am Ende die normale Höhe nicht nur erreicht, sondern sogar übertroffen wird. Bezüglich der Respiration gilt Alles (p. 217) von der Emetinwirkung Angegebene. Wir tragen nach, dass nach vorheriger Vagusdurchschneidung das Erbrechen bei der Beibringung des Mittels vom Magen aus erst nach Verdoppelung der Dosis eintritt; A. Mosso.

Die Blutvertheilung im Darmcanale verhält sich so, als ob der Vagus gereizt oder der Splanchnicus durchschnitten worden wäre. In der That kommt die Magenhyperämie nach von der Brechweinsteinbeibringung bewirkter Vagusdurchschneidung in Wegfall; A. Mosso. Stets wird nach Einbringung der Brechdosis per os fast alles Antimon im Erbrochenen wiedergefunden; nur Spuren davon gelangen in das Blut. Aber *auch nach Injektion des Mittels in die Vene*, wonach das Erbrechen stets langsamer und minder intensiv erfolgt, *ist Antimon im*

Erbrochenen enthalten, zum Beweis, dass auch hier der Magen (durch Elimination des Mittels) direkt betheiligt ist; Radziejewski. Während des Brechaktes findet nicht allein Entleerung des Mageninhaltes nach aussen statt, sondern auch in den Bronchis angesammelter Schleim wird in dem Moment der kräftigen Expiration, wodurch sich die Glottis öffnet, hinausgeschleudert und dadurch wird in glücklichen Fällen die Entleerung nicht nur der Galle, in welche Antimon übergeht, sondern auch von Gallensteinen aus dem Ductus cysticus und choledochus in das Duodenum befördert. Ausserdem vermag *die während des Ekelstadium bestehende Erschlaffung Erweiterung der Gallengänge* und Entleerung daselbst stagnirender Galle herbeizuführen und zu begünstigen. Die übrigen Secrete anlangend, wird das Harnvolumen durch Brechweinsteingebrauch in emetischer Dosis vermindert. Die *Harnmenge nimmt* der angewandten Dosis *gerade* und der Summe der übrigen Harnbestandtheile umgekehrt proportional *ab; die Harnstoffmenge dagegen nimmt der Dosis proportional zu* und das Chlornatrium (besonders bei bestehendem Durchfall) der Harnstoffmenge umgekehrt proportional ab; Ackermann. Ueber *die Blutveränderung* ist Bestimmtes nicht ermittelt. Mayerhofer fand den Harn nach Brechweinsteingebrauch eiweisshaltig. Nicht alles Antimon verlässt den Organismus in Form einer uns übrigens unbekannten chemischen Verbindung mit dem Harn, *sondern es bleibt* nach längerem Gebrauch kleiner Dosen *stets ein Theil in den drüsigen Organen*, namentlich der Leber, woselbst Millon und Laveran noch nach 4 Monaten Antimon nachweisen konnten, *deponirt.* Nach Gäthgens erhöht Antimon die Stickstoffausscheidung aus dem Körper. In Bezug auf die nach Brechweinsteinbeibringung *in der Nervensphäre auftretenden Erscheinungen* ist das *Ekelgefühl* für einen *Lähmungszustand des N. Vagus* angesprochen worden. Ferner haben die Meisten mit Radziejewski das Wesen der zu Stande kommenden hochgradigen Reflexherabsetzung in einem Aufhören der Funktion der ästhesiodischen Substanz des Rückenmarks suchen zu müssen geglaubt. *Die oben erwähnten Resultate der Harnack'schen Untersuchungen*, wonach sämmtliche Brechmittel Lähmung auch der quergestreiften Körpermuskeln herbeizuführen vermögen, lassen indess auch die Deutung der auf Reflexherabsetzung bezogenen Erscheinungen *als Folge verminderter Muskelirritabilität* zu. Auch auf diese wird Abtragung des Grosshirns und Trennung des Lobi optici ohne Einfluss sein.

Es erübrigt endlich noch der Wirkungen des Brechweinsteins auf die Oberhaut zu gedenken. Dass gen. Mittel, innerlich angewandt, Vermehrung der Secretion der Schweissdrüsen hervorruft, wurde früher bereits angegeben. Bei örtlicher Applikation einer Brechweinsteinlösung auf die intakte Haut kommt es nach einiger Zeit zu leichtem, meist bald wieder verschwindendem B r e n n e n. Dieses erreicht einen höheren Grad, wenn Brechweinsteinsalbe in die Haut eingerieben oder mit Brechweinsteinpulver bedecktes Heft- oder sonstiges Deckpflaster längere Zeit mit der Haut in Berührung gelassen wird. *Indem die Hautfollikeln sich entzünden und vereitern, entstehen erst Papeln und später Pusteln, welche den Variolapusteln* (daher die Bezeichnung „*Pockensalbe*") *wie ein Ei dem andern gleichen.* Nach Zimmermann und Buchheim lässt sich dieser Vorgang am besten demonstriren, wenn anstatt der Brechweinsteinsalbe eine solche aus Schlippe'schem Salz ($Na_3 Sb S_4 + 9 H_2 O$) — vgl. Stib. sulf. aurant. p. 299 — in die Haut eingerieben wird. Indem sich nämlich dieses Salz unter Abscheidung des in den Hautfollikeln deponirt bleibenden Goldschwefels zersetzt, erhält die Pustel eine orangegelbe Färbung. Clorantimon mit starkem Diffusionsvermögen ausgestattet ruft dagegen eine lebhafte Entzündung der ganzen damit bedeckten Hautstelle hervor.

Die Pusteln hinterlassen wie die Variolapusteln einen weisslichen S c h o r f und nach Afallen desselben *eine weissliche, beim Confluiren der Pusteln oft ziemlich ausgedehnte Narbe.* Die Behauptung, dass zuweilen nach Pockensalbe-Einreibungen Pusteln *auch an nicht mit der Salbe in Berührung gebrachten Hautstellen,* z. B. am Scrotum, entstehen, und dass nach blosser örtlicher Applikation per resorptionem auch entfernte Brechweinsteinwirkungen, wie Diarrhöe und Erbrechen, *resultiren können,* stellt v. Schroff auf Grund reicher, langjähriger Erfahrung in Abrede. Ueber die sich aus Vorstehendem wohl von selbst ergebenden

Contraindikationen des Brechweinsteins

können wir uns um so kürzer fassen, als dieselben im Allgemeinen mit den p. 221 angegebenen der Brechmittel überhaupt zusammenfallen. Während man dem genannten Mittel in denjenigen Fällen, wo neben der Brechwirkung die Evacuation des Darmcanales von darin angehäuften Stoffen angezeigt ist, den Vorzug giebt, muss man sich vor Anwendung desselben, wenn Magen oder Darmcanal stark gereizt oder entzündet sind, bei Schwächezuständen und Abmagerung, bei Neigung zu Diarrhöe, bei bestehender Schwangerschaft, beim Vorhandensein von Giften im Magen (v. Schroff), bei Entzündungen der Zungen- und Mundschleimhaut, bei Prädisposition zu Hirncongestionen und bei nachweisbarer Existenz von Aneurysmen des Herzens sorgfältigst hüten. Gehen wir hiernach zu den

Indikationen des Brechweinsteingebrauches

über, so variiren dieselben nach der Grösse der Dosis. Uebersichtlich lässt sich dieses in der Kürze wie folgt darstellen. Wir bedienen uns des Brechweinsteins

A. in dosi refracta (0,006—0,01)

um die *secretionsbehindernde Wirkung*, bez. Hypersecretion der Speichel-, Bronchial- und Schweissdrüsen, der Leber und Nieren hervorzurufen. Ehemals wurde von der gen. Dosis in zahlreichen fieberhaften Krankheiten (*catarrhalischen, gastrisch-biliösen und Eruptionsfiebern*) zur Vermehrung der Diaphorese, Diurese und Darmsecretion, sowie zur Erleichterung der Expectoration bei acut entstandenen wie veralteten *Catarrhen der Luftwege*, bei Bronchitiden, Pneumonien, Lungenemphysem u. s. w., letzteren Falles zugleich in der Absicht, das stockende Bronchialsecret zu verflüssigen (Handfield Jones), Gebrauch gemacht. Diese Empfehlungen sind, seitdem die Brechweinsteinwirkungen genauer studirt worden, der überwiegenden Mehrzahl nach in Vergessenheit gerathen. Nur bei *Bronchitis acuta* und *Pneumonia catarrhalis*, namentlich *der Kinder*, gleichgiltig, ob eine frische Affektion oder eine Exacerbation eines chronischen, verschleppten Catarrhs vorliegt, wird auch gegenwärtig vom Tartarus stibiatus, welchen man gewöhnlich (einmal) in Brechdosis reicht, um später in refracta dosi fortzufahren, so allgemein Gebrauch gemacht, dass gen. Mittel als Expectorans bei Bronchitiden der Kinder den Meisten für unentbehrlich gilt.

Dagegen ist ein längerer Gebrauch der Dosis refracta, um bei Wassersuchten durch consequent unterhaltene Hypersecretion der Nieren die oft erwähnte relative Wasserarmuth des Blutes herzustellen und Rückaufsaugung der ergossenen Flüssigkeit seitens der zu vermehrter Thätigkeit angeregten Saugadern anzubahnen, gegenwärtig ebenso wenig beliebt, wie die von B. Valentinus mit so schlechtem Erfolg an seinen Klosterbrüdern geübte *Behandlung der Fettleibigkeit* mit kleinen Dosen desselben Mittels. Wo Hydrops durch Erkältung bez. gestörte Hautfunktion entstanden ist oder mit Rheumatismus, Gicht oder Rothlauf in genetischem Zusammenhang steht, besitzen wir zur Bethätigung der Diaphorese zahlreiche andere, dem Brechweinstein an Wirksamkeit nicht nachstehende und dabei die mit dem Gebrauch desselben verknüpften, im physiologischen Abschnitt wiederholt hervorgehobenen schädlichen Wirkungen nicht theilende Mittel.

B. Die nauseose Dosis des Brechweinsteins (0,01—0,06),

welche Ekelgefühl und bei wiederholter Darreichung Depression der Hirn- und Rückenmarksfunktionen, Herabsetzung der Erregbarkeit der peripheren motorischen Nerven, Verminderung der Reflexe, der Herzaktion und der Athmung bewirkt, erscheint a priori indicirt:

1. *bei Entzündungen innerer Organe, wo Puls- und Athemfrequenz vermindert und die Körpertemperatur herabgesetzt werden soll.* In erster Linie ist seit Peschier die acute Pneumonie mit Gaben von 0,02—0,04 Grm. in Wasser gelöstem Brechweinstein behandelt und vielfach auch geheilt worden. Seitdem indess die Thatsache, dass die uncomplicirte Pneumonie bei rein zuwartender Behandlung nicht nur in Genesung übergeht, sondern dass sogar dabei bessere Heilresultate, als durch Blutlässe und Brechweinstein erlangt werden, durch die Statistik über jeden Zweifel erhoben worden ist, hat man sich betreffs der Brechweinsteintherapie auf jugendliche, kräftige, zu ächter Plethora neigende Subjekte, welche auch einen Aderlass vertragen, und auf uncomplicirte, im ersten Stadium befindliche Fälle beschränkt. Die beste Anwendung findet sie daher noch bei der Landbevölkerung. Hauptbedingung der Anwendung ist, der örtlichen Wirkungen des Mittels auf die Schleimhäute wegen, das völlige Intaktsein des Darmtractus. Auch wo diese Voraussetzung zutrifft, *erregen die ersten Gaben gewöhnlich Erbrechen*, welches später, angeblich weil Gewöhnung an das Mittel zu Stande kommt, vielleicht auch, weil sich Subparalyse am Brechacte betheiligter, quergestreifter Muskeln entwickelt, auszubleiben pflegt. Aussicht auf Erfolg bietet sich dar, wenn bei dieser Medikation *Athem- und Pulsfrequenz rasch abnimmt;* wo das Gegentheil der Fall, oder das Erbrechen so hartnäckig ist, dass selbst ein Zusatz von Opium zu der wässrigen Brechweinsteinlösung nichts dagegen vermag, setze man das Mittel, welches ja doch bis auf ein Minimum mit dem Erbrochenen entleert wird, aus. Die Steigerung der Gaben auf 0,5—1,0 Grm. pro die, welche von Rasori auf Grund der längst unhaltbar gewordenen Lehre vom *Contrastimulus* in die Praxis eingeführt wurde, ist als gefährlicher Missbrauch mit Recht verlassen worden. Ist doch das Nichteintreffen gefahrdrohender Intoxikationserscheinungen nach Einverleibung eines Mittels von notorisch deletärer Wirkung noch lange kein Beweis dafür, dass dasselbe im concreten Falle überhaupt nicht geschadet, sondern vielmehr sogar genützt habe. Alles bezüglich der Pneumonie Angegebene findet auf Bronchitis, Pleuritis, Laryngitis, Pericarditis und acuten Gelenkrheumatismus ebenfalls Anwendung. Noch seltener wird

2. Brechweinstein in der mittleren Dosis gegenwärtig noch angewandt, *um deprimirend auf Hirn und Rückenmark zu wirken,* psychische Aufregung zu beseitigen und die abnorm gesteigerte Reflexerregbarkeit bei Psychosen (wie Manie, Satyriasis etc.) und bei Neurosen, wie Epilepsie, Chorea, Tetanus herabzusetzen. In der Psychiatrie hat Bromkalium in Verbindung mit Morphium oder Chloralhydrat selbst als deprimirendes und hypnotisches Mittel den Brechweinstein gegenwärtig so gut wie vollständig verdrängt. Nur betreffs des Delirium tremens möchte ich dieses Mittels ungern entbehren und kann Schroff's

Angaben über den wohlthätigen Einfluss desselben auf die excessive Erregbarkeit des Hirns nicht nur, sondern auch auf die Empfänglichkeit des letzteren für die schlafmachende Wirkung gegen Abend gereichter Opiumdosen durchaus bestätigen. Endlich ist Tartarus emeticus in der nauseosen Dosis auch,

3. um die Erregbarkeit der quergestreiften willkürlichen Muskeln stark herabzusetzen, sowie zur Erleichterung der Einrichtung von Luxationen oder der Taxis eingeklemmter Hernien, bei Muskelcontracturen, Muskelkrämpfen wie Trismus etc. angewandt worden. Rationell ist dieses Verfahren, sein Erfolg in praxi jedoch dergestalt problematisch, dass wohl kaum noch häufig davon Gebrauch gemacht wird.

C. Brechweinstein in emetischer Dosis (0,2 in 60 Wasser)

empfiehlt sich *bei intaktem Verhalten des Darmtractus* in allen (p. 221) angeführten, hier nicht zu wiederholenden Fällen, wo Brechmittel indicirt sind, deswegen, weil die wässrige Solution, von welcher erst die Hälfte und wenn kein Erbrechen eintritt, nach einer Viertelstunde die andere Hälfte zu nehmen ist, einen erträglichen Geschmack besitzt und auch Kindern leicht beizubringen ist. *Zusätze organischer Substanzen zum Brechweinstein schaden der Haltbarkeit* der chemischen Zusammensetzung desselben. Gerbstoffe, Säuren oder Alkalien enthaltende Medikamente dürfen aus obigem Grunde weder in Pulverform, noch in Lösung mit dem Tartarus emeticus combinirt werden. *Bei völlig unmöglichem Schlingen* hat man in dringlichen Fällen 0,2 — 0,4 in lauwarmem Wasser gelösten Brechweinsteins *in die Vena mediana eingespritzt.* Dieses Verfahren bleibt immerhin höchst gefährlich und ist besser durch subcutane Anwendung des Apomorphins zu ersetzen. Schroff schlägt *subcutane Beibringung von 0,06 Brechweinstein* mit 0,0012 Morphin in 20 Tropfen Wasser vor. In Pulverform verordnet man zum Brechen gewöhnlich 0,1 Brechweinstein mit 1,0—1,5 Radix Ipecacuanhae auf 2 Mal in Chamillenthee zu nehmen; vgl. p. 140.

Von der externen Anwendung des Brechweinsteins in Salbenform (1 : 4—8 Th. Fett; *Ung. tartari stibiati, Autenrieth'sche oder Martersalbe*), welche ehemals zur Ableitung von inneren Organen, z. B. bei Meningitis (auf die abrasirte Kopfschwarte), bei Manie (ebendahin oder hinter die Ohren), eingerieben und vielfach gemissbraucht wurde, ist kaum noch die Rede. *Mir sind Fälle, wo andere Rubefacientien contraindicirt gewesen wären und der Brechweinstein entschieden den Vorzug verdient hätte, nicht bekannt geworden.* Dagegen habe ich von Fällen, wo bei unvorsichtigem Gebrauch zu Nekrose der Scheitelbeine Anlass gegeben wurde, und wo bei Applikation der qu. Salbe gegen Keuchhusten in die Magengegend tiefgreifende Zerstörungen der daselbst belegenen Weichtheile und des Sternum bedingt wurden, zuverlässige Kenntniss erhalten.

Pharmaceutische Präparate:

1. Tartarus emeticus. Stibio-kali-tartaricum. Brechweinstein; Dosis: 0,003—0,01; Brechd sis: 0,2; Maximaldosis: 0,2—1,0 (über letztere vgl. oben bei Pneumonie p. 296).

2. Vinum stibiatum. (V. emeticum. Brechwein). Dosis: 5—20 Tropfen. Brechdosis für Kinder 1 Theelöffel: eine Viertelstunde nachdem dieselben die Brust genommen haben.

3. Ungt. tartari stibiati. Autenrieth'sche oder Martersalbe (1 Brechweinstein : 4 Fett). In bohnengrossen Stücken einzureiben.

Zur Verstärkung der Wirkung setzten Stanay und Bertius auf 50 Grm. von 3 noch 0,3 Quecksilbersublimat zn.

2. Liquor Stibii chlorati (Sb_2Cl_3). Antimonchlorid.

Diese durch Auflösen von Grauspiessglanzerz in Chlorwasserstoffsäure zu gewinnende, auch Antimonbutter (Butyrum Antimonii) genannte gelbliche Flüssigkeit ist als Auflösung von Antimonchlorid in Chlorwasserstoffsäure zu betrachten. Mit Wasser versetzt lässt sie ein weisses, Algarothpulver benanntes Präcipitat fallen, welches Antimonoxychlorür enthält und nach der Formel $SCCl + 5SCO_3$ zusammengesetzt ist. Die Antimonbutter dient lediglich noch *zum Aetzen vergifteter Wunden;* man trägt sie mit einem Asbestpinsel auf. Von einem tollen Hunde herstammende Wunden habe ich bei 3 Personen mit diesem Präparat unmittelbar nach erfolgtem Biss stark und wiederholt geätzt, ohne jedoch dem Ausbruch der Wasserscheu dadurch vorzubeugen. Hebra rühmt das Mittel bei Epitheliom.

3. Die Schwefelungsstufen des Antimons:

Stibium sulfuratum nigrum (schwarzer Schwefelantimon) Sb_2S_3. Stibium sulfuratum rubeum (Mineralkermes) $2 SbS_3 + SbO$ und Stibium sulfuratum aurantiacum (*orangerothes Schwefelantimon*) Sb_2S_5 halten in Bezug auf ihre Wichtigkeit mit dem Brechweinstein nicht im Entferntesten einen Vergleich aus. Von dem ersteren, *dem Schwefelspiessglanz,* welcher für den inneren Gebrauch *laevigirt* wird (daher *St. s. n. laevigatum),* kann man sogar mit Recht behaupten, dass er (früher zu 0,2—0,6 in Pulverform gebraucht) gegenwärtig obsolet ist. Etwas mehr wird, namentlich in Frankreich und Italien, vom Mineralkermes Anwendung gemacht. Derselbe wird durch zweistündiges Kochen 1 Theiles des vorigen mit 23 Th. kohlensauren Natrons und 25 Th. Wasser, Filtriren in ein heisses Wasser enthaltendes Gefäss und Absetzenlassen des sich beim Erkalten bildenden Niederschlages erhalten und ist von intensiv dunkelrother Farbe. Er galt für ein sehr kräftiges und zuverlässiges *Expectorans* bei Lungenaffektionen namentlich *älterer Personen,* bei welchen Lungenödem einzutreten droht. Zur Prophylaxe des letzteren combinirte man das Mittel mit Campher und Benzoësäure. Die Dosis war: 0,01—0,06. Mialhe's Behauptung, dass sich sowohl der Brechweinstein als die Schwefelverbindungen des Sb in Doppelchloride: $2 NaCl, Sb_2Cl_3$ u. s. w. umsetzen, ist, weil Antimonchlorid neben Wasser nicht bestehen kann, unrichtig.

Verhältnissmässig am häufigsten wird von den drei Schwefelverbindungen das orangerothe Schwefelantimon (*Goldschwefel*) *als Expectorans bei Lungenkatarrhen angewandt.* Leider ist dasselbe von nicht ganz gleichmässiger chemischer Zusammensetzung. Seine Wirkung ist um so intensiver, je reicher es an Antimonoxyd ist. Es resultirt beim *Auswaschen des Schlippe'schen Salzes* $(3\,NaS + SbS_5 + 18\,H_2O)$ — durch Behandlung krystall. kohlensauren Natrons mit Schwefel und schwarzem Schwefelantimon erhalten — *mit verdünnter Schwefelsäure.* Ueber seine Schicksale im Organismus, wie über seine Wirkungen auf letzteren wissen wir so gut wie nichts. Die Einen lassen ihn durch *Milch-* oder *Chlorwasserstoffsäure des Magens* theilweise *in* eine lösliche und *resorbirbare Antimonverbindung übergehen*, bez. *nur graduell vom Brechweinstein verschieden wirken*, während ihm Andere, sich auf die Analogie des völlig indifferenten Quecksilbersulfids (Zinnober; vgl. p. 288) beziehend, *überhaupt jede physiologische und therapeutische Wirkung absprechen.* Dass indess langer Gebrauch kleiner Dosen Goldschwefel Abmagerung unter vermehrter Secretion der Drüsen (auch der Bronchialdrüsen) bedingt — *also, wenngleich minder intensiv, wie Tart. emet. in refracta dosi wirkt* — steht ebenso fest, wie die fernere Thatsache, dass grosse Gaben des Mittels Erbrechen hervorrufen. Empirisch ist ermittelt, dass Goldschwefel, wenn er als Expectorans gebraucht werden soll, nur dann passt, wenn keine Complikation mit Magencatarrh besteht. Bellini lässt aber hierbei nicht die kleinen Mengen sich bildenden löslichen Antimonsalzes, sondern den sich im Darmcanal aus dem Schwefel des Mittels resultirenden Schwefelwasserstoff zur Geltung gelangen. Der Bildung des letztern adäquat nimmt die Menge der *Sulfate im Harn* zu. Die Dosis ist: 0,01—0,06.

III. Klasse:

Mittel, welche die Oxydationsvorgänge im Organismus unter Zunahme der Ernährung verlangsamen.

——— · ———

Die Mittel dieser Klasse finden sich als *„Stoffsparer"* (m. antidé-perditeurs) bezeichnet bereits bei den französischen Autoren zu einer Gruppe vereinigt vor. Sie enthalten in ihren Wirkungen, wie das Beispiel des Arseniks beweist, des Räthselhaften so viel, dass wir den letzten Grund für ihre die Ernährung verlangsamende Wirkung, aller angewandten Mühe ohnerachtet, noch immer nicht kennen. Arsen stellt ausserdem ganz ungezwungen das natürliche Bindeglied zwischen den Medikamenten der vorigen Ordnung (Quecksilber und Antimon) dar. Mit letzteren hat Arsen in chemischer Beziehung einerseits zwar Vieles gemein (freilich nicht mehr wie mit dem Metalloid: Phosphor), schliesst sich jedoch, zum klaren Beweis dafür, dass nach Abstammung und chemischer Zusammenziehung durchaus differente Mittel in nahezu gleicher Weise auf Stoffumsatz und Ernährung wirken können, andererseits auch dem Alkohol, Wein und Coffein auf das Innigste an. Wir glauben daher berechtigt zu sein, Arsenik vom Quecksilber und Antimon zu trennen, umsomehr, als ersteres von letzterem in folgenden 6 Punkten bezüglich der Wirkungen sehr bedeutend abweicht:

1. Die Angriffspunkte für die Nervenwirkung beider divergiren sehr weit, indem Arsenik das Centralnervensystem, Quecksilber und Antimon dagegen die zum Drüsenparenchym tretenden sensiblen Nerven in erster Linie beeinflussen;

2. Arsen lässt das Herznervensystem (Vagus, Sympathicus) im Gegensatz zu Quecksilber und Antimon völlig intakt;

3. Arsen reizt den Magen und zieht Lähmung der zum Splanchnicusgebiete gehörigen Vasomotoren des Unterleibes nach sich; Quecksilber und Antimon dagegen corrodiren die Schleimhaut des Darmtractus

und bringen die in Vorstehendem wiederholt erwähnte relative Blutleere der Gefässe zu Stande;

4. Arsen hat zum Organeiweiss keine, Antimon und Quecksilber haben dazu bedeutende Affinität;

5. Arsen längere Zeit in minimalen Gaben genommen ruft Fettleibigkeit, Antimon und Quecksilber unter gleichen Bedingungen rufen (wie Jod und Brom) Abmagerung hervor;

6. Arsen wird durch Galle, Harn, Speichel und Schweiss, Quecksilber und Antimon werden der Hauptsache nach von der Darmschleimhaut aus eliminirt.

XXVII. Arsenicum album. Acidum arsenicosum. Arsenik. Arsenige Säure.

Seiner Ableitung aus dem Arabischen nach bedeutet Arsenik ein *Gewürz*, speciell *Zimmet*. Derselbe war theils als gelbes, theils als rothes Sulphuret (Operment — ἀρσενικόν; Realgar) schon den Alten bekannt. Die Brahmanen wandten bereits Operment als Gegengift bei Schlangenbiss an; Rhazes gab dasselbe in Klystierform. Nachdem endlich auch die herumziehenden Medicaster des Mittelalters Intermittenten mit Arsenikpräparaten geheilt hatten, wurden zuerst von Slevogt und Harless, Fowler, Romberg, Isnard u. A. Indikationen für den medikamentösen Gebrauch dieser Präparate wissenschaftlich begründet. So ist es gekommen, dass das mit Recht gefürchtete wirksame Princip der von den Priestern unter frommer Aufschrift feilgebotenen Aqua Toffana ein bei richtiger Vorsicht in der Anwendung hochgeschätztes Heilmittel der später zu nennenden Krankheiten geworden ist. Soviel nun aber auch durch Experimente an Thieren und Beobachtung am Krankenbett über die Arsenwirkungen bekannt geworden ist, so sind wir doch immer noch ausser Stande, Indikationen für den therapeutischen Gebrauch dieses als Prototyp eines mineralischen Giftes mit Recht angesehenen Mittels wissenschaftlich zu begründen. Auch die wohlconstatirte Thatsache, dass längere Zeit methodisch kleine Mengen Arsenik einnehmende Menschen (die Arsenikesser Steiermarks) oder in gleicher Weise gefütterte Thiere, namentlich Pferde, wohlgenährt, kräftig und zum Ertragen von Strapatzen geschickter und leistungsfähiger werden und eine glättere Haut bez. ein glänzendes Fell bekommen, vermögen wir nicht zu erklären *).

---

*) Die Arsenikesser, meistens Männer, beginnen mit ganz kleinen Gaben und steigen ganz allmälig bis auf 0,15—0,3. Das ungestrafte Einführen grösserer Dosen erklärt sich wohl durch die bekannte Gewöhnung der Magenschleimhaut an vorsichtig gesteigerte starke Reizmittel; auch mag vielleicht die einfache, reizlose Alpenkost dabei nicht ohne Einfluss sein. Das Vermeiden der chronischen Intoxikation beruht wohl auf der Methode, in welcher das Gift genommen wird. Denn auf das Einnehmen der $As_2 O_3$ in Substanz folgen, wie auf kleine Dosen überhaupt, einerseits *nicht so leicht Allgemeinwirkungen*, als wenn dieselbe in Lösung einverleibt wird; andererseits aber wird das Gift in der Regel nicht ununterbrochen eingenommen, sondern dieses geschieht entweder einen Tag um den andern oder nur 1—2 Mal wöchentlich, oder endlich nur beim Wachsen des Mondes. Der Orga-

Die zu technischen und medikamentösen Zwecken für Europa allein alljährlich in vielen Tausenden von Centnern aus dem Arsenikkies dargestellte *arsenige Säure* (As_2O_3) kommt in weissen, an der Oberfläche emailleartigen, auf frischen Bruchflächen glasartig scheinenden bez. durchsichtigen Stücken, welche mit der Zeit *porzellanartig* werden, vor. Durch Auflösen in kochender Chlorwasserstoffsäure und Eindampfen zur Krystallisation wird die As_2O_3 in Form prismatischer, wohlausgebildeter Krystalle erhalten. *Nur die zuerst erwähnte Modifikation derselben in rein weissen Stücken ist für den Arzneigebrauch zulässig.* Die arsenige Säure dient zu letzterem gegenwärtig allein. Die Schwefelverbindungen äussern selbst nach Einführung sehr grosser Mengen nur unbedeutende Wirkungen auf den Organismus, während die Arsensäure (As_2O_5) etwas weniger intensiv als die arsenige Säure (*ihrem Arsengehalte adäquat*) wirkt und dem Arsenwasserstoff so stürmische toxische Wirkungen zukommen, dass von einer Anwendung desselben zu Heilzwecken überhaupt nicht die Rede sein kann. Die arsenige Säure betrachten wir daher als den Repräsentanten der Arsenikalien überhaupt und machen sie mit um so mehr Recht zum alleinigen Gegenstande unserer Betrachtungen, als sie — wenn auch noch immer nicht genügend — *doch am häufigsten experimentell untersucht* und in ihren hauptsächlichsten Wirkungen am allgemeinsten erkannt worden ist. Uebrigens sind wir, ebenso wie bezüglich der Quecksilberverbindungen, auch von den Arsenverbindungen berechtigt anzunehmen, dass sie insgesammt, und ins Besondere die arsenige und Arsen-Säure, die Organfunktionen in derselben Weise beeinflussen, *weil sie erst bei Berührung mit den Körperbestandtheilen in eine und dieselbe Verbindung verwandelt werden, welche (uns zur Zeit noch unbekannt) von der ursprünglich eingeführten grundverschieden ist. Es bestehen somit nur quantitative Unterschiede in der Wirkung;* Buchheim.

In chemischer Hinsicht schliesst sich das Arsen vielfach an die Metalle an, während seine Sauerstoffverbindungen grosse Aehnlichkeit mit den entsprechenden (ihnen in der Regel sogar isomeren) *Phosphorverbindungen* besitzen. Ein Hauptunterschied beider besteht indess darin, dass sich die Arverbindungen im thierischen Organismus *leicht in niedere Oxydationsstufen* verwandeln, während von denen des *Phosphors das Gegentheil* gilt. Die Phosphorsäure wird als solche resorbirt und elimi-

---

nismus hat somit während der Pausen Zeit, sich des eingeführten Giftes durch die verschiedenen Eliminationswege zu erledigen, deren Thätigkeit, wie Kreislauf und Stoffumsatz überhaupt, auch durch den Aufenthalt in der frischen leichten Gebirgsluft und die strapaziöse Lebensweise dieser Leute noch gesteigert sein mag. In manchen Gegenden werden während der Pausen auch Drastica genommen, welche die Elimination des Giftes ganz besonders begünstigen. Dennoch bleiben noch immer Fälle von Toleranz des Organismus dem täglich genommenen Mittel gegenüber übrig, für welche uns jedes Verständniss abgeht; Werber.

nirt, die niederen Oxydationsstufen dagegen werden beim Durchgang durch den Organismus in die höhere Stufe (*die Phosphorsäure*) verwandelt und als solche ausgeschieden. In der ferneren Thatsache, dass *metallischer Phosphor* schon in minimalen Mengen auf den thierischen Organismus *deletäre Wirkungen äussert*, während unterphosphorige und phosphorige Säure der Phosphorsäure analog wirken, die Arsenikalien dagegen, obwohl sie sämmtlich — wie gesagt — beim Verweilen im Thierkörper in dieselbe Verbindung übergehen, *die höchst intensive toxische Wirkung* bereits nach Einverleibung kleiner Mengen gemein haben, ist ein nicht minder wichtiger Unterschied zwischen Arsen- und Phosphorverbindungen und zugleich die bei *weitem grössere Gefährlichkeit der Arsenverbindungen* begründet!

Von sämmtlichen Metallen weicht endlich Arsen darin ab, dass seine Sauerstoffverbindungen zum Organeiweiss gar keine Affinität zu besitzen scheinen und somit namentlich die As_2O_3 weder im Blute, noch in anderen thierischen Flüssigkeiten palpable Veränderungen hervorruft. Ebenso wie diese Säure geschmacklos und ihre Einverleibung per os erst nach einiger Zeit von Brennen auf allen Theilen der Mundschleimhaut gefolgt ist, so treten auch nicht nur ihre giftigen Wirkungen auf den thierischen Organismus, sondern auch andere, elementare Wirkungen (z. B. die gährungwidrige der As_2O_3) viel langsamer ein, als die der ähnlich wirkenden Metallgifte, z. B. des Quecksilberchlorides. Diese Thatsachen dienen nicht nur der oben erwähnten Hypothese Buchheim's zur Stütze, sondern erklären zugleich auch, warum die arsenige Säure von jeher von dem feigen Giftmörder für die Erfüllung seiner lichtscheuen Zwecke besonders bevorzugt ist.

Ein Bild der Wirkungen kleiner, innerlich genommener Mengen (0,001—0,01) arseniger Säure auf den Menschen lässt sich in der Kürze wie folgt entworfen: nach Einverleibung der genannten Gaben werden ein leichtes Brennen im Oesophagus und Magen (welches nach 0,0075 Grm. sogar angenehm sein soll), gesteigerte, selbst in Hungergefühl ausartende Esslust und mässig vermehrter Durst empfunden und es kommt sehr bald zu reichlicher, weicher, aber nicht diarrhoischer Stuhlentleerung. Gesteigerte Muskelerregbarkeit giebt sich am Darm in lebhafterer Peristaltik und am Gefässsystem in gesteigerter Energie bez. kräftigerem Pulsiren und erhöhter Spannung der kleinen Arterien sowie in Zunahme der Pulsfrequenz kund. Die *Schweiss- und Speichel-*, ausnahmsweise auch die *Harnsecretion, sind vermehrt*, und der Speichel nimmt einen süsslichen Geschmack an. *Die Respiration wird beschleunigt* und die Körpertemperatur steigt (objektiv?). Dazu kommt eine Erregung des Nervensystems im Allgemeinen; *die Stimmung wird aufgeregter* und gemüthlicher; es herrscht mehr Lebendigkeit und Regelmässigkeit; Vogt. Ebenso wie die oben erwähnten Arsenikesser werden auch *mit kleinen Mengen Arsen gefütterte Thiere fett.* In Milch, Schweiss, Speichel, Urin und in den Knochen (in welchen der phosphorsaure Kalk durch isomeren arsensauren ersetzt wird) ist Arsen wiedergefunden worden. An Thieren wurde leider vorwiegend mit toxischen Dosen As_2O_3 experimentirt. Das hierbei Gefundene widerspricht dem nach kleinen Dosen am Menschen Beobachteten vielfach, was uns, sofern die *durch kleine Gaben eines Mittels hervorgerufene Reizung nervöser Centra nach Einverleibung grosser sehr schnell* (bez. so schnell, dass das Reizungsstadium sich der Beobachtung entzieht) *in Depression umzuschlagen pflegt,* nicht Wunder nehmen kann. Die Thierversuche ergaben daher auch bezüglich mehrerer wichtiger Punkte nichts weniger als übereinstimmende Resultate. Die verschieden hoch gegriffene *Dosirung* mag an diesen Divergenzen auch einen Theil der Schuld tragen.

Anscheinend von grosser Wichtigkeit ist die von Schmidt und Stürzwage gemachte Beobachtung der verminderten Kohlensäureausscheidung und des abnehmenden Harnstoffgehaltes des Harns nach Beibringung kleiner Arsendosen. Leider ist letztere von den späteren Experimentatoren nur theilweise (Lolliot) bestätigt gefunden worden, während andere Beobachter, wie von Böck und Focker, jede Aenderung der Stickstoffbilanz rundweg in Abrede stellen. Die von den Meisten constatirte *Temperaturabnahme* unter Arsenbeibringung würde sonach mit Sicherheit nur *auf verminderten Umsatz der Kohlenhydrate* unter den angegebenen Bedingungen zu beziehen sein.

Während ferner diese Verminderung des Oxydationsprocesses von Schmidt, Cunze u. A. mit der antifermentativen Wirkung des Arsens und die oben erwähnte Fettablagerung bei Arsen nehmenden Menschen und Thieren *mit der verminderten Verbrennung der Kohlenhydrate* in Zusammenhang gebracht wurde, sahen Munk und Leyden die von *Auflösung der rothen Blutkörperchen* durch im Blute enthaltene Arsensäure herrührende Ernährungsstörung als Ursache der Fettentartung, namentlich der drüsigen Organe, an. Saikowsky andererseits deutete die Fettentartung der Leber, Nieren u. s. w. als Produkt einer *chronischen Entzündung,* und liess letztere in einer, durch das As_2O_3 und Arsensäure enthaltende Blut bewirkten *Reizung des (Drüsen-)Parenchyms* begründet sein. Auf alle Fälle haben diese Verfettungen als Befund bei Arsenvergiftung und die auch beim Phosphorismus zu constatirende Gastroenteritis parenchymatosa, die Schwellung der Peyer'schen Darmfollikel, die Trübung und Verdickung der Darmschleimhaut, und der reisswasserähnliche, von Cholerapilzen strotzende Darminhalt ein vorwaltend *toxikologisches* Interesse.

Auf die bei acuter und chronischer Arsenvergiftung zu beobachtenden Erscheinungen genauer einzugehen, kann dem Zwecke dieses Grundrisses nicht entsprechen. Unter Verweisung auf die toxikologische und forensisch-chemische Literatur begnügen wir uns daher mit der nachstehenden präcisen Schilderung des Symptomencomplexes des acuten Arsenicismus, welcher, wie auch das in derartigen Fällen einzuschlagende Heilverfahren, dem Praktiker allerdings, will er nicht in grobe Irrthümer verfallen oder eventuell sogar wider Willen zur

Verdunkelung von Verbrechen beitragen, geläufig sein muss. Man kann zwei Formen des Verlaufs der acuten Arsenvergiftung, nämlich a) *die unter Cholera- bez.* *Gastroenteritissymptomen auftretende* und b) *die das Bild einer narkotischen Vergiftung vortäuschende Form*, bei welcher alle auf Mitleidenschaft des Darmcanals zu deutende Erscheinungen vermisst werden, unterscheiden.

Erstere Form ist charakterisirt durch Constriktionsgefühl im Halse, Salivation, intensive, sich vom Magen aus über den gesammten Unterleib verbreitende Schmerzen, Uebelkeit, heftiges, mit profusen Durchfällen alternirendes Erbrechen, Beimischung von Blut zu den Darmausleerungen und unstillbaren Durst, sowie durch kleinen, frequenten oder mehr härtlichen Puls, Verminderung der Diurese und (nicht selten) Blutgehalt des Harns. In lethal endenden Fällen wird hierauf das Bild des Choleraanfalls immer in die Augen springender. Die Vergifteten collabiren, zeigen Facies hippocratica, tiefliegende Augen, aphonische Stimme und einen sehr kleinen unregelmässigen Puls. Die Haut fühlt sich kühl und welk an, wird unempfindlich und unter Wadenkrämpfen, Stupor, Delirien und nicht selten unter Convulsionen tritt nach einigen Stunden oder 1—4 Tagen (seltener ebensovielen Wochen nach Einverleibung des Arsens) der Tod ein. Zuweilen wurde ein urticaria-artiger Hautausschlag an mit Arsen Vergifteten beobachtet.

Bei der *anderen, weit seltener vorkommenden Form* des Arsenicismus acutus fehlen, von minder stürmischem, die Scene eröffnendem Erbrechen abgesehen, an Cholera erinnernde Symptome gänzlich. Dahingegen ist von Anfang an Kopfschmerz mit starker Benommenheit, enormes Ohnmachtsgefühl, welches in Sopor übergeht, vorhanden, und unter Mydriasis, Delirien, Convulsionen und Fadenförmigwerden des Pulses kommt es zum tödtlichen Ende. Der wichtigsten pathologisch-anatomischen Befunde ist im Vorstehenden bereits gedacht worden. Es sind somit hier nur noch dunkele Röthung der oberflächlichsten Schichten der Magendarmschleimhaut, auffallende Füllung der Gefässe der Magenserosa und zahlreiche Ecchymosen hervorzuheben. Nachdem anfänglich die cadaveröse Fäulniss rascher als in der Norm vorgeschritten ist, tritt in sehr vielen Fällen von acuter Arsenvergiftung Mumifikation der Leichen ein.

Die Behandlung des acuten Arsenicismus erfordert, ehe man zur Darreichung des aus der Apotheke herbeizuschaffenden eigentlichen Antidots schreiten kann, möglichste *Einhüllung der in den Darmtractus gelangten arsenigen Säure* durch Trinkenlassen von Eiweisslösung, Milch etc. und womöglich Herausbeförderung des Gifts durch Kitzeln des Schlundes, durch reichliches Trinken von lauem Wasser oder Camillenthee, durch Brechmittel aus Ipecacuanha, oder durch Auswaschung des Mageninhalts mittelst der mit einer Schlundsonde à double courant verbundenen Magenpumpe. Als Antidot zur Bildung des schwerlöslichen, nicht corrodirenden und schwerresorbirbaren arsenigsauren Eisenoxydes, welches nicht durch Abführ-, sondern durch Brechmittel oder die Magenpumpe baldmöglichst herauszubefördern ist, eignen sich das *Antidotum Arsenici* Ph. Germ. und das *lösliche Eisenoxydsaccharat;* vgl. Eisenpräparate p. 124. Später wird gewöhnlich zur Beschränkung der Gastroenteritis die Anwendung von Opiaten nothwendig. Ein anderes beliebtes Antidot des Arsens *ist in Wasser suspendirte Magnesia usta;* vgl. Magnesia p. 199.*)

Kehren wir nun zu den charakteristischen Wirkungen medikamentöser Dosen As$_2$O$_3$ zurück, so werden wir bezüglich der Beeinflussung der einzelnen vitalen Funktionen noch einige Details kurz nachzutragen haben. Wir betrachten hierbei

1. die Oberhaut. In Substanz aufgebracht ruft As$_2$O$_3$ wegen ihrer Schwerlöslichkeit kaum Veränderungen hervor. *Concentrirte Lösungen* dagegen *erzeugen exsudative Dermatitis* unter Blasenbildung. Noch intensiver wirkt As$_2$O$_3$ auf Geschwürsflächen und der Epidermis beraubte Hautparthien überhaupt ein. Hier kommt es im Verlaufe einiger Stunden zu einer sich bis zu erheblicher Tiefe erstreckenden und den Ausgang in Brand nehmenden, hochgradigen Entzündung, welche man zur Zerstörung krankhaft veränderter Hautstellen durch Applikation der As$_2$O$_3$ — namentlich in Form der *Aetzpasta des Frère Cosme* (vgl. Pulvis Cosmi unter den Arsenpräparaten) — therapeutisch verwerthet hat. Zu bemerken ist endlich noch, dass hierbei, besonders lebhaft von Geschwürsflächen aus, eine *Aufsaugung arseniger Säure in solchen Mengen stattfindet, dass tödtlich ausgehende acute Arsenvergiftung die Folge davon sein kann.* Es ist also bezüglich der *Aetzungen von Geschwüren* die grösste *Vorsicht* nothwendig. Stets ist dafür Sorge zu tragen. dass durch Auflegen grösserer Mengen Aetzpaste eine sehr intensive Dermatitis hervorgerufen und somit durch Sistirung der Circulation in den in der Nähe der geätzten Hautparthie verlaufenden Blutgefässen der Resorption grösserer Mengen von As$_2$O$_3$ vorgebeugt wird. Die Applikation sparsamer, dünner Schichten As$_2$O$_3$ auf grössere Geschwürsflächen, wodurch geringe örtliche Entzündung und erhebliche Resorption der giftigen Säure zu Stande gebracht wird, ist zu meiden. Im Orient ist das *gelbe Sulphuret* des Arsens in Verbindung *mit Aetzkalk zur Epilation*

---

*) Ueber die dem Thema dieses Werkes streng genommen fernliegende chronische Arsenvergiftung bemerken wir nur in der Kürze, dass ihre ersten Symptome sind: Röthe und Trockenheit der Conjunctiva. des Schlundes und der Nase. Verdauungsbeschwerden, Cardialgien, ferner Hautausschläge. Ausfallen der Haare, Mattigkeit. Abmagerung, Wassersucht und hektisches Fieber, denen sich Formication und Lähmungserscheinungen zugesellen. Wo Arbeiter in Arsenikhütten unter diesen Erscheinungen erkranken, ist die Diagnose leichter zu stellen, als in Vergiftungsfällen. Die einzige Handhabe bildet alsdann das Auffinden des Arseniks im Harn.

und Behinderung des Haarwuchses an Stellen, wo derselbe nicht geliebt wird, viel gebräuchlich; der Aetzkalk, nicht das S. ist hierbei das Wirksame. — Von den Wirkungen des Arsens auf die Oberhaut gehen wir zu

2. der Beeinflussung, welche der Darmtractus nach Beibringung der As_2O_3 per os erfährt, über. *Die chemischen Veränderungen*, welche gen. Säure hierbei erleidet und die Natur der chemischen Verbindung, in welche sehr wahrscheinlich alle Arsenpräparate, um zur Wirkung zu gelangen, übergehen, sind, wie oben bereits bemerkt wurde, derzeit völlig unbekannt. *Kleine Mengen As_2O_3 regen die Esslust an*, was uns, sofern As nur die geformten, nicht die sogenannten chemischen Fermente vernichtet (Böhm und Schäfer), nicht Wunder nehmen kann. *Die Mengen* arsenigsaurer oder arsensaurer Salze, *welche vom Magen ohne Nachtheil tolerirt werden, stehen genau in demselben Verhältniss zu einander wie der Arsengehalt der eingeführten Präparate* (Sawitsch). Die rein dargestellten Arsensulphurete: Realgar und Auripigment — nicht die As_2O_3 enthaltenden käuflichen Verbindungen verhalten sich ihrer Unlöslichkeit wegen — analog dem Zinnober und Aethiops miner. (vgl. Quecksilber p. 281) — völlig indifferent. *Dagegen ist auch das metallische As*, welches wahrscheinlich zuvörderst im Magen in As_2O_3 verwandelt wird, *stark giftig und erzeugt die Cholera- und Gastroenteritissymptome.* Sofern auch nach Arsen-Applikation auf die Haut Speichelfluss zu Stande kommt und in allen Fällen eine Ausscheidung von As_2O_3 mit der Galle in das Duodenum stattfindet, kann von einer Elimination des gen. Mittels, wenn auch nicht vom Darmtractus selbst, so doch von seinen Drüsenanhängen aus die Rede sein; v. Schroff; Quincke. — Unter diesen Appendices ist

3. die Leber besonders hervorzuheben. Kleine Arsenmengen erhöhen die Blutcirculation in diesem Organe und *vermehren die Absonderung As_2O_3 haltiger Galle*. Liegt dagegen die Circulation, z. B. nach Vagusdiscision, darnieder und ist die glykogene Funktion der Leber mehr oder weniger vollständig sistirt, so wird die für kleine Mengen As_2O_3 vorauszusetzende (*bei Erhöhung der Dosis über die Norm in Paralyse umschlagende*) Reizung der vasomotorischen Nerven des Unterleibes Anregung der Circulation in der Leber und der Glykogenbildung zur Folge haben. Kleine Dosen As_2O_3 werden also bei Diabetes mellitus nützen, während grosse, Lähmung der Vasomotoren des Splanchnicusbezirkes erzeugende Dosen im Gegentheil schaden. Wenn sie auch nicht, wie Quecksilberchlorid (vgl. p. 284) oder Amylnitrit, Diabetes mellitus erzeugen, *so können sie doch dazu führen, dass gar kein Glykogen in der*

20*

Leber aufzufinden ist: Saikowsky. Von den Verfettungen der drüsigen Organe war oben die Rede.

4. Anlangend das Blut, so ist zwar der Uebergang des Arsens in dasselbe in einer uns unbekannten chemischen Verbindung, wie das Vorhandensein desselben in den Secreten beweist, sicher constatirt, über die qualitativen Veränderungen, welche das Blut erfährt, aber ist nichts bekannt. Arsen findet sich *stets im Blutkuchen, nicht im Serum* wieder. Cunze schloss aus der dunklen, schwärzlichrothen Farbe des dünnflüssigen und schwerer coagulirbar werdenden Blutes nach Arsenvergiftung, dass entweder die Polarisation des Sauerstoffs im arsenhaltigen Blut verhindert werde, oder gewisse Substanzen mit dem Arsen Verbindungen eingehen und hierdurch an Oxydirbarkeit einbüssen. *Auf die Blutkörperchen,* bez. deren Form *wirkt* $As_2 O_3$, was mit ihrer *fäulnisswidrigen* Eigenschaft im Zusammenhang steht, *conservirend.*

5. Eine Beeinflussung des Herznervensystems durch Arsenik wird von Böhm, während Sklarek eine von den *motorischen Herzganglien ausgehende Herzlähmung* statuirt, *in Abrede gestellt.* Dagegen nimmt Böhm eine *Verminderung der Leistungsfähigkeit* des von Saikowsky auch verfettet angetroffenen *Herzmuskels* an. In der Regel ziehen auch wiederholt gegebene kleine Mengen $As_2 O_3$ Zunahme der Frequenz der Herzschläge und später gleichmässige Abnahme der Energie derselben nach sich, womit sich bei Katzen Dyspnoe verbindet; Sklarek. Nach Cunze *modificirt $As_2 O_3$ die Absterbe-Erscheinungen des Herzmuskels* bei Kaninchen in der Weise, dass nach Injection von 0,01 $As_2 O_3$ in das Blut das Herz noch Stundenlang nach dem Tode fortschlägt. Böhm und Unterberger sahen nach Injektion von $As_2 O_3$ in die V. Jugularis bei Warmblütern *Pulsredardation* und *auf Lähmung der im Splanchnicusgebiete belegenen Gefässe zurückzuführendes,* bedeutendes *Sinken des Blutdrucks* eintreten. Ob aber diese, die im Bereiche des Sympathicus verlaufenden Gefässe nicht mit anbetreffende Lähmung auch schon nach medikamentösen Gaben $As_2 O_3$ zur Entwicklung kommt, ist noch die Frage. In eine Vene eingespritzt wirkt $As_2 O_3$ weniger intensiv, als vom Magen aus.

6. Bezüglich der Athmung ist zu bemerken, dass dieselbe nach Einführung kleiner Arsendosen leicht und frei, nach derjenigen grösserer Gaben dagegen retardirt und mühsam wird. *Kleine Dosen Arsen reizen, grosse lähmen den Vagus.* Die Aktivität der Athemmuskeln wird nach Dosen von 0,001—0,005 erhöht (Vaudrey) und auch nach Beibringung toxischer Gaben bleiben dieselben bis kurz vor dem Tode irritabel. Coryza, Brennen in der Nase, Neuralgia facialis. Stomatitis, Bronchitis

und Asthma sind nur nach unvorsichtigem Gebrauch toxischer Dosen Arsenik eintretende, nicht constante Vergiftungserscheinungen. •

7. Die Körpertemperatur sinkt nach Einverleibung von As_2O_3 in Dosen, welche Gefässerweiterung, Abnahme der Pulsfrequenz und Retardation der Athmung nach sich ziehen, consequent ab.

8. Die Beeinflussung des Nervensystems durch in die Blutbahn gelangtes As, welche bei der 2. Form des acuten Arsenicismus (vgl. p. 305) in augenfälligster Weise hervortritt, ist experimentell bisher nur von Sklarek (*an Fröschen*) studirt. Derselbe statuirt eine zu Abnahme der Empfindlichkeit für thermische und chemische Reize führende *Affektion des Rückenmarks, während die peripheren Nerven und die Muskeln ihre normale Erregbarkeit behalten.* Später geräth jedenfalls auch das Hirn in Mitleidenschaft, eine Thatsache, welche in den Versuchsresultaten Scolosuboff's, welcher bei acuter und chronischer Arsenvergiftung im Hirn und Rückenmark stets einen grösseren Arsengehalt als in den Muskeln und der Leber constatiren konnte, eine weitere Bestätigung findet.

9. Die früher behauptete Veränderung des Eiweissumsatzes bez. der Stickstoffausscheidung unter Einverleibung arseniger Säure hat v. Böck für medikamentöse Dosen dieses Mittels nicht bestätigt gefunden und Gäthgens und Kossel fanden sogar neuerdings nach Einverleibung toxischer Gaben arseniger Säure *die Stickstoffausscheidung vermehrt.* — Anlangend endlich

10. die Elimination des Arsens aus dem Organismus, so wird die Hauptmenge desselben durch den Harn ausgeschieden. Beim *Passiren der Nieren ruft Arsenik* nicht selten *Reizungserscheinungen hervor;* der Harn wird — auch nach Einathmung von Arsenwasserstoff — dunkler gefärbt, entweder durch Zersetzungsprodukte des Hämoglobins oder durch unverändertes, aus den Nierengefässen ausgetretenes Blut; J. Vogel. Ausserdem wird Arsen mit der Galle, der Milch und dem Schweisse ausgeschieden. Böhm fand Arsen nach subcutaner Injektion im Darminhalte, Mareska und Lardos fanden es in der Placenta vor. In gewissen Fällen hat man eine Deposition des Arsens in inneren Organen, namentlich in der Leber, noch einige Wochen nach Beibringung des Mittels beobachtet. Dass diese Zurückhaltung der gen. Substanz im Thierkörper jedoch, wie beim Blei, Quecksilber und anderen schweren Metallen die Regel und die schnelle Elimination des Arsens die Ausnahme sei, ist nichts weniger als bewiesen.

Dass sich rationelle Indikationen des therapeutischen Gebrauchs der As_2O_3 auf Grund des vorliegenden physiologischen Materials nicht construiren lassen und vielmehr, vielleicht die einzige Ausnahme der Arsentherapie des Diabetes mellitus nach

Leube abgerechnet, alles über den Nutzen des Arsens bei den alsbald zu nennenden Krankheiten Bekannte lediglich auf Empirie beruht, wurde Eingangs bereits angedeutet. Ehe wir zu dieser erfahrungsmässigen Verwerthung der As_2O_3 in Krankheiten übergehen, werden wir uns indess über die Contraindikationen der Anwendung eines so gefährlichen Mittels, wie des Arsens, ins Klare zu setzen haben. Den aufzustellenden Sätzen dienen theils die Resultate exakter physiologischer Versuche, theils klinische Beobachtungen zur Grundlage.

Contraindikationen des Arsengebrauchs in Krankheiten sind:

I. ausgesprochen leukophlegmatischer Habitus verbunden mit grosser Irritabilität, Schwäche und Unregelmässigkeiten der Blutvertheilung (dieser Zustand ist mit Anämie und nach erschöpfenden Krankheiten zurückbleibenden Schwächezuständen nicht zu verwechseln); Harless;

II. von sthenischem Fieber begleitete Entzündungen des Darmcanales, der Leber und der Lungen; ausgenommen hiervon sind nur die auf larvirte Intermittens zurückzuführenden Entzündungen; Harless;

III. sogenannte Unterleibsplethora höheren Grades; hier sind Tartarus depuratus und Chlorammon der Arsenbehandlung voranzuschicken; Harless;

IV. Hämoptysis und andere Blutungen aus inneren Organen; ausgenommen sind wie bei II. die typischen, auf Malariasiechthum zu beziehenden Blutungen;

V. entzündliche Reizung des Magens; Cardialgie rein nervösen oder chlorotischen Ursprungs mit Vomiturie verbunden contraindicirt Arsen nicht, sondern wird vielmehr dadurch häufig schneller als durch Wismuth geheilt; in allen Fällen muss selbstredend das Vorhandensein eines Ulcus ventriculi mit absoluter Sicherheit auszuschliessen sein;

VI. Chronische Durchfälle bei bestehender hochgradiger Irritabilität und Verdacht auf Vorhandensein von Darmgeschwüren oder Darmtuberkulose; Harless;

VII. die Schwangerschaft, ins Besondere bei zu Uterinblutungen und Abortus geneigten Frauen;

VIII. das Puerperium und die Lactationsperiode — As_2O_3 geht in die Milch über; Lewald;

IX. das zarte Kindesalter unter 6—7 Monaten; Harless. Andere, wie Isnard, behaupten dagegen, kein Lebensalter contraindicire den Arsengebrauch und kleine Kinder vertrügen $^1/_4$—$^3/_4$ mal grössere Gaben dieses Mittels als Erwachsene;

X. das Greisenalter, indem bei alten Leuten der Arsenik besonders leicht Verdauungsstörungen hervorrufen soll.

Im Allgemeinen wird der Rath v. Schroff's, die Anwendung eines so gefährlichen Mittels wie *des Arseniks auf diejenigen Fälle, wo sie durch die dringendste Noth erfordert wird, zu beschränken*, zu Recht bestehen bleiben. Die wenigen Krankheiten, wo vorsichtiger Arsengebrauch erfahrungsmässig Ausgezeichnetes leistet und häufig nicht umgangen werden kann, sind folgende:

1. **Chlorose und Anämie.** Wenn wir gleich in der von dem Lobrednern der Arsentherapie Isnard herrührenden Bezeichnung des Arsens als *„Neurosthenicum"* eine Erklärung der Wirkung dieses Mittels bei den genannten Krankheitszuständen nicht erblicken können, so müssen wir doch auf Grund eigener Erfahrung den in die Augen springenden günstigen Erfolg dieser Therapie in verzweifelten Fällen von Bleichsucht constatiren. Letztere ist nicht immer, wie vielfach angenommen wird, eine durch Kalbsbraten ebenso sicher wie durch Eisenmittel heilbare Krankheit der *Evolutionsperiode*, sondern kommt unter sehr bedrohlichen Symptomen wie Collaps, geistigen Störungen, i. B. Melancholie und Lähmungen (worunter selbst Amaurose), auch bei Frauen mittleren Alters vor.

Eine solche, Beamtenfrau, 38 Jahre alt, litt an ausgesprochener Chlorose mit Gefässgeräusch, Palpitationen, Cardialgie, Oedem der Knöchel, Amenorrhöe etc., machte in melancholischer Gemüthsstimmung einen Selbstmordversuch und hatte eine unüberwindliche Abneigung gegen ihre ehelichen Pflichten dem Manne gegenüber. Während eilfjährigen Zusammenlebens hatte Pat. nicht concipirt. An dem Gebärapparat, wie am Herzen, war nichts Abnormes zu entdecken. Eisenmittel neben passender Diät, Aufenthalt in Wald- und Bergluft etc. erwiesen sich völlig erfolglos. Ich schritt zur vorsichtig geleiteten Arsenmedikation ohne anfänglich irgend eine Besserung constatiren zu können. Der Mann der Pat. wurde in ein kleines Landstädtchen versetzt und kam mir dieselbe daher 2 Jahre lang aus den Augen. Als sie nach Halle zurückversetzt war, fand sie sich in Begleitung eines kräftigen, einjährigen Jungen bei mir ein. Sie selbst strotzte von Gesundheit, hatte das Kind selbst genährt und schrieb selbst ihre Genesung auf Rechnung der farb- und geschmacklosen Tropfen, welche sie mindestens ½ Jahr lang und bis der dortige, von mir avertirte Arzt den Weitergebrauch verbot, consequent fortgenommen hatte. War dieser Heileffekt der Hebung der Innervation, oder der Aufbesserung des Appetits und der Verdauung (vgl. p. 11 beim Eisen; Claude Bernard) durch das Arsen zu verdanken?

Ich theile diesen Fall nicht etwa mit, um Arsenik für die Behandlung der Chlorose als Specificum zu empfehlen. Weit entfernt hiervon, möchte ich den Gebrauch dieses gefährlichen Mittels laut Obigem nur auf die bedrohlichsten Fälle dieser Krankheit, in denen Eisen den Dienst versagt, eingeschränkt wissen.

2. **Ueber Diabetes mellitus** und Behandlung desselben mit Arsen liegen noch zu wenig zahlreiche Beobachtungen vor, um ein endgültiges Urtheil bilden zu können. **Trousseau und G. de Mussy** erklärten Arsen — auch in Form arsenhaltiger Mineralwässer und aus solchen bereiteter Bäder — für das sicherste Heilmittel des Rheumatismus

nodosus; T. verordnete 0.05 Kalium arsenicosum in 125 Wasser. Uns gehen über den Nutzen dieser Behandlungsweise bei Rh. nodosus und Gicht eigene Erfahrungen ab. — Dagegen haben wir

3. Arsenik gegen Malariaerkrankungen, bez. Intermittens und Intermittens larvata anzuwenden sehr oft Gelegenheit gehabt. Ebenso überflüssig wie der Streit, ob Goethe oder Schiller als Dichter grösser gewesen, ist es, die Frage zu ventiliren, ob Chinin oder Arsen das Wechselfieber sicherer heilen. Wie es Fälle von secundärer Lues giebt, welche dem Quecksilber trotzen und durch Jod geheilt werden, giebt es in Sumpfgegenden namentlich *nicht selten Intermittenten, welche sich dem Chinin gegenüber refraktär verhalten* (besonders bei Quartantypus!) und nach längerem Arsengebrauch (0,001—0,006 As_2O_3; nach Sistach bis auf 0,01, ja 0,05 ansteigend) zur Genesung gelangen. *Mit dem Arsengebrauch ist stets kräftige Kost, Wein und womöglich eine Ortsveränderung zu combiniren.*

Bei bestehendem, sogenanntem Status gastricus schicke man dem Arsen ein *Emeticum* voraus. Die Anwendung der As_2O_3 geschieht *in refracta dosi* so, dass die letzte Gabe spätestens 2 *Stunden vor* Eintritt des zu erwartenden *nächsten Paroxysmus* genommen wird. Bei grosser Irritabilität des Magens — welche übrigens auch die Applikation des Chinin per os verbietet — kann man As_2O_3 zu 0,001—0,01 (und mehr!) in Form von *Suppositorien* anwenden. In der Regel hört die Toleranz gegen das Mittel auf, sowie die Anfälle coupirt sind. Beansprucht die Arsentherapie in hartnäckigen oder verschleppten Fällen (in frischen leistet offenbar Chinin mehr) auch mehr Zeit für die Kur, so soll doch, nach übereinstimmender Angabe *auf grossen Beobachtungsziffern basirender Statistiken, die Zahl der Recidive bei Chininbehandlung grösser sein, als bei der mit Arsen. Letzteres Mittel passt* nach Isnard bei Intermittens besonders, wenn es sich um *junge, schwächliche, nervöse Individuen* handelt (biliöse Complication und Fortbestehen des Kopfschmerzes während der Apyrexie contraindicirt dagegen den Arsengebrauch). Arsenik *nützt mehr* als Chinin *bei perniciösen, im Herbst auftretenden* und solchen Intermittenten, wo während der *Apyrexie die Haut kühl* und blass und der Harn ebenfalls blass, sedimentlos und arm an Uraten ist. Ob diese Regeln ausnahmslos für alle Fälle von Intermittens passen mag dahingestellt bleiben.

4. Von Neuralgien und Neurosen erfordern in erster Linie diejenigen Arsenik, welche auf larvirter Intermittens beruhen. Aber auch die reine, *uncomplicirte Gastralgie* weicht sehr häufig, nachdem sie dem Wismuth, Silber, Mangansuperoxyd etc. getrotzt hat, dem vorsichtigen Gebrauch der Solutio Fowleri. Ich habe Notizen über derartige Fälle aus der Privatpraxis zu Dutzenden gesammelt; die Dosis der As_2O_3 ist 0,001—0,004. Selbstredend ist hierbei die Diät sehr streng zu regeln und zu überwachen. Unter den Neurosen erfahren *Asthma* zuweilen und die von Rheumatismus oder Chlorose in der Pubertätsentwicklung abhängige *Chorea* sehr häufig Besserung oder Heilung. Auch wo *Herz-*

klappenfehler als Ursache des Veitstanzes vorliegen und die Kranken demzufolge sehr heruntergekommen sind, ist der Erfolg der Arsenbehandlung
ein günstiger (13 Heilungen auf 14; Romberg). *Ausserdem soll nach
Aran die Arsentherapie bei Chorea im Vergleich mit anderen Mitteln,
wie Zink, Eisen, am schnellsten zur Heilung führen.* Aran liess 0,05
$As_2 O_3$ in 100 Wasser lösen und davon in summa einen Esslöffel pro die
nehmen.

5. Gegen Congestionen zum Hirn hat Lamarre-Piquot,
dem Isnard und Massart beipflichteten, minimale Dosen Arsen (längere
Zeit zu 0,004—0,01 pro die genommen) gerühmt. Die Erklärung dieser
Wirkung sind die genannten Autoren indess schuldig geblieben; man
könnte an die den Blutdruck herabsetzende Wirkung der $As_2 O_3$ denken.
— Weit sicherer ist der

6. bei sehr hartnäckigen Hautkrankheiten, *Lupus, Psoriasis,
Pityriasis, Lepra, Lichen, Eccema und Impetigo*, durch $As_2 O_3$ erzielte
Heilerfolg durch sehr zahlreiche Beobachter constatirt worden. Veiel
wandte bei 700 Hautkranken Arsen methodisch an, ohne je eine Vergiftung beobachtet zu haben. Stets sind die Symptome beginnender Intoxikation, wie Reizung der Nasen- und Luftröhrenschleimhaut, Verdauungsstörungen und Röthung der Conjunctiva bulbi, sorgsam zu beachten und
das Mittel, so wie sich auch nur eine Spur derselben zeigt, eine zeitlang
auszusetzen. Gegen Recidive schützt Arsen, wenngleich, bei *Psoriasis und
Eccem* namentlich, sehr oft schnelle und augenfällige Besserungen (zu
welchen ausserdem doch auch die gleichzeitig extern angewandten Mittel
beitragen) vorkommen, nicht. Da dasselbe von der Quecksilberkur der secundären Lues gilt, so möchten wir einen besonders grossen Vorwurf gegen
das zuerst genannte Mittel daraus nicht ableiten. Endlich ist vom Arsen
auch — mit schwankenderem Erfolge — gegen Krebs und Lym-
phome (Billroth) Gebrauch gemacht worden.

Aeusserlich wurde die $As_2 O_3$, wiewohl sie ein Aetzmittel im strengs-
ten Sinne des Wortes nicht ist, zum Aetzen vergifteter Wunden und
Verband von Krebsgeschwüren, Epitheliomen etc., Lupus, fungösen bez.
phagedänischen Geschwüren und Chankern angewandt. Viele geben zu
diesem Behuf noch immer dem Cosme'schen (modificirten) Aetzmittel (vgl.
unten: Präparate) den Vorzug. Dupuytren setzte 5—6 Theilen arseniger Säure 100 Th. Calomel zu. Endlich dient die $As_2 O_3$ zu Pasten,
bez. Plomben bei Zahncaries. Bequet mischt 1 Th. Acid. arsenicosum
mit 2 Th. Morphium aceticum und ebensoviel Kreosot, bringt die Paste
in die Aushöhlung des Zahns und bedeckt sie mit Mastix.

Pharmaceutische Präparate:

1. **Acidum arsenicosum**; weisser Arsenik. Dosis: 0,002—0,005; Maximal-dosis: 0,01 pro die. Zu Pillen: 0,2 Acid. arsen., 5,0 Amyli trit. Syrupi gummosi q. s. ut fiant pill. 100 (à 0,002).

2. **Liquor kali arsenicosi. Solutio Fowleri.** 1 Theil d. vorigen und ebensoviel Kali carbonic. in 88 Theilen destill. Wasser; Dosis: 2—10 Trpf. nach dem Essen; Max.-Dosis: 40 Trpf.; 2 Grm. pro die.

3. **Pulv. arsenicalis Cosmi**; Frère Cosme's Paste: 120 Th. Cinnabaris, 40 Th. arsenige Säure und 8 Thierkohle. Daraus aus 1 Th. mit 8 Th. Ungt. narcotico-balsamicum die Hellhound'sche Salbe.

4. **Pillulae asiaticae**: Arsenici albi 3,3; Piperis nigri 33,7 terentur paulatim per 4 dies in pulv. subtil. trit. in mortar. marmor.; dein misce cum gummi arabic. q. s. ut fiant pill. 800. Jede Pille enthält 0,0037 As_2O_3.

XXVIII. Alcohol. Alkohol. Weingeist. Vinum. *Wein.*

Der Alkohol (al-ka-hol: *sehr fein vertheilter Körper*): $C_4H_8O + HO = HOCH_2CH_3$ ist das Produkt der durch den Hefepilz vermittelten geistigen Gährung des unter Einwirkung der Diastase aus dem Stärkemehl hervorgehenden Trauben-zuckers.

180 Gew.-Theile Zucker ($C_6H_{13}O_6$) würden 51 Gew. Theile Alkohol ($2C_2H_6O$) + Kohlensäure ($2CO_2$)

liefern, wenn nicht als Nebenprodukte Fuselöl, Glycerin, Bernsteinsäure, Mannit etc. resultirten und hiermit die Ausbeute an Alkohol dergestalt herabsänke, dass man in praxi auf 2 Theile angewandten Zucker 1 Theil zu gewinnenden Alkohols rechnet. Ausserdem gehen in den abdestillirten Branntwein je nach dem Material: Maische, Melasse (Rübenzucker), Abfälle der Weinbereitung (*Cognac*), Pflaumen- und Kirsch-kerne, Wachholderbeeren (*Gin*) sowie andere flüchtige Stoffe über. Die so gewon-nenen Weine von 10—20%, Branntweine von 20—80%, Biere von 4—8%, die gegohrenen Fruchtsäfte u. s. w. haben vorwaltend als diätetische oder Genussmittel und sofern sie im Uebermaass genommen zu den verschiedenen Graden der Alkohol-vergiftung führen, Interesse. Officinell sind hiervon nur Vinum generosum album (*Rhein-W.*), V. generos. rubrum (*Bordeaux-W.*) und V. Xerense s. hispani-cum: *W. von Xeres, Malaga, spanischer Sekt.*

Wiewohl denselben bis zu einem gewissen Grade *temperaturherab-setzende* Eigenschaften innewohnen, werden sie doch als Antipyretica bei uns weit seltener, als die übrigen Mittel von gleicher Wirkung ange-wandt und dienen mehr als Unterstützungsmittel anderer, die Esslust befördernder, Anbildung und Ernährung erhöhender, desinficirender, antiparasitärer und den Eiterungsprocess aufhaltender Medikamente. Ab-gesehen von den oben berührten diätetischen, therapeutischen und toxiko-logischen Gesichtspunkten beansprucht der das wirksame Princip aller Weine, Branntweine u. s. w. bildende Alkohol, selbst in seinen verschie-denen unter den pharmaceutischen Präparaten aufzuführenden Concen-trationsgraden, auch deswegen Interesse, weil er für die *Darstellung einer grossen Anzahl* ätherische Oele, Alkaloide, Gerbstoffe, Metallsalze, Harze und Gummiharze enthaltender *Officinalformeln* nothwendig ist.

Der absolute Alkohol ist ein farbloses, leicht-flüssiges, selbst bei — 90° nicht erstarrendes Liquidum, welches sich unter eintretender Volumensverminderung mit Wasser in jedem Verhältniss mischt, bei 78,3° C. siedet und bei 15° C.: 0,79367 spec. Gewicht besitzt. Concentrirter Alkohol bringt Eiweiss zur Gerinnung und bedingt, indem er den Geweben begierig Wasser entzieht, Veränderungen derselben (v. Oberhaut unter II.). Aus letzterem Grunde verzögert er die Fäulniss organischer Körper; von anderen elementaren Wirkungen desselben wird weiter unten die Rede sein.

Alkohol ist durch Brennbarkeit und Geruch des zu diesem Behuf dargestellten *Destillates,* sowie *dadurch nachweisbar, dass letzteres in verdünnter englischer Schwefelsäure gelöstes Kaliumbichromat unter Grünfärbung reducirt.* Mit Schwefelsäure und kleinen Mengen eines essigsauren Salzes erhitzt, bewirkt Alkohol das Auftreten des Geruchs nach Essigäther. Wird das für den Alkoholnachweis bereitete Destillat bei 40° mit Platimohr behandelt, dann mit Natriumcarbonat genau neutralisirt und zur Trockniss eingedunstet, so restirt essigsaures Natron, welches mit einer Spur arseniger Säure erhitzt Kakodylgeruch entwickelt. Wird endlich die erwärmte Flüssigkeit erst mit Jod und sodann mit soviel Kali versetzt, dass eine farblose Lösung resultirt und zur Krystallisation gebracht, so scheiden sich gelbgefärbte Krystalle von Jodoform in Form sechsseitiger Tafeln und Sterne ab.

Von den physiologischen Wirkungen des Alkohols (und Weins etc.) werden uns, um den Rahmen eines Grundrisses nicht zu überschreiten, ausschliesslich die durch medikamentöse Gaben des gen. Mittels hervorgerufenen beschäftigen. Wir betrachten unter dieser Beschränkung

I. die *lokalen Wirkungen des Alkohols.* Wird absoluter Alkohol auf die lebende *Haut* gebracht, so erzeugt derselbe zufolge rascher Verdunstung ein Gefühl von Brennen und es soll selbst zu oberflächlicher Entzündung der Haut kommen können. Applikation verdünnten Alkohols auf die Haut zieht Verminderung der Schweisssecretion daselbst und Zusammenschrumpfen der qu. Haut selbst nach sich. Als flüchtiger Körper durchdringt Alkohol die Epidermis und gelangt, falls seine schnelle Verdunstung nach Aussen verhindert wird, zur Resorption.

Intensiver werden die *Schleimhäute des Auges*, *des Nahrungscanales* etc. durch selbst stark verdünnten Alkohol (20°) in der Weise beeinflusst, dass neben Brennen reflektorische Hypersecretion erfolgt. Nach Einführung medikamentöser Gaben verdünnten Alkohols kommt es zu Brennen und Wärmegefühl im Munde, Schlunde und in der Magengegend; die Schleimhäute des Darms sondern stärker ab und *die Peri-*

staltik wird vermehrt. Bedeutungsvoll für das Fortbestehen der Verdauung ist der Concentrationsgrad des per os eingeführten Alkohols deswegen, weil durch concentrirteren Alkohol die Eiweisskörper des Mageninhaltes coagulirt werden und die Galle bei Gegenwart der ersteren im Darm die Fähigkeit, den in das Duodenum gelangenden Speisebrei abzustumpfen und somit zur Bildung einer normalen Chylus beizutragen, einbüsst. *Die Grenze appetitmachender Gaben Alkohol ist 60 Grm. pro die.* Wird sie überschritten, so geht die Vermehrung der Verdauungssäfte und Anregung der Magenverdauung in das Gegentheil über. Mit den lokalen verbinden sich nach wiederholter Einführung mässiger Gaben Alkohol sympathische, bez. resorptive Wirkungen, wie Röthung des Gesichts, Injektion der Conjunctiva bulbi, Verstärkung des Pulses und der Athmung, erhöhtes Wärmegefühl der Haut, Sinken der Innentemperatur und — je nach der Concentration, dem Lebensalter, der Gewöhnung etc. — bald früher bald später: der Alkoholrausch, dessen Beschreibung wir uns ebenso, wie die der übrigen Erscheinungen der verschiedenen Stadien der Alkoholintoxikation durch grosse Gaben Alkohol versagen müssen. — Wir gehen vielmehr

II. zur Betrachtung *der elementaren Wirkungen des Alkoholds* über. Von der *Coagulation der Eiweisssubstanzen* durch A. war bereits oben die Rede; nachzutragen ist noch, dass der entstandene Niederschlag anfänglich in Wasser wieder auflöslich ist und erst bei längerem Stehen unter Alkohol in die unlösliche Modifikation übergeht, und zwar um so schneller, je concentrirter der Alkohol und je höher die Temperatur ist. Ebenso wird der Faserstoff verdichtet und Mucin- und Leimlösung durch Alkohol präcipitirt. Alle thierischen Gewebe schrumpfen in Alkohol in der Richtung ihrer Faserung ein. Muskeln und Nerven büssen hierbei ihre Erregbarkeit sofort ein.

Sehr merkwürdige Veränderungen erfährt das Blut beim Contakt mit Alkohol. Wird der Alkohol unter Umrühren vorsichtig zugetröpfelt, so wird nicht, wie auf Zusatz grösserer Mengen Alkohol Coagulation des Blutes bedingt, sondern zuvörderst Auflösung der rothen Zellen hervorgerufen und erst auf weiteren Zusatz findet in der lackfarbigen Flüssigkeit Fällung des Albumins und (bereits zersetzten) Hämoglobins statt.

Das auch nach Einverleibung per os (wobei es sich also um eine resorptive Wirkung handelt) dunkel erscheinende, beim Hinzutritt der atmosphärischen Luft jedoch wieder eine hellrothe Farbe annehmende Blut enthält den Sauerstoff fester an die rothen Blutkörperchen gebunden. Letztere zeigen dieser Aufspeicherung von Sauerstoff in denselben wegen eine Volumszunahme (Manassein), und mit Luft geschütteltes Blut giebt nach Alkoholzusatz seinen Sauerstoff, eben dieser verzögerten Sauerstoffabgabe seitens des Hämoglobins wegen, an reducirbare Substanzen weit schwerer ab, als ohne diesen; Schmiedeberg. Stets wird endlich, wie Sulsczynsky nachwies, ein Theil des zugesetzten Alkohols vom Blute so fest zurückgehalten, dass nur ein Bruchtheil desselben, welches bei Anwendung sauerstoffarmen Blutes grösser ist, als bei der von sauerstoffreichem, abdestillirbar. Hiernach wäre an das Vorsichgehen einer Oxydation zu denken. 'Endlich ist an dieser Stelle der *hemmenden Wirkung*, welche Alkohol *auf Gährungs- und Fäulnissprocesse* ausübt, mit wenigen Worten zu gedenken. Ohne diesen Einfluss des A. leugnen zu wollen, müssen wir doch darauf hinweisen, dass derselbe nur bei so starker Concentration zur Geltung gelangt (bei toxischen Dosen), dass alle von Binz u. A. gemachten Versuche, Modifikationen gewisser Körperfunktionen, namentlich der Wärmevertheilung, intra vitam zu deduciren, als verfehlt bezeichnet werden müssen.

Der *durch den Mund eingeführte Alkohol* wird von den Venen des Magens und grösstentheils auch von denen des Dünndarms aus *als solcher resorbirt*; Marvaud. Die Aufsaugung des A. wird durch einen grösseren Gehalt des Magen-Darminhaltes an schleim-, zucker- und fetthaltigen Stoffen und durch grössere Concentration des Alkohols verlangsamt. Dieselbe erfolgt ausser von der Magenmucosa auch vom Unterhautzellgewebe (Orfila), Wundflächen (Brodie) und von der Peritonealhöhle aus; Rayer. Im Blute wiesen zahlreiche Beobachter den Alkohol nach. Nur im Anfange wird (nach Einverleibung grösserer und den toxischen mehr oder weniger nahestehender Dosen) der Alkohol vorherrschend im Hirn angetroffen; Lallemand, Perrin, Duroy, Schulinus. Später ist die Vertheilung im Körper eine weit gleichmässigere und eine Beeinflussung aller nervösen Centra und sonstigen inneren, vom alkoholhaltigen Blute bespülten oder durchströmten Organe nachweislich. Die hierdurch gesetzten Erscheinungen fassen wir unter dem Namen

III. der *entfernten oder resorptiven Wirkungen des Alkohols* zusammen; dieselben sind aus den eben betrachteten Elementarwirkungen des A. nicht erklärbar, sondern auf Affektionen nervöser Centralorgane zurückzuführen, woraus es allein begreiflich wird, dass sie bereits bei einem sehr geringen Alkoholgehalte des Blutes und bei Abwesenheit jeder Spur elementarer Veränderungen (namentlich bei noch intakter Erregbarkeit der Muskeln und Nerven) zur Beobachtung kommen. Leider lassen die experimentellen Ermittelungen über diese Wirkungen noch viel zu wünschen übrig. Dieselben betreffen

1. das Gefässsystem. Der Blutdruck soll nach kleinen Gaben ansteigen, nach grossen, toxischen (uns hier nicht interessirenden) Gaben A. dagegen abfallen (zufolge gleichzeitiger Reizung der centralen Vagus-

enden und Paralysirung des musculomotorischen Apparates des Herzens;
Zimmerberg). Von der nach Beibringung medikamentöser Gaben zu
constatirenden Pulsbeschleunigung war bereits oben die Rede. Tsche-
schichin statuirte eine, das Absinken des Drucks (*unter Pulsbeschleunigung*)
erklärende Erweiterung der peripheren Arteriolen, welche nach ihm in der
ebenfalls oben bereits erwähnten Röthung des Antlitzes, Injektion der Conjunctiva bulbi ihren Ausdruck finden soll. Neumann fand die Hirngefässe
erweitert; die fernere Angabe dieses Forschers, dass die genannten Gefässe
nach Einverleibung sehr grosser Alkoholgaben eine Verengerung erfahren,
wollen wir dagegen, da es sich hierbei um ein Intoxikationssymptom
handeln würde, auf sich beruhen lassen. — Wir wenden uns weiter

2. der Athmung unter Alkoholeinfluss zu. Nach wiederholt gereichten kleinen und mässigen Gaben Alkohol wird dieselbe zufolge der
Reizung des respiratorischen Centrum bei Hunden sehr frequent; Marvaud. Bei Menschen tritt diese Veränderung weit weniger augenscheinlich auf und erst, wenn die hier nicht weiter zu erörternde Alkoholnarkose sich ausbildet, wird die Athmung dergestalt retardirt, dass
die Zahl der Respirationen auf 14—16 per Minute herabsinken kann;
Perrin. *Direkt in die Lungen gelangende Alkoholdämpfe reizen die
Lungenbläschen und sehr wahrscheinlich auch die Vagusäste in der
Lunge*, womit — bei starker Irritation dieser Endigungen — ebenfalls
Retardation der Athmung verknüpft sein kann.

3. Die Modifikationen der Wärmevertheilung nach Alkohol-
gebrauch finden in den bezüglich der Veränderungen, welche die Respiration erfährt, berichteten Thatsachen wenigstens eine theilweise Erklärung. Eine erhitzende Wirkung des genannten Mittels ist, wie weit
auch die Angaben über viele einschlägige Punkte auseinander gehen
mögen, zum Mindesten nicht mehr aufrecht zu halten. Das zur Annahme einer solchen Wirkung verführende Gefühl vermehrter Wärme
in Magen und Haut hat in einer Reizung der sensiblen Magennerven
und in der zufolge vermehrter Blutzufuhr zur Peripherie in der Haut entstehenden Erweiterung der Gefässe seinen Grund. Kleine Gaben verhalten
sich ganz indifferent, etwas grössere, eben noch nicht zu Alkoholrausch
führende dagegen bewirken, namentlich bei nicht an Alkohol gewöhnten
Individuen, Absinken der Körpertemperatur um 1°. Der weit stärkere
Temperaturabfall um 2° und mehr bei schwer betrunkenen, bez. im
2. Stadium der Alkoholnarkose befindlichen Personen hat lediglich
toxikologisches Interesse. Neben der vermehrten Wärmeabgabe an der
Peripherie unter Erschlaffung (bez. Erweiterung) der Arteriolen und der
gesteigerten Verdunstung zufolge vermehrter Schweissabsonderung, hat
man eine Herabsetzung der wärmebildenden Processe durch Alkohol für

die Erklärung der durch ihn bewirkten Temperatursenkung herangezogen. Doch sind die über angeblich verminderte CO_2-ausscheidung und den gleichfalls herabgesetzten Stickstoffumsatz gemachten Angaben noch sehr wenig übereinstimmend, abgesehen davon, dass eine Verminderung der Oxydationsvorgänge im Organismus vorliegenden Falls ebenso gut Folge, wie Ursache des Temperaturabfalls sein könnte; L. Hermann.

4. Für eine Verlangsamung des Stoffwechsels durch Alkohol scheint übrigens, mag es mit der Abnahme der Harnstoff- und Kohlensäureausscheidung seine Richtigkeit haben oder nicht, der *vermehrte Fettansatz* Zeugniss abzulegen, welcher sich schon nach längere Zeit fortgesetzter Einverleibung nicht-toxischer, bez. rauscherregender Alkoholgaben und bei gleichbleibender Nahrungseinnahme einstellt. Der Alkohol theilt diese Eigenschaft mit völlig heterogenen Substanzen, i. B. dem Phosphor und Arsen. Schmiedeberg bringt die festere Bindung des Sauerstoffs an die rothen Blutkörperchen unter Alkoholeinfluss (vgl. oben p. 316) damit in Zusammenhang. Zahlreicher, von Subbotin (welcher Alkohol lediglich als Reizmittel betrachtet) und Anderen gemachter Einwürfe ohnerachtet, dürfte vorläufig immer noch an der Annahme, dass Alkohol als stoffersparendes Mittel (*m. antidéperditeur*) wirken könne, festzuhalten sein; Marvaud.

5. Eine Beeinfluss des centralen Nervensystems durch Alkohol ist auch für kleine Gaben dieses Mittels sichergestellt. Letztere wirken erregend in erster Linie auf das Grosshirn, nach Flourens's Versuchen aber auch auf das Kleinhirn und das Rückenmark ein. Die Wirkung auf das Grosshirn spricht sich in vermehrtem körperlichem und geistigem Wohlbefinden, in rascherer Aufeinanderfolge der Vorstellungen und Bilder der Phantasie, in vermehrter Leistung der Muskeln und nicht selten in Erregung des Geschlechtstriebes aus. Steigert sich die Zahl der Einverleibungen kleiner Alkoholmengen, oder werden solche mit grossen vertauscht, so tritt unter Nachlass der Aufregung allmälig Alkoholrausch, gefolgt von Erscheinungen der Depression des Nervensystems ein, welche uns als toxische Symptome an dieser Stelle nicht beschäftigen dürfen. Die erwähnten sensorischen Wirkungen des Alkohols beruhen jedenfalls auf einer z. Z. unerklärten direkten Einwirkung des Mittels auf die Centralorgane, nicht auf durch den Alkohol hervorgerufenen Modifikationen der Blutvertheilung im Hirn, welche zum Mindesten auch nicht einmal mit nur annähernder Sicherheit nachgewiesen sind. — Endlich ist

6. der wichtige Einfluss, welchen der Alkohol auf die Vegetation übt, wenigstens mit einigen Worten hervorzuheben. Aus Gaulejac's einschlägigen Untersuchungen geht hervor, dass der Alkohol die Eiterung auf ein Minimum reducirt. In 34 Stunden sammelt sich auf den zuvor jauchende Wunden *eine so geringe Schicht Eiter* an, dass sie

von der Charpie leicht aufgesogen wird. Alkohol wirkt hierbei keineswegs kaustisch, sondern tritt der Zelltheilung, bez. Vermehrung der Eiterkörperchen hemmend entgegen. Anstatt der Leucocythen bildet sich junges Bindegewebe, und in eben dem Maasse, wie der entzündliche Process erlischt, schreitet die Narbebildung vor; Audhoui. Mit anderen Worten: Alkohol setzt die vegetative Thätigkeit herab.

Die *Elimination* des Alkohols mit der *Exspirationsluft und dem Urin* erfolgt stets langsamer als bei anderen nahestehenden Mitteln bez. Alkoholderivaten, wie dem Chloroform. Geringerer Atmosphärendruck und Temperaturerhöhung befördern die Elimination des Alkohols von den Lungen aus, weswegen auf hohen Gebirgen grössere Mengen A. nothwendig werden um Rausch zu erzeugen; v. Schlagintweit. Bei Einführung kleiner Alkoholmengen werden nur geringe Mengen als solche, bez. nicht als Kohlensäure und Wasser wieder ausgeschieden. In diesen Fällen ist auch auf Temperaturherabsetzung, deren Zustandekommen vielmehr den toxischen nahestehende Alkoholgaben beansprucht, nicht zu rechnen, wie auch von kleinen Dosen eine Verminderung der Harnstoffausscheidung mit Sicherheit nicht beobachtet worden ist. Die Herabsetzung der N-Ausscheidung ist selbst nach Einbringung grosser Alkoholmengen keine grosse und glaubt Zimmerberg, dass am Zustandekommen derselben nebenbei auch die verringerte Herzarbeit Schuld sei. Die von Duchek behauptete Ausscheidung des Alkohols als Aldehyd (von den Lungen aus) darf als widerlegt betrachtet werden. Grössere Mengen unveränderten Alkohols werden nur wenn toxische Gaben angewandt wurden in den Ausscheidungen angetroffen; Dupré, Thudichum. Aus vorstehenden physiologischen Betrachtungen ergeben sich ungezwungen folgende

Indikationen des Alkoholgebrauchs.

In medikamentösen Dosen wenden wir Alkohol oder besser, wo es geht, Wein an:

1. als die Hirnfunktion anregendes Mittel in Fällen von *Collaps* oder *bei bestehendem asthenischem Fieber, bei Typhus* etc. ganz nach Art der mit demselben oft verbundenen sogenannten *analeptischen* Mittel, wie der Ammoniakalien (vgl. p. 117), des Moschus (vgl. p. 123), des Campher's u. s. w.;

2. als die Ernährung aufbesserndes, roborirendes oder, wie man zu sagen pflegt, den Tonus erhöhendes Mittel, wenn es sich um durch lange dauernde Eiterungen oder andere Säfteverluste, Zehrfieber, durch atonische Durchfälle bei Typhus oder Ruhr heruntergekommene, um marastische, anämische oder wassersüchtige, zu passiven Blutflüssen geneigte und demzufolge collabirende Kranke, um Gelähmte oder an von Anämie abhängigen Krämpfen Leidende handelt.

3. Zur Belebung der Hautfunktion, bez. Erzielung von Hautkrisen bei der Behandlung acuter Exantheme, wie der Pocken u. s. w., wird Alkohol, wenn auch selten, angewandt. Weingeist-Dampfbäder, wobei der entkleidete Kranke in einem sogenannten Schwitzkasten sitzt,

leisten bei Wassersuchten, aber auch bei chronischem Rheumatismus vortreffliche Dienste.

4. Seine desinficirenden Wirkungen kommen bei der internen Behandlung der Lungengangrän und bei der externen des „Brandes der Alten" zur Geltung. — Noch immer discutabel ist

5. der therapeutische Effekt des Alkohols oder Weins als anti-pyretisches Mittel. Von der Thatsache, dass Alkohol bei fiebernden Thieren die Körpertemperatur herabsetzt, ausgehend, wurden von den Engländern Todd, Anstie, Beale etc. und von den Franzosen Béhier, Gingeot u. A. sehr grosse Gaben Alkohol oder Wein bei lokalisirten Entzündungen, wie Pneumonien, Gesichtsrose, Gelenkrheumatismus, Ty-phus, Intermittens etc., empfohlen und thatsächlich angewandt. Die Gaben wurden bis ins Unglaubliche (300 Grm.—1 Quart Brandy, 4 Fla-schen Portwein in 24 Stunden für Erwachsene, 180 Grm. Portwein bis $^{1}/_{4}$ Flasche Cap Constantia für Kinder) gesteigert und — die Heilerfolge waren günstige. Obgleich diese Kurmethode auch in Deutschland Ver-theidiger gefunden hat, so hat sie doch bisher noch keinen festen Fuss fassen können. Dass es sich hierbei um toxische Dosen handelt, kann selbst durch des vortrefflichen Anstie's Behauptung, wonach der Alkohol vorliegenden Falles die Rolle eines Nahrungsmittel spiele und daher voll-ständig in CO_2 und H_2O oxydirt werde, während er da, wo er toxisch wirke, als solcher in den Ausscheidungen angetroffen werde, nicht ent-kräftet werden. Die Akten über diese Frage sind eben noch nicht ge-schlossen, wenngleich es wohl keinem Zweifel unterliegen dürfte, dass beim Bestehen aktiver Congestivszustände (zum Hirn, zu den Lungen etc.) das in Rede stehende Verfahren sehr ernsthafte Gefahren für den Kranken involviren muss.

Dass *die Alkoholbehandlung in sehr verzweifelten Fällen Rettung bringen kann,* will ich, da mir selbst Beispiele dieser Art in praxi vorgekommen sind, am wenigsten bestreiten. Der behandelnde Arzt wird es eben im concreten Falle mit sich abzumachen haben, ob er sich dieser Methode, welche stets energisch und con-sequent durchgeführt werden muss, bedienen, oder ob er sich, nachdem Chinin, Hydro-therapie u. s. w. — wie solches immerhin vorkommt — im Stiche gelassen haben, expectativ verhalten will. Bis zum Eintritt des ausgesprochenen Collapsus, wie Tweedie empfiehlt, braucht man nicht zu warten, wenngleich auch, wenn erst am 2. oder 3. Tage der Krankheit mit den grossen Alkoholgaben begonnen wird — energische Fortsetzung der Kur vorausgesetzt — noch nichts verloren ist. Fünfzig bis 70 Grm. Alkohol, bez. Branntwein, oder, wo man es haben kann, Wein sind die mittle Tagesdosis; man darf zu einer Flasche Portwein aufsteigen. Ueber die unter Beibringung entsprechender Gaben Alkohol oder Wein bei Pneumonie der Kinder er-zielten Erfolge gehen mir eigene Erfahrungen ab; die Angaben der französischen Aerzte lauten sehr günstig. Namentlich bei Diphtheritis beobachteten Bricheteau, Chapman Wanner u. A. von Wein (1 Theelöffel pro Stunde) mit oder ohne Zusatz von Alaun oder Chinin sehr günstige Erfolge. Ein roborirendes Verfahren, Beaf, Eidotter, Bouillon und Wein in mässigen Gaben, ist auch von den Nichtverfechtern der Alkoholtherapie gegen Diphtherie wohl allgemein acceptirt.

6. Endlich ist unter den internen Anwendungen des Alkohols die Pneumonie der Säufer hervorzuheben. Schon die älteren Kliniker, namentlich die, welchen die Erfahrungen in den Lazarethen während der Freiheitskriege zu Gute gekommen waren, wie P. Krukenberg, legten besonderes Gewicht darauf, dass notorischen, an Pneumonie oder anderen entzündlichen Leiden erkrankten Säufern ihr gewohntes Reizmittel nicht entzogen werden darf. Mit einer Alkoholbehandlung ist indess diese vorwiegend diätetische Maassnahme keinesweges zusammenzuwerfen. Man lässt die erforderlich werdenden Medikamente in derartigen Fällen, um den Darmtractus für ihre Resorption zugänglicher zu machen, in Alkohol lösen, bez. verordnet die wirksame Bestandtheile der gen. Droguen enthaltenden Tincturen und medikamentösen Weine. Häufiger als intern, wird

Alkohol in chirurgischen Krankheiten

angewandt. Derselbe erfüllt hierbei folgende Heilindikationen:

a. die eines *lokal-irritirenden und ableitenden Mittels.* Längere Zeit auf eine und dieselbe Stelle der Oberhaut applicirt, erzeugt Alkohol eine Eschara. Nélaton liess daher in Alkohol getränktes Amylum mit Rollbinden und Heftpflastertouren auf sogenannte Ganglien oder Ueberbeine auflegen. Nach 8—10 maliger Wiederholung dieses Verfahrens sah er die Wasseransammlung in der Sehnenscheide schwinden. Auch Hypertrophie der Mammae und Cephalhämatome wollen Brodie, Deville, Bruns u. A. durch consequente Applikation in Alkohol getauchter Compressen geheilt haben. Die *Erzeugung adhäsiver Entzündung* durch Injektion von Alkohol in die Scheidenhaut des Hodens zur Radikalkur der Hydrocele war ein früher mehr als gegenwärtig geübtes Verfahren. — Alkohol dient ferner

b. als *sensibilitätherabsetzendes, die Gewebe zur Contraktion bringendes und zugleich die Absonderungen beschränkendes Mittel.* Das Auflegen von mit Franzbranntwein getränkten Compressen während der letzten Monate der Schwangerschaft auf die Mammae. um die Brustwarzen weniger irritabel und zu Entzündung prädisponirt zu machen; ferner die Injektionen mit durch 6—8 Theile Wasser verdünntem Branntwein bei Tripper und die Behandlung von Augenblenorrhöen mit Alkohol nach Gosselin gehören hierher. — Von grösster Bedeutung ist ferner

c. die Anwendung des Alkohols und Weins *als die Vegetationsvorgänge beschränkendes Mittel.* Wo bereits Exsudation in die Haut erfolgt ist gelingt es, *die Eiterbildung zu sistiren;* so bei Erysipelas

(60 Theile Kornbranntwein [15° Baumé] mit 500 Wasser), bei Verbrennung ersten Grades und Furunkulose.

d. *Die unter b und c erwähnten Indikationen mit Desinfektion combinirt* erfüllt Alkohol bez. Wein seit den Tagen des barmherzigen Samariters beim Verbande von Wunden. In derartigen Fällen wird den alkoholischen Mitteln Campher (vgl. p. 182) zugesetzt oder sie werden mit ätherischen Oelen vermischt; vgl. Arquebusade p. 139.

Von Injektionen verdünnten Alkohols in das Parenchym gutartiger Geschwülste ist gegenwärtig nur wenig noch die Rede. *Inhalationen* von Alkoholdämpfen sind gegen paralytische Zustände der Bronchi versucht worden. Sie erfordern ebenso wie *die Weingeistdampfbäder* im Schwitzkasten (vgl. oben p. 320) bei Gelähmten die grösste Vorsicht.

Pharmaceutische Präparate:

1) Spiritus (vini) rectificatissimus (Alcohol vini); höchst rectificirter Weingeist; von 0,830—0,834 spez. G. (90—91%). Nur für die Darstellung der Tincturen aus resinösen Droguen und, wenn Wein nicht beschafft werden kann, für die oben unter 5 (p. 321) erwähnte Alkoholbehandlung im Gebrauch; stets verdünnt zu 30—80 Grm. pro die in Schleim oder Syrup.

2) Spiritus (v.) dilutus. Sp. vini rectificatus; 7 Theile des vorigen mit 3 Th. Wasser verdünnt; enthält etwa 63°/₀ Alkohol; von 0,892 spez. Gew.; nur zu pharmac. Präparaten.

Anhang.

Uebersicht der Weinsorten nach ihrem Alkoholgehalt:

	Alkohol:		Alkohol:
1. Wein von Marsala mit	24,09 %	14. Malvasir v. Madeira mit	16,40°/₀
2. „ „ Lissa „	23,41 „	15. Lunel „	15,52 „
3. „ „ Oporto „	23,39 „	16. Bordeauxwein „	15,10 „
4. „ „ Madeira „	22,27 „	17. Burgunderwein „	14,57 „
5. „ „ Teneriffa „	19,79 „	18. Haut Sauterne „	14,22 „
6. Cap Constantia (weiss) „	19,75 „	19. Champagner „	13,80 „
7. Lacrymae Christi „	19,70 „	20. Frontignan „	12,89 „
8. Wein von Xeres „	19,17 „	21. Champagner (mouss.) „	12,61 „
9. Cap Constantia (roth) „	18,92 „	22. Côte-Rôtie „	12,32 „
10. Capwein „	18,25 „	23. Graves „	12,27 „
11. Roussillon „	18,13 „	24. Rheinweine „	12,08 „
12. Malaga „	17,26 „	25. Tokayerwein „	9,88 „
13. Eremitage blanc „	17,26 „		

(Nach Trousseau und Pidoux.)

XXIX. Coffeïnum (*Theinum*). Kaffeïn. *Pasta Guarana.*

Dieses nach der empirischen Formel: $C_8H_{10}N_4O_2$ oder der rationellen:
$$\left. \begin{array}{l} 2\,CN \\ CO \\ C_3H_4O \\ 2\,CH_3 \end{array} \right\} N_2$$

zusammengesetzte Alkaloid wurde zuert 1820 aus den Samen der Rubiacee Coffea
arabica von Runge, aus dem Thee (Thea bohea; *Camelliaceae*) von Mulder
und Jobst, aus der Pasta Guarana von Paullinia sorbilis (*Sapindaceae*)
von Martius, Berthemot u. A., aus dem Paraguay-Thee oder Maté (von *Ilex
paraguayensis*; Aquifoliaceae) von Stenhouse und aus den Gurunüssen (von Cola
acuminata; Sterculiaceae) von Attfield isolirt.

Als Material der Darstellung dienen in der Regel innig mit Kalkhydrat ver-
riebene und gepulverte (selbstredend ungebrannte) Kaffeebohnen, welche im Verdrängungsapparate mit Alkohol, Benzol oder Chloroform behandelt werden. Von
dem Extrakt wird das qu. Menstruum abdestillirt, der Rückstand zur Abscheidung des
Fettes in Wasser aufgenommen, das wässrige Filtrat eingedampft und der resultirende
Krystallbrei zwischen Papier abgepresst und durch Thierkohle und Umkrystallisiren
aus absolutem Alkohol gereinigt.

Das in langen, dünnen, seidenglänzenden, prismatischen Nadeln anschiessende reine Kaffein ist in 98 Th. kalten Wassers, in absolutem Alkohol, Aether, Chloroform und Benzol löslich, sublimirt bei 224°, schmeckt
sehr bitter und bläut rothes Lackmuspapier. Mit Chlorwasser verdampft
und mit Ammoniak befeuchtet giebt es eine charakteristische purpurrothe Farbenreaktion. Im Kaffee kommen neben dem Alkaloide, Kaliumsalze und Kaffeegerbsäure zur Wirkung. Pasta Guarana zeigt die
Kaffeïnwirkung am wenigsten modificirt. In unseren Kenntnissen über
die physiologischen Wirkungen des Kaffeïn machen sich noch mannig-
fache Lücken bemerklich. Während die Verdauungsfunktionen nur bei
Anwendung sehr grosser Dosen unter Eintritt von Speichelfluss und vermehrtem Abfluss von Galle in das Duodenum erhöht werden, treten die
in erster Linie auf die Centralorgane des Nervensystems gerichteten entfernten Wirkungen schon nach mässigen Kaffeïndosen in den Vordergrund. Unter Beschleunigung und Verstärkung des Herzschlages stellt
sich psychische, bei kleinen Gaben mit Schlaflosigkeit verbundene, bei
grösseren sich zu einem Rausch steigernde psychische Erregung ein. Anfänglich findet, während jedes Ermüdungsgefühl unterdrückt ist, die Phantasie erregt, die Geschicktheit zu geistiger Arbeit erhöht wird, eine sich
auch in Erscheinungen von Congestionen zum Hirn, Flimmern vor den
Augen, Ohrensausen, Unruhe, Kopfweh, selbst Funkensehen, Gesichtshallucinationen, Delirien, Erectionen documentirende Reizung der Hirnfunktionen statt, und später erst macht dieselbe der Ermüdung und
Depression (ausgesprochen in Müdigkeit, Unfähigkeit zum Nachdenken
und Schlaf) Platz. Bei vielen Gesunden beeinflusst Kaffein die intellec-
tuelle Sphäre mehr, als die Phantasie. Wiederholt ist nach Kaffeïn-

gebrauch Mydriasis beobachtet worden; bei grossen Dosen steigert sich der Hirnreiz zuweilen bis zur Hervorrufung von Erbrechen. Ob der Grund dieser Erscheinung in einer durch das Kaffein bedingten Modifikation der Blutvertheilung im Hirn, oder in einer specifischen Wirkung des in der Blutbahn kreisenden Alkaloides auf die nervösen Elemente zu suchen ist, muss dahingestellt bleiben. Die Empfänglichkeit für die Kaffeinwirkung ist beim Menschen individuell verschieden. Es ist für Manche die Dosis von 1,5 Grm. noch gefahrlos.

Ausser dem Hirn wird — bei Fröschen besonders in die Augen springend — auch die Reflexfunktion des Rückenmarks in so enormer, an die durch Strychnin bedingte Reizung erinnernder Weise erhöht, dass jede Berührung und Lageveränderung von tetanischen Erschütterungen gefolgt sein kann. Diese, mit Acceleration der Athmung und des Herzschlages (Palpitationen) und Ansteigen sowohl des Blutdrucks als der Temperatur Hand in Hand gehende Rückenmarksreizung macht später von Athem- und Pulsretardation, Absinken des Blutdrucks und der Temperatur und von Herabsetzung der Reflexerregbarkeit begleiteter Depression der Functionen des gen. Organes Platz. Nach Meihuizen *soll auch während des Depressionsstadium Erhöhung der Erregbarkeit durch mechanische Reize fortbestehen.*

Man würde indess Unrecht thuen, wollte man die erwähnten Excitations- und Depressionserscheinungen in der Kreislaufs- und Athmungssphäre einzig und allein auf die von Depression gefolgte Reizung des Rückenmarks zurückführen. Denn es ergiebt sich aus den von Voit, Pratt und Johannsen angestellten und von Buchheim-Eisenmenger myographisch bestätigten Versuchen, dass eine specifische, auf grosser Affinität des Muskeleiweisses zum Kaffein beruhende und in Starre*) sich äussernde Beeinflussung der Muskelfasern besteht, was besonders prägnant bei Fröschen beobachtet worden ist. Die Zuckung des einem mit Kaffein vergifteten Frosche entnommenen Muskels erscheint daher, ähnlich wie bei Antiarin, Veratrin etc., stark verlängert; Buchheim und Eisenmenger, Schmiedeberg erklärt den beim Eintritt dieser Mukelstarre nach Kaffeinvergiftung verlaufenden Process mit dem der Todtenstarre zu Grunde liegenden für identisch. Von der durch Coffein bewirkten tetanischen Starre ist die eben erwähnte dadurch leicht unterscheidbar, dass sie auch nach Halsmark- und Nervendiscision, also unabhängig von den erregbar bleibenden peripheren Nerven sowohl, als von Verengerung oder Dilatation

---

*) Eine Lösung von 0,00025 Kaffein auf 1 Cubcmtr. Wasser genügt, um in mit halbprocentiger Chlornatriumlösung befeuchteten (Frosch-) Muskeln tiefgreifende Veränderungen, wie: Verlust der Querstreifung, Abhebung des Sarkolemm's und Contraktion der Fibrillen bis zur Hälfte hervorzurufen.

der in den Muskeln verlaufenden Gefässe zu Stande kommt. Am spä-
testen nach Einverleibung des Kaffein per os ergreift diese Starre den
Herzmuskel, dessen Leistungsfähigkeit dabei, wie das hiermit verknüpfte
Absinken des Blutdrucks beweist, beeinträchtigt wird.

Im Uebrigen weicht das Bild der nach Coffeinvergiftung bei Kalt-
blütern auftretenden Erscheinungen von dem an Warmblütern beobachteten so wesentlich ab, dass letzteres nur unvollständig erklärt werden kann. Auch Warmblüter zeigen, während sich (nach Injektion des
Giftes in die V. jugularis) den Strychninkrämpfen ähnliche und durch
künstliche Respiration zu sistirende Convulsionen einstellen, Beschleunigung des Herzschlages und Absinken (Ansteigen nach Leven) des Blutdrucks; Aubert. Die Acceleration ist, da sie auch nach zuvor ausgeführter
Vagusdiscision beobachtet wird, von Vaguslähmung unabhängig; Aubert.
Nach Voit ist ausser der oben erwähnten Starre des Herzmuskels auch
Gefässlähmung (welcher dieser Forscher einen Antheil an der Muskel-
veränderung zuschreibt — vgl. dagegen oben) am Absinken des Blutdrucks betheiligt. Vollständige Uebereinstimmung über die beregten
Punkte herbeizuführen sind die bisher gemachten Thierversuche, wie wir
bereits p. 324 andeuteten, z. Z. noch nicht ausreichend. Die Temperatur und nach Koschlakoff die Harnabscheidung werden durch Kaffein
vorübergehend gesteigert; letztere Wirkung ist zur Zeit, da der arterielle
Seitendruck absinkt, aus den Resultaten der vorliegenden Manometerversuche nicht erklärlich. Das Kaffein wird, grösstentheils wenigstens,
unverändert mit dem Harn ausgeschieden.

Das dem Coffein auch chemisch nahestehende Theobromin ($C_7H_8N_4O_2$)
wirkt ersterem nach A. Mitscherlich völlig analog, zeigt Chlorreaction und modificirt die Zuckungscurve des Froschmuskels genau in der vom Coffein angegebenen
Weise.

Aus Obigem resultiren die folgenden Indikationen des Coffein-
gebrauchs in nachstehenden Fällen:

1. *Anwendung des C. als den Blutgehalt des Hirns in vortheilhafter Weise modificirendes* oder 2. als *die Hirnfunktionen erregendes Mittel* (weswegen bei Opiumnarkose starkes Kaffeeabsud als Antidot gereicht
wird); ferner 3. *als die Erregbarkeit der peripheren sensiblen Nerven —*
bei direktem Contact mit letzteren — *herabsetzendes Mittel* (weswegen
subcutane Injectionen von Coffein gegen Neuralgien, namentlich N. occi-
pitalis versucht worden sind); oder 4. als *Diureticum* (weswegen ein Mace-
rationsinfus ungebrannter Kaffeebohnen gegen Hydrops gerühmt wird; oder
endlich 5. als *Antitypicum* (worauf Trousseau den gleich zu erwähnenden,
sicher constatirten Heileffekt des Mittels der Migräne gegenüber zurückführen will. Nur die erste dieser Indikationen ist durch die klinische

Beobachtung des letzten Jahrzehnts sanktionirt worden. Gegen die vielfach auf Gefässkrampf und davon abhängige Hirnanämie zurückgeführte
Migräne ist seit van den Corputs, Hannon's und W. Reil's Empfehlungen von dem periphere Gefässdilatation bedingenden Coffein (*vgl.
oben p.* 326) und zwar vom Coffeinum citricum oder der coffeinreichen,
in ihrem Vaterlande wie Chokolade als Genussmittel gebrauchten Pasta
Guarana vielfach — keinesweges, wie die tägliche Beobachtung lehrt,
in allen Fällen — mit gutem Erfolg Gebrauch gemacht worden. Ausgeschlossen sind alle Fälle von Migräne, bei welchen es sich um vorweg-
gegangene Diätfehler, schädliche psychische Einflüsse, sogenannte Unterleibsplethora, Hysterie u. a. Störungen in der Uterinsphäre handelt.
Bestehende organische Erkrankungen des Herzens und Hirns contraindiciren den Coffeingebrauch, welcher auf die Behandlung der rein idiopa-
thischen Migräne zu beschränken und — zur Vermeidung starker Blutungen — während der Menstruation auszusetzen ist. Die Dosis vom
Coffein. citric. ist 0,06—03 (auch mehr) in Pulver, Trochiscen oder Ci-
tronenlimonade. Man verschreibt auch Pillen aus 0,5 Coffein citric.
auf 1,0 Extr. graminis. Von P. Guarana giebt man 0,5—2,0 Grm.

IV. Klasse:

Mittel, welche die Oxydationsvorgänge im Organismus und den Stoffwechsel unter Abnahme der Ernährung herabsetzen.

1. (7.) Ordnung: Mittel, welche dieses unter Beeinflussung der chemischen Zusammensetzung des Blutes thun,

indem sie

a. *direkt modificirend auf die Ozonvorgänge im Blute einwirken,* oder

b. *indirekt dem Blute die Oxydation befördernde Bestandtheile* (die Alkalien) *entziehen.*

1. Unterabtheilung:

Mittel, welche die Ozonvorgänge im Blute direkt herabsetzen.

Ohne Antagonisten der Mittel der 1. Ordnung im toxikologischen Sinne zu sein, rufen die hier zu betrachtenden Mittel im Allgemeinen die entgegengesetzten Wirkungen wie die erstgenannten auf den Organismus hervor. Das hier in erster Linie zu betrachtende Chinin bildet, sofern ihm auch reconstituirende Wirkungen innewohnen, das ungezwungene Bindeglied zwischen den Mitteln der III. und IV. Klasse. Ihre bei zweckmässiger Anwendung zur Geltung kommende, den Appetit, die Absonderung der Verdauungssäfte und die Digestion — folglich auch die Chylus- und Blutbildung befördernde Eigenschaft verdanken die Chinarinden und das Chinin ihrem Charakter als bittere Mittel (vgl. Amara p. 62). Da letzterer jedoch der antipyretischen d. h. den den gesteigerten Stoffumsatz im Fieber herabsetzenden Wirkung der in Rede stehenden Mittel gegenüber ganz entschieden in den Hintergrund tritt, so glaubten wir die Chinapräparate statt als besondere Unterabtheilung unter den bitteren, die 2. Ordnung bildenden Medikamenten, an dieser Stelle einreihen zu müssen.

XXX. Cinchonae praeparata. Chinarinden. *Chinapräparate.* Chinium. Chinin. Cinchonium. Cinchonin. Chinoideum. Chinoidin.

Die China- oder Fieberrinden zählen zu den unentbehrlichsten Arzneikörpern und sind, ausser durch ihren bedeutenden Gehalt an gerbstoffigen Principien, durch ihren Gehalt an Bestandtheilen, welche das Malariasiechthum, bez. die verschiedenen Wechselfieberformen in angeblich specifischer Weise heilen (Stoffen basischer Natur, den sog. Chinaalkaloiden: *Chinin, Cinchonin, Chinoidin etc.*) ausgezeichnet. Sie stammen von stattlichen Baumriesen mit orangefarbigem Wipfel, mit Grübchen versehenen, verschieden geformten Blättern und mit die Charaktere der natürlichen Pflanzenfamilie der Rubiaceen zeigenden, weissröthlichen, in Trugdolden gruppirten Blüthen versehenen Arten der Gattung *Cinchona L.* her. Seit 1632 bekannt, wurde diese Gattung von den galanten Botanikern Jussieu, Ruiz und Pavon nach der Gemahlin des damaligen Vicekönigs von Peru, eines Conte de Cinchon*), zubenannt. Der natürliche Verbreitungsbezirk dieser pharmakognostisch merkwürdigen Gattung ist auf die Nebelregion des östlichen Abhanges der südamerikanischen Andeskette vom 10.⁰ n. Br. bis zum 19.⁰ südlicher Breite beschränkt und bildet somit einen nach Osten offenen Bogen, dessen Scheitel (*Loxa*) unter dem 4.⁰ südl. Breite und 62.⁰ westl. Länge liegt. Columbien (Venezuela, Neu-Granada, Equador) Peru und Bolivia in einer Zone zwischen 1600—2400' über dem Meere sind sonach die eigentliche Heimath der Chinarinden. Von gewissen Hauptstapelplätzen aus, wie Cusco, St. Anna, Huanuko, Jaën u. s. w. brechen die aus Mischlingen von Indianern und Spaniern sich rekrutirenden Rindensammler (*Cascarilleros*) truppweise auf, um grössere Chinabäume der Rinde des Stammes und der grösseren Aeste (die kleineren zu sammeln macht sich der hohen Zölle wegen nicht bezahlt) zu entkleiden und die Rinden über dem Lagerfeuer zu trocknen. Die Rinden werden in die Factoreien geschafft, in letzteren sortirt, in sog. Seronen aus Oehsenhäuten verpackt und von den Ausfuhrhäfen: Arica, Lima, Guajaquil, Carthagena, Macaraibo etc. aus in den Handel gebracht.

Sowohl nach den sogenannten Hauptstapelplätzen, als nach den Exporthäfen hat man die zahlreichen Chinarindensorten zu unterscheiden gesucht, ein, weil die Cascarilleros die Rinden nicht nach den Fundorten der Bäume, sondern nach der Grösse, Dicke u. a. physikalischen Eigenschaften zusammen verpacken, durchaus verfehltes Bestreben. Nicht mehr wurde durch den Versuch, die verschiedenen Sorten nach den cryptogamischen Vegetationen auf der Borke einzutheilen, erreicht. Am ehesten hätte noch das wissenschaftliche Bestreben, die Classification der gen. Rinden auf botanische Unterschiede der verschiedenen Species zu begründen, Aussicht auf Erfolg gehabt, wenn die Rinden aller Species ausreichend botanisch untersucht und die qu. Unterschiede überhaupt bekannt geworden wären. Da dieses indess nicht der Fall ist, so liefen auch bei diesen

---

*) Don Geronimo Hernandez de Cabrera, Bobadilla y Mendoza Conte de Cinchon.

Eintheilungen Hypothesen und Willkürlichkeiten in solcher Zahl unter, dass dadurch nicht mehr, wie durch die auf der chemischen Zusammensetzung bez. dem Gehalte an den verschiedenen Alkaloiden basirenden Classifikationen erreicht worden ist. Für unsern Zweck genügt es daher umsomehr: a. gelbe oder Königschinarinden (chininreich); b. braune Chinarinden (cinchoninreich) und c. rothe Chinarinden (fast nur Chinin neben wenig Cinchonin enthaltend), als Cortex Ch. regius, C. Ch. fuscus und C. Ch. ruber zu unterscheiden, als obige Eintheilung auch die Pharmakopöe beibehalten hat.

Letztere Varietät (C. Ch. ruber) ist mit Sicherheit auf Cinchona succirubra zurückzuführen und ausserdem dadurch interessant, dass sie die für Acclimatisation und Weitercultur der Chinarinden in englisch und holländisch Ostindien durch Hasskarl und Junghulm mit Glück ausgewählte und botanisch am genauesten untersuchte Cinchonaspecies darstellt. Durch die in bestem Gedeihen begriffene Chinakultur in Ostindien sind wir der naheliegenden und bei der Sorglosigkeit der Mischlings-nachkommen der Conquistadores wohl begründeten Befürchtung, dass mit der in nicht allzu langer Zeit vorherzusehenden gänzlichen Ausrottung der Chinabäume in den Andes (wo nur vernichtet, nirgends neu angepflanzt wird) die leidende Menschheit eines der unschätzbarsten Heilmittel für immer verlustig gehen werde, überhoben. Abgesehen hiervon ist auch der Preis der Drogue sowohl, als des Chinin und Cinchonin dadurch nicht nur ein niedrigerer geworden, sondern wird sich mit der Zeit auch noch niedriger stellen.

Um die Aufnahme der anfänglich für Teufelswerk verschrieenen Chinarinden in die Series medicaminum machten sich die Jesuiten, denen die Heilkraft derselben durch „ein Wunder" offenbart worden war, namentlich der Cardinal Juan de Logo (daher pulvis jesuiticus s. patrum), sowie Ludwig XIV. von Frankreich für alle Zeiten verdient. Nach der Gräfin Cinchon, welche 1640 die Ch. Rinden zuerst nach Europa brachte, wurden der grosse ¡Condé. Colbert, der Dauphin (später Ludwig XV.) und Friedrich der Grosse durch Chinapräparate von Intermittens geheilt.

Ohne specieller auf die pharmakognostischen und botanischen Einzelnheiten einzugehen bemerken wir nur, dass sich die Güte der Rinden *nach ihrem Chinin-gehalte* richtet und letzterer um so grösser ist, je kürzer, feiner und steiffaseriger *der Bruch* erscheint, *je mehr die Bastschicht überwiegt* und je kürzer und leichter *die radiär und regelmässig gruppirten, nicht selten krystallhaltigen Bastzellen zu isoliren sind.* Zu diesen anatomischen Anhaltepunkten kommt ein chemischer: je geringer die Menge des an Chinaroth (vgl. unten) gebundenen Kalks ist, welche durch verdünnte Chlorwasserstoffsäure extrahirt werden kann, desto alkaloidreicher ist die untersuchte Rinde, weil Chinaroth und der Alkaloidgehalt derselben sich umgekehrt proportional sind.

Die *den Chinarinden integrirenden Bestandtheile* sind 1. die Alkaloide: α. Chinin nebst den Isomeren: Chinidin, Chinicin, Chinilin (?); β. Cinchonin nebst den Isomeren: Cinchonidin und Cinchonicin; γ. Chinamin (in C. succirubra) δ. und eine amorphe Basis. Ueber ihre Nachweisung im allgemeinen vgl. unten bei Chinin.

2. Chinovin, ein bitteres Glukosid, durch Behandlung mit verdünnten Säuren in Chinovasäure und Zucker spaltbar.

3. Chinagerbsäure, ebenfalls ein Glukosid, welche das Spaltungsprodukt Chinaroth liefert; ferner

4. Chinasäure, höchst wahrscheinlich an die Alkaloide gebunden präexistirend und

5. den Chinarinden *nicht allein zukommend:* Oxalsäure, fruchtsaure Kalk- und Kaliumsalze, Zucker und Pectinstoffe.

Wenngleich das Chinin als Repräsentant der wichtigsten Wirkungen der Chinarinden: der temperaturherabsetzenden (antipyretisch'en), wechselfieberbekämpfenden (antitypischen) und reflexherabsetzenden — angesprochen werden darf, so ist andererseits doch nicht zu übersehen, dass die Wirkungen der in gewissem Sinne als verdünnte Alkaloidlösungen zu betrachtenden China-Tincturen, Decocte und Infuse durch deren gleichzeitigen Gehalt an Chinovin bez. Chinovasäure, Chinagerbsäure (bez. Chinaroth, *wenn mit säurehaltigem Wasser gekocht wurde*) und Chinasäure nicht unwesentlich dahin modificirt werden, dass die gen. Präparate die Verdauung auch bei längerem Gebrauch weniger beeinträchtigen als die reinen Alkaloidlösungen und somit, während letztere für die Behandlung des acuten, fieberhaften Stadium bez. Coupirung des Intermittensanfalles passen, für die Nachbehandlung der Reconvalescenz von fieberhaften Krankheiten, *Tertian- oder Quartanfiebern,* Typhen etc., in erster Linie geeignet sind.*) Sofern durch diese Klausel die erfahrungsmässige Heilbarkeit der Malariaerkrankungen auch durch Chinarindenpulver nichts weniger als wegdisputirt werden soll (womit sonst sind Colbert, Condé, Friedrich II. curirt worden?), legen wir unseren weiteren Betrachtungen die Wirkungen des Chinin als des Repräsentanten der Chinarindenwirkung überhaupt zu Grunde und gehen zur pharmakologischen Beschreibung dieses wichtigen und vielgerühmten Alkaloides selbst über.

Das Chinin ($C_{40}H_{24}N_2O_4$), welches in chemischen Fabriken aus der Königschina im Grossen dargestellt wird, krystallisirt mit 2 Aeq. Wasser in feinen, farblosen, seidenglänzenden Nadeln, die büschelförmig vereinigt sind, oder erscheint in Form eines lockeren, weissen, geruchlosen, bitter schmeckenden, in 400 Theilen heissen Wassers löslichen,

---

*) Die bezüglich ihrer Wirkungen auf den Organismus als durch Bitter- und Gerbstoffe diluirtes Chinin, Cinchonin etc. aufzufassenden Chinarinden und ihre unten zu nennenden pharmaceutischen Präparate befördern, Dank der zutretenden Wirkung der bitter- und gerbstoffigen Principien, Esslust, Verdauung, Blutbereitung, Ernährung, Blutbewegung und Innervation, vermindern jedoch längere Zeit fortgegeben die Ausscheidungen. Zu grosse Mengen erzeugen Magendrücken, Dyspepsie, Ekel, Erbrechen, Kolik mit Verstopfung oder Durchfall, Congestionen zu Hirn und Lungen, Muskelschwäche u. s. w. Man zieht die Rinde den Alkaloiden vor in Krankheiten, welche durch Darniederliegen der Ernährung und Neigung zu Zersetzung charakterisirt sind (Scrofulose, Rhachitis, Schwäche nach abzehrenden Krankheiten oder Samenverlusten, Faulfiebern u. s. w.).

alkalisch reagirenden Pulvers. Letzteres ist dagegen in Alkohol, Aether und Chloroform leicht löslich und die alkoholische Lösung *wendet die Polarisationsebene des Lichtes nach links.* Die Lösungen des Chinin in verdünnten Säuren werden durch Alkalien, Ammoniak, kohlensaures Ammoniak und Kalkwasser gefällt; im überschüssigem Alkali ist der Niederschlag indess wieder löslich. Ferner sind Chinin sowohl, als die amorphe Form desselben, das Chinoidin, und das α β und γ Chinidin dadurch charakterisirt, dass sie mit Chlorwasser oder salzsäurehaltigem Chlorkalk versetzt ein grünes flockiges Präcipitat, welches sich in Ammoniakflüssigkeit mit smaragdgrüner Farbe löst, liefern. Diese Dalleo-chin reaction charakterisirt die eine Gruppe von Chinaalkaloiden (vgl. ob.). deren chemische Zusammensetzung durch die Formel: $C_{40}H_{24}N_2O_4 +$ xH_2O ausgedrückt wird, einer zweiten, diese Farbenreaktion nicht gebenden Cinchoningruppe $(C_{40}H_{24}N_2O_2 + xH_2O)$ gegenüber. Die reinen Alkaloide bilden keine Hydrate, dagegen sehr schön ausgeprägte wasserfreie Krystalle. Ammoniakflüssigkeit löst Chinin relativ leicht, Cinchonin dagegen gar nicht auf.

Nach Pharm. German. sind von den Chininsalzen (neben dem *Chininum purum*): *Ch. bisulfuricum* (weisse, glänzende, prismatische Krystalle), *Ch. hydrochloricum* (weisse, in Bündel vereinigte, leichte, asbestartige Krystalle), Ch. sulfuricum (Krystallnadeln), *Chininum tannicum* (gelbliches amorphes Pulver), *Chininum ferrocitricum* (vgl. Eisenpräparate p. 29); ferner Chinoideum (schwarzbraune, amorphe, zerbrechliche, harzartige Masse), Cinchoninum (weisse, dicke, glänzende Krystalle) und Cinchoninum sulfuricum (weisse, prismatische, harte, in 60 Th. Wasser lösliche Krystalle) officinell. Nachdem festgestellt ist, das Chinin, Cinchonin und Chinoidin nur quantitativ verschieden wirken, mag die Bemerkung, dass ein Theil Chinin in der Intensität seiner Wirkung 2 Theilen Cinchonin und Chinoidin entspricht, genügen, uns von einem weiteren Eingehen auf Wirkung, Dosirung und Anwendungsweise der übrigen Chinaalkaloide in Krankheiten absehen zu lassen. Als Paradigma dient uns ein für alle mal das doppelt so intensiv wie die übrigen wirkende Chinin.

Die physiologischen Wirkungen des Chinin sind zahlreicher darüber angestellter Untersuchungen ohnerachtet noch immer nicht soweit aufgeklärt, um für eine Deutung der Wirkung des genannten Mittels in Krankheiten in klarer und wissenschaftlich exakter Weise verwerthet werden zu können. Ganz besonders gilt dieses

α. von den durch Binz genauer studirten Elementarwirkungen des Chinin. *Auch bei sehr grosser Verdünnung* (1:1000) *ist Chinin für viele niedere Organismen:* Infusorien, Amöben, Vibrionen, Bacterien *ein tödtliches Gift* und wird hierdurch zu einem kräftigen Desinfectionsmittel. Andererseits werden manche niedere Organismen, wie Schimmelpilze, Salzwasseramöben etc., durch Chinin nicht geschädigt, so, dass Chininlösungen, welche mit Säure versetzt sind, sogar leicht schimmeln. Und was von den kleinsten

Organismen und Gährungserregern gilt, gilt auch von den Gährungsprocessen selbst: die einen (Alkohol- und Milchsäuregährung, die Spaltung des Amygdalin und Salicin durch Emulsin) werden durch Chinin
beeinträchtigt oder sistirt, die anderen (Wirkung der Diastase auf Stärkmehl. die Verdauungsprocesse) werden es nicht.

*Sofern das Chinin die Protoplasmabewegung der weissen Blutzellen eines in
der feuchten Kammer des heizbaren Objekttisches mikroskopisch untersuchten
Blutstropfens aufhebt, ist dasselbe als Protoplasmagift par excellence proklamirt
worden.* Die hiermit in Zusammenhang gebrachte *Behinderung der Auswanderung
der weissen Zellen durch die Stomata der Gefässe bei der Entzündung durch
Chinin existirt* nach meinen Untersuchungen *in der That nicht* und kommt vielmehr nur, wenn das gen. Alkaloid seine paralysirende Wirkung auf das
Herz äussert (bez. die Circulation in den peripheren Gefässen beeinträchtigt und
retardirt wird), zu Stande. Alle auf dieser unrichtig beobachteten Thatsache bezüglich der Hemmung des Entzündungs- und Exsudationsprocesses durch Chinin basirenden Hypothesen sind unhaltbar.

Mit den zuerst erwähnten Eigenschaften des Chinins hängt ferner die durch
dasselbe bewirkte *Verzögerung der Säurebildung im absterbenden Blute* zusammen.

Auf die Veränderungen, welche die rothen Blutkörperchen bezüglich ihres Volumens erfahren, sowie auf die von mehreren Seiten behauptete, von Anderen be-
strittene Beeinflussung der histologischen Elemente der Milz durch (resorbirtes)
Chinin wird unten zurückzukommen sein. — Wir werden uns zunächst weiter zu

β. den örtlichen Wirkungen des Chinin auf die Schleimhäute und die Oberhaut. Erstere anlangend interessirt uns hier in
erster Linie das Verhalten des gen. Alkaloides den Schleimhäuten des
Darmkanals gegenüber.

1. Wird Chinin per os einverleibt, so ist intensiv und nachhaltig
bitterer Geschmack und vermehrte Absonderung von Speichel die Folge.
Palpable Veränderungen bez. Reizungserscheinungen werden indess von
der Mundschleimhaut nur wenn grosse Mengen sehr concentrirter Chininlösung damit in Contact kommen, wahrgenommen. Schuchard will in
solchen Fällen sogar die Entstehung einer lokalen Entzündung mit (an
die Veränderungen bei Diphtheritis erinnernder) Ausschwitzung plastischer
Lymphe constatirt haben.

2. Die Magenschleimhaut wird ebenfalls *nur nach Einbringung
grosser Dosen* entzündlich gereizt; etwa vorhandener Magencatarrh wird
vermehrt und unter Auftreten von Uebelkeit und Erbrechen — zuweilen
auch Durchfall — zur Entstehung des gen. Catarrhs Veranlassung gegeben. Kleine, medicamentöse Gaben Chinin erzeugen ein Gefühl vermehrter Wärme begleitet von Ziehen oder Reissen im Epigastrium. Der
Vermehrung der Speichelsecretion analog nimmt auch die Absonderung
der Labdrüsen und somit die Esslust nach Chiningebrauch (*kl. Dosen!*)

zu. Wird letzterer indess längere Zeit fortgesetzt,*) so kommt, trotzdem dass Chinin die Pepsinwirkung nicht inhibirt, gleichwohl Dyspepsie bez. Magencatarrh zur Entwicklung.

3. Von den Abschnitten des Darms interessirt uns, weil er als locus applicandi benutzt werden kann, ganz besonders der *unterste*. Wiewohl von demselben aus Resorption wie ·anderer Alkaloide, so auch des Chinin stattfindet, gehört doch eine stärkere Reizung der Mastdarmschleimhaut durch damit in direkte Berührung kommendes Chinin zu den grössten Seltenheiten. Sofern endlich bei der Einverleibung des gen. Alkaloides in Form von Klystieren oder Suppositorien der oben erwähnte, die Ingestion per os begleitende, abscheulich bittere Geschmack in Wegfall kommt, dürfte ersterer zum mindesten für *alle Fälle, wo Prädisposition für entzündliche Reizung des Magens* besteht, vor der Applikation per os der Vorzug einzuräumen sein.

4. Von der *Oberhaut* aus, welche selbst nach Einreibungen nur eine unerhebliche Reizung erfährt, findet eine langsame Resorption des Chinin statt, welche indess nach Chevallier erheblich genug ist um bei Arbeitern in Chininfabriken Anschwellungen und Pustelbildungen an Händen und Armen, sowie im Gesicht, Röthung der Conjunctiva bulbi und Pruritus ani oder · vulvae zu verursachen. Von verschiedenen älteren Autoren wurde als Beweis für den Uebergang des iatraleptisch beigebrachten Chinin in die Blutbahn auch die Thatsache, dass nach inniger Verreibung der Chininsalben in die Haut der Achselhöhlen ein bitterer Geschmack auf der Zunge wahrgenommen wird, hervorgehoben. Der Epidermis beraubte Oberhaut, Geschwüre etc. verhalten sich bezüglich der Resorptionsfähigkeit dem Chinin gegenüber den Schleimhäuten conform.

5. Geht aus Obigem mit Bestimmtheit der auch durch das Wiedergefundenwerden des gen. Alkaloides im Harn und in der Muttermilch bestätigte *Uebergang des Chinin in die Blutbahn* hervor, so liegt die Frage *nach den Modifikationen, welche das Blut betreffs seiner Formelemente, sowie seiner chemischen Zusammensetzung* hierbei erfährt, wohl ziemlich nahe. Leider sind wir von einer auch nur halbwege zufriedenstellenden Beantwortung derselben noch sehr weit entfernt. In · exacter Weise festgestellt ist nur, dass die rothen Körperchen des Chininblutes an Volumen zunehmen; Manassein. Als Grund hierfür wird fast all-

---

*) Die Resorption des Chinin von der Magenschleimhaut aus wird durch im Magensafte entstandene freie Säure, sowie durch die bei der Verdauung resultirende freie oder halbgebundene Kohlensäure (100 Cub. Cntr. mit CO_2 gesättigten Wassers lösen 4,39 Chinin) begünstigt, durch Alkalien, unter welchen die Carbonate noch am wenigsten schädlich wirken, dagegen verlangsamt; die im Darm enthaltene Galle gleicht diese schädliche Wirkung bis zu einem gewissen Grade aus; Malinin.

gemein angenommen, *dass Chinin direkt die Abgabe des Sauerstoffs,* welcher sich demzufolge darin anhäuft, *hindert;* denkbar wäre indess auch, dass die rothen Körperchen überhaupt erst nach Herabsetzung der Fieberwärme reagirten. Ob die Zahl die rothen Zellen ausserdem zu-, Coagulabilität und Faserstoff dagegen, wie Mélier und Monneret behaupten, abnimmt, ist noch unentschieden; Briquet beobachtete gerade das Gegentheil hiervon.

Von der durch Binz aufgestellten *Abnahme der Zahl* der im Chininblute enthaltenen , weissen Blutkörperchen habe ich mich nicht überzeugen können. Die Auswanderung der gen. Zellen durch die Stomata in den Gefässen Entzündungsreizen ausgesetzter und der mikroskopischen Beobachtung zugänglicher Theile (wie der Froschzunge und des Froschmesenterium) in solchen Mengen, dass das Gesichtsfeld ziemlich rasch durch Leukocyten verdunkelt wird, spricht laut gegen die Verminderung derselben. In chemischer Hinsicht ist durch die Untersuchungen Kerner's nur bekannt geworden, dass ein Theil des in die Blutbahn übergegangenen Chinin ($C_{20}H_{24}N_2O_2$) unter Aufnahme von $H_2O + O$ in das (auch durch Behandlung des Chinin mit übermangansaurem Kali direkt aus ersterem darstellbare) Dihydroxylchinin (= $C_{20}H_{26}N_2O_4$) verwandelt wird. Ob der therapeutische Effekt des Chinin bei einfachem, septischem und von Malaria abhängigem (Wechsel-)Fieber mit dieser chemischen Wandlung in genetischem Zusammenhange steht, ist ebensowenig entschieden, wie die von Bence Jones aufgestellte Hypothese, dass das Chinin bei Wechselfieber und gewissen Neurosen (Chorea u. s. w.) dadurch, dass es das im Organismus abnorm verminderte, von Jones entdeckte thierische Chinoidin ersetze, im Geringsten bewiesen ist. Jedenfalls wird ausserdem die durch Chinin in der Zusammensetzung des Blutes bewirkte Veränderung in der erwähnten Richtung schon deswegen für nicht allzubedeutungsvoll zu betrachten sein, weil die Chininwirkung auch an Lewisson's *„Salzfröschen"* d. i. Fröschen, in deren Gefässen anstatt Blut 1⁰/₀ NaCtlösung enthalten ist und welche in diesem Zustande noch 24 und mehr Stunden leben können, zur Geltung gelangt, das Blut unter physiologischen Bedingungen also kaum mehr, als die Rolle eines Lösungs- und Uebertragungsmittels für das gen. Alkaloid spielen kann. Nur für die Deutung der durch Chinin bewirkten Temperaturabnahme (vgl. unten 10) sind bisher mehrfach andere, als resorptive (bez. auf nervöse Centra gerichtete) Wirkungen, nämlich die elementaren auf die rothen Blutkörperchen gerichteten (denenzufolge letztere den in ihnen, so zu sagen aufgestapelten Sauerstoff schwerer abgeben) in Anspruch genommen worden. Nichtsdestoweniger sind andere Erklärungen hierdurch ebensowenig ausgeschlossen, als die erwähnte erwiesen ist. Ganz abgesehen hiervon werden aber die Beeinflussungen der vitalen Funktionen durch das in die Blutbahn übergegangene Chinin unsere Beachtung in um so ausgesprochenerem Maass verdienen, als die in dieser Richtung von der Experimentalpharmakologie gewonnenen Resultate, wieviel dieselben auch noch immer zu wünschen übrig lassen mögen, für die wissenschaftliche Erklärung der wichtigsten therapeutischen Wirkungen des Ch. vollkommen ausreichend sind. Indem wir uns somit

γ) den entfernten oder resorptiven Wirkungen des Chinin zuwenden, machen wir mit den beststudirten unter denselben.

6. den Beeinflussungen des centralen und peripheren

cerebrospinalen Nervensystemes durch Chinin den Anfang. Ueber
jeden Zweifel sicher gestellt sind leider auch hier nur folgende 3 Punkte,
nämlich:

a) *dass das Chinin auf die Grosshirnfunktionen in sehr augenfälliger
Weise erst excitirend und später deprimirend wirkt.* Schwindel, Taubheit, ein ausgesprochener Rausch und febrile Aufregung (Briquet) charak-
terisiren das Excitations-, Schlaftrunkenheit (Narkose) und Lähmungserscheinungen das Depressionsstadium. Convulsionen können bei Warmblütern in beiden Stadien auftreten. — Hierzu kommt

b) eine so *complete Sistirung der Reflexe*, dass namentlich Frösche
auf die schmerzhaftesten Eingriffe so wenig reagiren, als wären sie cura-
risirt, und bei Warmblütern auch nach direkter elektrischer Reizung des
N. ischiadicus kein Ansteigen der Quecksilbersäule in dem mit der Carotis
verbundenen Manometer zu constatiren ist; v. Schroff jun. Der Grund
dieser enormen Herabsetzung der Reflexe ist in *Herabsetzung der Erregbarkeit der reflexvermittelnden Elemente des Rückenmarks und der Medulla oblongata* zu suchen; Meihuizen. Dass der Ursprung der Reflexherabsetzung ein centraler ist, beweist die weitere Thatsache, dass wenn
vor der Chininbeibringung die A. coccygea des Frosches auf einer Seite
unterbunden ist, auf der anderen nicht, die Abnahme der Reflexerregbarkeit auf beiden Seiten gleichzeitig eintritt, von einer Lähmung
der sensiblen Endapparate in der Haut also keine Rede sein kann;
A. Eulenburg.

Wie vor mir bereits v. Schroff jun. muss auch ich auf Grund sehr zahlreicher
eigener Versuche an Fröschen gegen Meihuizen und Heubach betonen, dass
die Reflexherabsetzung durch Chinin eine primäre und direkte, keine secundäre, durch
verminderte Herzthätigkeit und dadurch wieder bedingte mangelhafte Versorgung der
betreffenden Centralorgane mit Blut hervorgerufene; bez. eine von den Circulationsver-
hältnissen völlig unabhängige ist. Beobachtungen über die von Binz behauptete, aber
von mir nicht bestätigt gefundene Behinderung der Auswanderung der weissen Blutzellen
(nach Applikation der oben genannten Entzündungsreize auf das Froschmesenterium,
u. s. w.) an vollständig reflexlosen Fröschen zeigten in 9 Fällen von 60 durchaus unbeein-
trächtigte Herzaktion; die Reflexlähmung kann somit von Aufhören der Herzthätigkeit
nicht abhängig sein. Schroff fand an Warmblütern die Herzschläge zur Zeit der
grössten Reflexherabsetzung zwar der Frequenz, aber nicht der Intensität nach vermindert; im Gegentheil erschienen die Elongationen der Herzschläge auf der Kymo-
graphion-Curve sogar erheblich grösser, als vor der Chininapplikation. — Wir haben
bei der Reflexparalysirung durch Chinin deswegen etwas länger verweilt, weil sie
für die Deutung gewisser Heileffekte dieses Mittels den mit Steigerung der Temperatur verbundenen Krankheiten gegenüber von grösster Wichtigkeit ist. — Endlich ist bezüglich der peripheren Nerven festgestellt, dass

c) *die peripheren Nerven der Leitungsfähigkeit für elektrische Ströme
durch Contact mit Chininlösung nicht beraubt werden.* Nach Heubach

findet sogar anfänglich ein langsameres Absinken der Erregbarkeit statt und wird erst später ein schnelleres Absterben beobachtet. Wenn in dem oben citirten Versuche (v. Schroff) die Reizung des Ischiadicus nicht mit Blutdrucksteigerung beantwortet wurde, so war nicht Unerregbarkeit der Nerven, sondern Aufhören der Leitung durch die reflexvermittelnden Elemente der Medulla Schuld daran. Schliesslich ist bezüglich der Dosen, bei welchen die Reflexherabsetzung zu Stande kommt, noch nachzutragen, dass nach Heubach die Reflexerregbarkeit von kleinen Dosen Chinin nicht herabgesetzt, sondern erhöht und von grösseren Dosen anfänglich erhöht und später vernichtet wird. Nach der Durchschneidung der Calamus scriptorius wird die Reflexthätigkeit nicht, wie Chapéron angab, wieder normal, bez. wird die darniederliegende Reflexerregbarkeit nicht über die Norm gesteigert; Meihuizen, Heubach, v. Schroff. Während sonach alle unter Chininintoxikation zu beobachtenden Lähmungserscheinungen central (Hirn, Rückenmark) bedingt sind und die peripheren Nervenausbreitungen erregbar und leitungsfähig bleiben, erweist sich Chinin

7. den Muskeln gegenüber als starker Reiz bez. als Muskelgift. Für die Nerven des in Chininlösung gehangenen Froschschenkelpräparates ist das gen. Alkaloid kein Reiz; dagegen löst letzteres Zuckungen aus, wenn der Querschnitt des frisch präparirten Sartorius damit in Berührung kommt. Chinin ist sonach ein Muskelreiz und ruft, wie Ammoniak, vom Muskel-, nicht vom Nervenquerschnitt aus Muskelzuckungen hervor. In Chininlösungen geworfene Muskeln sterben rasch ab; A. Eulenburg. — Die Eigenschaft des Chinins als Nervengift kommt ferner

8. für die Analyse der nach Beibringung dieses Alkaloides in der Kreislaufssphäre zu beobachtenden Veränderungen sehr wesentlich in Betracht. Denn es stimmen, in wie vielen Punkten sonst auch bezüglich der gen. Veränderungen Widersprüche bestehen, alle Autoren darin überein, *dass Chinin in grossen Dosen beigebracht den Herzmuskel paralysirt.*

Bezüglich der Betheiligung der cardioinhibitorischen und accelerirenden Herznerven an den nach der Chinisirung wahrzunehmenden Veränderungen des Pulses und Blutdrucks weichen die Angaben der Autoren diametral von einander ab. Im Allgemeinen nimmt man an, *dass kleine Chinindosen Zu-, mittle und grosse Abnahme der Pulsfrequenz bedingen.* Wie wenig wir indess eine klare Einsicht in diese Verhältnisse, zahlreicher Experimentaluntersuchungen ohnerachtet, zu gewinnen vermochten, geht wohl am besten aus einer jüngst von mir gemachten Beobachtung hervor. Danach zieht dieselbe kleine Dosis von 0,02 Cininum muriaticum bei Kaninchen und Katzen nach direkter Injektion in die V. jugularis bald andauernde, auch nach beiderseitiger Vagusdiscision sich nicht in das Gegentheil verkehrende Pulsretardation und Ansteigen des während der Injektion ebensowohl zu-, als vorübergehend abnehmenden Blutdrucks, bald bis kurz vor dem Tode an-

H. Köhler, Materia medica. 22

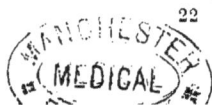

haltende, nach jeder Injektion vorübergehend in das Gegentheil umschlagende und nach der Vagusdurchschneidung erheblich wachsende Pulsbeschleunigung nach sich. Der lange Zeit gleichbleibende Blutdruck sinkt nur im Momente der Injektion vorübergehend, nach Erreichung der toxisch-lethalen Dosis dagegen definitiv ab. Diese Widersprüche zu entwirren ist auf Grund des vorliegenden Beobachtungs-materials zur Zeit unmöglich. Vielleicht erledigt sich die Streitfrage, *ob der Vagus an den erwähnten Erscheinungen überhaupt unbetheiligt oder betheiligt ist,* dadurch, *dass der Vagustonus bei Kaninchen und Katzen individuell verschieden* d. h. bald schwach, bald sehr stark ist. Bestimmt trifft nach meinen Versuchen an Katzen in gewissen Fällen letzteres zu; denn es kommt dem entsprechend eine später in das Gegentheil umschlagende abnorme Steigerung der Erregbarkeit des Herzvagus nach der Chininisirung nicht selten vor.

· 9. Die Respiration unter der Chininwirkung bietet des Räthsel-haften ebensoviel dar, wie der Kreislauf; schon bei undurchschnittenem Vagus wechseln Perioden bedeutender Acceleration der Athemzüge mit Perioden enormer Retardation ohne uns bekannte Veranlassung ab. Ver-schiedenheiten in der Intensität der Beeinflussung der Grosshirnfunktionen einer-, und in der Schnelligkeit, mit welcher die Elimination des Chinins aus dem Körper erfolgt, andererseits sind möglicherweise an diesen Schwan-kungen der Athemfrequenz Schuld. Indess scheint mir aus den von mir selbst constatirten Thatsachen, dass nach beiderseitiger Vagusdurchschnei-dung dieselben paradoxen Erscheinungen in der Athmungssphäre zur Beobachtung kommen, und dass während der Retardationsphasen die Zahl der Athemzüge in der Zeiteinheit nicht weiter absinkt als bei intakten Vagis, hervorzugehen, dass während der Acceleration der Athemzüge eine weniger starke, während der Retardation dagegen eine hochgradige, an Paralysirung anstreifende Reizung des Athemcentrum in der Medulla oblongata durch das im Blute kreisende Chinin stattfindet. Die *Athemgrösse* während der Acceleration wird bei chinisirten Katzen und Hunden nach meinen Versuchen mit dem von mir zu diesem Zweck neuconstruirten, sich selbst regulirenden Apparate*) *sehr bedeutend herabgesetzt;* während der Retardation dagegen wird das nämliche Luftvolumen in etwas kürze-rer Zeit und mit etwas weniger Athemzügen als in der Norm inhalirt (d. h. die Athemgrösse nimmt zu). Für Kaninchen wenigstens ist die Todesursache bei lethaler Chininvergiftung in dem der Herzlähmung constant vorweggehenden Stillstande der Athembewegung zu suchen. — Von vorwiegendem Interesse für uns sind ferner

10. die Veränderungen, welche die Körpertemperatur durch Chinin erfährt. Der früher als allgemein gültig hingestellte Satz, dass Chinin die Körpertemperatur bei Gesunden wie bei Fiebernden unab-hängig von den Modifikationen, welche Kreislauf und Respiration erfahren,

---

*) Arch. f. exp. Pathologie u. Pharm. VII. 1 1877. fg.

herabsetzt, hat sich ebensowenig für alle Fälle bestätigt, als die angebliche Beeinflussung *wärmeregulirender Centra* durch dasselbe überhaupt;
Popow.

Mag man sich nämlich die beim Fieber bestehende, gesteigerte Verbrennung
(bez. den vermehrten Zerfall der Eiweissstoffe) vom Eintritt von Zerfallsprodukten in
den Organismus, wodurch eine Art von Fermentwicklung entsteht oder das Blut ozo-
nisirt wird, oder mag man sich das Fieber allein vom Eintritt niederer Organismen bez.
geformter Fermente in das Blut abhängig denken, oder mag man mit Winternitz
und Senator eine Wärmeretention als Ursache der hohen Temperatur beim Fieber
statuiren, gewiss ist, dass die temperaturherabsetzende Wirkung des Chinin sowohl
bei dem septischen, als bei dem lokalisirte Entzündungen begleitenden, gewöhnlichen
Fieber nicht nur nicht constant eintritt, sondern auch ausbleiben und — *bei Thieren*
— sogar einer in freilich geringem Maasse temperaturerhöhenden Wirkung Platz
machen kann. Als Ursache der Temperaturerniedrigung durch Chinin wurde eine
Beeinflussung der eben erwähnten Fermente und eine Verminderung des Um-
satzes der N haltigen Bestandtheile (womit nothwendig eine Abnahme des freiwerdenden Wärmequantum verknüpft gedacht wurde) durch das auf das Protoplasma
gesunder, wärmebildender Gewebe wirkende Chinin als Ursache angesehen. Indess
dürfte die so bestehende Hypothese der antiparasitären Wirkung des Chinins bei
der Temparaturherabsetzung durch die von Calvert, Polotebnoff, Rawitsch
und Hiller auf Grund experimenteller Untersuchungen erhobenen Einwände sehr
wesentlich an Beweiskraft eingebüsst haben. Namentlich ist zu betonen, dass, von
der Kohlensäureausscheidung, welche Chinin weder bei gesunden, noch bei fiebernden Thieren beeinflusst, abgesehen, der Einfluss des gen. Alkaloides auch auf den
Zerfall und die Oxydation der stickstoffhaltigen Stoffe im Organismus nach Böck's
Untersuchungen ein sehr unbedeutender ist, ein Punkt, auf welchen unter 12. nochmals zurückzukommen sein wird.

Indem wir uns nach einer anderen Erklärung der Temperaturherabsetzung durch Chinin umsehen, kann es uns nicht entgehen,
dass, wenn wir mit dem Namen „*Fieber*" jeden Symptomencomplex
bezeichnen, welcher sich unter dem Einfluss verschiedener Agentien im
Gebiete des N. Sympathicus in der Weise geltend macht, dass seine
Folgen sich hauptsächlich im Gefässsystem und den vegetativen Funktionen documentiren, wir, der vasomotorischen Theorie der Fiebertemperatur folgend, die Wirkung des Chinin auf [das Gefässsystem
näher ins Auge fassen müssen. Nach Lewitzky fällt unter Chinineinfluss sowohl bei kleinen als auch bei grossen Dosen die Temperatur der Verlangsamung der Herz- und Athembewegungen adäquat
ab), oder, mit anderen Worten, die Wirkung des Ch. ist auf die Nerven
des Herzens gerichtet und die Temperatur sinkt zufolge ihrer geringeren
Produktion wegen Verlangsamung der Herzaction ab. Man würde indess
irren, wollte man neben der angeführten Ursache nicht auch den Zustand
des peripheren, selbstständig innervirten und die lokale Blutcirculation
(bez. die Blutvertheilung) regulirenden Gefässsystems, von welchem das Herz
in nicht unerheblichem Grade abhängig ist, genau in Erwägung ziehen.

22*

Wir können dieses ausserdem um so unbedenklicher thun, *als Chinin,* wie Jerusalimsky's und Schroff's *Versuche beweisen, nach Rücken-marksdurchschneidung und Ausschaltung des Gefässnervencentrum die mit der Rückenmarks-Discision verknüpfte, aller Wahrscheinlichkeit nach trauma-tische Temperatursteigerung nicht mehr aufzuhalten vermag,* und wir somit a tergo auf eine Beeinflussung der Vasomotoren durch genanntes Mittel bei erhaltenem Mark schliessen müssen. Denken wir uns demnächst, dass die bis zu einem gewissen Grade vom Gefässnervencentrum unab-hängigen Vasomotoren peripher belegener Körperparthien in der Weise durch das Ch. beeinflusst werden, dass die erweiternden Fasern (*N. calo-rifiques;* C. Bernard) das Uebergewicht bekommen, d. h. mehr Blut unter schnellerem Umlauf und Steigerung der Aussentemperatur in die qu. Gefässe eindringt, während in den central gelegenen, von Blut ent-lasteten Gefässen (vielleicht sogar unter Verschluss gewisser Gefässab-schnitte), die Circulation langsamer stattfindet, so wäre der Grund für die Abnahme der Innentemperatur unter Chinineinfluss gefunden und vielleicht nur noch hervorzuheben, dass auch das in schnellerem Strome in den stärker gefüllten peripheren Gefässen dahin fliessende Blut eine schnellere Abkühlung erfährt und somit der antipyretische Effekt des Mittels erhöht wird. Nachdem endlich durch Versuche bewiesen ist, dass Chinin je nach der Höhe der beigebrachten Dosis auf die vasomo-torischen Elemente sehr verschieden wirkt, so ist auch seine inconstante *antipyretische Wirkung* (bald deutliche Temperaturherabsetzung, bald vollständige Wirkungslosigkeit — nach Einverleibung zu grosser, stark paralysirender Gaben) zur Genüge erklärt. Hiernach würde, was gegen die vasomotorische Theorie angeführt worden ist, die Temperaturherab-setzung, wenn Ansteigen des arteriellen Drucks nach Chininbeibringung eintritt, ausbleiben. Letzteres ist indess in der Regel nur nach kleinen Gaben der Fall, während es andererseits feststeht, dass das Zustande-kommen der antipyretischen Wirkung (was hiermit stimmen würde) eine gewisse Höhe der beigebrachten Chinindosis erfordert. — Bezüglich

11. der Secretionen und Eliminationswege des Chinin ist zu bemerken, dass die Ausscheidung des genannten Alkaloides haupt-sächlich von den Nieren übernommen wird. Im Harn ist Chinin nach Einverleibung von 0,5 Grm. bereits nach 15, nach 0,1 Grm. erst nach 100 Minuten nachweislich (Schwengers). Die Ausscheidung dauert bei ersterer Dosis 32, bei letzterer 9 Stunden. Kerner sah den letzten Rest des eingeführten Chinins erst nach 78 Stunden verschwinden. Auch in die Milch geht das Chinin über. Die Gallensecretion soll unter Chiningebrauch vermindert werden. — Endlich werden noch wenige kurze Bemerkungen über

12. die Veränderungen, welche der Stoffwechsel im Allgemeinen unter Einführung von Chinin erfährt, zu machen sein. Böck fand, dass ein chinisirter Versuchshund in 5 Tagen 9,720 Grm. Stickstoff weniger ausschied, als in der Norm, also Eiweiss sparte, und dass auch während der nächstfolgenden 5 Tage, wo kein Chinin genommen worden war, zufolge der Nachwirkung noch ein Minus von 1,88 Grm. nachweislich war. Ferner beobachteten Kerner, Scharrenbroich und Zuntz eine Verminderung der Harnstoffausscheidung durch Chinin. Allein die ersparten Nmengen sind so minimale, dass sie nach Böck, wie bei fast allen anderen Giften, denen eine Beeinflussung des Stoffwechsels zugeschrieben wird, kaum in Betracht kommen und jedenfalls, wie wir oben gezeigt haben, die antipyretische Wirkung des Chinins nicht zu erklären vermögen. Ebenso liegen die von Kerner etc. gefundenen Werthe für die Verminderung der Harnstoffausscheidung nach Köster, Böcker und Unruh noch innerhalb der Grenzen der normalen Schwankungen. Eine wesentliche Retardation des Stickstoffumsatzes unter Chiningebrauch ist somit nicht bewiesen, es sei denn, dass man auf die von H. Ranke und Kerner constatirte Verminderung der Harnsäureausscheidung grosses Gewicht legen möchte. Von den übrigen Harnbestandtheilen nehmen Wasser und Chlorverbindungen an Menge nach Chininmedikation zu, die Sulfate dagegen nehmen ab.

Anhangsweise ist schliesslich noch der *Wirkung des Chinin auf die Milz und die Gebärmutter* zu gedenken. Bezüglich der Milz ist die Beeinflussung des Organes unter physiologischen Verhältnissen und in Krankheiten zu unterscheiden. Nachdem schon Piorry (1833) die die Milz verkleinernde Wirkung des Chinin bei Intermittens hervorgehoben hatte, wurde dieselbe Eigenschaft durch Versuche an gesunden Thieren von Küchenmeister, Mosler und Landois und jüngst wieder von Jerusalimsky bestätigt, während Bochefontaine den Effekt des Chinin in genannter Richtung, welchen Mosler, weil er auch nach Durchschneidung aller in den Hilus der Milz eintretenden Nerven zu Stande kommt, auf eine Reizung der contraktilen Fasern des Organes zurückführen will, gering anschlägt. Ein verkleinernder Einfluss des Chinin auf die Milz unter normalen Bedingungen scheint somit erwiesen zu sein. Anders verhält es sich bei den mit Milztumoren einhergehenden Krankheiten, wie Intermittens, Typhus u. a. m. Wenngleich in nicht verschleppten Wechselfiebern Chinin den Tumor ziemlich rasch und sicher beseitigt (Piorry liess diese Wirkung schon 40 Sekunden nach Einverleibung des Ch. beginnen!), so sind doch Fälle, wo diese Wirkung ausblieb und zu anderen Mitteln, namentlich Arsenik (vgl. p. 312), Zuflucht genommen werden musste, nicht nur den klinischen Autoritäten, wie Broussais u. A., sondern auch jedem praktischen Arzte nicht allzuselten vorgekommen. Acceptiren wir Mosler's Erklärung der Milzverkleinerung durch Chinin, so werden wir in den inveterirten Fällen von Intermittens, wo die Zusammenziehung der contraktilen Fasern des Organes ausbleibt, an Ernährungsstörungen, welche letzteres und somit auch die contraktilen Gewebselemente der Milz anbetreffen, denken müssen. *Die Uterincontraktionen bedingende Wirkung* des Chinin ist von ebensovielen Seiten behauptet als bestritten worden; das post hoc, ergo propter hoc darf hier keinerlei Präoccupation bewirken, zumal die einschlägigen Versuche an Thieren von Ranke mehr gegen, als für die oxytocische Eigenschaft des Chinin sprechen. — Indem wir uns

der therapeutischen Anwendung des Chinin

bez. der Chinarinde und ihrer übrigen Alkaloide, zuwenden, stellen wir obenan, dass grosse Vorsicht im Gebrauch dieser Mittel geboten, event. eine Contraindikation derselben gegeben ist:

I. *bei nachweislich bestehender Prädisposition zu Congestionen zum Hirn;* II. bei bestehendem *acutem oder subacutem Magen-, Darm- oder Harnblasencatarrh;* III. *in allen Fällen, wo es sich um heruntergekommene* und sehr irritable *Subjekte* handelt und IV. *bei bestehender Schwangerschaft.* Je nach dem Lebensalter der Kranken ist eine sorgfältige Dosirung des Alkaloides erforderlich.

Indikationen des Chiningebrauches.

a. **Als Heilmittel typischer, von Milzanschwellung begleiteter Krankheiten** hat Chinin seinen grössten Ruf erlangt. Heilt es die auf Malariainfektion zurückgeführten, typischen Krankheiten auch sicherer, als irgend welches andere Medikament, so wird uns doch der causale Zusammenhang dieser Heilungen so lange räthselhaft bleiben, als wir über das Wesen der typischen Krankheiten noch völlig im Dunkeln sind. Unter diesen nehmen

1. *reine, nicht perniciöse (bez. larvirte) Wechselfieber* unsere Aufmerksamkeit in erster Linie in Anspruch. Chinin, welches als das wirksame Princip der Fieberrinden genau zu dispensiren ist, heilt, richtig angewandt, die Wechselfieber mit reiner Apyrexie schnell und gefahrlos. Besonders gilt dieses von den Fiebern mit Tertiantypus, welche den kleinsten für Erwachsene gebotenen Dosen von 0,5—1 Grm. weichen, und nicht minder von denen mit Quotitiantypus, welche etwas grössere und von denen mit Quartantypus, welche verhältnissmässig grosse, jedoch immer noch weit kleinere Gaben Chinin erfordern, als perniciöse Intermittenten.*) Die Frage, *zu welcher Zeit*, ob dicht vor dem zu erwartenden, oder bald nach dem überstandenen Paroxysmus (bez. zu welcher in die Apyrexie fallenden Zeit) *das Chinin gereicht werden muss,* ist durch die klinische Erfahrung dahin entschieden worden, *dass das gen. Alkaloid stets während der Apyrexie und stets möglichst lange vor dem zu erwartenden nächsten Fieberanfall zu geben ist.* Man beginnt, während

---

*) Kindern unter 6 Jahren verordnet man die Hälfte, solchen von 6—14 Jahren zwei Dritttheil der für Erwachsene erforderlichen — namentlich abortiven Gaben Chinin.

Pat. eine strenge Diät einhält (nur kachektischen, an inveterirter Intermittens leidenden und dabei mit guten Verdauungsorganen ausgestatteten Kranken darf Wein und ernährende Kost gestattet werden), nach Aufhören des Schweisses und vertheilt die nothwendig werdende, bei Tertiana 0,5—1,0, bei Quotidiana etwas mehr und bei Quartana 2 Grm. in maximo betragende Tagesdosis so, dass die letzte Gabe nicht allzulange vor dem zu erwartenden Eintritt des nächsten Paroxysmus genommen wird. Trousseau liess in gewöhnlichen Fällen während der Apyrexie 1 Grm. Chinin nehmen und dieselbe Dosis, je nach der Intensität des Falles und dem Typus, nach 2, 3 oder 4 Tagen nochmals wiederholen. Diesen Gebrauch, auch nach Coupirung des Paroxysmus das Mittel noch einige Tage fortnehmen zu lassen, haben die meisten Aerzte aller Nationen acceptirt; nothwendig geboten erscheint derselbe dann, wenn zwar die Fieberanfälle fortbleiben, der Milztumor dagegen nicht abschwillt. *Hier muss man auf den Eintritt von Recidiven immer gefasst sein.* Letztere erfolgen erfahrungsmässig bei Quotidianfiebern am 7., bei Tertianfiebern am 14. und bei Quartanfiebern am 21. Tage nach dem Ausbleiben des letzten Paroxysmus. Viele Aerzte reichen daher dem Reconvalescenten am 6. 13. oder 20. Tage, je nach dem Typus des concreten Falles, eine starke Dosis Chinin oder mehrere mittele, so, dass die letzte Gabe 12—6 Stunden vor dem eventuell zu erwartenden Anfall genommen wird. Ueber die verschiedenen Einverleibungs- und Applikationsmethoden wird weiter unten die Rede sein.

Darf somit auch der einige Zeit nach Coupirung der Paroxysmen fortgesetzte Gebrauch des Chinins für theoretisch, wie empirisch wohl begründet gelten, so ist doch vor übermässig langem Fortgebrauch des genannten Alkaloides nicht nur deswegen, weil es ein immerhin nicht indifferentes Mittel ist, zu warnen, sondern besonders hervorzuheben, dass nach Briquet's und Bretonneau's Erfahrungen Chininmissbrauch ein Fieber mit periodisch eintretenden Exacerbationen erzeugt, betreffs dessen man zweifelhaft sein kann, ob es von wieder zur Geltung gelangendem Malariasiechthum oder von Arzneivergiftung abhängig ist. Giebt ferner Verschwinden oder Fortbestehen des Milztumors auch eine Handhabe für die Beurtheilung, wie lange im concreten Falle die Chininmedikation fortgesetzt werden soll, so ist doch, wie oben bereits angedeutet wurde, nicht zu übersehen, dass auch eine consequente, längere Nachbehandlung mit kleinen Dosen Chinin im Stich lassen, bez. dem bestehenden Milztumor und den (schlimmsten Falles) periodisch wiederkehrenden Recidiven gegenüber sich ohnmächtig erweisen kann. Alsdann wird zuweilen vom Tausch des Chinins mit Chinarindenpulver, Chinadecocten, Chinawein oder Chinatincturen Nutzen beobachtet.

Wo das Coupiren der Paroxysmen auf die Dauer durch Chinapräparate
überhaupt nicht gelingt, kann man sich gezwungen sehen, zum Arsenik
zu greifen (man vgl. 312); wo nur der Milztumor unverändert fortbesteht, leistet sehr oft der Gebrauch der Karlsbader und Marienbader
Wässer Ausgezeichnetes. Hat sich eine wahre, schon im Teint und im
allgemeinen Ernährungszustande des Kranken sich aussprechende Kachexie
entwickelt so können Zusätze von Eisen oder Jod, bez. Jodeisen zum
Chinin indicirt erscheinen. Auch Zusätze von Mineral- oder Pflanzen erhöhen, indem sie Löslichkeit und Resorption der Chinapräparate vermehren, deren Wirksamkeit. Von anderen mit Chinin zu combinirenden
Mitteln ist das Opium besonders dann nicht zu entbehren, wenn abnorm
gesteigerte Irritabilität des Magens vorhanden ist und ohne Bestehen von
Indiosynkrasie (wo überhaupt kein Chinarindenderivat vom Organismus
tolerirt wird) auch die kleinste Dosis Chinin fortgebrochen wird. Endlich ist behauptet worden, dass abwechselnde Darreichung von 0,3 Grm.
Chinin und 0,03 Strychnin, in 200 Th. Wasser mit 4 Th. Essigsäure
versetzt, gelöst (*esslöffelweise*) die Receptivetät des Organismus für die
antitypische Wirkung des Chinin vermehre; Hassinger, v. Schroff.
Vorbereitungskuren, um auch dieser mit einem Worte zu gedenken, wie
Blutentziehung, Brech- und Abführmittel, um auf die Leber, wie man
sagt, zu wirken, sind überflüssig. Sofern Chinin mit bestehendem Magen-
Darmcatarrh unverträglich ist, wird man, ehe das qu. Mittel zur Coupirung der Paroxysmen gereicht wird, für Beseitigung der gen. catarrhalischen Zustände Sorge zu tragen haben, dabei·jedoch nicht ausser Acht
lassen, dass auch der Magendarmcatarrh von bestehendem Malariasiechthum abhängig sein kann. Endlich ist noch die Frage, ob nach Vorbild
der Hippokratiker erst eine gewisse Anzahl von Wechselfieberparoxismen
abzuwarten ist, ehe man zur Chininanwendung schreitet, im negativen
Sinne zu beantworten. Je eher der Kranke von den Anfällen befreit
wird, desto besser ist es; Niemeyer. — Leicht zu rechtfertigende Modifikationen der eben angegebenen Regeln für die Chinintherapie der Intermittens machen

2. *die perniciösen*, unregelmässigen Verlauf zeigenden *Formen des
Wechselfiebers* nothwendig. Hier ist vor Allem die Dosis des Medikaments um das Zwei-, Drei - oder selbst Fünffache zu erhöhen und auf
Vorhandensein von Apyrexie oder Paroxysmus zur Zeit der Medikation
nicht so peinlich Rücksicht zu nehmen, wie bei den uncomplicirten,
glücklicherweise häufigeren Formen der Intermittens. Die Gefährlichkeit des Leidens macht uns energische Anwendung dringend zur
Pflicht. Hier wie bei den larvirten Formen, mag das Krankheits-
bild im concreten Falle in einen Rahmen passen, in welchen es will.

liegt Gefahr im Verzuge. Von sich nützlich erweisenden Zusätzen zum Chinin, welchem bei der Kur stets der Löwenantheil zufällt, sind kleine Dosen Ipecacuanha, Morphium, Wein u. a. Reizmittel und von andern Unterstützungsmitteln: Brausemischungen und Sinapismen auf die Magengegend zu nennen.

3. Von den auf *Complikation einer bereits früher vorhanden gewesenen Krankheit mit Malariainfektion beruhenden*, meistens in den Tropengegenden auftretenden und uns daher minder geläufigen, *remittirenden Fiebern* gilt das Nämliche: Chinin bleibt das Hauptmittel und ist *bei bestehender profuser Gallensecretion mit grossen Gaben Calomel zu combiniren.* Selbst die Complikation mit lokalisirten Entzündungen, welche allerdings zur Verordnung von Blutentziehungen und Laxanzen nöthigen können, darf hier vom Chiningebrauch nicht abhalten. Vielfach ist Chinin mit Glück mit Terpentinölklystieren, Reizmitteln (wie Wein) und Vesicatoren in den Nacken, verbunden worden.

4. Dass *bei anderen fieberhaften (Infektions-) Krankeiten*, als deren constantes Symptom Milzanschwellung auftritt, und zu denen sich (wie beim *pyämischen, dysenterischen, typhösen, puerperalen* und *tuberkulösen Process*) intermittirende Fieberanfälle zuzugesellen pflegen, *Chinin weniger leistet*, als bei den unter 1—3 besprochenen Intermittensformen, darf uns, nachdem exacte Versuche die Ohnmacht des genannten Mittels der nach Injektion von Eiter, Jauche etc. in das Blut folgenden Temperaturerhöhung gegenüber, nachgewiesen haben, nicht Wunder nehmen. Der gegenwärtig etwas ins Wanken gekommenen Lehre zu Liebe, dass die Herabsetzung der Fiebertemperatur bei Anwesenheit von Chinin, Carbol-, oder Salicylsäure etc. durch dieselbe Eigenschaft wie die fäulnisswidrige Wirkung bedingt werde, wurde das Chinin in den genannten Krankheiten, zu welchen noch die Cholera und das Gelbfieber gehören würden, für therapeutisch wichtiger gehalten, als die vorurtheilsfreie Beobachtung am Krankenbett bestätigte.

Zwar soll nicht bestritten werden, dass Chinin Fieberparoxysmen, welche sich den genannten Krankheiten zugesellen, ohne den diesen letzteren zu Grunde liegenden Process zu beinflussen, coupire, und dass dasselbe, wenn die Malariainfektion unter der Maske der Dysenterie, des Typhus u. s. w. auftritt, zugleich mit der Indicatio symptomatica auch die Indicatio morbi zu erfüllen vermag; allein es ist aus dem eben Gesagten ersichtlich, dass man von einer *Wirkung des Chinins*, welche sich mit der bei Intermittens prompt und gefahrlos zu Stande kommenden *antitypischen* auch nur annähernd vergleichen liesse, *der Ruhr, dem Typhus, der Cholera etc. gegenüber zu sprechen nicht im Geringsten berechtigt ist.* Wenn das Protoplasmagift Chinin als Prophylacticum der Cholera während der Choleraepidemieen von gläubigen Aerzten in Pillenform (*oder sonstwie zu nehmen!*) verordnet wurde, um dem Eindringen kleinster, krankmachender Organismen in den menschlichen Körper zu wehren, bez. diese Keime zu vernichten, und die betreffenden Klienten nicht erkrankten, so hatten sie diesen

Erfolg vielleicht einer geschickt in Scene gesetzten, psychischen Heilmethode zu
danken. Armaturen aus direkt auf die unbekleideten Körpertheile applicirtem Gold-
oder Silberblech hätten (und haben, wie Boucq versichert) ebenso günstig gewirkt,
wie das Chinin. Cullen wollte von Chinapräparaten bei verschiedenen hier in
Rede stehenden Krankheiten geradezu Schaden beobachtet haben. Wir wenden uns
hiernach zur zweiten aus den physiologischen Betrachtungen folgenden Indikation:

b. Anwendung des Chinins als temperaturherabsetzendes
Mittel bei unter continuirlichem Fieber verlaufenden Infektionskrankheiten und lokalisirten Entzündungen.

Bei der Behandlung

5. des *Typhus* wurde lange Zeit ein wahrer Chinincultus getrieben
und genanntes Alkaloid, sowie die Temperatur über 39° anstieg, in 0,3—
0,9 Grm. — und auch wohl noch grösseren Dosen gegeben. Hiermit·
wurden in der Regel, wo es ausführbar war, hydrotherapeutische Maassnahmen verbunden. Hiermit beabsichtigte man nicht nur antipyretische
Wirkungen zu entfalten, sondern auch bestehende Hirnaufregung zu beseitigen, den Stickstoffconsum herabzusetzen und bei beginnender Reconvalescenz
nach Art der Amara (man vgl. p. 63) Dyspepsien zu beseitigen und
appetitbefördernd zu wirken. Immer und immer wieder wurden Stimmen
laut, welche das Chinin als ein den Typhusprocess in specifischer Weise
beeinflussendes und, frühzeitig in grosser Dosis gereicht, event. sogar
coupirendes Mittel proclamirten, trotzdem man sich in praxi leicht davon
überzeugen konnte, dass es in Familien, wo mehrere Mitglieder gleichzeitg
an Typhus erkrankt waren, bezüglich des Verlaufs, der Complikationen und
der Dauer des Falles keinen Unterschied machte, ob die betreffenden Patienten Chinin nahmen oder nicht. Und für Epidemien, über welche
statistische Ermittelungen existiren, gilt dasselbe. Wäre Chinin in der
That ein Specificum des Typhus, so hätten nicht grosse Epidemien,
wie die in Griechenland während des Unabhängigkeitskampfes (E. J.
Vilotte) oder die während des Krimkrieges (Jacquot) unter den
Truppen herrschenden vorkommen können. Bei diesen Gelegenheiten
brachte Chinin (was mit Cullen's Angaben stimmt) anstatt Nutzen,
offenbaren Schaden. Andererseits sind auch im Verlauf anderer Kriege,
z. B. des deutsch-französischen (1870), Typhusepidemien, wo der Krankheitsprocess durch anfänglich gereichte, kräftige Chinindosen unmittelbar
beeinträchtigt wurde, beschrieben worden; Binz. Gewiss trifft die Unterscheidung des Typhus in a) einfachen, b) auf Malariasiechthum zurückzuführenden und c) perniciösen seitens der in Malariadistrikten, wie
Algerien, Brasilien u. s. w. practicirenden Aerzte ebenso das Richtige, wie
die Annahme derselben, dass Chinin nur in den, remittirenden Charakter
zeigenden und in den als Ausdruck larvirter Intermittens aufzufassenden
Formen des Typhus als Antitypicum die Indicatio morbi erfüllt. St. Laurent

sprach es zuerst aus, *dass beim ächten Typhus Chinin nur die Symptome:
Temperatursteigerung und Pulsacceleration, beeinflusst, im Uebrigen aber
auf andere Krankheitserscheinungen*, z. B. den Zungenbeleg, *keinerlei
Wirkungen übt.* Die antipyretische Wirkung zweimal in mehrstündigen
Zwischenräumen zur Zeit des (*normalen*) Temperaturabfalls in den Nacht-
stunden oder ganz früh des Morgens gereichter grösserer Dosen von
0,3—0,6 Grm. soll nicht in Abrede gestellt, dabei jedoch nicht übersehen
werden, dass es *nicht gleichgültig ist, während welcher Periode der
Krankheit diese Behandlung eingeleitet wird.* Dieser Zeitpunkt ist in der
Kürze der des Eintritts des Kranken in das zweite Stadium der Krank-
heit während das Fieber einen asthenischen Charakter anzunehmen droht.
Sofern sich aber die Asthenie auch zuweilen frühzeitiger entwickelt, ist die
Lehre, dass Chinin nur in späteren Stadien des Typhus zulässig sei, unhaltbar. Wo die Temperatur und Hirnaufregung in sehr bedrohlicher Weise
ansteigen, reiche man, nach Liebermeister, des Abends Chinindosen
von 1,2 Grm.; in der Regel gelingt es hierdurch, die Temperatur 4—10
Stunden lang um 3,4° herabzudrücken. Mit Sicherheit darf man auf
Effekt rechnen, wenn sich Ohrensausen einstellt. Dann ist jedoch mit der
Chininbehandlung einzuhalten. Während das Chinin während der eben
genauer charakterisirten Phase der Krankheit in nichts weniger, als
specifischer Weise günstige, antipyretische Wirkungen äussert, schadet
es: wenn sich im dritten Stadium des Typhus Anämie und Adynamie
höheren Grades ausgebildet haben (indem es Delirium und Coma steigert
und *zum Eintritt von Collaps Anlass giebt; Vogt*). Es beweist dieses
die Richtigkeit der Beobachtungen älterer und neuerer Kliniker, dass
auch Typhusfälle, wo Chinin im Stiche lässt, bez. schadet, vorkommen,
sowie das Verwerfliche der so gern geübten schablonenmässigen Typhus-
behandlung mit Chinin (und kalten Bädern), mag sie indicirt sein, oder —
bei bestehender hochgradiger Prostration, Stupor, Somnolenz und Coma
— geradezu schaden. Dass es sich in allen Fällen von ächtem Typhus
um eine reine symptomatische Kur mit Chinin handelt, erhellt endlich
daraus, dass andere Mittel, wie Salicylsäurepräparate, und vorsichtig
(d. h. ohne den Kranken durch die nöthig werdenden Manipulationen
aufzuregen) vorgenommene, nicht zu häufig wiederholte Bäder unter
Umständen sogar mehr leisten, wie Chinin; Bälz.*) — Der Scrupeldosen
(1,2) Calomel gar nicht zu gedenken, durch welche ich Typhen coupirt

---

*) Bälz ermittelte durch Zusammenstellung der in Wunderlich's Klinik
1871—74 bei Typhus in angegebener Weise angewandten, in der Regel die Zahl 10
(niemals 30) übersteigenden kalten Bäder (*ohne Chinin*), dass die dadurch erzielten
Heilresultate (Mortalität 4—6⁰/₀; Dauer wie anderswo) ebenso günstig waren, als
die von Liebermeister u. A. mit Chinin- und Kaltwasserbehandlung gewonnenen.

zu haben fast überzeugt bin, während ich vom Chinin nichts dergleichen gesehen habe. — Chinin erweist sich ferner auch

6. *bei lokalisirten Entzündungen des Hirns und der Lungen* als die Fiebertemperatur herabsetzendes Mittel nützlich. Bei Pneumonien stieg von Schrötter auf 0,9—5,5 Grm.-Dosen in 24 Stunden und beobachtete danach in der Mehrzahl der Fälle eine Abkürzung des Höhestadium, sowie im Allgemeinen eine etwas niedrigere Temperatur, während des ganzen, durch Chinin nicht im Geringsten abgekürzten Krankheitsverlaufes. Etwas Specifisches konnte v. S. aber auch darin nicht erblicken, weil in einigen rein exspektativ (*ohne Chinin*) behandelten Fällen genau derselbe günstige Verlauf unter niedrigeren Temperaturen beobachtet wurde. Hiermit stimmt endlich, dass andere Antipyretica, wie Salicylsäure, bei Pneumonie, ganz wie das Chinin, Fieberabfall um mehrere Grade und Wiederansteigen nach 12—24 Stunden bedingen. Die Temperatursteigerung bei dem sogenannten hektischen Fieber der Phthisiker setzt sogar Salicylsäure energischer herab als Chinin. Jedes dieser Mittel, die Hydrotherapie mit eingeschlossen, hat, wie Bälz sich ausdrückt, in fieberhaften Krankheiten „seine Domaine"; keines ist zu missen, keines aber auch als „specifischwirkendes" zu bezeichnen. Eine Ausnahme bilden nur die auf Malaria, bez. larvirte Intermittens, zurückzuführenden Entzündungen innerer Organe, bei deren Behandlung Chinin durch kein anderes Medikament ersetzt werden kann.

c. Als sensibilität- und reflexherabsetzendes Mittel ist Chinin (in Dosen zu 0,6—0,9 Grm.) vielfach gegen Neurosen, Neuralgien, wie Hemikranie, Convulsionen, Chorea, Tetanus, selbst Epilepsie, in Anwendung gezogen worden. Erfolg kann man sich indess mit einiger Sicherheit von dieser Therapie nur dann versprechen, wenn die genannten Nervenkrankheiten *typisch auftreten* oder durch nachweisliches Malariasiechthum heruntergekommene Subjekte betreffen. Wenn die Kranken das Mittel gut vertragen, so ist das ein gutes Zeichen. Kräftigen, zu Congestionen geneigten Individuen, bei welchen Rheumatismus oder Gicht als Grundursache der genannten Affektionen nicht ausgeschlossen sind, bekommt Chinin, wenngleich es von Briquet u. A. sogar gegen acuten Gelenkrheumatismus gebraucht wurde, selten gut.

d. Zur Beseitigung von Dyspepsien nach Art der Amara (vgl. p. 63 ff.) darf Chinin nur mit grösster Vorsicht gebraucht werden. Bestehender Magencatarrh, bez. entzündliche Reizung der Magenschleimhaut contraindiciren dasselbe wie früher angegeben wurde (p. 342) absolut. Wo Chinin in derartigen Fällen nützt, geschieht dieses, indem es stärkere Absonderung der die Verdauungssäfte liefernden Drüsen hervorruft und sehr wahrscheinlich auch (während es die chemischen Fermente nicht beeinträchtigt) zerstörend auf geformte Fermente bez. kleinste, per-

verse Gährung einleitende Organismen einwirkt. Hier dürften die Chinarindenprä-
parate vor dem Chinin wohl den Vorzug verdienen. —

e. Als Antiparasiticum wurde Chinin von Binz bei auf Eindringen von
Vibrionen in gewisse Körperhöhlen beruhenden Krankheiten, namentlich Heufieber,
in Form von Injektionen in die Nase und beim Keuchhusten (intern) empfohlen.
Ein Fall von 6 in Behandlung kommenden Fällen von Pertussis erfährt nach hierorts gesammelten Erfahrungen durch Chinin Besserung.

f. Als starke Uterincontraktionen hervorrufendes Mittel wurde
Chinin seit Monteverdie vielfach gegen Wehenschwäche in der Geburt bald mit
günstigem, bald mit gar keinem Erfolge gebraucht. Die Wirkung tritt $1/2$ bis
2 Stunden nach der Medication ein.

Applikationsweisen des Chinins.

I. *per os:* am vortheilhaftesten, weil das Alkaloid so am schnellsten resorbirt wird, ist die Auflösung des Chinins unter Säurezusatz. Die
Franzosen versetzen titrirte Chininlösungen mit Eau de Rabel: 1 Th. Ac.
sulfuric. 3 Th. Alkohol — mit Klatschrosenblättern roth gefärbt. Will
man eine Chininlösung in Kaffee nehmen lassen, so ist letzterem zur
Verhütung der Bildung von Chinintannat etwas Citronensaft zuzusetzen;
Delioux de Savignac. Als Chininsyrup kann man Chin. sulfur. 0,6,
Syr. cort. aurantiorum (vgl. p. 68) 45 Th., Acidum tartaricum 0,2 verordnen; zu Pillen: Chinii sulfuric. 1,25, Acid. sulfur. 0,72; oder: Chinii
sulf. 1,0, Acid. tartar. 0,2, Mucilag. gummi Minosae 9,1 M. f. pill. Nr. 10.
Trochiscen mit Chinin, in bekannter Weise gefertigt, sind ein Bestandtheil der Pharmacopoea elegans.

Bezüglich der Chininlösungen ist nachzutragen, dass die Gegenwart
von Na Cl, salpeter- und schwefelsauren Alkalisalzen die Löslichkeit der
Chinaalkaloide in Wasser vermehrt, während die von Carbonaten dieselbe
vermindert. Gerbsäure, Jod, Brom, Jod- und Bromkalium, sowie alle
als sogenannte Alkaloidreagentien gebräuchlichen Doppelsalze der genannten
Halogene mit Alkali- oder Metallverbindungen fällen Chinin und dürfen
somit niemals gleichzeitig damit verordnet werden. — Wir gehen

II. zur Applikation des Chinins *per rectum* über. Wo sehr
bedeutende Irritabilität oder ein entzündlicher Zustand des Magens die
Applikation des Mittels per os verbietet, ist die Beibringung per rectum in
Form eines Klystiers (1,0 Chinin) oder eines Stuhlzäpfchens mit Butyrum
Cacao (nicht zu gross) allein angemessen. Letzteres verdient, da die Klystiere nicht lange genug innebehalten werden, den Vorzug vor ersterem.
Da indess Chinin von der Mastdarmschleimhaut aus nur sehr langsam
zur Resorption gelangt, müssen die Stuhlzäpfchen lange Zeit vor Ausbruch des zu erwartenden Wechselfieberparoxysmus in den Mastdarm eingeführt werden. — Weniger ist

III. *die subcutane*, von heftigem Schmerz begleitete und häufig von Phlegmone gefolgte *Injektion des Chinins* zu empfehlen. Weder ungelöste Krystalle, noch der geringste Ueberschuss an Schwefelsäure bei Anwendung des Eau de Rabel sind hierbei statthaft. Passend ist, weil diese Säure Eiweiss nicht coagulirt, der Ersatz der Schwefelsäure durch Weinsteinsäure: Chin. sulf. 1,0; Aq. destillat. 10,0; Acid. tartaric. 0,5; Bourdon. Empfehlenswerth ist die subcutane Injektion vor der Beibringung per Rectum nur, wo profuse, choleriforme Diarrhöe besteht, oder bei Neuralgien, wenn der locus applicandi dem leidenden Nerven möglichst nahe gewählt werden soll. Die geeignetste Applikationsstelle ist die äussere hintere Seite des mittleren Dritttheiles des linken Armes; Arnould. Von der iatraleptischen, endermatischen und Inhalationsmethode wird für Chinin kaum noch Gebrauch gemacht.

Wir haben das Chinin als Repräsentanten der wirksamen Bestandtheile der Fieberrinden und seine physiologischen wie therapeutischen Wirkungen als Paradigma der Chinarindenwirkung überhaupt um so unbedenklicher den vorstehenden Betrachtungen zu Grunde gelegt, als das zuerst genannte Alkaloid nicht nur unter allen Chinaalkaloiden am eingehendsten studirt, sondern auch festgestellt ist, dass sich Cinchonin und Chinoidin nur der Intensität der Wirkung nach — also nicht qualitativ — von Chinin unterscheiden, und man somit niemals fehlgreifen wird, wenn man 1 Gew.-Theil Chinin = 2 Gew.-Theil Cinchonin oder Chinoidin setzt. Eine kurze Beschreibung der physikalischen und chemischen Eigenschaften der letztgenannten Alkaloide enthält nachstehende

Uebersicht der pharmaceutischen Präparate:

α. aus den Rinden selbst:

1. **Pulvis corticis Chinae: a)** regiae (Calisaya R.; gelb); **b)** fuscae s. griseae (braune: Loxa-, Huamalies- etc. Rinde; vorwaltend Cinchonin enthaltend) und **c)** rubrae (rothe R.; sehr viel Chinin enthaltend). In Pulverform werden die Rinden am besten in Oblaten gepackt genommen; Honig ist ein schlechtes Excipiens. Infuse und Decocte daraus unter Säurezusatz werden aus 15—30 Grm. Rinde auf 500 Grm. Wasser dargestellt; selten (zu 8—30 Grm.) wird die Rinde noch als Febrifugum, wohl aber als appetitaufbesserndes, reconstituirendes Mittel in der Reconvalescenz von Intermittens und anderen fieberhaften oder erschöpfenden Krankheiten gebraucht. Zu letzterem Zwecke empfiehlt sich auch

2. **Vinum Chinae** (Chinawein): 1 Th. Calisayarinde mit 20 Th. Rothwein 8 Tage digerirt; esslöffel- bis weinglasweise; bis zu 120 Grm. pro die; Trousseau.

3. **Extractum Chinae fuscae**; Ch.-Extrakt (Consist. 3.) Ph. G. Durch Behandlung von 1 Th. Rinde (*brauner*) mit 6 Th. verdünntem Spiritus vini dargestellt; chinin- und cinchoninhaltig; braun; in Wasser trübe löslich. Dosis: ½ bis 1 Grm.; es erfüllt dieselben Zwecke wie der Chinawein (Tr.).

4. **Extractum Chinae frigide paratum** Ph. G. Kalt bereitetes, wässriges Chinaextrakt (Consist. 1); zwei Theile braune Rinde werden mit 12 Th. kaltem Wasser ausgezogen, ausgepresst, der Rückstand abermals mit 6 Th. Wasser behandelt, wieder abgepresst und die Colaturen bis zur angegebenen Consistenz eingedampft. Enthält Chinagerbsäure und wenig Alkaloide. Daher ist die febrifuge Wirkung dieses Extraktes gering; Dosis: 0,5—1,0. Ein theures, nicht mehr wie

andere bittere Extrakte aus einheimischen Droguen effektuirendes Mittel. Alkaloid-reicher, aber auch nur zur Nachkur bei Intermittenten brauchbar ist

5. Tr. chinae P.h. G. Chinatinctur: 1 Th. braune Rinde mit 5 Th. ver-dünntem Alkohol ausgezogen. Dosis zu 20—50 Tropfen nach den Indikationen des Chinaweins. Ebendasselbe bezweckt

6. Tr. Chinae compst.; Elixir roborans Whyttii Ph. G. Braune Ch.-Rinde 6; Pomeranzenschalen (vgl. p. 68) und Enzianwurzel (vgl. p. 69) āā 2, Zimmetrinde 1 Theil werden mit 50 Theilen verdünntem Weingeist ausgezogen und filtrirt. Dosis: 30 Tropfen bis 1 Theelöffel; in der Reconvalescenz zu verordnen.

β. *aus den Alkaloiden:* Chinin, Cinchonin, Chinoidin:

7. Chininsalze (auch Chinium purum ist officinell; wird aber der schweren Löslichkeit in Wasser wegen [1200 Th.] kaum [zu 0,03—0,25] verordnet). Unter denselben wird am häufigsten

a) Ch. sulfuricum (neutrales) schwefelsaures Ch. angewandt; in 800 Th. kalten und 30 Th. heissen Wassers und leicht in Alkohol löslich. Dosis: 0,03—0,12; Dosis abortiva: 0,2—1,0 Grm.; Corrigens: *Chokolade.*

b) Chinium bisulfuricum s. sulf. acidum; saures schwefelsaures Chinin; weisse, in 8—10 Th. Wasser und 2 Th. Weingeist lösliche Krystalle. Entsteht auch wenn a) unter Zusatz von Schwefelsäure gelöst wird; Dosis dieselbe. Das Näm-liche gilt von

c) Chinium hydrochloratum; chlorwasserstoffs. Chinin; weisse. in 20 Th. Was-ser lösliche Krystalle.

d) Chinium tannicum; gerbsaures Chinin; amorph; als Antifebrile seiner Schwerlöslichkeit wegen weit hinter a)—c) zurückstehend; zu 0,06—0,12. Gegen Diarrhöen und Schweisse der Phthisiker empfohlen.

e) Chinium valerianicum, baldriansaures Chinin; perlmutterglänzende, schwerer als c) in Wasser lösliche Krystallblättchen. Auf Lucien Bonaparte's Em-pfehlung zu 0,3—1,0 Grm. bei Intermittens, Neuralgien und Neurosen in Frankreich und Italien mehr als bei uns im Gebrauch.

8. Chinoideum s. Chininum amorphum. Chinoidin. Braune, harzähnliche, in Wasser schwer, in Weingeist und verdünnten Säuren leicht lösliche Masse. Die-selbe kann durch chemische Manipulationen in krystallinisches Chinin übergeführt werden (Roder). Die Wirkung ist die des Chinin; O. Diruf. Dosis: 0,12—1,0 in Pillen oder unter Zusatz von Elixir acid. Halleri (vgl. Schwefelsäurepräparate) in Pfeffermünzwasser (120 —150 auf 1,0—1,5 Chinoidin) gelöst; esslöffelweise; für die Armenpraxis ebenso empfehlenswerth, wie

9. Tr. Chinoidei (acida). Chinoidintinctur: 2 Th. Chinoidin, 1 Th. Salzsäure, 17 Th. Weingeist. Theelöffelweise in ¼—½ Trinkglas Wasser.

10. Cinchonium sulfuricum. Schwefelsaures Cinchonin. Weisse, in 60 Th. Wasser und 7 Th. Weingeist lösliche Krystalle. Cinchonin hat die Formel: $C_{20}H_{24}N_2O$; Pelletier und Caventou; es giebt die Chlorwasserreaktion des Chinins nicht. Das allein officinelle Cinchoninsulfat ist in 60 Th. Wasser und 7 Th. Weingeist löslich. Cinchonin kommt in den braunen Ch.-Rinden vorwaltend vor. Es wirkt dem Chinin genau analog; doch muss zur Erreichung der Coupirung der Wechselfieber-paroxysmen die doppelte Menge des erforderlichen Chinin an (übrigens weit billigerem) Cinchonin verordnet werden; āā 0,36 Cinchon. und Chin. sulf. sollen so-viel wie 0,72 Chin. sulf. wirken. —

2. Unterabtheilung:

Mittel, welche die Ozonvorgänge im Blute indirekt dadurch verlangsamen, dass sie dem Blute die Oxydationsprocesse befördernde Bestandtheile *(die Alkalien)* entziehen.

XXXI. Acida mineralia et vegetabilia. Mineral- und Pflanzensäuren.

Die Geschichte der Säuren reicht bis auf Geber (8. Jahrhundert p. Ch.) zurück. Basilius Valentinus stellte Schwefel- und Chlorwasserstoffsäure, Reimund Lullius Salpetersäure dar und die jetzt gebräuchliche Bereitungsweise der Chlorwasserstoffsäure aus Chlornatrium und verdünnter Schwefelsäure wurde von Glauber angegeben. Die bei den Darstellungsmethoden der Säuren in Betracht kommenden chemischen Processe dürfen als aus der Chemie bekannt vorausgesetzt werden. Bezüglich des Vorkommens fertig gebildeter Mineralsäuren in der Natur ist es interessant, dass im Wasser verschiedener Flüsse, z. B. des Rio vinagre in Columbien und eines auf dem Berge Ida auf Java entspringenden Flusses freie Chlorwasserstoff- und Schwefelsäure gefunden wurde. Das Speicheldrüsensecret mehrerer Seewassermollusken (Dolium galea, Aplysia u. s. w.), der Magensaft des Menschen u. s. w. und der ausgepresste Saft aus Isatis tinctoria enthalten freie Chlorwasserstoff- oder Schwefelsäure. Nitrate sind in den zu den Boragineen und Synanthereen gehörigen Pflanzengattungen häufig vorhanden; man vgl. Amara p. 73 u. ff.

Die Wirkung der Säuren ist wesentlich verschieden, je nachdem sie, was zu heilkünstlerischen Zwecken nie anders als extern geschehen darf, in concentrirtem oder in diluirtem Zustande angewandt werden. Bezüglich der Einwirkung der concentrirten Mineralsäuren, denen sich von den Säuren organischen Ursprungs die Essigsäure anreiht, kommen in Betracht: 1. *die bei der Schwefel- und Phosphorsäure ganz besonders stark ausgesprochene Affinität zu dem in den Geweben des Thierkörpers, bez. dem Blute und den Parenchymflüssigkeiten enthaltenen Wasser;* ferner 2. *die Neigung derselben, sich mit den Eiweisskörpern und deren Derivaten zu verbinden;* und 3. *das Vermögen derselben, durch die Epidermis hindurch zu diffundiren* oder selbst mit bewirkter Auflösung des Horngewebes der Oberhaut in die tiefer gelegenen Theile einzudringen und Zerstörungen zu bewirken.

Indem die concentrirte Schwefelsäure, deren Einwirkung auf Haut und Schleimhäute wir unseren weiteren Betrachtungen zu Grunde legen wollen, den genannten Geweben mit grosser Begierde Wasser entzieht, bedingt dieselbe eine Art von Verkohlung. Letztere ist ausgesprochen in *schmutzig-gelblichen, pergamentartigen Streifen*, welche in Vergiftungsfällen zufolge des Ausfliessens des in den Mund gelangten Vitriolöles in der Regel von einem Mundwinkel nach dem entsprechenden Ohre verlaufen, oder, wenn die Säure ausserdem verspritzt wurde, auch am Halse und den Vorderarmen oder Händen sichtbar werden. Diese

Streifen an den Mundwinkeln, Händen u. s. w. sind, was für die forensische Beurtheilung im concreten Falle von Wichtigkeit sein kann, stets nur in den ersten Tagen sichtbar. Später bildet sich eine Entzündung, welche *ein in Eiterung übergehendes* und die Entfernung des Brandschorfes vermittelndes Exsudat setzt, aus. Nach Abstossung dieses Schorfes vernarbt die eiternde Fläche bei sonst gesunden Individuen rasch unter Narbenbildung. Die Existenz der gelben pergamentartigen Streifen lässt daher mit Sicherheit auf Vorhandensein einer Anätzung, bez. einer V e r g i ft u n g   d u r c h   V i t r i o l ö l schliessen; nicht jedoch beweist das Fehlen der Streifen, dass eine Anätzung nicht vor so und so vielen Tagen vorhanden gewesen sein könnte. Die übrigen Säuren wirken, weil sie geringere Affinität zu den Körperbestandtheilen besitzen und weniger begierig Wasser anziehen, zwar minder stürmisch ein als die Schwefelsäure, vermögen jedoch immerhin noch bei länger dauernder Einwirkung die Bestandtheile der Haut soweit zu verändern, dass in der Umgebung der Applikationsstelle eine heftige Entzündung resultirt und die veränderten Gewebetheile in Form eines Brandschorfes abgestossen werden. Noch intensiver zerstörend wirken concentrirte Säuren auf die Schleimhäute, insbesondere auf diejenigen der Mund- und Rachenhöhle, des Magens und der Luftwege ein.

Durch *Wasserentziehung* einer- und durch chemische *Einwirkung* der concentrirten Säure *auf die Eiweisskörper* andererseits werden die S c h l e i m h ä u t e durch den Contact mit concentrirter Schwefelsäure unter beträchtlicher Schwellung in eine mehrere Linien dicke, bräunliche bis braunschwarze, brüchige, fahle, gallertige Masse verwandelt. Dieser Verkohlungsprocess zieht diejenigen Parthien, welche mit der Säure am längsten in Berührung waren, selbstredend am meisten in Mitleidenschaft. Der Magen kann so vollständig verkohlt, bez. in eine kohlschwarze, morsche Masse verwandelt sein, dass die kunstgerechte Eröffnung desselben misslingen würde und Organ nebst Inhalt für die chemische Expertise gleichzeitig asservirt werden müssen. Die minder verbrannten Theile erscheinen schmutziggrau und sind von schwarzen Gefässramifikationen durchzogen. In seltenen Fällen nur zeigen Mund- und Zungenschleimhaut eine weisse Farbe (in der Regel finden sich auch hier lederartig zu schneidende, bräunliche, mortificirte Streifen vor), weil die Gefässe der Mund- und Rachenhöhle leer sind und sich die sphacelirte Schleimhaut der Zunge in mehr oder weniger grossen Fetzen abgestossen hat. Allein selbst in diesen Fällen liefern die bräunliche Secretion des Mundes und Rachens und die obenerwähnten gelben, lederartigen, vom Mundwinkel zu dem entsprechenden Ohre verlaufenden Striemen, die bräunlichen Flecken an den Händen, die Zerstörungen des Gewebes und der Farbe der Kleidungsstücke, das beständige Regurgitiren, das sich hinzugesellende blutige oder unblutige Erbrechen, die Schlingbeschwerden und die übrigen hier nicht ausführlicher zu erörternden Symptome einer Vergiftung durch ein Aetzgift der Anhaltepunkte genug, um sich bei einiger Aufmerksamkeit vor einer Verwechselung der auf brandiges Absterben zurückzuführenden weissen Beschaffenheit der Zungen- und Mundschleimhaut bei Schwefelsäurevergiftung mit gewöhnlichem, auf Catarrh zu beziehenden Zungenbeleg schützen zu können. Die pathologischen Veränderungen des Magens durch die gen. Säure können völlig in Wegfall kommen, wenn dieselbe in die Luftwege gelangt,

die Luftröhrenschleimhaut in angegebener Weise zerstört oder unter sich rapid ent-
wickelndem Glottisödem schnell zum Tode führt. Die Produkte der chemischen
Einwirkung der verschiedenen concentrirten Säuren auf das Eiweiss der Gewebe
sind verschiedene. Schwefelsäure bewirkt nach vollendeter Lösung des Eiweisses
eine Zersetzung desselben in schwefelsaures Ammoniak (neben freier Schwefelsäure)
und Huminsubstanzen; Mulder. Chlorwasserstoffsäure liefert ähnliche Zersetzungsprodukte; die Farbe der letzteren bez. der Aetzschorfe ist indess grauweiss, so dass
dieselben diphtheritischen Membranen gleichen; Constantin Paul. Salpetersäure
verwandelt die Eiweissderivate in eine orangegelbe, Xanthoproteinsäure genannte
Substanz. Die organischen Säuren hindern die Coagulation des Eiweisses geradezu
und verwandeln die Schleimhäute in eine gallertartige Masse (namentlich die conc.
Essigsäure, welche bereits Mitscherlich mit der Schwefel-, Salpeter-, Salz- und
Phosphorsäure zu einer Gruppe vereinigte). In minder concentrirtem Zustande auf
die Haut oder Schleimhäute applicirt, bewirken sämmtliche Säuren daselbst eine
örtliche Entzündung, welche sich bis zur Exsudation steigern kann. Uns interessiren
hier vielmehr die Wirkungen der zu medikamentösen Zwecken gerichteten, bez. per
os einverleibten **verdünnten Säuren**.

Wohin immer die *verdünnten Säure* gelangen, erzeugen sie eine
vorübergehende *Contraktion der berührten Theile*. Erschlaffte Gewebe
ziehen sich ebenso wie die daselbst verlaufenden Gefässe zusammen
und die Secretionsverhältnisse der mucösen Häute werden hierdurch
wesentlich verändert. Ihrer *eiweisscoagulirenden* Eigenschaften wegen erzeugen die gen. Mineralsäuren auch im verdünnten Zustande *Thrombusbildung*, bez. Verschluss blutender, auf den qu. Schleimhäuten ausmün-
dender Gefässmündungen und wirken somit blutstillend. Vor etwaigem
Eindringen verdünnter Säuren in die Blutbahn braucht man aus dem
Grunde keine übertriebenen Befürchtungen zu hegen, weil nach von
Oré, P. Guttmann in Liebreich's, und Dr. Ranke in meinem Laboratorium angestellten Versuchen bis 24 Cubcmtr. einer
0,729 Grm. 94% Schwefelsäure auf 100 Grm. Wasser enthaltenden
verdünnten Säure Kaninchen direkt in die Vena jugularis gespritzt werden können, ohne abnorme Erscheinungen, namentlich auf Circulations-
störungen beruhende Dyspnoe, zu bedingen. Für die übrigen Mineralsäuren und die Essigsäure ergaben sich ähnliche Resultate.

Bei dieser geringen Intensität der Wirkung stark verdünnter Säuren selbst
nach intravenöser Applikation darf es uns nicht Wunder nehmen, dass dieselben,
wenn sie nicht zu lange Zeit und in zu grossen Mengen in den Magen eingeführt
werden, *nur geringfügige Veränderungen der vitalen Funktionen bewirken* und somit,
von der unten zu erörternden, durstlöschenden Wirkung abgesehen, gegenwärtig kaum
noch anders, wie als Unterstützungsmittel zur Erfüllung einiger Heilindikationen.
z. B. Stillung von Blutungen, Verminderung der Schweissabsonderung, Erhöhung der
Coagulabilität des Blutes, Heilung von Bleivergiftung u. s. w., angewandt werden.
Von einer Nachhaltigkeit der Wirkung in den Magen eingeführter verdünnter Säuren
kann schon deswegen nicht die Rede sein, weil dieselben, ehe sie noch einmal in den
Darm gelangen, als solche (im freien Zustande) zu existiren aufhören. Denn bereits

im Magen verbindet sich Beispiels halber die Schwefelsäure sowohl mit den Basen der daselbst befindlichen Salze, um als schwefelsaures Salz resorbirt zu werden, als mit dem Eiweiss des Mageninhaltes. Nur der geringe, alsdann noch bleibende Rest geht als solcher in das Blut über, um sieh mit dem freien Alkali des Serum zu neutralen Salzen zu verbinden. Die alkalische Reaktion dieser Flüssigkeit wird dadurch zwar vermindert, aber niemals aufgehoben, oder — was mit dem Aufhören des Lebens gleichbedeutend wäre — in eine saure verwandelt.

In den Mund gelangend, bewirken die verdünnten Säuren, sofern sie nicht durch den alkalischen Speichel neutralisirt werden, einen sauren und zufolge der stattfindenden Contraktion der qu. Gewebe zusammenziehenden Geschmack. Nimmt man dieselben in kaltem Wasser zu sich, so erscheinen sie stärker durstlöschend, als gleiche Mengen der gen. Flüssigkeit von der nämlichen Temperatur. Die Säuren gelten daher als durstlöschende und, sofern sie gleichzeitig Pulsfrequenz und Körpertemperatur herabsetzen, als kühlende Mittel (Refrigerantia und Temperantia der alten Systeme).

Im Magen erfahren die Säuren die oben bereits erwähnte Bindung an Salzbasen oder Eiweiss. Dieselbe kann erfolgen ohne stattfindende Veränderung der chem. Zusammensetzung der Säuren, oder nachdem sie, wie Weinsäure und Apfelsäure (welche in Bernsteinsäure verwandelt werden; R. Koch), eine Zersetzung erfahren haben. Jedenfalls erhöht der Uebergang der Säuren in den Magen die Acidität des Magensaftes. Anfänglich ist damit bei Aufnahme kleiner Mengen keine Veränderung, namentlich keine Behinderung der Verdauung verknüpft. Ob bei Gegenwart von zu viel alkalischen Flüssigkeiten im Magen, dessen Inhalt nie dauernd alkalisch reagirt, in der That Dyspepsie resultiren und letztere wieder durch Erhöhung der Acidität des Magensaftes mittels zugeführter verdünnter Säuren gebessert oder geheilt werden kann, steht dahin. Wir werden im therapeutischen Abschnitt sehen, dass die Entscheidung darüber, ob gegen eine Dyspepsie Säuren oder Alkalien zu verordnen sind, im concreten Falle häufig schwer zu treffen ist. Dagegen können die per os eingeführten verdünnten Säuren (*Schwefel-*, *Chlorwasserstoffsäure* etc.) dadurch zur Aufbesserung der Magenverdauung beitragen, dass sie kleinste, perverse Gährung veranlassende Organismen vernichten (Chlorwasserstoffsäure die Sarcina ventriculi). Dass die dem Organismus homogenen Säuren: Chlorwasserstoffsäure und Essig- oder Milchsäure besser vertragen würden als die übrigen (Headland liess sogar die — *heterogene* — Schwefelsäure wieder von der Darmschleimhaut aus eliminirt werden), ist behauptet, aber nicht bewiesen worden. Wo Säuren in der That *esslustbefördernd* wirken, soll sich ein Gefühl vermehrter Wärme in der Magengegend bemerklich machen und die thatsächlich erfolgende

23*

vermehrte Chymusbildung sich auch in Zunahme des entleerten Harnvolumens documentiren. Die Salpetersäure soll ausserdem dadurch,
dass sie die Gallensecretion anregt, zur Verbesserung der Darmverdauung
beitragen; dagegen soll die Phosphorsäure unter allen Mineralsäuren die
Verdauung am wenigsten beeinflussen und am längsten vertragen werden.
Bei allen Säuren hat indess die Toleranz des Magens gegen dieselben
ihre Grenzen; bei zu langem Gebrauch überzieht sich die Zunge mit
weissem Beleg, der Appetit nimmt ab und es tritt saures Aufstossen,
nicht selten sogar Diarrhöe ein. Letzteres ist, sofern gewisse Säuren,
besonders die *Chlorwasserstoffsäure*, auf Eindringen *krankheiterregender
kleinster Organismen in die Verdauungswege beruhende* sogenannte *Sommerdiarrhöen*, Dank ihrer desinficirenden und gährungswidrigen Eigenschaften, sehr häufig beseitigen, auf den ersten Blick allerdings auffallend,
hört jedoch auf, wunderbar zu sein, wenn wir uns die weitere Thatsache,
dass gewisse Neutralsalze (vgl. p. 197) nach Zusatz von etwas verdünnter
Schwefelsäure zu ihren Lösungen stärker abführend wirken, als ohne
diese Beimischung, vergegenwärtigen.

Eine erhebliche Beeinflussung der Darmfunktionen wird übrigens
schon aus dem oben bereits hervorgehobenen Grunde, dass kaum noch
Spuren freier Säure (nach Einverleibung medikamentöser Dosen) dahin
gelangen können, höchst unwahrscheinlich. Der hiergegen vielleicht zu
erhebende Einwurf, dass innerlich gereichte Schwefelsäurelimonade auch
bei Bleikolik — wo doch die Gegenwart von Bleiverbindung im Darm
mindestens wahrscheinlich ist — nützt, ist deswegen hinfällig, weil aus
der gen. Säure gebildetes Natriumsulfat ebenfalls unlösliches und schwer
resorbirbares Bleisulfat bildet, das schwefelsaure Salz also ebenso vortheilhaft wirken muss, wie die Säure selbst. Werden verdünnte Säuren
in Klystierform direkt mit der Darmmucosa in Berührung gebracht, so
üben sie einen schwachen Reiz aus, und bethätigen die Peristaltik. Im
Rectum vorhandene Parasiten, i. B. Nestelwürmer, können dadurch getödtet und mit den Excrementen fortgeschafft werden.

Ebenso wie die Darmschleimhaut erfahren auch die Nasen- und
Augenschleimhaut, die Schleimhaut des äusseren Gehör-
ganges u. s. w. durch verdünnte Säuren eine zu Aenderungen ihres
Blutgehaltes, sowie ihrer Secretionsverhältnisse Anlass gebende Reizung.

Mit unserer Kenntniss der *resorptiven Wirkungen medikamentöser Dosen
verdünnter Mineralsäuren* ist es übel bestellt; ist es ja doch fraglich, ob davon
auch nur ein Minimum im freien Zustande in die Blutbahn gelangt. Die nach
Säuregebrauch eintretende Pulsverlangsamung ist, wie die von Goltz und Bobrick angestellten Versuche an Fröschen direkt beweisen, reflectorischen Ursprungs. Ebenso
wie nach Bepinselung der Haut des Frosches mit Essig-, Citronen-, Wein- oder
Schwefelsäure durch Reflex von den sensiblen Hautnerven *auf die musculomotorischen*

Herzganglien (*nur die Schwefelsäure*, bei welcher der *Herzvagus* reflectorisch in Mitleidenschaft gezogen wird, *macht eine Ausnahme*; Bobrick) Pulsretardation eintritt,*) kommt diese auch, wenn die Magenschleimhaut durch die eingeführte verdünnte Säure chemisch gereizt wird, zur Entwickelung; Mayér und Przibram. Brauchen wir hiernach zur Erklärung der Pulsverlangsamung auf einen Uebergang der Säuren als solcher in das Blut gar nicht Bezug zu nehmen, so liegt andererseits doch die Frage, ob nach internem Gebrauch von Säuren palpable Veränderungen der physikalischen und chemischen Eigenschaften des Blutes resultiren können, ziemlich nahe. Man hat dieselbe im positiven Sinne beantworten zu können geglaubt, dabei jedoch ganz übersehen, dass die nach Schwefelsäure-Vergiftung beobachtete grössere, nach Vergiftung mit organischen Säuren dagegen wahrgenommene geringere Coagulabilität des Blutes, die Lackfarbe desselben (das rothe Hämoglobin wird zerstört und der Hämatinstreifen bei der Linie C des Spectrum tritt auf) und die gänzliche Vernichtung der rothen Blutkörperchen unter Bedingungen zu Stande kamen, welche mit den bei verdünnte Schwefelsäure in medikamentösen Gaben Nehmenden vorhandenen nicht das Mindeste gemein haben. Mit genau soviel und so wenig Recht könnte man auf die ebenfalls an Vergifteten constatirte *Beobachtung des Aufhörens der Circulation in ganzen Gefässbezirken für die Erklärung der hämostatischen Wirkung* innerlich gebrauchter verdünnter Säuren Bezug nehmen, während die von der in den Magen gelangenden Säure auf die sensiblen Nerven dieses Organes geübte Irritation und die von letzterer wieder (*reflectorisch*) ausgelöste Contraktion peripherer Gefässe zu diesem Behufe vollständig ausreichen.

Ausser *Pulsverlangsamung und Gefässcontraktion* bewirken die per os, in Bädern oder intravenös beigebrachten, stark verdünnten Säuren bei Menschen und Thieren *Absinken der Temperatur*, welches mit der Verlangsamung, welche Herzaktion und Athmung erfahren, vielleicht in genetischem Zusammenhange steht. Indessen wird auf Beeinträchtigungen der Athmung (*respiratorische Stillstände*) deswegen weniger Gewicht zu legen sein, weil sie nur nach Einverleibung toxischer Dosen zur Beobachtung kommen und selbst wieder von den Kreislaufstörungen abhängig sind.

Letztere sind noch nicht ausreichend studirt. Durch Bobrick's Untersuchungen mit dem Sphygmographen ist nur festgestellt, dass die durch organische Säuren (*vgl. oben p.* 374) bewirkte *Pulsretardation auch nach Halsmark- und Vagusdurchschneidung* auftritt, d. h. von direkter (bez. *sympathischer*) Beeinflussung der musculomotorischen Herzcentren abhängig ist, bei der Schwefelsäure und den übrigen *Mineralsäuren* dagegen nach *Ausschaltung der regulatorischen Centra ausbleibt*. Salz- und Salpetersäure bewirken erst Beschleunigung dann Verlangsamung, Phosphorsäure nur Beschleunigung der Herzpulse, und alle diese Wirkungen bleiben nach Halsmarkdiscision aus. Ueber die Modifikationen des Blutdrucks fehlen brauchbare Beobachtungen gänzlich.

Bezüglich der durch verdünnte Säuren hervorgerufenen elementaren Wirkungen ist mit dem früher über die Veränderungen, welche

---

*) Salz-, Salpeter- und Phosphorsäure wirken nur nach Applikation per os oder Injektion in eine Vene pulsretardirend.

Oberhaut und Schleimhäute erfahren, noch nachzutragen, dass Eiweisslösungen durch Schwefel-, Salpeter- und Salzsäure coagulirt werden,
durch Phosphor-, Borsäure und organische Säuren nicht; ferner, dass dem
entsprechend beim Eindringen der zuerst genannten *eiweisscoagulirenden*
Säuren (im freien Zustande — was nur bei Vergiftungen vorkommen
soll*) in die Blutbahn, das Blut in eine braunschwarze,
schmierige, feste Masse verwandelt wird, bei Gegenwart der
übrigen Säuren aber (welche übrigens — wenn auch langsamer — das
Hämoglobin ebenfalls zerstören) flüssig bleibt. Dass die Säuren mit dem Eiweiss Albuminate, welche im Säureüberschuss löslich sind und auf Neutralisation präcipitirt werden, bilden, wurde oben bereits angegeben. Bei
langem Kochen mit den meisten verdünnten Säuren resultirt Spaltung
des Eiweisses unter Bildung von Leucin etc. Schleimlösungen werden
durch verdünnte Säuren flockig gefällt, Leimlösungen nicht. Auf die
Muskeln wirken die verdünnten Säuren auch in kleinsten Mengen ver-
nichtend, d. h. es tritt unter Myosinausscheidung Starre ein; dasselbe
gilt von anderen contraktilen Gebilden. Ueber die lokale Einwirkung
auf die nervösen Elemente ist nichts experimentell festgestellt.

Es erübrigt noch, über *die Modifikationen, welche Stoffwechsel und Ernährung*
unter längerem Säuregebrauch erleiden (kurze Zeit genommene medikamentöse Gaben äussern in dieser Richtung keinerlei Wirkungen) das Erforderliche anzugeben.
Thiere werden unter längerer Einwirkung der (*verdünnten*) Säuren *matt* und hinfällig; kleinere werden *reaktionslos.* Auch Menschen werden *blass, matt,* wenn
es sich um eine *chronische Vergiftung durch Säuren,* verbunden mit Verminderung
der alkalischen Reaktion des Blutes und der Gewebe, bez. um durch die Neutralisation bedingte Entziehung von Basen handelt. Ohne indess die an einem anderen
Orte (*vgl. p. 34 Alkalien*) bereits hervorgehobene Bedeutung der Alkalien für die
Oxydation gering anschlagen zu wollen, müssen wir gleichwohl auch an dieser
Stelle wiederholt betonen, *dass die obenerwähnten Ernährungsstörungen (bei*
Leichen ausgesprochen in Verfettungen der drüsigen Organe) Intoxikationser-
scheinungen sind, zu deren Entwickelung wir es beim gewöhnlichen Gebrauch me-
dikamentöser Säuredosen um so weniger werden kommen lassen, als nicht allein
das Blut, sondern auch alle plasmatischen Flüssigkeiten des Körpers in gleicher
Weise Basen zu der sehr wahrscheinlich an oder in der Nähe der Einverleibungs-
stelle und *nicht im Blute stattfindenden**) Neutralisation der Säuren liefern.* Die

---

*) Nach den oben erwähnten Versuchen von Oré, Guttmann und Ranke
gehören selbst bei direkter Injektion der verdünnten Mineralsäuren in eine Vene
grössere Mengen der letzteren dazu, diese zu Gerinnungen, Thrombusbildung etc.
führenden Veränderungen des Blutes zu bewirken, als bisher angenommen wurde.

**) Ob das Blut in der That, wie Casper behauptet hat, bei Schwefelsäurever-
giftung höheren Grades sauer werden kann, ist noch fraglich. In das Blut der
Leichen kann die Säure auf dem Wege der Diffusion gelangt sein. Bei lebenden
Thieren fand nur ein Beobachter (Salkowski) einmal im Blute aus den Ohrgefässen

Alkaliabnahme des Blutes kann also für die Beurtheilung der durch Alkalientziehung seitens der — noch dazu in kleinen, medikamentösen Gaben eingeführten und
stark verdünnten — Säuren auf den Organismus als solchen geübten Wirkungen
durchaus nicht als Maassstab dienen. Dazu kommt noch, dass der Organismus das
Alkali hartnäckig festhält und ausserdem Regulationsmechanismen, welche das
Gleichgewicht zwischen Säuren und Basen im Organismus nach Möglichkeit aufrecht erhalten, bestehen müssen; Lassar. Eine letzte Bestätigung des eben Angegebenen liefert das Verhalten des Harns nach Säurebeibringung. Durch die bereits
erwähnte Neutralisation von Basen (*integrirenden Bestandtheilen des Organismus*) beim
Einnehmen von Säuren wird das Verhältniss der Basen zu den Säuren im Organismus
verändert. In eben der Weise jedoch wie das Alkali nach Einführung zu grossen Mengen
bis zur Wiederherstellung des Gleichgewichts sehr schnell und *ohne die alkalische
Reaktion des Blutes zu ändern* durch die Nieren ausgeschieden wird, findet auch,
und zwar ebenfalls ohne Veränderung der Reaktion des Blutes, eine Abscheidung
in abnormer Menge vorhandener Säure in den Nieren statt und die saure Reaktion
des Harns nimmt zu. *Von Basen wird gleichzeitig allerdings eine etwas grössere
Menge mit dem Nierensecrete eliminirt, jedoch stets nur soviel, als das Blut, ohne
seine für die physiologischen Leistungen erforderlichen Eigenschaften einzubüssen,
abzugeben vermag.* Je grösser die Menge der dem Blute zugeführten Säure ist,
desto geringer verhältnissmässig fällt die Menge der gleichzeitig austretenden Basen
aus, so dass wir dem Körper durch Säurezufuhr eine beliebige Menge von Basen zu
entziehen nicht vermögen.

Nach Einverleibung kleiner medikamentöser Säuregaben werden
diese, nur bei Vergifteten erhebliche Modifikationen des Stoffwechsels und
der Ernährung bedingenden Momente, bez. Aenderungen der Alkalescenz des Blutes und der Acidität des Harns, so geringfügig ausfallen,
dass sie für den gewöhnlichen, auf Tage beschränkten medikamentösen
Säuregebrauch als irrelevant ganz ausser Acht gelassen werden dürfen.
Eine Vermehrung der Diurese, wie sie nach Gebrauch der Salz- und
Salpetersäure beobachtet wurde, hat jedenfalls mit den erwähnten
Vorgängen wenig oder nichts zu thun, und ist vielmehr wohl mit der,
bei Gebrauch medikamentöser Dosen dieser Säuren stattfindenden *Aufbesserung der Magenverdauung und Chymifikation* in Zusammenhang zu
bringen. Aus Vorstehendem ergeben sich folgende

Indikationen des Säuregebrauchs.

α. Säuren werden *innerlich* angewandt:

1. um Pulsfrequenz und Temperatur in fieberhaften Krankheiten
herabzusetzen;

2. um durch ihre contrahirende Wirkung auf Gefässmuscularis und
Gewebe pathologisch vermehrte Absonderung zu mindern und event.
Blutungen zu heben;

---

eines Kaninchens saure Reaktion; für grössere Warmblüter wird die Möglichkeit
des Sauerwerdens des Blutes bestritten.

3. um die Alkalinität des Harns zu beseitigen (bei Phosphatstein-bildung);

4. um gährungswidrig und desinficirend zu wirken (bei Dyspepsien; Sarcina);

5. um abnorm dünnflüssiges, zu Blutungen per diapedesin Anlass gebendes Blut coagulabler zu machen (Mineralsäuren exclusive Phosphor-säure); die organischen Säuren wirken in genau entgegengesetzter Weise;

6. die Salpeter- und Salpetersalzsäure (um Gallen- und Harnsecretion zu bethätigen);

7. die Schwefelsäure in Form von Limonade bei acuter Blei-vergiftung,

8. die Phosphorsäure in (Knochen-) Krankheiten, wo Armuth des Organismus an derselben, bez. ihren Verbindungen vorausgesetzt wird.

β. Aeusserliche Anwendung finden die Säuren:

9. als blutstillende Mittel;

10. als fäulnisswidrige desinficirende Mittel, bei brandigen Ge-schwüren etc.;

11. als Aetzmittel und

12. als Hautreiz.

Contraindikationen des Säuregebrauchs

sind so wenig vorhanden, dass dieselben in medikamentösen Gaben sehr häufig vom Praktiker routinemässig verordnet werden, wo eine rein exspectative Behandlung einzuleiten ist (*ut aliquid fiat, wie man sagt*) oder zur Ausfüllung von Kunstpausen bei bestehenden diagnostischen Zweifeln. Oekonomische Gründe lassen sich gegen diesen Schlendrian nicht beibringen. Merkwürdigerweise ist ausserdem nicht einmal der naheliegende Einwand, dass Säuregebrauch (medikamentöse Gaben selbstver-ständlich!) durch vermehrten Säuregehalt des Magensaftes und davon abhängiges saures Aufstossen contraindicirt sei, recht stichhaltig. Dadurch nämlich, dass die Schwefel- oder vielleicht noch besser, die Chlorwasserstoffsäure die Absonderung der Magenschleimhaut sehr wahrscheinlich beschränkt, etwa vorhandenen perversen Gährungsvorgängen Eintrag thut und die abnorm erhöhte Empfindlichkeit des Ma-gens herabsetzt, erweist sie sich in zahlreichen Fällen von Pyrosis nützlich. Be-züglich der

therapeutischen Anwendung der Säuren

im concreten Falle werden dem über die allgemeinen Heilindikationen An-gegebenen nur noch einige kritische Bemerkungen hinzuzufügen sein. Als Hauptrepräsentanten betrachten wir auch hier die Schwefelsäure, welche bis auf die zum Theil bereits hervorgehobenen Punkte (6—8) unserem gegenwärtigen Wissen nach in ihren Wirkungen von den übrigen Mineral-säuren nicht abweicht. Verdünnte organische Säuren dienen im Allge-meinen als kühlende Getränke und nur die Milchsäure sowie die Essigsäure (äusserlich) werden zur Erfüllung bestimmter heilkünstlerischer Zwecke angewandt. Wir gehen hiernach die obigen Indikationen kurz durch und betrachten die

I. Indikation. *Als temperatur- und pulsherabsetzendes Mittel* erweist sich namentlich die Schwefelsäure nützlich

1. in fieberhaften Krankheiten mit septischem Charakter, wie *Variolois*, *Scharlach*, *Masern*, *Petechialtyphus* und *beim hektischen Fieber* zur Mässigung der brennenden Hitze. Sofern wir auf die zuerst genannten Krankheitsprocesse direkt nicht einwirken, bez. die Indicatio morbi nicht erfüllen können, müssen wir uns in uncomplicirten Fällen auf die rein symptomatische Behandlung beschränken. Wir bedienen uns selbst dann, wenn Fiebersturm und Temperaturerhöhung einen so bedenklichen Charakter annehmen, dass zum Gebrauch energisch wirkender Antipyretica, der Kaltwasserbehandlung u. s. w. geschritten werden muss, häufig der verdünnten Säuren in Form von Limonaden und lassen dieselben zur Unterstützung der Kur fortnehmen. Dasselbe gilt von der Behandlung des lokalisirte Entzündungen begleitenden Fiebers.

2. Bei Congestionen und orgastischen Zuständen, wie sie bei Blutern, nach überstandenen Blutungen aus dem Uterus, den Lungen etc. und bei Frauen im klimakterischen Alter nicht selten beobachtet werden, bedient man sich der Schwefelsäurepräparate, denen viele Aerzte Digitalis, andere Zimmttinctur (vgl. p. 143) zusetzen, häufig mit Erfolg.

Ebenso wird

II. *von der gefässmuscularis- und gewebecontrahirenden und absonderungvermindernden Eigenschaft der Säuren* sehr häufig

3. bei übermässigen Schweissen, profusen Durchfällen, bei Ruhr und anderen Infektionskrankheiten, chronischen Diarrhöen, Pollutionen u. s. w. Gebrauch gemacht. Die Engländer combiniren die verdünnten Säuren in derartigen Fällen gern mit Opiumpräparaten. Auch die sogenannten passiven Blutungen, von denen unter V. die Rede sein wird, gehören strenggenommen hierher.

4. Besonders hervorzuheben ist aber die günstige Wirkung, welche durch kurplanmässigen Gebrauch der Milchsäure (*unter streng geregelter antisacchariner Diät*) neueren Erfahrungen zufolge beim Diabetes mellitus erzielt wird. Cantani empfiehlt zu diesem Behuf 5—20 Grm. reine Milchsäure mit 20—30 Grm. Aqua aromatica in 1 Liter Brunnenwasser lösen und davon (abwechselnd mit Vichywasser) zweistündlich ½ Glas (= 100 Grm.) nehmen zu lassen. Die mildere Form des Diabetes (vgl. p. 38 Alkalien) soll bei dieser Behandlung und streng eingehaltenem Régime in der Regel Heilung erfahren.

III. *Die Verwandlung der alkalischen Reaktion des Harns in die saure durch Säuregebrauch, welche besonders bei an Krankheiten der Harnorgane und Lähmungen Leidenden häufig vorkommt* und der Bildung von Phosphatconcrementen vorbeugen soll, macht weitere Bemerkungen nicht nöthig, als etwa die, dass die Säuren vorliegenden Falles das Grundleiden selbstverständlich nicht beseitigen. Gubler giebt zu diesem Behuf der Salz- und Salpetersäure, weil sie leichtlösliche Kalksalze bilden, vor der Schwefelsäure den Vorzug.

IV. - *Als keimzerstörende, gährungs- und fäulnisswidrige Mittel* haben sich die Säuren, besonders die Chlorwasserstoff- und Salpetersäure,

5. bei Ruhr, Cholera, Gelbfieber (*wo sie namentlich während des ersten Stadium Ausgezeichnetes leisteten*) vielfach bewährt.

Die übereinstimmenden günstigen Berichte der in den Tropen practicirenden Aerzte über diese Behandlung dürfen, trotzdem wir sie auf Treue und Glauben annehmen müssen, doch nicht allzugering angeschlagen werden. Worms liess bei der Cholera während des prämonitorischen diarrhoischen Stadium 3—5 Grm. Acid. sulf. dilutum in einem Kilo Salepdecoct (stündlich ein Wasserglas voll) mit bestem Erfolg nehmen. Andere, namentlich Menos de Luna, zogen der stark contagienzerstörenden Wirkung der Salpetersäuredämpfe für die Unschädlichmachung des fraglichen Choleracontagium den internen Gebrauch der Salpetersäure, oder Klystiere aus solcher (50 gtt. auf 1 Quart Wasser) dem der Schwefelsäure vor.

Uns ist, abgesehen von der Ruhr, gegen welche wiederholt (*seit Cabanellas 1797*) die Chlorwasserstoffsäure gerühmt wurde, von den der Tropenzone angehörigen epidemisch auftretenden Krankheiten als *Verwandte der Cholera asiatica* nur die allerdings in manchen Jahren höchst verderblich auftretende und zahlreiche Opfer fordernde Sommerdiarrhöe der Kinder (*Cholera infantum*) übrig geblieben. Unter den Mitteln, welche in vielen, leider bei Weitem nicht in allen Epidemien Rettung bringen, steht die verdünnte Chlorwasserstoff- (*oder Schwefel-*) säure obenan.

6. Eine besondere Berücksichtigung verdient die Inhalation fein zerstäubter Milchsäure (15 Trpfn. auf 15—30 Grm. Wasser) zur Heilung des Croup nach Weber in Darmstadt. Dass dadurch Fälle von ächtem Croup geheilt worden sind — auch hierorts — steht über jedem Zweifel fest; in anderen Fällen (Wagner) wurde kein Erfolg erzielt; für alle Fälle aber muss für möglichst grosse Verdünnung der Säure deswegen Sorge getragen werden, weil sonst durch starke Reizung der Lungen catarrhalische Pneumonie hervorgerufen werden und das Leben des Kranken aufs Neue gefährden kann. Auch der Inhalation des Milchsäurenebels nach der Tracheotomie durch eine Canüle von Hartgummi zu Verhinderung der Neubildung von Croupmembranen dürfte theoretisch — versucht wurde diese Methode meines Wissens in praxi

noch nicht — nichts im Wege stehen. Durch ihre keimzerstörenden und desinficirenden Wirkungen nützen endlich die Säuren

7. bei Dyspepsien. Schon Magendie verordnete 4—15 Grm. Milchsäure, 437 Grm. Wasser und 60 Grm. Zuckersyrup als limonade lactique, um durch Zuführung freier Milchsäure zum Magensaft die Verdauungsschwäche zu heben. Im Allgemeinen können auch andere Säuren nützen, wo eine abnorm grosse, die Verdauung sistirende Alkalinität des gen. Saftes besteht und ausserdem kleinste, abnorme Gährung anregende Organismen, z. B. die Sarcina ventriculi vorhanden sind. Indem Chlorwasserstoffsäure die Sarcina vernichtet, beseitigt sie auch die von ersterer abhängige Dyspepsie. Dass selbst bestehende Pyrosis den Gebrauch verdünnter Säuren gegen Dyspepsie nicht durchaus contraindicirt, wurde oben bereits bemerkt.

V. *Um das Blut coagulabler zu machen* hat man die Mineralsäuren (die Phosphorsäure) bei Scorbut, Werlhof'scher Blutfleckenkrankheit und passiven Blutungen aller Art, namentlich aus dem Magen, empfohlen. Ob dieser Zweck durch medikamentöse Gaben der gen. Säuren zu erreichen ist, mag dahin gestellt bleiben (vgl. p. 354). Wie vom Eisen (vgl. p. 8. 20) ist energische styptische Wirkung auch von den nicht allzustark verdünnten Mineralsäuren nur dann zu erwarten, wenn dieselben mit den blutenden Gefässmündungen in direkten Contakt kommen können. Innerlich angewandt sind die gen. Mittel stets nur als Adjuvantien energischer wirkender, entweder die Gefässe durch „sensiblen Reiz" zur Contraktion bringender, oder die Energie der Herzarbeit herabsetzender, pulsverlangsamender, oder endlich der im Folgenden zu betrachtenden gerbstoffhaltigen und metallischen Mittel zu betrachten. Auf die lokale Applikation der Säuren zur Blutstillung kommen wir unten zurück.

VI. *Als Antidot der acuten Bleivergiftung ist die verdünnte Schwefelsäure* ehemals mehr als gegenwärtig in der Absicht, unlösliches und nur sehr schwer resorbirbares Bleisulfat zu bilden, angewandt worden. Mit gutem Grunde ziehen wir indess jetzt die schwefelsauren Salze des Natrium und Magnesium, weil sie ausser der Ueberführung des Blei's in eine unschädliche Verbindung auch den Stuhlgang stark anregen und somit die Entfernung des gebildeten Bleisulfates durch den Mastdarm beschleunigen, den Säurelimonaden vor. Beiläufig ist noch der ebenfalls ziemlich obsolet gewordene Gebrauch, Säufern — wozu deren Bewilligung eingeholt werden muss — verdünnte Schwefelsäure unter die Spirituosa zu mischen, zu erwähnen. Dieser Gebrauch ist in allen Fällen verwerflich, es sei denn, dass sich die verdünnte Säure gegen den Magencatarrh der Potatoren — was zuweilen vorkommt — nützlich erweist. Bei Vergiftungen durch ätzende Laugen kommt man mit den zur Neutralisation der Basen selbstredend indicirten Säuren in der Regel zu spät.

VII. *Um die Gallen- und Harnsecretion zu bethätigen*, ist speziell die Salpeter- und Salpetersalzsäure von zahlreichen klinischen Autoritäten gerühmt worden. Ex juvantibus schliessend, glaubte man, dass die Salpetersäure, unter deren Gebrauch catarrhalische Gelbsucht nicht selten auffallend schnell zur Heilung gelangt, die Gallensecretion anrege. Orfila fand selbst nach Vergiftung mit der gen. Säure keine Spur davon in der Leber vor. Trotzdem wenden die Praktiker, den empirischen Nutzen betonend, Salpeter- und Salpetersalzsäure bei den gen. Leberaffectionen noch vielfach innerlich und äusserlich an. Dagegen ist die Salpetersäure im Harn wiedergefunden worden. Indem sie etwas diuretisch wirkt — nicht aber, wie man fabelte, weil sie das Eiweiss im Blutserum zurückhält — hat sie sich, nachdem das entzündliche Stadium vorüber war, in Morbus Brightii zuweilen nützlich erwiesen. Indessen leisten energisch durchgeführte (ausschliessliche) Milchkuren — 4 Liter pro die — und Dampfbäder entschieden weit mehr, als die Salpetersäure.

VIII. *Auch die chemiatrischen Hypothesen, denen zu Liebe die der Schwefelsäure in allen Beziehungen ähnlich* (wenngleich minder energisch) *wirkende Phosphorsäure* dann verordnet wurde, wenn bei bestehenden Knochenleiden, wie Caries und Rhachitis, eine Verarmung des Organismus an Kalkphosphat vermuthet wurde, sind den neueren physiologisch-chemischen Untersuchungen gegenüber nicht stichhaltig befunden worden (vgl. das darüber p. 51, Anmerkung, Angegebene); die Phosphorsäure gelangt eben nicht als solche, sondern als Alkalisalz zur Wirkung. Ebenso problematisch ist die Annahme, dass die gen. Säure, *weil das Protagon* (bez. Lecithin) *phosphorhaltig ist, besondere Beziehungen zum Nervensystem habe* und bei Krankheiten derselben sich hülfreich erweisen werde. Auch die Versicherung von Judson Andrews, dass Nichts für lange in die Nacht fortgesetzte geistige Beschäftigung so geschickt mache, wie als Abendbrod eingenommene Phosphorsäure-Limonade mit — Käse (!), kann uns in der eben ausgesprochenen Ueberzeugung nicht wankend machen. Ueber

β. die chirurgische Anwendung der Mineralsäuren werden wir uns um so kürzer fassen können, als dieselbe zur Zeit nur noch eine beschränkte ist. Obenan unter den Indikationen steht

IX. *die Anwendung der Säuren zu Desinfektionszwecken.* Man wählt hierzu nach Carmichael Smyth die Salpetersäuredämpfe, welche sich aus mit verdünnter Schwefelsäure in einer Schale übergossenem und erhitztem Salpeter entwickeln. Thüren und Fenster der Wohnräume oder Ställe, worin die mit ansteckenden Krankheiten behaftet gewesenen Menschen oder Thiere sich aufgehalten haben, werden, nachdem metallne Geräthschaften entfernt sind und eine Spirituslampe unter die Schale mit den gen. Stoffen gestellt und angezündet worden ist, fest geschlossen. Diese Desinfektion ist eine sehr kräftige.

X. Zur *Blutstillung* werden die dazu einzig und allein geeigneten, verdünnten Mineralsäuren in Form von Injektionen nur selten noch gebraucht. Der allerdings stets freie Chlorwasserstoffsäure enthaltende Eisenchloridliquor (vgl. p. 20) hat die verdünnten Säuren ganz verdrängt.

XI. *Als Aetzmittel* sind die Säuren, und zwar die concentrirten, namentlich rauchende Salpeter- und Schwefelsäure, bei der Behandlung von Condylomen, Warzen, Teleangiektasien, Hämorrhoidalknoten (Billroth's Salpetersäure) noch eher gebräuchlich. Die Aetzung des Augenlides durch Auftragen concentrirter Schwefelsäure mittels Glas-Stabes, um eine Narbencontraktion und somit Heilung des Entropium zu erzielen, hat nur noch wenige Vertheidiger. Zur Aetzung vergifteter Wunden, um gleichzeitig desinficirend zu wirken, ist die rauchende Salpetersäure deswegen weniger geeignet, weil sie sich zu leicht über grössere Flächen ausbreitet und auch die gesunden Gewebe in der Umgebung der qu. Wunde zerstört. Endlich wurden

XII. *die Säuren als hautröthende* (und blasenziehende) *Mittel* früher mehr als gegenwärtig angewandt. Hierher gehören die Betupfungen von Frostbeulen mit Salpetersäure, die Bäder aus Salpetersalzsäure (bei verschiedenen chronischen Exanthemen) oder aus verdünnter Schwefelsäure (gegen retrograde Gicht). Die Applikation auf Schleimhäute, z. B. in Form von Gurgelungen mit Salpetersäure bei Mundaffektionen (Mercurialspeichelfluss, Gangräna oris) muss streng überwacht werden, um Anätzungen — auch der Zähne — zu verhüten. Nachträglich bemerke ich noch, dass verdünnte Salpetersäure (innerlich genommen) bei frisch entstandener Heiserkeit oft überraschende Dienste leistet. Indessen ist dieselbe vorliegenden Falles durch die minder gefährliche Pimpinelltinctur (vgl. p. 148) wohl in der Regel vortheilhaft zu ersetzen. Endlich ist noch der Injektion von Essigsäure in Tumoren, welche zum Verschwinden gebracht werden sollen, als eines obsoleten und (nach Heine's Erfahrungen mit einem allerdings zusammengesetzten Präparate) gefährlichen Verfahrens zu gedenken.

Pharmaceutische Präparate:

I. Acidum sulfuricum. Schwefelsäure (H_2SO_4).

a. *A. sulfur. fumans;* rauchende oder Nordhäuser Schwefelsäure; bräunlich; Auflösung des 1. Hydrates im 2.; nur extern zu Aetzungen (vgl. oben XI);

b. *Ac. sulfur. crudum s. anglicum;* englische Schwefelsäure; in den S.-S.-Kammern bereitet; mit 92—93% wasserfreier H_2SO_4; daraus wird durch Rectification erhalten

c. *Ac. sulf. purum;* reine S.-S. mit 19% Wasser; für den inneren Gebrauch nur in folgenden Zubereitungen:

1. **Acid. sulf. dilutum**; verdünnte S.-S. Ein Theil von c. auf 5 Th. Wasser. Dosis: 5—25 Trpf. in Wasser oder schleimigem Vehikel; 2—8 Grm. in 24 Stunden; zu Pinselsäften Grm. 2 auf 30,0 Honig; zu Gurgelwässern Grm. 2—4 auf 180 Wasser; zu Salben ebensoviel Säure auf 30 Grm. Fett; zu Waschwässern 15 Grm. auf 1 Pfd. Wasser. Beliebter ist noch

2. **Mixtura sulfurica acida** (loc. *Elixir. acid. Halleri*) ein Theil von c. (reine concentr. S.-S.) mit 3 Th. Weingeist; Dosis: 5—10 Trpf. pro dosi, etwa 4,0 pro die; meist mit Zusätzen, wie Opium, wo die sedative, mit Digitalis, wo die puls-verlangsamende, mit Tr. Cinnamomi, wo die blutstillende, oder mit Tr. Chinae, wo die appetitbefördernde, antidyspeptische Wirkung der S.-S. zur Geltung gelangen soll. Zur Erfüllung der letzteren Indikation ist auch an Stelle des Elixir vitrioli Mynsichtii

3. **die Mixtura aromatica-acida**; gewürzhaft - saure Mixtur, officinell; 1 Th. Schwefelsäure auf 24 Th. Tr. aromatica (vgl. p. 143); Dosis: 20—30 Tropfen pro dosi; 7,0—10,0 pro die auf Zucker.

4. **Mixtura vuln eraria acida** v. Aqua vulneraria Thedenii ist die filtrirte Mischung aus 3 Th. Essigsäure, 1½ Th. Weingeist, ½ Th. verdünnter Schwefel-säure und 1 Th. ger. Honig; äusserlich bei Quetschungen; sehr in Vergessenheit gerathen.

II. *Acidum hydrochloratum, Chlorwasserstoff- oder Salzsäure* (HCl). Zu Arzneizwecken dient

1. Acidum hydrochloratum purum; reine Salzsäure; muss namentlich arsenfrei sein. Farblos, schwach rauchend; bei 1,124 spec. Gew. enthält sie etwa 25 % wasserfreier HCl. Dosis: gtt. 5—10; zu 3 Grm. pro die mit viel Wasser oder Syrup verdünnt. Acid. hydrochlor. dilutum, mit 3 Wasser versetzt *wird in der doppelten Dosis des A. hydroch. purum gegeben;* zu Pinselsäften 1,5—3,0 auf 30 Grm. Syrup.

III. *Acidum nitricum.* Salpetersäure, Scheidewasser (HNO₃). In drei Formen vorräthig:

a. Acid. nitricum crudum; unreine SaS. höchstens zu externem Gebrauch; besser

b. Acid. nitricum fumans; rauchende SaS.; zu den erwähnten Aetzungen; (Asbestpinsel); und

c. Acid. nitricum conctr. pur., reine Salpetersäure zum inneren Gebrauch; 27% wasserfr. HNO₃ enthaltend; spec. Gew. 1,185; man giebt 5—10 gtt. in schleimigem Vehikel; pro die 2,00 in viel Wasser; 1:8 Fett als Salbe. Zu Waschungen wurde 1 Th. auf 10 Th. Wasser verordnet. Die verdünnte Salp.-S. ist c mit aa Wasser; Dosis: gtt. 10—30.

IV. *Acidum chloro-nitrosum.* Aq. regia. Königswasser. Drei Theile Salz- (II) und ein Theil Salpetersäure (III). Innerlich (zu 5—20 Trpf. in starker Verdünnung) kaum noch angewandt. Aeusserlich zu Bädern: 45 Grm. rohe Salz-säure auf 15 Grm. Salpetersäure zum Allgemeinbade; Scott.

V. *Acidum phosphoricum*; Phosphorsäure (H₃PO₄). In drei Formen:

a. Acidum phosphor. glaciale; feste Ph.-Säure; 1. Hydrat; man kann da-mit ätzen, wie mit Schwefelsäure; in (*zerfliessenden!*) Pillen zu 0,05—0.2 Grm. kaum noch; zu Zahnkitt.

b. Acidum phosphor. purum (s. ex ossibus), 16%—20% PH₃O₄ enthaltend; 10—20 Tropfen zu 3—6 Grm. pro die in Limonadenform analog der Schwefelsäure; reichlich verdünnt: 4,0—8,0 auf 200 Wasser.

VI. *Acidum aceticum* (concentratum); *Essigsäure* ($C_2H_4O_2$); durch Destillation aus essigsaurem Natron gewonnen; farblos; von starkem Geruch; in der Wirkung der Schwefelsäure nahestehend, aber von so geringer Affinität zu Basen, dass sie nur die Kohlensäure aus ihren Verbindungen austreibt. Selten zu 6—10 Grm. mit viel Wasser in Form von Limonaden oder als Riechmittel. Letzteren Falles ist sie durch eine Mischung aus Kaliumbisulfat und Kaliumacetat (in Pulverform), aus welcher sich beständig Essigsäure entwickelt, zu ersetzen. Sie liefert

1. Acidum aceticum dilutum; verdünnte Essigsäure (loc. Aceti concentrati). Farblos; von 1,040 spec. Gewicht und 30% wasserfreie Säure enthaltend; 1000 Th. sollen 265 Th. wasserfr. Natriumcarbonat sättigen; zu 0,5—1,0.

2. Acidum aceticum aromaticum; gewürzhafte Essigsäure; 25 Th. conctr. Essigsäure mit 9 Th. Gewürznelken- (vgl. p. 144), Lavendel- (vgl. p. 137), Citronenschalen- (vgl. p. 67) Oel āā 6 Th.; Bergamott- und Thymian- (vgl. p. 139) āā 3 Th. und 1 Th. Zimmetkassienöl (vgl. p. 143).

3. Acetum purum; reiner Essig, durch Verdünnung von 1 mit vier Th. Wasser erhalten, ist von der Stärke des gewöhnlichen Essigs (6% Essigsäure); 20 Theile sättigen 1 Th. wasserfreies Natroncarbon; zu Saturationen

4. Acetum vini (oder crudum); roher Essig; billigeres Surrogat von 3.

5. Acetum aromaticum, Gewürzessig (Acetum quatuor Latronum) 100 Th. Tr. aromat. (vgl. p. 143), 200 Th. von 1, 1000 Th. Wasser mit Rosmarin (vgl. p. 138), Wachholder- (vgl. p. 154), Citronenschalenöl aa 1 Th., Thymianöl (2 Th.) und Würznelkenöl (5 Th.). Ueber Acetum pyrolignosum vgl. I. Kl. 4. Ordn. p. 188.

6. Oxymel. Sauerhonig: 1 Th. Essig, 2 Th. Honig; der Zusatz des Hippokrates zu kühlenden Phthisanen. Ueber Oxymel Scillae, Oxymel Colchici, Acetum Squillae, Acet. Digitalis vgl. Scilla, Digitalis (p. 89), Colchicum (p. 225).

VII. *Acidum lacticum* (s. galacticum) *Milchsäure* ($C_3H_6O_3$); zu 0,5—1,0 mit vielem Wasser verdünnt bei Diabetes (vgl. p. 361) und Croup (p. 362); im Uebrigen hat sie vor den sogleich zu nennenden Pflanzensäuren keine Vorzüge. Nach Preyer erzeugen grosse Gaben davon Ermüdung und Schlaf; ob dadurch die alten Hypnotica überflüssig werden, ist eine offene Frage.

VIII. *Acidum tartaricum.* Weinsäure ($C_4H_4O_6$) aus dem Weinstein durch Behandlung mit Kalkmilch und Zersetzung des gebildeten Kalksalzes fabrikmässig in wasserhellen farblosen Krystallen gewonnen; dreht die Polarisationsebene des Lichts. Im Harn tritt sie als Kohlensäure auf; Wöhler. Eilf Grm tödten ein Kaninchen unter Lähmungserscheinungen; C. G. Mitscherlich. Nur zu Limonaden und in Brausemischungen. Ueber die officinellen harntreibenden und purgirenden Salze der Weinsäure vgl. p. 201 ff. Als Dosis ist 0,5—1,0 angegeben.

IX. *Acidum citricum.* Citronensäure ($C_6H_8O_7$). Analog der Weinsäure gewonnen als

1. Acidum citricum crystallisatum; farblose, verwitternde, sehr sauer schmeckende Krystalle darstellend, welche in Wasser und Alkohol gut löslich sind. Sie wirkt der Schwefelsäure ähnlich, aber weit schwächer; 7 Grm. tödten 1 Kaninchen. Die C. soll diaphoretisch wirken. Man benutzt sie nur zu Limonaden, denen gern Eläosaccharum citri (vgl. p. 68) zugesetzt wird; die Dosis ist die der Weinsäure.

2. Pulvis ad limonadam. Limonadenpulver. P. refrigerans 10 Grm. gepulverte Citronensäure mit 120 Zucker und 1 Trpf. Citronenöl (vgl. p. 67) frisch gemischt. Ganz kurz sind

X. *Acidum boracicum*, *Borsäure*, *Acidum formicicum*, *Ameisensäure* (CH_2O_2) und Acidum succinicum, Bernsteinsäure ($C_4H_6O_4$) sind als Bestandtheile des Borax (vgl. p. 203), des Spiritus formicarum (vgl. p. 136) und des Liq. ammonii succinici (vgl. p. 122) zu erwähnen. Sie werden im freien Zustande arzneilich nicht angewandt; die Borsäure wird in neuester Zeit in Form damit imprägnirter Watte zu gleichen chirurgischen Zwecken wie die entsprechenden Carbol- und Salicylpräparate benutzt.

---

2. (8.) Ordnung: Mittel, welche lokal auf den Darm wirken, dessen Peristaltik, Blutgehalt und Secretion vermindern und zugleich die Erregbarkeit der zu den Drüsen des Darms tretenden sensiblen Nerven herabsetzen.

Die hier zu betrachtenden, *gerbsäurehaltigen Mittel* stellen die pharmakologischen *Antagonisten der Mittel der 5ten Ordnung* dar. Sie besitzen einen schwachen Säurecharakter und entziehen daher, wie die soeben erörterten Mineral- und Pflanzensäuren dem Blute und den Parenchymflüssigkeiten Alkali, wodurch sie wie diese oxydationsverlangsamend wirken, und haben auch mit den Säuren einer- und den im folgenden Capitel zu betrachtenden Metallsalzen andererseits die Affinität zu den Eiweisssubstanzen gemein; allein sie sind beiden Klassen von Arzneimitteln gegenüber dadurch streng charakterisirt, dass die von ihnen gebildeten Albuminate weder in überschüssiger Gerbsäure, noch in überschüssigem Eiweiss, noch im freien Alkali des Darmsaftes löslich sind, daher anstatt resorbirt zu werden (*lediglich lokale Wirkungen auf die Darmschleimhaut bedingend*) die Darmmucosa als lederartiger, impermeabler Ueberzug bedecken, und sehr wahrscheinlich erst nachdem *die Gallusgerbsäure in Gallussäure verwandelt ist*, ganz allmälig in die Blutbahn übergehen, um als Verbindungen der Gallussäure eliminirt zu werden. Nachweisliche Beeinflussungen der vitalen Funktionen seitens der resorbirten kleinen Mengen Gallussäure, wie solche von den im alkalischen Blutserum löslichen Metallalbuminaten (vgl. 9. Ordnung) zu verzeichnen sein werden, finden nicht statt: die Wirkung der gerbstoffhaltigen Mittel ist *im umgekehrten Sinne wie diejenige der Purgantien eine im Wesentlichen örtliche und lediglich auf den Darm gerichtete.*

XXXIV. Acidum tannicum s. quercitannicum. Tanninum. Gerbsäure und gerbsäurehaltige Mittel.

Die organische Chemie unterscheidet als integrirende Bestandtheile der unter den pharmaceutischen Präparaten im Nachstehenden tabellarisch zusammengestellten Droguen bekanntlich „Eisen blau fällende" und „Eisen grün fällende" Gerbstoffe. Als Repräsentanten der blau fällenden Gerbstoffe betrachten wir hier die Eichengerbsäure oder das Tannin, weil dieser Stoff nicht nur am meisten gebräuchlich, sondern auch seinen Zersetzungsprodukten, chemischen Reaktionen und physiologischen Wirkungen auf die Körperfunktionen nach verhältnissmässig am besten bekannt ist. Das über das Tannin ermittelte muss vorläufig als Paradigma für die übrigen Gerbsäuren (Kaffee-, China-, Catechu- u. s. w. Gerbsäure) dienen.

Die Eichengerbsäure ($\mathfrak{C}_{14}H_{10}\Theta_9$) wird durch Extraktion mit Aether im Verdrängungsapparate aus den Galläpfeln (den durch Stiche von Cynips gallac tinctorinc oder *Aphis chinensis* auf unseren einheimischen Quercusarten, der klein-asiatischen *Quercus infectoria* und *Rhus javanica*, verursachten pathologischen Auswüchsen) als amorphe, ursprünglich farb- und geruchlose, wenig hygroskopische und stark zusammenziehend (nicht bitter!) schmeckende Substanz ziemlich rein gewonnen. Chemisch reine Gerbsäure resultirt nur bei partieller Fällung der Lösungen des officinellen, mehr oder weniger gelbliche Färbung zeigenden Präparates durch essigsaures Bleioxyd (Rochleder). Durch Aufnahme von H_2O geht die Eichen- und Gallusgerbsäure über nach der Gleichung:

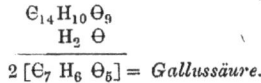

$$\mathfrak{C}_{14}H_{10}\Theta_9$$
$$H_2\Theta$$
$$2\,[\mathfrak{C}_7\,H_6\,\Theta_5] = Gallussäure.$$

Letztere, sowie die nach dem Erhitzen daraus entstehende Pyrogallussäure sind schön krystallinisch zu erhaltende Verbindungen. *In Wasser löst sich Tannin schwer unter Schäumen*, in wässrigem Alkohol leichter, minder leicht in Aether. Chlorammonium, Chlornatrium u. a. Salze, concentrirte Säuren, Pflanzenalkaloide (auch mehrere Glukoside) und Metallverbindungen fällen Tannin aus unglaublich verdünnten Lösungen. Andererseits fällt Tannin, weil es Affinität zu diesen Körpern hat, Eiweiss, Leim und Pepsin. Die Niederschläge sind unlöslich und erfahren, während Tanninlösungen leicht schimmeln, keinerlei Veränderungen; die Pepsinverbindung zeigt, wie p. 59 bereits bemerkt wurde, die peptonisirende Wirkung auf Eiweiss nicht mehr. Der auf Zusatz von Eisensalzen auch bei grösster Verdünnung der angewandten Lösungen resultirende dunkelblauschwarze Niederschlag ist sowohl für die Gegenwart der Gerbsäure, als für diejenige des Eisens in den zu untersuchenden Flüssigkeiten charakteristisch. Beim Stehen in wässriger Lösung an der Luft geht die Gerbsäure nach obigem Schema in die weit löslichere Gallussäure über.

Unsere Kenntnisse über die physiologischen Wirkungen der Eichengerbsäure sind nicht nur mangelhaft, sondern haben auch in jüngster Zeit durch Rossbach eine nicht unwesentliche Correctur erfahren. Früher rechnete man die gerbstoffhaltigen Mittel zu den Adstringentien, d. h. zu den örtlich die Gewebe contrahirenden Mitteln. Von letzteren nahm man an, dass sie das Lumen der Gefässe sowohl als der Drüsenausführungsgänge zu verengen, die Absonderung zu beschränken und die Sensibilität durch ihre erregbarkeitherabsetzende Wirkung auf die betreffenden Nervenendigungen zu vermindern vermöchten. Rossbach bewies dagegen, *dass Tannin nicht nur keine Contraction, sondern vielmehr ganz beträchtliche Dilatation der Capillaren des Froschmesenterium hervorruft*, und somit auch die gewebecontrahirende, den Gerbstoffen zugeschriebene Wirkung in der Luft schwebt. Alle örtlichen Wirkungen der letzteren werden somit auf die *Deckschichtbildung* aus unlöslichen und impermeablen Albuminaten und die Beeinflussung der sensiblen, zu den Drüsen des Darms treten-

den Nerven, in der Weise, dass der Hemmungseinfluss der marklosen
(Remak'schen) Fasern das Uebergewicht erlangt, nicht aus Veränderungen, welche die Form der Gefässmuskularis oder contraktiler Gewebe
überhaupt erfährt, zu erklären sein. Wegen der *grossen Affinität zum
Eiweiss des Darminhalts* kann es, wenn Gerbstoff in nüchternem Zustande dem Magen einverleibt wird und sich bei mangelnder Zufuhr
eiweisshaltiger Nahrungsstoffe der die Darmwandungen constituirenden
Eiweissabkömmlinge bemächtigt, zu Corrosion der Schleimhaut des Darmtractus kommen. *Darauf, dass diese Gerbsäurealbuminate sich nicht
verändern und namentlich nicht faulen, beruht die desinficirende, Fäulniss und Gährung sistirende Wirkung des Tannin,* welches sich in reinem Zustande in Wasser gelöst sehr bald unter Schimmelbildung zersetzt. Neben der fäulnisswidrigen ist endlich noch der *blutstillenden*
Wirkung der Gerbsäure, welche nicht mit der ehemals allgemein statuirten gefässverengenden Wirkung der gen. Säure, sondern mit der
wieder von der Affinität zum Eiweiss abhängigen blutcoagulirenden
Wirkung derselben im Zusammenhang steht, zu erwähnen. Auch auf
eiternden Haut- oder Schleimhautoberflächen bewirkt Tannin bei ört-
lichem Contakt Abnahme der Absonderung.

Die Verdauung wird durch Ingestion gerbstoffhaltiger Mittel in
nachtheiliger Weise verändert. Abgesehen von Erzeugung eines unan-
genehmen, zusammenziehenden Geschmacks, ruft der Gebrauch der gen.
Mittel Zungenbeleg, Druck im Epigastrium, Dyspepsie (wegen Präcipitation des, seiner Fermentwirkung beim Zusammentreten zu einer unlöslichen Verbindung mit der Gerbsäure verlustig gehenden Pepsin), *Ructus* und *Verlangsamung der Darmperistaltik* (ausgesprochen in Neigung
zu hartnäckiger Stuhlverstopfung) hervor. Nur wo Erreger perverser
Gährung (bez. Magenverdauung) im Tractus ihre schädliche Thätigkeit
entfalten oder Geschwüre im Darm vorhanden sind, kann Gerbstoff, indem er sich mit den eiweisshaltigen Bestandtheilen der ersteren verbindet und sie dadurch functionsunfähig macht, Verdauung und Ernährung
aufbessern. Ferner kann das Eiweiss noch eine impermeable Deckschicht
aus dem mit dem Eiweiss sowohl des Darminhaltes, als auch des Secretes
der Geschwüre selbst sich bildenden, unlöslichen Albuminat auf den
Geschwürsflächen herstellen und die Heilung der Geschwüre befördern. An sich wirken die Gerbstoffe im diametral entgegengesetzten
Sinne und verdienen die Bezeichnung tonisirender und den Stoffansatz
begünstigender Mittel nicht.

Wenngleich viel unzersetztes Tannin an Eiweiss oder Leim gebunden mit den
Faeces entleert wird, so ist doch andererseits bereits durch Wöhler der *Uebergang
der Gerbsäure als Gallussäure in den Harn nachgewiesen worden.* Clarus wollte

ein Gelöstwerden bez. Resorptionsfähigwerden des Tanninalbuminates durch die Fette des Darms und eine weitere Verwandlung der Gerb- in Gallussäure beim Durchgange durch die Blutbahn statuiren; ebenso wahrscheinlich ist es aber, dass diese Umwandlung und die Aufsaugung der gebildeten minimalen und aus diesem Grunde auch entfernte Wirkungen nicht hervorbringenden Gallussäure bereits im Darm, in dessen Inhalt v. Schroff stets grosse Mengen Gallussäure neben Spuren von Tannin nachweisen konnte, erfolgt. Nur in seltenen Fällen wird ein solcher Reiz (wahrscheinlich durch die Wirkung abnormer Mengen im Darm gebildeter und leicht löslicher Gallussäure auf die Schleimhaut des letzteren) hervorgebracht, dass Diarrhöe eintritt. Bestehende Hämorrhoidalbeschwerden erfahren, was uns, sofern das in Rede stehende Mittel selbst Gefässdilatation erzeugt, nicht Wunder nehmen kann, unter Tanninetc. -Gebrauch regelmässig Verschlimmerung. *Die* während der Tanninmedikation häufig zu beobachtenden *Ructus endlich sind Folgen einer durch das in den Galläpfeln enthaltene Ferment hervorgerufenen Spaltung der Gerbsäure in Gallussäure und Zucker.* Wie die Magendarmschleimhaut, werden auch die Conjunctiva bulbi, die Luftröhren, Vaginal- und Harnblasenschleimhaut durch damit in Contact kommendes Tannin beeinflusst: die Secretion und Reizempfänglichkeit derselben nehmen ab. Die intakte Oberhaut wird durch Gerbsäure nicht verändert; nach internem Gebrauch der letzteren soll die Schweisssecretion abnehmen.

Dass Tannin als Gallussäure resorbirt wird, ist durch Schroff ausser Zweifel gestellt. Giebt man grosse Mengen Gallussäure direkt innerlich, so äussern sich zufolge der leichteren Resorption dieser Säure im Vergleich mit der Gerbsäure weit energischere resorptive Wirkungen, wie beschwerliche und verlangsamte abdominelle Respiration, Unregelmässigkeiten des Herzschlages und Diarrhöe. Hiernach ist der Rückschluss, dass bei Einführung von Gerbsäure in den Darm stets nur eine Verwandlung dieser Säure in Gallussäure und ein Uebergang derselben in das Blut in minimalen (*Störungen der gen. Körperfunktionen nicht bedingenden*) Mengen Platz greift, wohl gestattet. Das Blut nimmt nach längerem Gerbsäuregebrauch eine intensiv purpurrothe Farbe an. Die Elimination der im Wesentlichen nur auf den Darm beschränkten, lokale Wirkungen äussernden Gerbsäure erfolgt zum grösseren Theil *vom Darme aus,* zum kleineren mit dem *Nierensecret,* welches hierbei unter Abnahme seines Volumens reicher an Harnsäure und Phosphaten wird.

Exakte Untersuchungen nach modernen Methoden über Respiration, Herzbewegung, Blutdruck und Wärmevertheilung unter Gerbsäuregebrauch fehlen zur Zeit gänzlich. Die Muskeln gehen, was wohl für die Entstehung der Verlangsamung der Peristaltik in Frage kommt, ihrer Erregbarkeit verlustig. Die aus den physiologischen Betrachtungen sich ergebenden Contraindikationen und Indikationen des Tanningebrauchs sind folgende:

Gerbsäurehaltige Mittel sind contraindicirt:

1. Bei *übermässiger Empfindlichkeit* oder *entzündlichem Zustande des Magendarmcanals* (Magencatarrh);
2. bei bestehenden *activen Congestivzuständen* mit Neigung zu Blutungen;
3. bei ausgesprochener *Plethora;*
4. bei bestehender *habitueller Leibesverstopfung* mit oder ohne Complikation mit Haemorrhois.

Indicirt sind die gerbsäurehaltigen Mittel:

1. um (gewöhnlich auf Laxität des Gewebes und hochgradige Atonie zurückgeführte) profuse Ausleerungen und übermässige Absonderungen: Schleimflüsse, copiöse Schweisse (namentlich die colliquativen S. der Phthisiker), Diarrhöen bei denselben, abnorm vermehrte Diurese, Pollutionen, Eiterentleerungen etc. zu beschränken (auch Blutungen können mit diesen Zuständen complicirt sein). Wie bei Eisenchlorid, welches nach Rossbach ein ächtes Adstringens im alten Sinne ist, gelangt man auch bei der Tanninanwendung am sichersten dann zum Ziele, wenn das genannte Mittel mit der abnorm absondernden Schleimhaut in direkte Berührung gebracht werden kann. Letzteres gilt von der lokalen Applikation des Tannins (mittelst Charpiebäuschchen) bei Mastdarmvorfall kleiner Kinder, von Tannininjektionen bei Tripper und Fluor albus, von den *Inhalationen zerstäubter Tanninlösungen bei Kehlkopfcatarrhen* und Hämoptoe (— vgl. aber über letztere das p. 22 Angegebene), von der Aufstäubung von Tannin mittelst Pinsels bei mit Wulstung der Conjunctiva bulbi verbundener Augenblenorrhöe u. s. w. Hierher gehören ferner Klystiere aus Tannin und Pulvis Doweri bei schleichend verlaufender Dysenterie (*mögen die Dejektionen mit Blut vermischt sein oder nicht*), welche ich aus vielfacher Erfahrung nicht warm genug empfehlen kann, und die interne Anwendung des Tannin gegen Diabetes mellitus. Man hüte sich indess vor einer sehr rapiden Herabsetzung des Zuckergehaltes des Harns auf ein Minimum, weil das plötzliche Verschwinden des Zuckers aus dem diabetischen Harn, wie schon die älteren Kliniker, z. B. Krukenberg, betonten, von einer schnell zum Tode führenden, in Miliartuberkulose begründeten Verschlimmerung des Zustandes des Kranken gefolgt ist. Bei Morbus Brightii haben mehrere Autoren vom Tanningebrauch Erfolg beobachtet; ich bin nicht so glücklich gewesen und gebe consequent durchgeführter, mit Gebrauch von Schwitzkuren combinirter ausschliesslicher Milchdiät (namentlich wo es sich um M. Brightii nach Scharlach oder während der Schwangerschaft handelt) vor dem Tannin entschieden den Vorzug. — Tannin wird ferner empfohlen

II. als örtlich desinficirendes, antiparasitäres Mittel. Bei *Diphtheritis* soll schon Aretäus Galläpfel angewandt haben. Loiseau liess, wenn, wie gewöhnlich, die Tonsillen den Heerd der Krankheit bilden, mit wässerigen Tanninlösungen gurgeln, bei Fortschreiten auf den Kehlkopf *Insufflationen* aus fein gepulvertem, in eine Federpose geladenem Tannin vornehmen oder *Injektionen mit in Alkohol gelöstem Tannin mittelst der Kehlkopfspritze ausführen.* Cassali lässt diese Injektionen von der Nase aus effektuiren, um womöglich Brechen zu erregen. Ich selbst kann *für Diphtheritis pharyng.*, wenn es sich um frische Fälle handelt, energische Pinselungen mit Siegmund'scher Jod-Tanninlösung in Alkohol nicht eindringlich genug empfehlen. Auch die gewöhnliche catarrh. Angina gelingt es in der Regel durch diese Pinselungen im Keim zu ersticken, so, dass zu dieser Affektion geneigte Individuen das Siegmund'sche Mittel niemals ausgehen lassen sollten.

Da auch der *Keuchhusten* in unserer parasitophilen Zeit auf die Gegenwart kleinster, krankheiterregender Organismen im Kehlkopfinnern zurückgeführt worden ist, hat man Insufflationen mit Tannin dagegen empfohlen; eigene Erfahrungen gehen mir darüber ebenso ab, wie über die Heilerfolge der Injektionen von in Glycerin und Wasser gelöstem Tannin in die Nase (0,6 Tannin, 8,0 Glycerin, 60 Wasser) bei Heufieber und Influenza. Schliesslich gehören auch die unter I. bereits gerühmten Tanninklystiere bei chronisch verlaufender Ruhr hierher.

III. Als Stypticum hat Tannin, seitdem bekannt geworden ist, dass es die Gefässe nicht zur Contraktion bringt, sondern erweitert, entschieden an Prestige eingebüsst. Vor dem Eisenchlorid hat es bei Uterin- und Darmblutungen entschieden den Vorzug voraus, die Leib- und Bettwäsche nicht so intensiv und dauerhaft zu verunreinigen bez. zu verderben. Eine andere Frage ist freilich die, *ob Tannin, trotzdem es in das Blut gespritzt letzteres sofort coagulirt, in der That als Stypticum so viel leistet, wie Eisen, Blei u. a. Metalle.* Bei den Typhus complicirenden Darmblutungen habe ich von Alaunklystieren bessere Erfolge gesehen, als vom Tannin. Die Tamponade der Nase mittelst mit Tannin bestreuter und am Bellocq'schen Röhrchen eingeführter Plumaceaux verdient dagegen vor den mit Eisenchlorid getränkten bei nicht allzu profusen Blutungen aus der Nase den Vorzug. Die interne Anwendung des Tannin, um nach Uebergang des letzteren in die Blutbahn Blutungen aus inneren Organen zu stillen, hat stets für minder zuverlässig als die lokale Applikation gegolten. Seitdem wir wissen, dass gen. Mittel die Gefässmuscularis gar nicht zur Contraktion bringt, kann diese Thatsache uns nicht im Mindesten Wunder nehmen. Bei Hämoptoë sind die Tanninzerstäubungen bez. Inhalationen ein zweischneidiges Schwert, wodurch bei unvorsichtiger Anwendung grosser Schaden bewirkt werden kann. Die Inhalationen zerstäubter, mit etwas NaCl versetzter

lauwarmer Milch bekommen dem Kranken weit besser. Bei ausgesproch-
ner Phthisis sind die Tannin-Inhalationen ein grober Missgriff. Rationell
ist ferner

IV. die Anwendung des Tannin als Antidot bei Vergiftungen mit Pflanzenalkaloiden, giftigen Schwämmen, Brechweinstein, Blei- und Kupfersalzen. Mit diesen Körpern tritt
Tannin zu unlöslichen und daher äusserst schwer resorbirbaren Verbindungen zusammen, so dass, falls nicht zu lange Zeit seit Einführung des
Giftes verstrichen ist, die Hoffnung, das Gift an Gerbsäure zu binden
und durch Entfernung der gebildeten unlöslichen Verbindung aus den
ersten Wegen mittels Ausspülung des Magens durch Magenpumpe oder
Gummischlauch eher zu entfernen, als resorptive Wirkungen zustandekommen können, nicht aufzugeben ist. Die Unterlassung der Tanninanwendung in angegebener Weise in Vergiftungsfällen würde ein grober
Kunstfehler sein. Da kaum zwei Gifte sich [gegenseitig in allen Beziehungen als Antagonisten verhalten, so wird der Tanningebrauch auch
über der ·Anwendung der toxikologisch geboten erscheinenden Antidote
(Atropininjektion bei Morphin-Vergiftung u. s. w.) nicht zu vergessen sein.

Aeussere Anwendung findet Tannin

als blutstillendes (vgl. oben), das Schleimhautgewebe contra-
hirendes, desinficirendes, sensibilität- und secretionbeschränkendes bez. anticatarrhalisches und antiblenorrhagisches Mittel in zahlreichen Fällen. *Vom Prolapsus ani* war oben bereits die Rede. Ebenso
wird bei· *Hämorrhoidalknoten* örtlich Tannin (Salben aus 1—2 Grm. T.
auf 15 Grm. coldcream) applicirt und nebenbei durch Essenlassen von
Pfirsichen, Erdbeeren, Datteln und Obst für Leibesöffnung Sorge getragen.
Bei Fissura ani leisten (*mit dem Finger vorsichtig eingeriebene*) Tannin-
salben gute Dienste. Einpackungen der vergrösserten Vaginalportion
bei Prolapsus uteri, um Einschrumpfung nicht nur der Vaginalportion,
sondern auch der erschlafften Vaginalwände zu erzielen, gehört gleichfalls hierher. Die Applikation des Tannin auf die *Brustwarzen schwan-
gerer Frauen*, um . diese Theile für die Säugung der Neugeborenen geschickt zu machen, hat Herabsetzung der Sensibilität der gen. Warzen
behufs Prophylaxe des Wundwerdens derselben beim Stillen zum Zweck.
Auch durchgelegene Stellen und schlaffe, zu üppiger Granulation neigende
Geschwüre der Haut werden mit Tannin verbunden. Das aus gerbsaurem
Bleioxyd bestehende *Cataplasma ad decubitum* trocknet zu schnell ein,
reizt alsdann nach Art eines Pulvers aus trockenem Sand die geschwürigen
Parthien und ist für diesen sehr. problematischen Nutzen viel zu theuer.
Unter den *desinficirenden Wirkungen des örtlich applicirten Tannin* ist

sein unbestreitbarer Nutzen bei Aphthen nachträglich noch hervorzuheben; man wendet zu diesem Behufe Pinselsäfte mit Tannin an. — So
bleibt schliesslich noch die Anwendung des Tannin als Antiblenorrha-
gicum übrig. Bei *Fluor albus* leisten mit concentrirter Tanninlösung
in Glycerin (1—2 Tannin auf 10—20 Glycerin) befeuchtete Tampons,
mit welchen die Vagina täglich einmal mittels passender Pincetten angefüllt wird, bessere Dienste, als die *Tannininjektionen.* Beim männlichen Tripper liess Tomowitz 2 Tannin, 0,12 Opium, 2 Tropfen Glycerin
zu kleinen Cylindern formen und in die Urethra einführen. Für die Armenpraxis empfehlen sich anstatt der Tannininjektionen die viel billigeren
Einspritzungen concentrirter Abkochungen aus geraspelter Eichenrinde,
welche 2—3stündlich vorzunehmen und von den Patientinnen möglichst
lange in der Scheide zurückzuhalten sind.

Pro usu externo verordnet man Tannin: 1. in *Solution* zu Verbandwässern und Einspritzungen (0,25—1—2,5 auf 100 Th. Wasser);
2. zu *Pinselungen;* 1—5 auf 25 Th. Wasser, und 3. zu *Salben:* 1—5
Grm. auf 50 Grm. Fett.

Pharmaceutische Präparate:

1. Acidum tannicum; *A. gallotannicum, Tanninum* (früher Acid. scyto-
dephicum) *Gerbsäure.* Innerlich zu 0,05—0,3 in Pulvern, Pillen, Lösung; gern, zur
Vermeidung von Verdauungsstörungen in Verbindung mit bitteren Mitteln. Lösungen
für den Pulverisateur sind wiederholt zu filtriren. T. ist auch enthalten in folgenden Droguen:

a. *Cortex Quercus: Eichenrinde* von Q. pedunculata u. sessiliflora (zu 16%);
zu Abkochungen äusserlich;

b. *Glandes (quercus) Eicheln;* enthalten den nicht gährungsfähigen Zucker:
Quercit = $C_{12}H_{12}O_{10}$ und Tannin; mit Butter geröstet und gemahlen als Kaffee-
surrogat für Kinder.

c. *Gallae; Galläpfel;* das Eingangs erwähnte pathol. Produkt von Cynips;
enthalten 65 % Tannin und werden nur zur Darstellung des Tannin (vgl. p. 369)
und zur Bereitung von

2. Tr. gallarum, Galläpfeltinctur (1 Th. grob gepulverte Galläpfel mit 5 Th.
wässrigen Weingeist ausgezogen); Dosis: 20—50 Trpf. (kaum noch), äusserlich mit
Tr. jodi versetzt (Siegmund) angewandt.

d. *Radix Tormentillae. Tormentille* (*T. erecta;* Rosac.) mit 18% Tannin;
völlig obsolet.

e. *Cortex ulmi interior;* innere Ulmenrinde (*U. effusa;* Ulmaceae); ehemals
im Decoct gegen Durchfälle bei Kindern; wird kaum noch verordnet; Decoct:
15 Grm. auf 150,0.

f. *Folia uvae ursi;* Bärentraubenblätter (*Arbutus uva ursi,* Ericaceae) mit
36% Tannin und ausserdem durch einen Gehalt an Arbutin, welches unter Einwirkung von Emulsin in Zucker zerfällt, und einen eigenthümlichen Stoff „Urson"
(nach Hughes Urin treibend) ausgezeichnet. Neuerdings wieder von Betz gegen
Harnblasencatarrhe, bei welchen der Urin Neigung zur ammoniakalischen Gährung
zeigt, empfohlen; zum Infus wie das vorige. Der dunkelbraune bis oliven-

grüne unter Gebrauch des Mittels entleerte Harn wird beim Stehen an der Luft schwarz.

Ausländische, ebenfalls gerbstoffhaltige Droguen und Präparate:

3. Radix Ratanhae; Ratanhia (*Krameria triandra*, Krameriaceae); mit rothbrauner dünner Aussenrinde und blassrothem Holzkern. Trotz ihres Gerbstoff-gehaltes (20%, Ratanhagerbsäure) ist die Ratanha — *ehemals* — anderen ähnlich wirkenden Mitteln deswegen vorgezogen worden, weil sie — *angeblich* — auch bei langem Gebrauch die Verdauung nicht beeinträchtigen, sondern sogar erhöhen soll. Vielleicht liegt der Grund hierfür (ähnlich dem Verhalten der Chinarinden) in der Gegenwart des (dem Chinaroth an die Seite zu stellenden) Ratanharoths. Ausser-dem ist darin Kramer- oder Tyrosinschwefelsäure und oxalsaurer Kalk enthalten. Ehemals sehr in Gebrauch gegen Metrorrhagien, Diarrhöen der Phthisiker und (mit Alaun) gegen Diabetes.

Officinell: α. *Tr. Ratanhae:* 1 R. mit 5 Alkohol; auf Verlangen unter Zu-satz ½ Theiles gebrannten Zuckers als Tr. R. saccharata. Dosis: 10—30 Tropfen.

β. *Extractum Ratanhae* (Consist. 3); mit kaltem Wasser ausge-zogen; von schwarzer Farbe; kaum noch verordnet; Dosis: 0,5—1,2; zu Gurgelwässern 15—30 Grm. auf 200; ein kost-spieliges Präparat.

4. Lignum Campechianum (*Haematoxylon Campechian.;* Papilion.); Gerb-stoff neben Hämatoxylin enthaltend; wie Ratanha angewandt; soll desinficirend wirken und liefert

γ. Extract. ligni Campechiani; durch Auskochen gewonnen; Consist. 3; Dosis: 0,5—1,0; kaum noch verordnet; aber leider noch officinell!

5. Gummi Catechu. Terra Catechu. *Terra japonica;* von *Acacia Ca-techu* (Papilion.); durch Auskochen des Kernholzes der Betelpalme gewonnen. Ent-hält 51% Catechugerbsäure, welche dem Tannin analog wirkt und wie dieses die Verdauung stark beeinträchtigt. Ehemals gegen Diarrhöen der Phthisiker, wobei C. vor Tannin nichts voraus hat, empohlen. Davon

δ. *Tr Catechu, Katechutinctur* (1:5) als einziges, in sehr ver-einzelten Fällen noch verordnetes Präparat; Dosis: 20—50 Tropfen.

6. Gummi Kino, *Gummi Gambiense,* Gummi adstringens Fothergilli; von Pterocarpus erinaceus, Papilion. — Vorder- und Hinter-Indien — herstam-mend; darin 43% einer Mischung aus Kinogerbsäure und Tannin; kleine scharf-kantige, granatrothe, zwischen den Zähnen klebende Stücke. Das Mittel ist kost-spielig und dabei überflüssig; daher mit Recht obsolet.

Officinell noch eine Tr. Kino, welche wie Tr. Catechu bereitet und ver-ordnet wird.

3. (9.) Ordnung: Mittel, welche in das Blut übergehend und entfernte Wirkungen hervorbringend, die motorischen Fasern der vasomotorischen Nerven paralysiren, so dass die Hemmungsfasern das Uebergewicht bekommen.

Im Allgemeinen sind sie die pharmakologischen Antagonisten der Mittel 4. Ordnung, d. h. sie bewirken: *Gefässcontraktion, geringeren Blutgehalt* und *Blässe der Haut und Schleimhäute, Herabsetzung der Sensibilität, Verlangsamung der Peristaltik und Verminderung der Secretionen überhaupt.* Die im Nachstehenden zu betrachtenden Mittel, deren Differenzen bezüglich der Wirkung den Mitteln der vorigen Ordnung gegenüber bereits p. 368 hervorgehoben wurden, zerfallen in

a. *organodepositorische*, durch ihre grosse Affinität zum Organeiweiss ausgezeichnete Mittel anorganischen, bez. *metallischen* Ursprungs und

b. *organodecursorische*, d. h. schnell wieder eliminirte Mittel organischen, bez. pflanzlichen Ursprungs.

A. Unterordnung: *Organodepositorische Mittel metallischen Ursprungs.*

XXXV. Argenti, Bismuthi, Cupri, Plumbi, Zinci praeparata: Silber-, Wismuth-, Kupfer-, Blei- und Zinkpräparate.

Gediegen kommt von den genannten Metallen nur das Wismuth und seltener das Blei vor. Die übrigen werden aus den im *Mineralreiche* zum Theil weitverbreiteten Oxyden, Schwefel- oder Chlorverbindungen und kiesel-, schwefel-, phosphor-, titansauren Salzen durch die hier nicht eingehender zu erörternden metallurgischen Processe der Cupellation, Saigerarbeit, Verschlackung, Amalgamation und (z. B. das bei hoher Temperatur sich verflüchtigende Zink) durch Sublimation bei Luftabschluss aus Muffeln rein dargestellt. Im *Pflanzenreiche* (Inula Helenium, Ratanha, Solanum Dulcamara, Strychnos nux vomica, Conium *)) und im *Thierreiche* (Argonauta, Helix, Medusa) ist unter den genannten Metallen nur das Kupfer vorgefunden worden. Bezüglich der Wirkung in den Organismus gelangender gediegener Metalle macht es einen grossen Unterschied, ob dieselben bei Gegenwart freier Säure Wasser zersetzen und dabei in salzbildende Metalloxyde verwandelt werden oder nicht. Zink übt, weil die eben erwähnte Zersetzung bei ihm zutrifft, toxische Wirkungen; dem metallischen Silber, Wismuth, Blei und Kupfer gehen die genannten Eigenschaften, weil sie im Magen nicht wie ersteres oxydirt werden, ab. Officinell sind, da sämmtliche hier abzuhandelnde Metalle nur nachdem sie oxydirt und mit Säuren verbunden worden sind zur Wirkung gelangen, ausschliesslich basische und neutrale Salze derselben, über welche unter „pharmaceutische Präparate" die erforderlichen Details angegeben werden sollen.

---

*) vgl. auch Ol. Cajeputi p. 183 (nach Guibourt).

Die in den kurzen Vorbemerkungen zu dieser Ordnung bereits charakterisirten physiologischen Wirkungen der Silber-, Wismuth-, Kupfer-, Blei- und Zinksalze zerfallen in örtliche, reflektorische und resorptive. Von ersteren pflegt, wie später gezeigt werden wird, in praxi mit besonderer Vorliebe Gebrauch gemacht zu werden; die reflektorischen, in Brechbewegungen sich documentirenden Wirkungen kommen nur bei einigen dieser Metalle nach Einverleibung grosser Gaben zur Geltung, während das Auftreten resorptiver oder sogenannter constitutioneller Wirkungen längere Zeit fortgesetzte Aufnahme kleiner Dosen und an die Bildung von Metallalbuminaten (zufolge der bereits p. 368 erwähnten hochgradigen *Affinität zum Organeiweiss*) gebundene Deposition derselben in den drüsigen Organen des Thierkörpers zur Grundbedingung hat. Wir beginnen mit

a. *den örtlichen Wirkungen* der genannten Metallsalze, und betrachten unter diesen:

1. die Beeinflussung, welche die intakte Oberhaut beim Contakt mit denselben erfährt. Die hierbei sich entwickelnden Veränderungen variiren, *je nachdem* die in Rede stehenden Substanzen *Affinität zum Horngewebe haben* bez. dasselbe auflösen, und je nachdem sie, ihrer grossen Neigung wegen mit Eiweisskörpern Verbindungen einzugehen, auch die tiefer liegenden Schichten angreifen und Anätzung bedingen oder nicht. Eine solche (*corrosive*) Wirkung kommt nur dem Silbersalpeter und dem Chlorzink, welche daher vielfach als Aetzmittel gebraucht werden, zu. Für ersteres statuirte Krahmer als drittes Stadium der örtlichen Wirkung das Zustandekommen von Zerstörungen auch der tiefer gelegenen Cutisschichten mit consecutiver Narbenbildung, so dass der Silbersalpeter als Causticum mit dem Aetzkali und Aetzkalk zusammenzustellen wäre. Higginbottom's Angaben über diesen Punkt, auf welche im chirurgischen Theile nochmals zurückzukommen sein wird, weichen dagegen von den Krahmerschen Beobachtungen nicht unwesentlich ab, so, dass H. den Silbersalpeter dem Kaliumhydrat geradezu als Antagonisten gegenüberstellt.

Alle übrigen, Veränderungen der Epidermis nicht hervorrufenden Metallsalze, z. B. die Bleiverbindungen, *treten, wegen ihrer mehrfach betonten grossen Affinität zu den Eiweisskörpern und zu den Derivaten derselben, mit den unter der Epidermis belegenen Geweben zu Verbindungen zusammen.* Diese Verbindungen haben höchst wahrscheinlich mit den auch ausserhalb des Organismus beim Vermischen von Eiweisslösungen mit löslichen Bleisalzen etc. resultirenden und in verdünnten Säuren, wie in alkalischen Flüssigkeiten (daher sie auch vom alkalischen Blutserum in Lösung gehalten werden), löslichen Niederschlägen die nämliche, freilich bislang durch die chemische Analyse noch nicht ermittelte Zusammensetzung. Besonderes Interesse darf die auch nach internem Gebrauch eintreffende — folglich streng genommen erst unter den resorptiven Wirkungen zu nennende — Ablagerung von metallischem, durch Reduction aus der Eiweiss- oder Eiweiss-Chlorverbindung am Licht hervorgehendem

Silber im Unterhautzellgewebe, welche wir Argyria nennen, beanspruchen. Die Agyria kommt nach längerem Gebrauch des Silbersalpeters gegen Epilepsie etc. zu Stande und hat eine nie wieder verschwindende Schwarzfärbung der Haut bei den mit ihr behafteten Individuen zur Folge.*) Sofern diese Präcipitate in Wasser und neutral reagirenden Flüssigkeiten unlöslich sind, vermögen sie auf excoriirten Hautstellen Deckschichten zu bilden, welche die fehlende Epidermis einigermaassen ersetzen können. Gleichzeitig tritt, weil die hier in Frage kommenden Metallsalze sämmtlich adstringirend — im alten Sinne — wirken, Contraktion der Gewebe, Verengerung der Capillaren und Abnahme sowohl der Sensibilität (*wegen des Contaktes der peripheren Nervenendigungen mit den zum Nerveneiweiss ebenfalls grosse Verwandtschaft besitzenden Metallverbindungen*),**) als der Absonderung (besonders an Geschwürsflächen schön zu beobachten!) ein. Eine Resorption der in angegebener Weise entstandenen Metallalbuminat-Deckschichten ist nur für der Epidermis beraubte Hautparthien und Geschwürsflächen sicher constatirt; aber auch hier ist der Uebergang der gen. Verbindungen in das Blut durch ihre Unlöslichkeit in Wasser und neutral reagirenden Flüssigkeiten wesentlich erschwert.

2. Den Schleimhäuten, insbesondere den die ersten Wege (Magen-Darmcanal) auskleidenden gegenüber, verhalten sich die Metallsalze genau so, wie oben betreffs der excoriirten Hautparthien und Geschwürsflächen angegeben worden ist, d. h. es bilden sich in verdünnten Säuren und alkalischen Flüssigkeiten (i. B. dem Darmsaft) lösliche Albuminate. So lange als eiweisshaltige Ingesta vorhanden sind, bemächtigen sich die gen. Metallverbindungen des Eiweisses derselben; bei Mangel an aus der Nahrung stammenden Eiweisskörpern dagegen bemächtigen sich die Metallsalze der aus Eiweissderivaten bestehenden Darmwandungen, gehen mit denselben chemische Verbindungen ein und können, sofern letztere in alkalischen Flüssigkeiten löslich sind, zu Corrosion und Substanzdefekten Anlass geben. *Verhindert wird diese Albuminatbildung nur für den Fall, dass in den mit den eingeführten Metallsalzen in direkte Berührung kommenden Verdauungssäften oder sonstigen Secreten freie oder an Alkali gebundene Säuren (das NaCl des Speichels, die freie Chlorwasserstoffsäure des Magensaftes bei internem Silbergebrauch) vorhanden sind, welche zu den betreffenden Metalloxyden eine grössere Affinität besitzen, wie letztere zum Eiweiss.* Wie bereits oben von der Haut angegeben wurde, bewirken die gen. Metallsalze auch beim Contakt mit Schleimhäuten (und zwar in weit ausgesprochenerem Maasse als bei jener) Verdichtung des Schleimhautgewebes, begleitet von Contraktion der Gefässe

---

*) Um ihrer Entstehung vorzubeugen sollen auch bei einer längere Zeit erfordernden Kur nie mehr als 14,0, höchstens 20,0 Grm. Silbersalpeter in summa gegeben werden; Krahmer.

**) Der bei Aetzungen der Haut mit Argentum nitricum oder Zincum chloratum resultirende Schmerz kommt durch Reizung derselben Nervenendigungen beim Eindringen der gen. Mittel in die tiefer belegenen Hautschichten in ganz analoger Weise zu Stande.

derselben, von Sensibilitätsherabsetzung, verminderter Absonderung u. s. w.
— Hand in Hand gehend mit den wiederholt erwähnten örtlichen Veränderungen der Schleimhäute findet eine prompte und vollständige Aufsaugung,
bez. ein schneller Uebergang der in den Tractus eingeführten Metallalbuminate in das Blut, dessen alkalisches Serum dieselben in Lösung
erhält, statt. Dieses führt uns ganz von selbst auf die Veränderungen,
welche

3. das Blut bei direkter Einspritzung von Metallsalzlösungen in
eine Vene etc. erfährt. Die allermeisten Metallsalze bedingen, indem sie
mit dem Bluteiweiss zu salzartigen Verbindungen zusammentreten, Coagulation des Blutes, Thrombusbildung, und alle Gefahren der letzteren.

Werden Metallsalze, welche keine Coagulation bedingen, wie weinsaures
Kupferoxyd-Natron, pyrophosphorsaures Zinkoxyd-Natron, *injicirt,* so sind selbst mit-
telst des Microskopes keine anderen Veränderungen, als *Zunahme des Volums der rothen
Blutzellen* (Manassein) am Blute *nachweislich.* Einzelne Beobachter wollen ander-
weitige Gestaltveränderungen der gen. Körperchen constatirt haben; indess frägt es
sich sehr, ob solche auch im circulirenden Blute bestanden. Ein Uebertritt kleinster
Metallmoleküle in das Innere der Blutkörperchen, wie solcher für das Silber von
Krahmer behauptet wurde, hat sich bei neueren Untersuchungen nicht bestätigt. —
Nach Malassez's Blutkörperchenzählungen nimmt bei Bleivergiftung die Zahl der
rothen Blutkörperchen ab; dasselbe hat Bogoslowski für das Silber angegeben.
Das Blut, in welchem der Nachweis dahinein übergegangener Metalle nur schwierig
gelingt, dient somit den letzteren der Hauptsache nach als Vehikel. Bei mehr oder
weniger acuten Vergiftungen durch die genannten Metalle kommt es secundär zu
einer *asphyktischen Beschaffenheit des Blutes.* Der Grund der letzteren ist nämlich
nicht sowohl in der von Manassein nachgewiesenen Zunahme des Volumens der rothen
Blutzellen als in festerem Gebundensein des Sauerstoffs an diese Sauerstoffträger und
der später zu erörternden *Beeinflussung des Athemcentrum sowie der der Respiration
vorstehenden Muskeln* zu suchen. Die Asphyxie ist somit keinesweges (primär) durch
den Uebergang der Metallalbuminate in das Blut hervorgerufen.

Die nach der Einbringung von Metallsalzen in den Darmtractus
sich äussernden Wirkungen sind indess, weil in der den Tractus auskleidenden Schleimhaut auch sensible Nervenendigungen ihren Verbreitungsbezirk
haben, keineswegs aus der Bildung der oben weitläufiger erwähnten
Niederschläge nach chemischen Gesetzen erklärlich, sondern auch reflectorischer Natur. —

b. Auf dem Wege des durch die Vagusäste des Magens
etc. vermittelten Reflexes kommt nicht nur nach Einverleibung
löslicher Kupfer- und Zinksalze in den später zu beziffernden höheren
Dosen *Nausea und Erbrechen* (betreffs derer auf die p. 217 gemachten
Angaben zurück zu verweisen ist), sondern auch — fast constant — eine
hochgradige Verlangsamung der Darmperistaltik, welche sich bei noto-
rischer Blei-, Kupfer- etc. Intoxikation mit Koliken verbindet, zu Stande.
Als Ursache dieser Erscheinung statuirt Brücke mangelhafte Ernährung

des Darms zufolge des von Henle betonten *Gefässkrampfes* (eine paralysirende Wirkung der brechenerregenden Metalle — wie der Emetica
überhaupt — auf die Muskelsubstanz hat jüngst auch Harnack nachgewiesen), und Heubel nimmt ausserdem das Bestehen einer Reizung
des Splanchnicus major (wie Vagusdiscision Stuhlverstopfung bedingend)
an. Weit seltener findet die Reflexwirkung nach Einführung von Metallsalzen in den Darm in der Weise statt, dass *die Peristaltik angeregt
und Durchfall erzeugt wird.* — Wir wenden uns hiernach schliesslich zur
Betrachtung

c. der resorptiven Wirkungen. Dass die in Rede stehenden
Metalle in das Blut aufgenommen werden, ist, abgesehen von dem am
besten auf elektrolytischem Wege zu erbringenden chemischen Nachweise
derselben, auch auf die Volumszunahme (bei numerischer Abnahme) der
rothen Blutzellen zurück zu führen. Ueber die hiernach zu beobachtenden
Veränderungen der vitalen Funktionen, zufolge des Contactes der nervösen
Centra mit metall(albuminat)haltigem Blute, liegt ein überaus dürftiges,
grossentheils nur auf Beobachtungen von Vergiftungsfällen beschränktes
Material vor; nach exakten, physiologischen Methoden sind dieselben (von den
die Muskeln anbetreffenden abgesehen) noch kaum geprüft worden. — Unter
den vitalen Funktionen betrachten wir, weil dieselbe am intensivsten
beeinflusst wird, so intensiv, dass der Tod dadurch bedingt werden kann:

4. die Athmung. Dass mit Metallen vergiftete Thiere asphyktisch
zu Grunde gehen ist längst bekannt. Auf Grund von Beobachtungen
an rotzkranken Pferden, deren Lungen von blutigem Schaum strotzend
angefüllt gefunden wurden, nahm man früher das Zustandekommen einer
durch den Uebergang des Silbers u. s. w. in das Blut bedingten Säftezersetzung an, in deren Gefolge die mechanisch zu asphyktischem Tode
Anlass gebende *Anhäufung blutigen Schleims in den Luftwegen* eintrete.

Diese Hypothese ist indess durch die Resultate neuerer Untersuchungen unhaltbar geworden, wonach einerseits bei während eines asthmatischen Anfalls (welchem doch jedenfalls keine Säftezersetzung zu Grunde liegt) Verstorbenen die Lungen
ganz wie nach Silbervergiftung mit schleimigem Schaum angefüllt gefunden wurden, und wonach andrerseits auch der Frosch, dessen Lungen nach Silbervergiftung
contrahirt und frei von Schaum angetroffen werden, nach Einverleibung der mehrfach genannten Metalle in toxischen Dosen asphyktisch verstirbt. Die bei diesen
Vergiftungen resultirende *Asphyxie wird sonach secundär durch in Lähmung übergehende starke Reizung des Athemcentrum hervorgerufen* und die Schaumbildung
in den Bronchien sowohl, als das mehrfach von den Autoren verzeichnete Vorkommen
von Lungenödem (Ball), Hypostasen und Extravasaten im Cavum pleurae sind lediglich auf stattfindende Reflexe zurückzuführen. Unterstützt wird die Wirkung der
von Paralysirung des Athemcentrum abhängigen Athmungsstörung dadurch, dass
die der Respiration dienenden Muskeln durch specifische Wirkung der in das Blut
übergegangenen Metalle auf die quergestreifte und sehr wahrscheinlich auch orga-

nische Muskelsubstanz ihre Erregbarkeit und Contraktilität einbüssen bez. mehr oder weniger functionsunfähig werden, und dass auch der Sauerstoff, wie wir oben (2) bereits hervorhoben, von den rothen Blutzellen schwerer als in der Norm abgegeben wird. Der auf diesem Wege erzeugte Athemstillstand tritt bei Metallvergiftungen stets früher ein, als das Aufhören der Herzcontraktionen zufolge von Herzparalyse.

5. Ueber die Veränderungen der Herzinnervation durch Einbringung von Metallsalzen, welche dieser (Herz-)Paralyse vorweggehen, sind übereinstimmende Beobachtungen seitens der Autoren nicht mitgetheilt worden. Die meist (*unter Absinken des Drucks*) in Retardation und Schwächung der Herzschläge sich aussprechende *Paralyse des* durch elektrische Ströme zuletzt nicht mehr erregbaren *Herzmuskels* ist sehr wahrscheinlich auf die allen Brechen erregenden Mitteln specifisch eigenthümliche, funktionvernichtende Wirkung der Metallsalze auf die Muskelsubstanz überhaupt zurückzuführen.

6. Die Temperatur sinkt sowohl bei der acuten, als bei der chronischen Vergiftung durch die gen. Metalle ab. Eine Analyse dieser Erscheinung ist wegen der Unkenntniss, in welcher wir uns über die Modifikationen des Blutdrucks unter Einfluss der gen. toxisch wirkenden Substanzen befinden, zur Zeit nicht zu geben. Immerhin, wenn auch unvollständig, gelingt dieses bezüglich der Erscheinungen, welche zufolge sich entwickelnder Metallvergiftungen

7. in der Nervensphäre zur Beobachtung kommen, wie der Convulsionen (deren Grund, zum Theil wenigstens, wohl in dem asphyktischen, den Erstickungstod einleitenden Zustande zu suchen ist), und anderer *Reizungssymptome,* welche später einer sich in Lähmungen aussprechenden *Depression Platz machen.* Als Ursache der zu Depression führenden Excitation der Nervencentra ist (*der Reizung, welche die Endigungen der sensiblen Nerven bei Aetzungen der Haut mit Lapis oder Chlorzink erfahren, völlig conform*) die chemische Affinität der gen. Metalle zum Nerveneiweiss zu betrachten, trotzdem uns palpable, durch den Uebergang der ersteren in die Nervensubstanz hervorgebrachte Veränderungen zur Zeit völlig unbekannt sind. Dass die toxisch wirkenden Metalle in der That von der Hirnsubstanz aufgenommen werden, sind wir auf Grund des von verschiedenen Forschern nach Auswaschung der Hirngefässe an der blutlosen Hirnsubstanz geführten chemischen Nachweises berechtigt zu glauben. So lange das Excitationsstadium dauert, besteht erhöhte, bei Fröschen im Auftreten tetanischer Zuckungen gipfelnde Reflexerregbarkeit, welche während des Depressionsstadium, wo Prostration. Schwindel, Schlafsucht, Torpor, Contracturen, Mydriasis und Lähmungen der verschiedensten Nervenbezirke vorherrschen, in das Gegentheil umschlägt. Eine nicht unwesentliche Modifikation erfahren diese Erschei-

nungen, wenn dem qu. Metall, z. B. dem Blei, eine cumulative Wirkung eigen ist. Ausführlicher auf die nicht nur in der sensiblen und motorischen, sondern auch in der sensoriellen Sphäre sich entwickelnden Metalllähmungen, unter denen die durch acute, und namentlich durch chronische Bleivergiftung verursachten die bekanntesten sind, einzugehen, müssen wir uns versagen, da es sich bei unseren Betrachtungen ausschliesslich um Wirkungen der in arzneilichen Gaben gereichten Metalle handelt. Wir haben schliesslich nur noch hervorzuheben, dass Verfärbungen des Zahnfleischrandes, metallischer Geschmack, hartnäckige Obstipation und Auftreten von Koliken oder gar von Motilitätslähmungen während des Gebrauchs metallischer Mittel zum sofortigen Aussetzen derselben nöthigen.

8. Die Elimination der in den Organismus gelangten Metalle erfolgt: a. *mit der Galle,* wobei, wie bei Calomel u. a. Mitteln, ein wiederholtes Passiren des Leberdarmkreislaufs unter partieller, allmäliger Entfernung mit den Faeces einer- und theilweiser Wiederaufsaugung derselben durch die Darmzotten andrerseits — folglich eine protrahirte Wirkung der gen. Mittel, denkbar ist; b. *von der Darmschleimhaut* und c. *von den Nieren aus.* Die innigen Beziehungen der Metalle zu den drüsigen Organen documentiren sich in Schwellung der Leberzellen mit Ablagerung von Silber nach Einverleibung des letzteren, Degeneration der Nieren bei Silber- und Bleivergiftung u. s. w. — Endlich ist betreffs

9. der Ernährung im Allgemeinen zu bemerken, dass diese, entsprechend der Stellung dieser Mittel im System, bei längerem Gebrauch der Metalle eine in Körpergewichtsabnahme sich aussprechende Beeinträchtigung erfährt. Sofern den Geweben durch die contrahirten Gefässe weniger Blut zugeführt wird, während eine immer grössere Zahl von rothen Blutzellen funktionsfähig wird und die Darmverdauung und Innervation leidet, darf uns diese Thatsache, auch wenn *Erbrechen* (oder, was sehr selten geschieht, *Diarrhöe*) nicht hervorgerufen wird, keineswegs Wunder nehmen. Das *Harnvolumen* sinkt bei ausgesprochener Ernährungsstörung ebenso ab wie das spec. Gewicht des Harns, dessen feste Bestandtheile: Harnstoff, Harnsäure, Phosphate, Chlorüre u. s. w., abnehmen. Sofern nun die Harnsäure, der unvollständig zu Ende geführten Oxydation der Proteïnsubstanzen wegen, nicht nur in grösseren Mengen gebildet, sondern auch im Körper zurückgehalten wird, kommen, besonders bei Bleivergiftung gichtische Erscheinungen zur Beobachtung, auf welche wir, weil sie Vergiftungssymptome darstellen, nicht weiter eingehen können. Endlich nimmt nach Mosler bei längerem Gebrauch des Blei's auch das Gewicht der täglich entleerten Faeces erheblich ab. Die von verschiedenen Autoren mitgetheilten quantitativen *Analysen des Harns* nach

Gebrauch metallischer Mittel weichen in ihren Resultaten dergestalt von einander ab, dass sich sichere Schlüsse daraus nicht ziehen lassen.

10. *Anhangsweise ist*, nachdem im Vorstehenden bereits zweimal in der Kürze dieser Thatsache gedacht wurde, *hervorzuheben, dass, während die ältere Annahme, wonach das Blei eine specifisch-deletäre Wirkung auf die Muskeln äussere, sich nach neueren Untersuchungen* H a r n a c k's *nicht bestätigt hat* (vielmehr das Aufhören der Erregbarkeit für elektrische Ströme bei Bleivergiftung wenig v o r oder gleichzeitig mit dem Aufhören des Willenseinflusses eintritt), *es die leicht Brechen erregenden Metalle* (aber auch Pflanzenstoffe) *sind, welche Muskelparalyse hervorrufen.* Vielleicht erklärt diese specifische Beeinflussung der organischen und *quergestreiften* Muskelsubstanz durch Kupfer und, bei Anwendung grösserer Gaben auch durch Zink, die weitere höchst auffällige Thatsache, dass nach Einspritzung sehr grosser Mengen eines Kupfer- oder Zinksalzes in das Blut das Erbrechen ausbleibt. Letzteres kann eben, weil die, die Athem- und Bauchmuskeln und das Diaphragma rapid ergreifende Lähmung der Muskelsubstanz (H a r n a c k) oder der intramuskulären Nervenendigungen (Brücke) die Brechbewegung ausschliesst, nicht zur Erscheinung kommen. Die Umkehrung obigen Satzes, wonach alle die Muskeln paralysirenden Substanzen auch Brechmittel sein würden, trifft dagegen nicht zu.

Aus den unter 1—10 erörterten physiologischen Wirkungen der mehrfach genannten Metalle ergeben sich folgende 12 allgemein-therapeutische Indikationen derselben, nämlich die Anwendung der Silber-, Wismuth-, Kupfer-, Blei- und Zinkmittel:

1) zur Beseitigung abnormer Vascularität innerer Organe oder deren Hüllen und perverser Secretion catarrhalisch afficirter Schleimhäute;

2) zur Verlangsamung der Peristaltik und Verminderung der Secretion des Darms bei Diarrhöe;

3) zur Ueberführung von Hypersecretionen (namentlich der Haut) in einen normalen Zustand;

4) zur Herabstimmung der Sensibilität der Haut und Schleimhäute, oder des Epithels beraubter Parthien der ersteren, zur Linderung neuralgischer Beschwerden u. s. w.;

5) zur Herabsetzung der Reflexerregbarkeit, um die Heilung durch abnorm gesteigerte Reflexerregbarkeit ausgezeichneter Neurosen anzustreben; andererseits

6) zur Steigerung der Reflexthätigkeit der Medulla bei bestehender Rückenmarkslähmung;

7) zur Herabsetzung sowohl der Puls- und Athemfrequenz, als der Körpertemperatur bei Lungenentzündungen, Herzleiden, Aneurysmenbildung u. s. w.;

8) als Brechmittel in allen bei Besprechung der Indikationen der Ipecacuanha (p. 221 ff.) und des Brechweinsteins (p. 295 ff.) angegebenen Fällen;

9) zur Zerstörung kleinster, krankheiterregender Organismen: als Desinfectionsmittel;

10) als blutcoagulirende, styptische Mittel — nach Analogie des Eisenchlorides; ferner

11) als Aetzmittel zu mehr oder weniger oberflächlicher Cauterisation bei Caro luxurians, vergifteten Wunden, Chankern etc. und endlich

12) als ableitende, Blasenbildung und Zerstörung der Epithelschicht bedingende Mittel.

Sofern indess klinischer Erfahrung nach die Silber-, Blei-, Wismuth-, Kupfer- und Zinkmittel obige 12 Indikationen nicht gleich prompt und nachhaltig erfüllen, wollen wir im Nachstehenden dieselben nicht für sämmtliche Metalle erörtern. Wir wollen vielmehr die in Rede stehenden Metalle der Reihe nach durchgehen und für jedes derselben diejenigen Indikationen, zu deren Erfüllung dieselben, ärztlicher Erfahrung am Krankenbett nach, am meisten geeignet sind, sowie die zu diesem Behuf officinellen, arzneilichen Zubereitungen nebst deren Anwendungsweise angeben.

Wir beginnen der *alphabetischen Reihenfolge* der lateinischen Nomenclatur gemäss mit

a. Argenti praeparata. Silberpräparate.

Bei Anwendung derselben haben wir in erster Linie die Erfüllung der Indikationen 1. 2. 4. 5. 6. 9. 11 und 12 ins Auge zu fassen. Als Brechmittel wird Silbersalpeter nicht gebraucht; vielmehr soll hartnäckiges, von entzündlicher Irritabilität der M.-Mucosa abhängiges Erbrechen durch inneren Gebrauch kleiner Dosen des genannten Präparates gestillt worden sein.

α. Wir wenden Silber in lange Zeit fortgegebenen kleinen Gaben gegen Neurosen mit übermässig gesteigerter Reflexerregbarkeit an. Zweck dieser Behandlung ist 1. Beseitigung des abnorm gesteigerten Blutgehaltes bez. Aenderung der Blutvertheilung in den Nervencentralorganen und deren Hüllen (womit eine Aenderung der Ernährung dieser Organe um so unvermeidlicher verknüpft sein muss, als zufolge der chemischen Affinität der Metalle zum Nerveneiweiss überhaupt die chemische Zusammensetzung des Nervenmarks eine andere wird) und 2. Herabsetzung der abnorm gesteigerten Reflexthätigkeit. Unter den Neurosen steht, den gesammelten einschlägigen, klinischen Erfahrungen nach,

1. *die Epilepsie* obenan. Stahl, Tissot und von Neueren Heim und Romberg fanden einen 3—6monatlichen consequenten Gebrauch kleiner Mengen Silbersalpeter (0,006—0,06 pro die) zur Heilung des petit mal und zur Milderung und Coupirung selbst des grand mal in einer grossen Reihe von Fällen ausreichend. Auf Erfolg sollte mit Sicherheit zu rechnen sein, wie jüngst wieder v. Schroff hervorhebt, wenn sich eine Broncefärbung der Haut (d. h. *Argyrie vgl. p. 379*) einstellt.

Wer indess solche, durch Arzneigebrauch *(besser „Missbrauch")* für die Lebenszeit schwarz gefärbte unglückliche Kranke gesehen und ihre berechtigten Klagen und Verwünschungen gegen die ihr Mohrenthum verschuldende ärztliche Kunst angehört hat, wird um so weniger geneigt sein, in die Fussstapfen der

genannten klinischen Celebritäten zu treten, als irgend welche Garantie für das Gelingen der Kur durchaus nicht zu geben ist, und uns ausserdem Mittel zur Prophylaxe der entstellenden Argyrie nicht zu Gebote stehen. Mialhe's Vorschlag, die dem Lichte exponirten Hautparthien von Anfang der Kur an täglich mit Jodkaliumlösung zu waschen, findet sich bei mehreren Autoren erwähnt, nirgends aber ist ein Wort davon zu lesen, dass das Verfahren wirklich geholfen habe. Dieses ist wohl der Grund, dass man in neuerer Zeit von dieser Behandlungsweise immer mehr und mehr abgekommen ist und das Silber mit Bromkalium u. a. Mitteln vertauscht hat. Gegen den Gebrauch des Silbers, welcher so schwer wiegende, üble und nicht wieder gutzumachende Folgen nach sich ziehen kann, ist ausserdem mit Recht auch geltend zu machen, dass wir über die Art und Weise, in welcher eine dauernde Heilung der Epilepsie durch gen. Metall zu Stande kommen kann, uns kaum eine auch nur annäherungsweise klare Vorstellung zu machen vermögen. Noch unzuverlässiger wirkt

2. Silber den übrigen *Neurosen*, *wie Chorea*, *Angina pectoris und Pertussis gegenüber*.

β. Ferner hat man in neuerer Zeit Silber (*weil es bei Fröschen [den durch Strychnin bewirkten täuschend ähnliche] auf Reizung der Funktionen der Medulla zurückzuführende, tetanische Zuckungen auslöst*) zu 0,009—0,018 (0,6—3,5 im Ganzen) gegen progressive Spinalparalyse empfohlen; Wunderlich. Dieses Verfahren hat eben so oft enthusiastische Bewunderer gefunden, als es, wie ich selbst bezeugen kann, am Krankenbett im Stich gelassen, oder, wie auch Trousseau betont, sogar Verschlimmerung nach sich gezogen hat. Gegen Para- und Hemiplegien leistet Silber wenig; Entzündungsresiduen beseitigt es niemals. — Weit mehr Aussicht auf Erfolg hat

γ. die Anwendung des Silbers in Pillen- und in Klystierform zur Verminderung der Absonderung des Darms und Verlangsamung der Peristaltik desselben in chronischen Diarrhöen, chronischer Dysenterie, oder, wobei seine Deckschichten auf Geschwürsflächen bildende Eigenschaft bei Gegenwart von Eiweisskörpern, mit welchen es zu Albuminaten zusammentreten kann, in Betracht kommt, der Gebrauch des nämlichen Mittels in gleicher Form zur Heilung des Ulcus ventriculi chronicum, oder der nach Dysenterie und Typhus zurückbleibenden oder bei Phthisikern sich entwickelnden Darmgeschwüre. Auflösungen des Silbers, per os einverleibt, sind der Zersetzlichkeit des Salzes unter Einfluss des Sonnenlichtes wegen weniger zu empfehlen, als namentlich mit ganz indifferenten Stoffen, wie Bolus alba, zubereitete Pillen, denen man ihrer langsamen Fortbewegung durch die Darmwindungen wegen eine besonders nachhaltige Wirkung in Fällen von Geschwürsbildungen auf der Schleimhaut des Tractus zu vindiziren gewohnt ist.

Niemals dürfen Pflanzenextrakte oder andere Stoffe organischer Abstammung, will man Zersetzung des Silbersalzes vermeiden. Pillen aus Silbernitrat zugesetzt werden. Dasselbe gilt ganz besonders auch von der Zugabe von Syrupen oder Pflanzensäften zu Silbersolutionen, welche in schwarzen Gläsern zu verabfolgen sind. Das einzige rationeller Weise statthafte Corrigens derartiger Solutionen ist *Glycerinum purum* (nur chemisch reines!). Auf ein Klystier rechnet man 0,1—0,2 (150 Wasser) Silbersalpeter. Letztere helfen zwar bei der ausgesprochenen *Cholera* wenig oder gar nichts; sind jedoch bei chronisch verlaufender Dysenterie in vielen Epidemien geradezu unentbehrlich. Bei der mit icterischen Erscheinungen complicirten, perniciösen *Ruhr* lässt das Silber ebenso wie jedes andere dagegen empfohlene Mittel im Stich. Von anderen Diarrhöen, wo Silberklystiere häufig nutzen, ist noch Diarrhöa ablactatorum zu nennen. Ein rationell durchgeführtes und streng controlirtes diätetisches Heilverfahren leistet indess in der Regel in solchen Fällen weit mehr, als Medikamente, wenn man die Zeit, wo Hülfe möglich war, hat ungenützt verstreichen lassen. *Die Dosis von 0,06 pro die soll nicht überschritten werden.* Wo dieses ungestraft geschah, beugte reichlicher Gehalt der Magen- und Darmcontenta an Proteinsubstanzen der Corrosion der Magen- und Darmschleimhaut vor.

Bestehen des Epithels beraubte, bez. exulcerirte Stellen auf der Magen- und Darmschleimhaut, so wird die Dosis doppelt vorsichtig zu greifen sein. Die Aussicht auf Erfolg ist indess, gleichzeitige, streng durchgeführte, reine Milchdiät vorausgesetzt, besonders bei Ulcus ventriculi chronicum eine günstige. Die mit der Geschwürsbildung in genetischem Zusammenhange stehende Cardialgie pflegt mit Heilung des Ulcus zu verschwinden. Eine Heilung der rein neuralgischen, nicht von palpablen Veränderungen des Magens begleiteten Cardialgie durch Silber ist weniger sicher beobachtet worden. Endlich ist genanntes Metall

δ. als desinficirendes Mittel für die Behandlung der Diphtheritis und des Croups zu verwerthen gesucht worden. Die Form der Beibringung war sofern der angebliche Heerd der Erkrankung: Pharynx und Larynx, auch einer rein örtlichen Applikation zugängig ist, keine rein interne per os; vielmehr wurden, um die als Erreger der genannten Krankheiten mit mehr oder weniger Sicherheit erkannten kleinsten, in Pharynx und Luftwege eindringenden pflanzlichen Organismen zu vernichten, concentrirte Lösungen von Silbersalpeter mit dem Pinsel auf die erkrankten Schleimhautparthien aufgetragen, oder es wurde auch (Bretonneau's tubage) mit einem (gedeckt einzuführenden) gebogenen, starken Draht, an dessen Ende Höllenstein angeschmolzen war, in das Kehlkopfinnere — *von Kindern* — eingegangen und daselbst mit Lapis in Substanz geätzt. Der Erfolg entsprach, wo es sich um ächten Croup handelte, den von den Aetzungen gehegten Erwartungen nicht und für diphtheritische Affektionen des Pharynx lässt sich sogar behaupten, dass sie zufolge der durch energische Cauterisation entstehenden örtlichen Zerstörungen des Schleimhautgewebes (weil die corrodirten Stellen sofort mit in den Krankheitsprocess hineingezogen werden) in der Regel Verschlim-

merung erfahren. Die Aetzungen mit Lapis haben daher gegenüber der Behandlung mit Eisenchlorid (vgl. p. 25), mit Chloraten, Carbol- und Salicylsäurepräparaten (welche mit Eisenchlorid zu combiniren sind) das Feld
nicht behaupten können. Hiermit soll keineswegs gesagt sein, dass wir
eine örtliche Behandlung gerade von Schlund- und Kehlkopfkrankheiten
durch Silbernitrat für absolut verwerflich halten; nur specifische, keim-
vernichtende Eigenschaften möchten wir gen. Mittel nicht zugestehen,
und dasselbe vielmehr lediglich als gefässverengerndes, die Blutzufuhr
verminderndes, die Absonderung beschränkendes und die Sensibilität herabsetzendes, also in gewissem Sinne lokal-antiphlogistisches Mittel in den
sogleich zu nennenden Fällen angewandt wissen. Sofern es sich bei
letzteren um eine kunstgemässe örtliche oder um externe Behandlung handelt, stellen Diphtheritis und Croup einer- und die rein entzündlichen,
bez. nicht auf parasitären Ursprung zurückzuführenden Kehl- und Schlund-
kopfskrankheiten andererseits das Bindeglied zwischen den intern und
extern mit Silbernitrat zu behandelnden Krankheitsformen dar.

Aeusserlich wird der Silbersalpeter weit häufiger als innerlich angewandt und zwar:

ε. als **Aetzmittel.** Grosse Vorsicht bei Einführung des Höllen-
steinträgers, Pinsels etc. erfordert

1. *die Aetzung des Isthmus faucium* und *Orificium laryngis* bei den
eben erwähnten Affektionen (wie chronischer Laryngitis mit sammetartig-
rother Injektion und Wulstung der Schleimhaut, Auflockerung des
Schleimhautgewebes, Erschlaffung der Stimmritzenbänder, Geschwüren
des Kehlkopfes), bei *Keuchhusten*, wo Joubert von Aetzungen des
Isthmus faucium etc. Erfolg beobachtete, und bei chronischer Pharyngitis.
Hierzu kommen Geschwüre an der Zunge bei mit cariösen Zähnen behafteten Personen, Glossitis und nach Mercurialspeichelfluss zurückbleibende
Auflockerung der Mund- und Rachenschleimhaut. Bezüglich der letzteren
ist noch hinzuzufügen, dass die sehr hartnäckige Pharyngitis granulosa
den Aetzungen mit Lapis allein kaum jemals weicht, sondern in der
Regel den gleichzeitigen Gebrauch von Schwefelmitteln bez. Schwefelwässern nothwendig macht.

2. *Auch Erkrankungen der übrigen Schleimhäute,* sichtbarer wie un-
sichtbarer, geben zu örtlicher Behandlung mit Silber Anlass. So werden die
Conjunctiva bulbi bei chron. Catarrh, bei Hordeolum und Chalazion, die Uterinschleimhaut bei Geschwürsbildung, die Mastdarmschleimhaut bei chron.
Verschwärung nach Hervorziehung auf instrumentellem Wege (neuesten
Beobachtungen zufolge leistet indess letzteren Falles die rauchende Salpetersäure mehr, als das Silbernitrat) und der hintere Abschnitt der

Urethralschleimhaut bei Urinincontinenz und Spermatorrhöe (Lallemand) mit Lapis geätzt. Hierzu kommen ferner

3. *Aufpinselungen concentrirter Lösungen* (1 : 16 Wasser) des Silbersalpeters oder Ueberschläge von solchen *auf erisypelatöse oder verbrannte Hautstellen*, welche Verfahren beide gleich vorzüglich sind, während das Umfahren des Erisypelatösen mit dem benetzten Lapisstifte um dem Weiterschreiten des Rothlaufprocesses Eintrag zu thun eine unschuldige Spielerei ist. Beiläufig ist noch zu erwähnen, dass man auch die Entwickelung der Variolapusteln an nicht convenirenden Stellen durch Aetzungen mit Silbernitrat zu sistiren versucht hat. Von Wucherungen der Oberhaut werden Verucae, Condylome, Muttermäler durch Silbersalpeter beseitigt.

Von diesen externen Applikationen des Silbersalpeters bei Haut- und Schleimhautaffektionen abgesehen, findet das Silbernitrat als Deckschichten bildendes, die Secretion von Wund- und Geschwürsflächen modificirendes, allzuüppiger Granulationsbildung Eintrag thuendes, Blutungen stillendes und desinficirendes (? — *bei vergifteten Wunden!*) Mittel in der Chirurgie so überaus häufig Anwendung, dass eine Aufzählung aller Fälle, wo diese Behandlung passt, dem Nichtchirurgen schwerlich gelingen dürfte.

Bezüglich der Aetzungen mittels Lapis ist schliesslich noch nachzutragen, dass die von den Resultaten Krahmer's (*welcher drei Grade der Aetzung durch gen. Mittel unterschied*) abweichende Lehre Higginbottom's, wonach der Silbersalpeter als antiphlogistisch-sedatives, Deckschichten (vgl. Eingangs p. 379) bildendes, die Vernarbung von Geschwürsflächen beförderndes Mittel dem, ohne Intention das Zerstörte zu regeneriren in die Tiefe dringenden, cauterisirenden und Abstossung des Mortificirten durch Entzündung und Eiterung einleitenden Kalihydrat als Antagonist gegenüber zu stellen ist, von den meisten Chirurgen der Neuzeit adoptirt und Veranlassung dazu geworden ist, dass Silbersalpeter namentlich auf Wunden und Geschwürsflächen gegenwärtig nichts weniger als zaghaft aufgetragen wird. Daher gehören Einpackungen mit angefeuchtetem Silbersalpeter (*welcher unter Deckschichtbildung auf der Wund- oder Geschwürsfläche zerfliesst*) in Fällen, wo eine schnelle Vernarbung der Wunden oder Geschwüre gewünscht wird, zu den bei Vielen beliebtesten Verbandmethoden. Nur *die alten Fussgeschwüre* machen eine Modifikation dieses Verfahrens dahin nothwendig, dass hier die Kur durch 18—20 Stunden lang fortgesetztes Cataplasmiren des Gliedes und ein Laxans eingeleitet werden muss. Nach Abwaschung des Ulcus mit Seife und nach erfolgter Abspülung und Trocknung desselben wird der Höllenstein in Pulverform oder in Lösung (6 Grm. auf 15 Grm. Wasser) aufgetragen, eine mit Bleisalbe, welche essigsauren Kalk enthält, bestrichene Compresse aufgelegt und mittels Kalikobinde befestigt.

Während der Kranke unablässig die Rückenlage im Bett einhält, wird mit Silbersalpeterlösung (8 auf 120 Wasser) fomentirt. Von 4 zu 4 Tagen wird der Verband erneuert und dadurch in der Regel binnen zehn Tagen Vernarbung des zuvor nicht zur Heilung zu bringen gewesenen Geschwürs erzielt.

Pharmaceutische Präparate:

1. *Argent. nitricum crystallisatum* (AgO, NO$_5$); krystallisirter Silbersalpeter. Durch Auflösen der sogenannten Speciesthaler, bez. des reinen Silbers in Salpetersäure, Eindampfen und Hinstellen zur Krystallisation erhalten, löst sich das kryst. Silbernitrat in Wasser, Weingeist, Aether und Ammoniakflüssigkeit. Dosis pro usu intern. ist: 0,003—0,02. (Maximal D.: 0,03 pro dosi — 0,2 pro die; vgl. dazu das p. 379 Angegebene). Zum Cauterisiren in Lösung 0,5 auf 20,0 Wasser; Trousseau; zu Augenpinselwässern 0,8 auf 30,0 Wasser; zu Salben 0,3—1,0 auf 30 Fett; zu Verbandwässern 0,15 auf 500 Wasser. Ueber Klystiere vgl. oben p. 386.

2. *Argent. nitricum fusum. Lapis infernalis. Höllenstein;* das Vorige geschmolzen und in eiserne Stangenformen ausgegossen. Die Bacilli sind in schwarzen Gläsern aufzubewahren; sie dienen lediglich zum Aetzen und werden häufig als

3. *Argent. nitricum cum kali nitrico* zu 1 Theil mit 2 Theilen Kalisalpeter zusammengeschmolzen, in Form von Stängelchen ausgegossen und wie Lapis infern. zu Aetzungen verwandt.

4. *Argentum foliatum; Blattsilber;* nur zur Versilberung von Pillen noch vorräthig.

b. Bismuthi praeparata. Wismuthpräparate.

Von diesen sind nur noch zwei, das basisch salpetersaure und das baldriansaure Wismuthoxyd, officinell. Ersteres ist fast allgemein gebräuchlich und durch seine Unlöslichkeit in den indifferenten Lösungsmitteln, seine Geschmacklosigkeit und seine Unschädlichkeit, so lange es nicht bei Gegenwart freier Säure in ein saures Salz zersetzt worden ist, ausgezeichnet. Letzteres zu vermeiden setzt man daher dem stets intern in Pulverform zu verwendenden Wismuthsubnitrat in der Regel ein ebenfalls luftbeständiges kohlensaures Alkali, namentlich die wie das Wismuthsalz unlösliche und ebenfalls geschmacklose *Magnesia hydrico-carbon.* (vgl. p. 188) zu. Ferner ist das Wismuthsubnitrat (Magisterium bismuthi) dadurch charakterisirt, *dass es zwar nur Krankheiten des Magen-Darmcanals, und zwar noch dazu in geringer Zahl, zur Heilung bringt, seine wohlthätige Wirkung jedoch so prompt und zuverlässig entfaltet,* dass es als unentbehrlich wohl niemals aus der Series medicaminum gestrichen werden wird. Wismuthsubnitrat bringt diese schätzenswerthen therapeutischen Wirkungen dadurch zu Stande, dass es (wodurch es vom Silbernitrat unterschieden ist) als unlösliches, grobes Pulver Flüssigkeiten, also auch *Darmsecret* (nach Art eines Schwammes) *rein mechanisch aufsaugt,* gleichzeitig desinficirend wirkt, Gefässcontraktion bedingt, *Sensi-*

bilität und Secretion herabsetzt und die Darm-Peristaltik verlangsamt. Hierdurch wird das Wismuthsubnitrat zum natürlich gebotenen Medikament

1. der verschiedensten Formen von Diarrhöe, sowohl der die Constitutionskrankheiten, namentlich die Lungentuberkulose begleitenden, als der von Infektionskrankheiten, wie Cholera, Dysenterie, Typhus etc. abhängigen. Die Dosis ist: 0,1—0,3 (nicht mehr!) und sind kleine Mengen Magnesia hydrico-carbonica und Opium viel gebräuchliche Zusätze. Bei der *Cholera* wurde von Leo in Warschau der Gebrauch des Mittels befürwortet, sehr bald jedoch von Pfuschern in einer Weise übertrieben, dass ihnen seitens der Regierung das Handwerk gelegt werden musste. In den ersten Tagen soll das Mittel nach Trousseau mit kleinen Dosen Opium, in der späteren Zeit mit Eau de Vichy combinirt werden. Bei Dysenterie passt Wismuth, besonders nachdem der erste Sturm der Krankheitserscheinungen vorübergegangen ist; in diesem Falle ist die Dosis höher (1—7 Grm.) zu greifen. Bei *Ruhr* wie bei *Typhus* wird man mit der Anwendung des Wismuths warten, bis die Entwickelung von Geschwüren im Dickdarm complet geworden ist. Zu den bisher aufgeführten Formen von Durchfall kommen die Diarrhöa ablactatorum (Grm. 4—6 pro die), die durch einfache Erkältung entstandenen und die bei Soldaten im Felde sich entwickelnden Durchfälle.

2. Cardialgien, mit grosser Empfindlichkeit des Magens verknüpft, werden durch Pulver aus Magisterium Bismuthi, *Magnesia hydrico-carbon.* (vgl. oben) und Morphium sicher gehoben, falls nicht Stuhlverstopfung besteht, nach Schwefelwasserstoff riechende Ructus erfolgen, das Erbrechen entweder fehlt oder fade, viscide, schleimige Massen ausgebrochen werden, oder falls Complikation mit Chlorose oder Temporo-Facialneuralgie besteht. Ist neben der Cardialgie Stuhlverstopfung vorhanden, so ist eine Behandlung mit Abführmitteln, namentlich Natrum sulf., vorweg zu schicken.

Als *anticatarrhalisches Mittel* bei Ozaena zum Einschnupfen in Pulverform oder in Wasser suspendirt (30 Grm. in 200 Wasser) ist das Wismuthsubnitrat bei uns mit Recht wenig in Gebrauch; wir haben in Wasser in verschiedenen Verhältnissen lösliche Metallsalze, welche denselben Zweck mit grösserer Aussicht auf Erfolg erfüllen. Bei Intertrigo wurde Wismuth-Pulver nach Art der Sem. Lycopodii eingestreut.

Pharmaceutische Präparate:

1. Bismuthum subnitricum: *basisch salpetersaures Wismuthoxyd*

$$(4 \text{ BiO}_3, 3 \text{ NO}_5, 9 \text{ HO}) = \text{BiO}, \text{NO}_5 + 2 \text{ HO} = \text{Bi} \begin{cases} \text{ONO} \\ \text{OH} \\ \text{OH} \end{cases}$$ stellt ein weisses, krystallinisches, in Salpeter- und Salzsäure ohne Aufbrausen lösliches Pulver dar. Dosis: 0,1—0,6—1,0 pro dosi.

2. Bismuthum valerianicum: *baldriansaures Wismuthoxyd*. In Wasser unlöslich, mit $78^0/_0$ Bi; zu 0,02—0,2 in Pillenform mit Gallertüberzug zu verordnen; neu in die Pharm. aufgenommen.

c. Plumbi praeparata. Bleipräparate.

Das allein innerlich angewandte Bleiacetat erfüllt die Indikationen eines blutstillenden, die Sensibilität herabsetzenden, daher den Hustenreiz bei Lungenaffektionen mildernden, die Secretionen vermindernden und die Peristaltik verlangsamenden Mittels. Besonders erweist sich dasselbe

1. durch die gefässcontrahirende Wirkung, welche es auf die Lungengefässe übt, auch in ausgezeichneter Weise hülfreich bei

Haemoptoë, wo es mit Digitalis oder Opium verbunden, um so bessere Dienste leistet, als es, von seiner blutcoagulirenden Wirkung abgesehen, auch Puls und Respiration verlangsamt und die Temperatur herabsetzt. Die Behandlung der *Pneumonie* mit Bleiacetat, für welche sehr günstig lautende Beobachtungen vorliegen, ist gleichwohl, da anderseits das Blei ein heimtückisches, cumulativ-toxische Wirkungen äusserndes Mittel ist, nicht so leichthin, wie man nach Leudet's Empfehlungen versucht sein könnte, ins Werk zu setzen, sondern es ist stets zu warten, bis andere Mittel, was auch für *Haemoptoë* gilt (z. B. *Mutterkorn*, vgl. p. 95), im Stich gelassen haben und Gefahr im Verzuge liegt. Ebenso wie Haemoptoë werden auch *andere Blutungen aus inneren Organen*, wie Melaena, Uterin- und Hämorrhoidalblutungen durch den streng zu controlirenden Gebrauch des Bleiacetats (0,15—0,4) gehoben. Eintauchenlassen der Hände und Füsse des Kranken in warmes Wasser und das vom Publicum vielgeübte Anlegen von Ligaturen um die Extremitäten sind, da sie jedenfalls nicht schaden, neben dieser Medikation statthaft. — Nicht minder geboten kann die Bleibehandlung erscheinen

2. zur Beschränkung übermässig profuser Secretionen, namentlich der *Schweisssecretion, des Auswurfs und der Stuhlausleerungen bei Lungenkranken*. Bei *Blenorrhöen der Scheide*, bei übermässigen *Eiterungen* der verschiedensten Art erweist sich das Blei ebenfalls nützlich; der Kranke muss dabei selbstredend überwacht und das Mittel in allen ebengenannten Fällen — seiner Gefährlichkeit wegen — als ultimum refugium gebraucht werden. Bei längere Zeit behandelten Phthisikern höheren Grades kommt man, sei es wegen intercurrirender Lungenblutungen, sei es wegen profuser, erschöpfender Nachtschweisse oder übermässigen Auswurfs, sei es endlich wegen *unstillbarer Diarrhöen*, fast regelmässig in die Lage zum Blei recurriren zu müssen. Man hat dabei nur dafür Sorge zu tragen, dass dieses nicht zu zeitig geschieht, sondern das genannte heroische Mittel für das Ausgangsstadium aufbewahrt bleibt.

Unter den Infektionskrankheiten ist nur die Ruhr als eine Krankheit zu nennen, gegen welche, einen sehr chronischen Verlauf vorausgesetzt. Klystiere aus 5.0 Acet. plumbi auf 500 Wasser (zu 2 Klystieren) Ausgezeichnetes leisten.

Hiermit sind die Indikationen für die interne Anwendung des Blei's in Krankheiten erschöpft. Je strenger man dieselben im concreten Falle prüft und je gewissenhafter man den Gebrauch des Blei's für die Zeit drohender Lebensgefahr in den genannten Krankheiten aufspart, desto erspriesslicher wird der Gebrauch des durch seine heimtückischen, schleichend-toxischen Wirkungen gefährlichen Medikaments für den Kranken ausfallen. Die längere Zeit fortgesetzte Einführung kleiner Gaben Bleiacetat, um durch *Herbeiführung allgemeiner Nutritionsstörungen und Verarmung des Blutes an rothen Zellen* (neben der durch Bleisalze zu bewirkenden Coagulation des Eiweisses im Blute) Verödung aneurysmatischer Säcke und *Heilung von Herzhypertrophie* zu bewirken (wobei die Kranken Monatelang in derselben Lage ausharren, wenig Nahrung zu sich nehmen, jede Muskelbewegung meiden mussten u. s. w.; Dupuytren u. A.), ist obsolet.

Aeusserlich werden die Bleimittel (Lösungen von Plumbum aceticum in Wasser 1 : 6), Bleiessig (vgl. pharmac. Präparate) und daraus hergestelltes Bleiwasser, sowie die in grosser Zahl vorhandenen Bleipflaster und Salben weit häufiger als intern angewendet. Sofern eine *Resorption des giftigen Metalls von Geschwürsflächen und des Epithels beraubten Hautflächen aus* mit Sicherheit nachgewiesen ist, wird man sich auch bezüglich des Gebrauchs dieser Externa in Form von Ueberschlägen, Collyrien, Injektionen u. s. w. einer gewissen Vorsicht befleissigen und namentlich vor zu langer Fortsetzung derselben hüten müssen. Heftige Entzündungen einer-, hochgradige Schwäche und Neigung zu Brand andererseits contraindiciren die externe Anwendung des Blei's. Während derselben ist auf eine sich einstellende Verfärbung des Zahnfleisches bei dem Kranken sorgsam zu achten. Die Erkrankungen, gegen welche *die externe Bleibehandlung eingeleitet wird,* betreffen der Hauptsache nach die Haut und die Schleimhäute. — Unter .

a. den Hautaffektionen stehen *Verbrennungen.* wiewohl die Meinungen der Praktiker über den Werth der Behandlung derselben durch Blei sehr getheilt sind, obenan. Die Einen erklären dieselbe für vorzüglich; die Anderen dagegen tadeln und verwerfen sie, als zur *Bildung entstellender Narben* besonders häufig Anlass gebend. Hat man in frischen Fällen nur das Goulard'sche Wasser und kein Silber oder Kalkliniment zur Hand, so wird man sich so lange, bis die genannten Medikamente herbeigeschafft sind oder ein Wattenverband lege artis angelegt werden kann, immerhin mit Bleiüberschlägen begnügen müssen. Von Hautausschlägen sind zu nennen: Urticaria (besonders die nach Contakt der Haut mit Raupenhaaren u. dgl. entstehende Form). Zona. Acne rosacea und Erysipelas, wobei sich ein aus Plumbum carbon. und Leinöl zusammen-

gerührter und auf die betroffenen Hautstellen 3—6 mal täglich auf-
gestrichener Brei ebenso nützlich erweist wie das, vom höheren Preise
abgesehen, auch andere Unzukömmlichkeiten nach sich ziehende Argentum
nitricum; Anderson. Eccem wird gegenwärtig kaum noch mit Blei-
mitteln behandelt.

Ein lästiges Uebel: die *mit Wundwerden der Haut zwischen den Zehen ver-
knüpfte profuse Absonderung übelriechender Fussschweisse*, erfährt, wenn jeden
Morgen vor dem Anziehen der Strümpfe einige Tropfen einer Mischung von 1 Plumb.
oxyd. rubr. und 29 Th. Acetum plumbi zwischen die Zehen eingebracht werden, ohne
dass es zu rapider Sistirung der Fussschweisse kommt, Besserung und Heilung.
Ferner ist gegen Onychia von den Italienern in neuester Zeit die Applikation von
Plumbum nitricum empfohlen worden; eigene Erfahrungen über den Werth dieser
Kurmethode eines sehr hartnäckigen Uebels gehen Vrf. ab. Kürzer werden wir
uns über

b. die Schleimhautaffektionen (Blenorrhöen des Auges, des
äusseren Gehörganges, Harnröhrentripper u. s. w.) fassen können. Gegen
Augenblenorrhöen leisten die Zinkmittel mehr und ist es für die übrigen
Fälle von Schleimflüssen der verschiedenen Parthien völlig irrelevant, ob
Silber-, Blei-, Kupfer- oder Zinksalze zu Injektionen, Klystieren u. s. w.
applicirt werden. Für den *äusseren Gehörgang* wird man Bleiessig,
nachdem Spörer eine so ungünstige Vernarbung der exulcerirten Schleimhaut des äusseren Gehörganges, dass Obliteration desselben und unheilbare Taubstummheit die Folge war, meiden. Gargarismen aus verdünnten Bleisalzlösungen sind, der Gefahr des Heruntergeschluckt-
werdens wegen, absolut verwerflich. Einträufelungen von etwas Blei-
nitratlösung in die zuvor mit der Weber'schen Nasendouche gehörig
ausgespülte Nase bei Ozäna sollen sich vielfach bewährt haben. Letzteren
Falles kommt auch die desinficirende Wirkung der Bleisalze zur Geltung.

Pharmaceutische Präparate:

1. Plumbum carbonicum s. *hydrico-carbonicum*. Kohlensaures Bleioxyd.
Cerussa. Bleiweiss nur zur Darstellung der folgenden Präparate:

2. Ungt. cerussae (*simplex*) Ungt. album. Bleiweisssalbe. 1 Theil Bleiweiss
auf 8 Th. Fett.

3. Ungt. cerussae camphoratum. Weisse Camphersalbe. 1 Th. Campher
auf 20 Th. des vorigen (2).

4. Emplastr. cerussae, *Bleiweiss- oder Froschlauchpflaster*. Es werden
10 Th. Mennige (10) mit 25 Th. Baumöl verseift; dem Pflasterconstituens werden
18 Th. Bleiweiss zugesetzt.

5. Plumbum aceticum (PbO, $C_4H_3O_3 + 3HO$) = $Pb\begin{cases} OCOCH_3 \\ OCOCH_3 \end{cases} + 3\,H_2O,$
neutrales essigsaures Bleioxyd, in 2 Th. Wasser und 8 Th. Alkohol löslich. Für
den internen Gebrauch allein vorgeschrieben; Dosis: 0,01—0,06; Max. D. pro die 0,4.

6. Liquor plumbi subacetici, *Acetum plumbicum s. Saturni*, Extractum plumbi, Bleiessig. 1 Th. Bleiglätte wird mit 3 Th. Plumb. acet. (5) und

10 Th. Wasser gekocht und filtrirt; spec. Gew. 1,24; von alkalischer Reaktion und nur äusserlich angewandt als

7. Aqua plumbi; ein Theil des vorigen liefert mit 49 Th. Wasser verdünnt: Bleiwasser; oder als

8. Aqua plumbi Goulardi, Goulard'sches Wasser. Aqua plumbi spirituosa. 1 Th. Bleiessig (6) mit 4 Th. Weingeist und 45 Th. Flusswasser vermischt.

9. Ungt. plumbi *(von 2 zu unterscheiden)*; Ungt. nutritum. Bleicerat: 3 Th. Bleiessig, 29 Th. Schweineschmalz, 8 Th. Gelbwachs; viel gebräuchlich.

10. Lithargyrum, *Bleiglätte; Bleioxyd*, gelbröthlich; Minium, Mennige Pb 3 O₄; Bleisuperoxyd liefern:

11. Emplastr. lithargyri simplex s. *diachylon simplex*. Diakel. Bleipflaster. Bleiglätte, Baumöl und Schweineschmalz zu gleichen Theilen verseift.

12. Emplastr. lithargyri molle, *E. matris alb.; weisses Mutterpflaster*: drei Theile des vorigen mit 2 Th. Schweinefett, 1 Th. Talg und 1 Th. Gelbwachs zusammengeschmolzen und in Täfelchen ausgegossen.

13. Emplastr. adhaesivum, *Heftpflaster*. Drei Theile Colophonium (vgl. p. 127) werden einer Seife aus 10 Th. Bleiglätte (10) und 1⅛ Th. reiner Oelsäure zugesetzt und 1 Th. Talg zugegeben; auf Leinwand gestrichen.

14. Emplastr. adhaesivum Edinburghense; ebenso bereitet; doch anstatt des Colophon und Talg 3 Th. Pech zugesetzt.

15. Emplastr. ad fonticulos, *Fontanellpflaster*: 1 Th. Talg, 2 Th. Resina pini (vgl. p. 127) und 36 Th. Diakel (11) werden zusammengeschmolzen und auf Leinwand gestrichen.

16. Ungt. diachylon Hebrae: Gleiche Theile von 11 und Lein- oder Olivenöl zusammengeschmolzen.

17. Emplastr. minii rubrum, *Rothes Mennigepflaster*: 100 Th. Mennige und 3 Th. Camphor mit āā 100 Th. Talg, Baumöl und gelbem Wachs verseift; ist durch Ungt. cerussae comphorat. (3) überflüssig geworden.

18. α) Emplastr. fuscum s. *matris fuscum, Schwarzes Mutterpflaster*: 2 Th. Mennige und 4 Th. Baumöl werden verseift und 1 Th. gelbes Wachs zugeschmolzen. β) E. fuscum camphoratum, E. noricum s. universale: Braunes Campher- oder Nürnberger Pflaster, wenn 1% Campher zugesetzt wird.

19. Plumbum tannicum pultiforme, *Cataplasma ad decubitum*: Eichenrindenabkochung wird mit Bleiacetatlösung gefällt und der abfiltrirte Niederschlag mit etwas Weingeist versetzt. Wird, wenn der Weingeist und das Wasser verdampft sind, trocken und reizt die brandigen Stellen wie aufgestreuter Sand. Besser

20. Ungt. plumbi tannici s. *scytodepsici*: das vorige zu 8 Theilen mit 5 Th. Glycerin vermischt; Authenrieth'sches Kataplasma; theuer.

d. Cupri praeparata. Kupferpräparate.

Auch ihre Zahl könnte füglich reducirt werden. In kleinen Gaben gereicht wirken die löslichen Kupfersalze, den Blei- und Silber- etc. -Verbindungen analog, zusammenziehend, styptisch, die Absonderungen beschränkend, die Peristaltik verlangsamend und die Sensibilität herabsetzend. Die Affinität des CuO zu den Eiweisskörpern ist grösser, wie bei den gleich zu nennenden Zinksalzen, so gross, dass sehr wahrscheinlich eine Verbindung von Kupferoxyd und Eiweiss resultirt, die an ersteres gebunden gewesene Säure frei wird und so eine Corrosion

zu Stande kommen kann. Man macht selten noch von kleinen Gaben
Cuprum sulfuricum oder aceticum zur Beschränkung der Diarrhöe bei
Ruhr und Cholera Gebrauch. Um die Funktionen des Nervensystems
umzustimmen, etwa analog dem Silbersalpeter bei Epilepsie, bedient man
sich der Kupfermittel kaum noch. Bei gewissen Pneumonien geben die
Anhänger von Rademacher Cuprum aceticum. Wenngleich sich diese
Anwendung wissenschaftlich in eben der Weise wie diejenige des Blei's
bei genannter Krankheit begründen liesse, so sind doch die von Rademacher's Schülern im concreten Falle gestellten Indikationen für den
Kupfergebrauch Vrf. stets unverständlich geblieben und die Heilerfolge
liessen in den Fällen, wo consultirende Aerzte auf diesem Mittel bestanden, denn auch viel zu wünschen übrig. Bamberger empfahl das
schwefelsaure und kohlensaure Kupfer als Antidot des Phosphors. Diese
Wirkung bleibt indess ebenso oft aus, als sie zu Stande kommt (v. Schroff),
und leistet das Kupfer weniger gegen Phosphor, wie das sauerstoffhaltige
Terpentinöl (vgl. p. 163); Vrf.; Rössingh.

Grössere (mittle) Gaben Cuprum sulfuricum (*oder aceticum*)
rufen Erbrechen hervor (0,2—0,5). Letzteres tritt nach Einverleibung
kleinerer Dosen und sicherer wie nach Zinkgebrauch ein. Es ist ein
hoch anzuschlagender Vortheil der als Emetica gerichteten Kupfersalze,
dass dieselben bis auf minimale, kaum wägbare Spuren durch den Brechakt wieder aus dem Körper entfernt werden, der Gebrauch von Brechmitteln aus Kupfer also zur Entstehung von Kupferintoxikation niemals
— selbst nicht nach tagelangem Gebrauch — Anlass geben wird; Hönerkopff. Auf der anderen Seite ist jedoch der therapeutische Werth der
Kupferbrechmittel bei Diphtheritis und Croup, wo durch Herausbeförderung
der Croupmembranen so lange, als das Kupfersulfat noch resorbirt wird
und Erbrechen auslöst, augenscheinliche Besserung — wenigstens so
lange, bis neue Croupmembranen das Tracheallumen verschliessen — bewirkt wird, von Stubenrauch und Hönerkopff weit übertrieben worden.
Eine specifisch umstimmende und den Krankheitsprocess, etwa wegen
der antiparasitären, desinficirenden Eigenschaften der Kupfersalze, an der
Wurzel anfassende und vernichtende Wirkung kommt dem Kupfersulfat
bei Diphtheritis und Croup nicht zu. Die unverkennbaren Heilerfolge
erzielt man damit so lange, als durch Erregung von Erbrechen — rein
mechanisch — Larynx und Trachea für den Luftzutritt gangbar gemacht
werden; der Neubildung von Croupmembranen vorzubeugen vermögen die
in den angegebenen Dosen gerichteten Kupfermittel nicht.

Neben dieser internen Anwendung als Emeticum finden Kupfersalze
noch vielfach äusserliche Anwendung bei *Hautkrankheiten*, wie
Acne rosacea, gegen welche Affektion Köbner Kurzabschceren der Haare.

Verband mit einer Salbe aus Cupr. carbon. (5) und Fett (150) und Cataplasmiren empfiehlt; ferner bei Scleroderma, wogegen neben kalten Abwaschungen und Douchen Salben aus schwarzem Kupferoxyd (7,0), Ungt. simplex (30,0), Glycerin. pur. (4) gerühmt worden sind. Ausserdem werden Kupfersalzlösungen analog den Silber- und Bleiverbindungen viel gegen Blenorrhöen, *Leukorrhöe*, *Tripper* u. s. w. in Form von Injektionen, Collyrien u. s. w. (0,06—0,3 auf 30; 2,0—8,0 auf 500 Wasser bei Leukorrhöe) angewandt. Um stark zu ätzen bedient man sich der Kupfersalze als Streupulver auf Caro luxurians, auf unreine, speckige, scrofulöse Geschwüre, Fisteln, Noma u. s. w. In der Augenheilkunde endlich wird von Aetzungen mit Krystallen aus Kupfervitriol bei Pannus, Trachom und Hornhautgeschwüren Gebrauch gemacht; zu Augenwässern bei Blenorrhöen dienen Lösungen von 0,1—2,0 auf 500 Wasser.

Die Verbrennungsprodukte einer auf die gewöhnliche Spirituslampe (mit Docht) gegossenen weingeistigen Auflösung von Chlorkupfer sollen die Luft in Krankenzimmern desinficiren; Clemens.

Pharmaceutische Präparate:

1. Cuprum oxydatum nigrum. *Schwarzes Kupferoxyd.* Nur noch in Salben; vgl. oben; 1 : 10 Fett.

2. Cuprum sulfuricum, Kupfervitriol. Schwefelsaures Kupferoxyd $CuOSO_3$

$+ 5 H_2O = Cu \begin{cases} O \\ O \end{cases} SO_2 + 5 H_2O \begin{array}{c} HOCuO \\ HO \end{array} \Big| SO_2 + 4 H_2O$; blaue, leicht in Wasser

lösliche triklinoëdrische Säulen. Brechdosis ist oben bereits angegeben; Maximaldosis: 1,0. Kleine Gaben 0,01—0,06, Maximaldosis: 0,1 pro die. Zu Injektionen 0,05—0,2 auf 30 Wasser; zu Pinselwässern 0,3 auf 30, zu Augenwässern 0,02—0,06 auf 30. *a) Mit gleichen Theilen Alaun und Salpeter unter Zusatz von 2% Campher* zusammengeschmolzen liefert das Kupfersulfat den Augenstein: Cuprum aluminatum *(Lapis divinus s. ophthalmicus)* zum Aetzen. *β)* Ein Theil von **2** in 3 Th. *Liquor ammonii caust. gelöst und mit Alkohol ausgefällt* giebt hydroskopische tiefblaue Krystalle von Cuprum sulf. ammoniatum: *Kupfervitriolsalmiak.* Ehemals zu 0,01—0,06 (Maximaldosis: 0,4 pro die) gegen Neurosen, Dyskrasien etc. gebraucht; jetzt obsolet.

3. Cuprum aceticum crystallisatum, *Aerugo cryst.* Grünspan (krystallisirter). Essigsaures Kupferoxyd: $Cu \begin{cases} OCOCH_3 \\ OC'OCH_3 \end{cases} + H_2O$ oder $5 H_2O$ bildet dunkelgrüne, monoklinoëdrische Säulen, welche in 13 Th. Wasser in der Kälte, aber auch in Alkohol löslich sind, und zu 0,01—0,06 kaum noch verordnet werden. Noch weniger gebräuchlich ist

4. Aerugo, *Grünspan:* Blaugrüne, aus basisch essigsaurem Kupferoxyd bestehende und nur unter Essigsäurezusatz in Wasser lösliche Massen, aus denen *Ceratum Aeruginis, Grünspancerat*, grünes Pflaster dargestellt wird, indem 1 Theil von 4 mit 12 Th. Wachs, 6 Th. Fichtenharz und 4 Th. Terpentin zusammengeschmolzen wird.

5. Cuprum chloratum ammoniacale sol. — Tr. antimiasmatica Köchlini, dem Präparat 2 β analog; 2—6 Tropfen; kaum noch!

c. Zinci praeparata. Zinkpräparate.

Wenngleich seit Herpin in Genf die Zinkpräparate dem Silber-salpeter analog gegen eine Reihe von *Neurosen*, wie Epilepsie, Chorea, Fraisen der Kinder, immer und immer wieder empfohlen worden sind, so liegt doch, weil die durch gen. Präparate bei diesen Affektionen zu erreichenden Resultate weit entfernt davon sind constant einzutreten, die Bedeutung der Zinkmittel für die ärztliche Praxis in ihrer externen An-wendung. Innerlich wird das Zink als Zinksulfat zur Zeit hauptsächlich nur noch als Emeticum in Vergiftungsfällen benutzt, und auch zu diesem Behufe giebt man bei uns dem Cuprum sulfuricum, weil es in kleinerer Dosis als ersteres Salz Vomitus erregt, den Vorzug. Die Brech-dosis des Zinksulfats ist 0,3—0,6. Auch von Schroff, welcher die Zinksalze noch gegen Neurosen rühmt, wird die Inferiorität des Zinksulfats als Brechmittel dem Cuprum sulfuricum und Brechweinstein gegenüber zu-gestanden.

Aeusserlich wird Zinkoxyd *zum Verband grosser, mit Eccem be-deckter Hautparthien* und gegen *Herpes* angewandt. Lupöse und krebsig entartete Hautstellen hat man mit Chlorzink in Stäbchenform oder Pasten aus Chlorzink geätzt. Radikalkuren sind dadurch indess selbst bei Epi-thelioma wohl kaum in grösserer Zahl bewirkt worden. Die Einführung von Zinkpasten in cariöse Zähne steht der Applikation von Pasten aus Arsenik oder aus Phosphoröl entschieden nach. Eiternde Flächen, sowie Geschwürsflächen können ebensowohl mit Kupfer-, wie mit Zinksalzlösungen verbunden werden; man giebt indess auch in dieser Hinsicht gemeiniglich den Kupfersalzen den Vorzug. Auf ein allgemeines Bad von Zinksulfat gegen *Pruritus oder Eccem* werden 60—120 Grm. Zinksalz gerechnet.

Ferner wird letzteres Sulfat oder der Zinkalaun auch als Stypti-cum gegen Uterinblutungen benutzt. Nach Mialhe ist indess auch in dieser Beziehung der Werth des Zinkvitriols deswegen ein beschränkter, weil seine eiweisscoagulirenden Eigenschaften nur bei Anwendung kleiner Dosen zur Geltung kommen und concentrirtere Lösungen, sofern das gebildete Zinkalbuminat in einem Ueberschuss von Zinkvitriol leicht lös-lich ist, an blutstillender Wirkung einbüssen. Bei Darmblutungen hat man Klystiere von 0,06—0,12 Zinkvitriol auf 30 Wasser angewandt; Injektionen von 0,3—0,6 auf 30 Wasser werden gegen Tripper bei Mann und Weib, Collyrien gegen Augenblenorrhöen, zur Nach-kur nach Exstirpation von Nasenrachenpolypen u. s. w. vielfach verordnet. In den letzteren Fällen ist es nachweislich für den zu er-reichenden Heilerfolg ganz gleichgültig, ob Zink- oder Kupfersalzlösungen oder Salben etc. benutzt werden.

Pharmaceutische Präparate:

1. Zincum oxydat. (album). Flores Zinci. Nihilum album. Lana philoso-
phorum ZnO, Zinkoxyd. Unlösliches feines Pulver; als Zinc. oxyd. venale zum
äusseren, und als Zinc. oxyd. purum zum internen Gebrauch. Dosis: 0,6—0,2.
Zur Salbe: Ungt. zinci: 1 Theil auf 9 Theile Fett.

2. Zincum chloratum; Butyrum Zinci. $ZnCl_2$ Chlorzink. Ausschliesslich zu Stiften ausgegossen oder zur Canquoin'schen Aetzpaste mit $\overline{aa}$ Amylum
vermischt. Innnerlich kaum (wegen der corrosiven Wirkung): 0,004—0,01. Maximaldosis: 0,015 in schleimigem Vehikel.

3. Zincum ferrocyanatum. Ferrocyanzink. Weisses, durch Ausfällen des
folgenden Präparates (4) mit Ferrocyankalium resultirendes Pulver. Dosis: 0,02—0,06,
Maxim.-Dosis: 0,25 pro die.

4. Zincum sulfuricum. Vitriolum zinci. Schwefelsaures Zinkoxyd: ZnO, SO_3
$+ 7$ aq $= Zn \begin{Bmatrix} O \\ O \end{Bmatrix} SO_2 + 7 H_2O$. An der Luft verwitternde, farblose, in gleichen
Theilen Wassers lösliche Krystalle. Brechdosis: vgl. oben; ebenso über die Externa;
innerlich Maxim.-Dosis: 0,06 pro dosi — 0,3 *pro die*.

5. Zincum sulfocarbolicum, Z. sulphophenylicum. In Weingeist und
Wasser löslich (15% ZnO), nur extern.

6. Zincum aceticum. Essigsaures Zink. In 3 Th. kalten Wassers löslich.
Aeusserlich wie 4. Dosis: 0,03—0,2.

7. Zincum lacticum. Milchsaures Zink. Ueberflüssig; in 60 Th. kalten Wassers löslich. Dosis: 0,06—0,3.

8. Zincum valerianicum. Baldrians. Zink. Fettglänzende, nach Baldriansäure riechende Krystalle. Dosis: 0,01—0,04. Maxim.-Dosis: 0,06 pro dosi. Ehemals gegen Neurosen; kaum noch verordnet.

Anhang zur 3. (9.) Ordnung.

Alumen. Alaunpräparate.

Der fabrikmässig aus Alaunstein bez. Alaunschiefer dargestellte
Kalialaun (schwefelsaures Thonerde-Kali) kommt in farblosen, in kaltem
Wasser schwer, in siedendem Wasser leicht löslichen, octaëdrischen Kry-
stallen, deren Lösung sauer reagirt, zusammenziehend schmeckt und
Albumin, Casein und Chondrin (aber nicht Glutin) präcipitirt, vor. Die
Formel des Kalialauns ist:

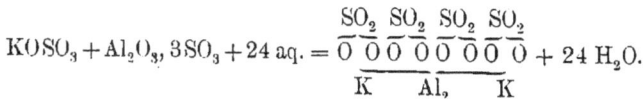

$$KOSO_3 + Al_2O_3, 3SO_3 + 24\,aq. = \overset{SO_2}{\underset{K}{\overline{O\ \overline{O}}}}\ \overset{SO_2}{\overline{O\ \overline{O}}}\ \overset{SO_2}{\underset{Al_2}{\overline{O\ \overline{O}}}}\ \overset{SO_2}{\overline{O\ \overline{O}}}\ \overset{}{\underset{K}{\overline{O}}} + 24\,H_2O.$$

Ueber die *physiologischen Wirkungen* des Alauns, welche sich denen der
Schwefelsäure einer- und denen der sogenannten Adstringentien: Metallsalze und
Gerbstoff enthaltenden Mittel andererseits anschliessen sollen, fehlen methodische
Untersuchungen noch so gut wie gänzlich. Nach Rossbach steht noch
nicht einmal fest, ob dem Alaun überhaupt adstringirende Wirkungen zukommen. Fest
steht dagegen, worauf auch seine ätzenden und styptischen Eigenschaften beruhen, *die*

grosse Affinität des Alauns zum Eiweiss. Kommt er mit albuminhaltigen Flüssigkeiten zusammen, so verbindet er sich mit denselben, z. B. mit dem Eiter, und bildet als Ersatz für die Epidermis eine Art Ueberzug; reicht das Volumen der Flüssigkeit zu seiner Sättigung nicht hin, so greift er, bez. ätzt er die Gewebe an. Stets werden mit Alaun in Contakt kommende Schleimhautflächen blässer, minder empfindlich und, zufolge Herabsetzung der Absonderung, trockener; grössere Gaben Alaun bewirken beim Menschen: Magendrücken, Uebelkeit, Erbrechen und bald Stuhlverstopfung, bald vermehrte Stuhlausleerung. Nach wiederholter Einverleibung kann Gastroenteritis eintreten.

Angewandt wird Alaun analog den im Vorstehenden besprochenen Metallsalzen als Absonderungen und Blutungen beseitigendes Mittel gegen Magen- und Darmcatarrhe (*mit Diarrhöe*), Magen- und Darmblutungen zufolge Erosionen und Geschwürsbildung, gegen profuse Schweisse, Blenorrhöen der Urogenitalschleimhaut u. s. w. Gegen Pollutionen und Diabetes bedient man sich des Alauns kaum noch. Gebrannter Alaun wirkt, weil er den Geweben begierig Wasser entzieht, noch energischer als der nicht gebrannte. Daher streut man letzteren als Pulver auf stark wuchernde Fleischwärzchenbildung zeigende, atonische und scorbutische Geschwüre, Nasenpolypen etc. Beliebt sind alaunhaltige Gurgelwässer (*aus Salbeiinfus*, vgl. p. 139) gegen Angina, alaunhaltige Einspritzungen in die Vagina, Harnblase etc. bei Blenorrhöen u. s. w. Wo man (lokal) styptisch wirken will, muss das mit Alaun imprägnirte Plumaceaux mit der blutenden Stelle in Contact kommen. Bei Darmblutungen im Verlaufe des Typhus genügen Klystiere (in schleimigem Vehikel), womit ich günstige Erfolge erzielen sah, zu diesem Behuf. Ueber den oft gerühmten Nutzen des Alauns bei Bleikolik (2,0) gehen mir eigene Erfahrungen ab; wissenschaftlich lässt sich dieser Heileffekt zur Zeit nicht erklären.

Pharmaceutische Präparate:

1) Alumen (crudum nur zu externem Gebrauch). Schwefelsaures Thonerde-Kali. Alumen crystallisatum s. purum. Alaun. Dosis: 0,1—0,5; über Bleivergiftung vgl. oben. Man braucht mit der Dosirung nicht so ängstlich zu sein, weil Kinder, Vorhandensein ausreichend grosser Mengen eiweisshaltigen Speisebreies vorausgesetzt, selbst Gaben von 4 Grm. ohne andere üble Folgen als Erbrechen vertragen haben. Sehr bedeutender Ueberschuss von Alaun soll freilich, analog dem Zinksulfat, das gebildete Thonerdealbuminat wieder aufzulösen vermögen; es gehören indess zum Zustandekommen einer Alaunvergiftung beim Menschen so enorm grosse — vom Magen nicht tolerirte — Dosen Alaun, dass dgl. Vergiftungen bisher nicht beobachtet worden sind.

2. Alumen ustum. Gebrannter Alaun. Nur äusserlich, als schwaches Aetzmittel.

3. Alumina hydrata. Thonerdehydrat. Unlösliches, feines, lockeres weisses Pulver; als säuretilgendes Mittel empfohlen; aus Alaunlösung mittels Natronlösung präcipitirt. Zu Pillen dient auch Argilla, Bolus alba, weisser Bolus; vgl. Silber. Dosis: 0,1—0,6 in Pulver.

B. Unterordnung: *Organodecursorische Mittel.*

XXXVI. Atropinum. Daturinum. Hyoscyaminum: Belladonna- (Tollkirschen-, Stechapfel-) und Bilsenkrautpräparate.

Sämmtliche *atropin- und hyoscyaminhaltige*, gegenwärtig noch officinelle *Droguen*, wie Radix et Folia Belladonnae, Herba et Semen Stramonii, Folia et Semen Hyoscyami sind bei uns in Gebirgswäldern oder auf Schutthaufen wachsende, nirgends cultivirte gemeine Gewächse.

Die Unterscheidung der Folia Belladonnae und Stramonii wird dadurch ermöglicht, dass erstere oval geformt, glatt- und ganzrandig und durchweg, besonders aber auf den Blattnerven drüsig behaart sind, während der Stechapfel: Datura Stramonium, langgestielte, bis 8″ lange, mit buchtigem und gezahntem Rande versehene, durchweg sparsam behaarte, oberseits dunkel- und unterseits hellgrüne Blätter besitzt. Die Belladonnawurzel ist ursprünglich *fleischig,* 1—2″ dick, 1′ und mehr lang, aussen schmutzig gelb, innen weisslich und nach der Mitte zu marklos. Stechapfel- und Bilsenkrautsamen unterscheiden sich darin, dass erstere mattbraun, nierenförmig und dabei platt gedrückt, mit netzgrubiger Oberfläche versehen sind und tabacksähnlich riechen, während die Bilsenkrautsamen eine asch graue Farbe, eine runde, plattgedrückte Gestalt und eine punctirte, feingrubige Oberfläche besitzen.

Die Tollkirsche (*Atropa Belladonna*) enthält ein krystallinisches (uns hier allein beschäftigendes) und ein zweites, amorphes Alkaloid: Atropin und Belladonnin. Das Atropin ist als ein Tropin: $N \begin{cases} C_8H_{14}O \\ H \end{cases}$

in welchem das eine noch vertretbare Atom H durch den Rest der Tropasäure ($C_9H_9O_2$) vertreten ist, zu betrachten. Seine rationelle Formel ist somit $N \begin{cases} C_8H_{14}O \\ C_9H_9O_2 \end{cases}$. Das Belladonin ist ein Tropin, worin das eine vertretbare Atom H durch Belladonninsäure vertreten ist. Hyoscyamin ist dem analog in Hyoscin ($C_6H_{13}N$) und Hyoscynsäure ($C_9H_{10}O_3$) spaltbar.

Das Atropin ($N C_{17}H_{23}O_3$) krystallisirt aus Alkohol in feinen, seidenartig glänzenden Nadeln oder wird auch als glasartige, erst später krystallinisch werdende Masse gewonnen; die Wurzel enthält 1,3 % dieses Alkaloides, welches bei 90° schmilzt, theilweise unzersetzt sublimirt und schwer in Wasser (300 Th.), aber leicht in allen übrigen Menstruis löslich ist. Auch in überschüssigem Ammoniak löst es sich. Aus demselben geht durch Spaltung neben Tropin (unwirksam) Tropasäure hervor. Charakteristische Reaktionen auf Atropin giebt es nicht; wird es mit gewöhnlicher Phosphorsäure vorsichtig zur Trockniss eingedampft, so entwickelt sich ein Geruch, welcher an den der Spirstaude (*Spiraea ulmaria*) eigenthümlichen erinnert; Otto.

Hyoscyamin ist zwar von Laurent und Thorey in krystallinischem Zustande erhalten und analysirt worden, jedoch ist es nicht im Handel zu haben. Das im Stechapfel vorkommende Alkaloid Daturin hat mit dem Atropin dieselbe Zusammensetzung, soll jedoch nach Schroff doppelt so energisch wirken; sehr wahrscheinlich sind beide Pflanzenbasen identisch.

Die im Vorstehenden genannten, von Pflanzen aus der Familie der Solaneen herstammenden Alkaloide: Atropin (Daturin) und Hyoscyamin besitzen *stark-toxische Eigenschaften*. Beim Menschen documentiren sich letztere schon nach Gaben von 0,005 Grm. in höchst prägnanter Weise unter folgenden Symptomen, welche dem Praktiker bekannt sein müssen, nämlich: Pupillenerweiterung (wonach diese Arzneimittel bez. Gifte auch als pupillenerweiternde bezeichnet werden) mit Aufhebung des Lichtreflexes, Weitsichtigkeit, Kopfschmerz, Trockenheit der Haut und der Mund- und Schlundschleimhaut, Erschwerung des Schlingens (zufolge Unterdrückung der Speichel- und Schleimsecretion), Kopfweh, Unruhe, Benommenheit mit Schwäche, Injektion des Gesichts und der Conjunctiva bulbi, Rausch mit Delirien, später Somnolenz, welche auch abwechselnd mit heiteren Delirien auftreten oder in lethal verlaufenden Fällen in Sopor, welcher unter unwillkürlicher Harn- und Kothentleerung zum Tode führt, übergehen kann. *Der Puls ist anfänglich verlangsamt, später dagegen*, ebenso wie die Athmung stark (auf 150—190 Schläge) *beschleunigt*. Auch wenn, wie nach den nicht seltenen Medicinalvergiftungen in Folge von in das Auge instillirtem Atropin, Genesung eintritt, kommt diese doch stets langsam zu Stande und es bleiben Trockenheit der Schleimhäute und der Haut, Mydriasis, Schwäche und geistige Abgeschlagenheit mehrere Tage lang zurück. Bei Warmblütern erlischt unter vorweggehenden *Lähmungserscheinungen* auch in anderen Bezirken des Nervensystems, unter grosser Mattigkeit, Hin- und Hertaumeln die Athmung allmälig und ohne Eintritt von Krämpfen; nur Frösche sterben zufolge übermässiger *Reflexsteigerung* an *tetanischen Krämpfen*, welche stets erst in einem späteren Stadium der Vergiftung zur Entwickelung kommen. Eine experimentelle Analyse dieser Erscheinung hat bezüglich der durch Atropin hervorgerufenen Modifikationen der vitalen Funktionen Folgendes ergeben:

1. Die Mydriasis, welche noch nach Verdünnung des Humor aqueus im Verhältniss von 1:129600 zu Stande kommt, hat, wie ihr einseitiges Zustandekommen bei vorsichtiger Instillation der Atropinlösung (Fleming) und ihr Auftreten an dem frisch aus dem lebenden Frosche excidirten und mit Atropin bepinselten Auge beweist, in den Wirkungen des Atropin auf die Iris ihren Grund. Sowohl Lähmung der den Sphincter pupillae versorgenden Oculomotoriusfasern, als auch Reizung

der zum Dilatator pupillae tretenden Sympathicusfasern, sowie eine combinirte excitirende und lähmende Wirkung auf die genannten Nervenäste sind zur Erklärung der Mydriasis angezogen worden. Eine Lähmung der aus dem III. Paare stammenden Nerven beim Contakt der Iris mit atropinhaltigem Humor aqueus hat die meisten Beobachtungen für sich, wenngleich es schwer begreiflich ist, wie die Mydriasis auch an dem excidirten, der Innervation von den Nervencentralorganen verlustig gegangenen Froschauge in die Erscheinung treten kann, wenn die Paralysirung eines Hirnnerven Grundbedingung der Pupillenerweiterung ist.

Nach v. Bezold und L. Hermann liesse sich die Entstehung der Mydriasis unter *Annahme eines in der Nähe der Iris gelegenen authochthonen gangliösen Centrum für die Irisbewegung, in welches die Sphincterwirkung verstärkende und die Dilatatorwirkung paralysirende Oculomotoriusfasern und die Dilatatorwirkung erhöhende, dagegen die Sphincterwirkung lahm legende Sympathicusfasern eintreten,* leicht erklären. Wir können uns jedoch, namentlich seitdem eine direkte Beeinflussung der Irismuskulatur (im umgekehrten Sinne) durch Physostigmin (vgl. Harnack p. 100) constatirt worden ist, unter abermaliger Bezugnahme auf das Eingangs erwähnte Experiment am excidirten Froschauge, der Ansicht nicht verschliessen, *dass die Irismusculatur den Angriffspunkt für die mydriatische Wirkung des in dem Humor aqueus gelösten Atropin darstellt,* und die Beeinflussung eines Iriscentrum selbständig-gangliöser Natur sehr viel Hypothetisches hat. Genauer und mit mehr übereinstimmendem Resultat ist

2. die auf Retardation der Herzschläge folgende Acceleration nach Einverleibung von A. studirt und die Ursache der Beschleunigung *in Lähmung der Vagusendigungen und Hemmungscentren des Herzschlages* erkannt worden, während die anfänglich zu beobachtende Pulsverlangsamung durch Reizung der eben genannten Abschnitte des Herznervensystems durch atropinhaltiges Blut bedingt ist.

' Auch Nicotin lähmt die Vagusendigungen, bez. zieht Ausbleiben des diastolischen Herzstillstandes und Absinkens des Blutdrucks nach Halsvagusreizung nach sich. Sofern jedoch die genannten Erscheinungen, während sie nach Reizung des Halsvagus in Fortfall kommen, bei der Nicotinisirung nach elektrischer Reizung der Venensinus am Herzen sofort wieder bemerkbar werden, *muss Nicotin dem Vagusstamme näher belegene Endapparate, Atropin dagegen ausser den vom Nicotin paralysirten, mehr periphere, wahrscheinlich gangliöse Hemmungscentra beeinflussen,* so, dass letzteren Falles (nach der Atropinisirung) auch Sinusreizung erfolglos bleibt; Truhart, Böhm. Die im Sympathicus verlaufenden Beschleunigungsfasern des Herzschlages werden durch kleine und mittle Atropindosen nicht beeinflusst; von Bezold.

Während des Stadium der Pulsbeschleunigung (*Vaguslähmung*) findet, abhängig wohl weniger von der Pulsbeschleunigung als von der durch mehrere Experimentatoren constatirten Contraktion der peripheren Gefässe, Ansteigen des Blutdrucks statt. Nach grösseren Atropingaben dagegen sinkt der Blutdruck wegen Verminderung der Arbeitsleistung des Herzmuskels und Erschlaffung der feineren Arterien bedeutend ab; v. Bezold. Der N. Depressor ist an diesem Vorgange nicht betheiligt; Keuchel. Werden durchsichtige, gefässreiche Theile, wie z. B. die Froschzunge, mit *Atropinlösung irrigirt*, so findet unter Verengerung des Lumens *eine solche Beschleunigung des Blutumlaufs in den Gefässen statt, dass wenn Verwundungen der irrigirten Parthien bewirkt werden, der Reiz zu traumatischer Entzündung mit Exsudation gar nicht oder nur mangelhaft zur Geltung gelangt* und Auswanderung der weissen Zellen durch die Stomata der Gefässe in das Parenchym gar nicht oder nur in geringem Maasse Platz greift; Z eller.

3. Die A th m u n g wird nach Atropinbeibringung beschleunigt, gleichviel, ob zuvor die Nn. Vagi durchschnitten worden sind oder nicht. Einen Unterschied macht es dabei, ob das Gift (durch die *V. Jugularis*) zuerst in das Herz oder (*durch die A. Carotis*) zuerst in das Hirn gelangt. Die im ersteren Falle sich äussernde, später in das Gegentheil umschlagende Retardation der Athmung ist, zumal sie nach zuvor bewirkter Vagusdurchschneidung ausbleibt, nach v. Bezold auf Reizung der Vagusendigungen in der Lunge (wenn das Atropin den kleinen Kreislauf passirt) zu beziehen, die bei Injektion in die Carotis sofort eintretende Beschleunigung der Athmung dagegen auf eine Beeinflussung des Athmungscentrum.

4. Die Körpertemperatur wird nach Einverleibung kleiner Atropindosen erhöht, nach Beibringung grosser dagegen herabgesetzt.

5. Die G r o s s h i r n h e m i s p h ä r e n werden durch das Atropin, wie schon aus dem Eingangs geschilderten Bilde der Vergiftung hervorgeht, in erster Linie beeinflusst. Ob diese Hirnwirkung einzig und allein von Circulationsänderungen (*Gefässcontraktion, wie bei Secale cornutum, vgl. p. 90 ff.*) abhängig ist, steht z. Z. nicht fest.

Ebenso ist, freilich wohl nur nach Beibringung grosser Gaben Atropin, *Steigerung der Reflexthätigkeit des Rückenmarks* (gefolgt von Krämpfen, Erectionen des Penis etc.) von M e u r i o t u. A. constatirt worden. Neben dieser Einwirkung auf die Nervencentralorgane findet aber auch eine solche (theils erregender, theils lähmender Natur) auf die peripheren Nervenapparate statt. Bei Fröschen schwindet zuerst die Sensibilität, während die Motilität sehr lange erhalten bleibt und die idiomusculäre Muskelcontractilität noch weit später verloren geht. *Die Erregbarkeit der peripheren motorischen Nerven wird unter Erhaltenbleiben der Muskelirritabilität* selbst bei direkter Applikation der Giftlösung auf den Muskel *herabgesetzt* und schreitet diese Paralysirung von der Peripherie zum Stamm allmälig fort. Später kommen auch die peripheren sensiblen Nerven an die Reihe und auch bei ihnen hält der Verlauf der Erregbarkeitsabnahme die Richtung von der Peripherie zum Centrum ein, so. dass die Hautendigungen bereits complet gelähmt sind, während vom Stamme aus noch Reflexe ausgelöst werden. Ausser den Wirkungen auf die peripheren Nerven und ausser dem nach grossen Atropingaben zu Stande kommenden

Aufgehobensein der Erregbarkeit in den intramusculären Nervenendigungen (*wobei die Muskelerregbarkeit intakt bleibt*) findet ein lähmender Einfluss des Atropin auch

6. auf die glatten Muskelfasern des Darms, welcher in Ruhe verharrt, auch wenn die Splanchnici vor der Atropinisirung durchschnitten wurden, der Blase, der Ureteren und des Uterus statt. Alle eben genannten Theile werden durch Reize (*auch directe*) schwierig oder gar nicht zu Bewegungen angeregt. Erstickung soll diesen Zustand herabgesetzter oder aufgehobener Erregbarkeit vorübergehend beseitigen. *Splanchnicusreizung ist bei Atropinvergiftung* (nach *Keuchel*) *auf die Darmbewegung ohne Einfluss.*

7. Alle Secretionen, insbesondere die *Speichel- und Schweissabsonderung*, werden, indem sehr wahrscheinlich eine Lähmung der peripheren Endigungen der secretorischen Nerven durch das Atropin hervorgerufen wird, sehr erheblich herabgesetzt. Werden nach der Atropinisirung die Chordafasern gereizt, so tritt nur Beschleunigung der Circulation in den Speicheldrüsen, aber keine Salivation ein, während letztere auch bei Atropinvergiftung sofort zur Beobachtung kommt, wenn die Sympathicusfasern gereizt werden.

8. Die Haut wird aus dem ebenerwähnten Grunde erst blass und pergamentartig trocken, und bedeckt sich später mit einem *scharlachartigen Exanthem*, welches Meuriot auf eine Elimination des Atropin durch die Schweissdrüsen zurückführen will. Letztere Annahme schwebt völlig in der Luft und ist vielmehr

9. als Eliminationsorgan für das Atropin die Niere, in deren Secret gen. Alkaloid unverändert nachweislich ist, mit Sicherheit constatirt. Koppe fand Atropin auch im Blute, im Gehirn und in der Leber.

10. *Hyoscyamin und Daturin* wirken wie Atropin; doch soll Hyoscyamin in noch höherem Maasse als Atropin Mydriasis bedingen und mehr deprimirend und Schlaf machend auf die Hirnfunktionen wirken (wobei das Vorkommen von Convulsionen nicht ausgeschlossen ist). Daturin soll besonders häufig maniakalische Ausbrüche und enorm gesteigerten Begattungstrieb hervorrufen. Unter allen 3 Alkaloiden giebt Hyoscyamin am seltensten zur Entstehung des scharlachartigen Exanthems Veranlassung; v. Schroff.

Therapeutische Anwendung:

Aus den prägnanten Wirkungen des Atropin auf Grosshirn, Medulla oblongata bez. auf die daselbst belegenen nervösen Centra, den N. Vagus und die peripheren, sensiblen und motorischen Nerven, ergeben sich folgende Indikationen:

I. *Anwendung des Atropin* u. s. w. *als durch Hervorrufung von Gefässcontraktion den Blutgehalt der Nervencentralorgane modificirendes,*

bez. — (im Gegensatz zum Strychnin; Brown-Séquard) — bestehende
Hyperämie der genannten Theile in Anämie verwandelndes *Arzneimittel.*
Unter den hier zu nennenden Erkrankungen steht die Epilepsie obenan.
Hier wirkt die durch Atropin, welches längere Zeit fortgenommen werden
muss, bedingte *Veränderung des Blutgehalts der Rückenmarksgefässe* sehr
häufig, wenn auch nicht constant in der Weise günstig, dass sowohl die
Zahl, als die Intensität der Paroxysmen vermindert wird.

Den Namen eines Specificum der Epilepsie verdient indess das Atropin nicht.
Trousseau lässt Pillen, welche āā 0,01 Extr. Belladonnae und Pulv. radic. Belladonnae enthalten, fertigen und davon während des ersten Monates der Kur jeden
Morgen ein Stück, wenn die Paroxysmen Nachmittags, oder eben soviel des Nach-
mittags, wenn die Anfälle des Nachts auftreten, nehmen. Stets muss das Mittel
genau zu derselben Stunde täglich genommen werden. Jeden Monat wird um eine
Pille per Tag gestiegen, bis der Kranke 5, 10, 15, ja 20 pro die nimmt. Diese
Kur ist, soll nachhaltiger Erfolg erzielt werden, mindestens ein Jahr consequent
durchzuführen. In ähnlicher Weise wird auch die Behandlung unilateraler, epileptiformer Krämpfe, der Chorea und des Tetanus geleitet. Die Erfolge sind in den
letzten Fällen minder ermuthigend und können wir uns selbstredend über die Phasen
der Arzneiwirkung des Mittels den eben erwähnten Krankheiten gegenüber keinerlei
klare Vorstellung machen.

Ebenfalls auf Veränderungen des Blutgehaltes des Hirns und der
Hirnhäute beruhen sehr wahrscheinlich die durch Atropin erlangten Heilerfolge bei Manie und anderen Psychosen; Michéa. Auch dieser
Effekt des Mittels ist so wenig constant, dass er von einigen Autoren,
z. B. v. Schroff sen., geradezu in Abrede gestellt wird. Beiläufig ist hier
noch der Hydrophobie zu gedenken, gegen welche die Belladonna seit
Münch wiederholt empfohlen, aber verschwindend selten mit Erfolg angewandt worden ist. Ich habe das Atropin in zwei gleichzeitig von mir
behandelten Fällen von Hydrophobie nach Biss von einem tollen
Hunde in den grössten zulässigen Gaben angewandt. Auf den einen
Kranken war das qu. Mittel ganz ohne Einfluss, während es bei dem
zweiten gelang, die Paroxysmen so vollständig zu unterdrücken, dass der
Kranke im Kreise seiner Familie verweilen konnte und an Rettung geglaubt wurde. Diese Hoffnung trog; denn wie beide Kranke an demselben Nachmittag von dem nämlichen Hunde gebissen worden waren,
erlagen beide auch in den Morgenstunden desselben Tages nach 5tägigem
Krankenlager. Das Atropin hatte somit nur die Indicatio symptomatica
erfüllt und dürfte zur Zeit durch Chloralhydat in grossen Dosen, wodurch Heilungen jenes fürchterlichen Leidens bewirkt worden sind, zu
ersetzen sein.

II. *Als ein die Erregbarkeit der peripheren, sensiblen Nerven herabsetzendes Mittel bewährt sich das* (meistens subcutan applicirte) *Atropin
in einer grossen Reihe von Neuralgien,* wie Prosopalgie (Tic douloureux),

Occipital- und Bronchialneuralgie, Ischias u. s. w. Man injicirt 0,001 bis 0,005 Atropin subcutan; doch ist hierbei, da bereits nach 0,004 tödtlich verlaufende Intoxikation beobachtet wurde, die grösste Vorsicht bez. strengste Ueberwachung des Kranken dringend nothwendig. Man wählt in derartigen Fällen Atropin mit Vorliebe dann, wenn Morphium aus irgend welchem Grunde contraindicirt ist oder im Stiche liess; Eulenburg. Ferner können von schmerzhaften anderen Affektionen auch rheumatische oder von Gicht abhängige Neuralgien, Bleikolik, rein nervöse Kolik, Neuralgie des Uterus während der Geburt und Menstrualkolik zur Anwendung des Atropin Anlass geben. Gegen die Schmerzen bei Tabes dorsualis leisten subcutane Atropininjektionen häufig mehr, als solche von Morphium.

Wo der leidende Nerv so oberflächlich belegen ist, dass er der topischen Anwendung schmerzstillender Mittel zugängig erscheint, und vor Allem das Uebel noch nicht lange besteht, kann die subcutane A.-Injektion auch durch Frictionen und Fomente mit arzneilichen Zubereitungen ersetzt werden. — Constanter und verlässlicher wirkt indess

III. Belladonna *als die Erregbarkeit der peripheren motorischen Nerven herabsetzendes bez. Muskelkrämpfe beseitigendes Mittel.* Krankheitszustände, welche durch Erfüllung dieser Indikation wesentliche Besserung erfahren, sind: Krampfhafte Stricturen des Anus (gegen welche Dupuytren Einreibungen einer aus Bleiessig und Extr. Belladonnae bestehenden Salbe anwandte); heftiger Tenesmus, wie er die Ruhr begleitet; Harnröhrenkrampf beim Abgange kleiner Harnsteine, wobei Ungt. Belladonnae in die Peritonäalgegend eingerieben wird; krampfhafte Strictur der circulär verlaufenden Muskelfasern des Collum uteri während der Geburt; die bei (nicht schwangeren) Frauen reiferen Alters nicht allzuseltene Dysmenorrhöe wegen krampfhafter Verschliessung des Collum uteri.

Letzteren Falles nehmen die sehr heftigen Schmerzen den Charakter von Wehen an und lassen erst, wenn etwas Menstrualblut und Gerinnsel abgegangen sind, nach. Bretonneau applicirte hier Tampons mit 0,05—0,1 Grm. Extr. Belladonnae oder liess eine Belladonnasalbe auf das Collum uteri einreiben. Endlich können Harnincontinenz bedingender Krampf der Detrusor vesicae urinariae, wobei wenige in der Blase enthaltene Tropfen Urin genügen, den Detrusor in Thätigkeit zu versetzen (*Ischuria paradoxa*), Ileus und incarcerirte Brüche die Anwendung des Atropin in Form von Belladonnaklystieren (0,5—1,0 auf 100 Grm. Collat.), Salben, Fomenten, Suppositorien mit Belladonnasalbe oder subcutanen Injectionen des Alkaloides indiciren. Klystiere und Suppositorien sind besonders wirksame Applikationsweisen. — Nicht minder wichtig ist

IV. *die durch die Beeinflussung der Vagusäste in der Lunge seitens der Solaneenalkaloide* (Atropin, Daturin und Hyoscyamin) *gebotene Indikation der Anwendung dieser Mittel gegen die Neurosen der Ath-*

mungssphäre: Asthma (einfaches, nicht mit Herzfehlern complicirtes Asthma; Sée), Angina pectoris und Keuchhusten. Die statistischen Ermittelungen über letztere Krankheit sprechen laut für den Nutzen des von Kindern gut vertragenen Atropin. Man verordnet Kindern 0,003 bis 0,01, Erwachsenen 0,1 bis 0,15 Radix Belladonnae oder von den Blättern das Doppelte.

Gegen essentielles Asthma gab Trousseau in den ersten 3 Tagen jedes Monats eine Pille mit 0,04 Extr. Belladonnae und 0,01 Pulv. rad. Bellad., während der nächstfolgenden 3 Tage liess er je zwei und während der letzten Tage der ersten Decade je drei Pillen nehmen. Während der zweiten Decade wurde ausserdem Terpentinsyrup und während der letzten Decade arsenige Säure (0,003), in Form von Cigaretten dampfförmig angewandt, verordnet. Cigaretten, welche Belladonna, Hyoscyamus oder Daturablätter und häufig ausserdem noch Opiumextrakt oder arsenige Säure enthalten, wurden von verschiedenen klinischen Autoritäten angegeben; beim uncomplicirten Asthma bringen sie häufig Nutzen. Auch die subcutane Injektion von 0,002 Atropin coupirt den asthmatischen Anfall. — Sehr bedeutungsvoll ist

V. *die Anwendung des Atropin in der Augenheilkunde* theils zu diagnostischen, theils zu therapeutischen Zwecken. Atropin *setzt die Erregbarkeit der sensiblen Nervenendigungen herab* (anästhesirt), *vermindert den intraocularen Druck, lähmt die Accomodation und erweitert die Pupille.* In Form von Instillationen wird es in der Ophthalmiatrik angewandt zur Erleichterung der Augenspiegeluntersuchung. Eine Lösung von 0,06 auf 150 Wasser erzeugt Mydriasis ohne Accomodationsstörung zu bedingen. Durch Einträufelungen etwas concentrirterer Lösungen gelingt es, das Bestehen hinterer Synechieen nach abgelaufenen Iritiden oder eine laterale Hyperopie zu constatiren.

Zu therapeutischen Zwecken bedient man sich des Atropin: bei Keratitis (so lange, als sich derselben die Erscheinungen von Ciliarneurose hinzugesellen); bei Ulcerationen der Cornea (behufs Herabsetzung des intraocularen Drucks und Erhöhung der Resorptionsfähigkeit zufolge Herstellung relativer Blutleere der Gefässe); bei erfolgter Perforation (0,06 auf 8,0 Wasser) um dem Irisvorfall vorzubeugen; bei Iritis (zur Erfüllung der meisten oben aufgeführten Indikationen und zur Prophylaxe der Bildung hinterer Synechieen, welche schon während des entzündlichen Stadiums Pupillenverschluss zur Folge haben können); bei bereits ausgebildeten hinteren Synechien (zur Beseitigung dieser und Vorbeugung der hier häufig sich entwickelnden Ciliarneurose); bei im Gefolge von Staphyloma posticum auftretender Asthenopie; bei mit Erregungszuständen im Verlauf der Trigeminusäste complicirter Ciliarneurose: bei Maculae corneae; bei hochgradiger Myopie und endlich als Vorbereitungsmittel für am Bulbus vorzunehmende Operationen. Zu Augenwässern wendet man ein Infus. foliorum Belladonnae 8—15 Grm. auf 200 Grm. Colatur mit verschiedenen Zusätzen an.

VI. Als Antidot einerseits des Digitalin, andererseits des Morphin ist Atropin aus toxikologischen Gründen vielfach empfohlen worden. Die Dyspnoe Herzkranker wurde in Fällen, wo Digitalis im Stiche liess, durch Atropin mehrfach beseitigt — ist dies aber ein Beweis für den Antagonismus? Beim Morphium besteht ebensowenig ein sich auf alle vitalen Funktionen bezüglicher Antagonismus. Ist letzterer somit ein beschränkter, so können Krankengeschichten, wo Atropin bei Morphiumvergiftung Lebensrettung bewirkte und umgekehrt, nicht vollständig davon überzeugen, dass die Kliniker nicht nach dem post hoc ergo propter hoc geurtheilt und dem angeblichen Antagonismus beider Alkaloide eine therapeutische Bedeutung zugelegt haben, welche demselben, da er nur ein bedingter ist, thatsächlich gar nicht zukommt. Am meisten dürfte nach Schmiedeberg, Koppe und Brunton das Atropin noch als Antagonist des Muscarin bei Vergiftungen durch giftige Schwämme leisten.

Externe Anwendung finden die Solaneenmittel als schmerzstillende Medikamente in äusseren schmerzhaften Krankheiten ziemlich häufig. Sofern dem Hyoscyamin schmerzstillende und der Opiumwirkung sich nähernde Eigenschaften in höherem Maasse als der mehr aufregenden Belladonna und Datura zugeschrieben werden, wird ersteres in Form von Cataplasmen oder als Zusatz zu Salben und Linimenten in Extraktform bei Tendoitis, Myoitis, Periostitis, Distorsionen, Muskelrheumatismus u. s. w. mit Vorliebe angewandt. Ol. Hyoscyami coct. enthält kein Hyoscyamin. Endlich hat man in neuester Zeit vom Atropin zur *Beschränkung abnorm vermehrter Absonderungen*, namentlich profuser Schweisse und des Speichelflusses, auch wohl bei Diabetes insipidus mit bestem Erfolg Gebrauch gemacht; Ebstein u. A.

Die Wirkungen der beiden anderen Solaneenmittel: Hyoscyamus und Datura fallen mit denen der Belladonna in allen wesentlichen Punkten zusammen. Sofern die pupillenerweiternde und analgesirende Wirkung dem Hyoscyamin in höherem Maasse zukommt, als dem Atropin und Daturin (*Hyoscyamin wirkt leicht schlafmachend und erzeugt auch den scharlachartigen Ausschlag verschwindend selten*), würde dem Hyoscyamin in vielen Fällen vor dem Atropin der Vorzug eingeräumt werden müssen. Das Hyoscyamin ist indess zur Zeit noch so unerschwinglich theuer, dass sich seine Anwendung in praxi schon aus ökonomischen Gründen bis auf Weiteres verbietet und das Atropin nach wie vor seine Stelle einnehmen muss.

Pharmaceutische Präparate:

A. *Belladonna-Präparate:*

1. Folia s. Herba Belladonnae Ph. G., Tollkirschenblätter; z. Cataplasmen; cfr. auch 4.

2. Radix Belladonnae, Ph. G. Zur Blüthezeit gesammelt. Dosis: 0.01—0,1 in Pulvern. Pillen etc. Maxim.-Dosis: 0,2 und 0.6 pro die.

welche die im Allgemeinen bereits ebenfalls besprochenen entfernten Wirkungen auf das Herz etc. zum Theil wenigstens ausreichend erklären, ist das Erforderliche bereits oben soweit angegeben worden, dass nur noch eine concinne physiologische Analyse der nach V.-Gebrauch zu beobachtenden *Beeinflussungen der vitalen Funktionen* zu geben erübrigt.

Schreiten wir bei diesen Betrachtungen von der Peripherie nach dem Centrum zu fort und fassen unter den histologischen Elementen des Hautorganes zuvörderst die sensiblen Nervenendigungen in's Auge, so werden dieselben nach v. Bezold in der Weise afficirt, dass sie, wie auch aus den bereits oben erwähnten Erscheinungen nach lokaler Applikation ersichtlich ist, *erst eine Reizung und später eine Lähmung erfahren.* Die motorischen Nervenstämme werden dagegen nicht beeinflusst. Bezüglich des Rückenmarks gehen die Ansichten auseinander. Die Meisten statuiren eine von Depression gefolgte primäre Steigerung der Reflexthätigkeit, ausgesprochen in centralem Tetanus (Kölliker, van Prag, Pégaitaz), während Andere die an Thieren wahrgenommenen Krampferscheinungen *auf die* sogleich zu erwähnenden *Modifikationen der Muskelerregbarkeit zurückführen wollen und jede Reizung der Nervencentralorgane in Abrede stellen;* Prevost.

Bestimmt wird dagegen das Hirn durch V. *gar nicht beeinflusst.* Etwas später wie die peripheren Nerven wird die quergestreifte Körpermuskulatur durch das gen. Alkaloid *in der Weise in Mitleidenschaft gezogen, dass anfänglich durch jeden Reiz, welcher den Muskel selbst oder den diesen versorgenden Nervenast trifft,* statt einer kurze Zeit dauernden, *eine protahirte,* d. h. längere Zeit anhaltende *Zuckung* ausgelöst wird. Diese *vom eigentlichen Tetanus verschiedene Steigerung der Erregbarkeit der* allein den Angriffspunkt bildenden *Muskelfaser geht* sowohl *bei direkter, als bei allgemeiner Applikation in Starre über;* Fick und Böhm.

Den quergestreiften Muskeln conform verhält sich auch der Herzmuskel, dessen Erregbarkeit anfänglich gesteigert und später fast vollständig vernichtet wird. Mit der primären abnormen Steigerung des Erregungsprocesses geht eine thermisch nachweisbare *grössere Intensität der bei jeder Muskelcontraktion stattfindenden chemischen Processe Hand in Hand;* Böhm. Auf primäre Reizung und secundäre Paralysirung der nervösen Centra für die Herzbewegung ist auch die *nach kleinen Veratrindosen* wahrzunehmende, vorübergehende *Acceleration der Herzpulsationen,* statt derer bei Applikation *grösserer Gaben* gleich von Anfang an *Pulsretardation* eintritt, zu beziehen. *Kleine Gaben reizen das musculomotorische System, grosse Gaben excitiren unter Uebercompensirung des ebengenannten das cardioinhibitorische Herznervensystem* (Vaguscentrum und Vagusendigungen). Unter gleichzeitigem Zustandekommen von *Lähmung des musculomotorischen Systems,* welche sich in ihrer Wirkung mit derjenigen der Vagusreizung addirt, *kommt es daher zu Pulsverlangsamung.*

Später erst werden auch die peripheren Vagusendigungen gelähmt. An dem von allen nach aussen gelegenen nervösen Apparaten (durch Absengen der zutretenden Nerven) getrennten Herzen nimmt Frequenz und Energie der Contraktionen anfänglich zu, später dagegen — was wohl nur auf die Beeinflussung der im Herzen belegenen Ganglien und des Herzmuskels durch das veratrinhaltige Blut zu beziehen ist — ab. Auch der Arterientonus wird nach peripherischer Injektion des V. in die Carotis anfangs erhöht und später herabgesetzt. *Während des Stadium der Pulsacceleration findet Blutdrucksteigerung statt;* das bei discidirten Vagis auf vorübergehendes Ansteigen folgende *Absinken des arteriellen Seitendrucks* ist als *Folge der verminderten Herzarbeit* einer- und der durch *Erregung des N. Depressor* reflectorisch vermittelten *Lähmung des* zuvor ebenfalls gereizten *Gefässnervencentrum* in der Medulla oblongata andererseits anzusprechen. Von der deprimirenden Wirkung des V. auf die Circulation ist sehr wahrscheinlich das dadurch bedingte Sinken der Körpertemperatur abhängig. Wie der Herzvagus verhält sich der Lungenvagus. Injektion von V. in ein centrales Venenende zieht *nach zuvor bewirkter Vagusdiscision ausbleibende Acceleration der Athmung,* welche wahrscheinlich auf Erregung der sensiblen Vagusenden in der Lunge beruhen, nach sich; *Injektion grosser Dosen hat dagegen, gleichviel, ob die Vagi intakt oder durchschnitten sind, von Anfang an Lähmung der genannten Vagusäste, Retardation und schliesslich Sistirung der Athmung zur Folge.* Reizung des Tractus kommt auch nach intravenöser Injektion zu Stande und ist somit nicht vom örtlichen Contact der qu. Schleimhäute mit dem V. abhängig. Das *Erbrechen* dürfte mit der *Vagusreizung* zusammenhängen. Die Ausscheidung des in Herz, Lungen und Blut nachgewiesenen Veratrin (Dragendorff-Masing) findet mit dem Nierensecrete statt.

Indikationen des Veratringebrauches in Krankheiten ergeben sich

I. *aus seiner Puls- und Athemfrequenz und Temperatur herabsetzenden Wirkung.* Man hat dieselbe in erster Linie beim acuten Gelenkrheumatismus, in zweiter bei Erisypelas, Pneumonie und anderen Entzündungen der Brustorgane zu verwerthen gesucht, und in der That hat sich V. als ein zuverlässiges Antipyreticum erwiesen; Liebermeister. Trotzdem ist die Zeit, wo sein Ruf im Zenith stand, dahin. Seitdem die klinische Erfahrung constatirt hat, dass Veratrin, während es die genannte Heilwirkung hervorruft, rein symptomatisch wirkt, dagegen nicht im Stande ist, dem Fortschreiten des entzündlichen Processes in den Lungen u. s. w., dem Erisypel und dem Gelenkrheumatismus.

Einhalt zu thun oder die Dauer der Krankheit abzukürzen und Recidiven
vorzubeugen, und dass es ausserdem bei endermatischer und subcutaner Injektion die unangenehmsten Nebenwirkungen in der Darmsphäre: Erbrechen,
Durchfall und nicht selten auch bedrohlichen Collaps, nach sich zieht (so dass
es nach Wachsmuth bei Typhus contraindicirt ist), ist sein Gebrauch vergessen. Mehr als das Veratrin waren eine Zeit lang die aus Amerika bezogenen Präparate der grünen Nieswurz (*Veratrum viride*), in welchen
die nicht ausreichend untersuchten Alkaloide Veratroidin und Veratrin
wirksam sind, als Antipyretica in Gebrauch. Man gab die Tr. und die Resina
Veratri viridis (vgl. Pharm. Präpar.); letztere soll indess nur den nicht daraus
entfernten Alkaloiden ihre Wirksamkeit verdanken. Der Gebrauch beider,
bei uns nicht officineller Mittel hat aus naheliegenden Gründen um so
mehr sein missliches, als wir weniger gefährliche und dabei nachhaltiger
als Veratrin wirkende Antipyretica in ziemlicher Auswahl besitzen. Auch
vom Gebrauch des Veratrin (0,7 auf 20 Spir. vini rectif.) gegen Favus
(äusserlich!) ist man, seitdem Hebra nachwies, dass V. den Favuspilz
nicht vernichtet, zurückgekommen. — Somit bleibt übrig:

II. *die Anwendung des Veratrin als die Erregbarkeit der peripheren
sensiblen Nerven herabsetzendes Mittel* in Fällen von Neuralgien verschiedener Ausbreitungsbezirke, wie Prosopalgie, Ischias, Neur. spinalis,
Neur. brachialis etc., wo dasselbe in Salbenform (0,15—0,3 auf 4,0
Fett oder Oel) oder in alkoholischer Lösung (äusserlich) applicirt, gehörige Concentration der Salbe*) vorausgesetzt, thatsächlich Ausgezeichnetes leistet. Rationelle und beliebte Zusätze zu Veratrinsalben sind
Kalium jodatum und Morphium. Der Erfolg der Einreibung tritt
häufig sofort ein. Veratrin gegen Lähmungen, Krämpfe, Neurosen (wie
Keuchhusten) und Wassersuchten anzuwenden ist obsolet.

Pharmaceutische Präparate:

1. Veratrium s. Veratrinum purum. Dosis: 0,001—0,005; Max.-Dosis:
0,03 pro die; am besten in Weingeist; auch zu subcutanen Injektionen (Pégaitaz),
welche Erlenmeyer erfolglos fand.

2. Tr. Veratri viridis (*nicht offic.*); 1 Th. Wurzel mit 75 Alkohol zehn
Tage digerirt; braungrün. Dosis: 4—24 Tropfen.

3. Resina Veratri viridis (*nicht offic.*); über die Wirksamkeit vgl. oben;
0,01 bis Erbrechen eintritt.

4. Rhizoma Veratri albi. Weisse Nies- und Germerwurzel. Die Rinde
enthält viel Veratrin; Dosis: 0,03—0,1. Das Pulver dieses Rhizoms ist durch das
reine Veratrin so gut wie ganz verdrängt worden.

---

*) Durch sorgfältiges Waschen der Hände seitens der mit den Einreibungen
betrauten Person ist dahin zu wirken, dass Veratrin, welches die Schleimhäute des
Auges zu stürmischer Entzündung reizt, weder mit der Conjunctiva bulbi des Kranken
noch mit der des Wärters in Berührung kommen kann.

XXXVIII. Aconiti praeparata. Sturmhutpräparate. Aconitinum.

Die durch Verwechselung mit essbaren (im frischen Zustande fleischigen) Wurzeln häufig zu Vergiftungen Anlass gebenden Wurzelknollen des Sturmhuts (*Aconitum napellus* und *A. ferox.:* Bikhknollen), welcher in den Gebirgen Europas und im Himalaya vorkommt, wurden schon von den Alten gefürchtet und zur Bereitung von Pfeilgiften für Wölfe, Panther u. s. w. gebraucht.

Den verschiedenen Abstammungen entsprechend variirt auch die chemische Zusammensetzung des wirksamen Bestandtheils der Bikhknollen (englisches Aconitin), des Alkaloides aus den Knollen von *Aconitum napellus* (deutsches Aconitin: $C_{30}H_{47}NO_7$) und des *französischen* oder *Duquesnel-Aconitin* ($C_{27}H_{39}NO_{10}$) sehr erheblich. Es kann uns somit nicht Wunder nehmen, dass mit der Ungleichheit in der chemischen Zusammensetzung auch sowohl quantitative, als qualitative Abweichungen in den toxischen Wirkungen verknüpft sind und nicht nur das Duquesnelsche und englische Aconitin das deutsche an Intensität der Wirkung weit übertreffen, sondern dass auch *die, an diejenigen des Veratrin erinnernden* sogen. *scharfen,* in Reizung des Darmtractus (Salivation, Erbrechen, Diarrhöe etc.) sich aussprechenden Wirkungen nur dem englischen Aconitin (bez. einer Verunreinigung desselben), nicht aber dem deutschen Aconitin eigenthümlich sind. Sofern letzteres bei uns allein officinell ist, werden sich die im Nachstehenden zu machenden Angaben auf dasselbe (auch Geiger'sches Aconitin genannt) allein beziehen. Leider stimmen die Resultate der über die Wirkungen dieses höchst giftigen (vielleicht noch gar nicht einmal ganz rein dargestellten) Alkaloides angestellten Experimentaluntersuchungen so wenig untereinander überein, dass aus diesen Divergenzen betreffs der Wirkungen einer hauptsächlich toxikologisches Interesse beanspruchenden Substanz ein Grund, das Aconitin zu ärztlichen Zwecken möglichst selten oder gar nicht anzuwenden, mit Fug und Recht deducirt werden kann.

Sowohl die per os eingeführten Sturmhutknollen, als das deutsche Aconitin bringen Brennen im Munde und Schlunde, Speichelfluss, Uebelkeit, Wärmegefühl am ganzen Körper, Hyperästhesien der äusseren Haut und der Schleimhäute (Kriebeln, Prickeln, Stechen), gefolgt von Abnahme der Empfindlichkeit der Haut, des Seh- und Hörvermögens, Schwindel, Benommenheit des Sensorium, Ohnmachtsgefühl, Muskelschwäche, Pupillenerweiterung, Pulsverlangsamung, Schwäche des Herzschlages, Kühl- und Blasswerden der Haut und Tod durch Herzparalyse zu Stande.

In der physiologischen Analyse dieser Erscheinungen weichen die Autoren: Achscharumow, Böhm und Wartmann und in neuester Zeit Lewin so erheblich unter einander ab, dass wir nur die Punkte, in welchen sie übereinstimmen, nämlich: 1. dass Aconitin ein Herzgift ist und 2. dass es lähmend auf das Nervensystem einwirkt, in der Kürze hervorheben können. Der erste Punkt ist sowohl für Kalt-, als für Warmblüter durch sehr zahlreiche Versuche sicher festgestellt worden. Allein *über die Art und Weise, in welcher*

die Paralysirung des Herzens hervorgerufen wird und über die *Angriffspunkte*
der Herzwirkung überhaupt besteht keinerlei Uebereinstimmung. Achscharumow
statuirt *anfängliche Pulsretardation durch Vagusendigungen · Reizung, übergehend
in durch Vaguslähmung bedingte Acceleration des Herzschlages, schliesslich ge-*
folgt von *Verlangsamung* und *Schwächung des Herzschlages, Absinken des Blutdrucks,* Dyspnoe, Convulsionen und wieder von der Dyspnoe abhängiger Mydriasis.
Böhm dagegen nimmt auf Grund von Froschversuchen *eine primäre Reizung
der motorischen Herzcentra* an — ausgesprochen in Beschleunigung, *gefolgt von
stürmischen, krampfhaften Herzkontraktionen* und *ausgehend in Herzlähmung.*
Sofern ein durch *Muscarin (Vagusendigungenreizung)* zum Stillstand gebrachtes
Herz nach *Aconitinjektion wieder zu schlagen beginnt,* kann das erste Stadium der
Wirkung des zuletzt genannten Alkaloides *nicht in Reizung der Vagusendigungen
begründet sein.* Das Gift reizt sonach im ersten Stadium die Bewegungscentra und
lähmt im zweiten sowohl die Hemmungscentra, als die motorischen Centra und die
Herzmuskulatur selbst; Böhm. Im Uebrigen sind vom deutschen Aconitin nur läh-
mende Eigenschaften bekannt geworden. Lewin sucht die divergirenden Resultate
der früheren Autoren dadurch in Uebereinstimmung zu bringen, dass er die sämmtlichen Resultate in 2 Gruppen vereinigt, welche beide eine Läsion der gangliösen
Centra des Herzens in sich fassen, jedoch darin differiren, *dass bei der einen der
Herzvagus intakt, bei der anderen dagegen gelähmt ist.* Nach L. hängt Integrität
oder Lähmung der Vagi davon ab, *ob die intracardialen Vagusendigungen durch das
Aconitin* — was individuell verschieden sein soll — *nur auf längere Zeit gelähmt
oder direkt gelähmt werden.* Ausserdem statuirt L. zur Erklärung der ungleich-
zeitigen und ungleichartigen Angriffe des A. auf das eine oder andere Herznervensystem
eine ungleiche Vertheilung des gen. Alkaloides im Blute. Rosenthal und Giudini
endlich bestätigten Achscharumows Angaben nochmals und fanden die Widersprüche
der Autoren in der Nichtbeachtung des Einflusses, welchen die mehr oder weniger
schnell eintretende Herzlähmung auf die Entwicklung der Symptome hat, begründet.
Noch weiter gehen Achscharumow und Rosenthal einer-, und Böhm-
Wartmann andererseits bezüglich der durch A. erzeugten Lähmungen auseinander. Erstere statuiren eine curarartige, die peripheren motorischen
Nerven unter Intaktbleiben der Muskeln betreffende, Böhm eine central begründete Lähmung.

Die Athmung geht nach Rosenthal zufolge *Paralysirung des
Phrenicus unter der Aconitinwirkung* aus dem normalen *in den ausgesprochensten Intercostaltypus* über.

Ohne uns in den vielfachen Widersprüchen weiter fortbewegen zu
wollen, glauben wir uns nach kurzer Resumirung dieser Divergenzen zu
dem bereits oben ausgesprochenen Urtheil berechtigt, dass wir zur therapeutischen Anwendung eines in so gefährlicher Weise lähmend auf die
wichtigsten Körperfunktionen einwirkenden und in Minimaldosen schon
giftigen Mittels, bezüglich dessen Wirkung so ungemein wenig unum-
stösslich festgestellt ist, zur Zeit kaum berechtigt sein dürften. Dazu kommt,
dass wir von der chemischen *Reinheit des deutschen Aconitin niemals
ganz fest überzeugt sein können,* die Verwechselung desselben mit dem
noch stürmischer wirkenden französischen und englischen (— in noch

viel kleinerer Dosis zu verordnenden —) Aconitin nicht ausgeschlossen ist, und wir ein sicheres Antidot des A. nicht kennen.

Eine Abschwächung, bez. Milderung *würde dieses Urtheil nur in dem Falle erfahren, wenn die klinische Erfahrung,* welche wir allein zu Rathe ziehen können, *gelehrt hätte, dass die durch Aconitingebrauch zu erstrebende deprimirende und Erregbarkeit herabsetzende Wirkung auf Herz- und Athembewegung,* Körpertemperatur und periphere Nerven in gewissen Krankheiten *durch kein einziges anderes, besser studirtes* und minder gefährliches *Mittel erreicht werden könne.* Dieser Nachweis ist jedoch auch von den von Zeit zu Zeit immer wieder auftauchenden enthusiastischen Lobrednern des Aconits, welche ganz unerwiesene specifische Beziehungen des Aconitins zum Trigeminus zu statuiren und hervorzukehren pflegen, bisher nicht geführt worden, so dass wir uns über die

therapeutische Anwendung des Aconitin

werden sehr kurz fassen können. Unter den durch Aconitpräparate erfahrungsmässig häufig Besserung erfahrenden Krankheiten steht die **Polyarthritis** oben an. Seit **Störck** (1762) sind zahlreiche klinische Beobachtungen, welche für diese Behandlungsweise sprechen, von Aerzten aller Nationen, besonders auch von den sich des **Pseudoaconitin** (*aus den Bikhknollen*) bedienenden englischen Aerzten, mitgetheilt worden. In acuten wie in chronisch verlaufenden Fällen von Rheumatismus und Gicht kann man sich von dem günstigen Effekt des Extract. Aconiti (zu 0,01—0,45 pro die), am besten mit Kalium jod. combinirt (*welchem Viele noch Vinum sem. Colchici zusetzen*), überzeugen. Andererseits kommen aber auch Fälle der genannten Art, wo unter Eintritt von Laxiren der gewünschte Erfolg ausbleibt, nicht gerade verschwindend selten vor.

Die meisten Heilungen wurden durch die Präparate aus Aconit. ferox (Morson's *Aconitin,* Fleming'sche *Aconittinctur;* Dosis max.: 2 *Tropfen*) erzielt, Mittel von so intensiver und gefährlicher Wirkung, dass wir derselben um so unbedenklicher werden entrathen können, als wir in jüngster Zeit in den wohlstudirten *Salicylsäurepräparaten* minder gefährliche und bei einiger Vorsicht ohne üble Nebenwirkungen fast sicher Heilung der genannten Affektionen herbeiführende Mittel kennen gelernt haben. Was von der Polyarthritis gilt, findet auch auf die rheumatischen Neuralgien wie Tic douloureux, Ischias etc. und Neurosen, wie Asthma, uneingeschränkte Anwendung. *Die specifisch günstige Wirkung des Aconitin den Neuralgien des V.-Paares gegenüber besteht nur auf dem Papier.* Wo Einreibungen im Verbreitungsbezirk dieses Nerven die Schmerzen beseitigten, waren es aus Veratrin bereitete (vgl. p. 414), deren Vorzüge wir bereits hervorgehoben haben. Bei Neurosen liess das gefährliche Mittel Hirtz im Stiche.

Wo ein pulsverlangsamendes und temperaturherabsetzendes Mittel aus dieser Ordnung indicirt erscheint und namentlich *Collaps nicht zu fürchten ist,* wird dem minder gefährlichen und dabei doch besser studirten Veratrin der Vorzug zu geben sein. *Die irritirende*

Wirkung des letzteren dem Darmtractus gegenüber theilt das Aconitin ebenfalls. Bei der Behandlung von Herzfehlern mit Aconitin ist die grösste Vorsicht und strengste Ueberwachung der Kranken nothwendig. Der von Woakes behauptete *Antagonismus zwischen Aconitin und Strychnin* ist exakt nicht bewiesen.

Pharmaceutische Präparate:

1. **Tubera Aconiti**, Sturmhutwurzel; statt der einst beliebten Blätter hauptsächlich für die Darstellung der folgenden Präparate angewandt. Wo die Blätter noch verordnet werden, geschieht dieses in Pulverform zu 0,03—0,1; die Maximaldosis ist 0,15 pro dosi, 0,6 pro die.

2. **Extractum Aconiti**; spirituöses Sturmhutextrakt. Consist.: 2; stets sorgfältig zu dosiren: 0,005—0,02; Maximaldosis: 0,025; pro die: 0,1.

3. **Aconitinum** Ph. G. Weissgelbliches, in Wasser sehr schwer lösliches Pulver, welches noch ein gutes Theil Verunreinigungen enthält. Dosis: 0,001—0,004(!); pro die: 0,03.

4. **Tr. Aconiti**, Sturmhuttinctur. 1 Th. Wurzel mit 10 Th. Alkohol ausgezogen. Dosis: 5—20 gtt. in Verdünnung. *Maximaldosis:* 1,0; pro die: 4,0. Die Tr. aus Acon. ferox: Fleming'sche A. Tr. wirkt viel stärker, gab häufig zu Vergiftungen Anlass und sollte von deutschen Aerzten lieber nicht verordnet werden.

XXXIX. Kaliumsalze: Kali nitricum. Salpeter. Kali chloricum. Chlorsaures Kali.

Erst in neuester Zeit entdeckten Grandeau und Bernard die stark giftigen, bez. *die Herzarbeit sistirenden Wirkungen der Kaliumsalze* den entsprechenden Natriumverbindungen gegenüber.*) Diese Wirkungen äussern sich dem Körpergewichte der Versuchsthiere umgekehrt proportional und sind somit bei kleinen Versuchsthieren und Kindern ausgesprochener, als bei grossen Thieren und Erwachsenen. Die *Schnelligkeit und Intensität*, mit welcher sich diese Wirkung vollzieht, *ist der Diffusibilität adäquat* und demzufolge beim Kalisalpeter (nächst dem nicht officinellen Kaliumbioxalat) am grössten. Kinder vertragen aus diesem Grunde den Kalisalpeter schlecht; v. Schroff.

Gelangen grosse Mengen Kalisalpeter in den Magen, so rufen sie Schmerz und selbst Erbrechen hervor, und die Obduktionen der unter Pulsverlangsamung, Absinken der Temperatur, Dyspnoe, Convulsionen und Herzstillstand zu Grunde ge-

---

*) Nicht schlagender kann dieses nach meinen vergleichenden Versuchen mit KJ und NaJ dargethan werden, als wenn man Lösungen dieser Salze 1:10 Wasser Katzen in die V. jugularis injizirt. Eine 3 Kilo schwere Katze stirbt nach intravenöser Injektion von 0,1 Grm. KJ (in Lösung 1:10) sofort, während auf gleichschwere Thiere 100 Cbcm. Lösung (10 Grm. NaJ) kaum eine Wirkung äussern.

gangenen Warmblüter (Frösche verhalten sich diesen analog; P. Guttmann) weisen *die Residuen einer Gastritis toxica und Ecchymosenbildung* auf der Schleimhaut des Tractus nach. Bei Anwendung grösserer Gaben treten beim Menschen wohl wegen *langsamer Resorption vom Magen* (und vom Unterhautzellgewebe; L. Hermann) *aus* toxische Erscheinungen nicht ein*) und nur die Wirkungen auf den Puls und die Temperatur, auf die quergestreiften Muskeln und auf die nervösen Centralorgane kommen zur Geltung. Was bezüglich dieser Erscheinungen durch die experimentell-physiologische Analyse ermittelt worden ist, lässt sich wie folgt zusammenfassen:

1. Die Pulsverlangsamung nach Einverleibung von K.-Salzen *ist mit Blutdrucksteigerung verbunden;* Traube. Sofern der Herzstillstand bei Fröschen ganz unabhängig von der Muskelwirkung eintritt, muss Verlangsamung und spätere Sistirung der Herzschläge *auf eine lähmende Wirkung der K.-Salze auf die Centralorgane des Herzens selbst bezogen werden.* Für diese Annahme spricht die bei vielen Herzgiften beobachtete und am Froschherzen auch nach K.-Salz-Vergiftung wahrgenommene Thatsache, dass die dem Stillstande vorweggehende Verlangsamung bei der Kammer grösser ist, als bei der Vorkammer. Ausserdem tritt die Retardation (bez. der Herzstillstand) *auch nach Halsmark- oder Vagusdurchschneidung* und Vergiftung durch grosse Dosen *Curare* ein; Guttmann. Nach Traube hat nach Beibringung kleiner Gaben Salpeter Vagusdurchschneidung Acceleration des zuvor retardirten Pulses zur Folge. $KClO_3$ verhält sich dem KNO_3 nicht vollkommen analog.

2. Die Kaliumsalze wirken auch auf die *cerebrospinalen Centralorgane in der Weise lähmend ein, dass* (bei Fröschen) *die Reflexthätigkeit gänzlich erlischt.* $KClO_3$ Hunden in eine Vene injicirt bewirkt Lähmung des respiratorischen und Gefässnervencentrum; H. Köhler.

3. Convulsionen und Dyspnöe, welche *durch künstliche Respiration nicht beseitigt werden,* sind Folgen des *Herz- oder Athemstillstandes* und beweisen, dass zu der Zeit des Eintritts des ersteren die nervösen Centralorgane bei Warmblütern noch nicht gelähmt sind.

4. *Muskeln und Nerven an Extremitäten, in deren Gefässe* K.-Salz-Lösung gespritzt worden ist, verlieren schnell ihre Erregbarkeit und *verfallen der Starre.* Die Erscheinungen am Herzen sind, wie oben bereits angedeutet wurde, von der Wirkung auf die Muskeln — gegen Podcopäw — nicht abzuleiten.

5. Beim Menschen kommt nach Einverleibung von K.-Salzen eine *bedeutendere Zunahme der Harnsecretion, als nach Beibringung der entsprechenden N.-Salze* zu Stande.

---

*) Sie würden es höchst wahrscheinlich, wenn der Salpeter in eine Vene direkt eingespritzt würde.

6. Ueber die Veränderungen des Blutes durch K.-Salze ist ebenso wenig bekannt wie über die elementaren Wirkungen der letzteren.

Therapeutische Anwendung finden die Kaliumsalze *als Puls- und Temperatur herabsetzende Mittel* und das Kali chloricum ausserdem noch als Desinficiens, bez. antiparasitäres Mittel. Die Erklärung der antipyretischen Wirkung ergiebt sich aus Obigem, diejenige der antiparasitären ist, sofern das Chlorat die Blutbahn unverändert, d. h. ohne Abspaltung von Chlor oder Chlorsäure passirt, z. Z. nicht zu geben. — Die Krankheitsformen, zu deren Behandlung die K.-Salze in Anwendung gezogen werden, sind folgende:

a. *Salpeter* wird empfohlen gegen Rheumatismus und Gicht, weil *mit der* durch denselben hervorgerufenen *Vermehrung der Diurese eine Vermehrung der Harnstoff-, bez. der Harnsäureabscheidung verknüpft sein soll.* Indess combiniren die Lobredner dieser Therapie den Salpeter mit so vielen anderen, gegen gen. Krankheiten gerühmten Mitteln, wie Colchicum, Brechweinstein, Vesicatoren etc., dass es zweifelhaft bleibt, welchem dieser Medikamente die Heilung verdankt wurde, um so mehr, als andere klinische Autoritäten, in erster Linie Fuller, gar keine Heilerfolge durch diese Behandlung zu verzeichnen hatten. Am meisten wird Kali nitricum als puls- und temperaturherabsetzendes Mittel — gewöhnlich *in Verbindung mit Digitalis oder Tartarus stibiatus* — bei Pneumonie angewandt. Diese Combination des Fingerhuts mit Salpeter, welchen Kinder, wie gesagt, schlecht vertragen, hat vor der mit Kali aceticum (vgl. p. 202) keine bewährten Vorzüge. In wiefern und unter welchen Bedingungen die Digitalis die Indikationen eines *Antipyreticum* überhaupt erfüllt, ist p. 81 ausführlicher erörtert worden. Sowohl für die Behandlung der Polyarthritis, als der acuten Entzündungen dürfte der Kalisalpeter mit grossem Vortheil für den Kranken durch Salicylsäure oder Natrium-Salicylat (p. 467) zu ersetzen sein. Vielfach wird Salpeter *als Diureticum* gerühmt; andere, besser zu nehmende K.-Salze leisten dasselbe.

Eine meistens unnütze Quälerei der Kranken involvirt der Gebrauch des mit Salpeter getränkten und *in die Dampfform verwandelten* (angebrannten) *Löschpapiers* zu Inhalationen bei Asthma spasmodicum; ich habe niemals davon günstigen Erfolg gesehen.

b. *Das chlorsaure Kali* ist weniger zur Herabsetzung der Pulsfrequenz und Temperatur bei fieberhaften Krankheiten, *wie als antiparasitäres und desinficirendes Mittel bei Catarrhen der Mundschleimhaut,* Stomatitis mercurialis, scorbutischen Geschwüren, ganz besonders aber bei Aphthen, Stomatitis und Angina diphtheritica empfohlen worden. Zur Erklärung der günstigen Wirkung des Mittels Geschwüren gegenüber hat **Husemann** auf durch die dasselbe angeblich bedingte *Gefässcontraktion* Bezug genommen. Andere fanden sich mit der Behauptung, dass dasselbe *bei Diphtheritis etc. als Aetzmittel wirke*, ab, und **Binz** lässt bei Contakt des Kali chloricum *mit Eiter eine Reduktion der Chlorsäure* zu Stande kommen, aus welcher die desinficirende Wirkung deducirt wird. Es steht indess letzterer Annahme das Resultat jüngst von **Rabuteau** und **Isambert** angestellter Experimentaluntersuchungen, wonach das *Kalium chlorat. den Organismus als solches wieder verlässt*, entgegen.*) Man ging noch weiter und erklärte K. chloricum für ein **Specificum** nicht nur der **Diphtheritis**, sondern auch des Croups. Weder das eine, noch das andere trifft zu und schon die zahlreichen anderen Mittel, welche man zur Erhöhung des Heileffektes dem Chlorate zusetzt, wie *Salicylsäure, Eisenchlorid, Tannin* u. s. w., legen Zeugniss dafür ab, das Kali chloricum weit davon entfernt ist, die in obigen Krankheiten auf dasselbe gebauten Hoffnungen in allen Fällen zu erfüllen. Man verordnet am besten *10 Grm. des Salzes auf 200 Wasser* stündlich einen Kaffeelöffel oder Esslöffel; zum Gurgeln 10 Grm. Kali chloricum auf 250 Wasser. Zusätze von Syrup scheinen die Wirkung des Salzes abzuschwächen. Häufig sistirt ein in den cariösen Zahn eingeführter Krystall des Salzes durch Verbesserung der Mundflüssigkeit, welche den freiliegenden Nerv des qu. Zahnes umspült, frisch entstandenen Zahnschmerz; **Neumann**.

Pharmaceutische Präparate:

1. **Kali nitricum. Kalium nitricum.** KNO_3. Nitrum depuratum. Salpeter. Dosis: 0,2—0,6; in Lösung.

2. **Pulvis temperans**: 1 Th. von **1**, 3 Th. Weinstein (vgl. p. 201) mit 6 Th. Zucker; theelöffelweise in Wasser.

3. **Charta nitrata.** Mit concentrirter Salpeterlösung getränktes Filtrirpapier; vgl. oben p. 420.

4. **Kali chloricum. Chlorsaures Kali.** Durch Einleiten von Chlorgas in kochend erhaltene Lösungen von Aetzkali oder Kaliumcarbonat in perlmutterglänzenden rhombischen, tafelförmigen Krystallen, denen die Formel KO, ClO_5 oder $$KOOOCl = Cl, O_2 \big\} \atop K \ \big| \ O$$ zukommt, erhalten und in 17 Th. kalten Wassers löslich. Der Geschmack ist kühlend und salpeterähnlich; über die Dosirung vgl. oben.

---

*) Nach kurz vor Beendigung des Drucks abgeschlossenen Versuchen des Verfassers zeigt $KClO_3$, wenn es Warmblütern in 1—5% Lösung in die Vena jugul. gespritzt wird, *die reine Kaliumsalzwirkung nicht*. Kleine Dosen bewirken unter vorübergehenden Veränderungen des Blutdrucks (meist zuerst Fallen und später Steigen über die Norm) eine in Maximo 7—10 Schläge per ¼ Minute betragende Pulsbeschleunigung. Unter Inspirationstetanus hört die Athmung plötzlich auf, der Druck sinkt auf Null und gleichwohl schlägt das kunstgerecht freigelegte Herz noch 30—45 Minuten mit einer Frequenz von 72 per Minute fort.

5. (11.) Ordnung: Mittel, welche dadurch, dass sie herabsetzend auf die Hirnfunktionen wirken, die Oxydationsvorgänge im Organismus und den Stoffwechsel verlangsamen.

XL. Opium. Mohnsaft und Alkaloide. Morphin, Codein etc.

Das als μηκώνιον schon den Hippokratikern bekannte, häufiger erst von Paracelsus angewandte und vollständig sogar erst von Sydenham, Freind und Morton gewürdigte Opium (ὀπός [scil. μήκωνος] *Saft*) ist der durch horizontales Einschneiden der unreifen Samencapseln (Capita) von Papaver somniferum in den Ländern am mittelländischen Meere und von Papaver officinale im Himalaya gewonnene und an der Luft getrocknete Mohnsaft. Er wird zu Broden, welche um das Zusammenkleben auf dem Transport zu verhindern, in Mohn- oder Sauerampferblätter gepackt werden, im halbfesten Zustande zusammengeknetet und verschickt. Bei uns ist das *türkische* oder Smyrna-Opium von dunkelbrauner Farbe und eigenthümlichem Geruch allein gebräuchlich; besonders angestellte Beamte sorgen dafür, dass nur Opium mit 10% Morphium in den Handel kommt. Das ebenfalls geschätzte *persische* (in Siegellackstangenform) und *ostindische* (Patna-, Benares- und Malwa-Opium) kommen kaum im europäischen Handel vor. *Das Opium ist eine sehr complizirt zusammengesetzte Droge*, bez. ein Complex zahlreicher (Opium-) *Alkaloide*, welche theils *schlafmachende* und analgesirende (Narcein, Morphin, Codein), theils *krampf- bez. tetanuserregende* (Thebain, Papaverin, Narcotin, Pseudomorphin etc.) Wirkungen äussern. Morphin und Codein repräsentiren die Wirkung der Mutterdrogue am reinsten. Ausser den genannten Pflanzenbasen enthält das Opium noch andere wie: Meconin, Porphyroxin, Metamorphin, Cryptopin etc., welche, da sie nur in minimalen Mengen in der Drogue vorkommen, nur mangelhaft studirt und zu Arzneizwecken bisher nicht verwandt worden sind, auch nur untergeordnete Bedeutung beanspruchen dürfen. Bei der Isolirung dieser Körper handelt es sich um eine Trennung derselben sowohl untereinander, als um Isolirung und Abscheidung der neben andern (unorganischen) Säuren mit ihnen zu Salzen verbunden gewesenen Opiummilch- und Mekonsäure.

Der Mekonsäure gehen toxische Wirkungen ab. Dagegen entsprechen die — bis auf geringe quantitative Unterschiede mit denen des Codein zusammenfallenden, physiologischen, bez. toxischen Wirkungen des Morphium denen des Opium so vollständig, dass die bei Opiophagen sich entwickelnde chronische Intoxikation geradezu als chronischer Morphinismus bezeichnet worden ist. Als chemisch rein, krystallinisch und von gleichbleibender chemischer Zusammensetzung darstellbarer Repräsentant der Opiumwirkung interessirt uns daher das Morphium mit seinen officinellen Salzen in erster Linie so, dass wir, nach Schilderung seiner physikalischen und chemischen Eigenschaften, das Bild seiner physiologischen Wirkung auf die vitalen etc. Funktionen des Thierkörpers als

Paradigma der Opiumwirkung im Allgemeinen unseren nachstehenden Betrachtungen über diesen Gegenstand zu Grunde legen wollen.*)

Das Morphium: $NC_{17}H_{19}O_3 + H_2O$ stellt säulenförmige, farblose, luftbeständige, oktaëdrische Krystalle dar, welche in kaltem Wasser sehr schwer löslich sind, während die salzartigen Verbindungen des Morphium leichter von Wasser aufgenommen werden. Deswegen wird letzteren, namentlich dem essig-, chlorwasserstoff- und schwefelsauren Morphin (*welche ebenfalls officinell sind*) in praxi vor dem Morphium purum der Vorzug gegeben. Die Darstellung des letzteren, auf deren Details hier nicht weiter eingegangen werden kann, beruht auf der Möglichkeit, das Morphin in überschüssigem, die Mekonsäure aus dem in der Drogue vorhanden gewesenen mekonsauren Morphin (als unlöslichen mekonsauren Kalk) ausfällenden Kalkerdehydrat zu lösen, und der ferneren Möglichkeit, das Alkaloid aus dieser kalkhaltigen Lösung durch zugesetztes Chlorammonium zu präcipitiren. In Aether geht das reine Morphium beim Schütteln nur in dem Momente, wo es durch freies Alkali aus seinen Salzlösungen ausgeschieden wird, über; das frisch abfiltrirte Alkaloid ist in diesem Menstruum völlig unlöslich; von Alkohol werden 90 Th. zur Lösung des reinen Alkaloides beansprucht.

Kenntlich ist Morphium durch *seine stark reducirenden Eigenschaften*, denen zufolge es *aus Jodsäure Jod frei macht*, welches in kleinster Menge seinerseits wieder durch Schwefelkohlenstoff, Chloroform und Stärkekleister nachgewiesen werden kann. Durch Kaliumhypermanganat wird M. grün, *durch Eisenchlorid (neutrales) wird es blau gefärbt*. Letztere Reaktion hat es mit dem Gewürznelkenöl (vgl. p. 144) gemeinsam. Charakteristisch sind ausserdem *folgende Farbenreaktionen:* eine zuerst *blutrothe*, dann blauviolette und allmälig verblassende Färbung, wenn nach dem Erhitzen des M. mit concentr. Schwefelsäure und Erkaltenlassen des Gemisches letzterem ein Tropfen Salpetersäure zugesetzt wird, und eine *braune*, wenn der Lösung des M. in concentr. Schwefelsäure nach dem Verdünnen Kaliumbichromat zugesetzt wird.

Das Codein ($C_{18}H_{21}NO_3 + H_2O$) — von κώδεια: Mohnkopf — bildet seidenglänzende, schuppenförmige und durch ihre leichte Löslichkeit in kaltem Wasser, Alkohol, Aether, Chloroform etc. vom Morphin wohl zu unterscheidende Krystalle, welche beim Kochen mit Schwefelsäure eine blaue und auf Salpetersäurezusatz eine blutrothe Farbenreaktion geben. In Bromwasser löst sich Codein mit gleicher Farbe. Ammoniak und kohlensaures Ammoniak fällen Codein aus seinen Salzlösungen nicht aus.

---

*) Die Wirkungen des bei uns wenig verordneten Codein sind von denen des Morphin nur betreffs ihrer Intensität verschieden und qualitative Unterschiede von Bedeutung kaum nachweislich. Morphin und Codein verhalten sich in genannter Hinsicht wie Chinin und Cinchonin; 1 Gewichtstheil Morphin wirkt so stark wie 2 Th. Codein.

Das Bild der mit derjenigen des Opium einer- und des Codein andererseits (vgl. oben p. 422 Anmerkung) zusammenfallenden physiologischen Wirkungen des Morphin auf gesunde Menschen lässt sich nach den von Schroff angestellten Beobachtungen wie folgt präcisiren:

Nach Einverleibung von 0,014 Morphin stellt sich allmälig zunehmender Kopfschmerz ein, welcher Schläfrigkeit Platz macht und nebst dieser schon nach einer Stunde wieder verschwunden ist. Ausserdem sind $1^3/_4$ Stunden lang geringes Absinken der Körpertemperatur und Pupillenerweiterung zu constatiren. Nach Einführung von 0,036 Morphium per os tritt anfänglich geringe *Retardation und später geringe Acceleration des Pulses* ein und die *Temperatur in der Hand nimmt erst ab*, um später wieder anzusteigen. Dazu gesellen sich auffallende Trägheit, *Schläfrigkeit, Betäubung*, Ohrensausen, unsicherer Gang, unruhiger Schlaf und am nächsten Morgen ist die Wirkung völlig wieder verschwunden. Energischer und nachhaltiger wirken 0,07 Grm., indem sie während der ersten $1^1/_2$ Stunden die Pulsfrequenz etwas absinken, dann aber um einige Schläge zunehmen und die Temperatur um 0,2° ansteigen machen; die Pupillen erweitern sich etwas. Starkes Aufstossen, Schwere des ganzen Körpers, Hitze und Eingenommenheit des Kopfes, Kriebeln im Magen, Stuhlverstopfung und ein beständiges, nicht zu befriedigendes Drängen zu uriniren kommen hinzu. Bei einem Experimentator hielt dieser Zustand 24 Stunden an, bei einem anderen dagegen dauerten Borborygmi, Ekel, Erbrechen, Abgeschlagenheit, Schwere und Eingenommenheit des Kopfes und Obstipation noch weitere 2 Tage fort. *Während ferner ruhige, kalte Personen ausser Temperaturänderung und Eingenommenheit des Kopfes kaum Befindensänderungen verspüren, steigert sich das Gemeingefühl* (was auch vom Opium gilt) *bei erregbaren, feurigen Naturen bis zur Extase und zu Gesichtshallucinationen:* v. Schroff sen. Beim Codein ist die hypnotische Wirkung stets erst nach Beibringung *weit grösserer Gaben*, als vom Morphium zu diesem Behuf nothwendig sind, zu constatiren. Bei subcutaner Injektion werden dieselben Erscheinungen — Uebelkeit und Erbrechen mit eingerechnet — beobachtet und zuweilen tritt bitterer Geschmack danach auf. In den der Injektionsstelle benachbarten Nerven und ihren peripheren Ausbreitungen ist, was sich in lokaler Abstumpfung der Empfindlichkeit documentirt, die Leitung wesentlich erschwert.

Bei wiederholtem, bez. gewohnheitsgemässem Gebrauch des Morphiums nimmt die Intensität der Wirkung beträchtlich ab und bildet sich eine Gewöhnung an das Mittel aus, welche so weit gehen kann, dass mehrere Drachmen Opium zur Hervorrufung des Rausches erforderlich werden. Besonderes Interesse hat in jüngster Zeit die durch Morphinmissbrauch verursachte *Morphiumsucht* erregt; Levinstein.

Ihre Betrachtung würde uns indess auf dem eigentlichen Thema dieses Lehrbuchs entfernt liegende Gebiete führen, so dass wir von derselben absehen müssen.

Bezüglich der durch sog. hypnotische Gaben bei Menschen erzeugten Erscheinungen würde an dieser Stelle noch nachzutragen sein, dass anfänglich neben der Pulsbeschleunigung auch Zunahme der Athemfrequenz und Jucken oder Prickeln in der gerötheten (oder selbst *Urticariaausschlag zeigenden*) Haut neben einem an Rausch grenzenden Aufregungsstadium, Kopfweh, Trockenheit im Munde und profuser Schweisssecretion wahrgenommen wird. Später macht dieses Excitationsstadium, unter Absinken der Athem- und Pulsfrequenz unter die Norm, Myosis, Müdigkeit, Sopor und tiefem Schlaf Platz.

Die behufs Analyse der am Menschen wahrgenommenen Opium-, bez. Morphiumwirkungen angestellten physiologischen *Versuche an Thieren* haben ihrer grossen Zahl ohnerachtet vollständig conforme und befriedigende Resultate leider nicht ergeben. Frösche, bei denen sich den durch Strychnin bewirkten ähnliche, tetanische Krämpfe unter primärer enormer Steigerung und *unter secundärem Erlöschen der Reflexerregbarkeit* nach der Morphisirung einstellen, sind zu Versuchen, deren Resultate auf Warmblüter und den Menschen übertragen werden sollen, nicht geeignet. Hunde und Katzen zeigen, ehe sie in Schlaf versenkt werden, starke Excitation, schreien und erbrechen häufig; dagegen vertragen Kaninchen grosse Gaben Morphin und sind Tauben der Wirkung dieses Alkaloides, bez. des Opium gegenüber (ebenso wie viele andere Vögel) vollkommen immun; Weir Mitchell.

Betrachten wir hiernach die einzelnen Körperfunktionen in ihrer Beeinflussung durch Morphin der Reihe nach, so ist betreffs derselben Folgendes mehr oder weniger sicher durch Versuche ermittelt:

1. Die sensorischen Apparate bilden den Angriffspunkt der Morphiumwirkung. Das „Wie" dieser Wirkung, welcher zufolge die Centren der bewussten Empfindung und der willkürlichen Bewegung paralysirt werden, wird uns indess so lange, als wir von dem Wesen des normalen Schlafes uns keine Vorstellung zu machen vermögen, unergründlich bleiben. Vergeblich hat man eine Erklärung dieser Wirkung aus den Circulationsveränderungen im Gehirn — betreffs derer die Angaben der Beobachter nichts weniger als übereinstimmend lauten, zu deduciren gesucht. Gleich negativ fielen die Versuche Anderer, eine Erklärung der hypnotischen Wirkung aus den chemischen Veränderungen des Blutes oder der Respirationsstörung zu geben, aus. *Fest steht nur, dass die Narkose um so sicherer und stärker eintritt, je höher entwickelt das Nervensystem des Thieres ist, und dass dieselbe um so mehr durch den Eintritt von Krämpfen verwischt wird, je unvollkommener organisirt das Versuchsthier ist.* Findet durch die Morphiumwirkung auf die sensorielle Sphäre gewissermaassen eine Ausschaltung der Grosshirnfunktionen statt,

so darf uns eine abnorme Steigerung des Reflexvermögens des Rückenmarks während der gen. Wirkung um so weniger Wunder nehmen, als auch sonst die sensorischen Processe in ihrer Lebhaftigkeit mit den Reflexvorgängen häufig gleichen Schritt halten; L. Hermann. Auf das Rückenmark influenzirt das Morphium in der Weise, dass es die Reflexthätigkeit der grauen Substanz anfänglich erhöht, so dass es (bei Fröschen) zu Reflexkrämpfen kommen kann, später dagegen vernichtet. *Grosse Gaben M. setzen, ohne vorweggehende Steigerung derselben, die Reflexthätigkeit sofort herab* und vernichten sie. Meihuizen beobachtete *erst Verminderung der Reflexthätigkeit, dann Zunahme derselben bis zur Norm oder über dieselbe, und zuletzt Krämpfe nichtreflectorischer Natur.*

2. Die peripheren sensiblen Nerven scheinen nur in der Nähe der Applikationsstelle beeinflusst, bez. ihre Erregbarkeit durch kleine Gaben erhöht zu werden. Die Erregbarkeit der motorischen peripheren Nerven wird durch kleine Gaben von M. erst erhöht, dann vermindert, durch grosse dagegen sofort herabgesetzt oder an *der Applikationsstelle* sogar vollständig vernichtet; Gscheidlen. Nach Witkowski werden die peripheren Nerven durch Morphium überhaupt nicht beeinflusst.

3. Die Athmung durch Morphin wird, wenngleich die Wirkung auf das Athemcentrum später eintritt als die auf das Hirn, in allen Fällen verlangsamt. Vagusdurchschneidung ändert hieran nur insofern etwas, als die Retardation danach noch mehr zunimmt. Gscheidlen und Witkowski beziehen die Verlangsamung der Athmung auf Herabsetzung der Erregbarkeit des Athemcentrum in der Medulla oblongata. Ebenso wenig, wie über die Athmung, ist vollkommen Stichhaltiges über

4. die Veränderungen, welche die Kreislaufsfunktion durch Morphium erfährt, ermittelt worden. Mit Ambrosoli's Beobachtung, dass auf die Innenfläche des Herzens applicirtes M. bei Fröschen Herzstillstand bewirkt, ist wenig anzufangen. *Im Allgemeinen hat per os oder subcutan beigebrachtes Morphium wie beim Menschen, so auch bei Thieren anfänglich Acceleration und später mehr oder weniger ausgesprochene Retardation der Herzpulse zur Folge.* Nur nach direkter Injektion des M. in eine Vene und Anwendung grosser Dosen kommt es zu Verlangsamung,*) welche sich unter Unregelmässigwerden der Contraktionen bis zum Herzstillstande steigern kann.

---

*) Während die Meisten Hirnhyperämie nach Beibringung hypnotischer Dosen Opium bez. Morphium constatirten, wollen Andere den Grund dieser Wirkung in Contraktion der Hirnarterien suchen.

Werden die Dosen klein gegriffen, so ist die Einwirkung des Morphin auf den Puls sehr gering. Die Einspritzung ist anfänglich fast immer von einer sehr mässigen Acceleration der Herzschläge, welche auf herabgesetzte Thätigkeit des Vaguscentrum zu beziehen ist, gefolgt. Mit dem Eintritt der narkotischen Wirkung wird der Puls wie im Schlafe überhaupt, verlangsamt und meist erhöht; Witkowski. Die Ursache hiervon ist in *Aufhebung* in der Norm von der Psyche ausgehender oder in Muskelbewegungen begründeter *accelerirender Einflüsse* zu suchen.*) Hiervon abweichende Angaben anderer Beobachter über die Pulsfrequenz basiren auf Vernachlässigung von Nebenumständen, wie Unruhe, Athemstörung und Erbrechen, welche auf die Schlagfolge des Herzens modificirend einwirken. Die von Gscheidlen statuirte Reizung des Vagusursprünge während des ersten Stadium fanden Witkowski, Harley u. A. nicht bestätigt. Die Retardation tritt auch nach der Vagusdiscision ein. Ebenso fanden die genannten Experimentatoren (Gscheidlen's Angaben widersprechend), dass auch die *intracardialen* Herzganglien durch Morphium *nicht beeinflusst werden* und das Herz der Warmblüter dem Froschherzen an Widerstandsfähigkeit gegen das gen. Alkaloid Nichts nachgiebt; Witkowski. Eine Beeinflussung der Accelerantes in der oben angegebenen Weise dürfte, wenn Schlüsse aus Analogie erlaubt sind, auch durch die Beobachtungen Harnack's über die Wirkung des nur durch ein Minus von 1 H vom Morphin unterschiedenen Apomorphin (vgl. dieses; p. 434) sehr an Wahrscheinlichkeit gewinnen. — Anlangend

5. den Blutdruck, so ist die Einspritzung von Morphium von einer *verhältnissmässig geringfügigen Herabsetzung desselben gefolgt.* Letztere lässt sich mit um so grösserer Wahrscheinlichkeit auf eine central bedingte Gefässerweiterung zurückführen, als diese *Gefässdilatation* an sichtbaren Schleimhäuten von Claude-Bernard ebenso direkt beobachtet worden ist wie das Intaktbleiben der Erregbarkeit des Sympathicus. In der That bewirkt Morphium dieselben Erscheinungen (*Congestirzustände,* Gefühl allgemeinen Wohlbehagens, Roseola), wie solche durch die *Durchschneidung des Halssympathicus* auch an unvergifteten Thieren hervorgerufen werden können. Diese Erscheinungen sind für die Erklärung der unter M.-Gebrauch zu Stande kommenden

6. Steigerung der Schweiss- und Speichelsecretion nicht ohne Interesse. Dagegen findet eine *Verminderung der Harnsecretion* und wahrscheinlich auch Abnahme der Absonderung der Darmschleimhaut statt, mit welcher sehr wahrscheinlich die durch Morphium (in höherem Grade, als durch Opium purum) gesetzten Digestionsstörungen in genetischem Zusammenhange stehen. Im Uebrigen ist über die Secretionen unter M.-Wirkung mit Bestimmtheit nur wenig ermittelt. Der beim Hunde auftretende Speichelfluss könnte recht wohl auch durch Reflex von den Geschmacksorganen ausgelöst sein. *Im Urin soll der Harnsäuregehalt unter Opiummmedikation vermindert sein;* Böcker.

———

*) Die Puls- und Temperaturerhöhung bei Fieber wird durch die Morphiumwirkung nicht modificirt; Witkowski.

7. Die Verdauung erfährt, ohne dass wir diese Thatsache vollständig klar legen können, durch Opium stets eine Beeinträchtigung; Opium vermag das Hungergefühl — weshalb die irischen Armen sich bei Hungersnoth mit Opium betäuben sollen — zu beschränken. — Die Peristaltik des Darmes wird, nachdem eine kurze Verstärkung derselben und Zunahme der Erregbarkeit des Darms vorweggegangen ist (Nasse), durch Morphin direkt oder durch Herabsetzung der reflexvermittelnden sensiblen Nervenendigungen des Darmes indirekt verlangsamt.

8. Opium soll nach Böcker eine *bemerkenswerthe Herabsetzung der Ausgaben des Organismus bedingen.* Von Böck fand diese Angaben durch Versuche an Hunden im Allgemeinen bestätigt.

9. Die Körpertemperatur steigt durch Morphium primär an, um später abzusinken. Aus dem über das Verhalten der Athmung und Circulation während der beiden Stadien der Morphinwirkung unter 3—5 Angegebenen ergiebt sich die Erklärung des Verhaltens der Temperatur von selbst.

10. Die Pupille ist nach Morphingebrauch in der Regel verengt, doch kommt während des Bestehens von Sopor und Convulsionen bei M.-Vergiftung auch das Gegentheil zur Beobachtung. Eine Erklärung der auch mit Accomodationskrampf verbundenen Myosis haben nur Hughes (1860) und F. Harley versucht. L. Hermann führt dieselbe auf die beim Calabar (p. 400) angegebenen Ursachen zurück.

11. *Morphin beeinflusst die Muskelsubstanz selbst nicht.* Trotzdem beobachtete Kölliker, dass die bei Fröschen am Morphin-Tetanus theilnehmenden Muskeln sehr rasch in Starre verfielen und Nasse constatirte, allerdings nach einem vorübergehenden Stadium erhöhter Erregbarkeit, das Nämliche an der Darmmuskulatur, so dass wohl die Annahme, dass es sich hierbei um eine Affektion (*von Lähmung gefolgte Steigerung der Erregbarkeit der motorischen zur Muskelsubstanz tretenden Nerven*) handele, gerechtfertigt erscheint. —

12. Die Veränderungen, welche das Blut bei Resorption des Morphin erfährt, sind unbekannt. Die von älteren Autoren betonte dunkel-(*kirsch-*)rothe Farbe und Dünnflüssigkeit ist in secundär durch Behinderung der Athmung hervorgerufener, den Tod herbeiführender *Asphyxie* begründet.

Stets wird behufs richtiger Würdigung der Opiumwirkung daran festzuhalten sein, *dass wir es beim Opium nicht mit einem einzigen Körper zu thun haben, sondern dass sich seine Wirkung aus derjenigen seiner verschiedenen wirksamen Bestandtheile zusammensetzen muss.* Daher kommt es, dass 0,15—0,22 Opium, wiewohl sie sicher von den Eingangs genannten hypnotisirenden Alkaloiden: Morphin, Codein etc. kaum 0,07 Grm. enthalten, nichtsdestoweniger eine allerdings verhältnissmässig schnell vorübergehende, dem Sopor nahestehende Narkose erzeugen, während durch 0,07 Morphium purum eine solche niemals herbeigeführt werden kann. Dagegen *treten* die oben erwähnten *Digestionsstörungen beim Morphin stärker, als beim Opium hervor* und halten bei ersterem auch länger an; v. Schroff. Opium erzeugt unter *angenehmem Wärmegefühl* eine primäre, objektive *Temperatursteigerung* gefolgt von Absinken der Körpertemperatur. Beim Morphium besteht das subjektive Gefühl vermehrter Wärme allerdings auch, *allein es ist trotzdem von Anfang an Temperaturverminderung objektiv nachweislich;* von der Pulsbeschleunigung, welche beim Opium erst während der Narkose einer Retardation Platz macht, gilt dasselbe. *Beim Morphium tritt diese Retardation viel zeitiger ein. Opium vertragen Gesunde in der Regel besser, als Morphium.* Letzteres, wie die übrigen Alkaloide, verursacht weniger leicht Hautjucken wie das Opium selbst. Zu diesen Verschiedenheiten kommen noch solche, welche in der Individualität und Natur der Krankheit begründet sind. Den Stuhlgang retardirt Opium drei Mal stärker als Morphin, während letzteres die Schweisssecretion stärker als das Opium anregt. Opium verengt die Pupillen häufiger als es dieselben erweitert; Fronmüller.

Therapeutische Anwendung des Opium bez. Morphium.

Contraindicirt sind die gen. Mittel in folgenden, bei der häufigen Anwendung derselben genau zu berücksichtigenden Fällen, nämlich:

1. bei bereits *bestehender Hirnhyperämie*, Neigung zu *Hirncongestionen* und Vorhandengewesensein von *Hirnapoplexie;*

2. bei vorhandener *grosser Schwäche*, namentlich dann, wenn sich diese im Verlauf von *Lungenaffektionen* entwickelt;

3. *bei acut fieberhaften Krankheiten*, überhaupt so lange als dieselben sich auf ihrem Höhepunkte befinden; und

4. bei *gastrischem Catarrh* höheren Grades.

Vorsicht ist geboten:

5. *bei bestehenden organischen Herzleiden mit Stauungserscheinungen,* Cyanose etc. Die Ausnahmen von dieser Regel, wo subcut. Morphininjektionen unentbehrlich sind, werden im Nachstehenden angegeben werden.

6. *Jugendliches Alter erfordert zwar ebenfalls Vorsicht* in Anwendung der Opiate; eine absolute Contraindikation erwächst aber auch aus dem Kindesalter des Kranken nicht. Endlich ist Vorsicht

7. auch bei *Schwangeren* und *Stillenden* geboten, wie man *überhaupt bei Frauen* stets *kleinere* Opiumgaben als bei Männern in Anwendung bringen soll.*)

---

*) Phlegmatische Personen vertragen Opium und Morphium in der Regel besser, als Sanguiniker.

Indicirt ist Opium auf Grund der im physiologischen Theile entwickelten Thatsachen:

I. als die Grosshirnfunktionen herabsetzendes, bez. Excitation des gen. Centralorganes beseitigendes und schlafmachendes Mittel bei Schlaflosigkeit, wie sie sich als Zeichen von allgemeinem
Erethismus oder im Gefolge heftiger Schmerzen, quälenden Hustens, intensiven Stuhlzwanges einstellt,*) oder von bestehenden *Psychosen* abhängig ist. Unter letzteren sind die *verschiedenen Formen der Melancholie, mit Satyriasis und Nymphomanie, complicirte Geistesstörungen
und Delirium tremens* zu nennen. In allen Fällen erfüllt das Mittel
ausschliesslich die *Indicatio symptomatica* und vermag der psychischen
Alienation als solcher gegenüber nichts. Am meisten Nutzen bringt das
Opium noch bei Säuferwahnsinn, wo es in der That häufig unentbehrlich ist.

II. Opium und Morphium werden zu Heilmitteln dadurch, dass
sie die Reflexthätigkeit des Rückenmarks herabsetzen. Beim
Tetanus bringen *grosse Gaben* Opium, welche in Fällen dieser Art auffallend gut vertragen werden, entschieden unter allen gegen dieses fürch-
terliche Leiden empfohlenen Mitteln den grössten Nutzen; höchstens das
Chloralhydrat dürfte dem O. an die Seite zu setzen sein. Stütz empfahl
grosse Dosen Opium mit Kali carbonicum alternirend gereicht für die
Kur des Wundstarrkrampfes. Bei Epilepsie und Chorea ist vom Opium
weniger zu erwarten. Wo die genannten *Neurosen* unter der Larve
einer Intermittens (*typisch*) auftreten, verbindet man Opium bez. Morphin
mit grossen Gaben Chinin um Heilung zu bewirken.

III. Indem Morphium die Erregbarkeit der sensiblen Nerven herabsetzt (bei Fröschen nach *primär bewirkter Steigerung* derselben), die Tastempfindlichkeit sowohl bei interner als bei subcutaner
Beibringung vermindert (Lichtenfels) u. s. w., wird dasselbe zu dem
wichtigsten und geschätztesten Anodynum und Anaestheticum des
Arzneischatzes. In allen einschlägigen Fällen, mag es sich um Entzündungen wichtiger, innerer Organe, bez. *seröser oder mucöser Häute*, bei
denen die Intensität des Schmerzes mit der Ausdehnung der Entzündung
nicht im Verhältniss steht, z. B. Peritonitis, um Neuralgien der verschiedensten Bezirke, oder um *Hyperästhesien* (hervorgerufen durch *Rheumatismus*, Gicht, Syphilis, Durchtritt von *Gallen-* oder *Harnsteinen* durch
den Ductus Choledochus oder Urether etc.), schmerzhafte Erektionen bei

---

*) Alle Krankheiten, in welchen Opium bez. Morphium als Hypnoticum unter
Umständen indicirt sein kann, zusammenzustellen, wäre ein vergebliches Unter-
nehmen; es wären eben alle Krankheiten aufzuführen.

Tripper (Chorda), oder um *Verwundungen der Weichtheile*, Knochen etc.
handeln, beseitigen Opium und Morphium das Symptom „*Schmerz*" ohne
auf den demselben zu Grunde liegenden Krankheitsprocess auch nur den
mindesten Einfluss zu äussern. Dasselbe gilt

IV. von der auf den *paralysirenden Effekt, welcher dem Morphin
der Erregbarkeit der motorischen intramusculären Nervenendigungen
gegenüber eigenthümlich ist,* zu beziehenden krampfwidrigen Wirkung
des gen. Mittels. Besonders bei krampfhaften Erscheinungen im Gebiete
der mit organischen Muskelfasern ausgestatteten Organe, wie: Darm,
Harnblase, Uterus, bewährt sich die segensreiche Wirkung der Opiate.
Krampfhafte Zufälle in der Form *klonischer wie tonischer Krämpfe* in
den verschiedensten Organen, ausgehend von den mannigfachsten Reizungen
oder als Reflexaction bei heftigen Schmerzen auftretend, wie Krämpfe
der ebengenannten Unterleibseingeweide, *Krampfwehen, krampfhaftes
Erbrechen, Zwerchfellkrampf* mit Schluchzen, *Bleikolik* (wobei O. durch
Hebung des tonischen Krampfes der Gefässhaut die Stuhlverstopfung beseitigt), *bei Brucheinklemmung,* krampfhaftem Ileus, bei *Asthma mit
krampfhaften Hustenanfällen,* bei Dyspnoe anämischer, an organischen
(mit Compensationsstörungen verbundenen) Herzfehlern leidender Kranken;
bei nicht zu bändigendem Hustenreiz überhaupt, bei Reflexkrämpfen und
Tetanus (vgl. oben 2) bringt die Opiumbehandlung sehr häufig, wenn auch
nicht immer Nutzen und Rettung.

Nachträglich ist zu I. und IV. zu bemerken, dass es in den höheren Stadien
des Typhus u. a. erschöpfender Krankheiten von klonischen Krämpfen begleitete,
sogenannte *Inanitionsdelirien giebt, als deren anatomisches Substrat Hirnanämie
betrachtet wird.* Hier leistet das Opium, dessen rechtzeitige Anwendung in derartigen
Fällen allerdings grosses Geschick und gereifte Erfahrung (ich möchte sagen: die
Meisterschaft) des behandelnden Arztes beansprucht, indem es die bestehende Hirnanämie hebt oder in das Gegentheil verkehrt, Vorzügliches. Hiervon abgesehen kann
das Opium in den erwähnten Typhusfällen auch durch *Beschränkung der diarrhoischen Ausleerungen und bei drohender Perforation* auch *durch Verlangsamung der
Darmperistaltik* Nutzen bringen. Dasselbe gilt von zu befürchtenden Darmblutungen,
gegen welche grosse Gaben Opium, neben *Eispillen* (und Einhaltung absoluter *Ruhe*)
am Orte sind. Endlich gehören Fälle, *wo Gefässkrampf im Bezirke ausscheidender
Organe Beschränkung oder Unterdrückung gesundheitgemässer Secretionen,* z. B.
des Schweisses nach Erkältung, *bedingt,* hierher. Hier bewirkt Opium Nachlass des
Gefässkrampfes und wird dadurch zum Diaphoreticum, dessen Nutzen sich (in Form
des Pulvis Doveri, vgl. Präparate) bei Influenza, rheumatischen, gichtischen und
exanthematischen Krankheiten vielfach bewährt hat. — Ferner ist

V. das Opium geeignet, excessive Ausscheidungen zu beschränken, wodurch es zu einem geschätzten und häufig geradezu un-
entbehrlichen Heilmittel des *Speichelflusses, der Magen- und Darmcatarrhe, der Ruhr, des Brechdurchfalles und der Sommerdiarrhöe der*

Kinder, sowie der Magen- und Darmgeschwüre bei Tuberkulösen u. s. w.
wird. Anlangend die Ruhr, so wird im ersten Stadium — alternirend
mit Ol. Ricini — das Opium zur Beseitigung der Toramina, zur Milderung des Tenesmus und zur Herabsetzung der Empfindlichkeit des Darms
der irritirenden Wirkung der Abführmittel gegenüber gereicht. In protrahirten Fällen können opium- und tanninhaltige Klystiere nicht warm
genug empfohlen werden.

Die *Combination von Calomel und Opium* leistet in der Regel Vorzügliches,
ist jedoch, weil es unter dem Gebrauch dieser Mittel, wie ich selbst erfahren, —
wenn auch selten — zu Salivation kommen kann, nicht ganz ungefährlich. Ueberi-
gens würde man sehr irren, wollte man sich bei jeder epidemisch auftretenden Ruhr
von den Opiaten sichere Hülfe versprechen. Bei *Cholera nostras und während des
ersten Stadium der Cholera* ist vom Opium so häufig Linderung des Erbrechens
und Durchfalls beobachtet worden, dass es wohl keine sogenannten Choleratropfen
giebt, welche opiumfrei wären. Bei *Cholera infantum* endlich verordnet man
Klystiere aus 60 Grm. Decoct. Altheae mit 1—2 Trpf. Laudanum (vgl. *pharmaceut.
Präp.* 4). Der innere Gebrauch des Mittels, etwa in Form des Pulvis Doveri, erfordert stets grosse Vorsicht und thut man am besten, den Gebrauch des Opium
auf diejenigen Fälle, in denen Calomel c. Creta, Magist. Bismuthi (vgl. p. 391), Silber,
Kupfer, Kreosot u. s. w. im Stiche liessen, zu beschränken. In jeder Epidemie ist
auszuprobiren, welches der zahlreichen gegen die oft verheerend auftretende Krankheit empfohlenen Mittel die zuverlässigste Hülfe bringt.

In *zweiter Linie* wirkt Opium als secretionbeschränkendes
Mittel günstig bei *Diabetes mellitus;* Kratschmer. Hier pflegt indess
*ein allzu rapides Verschwinden des Zuckers aus dem Harn von gefähr-
lichen Folgen* (Ausbruch acuter Miliartuberkulose) *begleitet zu sein,* weswegen die grösste Vorsicht nothwendig wird. Ferner ist O. empfohlen
bei Morbus Brightii, welcher durch energisch durchgeführte Milchkuren weit sicherer und gefahrloser gebessert wird, Blutungen aus
verschiedenen Organen bei sehr erregbaren, zu Krämpfen geneigten
oder geschwächten Personen und bei Lungenblenorrhoen bez. Eiterungen.
Schliesslich ist hervorzuheben, dass *Phthisiker* (bei deren Behandlung in
den angegebenen Fällen das Opium gern mit Blei combinirt wird), *Potatoren und Geisteskranke* (auch *Tetaniker*) enorm *grosse Gaben* Opium
vertragen. Wir haben über

VI. die Anwendung des Opium bez. Morphium als Antidot
in Vergiftungsfällen, sofern wir den Antagonismus der Wirkung des
gen. Alkaloides dem Atropin gegenüber nur als einen auf einige Körper-
functionen beschränkten, keinesweges aber als einen completen auffassen,
nur Weniges hinzuzufügen. Bestimmt ist, dass (nach Thierversuchen
wenigstens) *die Höhe derjenigen Dosis des einen Mittels, welche als die
toxisch-lethale zu bezeichnen ist, durch gleichzeitige Beibringung des andern nicht modificirt, bez. verringert wird,* und auch das am Krankenbett

gesammelte einschlägige Beobachtungsmaterial beweist in überzeugender Weise, dass die beregte Frage noch lange nicht spruchreif ist. In noch höherem Maasse gilt dieses von dem behaupteten *Antagonismus des Morphium der Blausäure gegenüber*. Was es damit auf sich hat, geht am deutlichsten wohl daraus hervor, dass auch der angebliche Antagonist des Morphin, das Atropin, *als Antidot der Blausäure* empfohlen worden ist; Preyer. Bei Säure- und Laugevergiftungen wirkt Morphium lediglich als schmerzstillendes Mittel. Von der Anwendung der Opiate bei Bleikolik war oben (p. 431) die Rede. Vielen den Magen stark reizenden, namentlich alkaloid- und metallhaltigen Mitteln setzt man Opium zu, damit sie besser vertragen werden.

Aeusserlich wird Opium als *örtlich-anästhesirendes, analgesirendes und krampfstillendes Mittel* in so zahlreichen Fällen angewandt, dass alle Krankheitsformen, bei welchen dieses unter Umständen geschieht, anzugeben, ein vergebliches Bemühen sein würde. Die örtliche Behandlung der verschiedensten Neuralgien mit *in nächster Nähe des Locus affectionis applicirten subcutanen Injektionen* von Morphium, der Gebrauch opiumhaltiger Augenwässer, der Zusatz von Opiaten zu Injektionen bei Tripper, Fluor albus, Blasenneuralgie und so fort gehören hierher. Endlich ist noch der Gebrauch der opiumhaltigen Pill. odontalgicae gegen Zahnweh, so wie die Applikation opiumhaltiger Fomente bei Paronychia zu nennen.

Pharmaceutische Präparate:

1. Opium purum. *Smyrnaopium*. Dosis: 0,01—0,1 in Pulverform, selten in Pillen oder Lösungen, für welche die nachstehenden Officinalformeln verordnet werden. Maxim.-Dosis: 0,15; pro die 0,5. Für Kinder verordnet man 0,005—0,007; 0,01—0,02 sind kleine, 0,02—0,06 Grm. mittle 'Gaben für Erwachsene. Erstere können mehrfach täglich wiederholt werden (3—2 stündlich); letztere darf man nur in längeren Zwischenräumen nehmen lassen (12—24 stündlich). Die grössten Gaben werden bei Tetanus und höchst schmerzhaften chronischen Leiden erforderlich. Einem an Rückenmarkskrebs Leidenden war ich genöthigt, über 1 Grm. Opium pro dosi 2 Mal täglich zu verordnen um seinen Zustand wenigstens erträglich zu machen.

2. Extr. opii (*aquos.; 3 Cons.*), Opiumextrakt, Morphin und Cedein enthaltend; Dosis wie beim vorigen; Maxim.-Dosis: 0,1; pro die 0,4. Vielfach externen Medikamenten zugesetzt.

3. Tr. opii simplex (*Tr. thebaica*). Opiumtinctur: 10 Theile enthalten das Lösliche von 1 Th. Opium (auch Narcotin). Dosis für Kinder 1—3, für Erwachsene 5—15 Trpf. Max.-Dosis: 1,5; pro die 5 Grm.

4. Tr. opii crocata. *Laudanum liquidum Sydenhamii*. Zusammenge setzte (*weinige*) Opiumtinctur. Enthält (neben Opiumbestandtheilen und Xereswein) Crocus, Caryophylli (p. 144) und Cassia Cinnam. (p. 143); zwanzig Tropfen entsprechen 0,1 Opium pur. Dosis: 2—30 Tropfen; event. 2—3 Mal täglich; Zusatz zu Augenwässern.

II. Köhler, Materia medica.

5. Tr. opii benzoica. (*Elixir paregoricum.*) Benzoëhaltige Opium-tinctur. 1 Th. Opium, 4 Th. Benzoësäure mit ā̄ā 2 Th. Campher und Anisöl und 192 Th. Weingeist; 200 Theile enthalten das Lösliche von 1 Th. Opium. Dosis: 20 Tropfen bis einen Theelöffel.

6. Electuarium Theriaca. Theriak. 1 Th. Opium in 3 Th. Xereswein macerirt mit Zusätzen von Angelica (vgl. p. 146), Serpentaria (vgl. p. 183), Scilla (vgl. p. 224), Zedoaria (vgl. p. 145), Zimmet, Myrrha (vgl. p. 150) und Eisenvitriol (vgl. p. 27) zu einer Latwerge, welche theelöffelweise genommen wird, verarbeitet.

7. Pulv. Ipecacuanhae opiatus. (*Dover'sches Pulver*): ā̄ā 1 Th. Ipeca-cuanha und Opium mit 8 Th. Kalium sulfuricum (vgl. p. 197). Dosis: 0,1—0,15— 0,85; 0,1 enthalten 0,01 Opium p.

8. Emplastrum opiatum, *Opiumpflaster*; Opium, Olibanum, Benzoe, Peru-balsam, Terpentin und Elemi enthaltend.

9. Ungt. opiatum: 1 Th. von 2 mit 18 Th. Wachssalbe; äusserlich.

10. Pillulae odontalgicae, *Zahnschmerzpillen*; Opium, Belladonna (vgl. p. 407), Pyrethrum (vgl. p. 145), Cajeput- (vgl. p. 183) und Nelkenöl enthaltend; in cariöse Zähne.

11. Aqua opii. 5 Th. Destillat aus 1 Th. Opium; zu Augenwässern; über-flüssig.

12. Morphium purum, *M. aceticum*, M. hydrochloratum, *M. sulphuri-cum* u. s. w.; ersteres selten; M. hydrochloratum 0,005—0,03. Max.-Dosis: 0,12 pro die. Trochisci Morphii mit 0,005 Morphingehalt.

Codeinum p. wird bei uns zu 0,02—0,05 (Max.-Dosis: 0,1) selten verordnet.

——— ———

Zusatz: Apomorphinum. Apomorphin. Emeticomorphin $C_{17}H_{19}NO_2$.

Die emetische Wirkung des von A. L. Arppe 1845 durch Erhitzen von Mor-phin mit überschüssiger Salzsäure in zugeschmolzenen Glasröhren zuerst dargestellten Apomorphin (*Morphin* — (minus) *1 H.*) wurde von Mathiesen und Wright ent-deckt und von Riegel und Böhm, Verfasser und Quehl, Harnack, David u. A. bestätigt.

Apomorphin ist ein amorphes, grauweisses, selten farblos und krystallinisch gewonnenes Pulver, dessen Lösung in Wasser sich beim Stehen grün färbt. Hierbei büsst das in Schottland dargestellte, nicht aber das deutsche Apomorphin seine Wirksamkeit ein. Durch Salpetersäure wird Apomorphin roth, durch Alkalien wird es weissgrün gefärbt.

Indem dem Morphin in angegebener Weise 1 H entzogen wird, büsst es (we-nigstens in den gleich anzugebenden medikamentösen Dosen) die hypnotische Eigen-schaft ein, um die brechenerregende dafür zu gewinnen. Letztere wird nicht durch zuvor ausgeführte Vagusdurchschneidung, wohl aber durch die Chloroform-, Chloral- und Morphiumnarcose und Verweilen in einer Sauerstoffatmosphäre sistirt. Der Eintritt von Asphyxie hat auf das Zustandekommen der Apomorphinwirkung keinen Einfluss.

Unter den physiologischen Wirkungen des A. steht die emetische, mit denen der übrigen Brechmittel (vgl. p. 217) übereinstimmende obenan. Eine Brechen auslösende Reizung des Brechcentrum rufen bei subcutaner Injektion: 0,0005—0,002

bei Kindern und 0,005—0,007 bei Erwachsenen hervor. Bei der Applikation per os
sind 0,13—0,18, bei der per anum 0,18 -0,36 zu diesem Behuf erforderlich.

Ebenso wie nach Einverleibung anderer Brechmittel kommt auch nach der des
A. *Pulsacceleration* zu Stande, welche nach Harnack in der ohne Blutdrucks-
änderung verlaufenden *Reizung des Accelerans* (bei Hunden; Schmiedeberg) begründet ist und mit Vaguslähmung nichts zu thun hat. Die nach Apomorphinbei-
bringung zu constatirende *Athembeschleunigung* ist, wie Harnack's Versuche an
nicht erbrechenden Thieren beweisen, in einer je nach der Thierspecies verschieden
intensiven Reizung des Athemcentrum begründet, welche nur bei kleinen Warmblütern, nicht aber beim Menschen, von Paralyse gefolgt ist. Wird die oben angegebene Brechen bewirkende Dosis des A. überschritten, so tritt an Stelle des Erbrechens eine in der Regel schnell in Paralyse umschlagende Erregung der Centren
der Empfindung und der willkürlichen Bewegung; Quehl, Harnack. Die peripheren motorischen und sensiblen Nerven werden durch A. nicht beeinflusst und
der Reflex von den (*gereizten*) sensiblen Nerven auf das Rückenmark kommt bei
den unter Apomorphinwirkung stehenden Thieren nicht in Fortfall; Verfasser.
Nach Harnack *lähmt Apomorphin die quergestreiften willkürlichen Muskeln*
und schliesslich auch das Herz in eben der Weise, wie wir p. 293 (beim Brechweinstein) angegeben haben. Mit dieser Muskellähmung hängt jedenfalls (vgl.
p. 296) auch *das Ausbleiben der Brechbewegungen* nach grossen Gaben A. zusammen;
die Körpertemperatur sinkt unter Apomorphingebrauch ab. Ueber die Schicksale
des Apomorphin im Organismus sowie über seine Elimination ist nichts bekannt
geworden. Wir geben Apomorphin nach den p. 221 zusammengestellten Indikationen
der übrigen Brechmittel und ziehen dasselbe (*subcutan injicirt*) in Fällen, wo
Brechmittel vom Magen aus nicht mehr resorbirt werden, oder wo Unmöglichkeit
zu schlingen, Stupor und Bewusstlosigkeit besteht, den übrigen Emeticis vor.
Die *Möglichkeit einer scharfen Dosirung*, die *Kleinheit der Dosis, bei welcher die
Brechwirkung zu Stande kommt*, die Sicherheit und Schnelligkeit der Wirkung
des A., das Fehlen unangenehmer Nebenwirkungen (in der Regel), die kurze Dauer
der dem Erbrechen vorweg gehenden Nausea und die nach dem durch A. bewirkten
Erbrechen schnell wieder eintretende vollständige Euphorie stempeln dasselbe zu
einer schätzbaren Bereicherung des Arzneischatzes. Leider sind nach Apomorphin-
Gebrauch mehrfach Fälle von sehr bedrohlichem Collaps beobachtet worden, was
wohl daran Schuld ist, dass das Mittel sich der Gunst, in welcher es eine Zeit lang
bei den Praktikern stand, nicht mehr in vollem Maasse zu erfreuen scheint. Wie
andere Brechmittel wirkt auch Apomorphin in refracta dosi (0.001—0,003 für Erwachsene) *auswurfbefördernd;* Froumüller u. A.

XLI. Die als Anaesthetica benutzten Alkoholderivate.

A. Chloroformium. Chloroform: CHCl$_3$.

Guthrie, Soubeiran und Liebig (1831) stellten das Chloroform gleich-
zeitig zuerst dar und Dumas, welcher ihm den noch gegenwärtig gebräuchlichen
Namen beilegte, ermittelte seine chemische Zusammensetzung. In Bezug auf die
Darstellung müssen wir auf die Lehrbücher der Pharmacie verweisen. Sie ge-

schlicht durch Einwirkenlassen von 3 Th. Alkohol und 100 Th. Wasser auf 50 Th.
Chlorkalk unter bestimmten Vorsichtsmaassregeln. Das Destillat (*Chloroform*) ist
eine farblose, leicht bewegliche Flüssigkeit von süsslichem Geschmack und angenehmem Geruch. Das spec. Gewicht des Chloroforms ist 1,525; sein Siedepunkt
liegt bei 63,5°; im Wasser ist Chl. so gut wie gar nicht, in Alkohol und Aether ist
es gut löslich. Mit wässriger Kalilauge bei Gegenwart von Kupfersulfat gekocht
giebt Chloroform zu einer Abscheidung röthlich-gelben *Kupferoxyduls* Anlass. In
analoger Weise verursacht Chloroform beim Erwärmen mit Kalilauge Reduktion
von Silbersalzen und Ausscheidung fein vertheilten metallischen Silbers. Seine
Gegenwart wird durch Hinüberleiten der Dämpfe durch ein glühendes Glasrohr
unter Vorlage von Jodkaliumkleister erkannt; indem das Cl des Chloroforms frei
wird, kommt eine *Zersetzung des KJ* und die *Blauschwarzfärbung des Amylum
durch freiwerdendes Jod* (aus dem KJ) zu Stande. — Streng genommen theilt
diese Reaktion auch das in der nämlichen Weise behandelte Chloralhydrat. Eine
Entscheidung darüber, ob Chloroform oder ob Chloral in einer zu analysirenden
Flüssigkeit vorliegt, wird daher nur auf Grund einer quantitativen Chlorbestim-
mung *(als CaCl)* in einem mit Kalk gefüllten und (im Verbrennungsofen) zum
Glühen gebrachten Glasrohre herbeizuführen sein; Schmiedeberg.

Unter den Wirkungen des Chloroforms werden wir über die bisher
bekannt gewordenen

a. elementaren Wirkungen auf das Blut, welche sich äussern:
1. in Lackfarbigwerden des Blutes auf direkten Chl.-Zusatz und 2. in
Lösung des Hämoglobin unter *Zerstörung der Form der Blutkörperchen
im Plasma sanguinis* (wobei ein Theil des Chloroforms chemisch gebunden wird, ausserdem aber auch die Affinität des Sauerstoffs zu dem
Hämoglobin der rothen Blutkörperchen zunimmt; Schmiedeberg) deswegen kurz hinweggehen dürfen, *weil Chloroformnarkose* (bez. Chl.-Ver-
giftung) *schon bei einem Chlf.-Gehalte des Blutes eintritt, welcher für
die erwähnten Wirkungen viel zu klein ist*, und man demzufolge am
Blute durch Chloroform betäubter Menschen nicht die mindeste Veränderung constatiren kann; L. Hermann. Das Gleiche gilt 3. von der
durch direkten Contakt des Chloroforms mit quergestreiften *Muskeln* oder
Nerven erzeugten Starre oder Sistirung der Erregbarkeit. Auch von ihr ist
— abgesehen von direkter Einführung des Chlf. in die das qu. Glied
versorgenden Arterien — an chloroformirten Thieren nichts zu bemerken;
Bernstein. Froschherzen schlagen, in eine chloroformhaltige Atmosphäre
gebracht, anfänglich schneller als in der Norm, verfallen jedoch sehr
bald der Starre; noch schneller geschieht dieses nach direkter Injektion
von Chloroform in die Bauchvene; Ranke.

b. Als lokale Wirkung der Chloroformapplikation ist sehr wahrscheinlich der nach subcutaner Injektion an der Einverleibungsstelle
verursachte, von Anästhesie gefolgte Schmerz aufzufassen. Der Zutritt des Mittels zu den oberflächlichen sensiblen Nerven hat, ganz

analog der entsprechenden Beeinflussung der motorischen Nerven, erst Excitation und später Paralyse zur Folge. Die starke *Erregung der sensiblen Nerven bei örtlicher Applikation* auf Haut und Schleimhäute und möglichster Behinderung der Verdunstung spricht sich in allmälig zunehmendem, brennendem Schmerz, welcher alsbald wieder cessirt und die qu. Hautstelle empfindungslos zurücklässt, aus. *Röthung und selbst Blasenbildung* gesellen sich hinzu. Intensiver äussert sich die örtliche Wirkung des Chlrfs. auf *die Schleimhäute* in von brennendem Schmerz begleiteter Entstehung von Entzündung, welche vielleicht wie bei der Oberhaut von Anästhesie, jedenfalls aber von reflectorischer Hypersecretion gefolgt ist. Sofern die durch Inhalation von Chloroformdämpfen erzielte Narkose und allgemeine Anästhesie behufs auszuführender chirurgischer Operationen immerhin einer Chloroformintoxikation entspricht (neben welcher die interne Anwendung des Mittels der Häufigkeit nach, mit der sie zu heilkünstlerischen Zwecken beliebt wird, kaum in Betracht kommt), interessiren uns:

c. die toxischen Allgemeinwirkungen, bez. die Symptome der drei Stadien der Chloroformvergiftung in erster Linie. Wir unterscheiden hierbei

1. das *Stadium des noch fortbestehenden Bewusstseins.* Das erste Symptom, in welchem sich die Wirkung des (*inhalirten*) Chloroforms äussert, ist eine Heiterkeit, die mit der nach Genuss von Wein zu beobachtenden verglichen werden kann und nicht selten einen lärmenden Charakter annimmt. Zunahme der Pulsfrequenz und des Blutdrucks, sowie der Stärke und Ausdehnung der Reflexe kennzeichnen dieses Aufregungs-Stadium. Während desselben gelangt unter Lachen, Gesang anständiger oder unanständiger Lieder, Declamation von Gedichten oder Bibelstellen die anästhesirende Wirkung des Chloroforms, welche mit allmälig zustandekommendem Verlust der Motilität und des Bewusstseins verknüpft ist, zur Entwickelung. In eben dem Maasse, als die Chloroformnarkose zunimmt, schwinden die Sinne und werden alienirt. Das Ticken der Wanduhr gleicht den Schlägen eines herabfallenden Hammers; wahrgenommene Gegenstände erscheinen dunkel oder zerfliessen plötzlich in Licht; längst verwischte und vergessene Gemüthseindrücke, Unterredungen oder Handlungen aus dem früheren Leben tauchen wieder auf und eine vorwaltend heitere Gemüthsstimmung herrscht während dieses ganzen ersten Stadium in der Regel vor; Sansom. — Sich ankündigend durch Muskelzittern geht dasselbe in

2. *das Stadium des Erloschenseins des Bewusstseins* über. Während desselben geht zuerst das Schmerzgefühl und später die Sensibilität überhaupt verloren. Letztere erlischt zuerst an der Oberhaut, später an

der Conjunctiva bulbi und zuletzt an den die Nase begrenzenden Hautparthien. Hand in Hand mit der complet werdenden Sensibilitätsparalyse
geht die sich unter Gefühl von Muskelschwäche und Muskelzittern entwickelnde Lähmung ad motum. Jetzt hört die Coordination der Bewegungen auf (die Pat. stammeln, können die Hände nicht mehr schliessen etc.) und die Muskeln folgen nur noch physikalischen Gesetzen.
Während der ersten 2—3 Minuten dieses Stadium ist das Sensorium
noch nicht völlig aufgehoben und trotz der hochgradigen Sensibilitätsherabsetzung können die willkürlichen Muskeln bis zu einem gewissen
Grade noch dem Willenseinflusse gehorchen. Für kurz dauernde Operationen, bei welchen man nicht einer völlig entwickelten Bewusstlosigkeit
benöthigt ist, wie Zahnextraktionen, Tenotomien, Abscessöffnungen etc.,
ist dieses Stadium das am besten geeignete. Etwaige, selbst laute
Schmerzensäusserungen der Kranken bei Ausführung des Hautschnittes
dürfen nicht beirren; nach dem Erwachen aus der Narkose bestätigen die Operirten in der Regel, dass sie von dem chirurgischen
Eingriff nichts gewahr geworden sind. — Vier bis fünf Minuten
später ist das

3. *Stadium, welches als das des Completwerdens der Muskeler-*
schlaffung bezeichnet zu werden pflegt, in der Regel zur vollen Entwickelung
gelangt. Der Pat. liegt unbeweglich, in tiefen Schlaf versenkt und gegen
Schneiden, Stechen und Brennen unempfindlich da, so, dass die schmerzhaftesten und lange Zeit zu ihrer Ausführung beanspruchenden chirurgischen Operationen möglich werden. In dieser Periode der Chloroformwirkung sind die Pupillen verengt, der Puls retardirt und die Respiration
regelmässig aber oberflächlich. Gewöhnlich gilt das Completwerden der
Unempfindlichkeit der Conjunctiva bulbi als Beweis dafür, dass das für
grössere Operationen allein geeignete Stadium eingetreten ist; für kürzer
dauernde Operationen ist man desselben kaum bedürftig. Als Regel
muss gelten, dass das vollständig ausgebildete 3. Stadium
der Chloroformnarkose das höchste für ärztliche Zwecke statthafte ist. Wird, nachdem es erreicht ist, immer noch mit den Chl.-
Inhalationen fortgefahren, so kommt es unter schnarchender Respiration,
Pupillendilatation und sehr tiefem und lange dauerndem Schlafe zu dem
mit dem Tode nahe verwandten und dem Eintritt desselben nicht selten
vorweggehenden

4. *comatösen Stadium.*

Das Erwachen aus der Chloroformnarkose erfolgt so leicht wie das aus einem
tiefen Schlafe; der Erwachte fühlt sich matt, wankt und taumelt wie ein Trunkener
und sucht allein zu sein. Zuweilen tritt Nausea ein und ziemlich rasch, nachdem
alles Chloroform von der Lungenschleimhaut aus eliminirt ist, befindet sich der seiner

Bewegungen wieder mächtig gewordene Chloroformirte in vollkommener Euphorie. Bei warmblütigen Thieren verläuft die Chloroformnarkose der Hauptsache nach genau so wie beim Menschen.

Sofern bei letzterem das zweite und bei grossen Operationen das dritte Stadium der Chloroformvergiftung zu heilkünstlerischen Zwecken absichtlich herbeigeführt wird, müssen wir uns auch mit den unter dem Begriff der „*schlechten Chloroformnarkose*" zusammengefassten, individuellen Verschiedenheiten, bez. mit den Abweichungen des Verlaufes der gen. Vergiftung von obigem Paradigma, bekannt machen. So allein werden wir in den Stand gesetzt werden, den dem Chloroformirten von diesen Irregularitäten drohenden, nicht zu unterschätzenden Gefahren rechtzeitig durch geeignete Maassnahmen zu begegnen.

Nicht in den allgemeinen Rahmen der Chloroformnarkose passen:

1. *Die während des ersten Stadiums*, in der Regel durch zu schnelles Inhalirenlassen des Mittels *hervorgerufenen incompleten Narkosen*. Während derselben kann auf dem Wege des Reflexes von den durch die mit heftigen Schmerzen verknüpfte Operation gereizten, peripheren sensiblen Nerven aus auf den Herzvagus der Tod durch Herzparalyse erfolgen, bevor noch die Narkose eine vollständige geworden ist.

2. Nicht minder gefahrdrohend ist der Verlauf der Chlrf.-Narkose bei Verfall der Constitution durch Alkoholmissbrauch. Derselbe ist *durch blitzschnellen Uebergang einer lange Zeit anhaltenden*, mit grosser Muskelunruhe, Jactation und Widerstand gegen die liegende Stellung verknüpften *Aufregung und Sopor, welcher von Ausbruch klebriger Schweisse, vollständiger Erschlaffung der Muskeln*, von schnarchender Respiration und Unfühlbarwerden des Pulses *begleitet ist*, gekennzeichnet.

Unter 106 Fällen dieser Art betrafen 11 Säufer. Lefort statuirt ein Sichaddiren der Chloroform- und der Alkoholwirkung, bei welchem der bereits durch den Alkohol verursachte *Wärmeverlust* (man vgl. p. 321) durch die Verminderung der Wärmeproduktion und durch die Verlangsamung der im thierischen Organismus stattfindenden chemischen Processe nach sich ziehende Wirkung des Chloroforms noch gesteigert und folgenschwerer wird. Die Prognose derartiger Vorkommnisse ist so schlecht, dass Gosselin notorische Potatoren überhaupt nicht chloroformirt.

3. *Die durch Eintritt von Synkope und Stupor charakterisirte „schlechte Chloroformnarkose"* (unter 109 Fällen von Chloroformtod 56 mal die Todesursache) kommt bei, durch überstandene schwere Krankheiten, Blutungen oder Säfteverlust, oder durch lange Zeit ertragene heftige Schmerzen Geschwächten (*bei denen Chlrf. auf die der Nutrition vorstehenden Nerven besonders nachhaltig und verderblich einwirkt*), bei durch Sorgen und grosse Angst geistig Deprimirten, bei an Lungen- oder Herzkrankheiten — namentlich Fettherzbildung — Leidenden vor. Hierzu gesellen sich Individuen, bei welchen nach gewaltigen Störungen in

der Nervensphäre der sich in Kälte der Extremitäten, Kleinheit des Pulses und Blässe des Gesichts aussprechende, höchst gefährliche Zustand des Shock's zur Entwickelung gelangt ist. — Ferner sind hierher zu rechnen

4. Anomalien des Verlaufs der Narkose, welche *in Anwendung theilweise zersetzten Chloroforms* begründet sind, und

5. Anomalien, *wo es sich um brusque Einführung zu wenig mit atmosphärischer Luft verdünnten Chloroforms in die Athemwege handelt.* Letzteren Falles giebt eine starke, durch intensive Reizung der im Tractus naso-trachealis verlaufenden Aeste des V. Nervenpaares bedingte und zu Herzstillstand führende reflectorische Reizung des Vagus zu plötzlich eintretendem Herzstillstand Anlass. *In solchen Fällen muss das Inhaliren oft unterbrochen und behufs Regelung der Athmung zu den später zu nennenden Hülfsmitteln bei Chloroformscheintod gegriffen werden.* Gewöhnlich wird, ehe eine ausreichende tiefe Narkose mit Anästhesie auch in der Schläfe, Pupillenverengerung etc. zu Stande kommt, die Inhalation beängstigend grosser Mengen Chloroform erforderlich. *Bei anderen, theilweise zersetztes Chloroform inhalirenden Kranken macht* die sich schnell herausbildende *Ruhe ganz plötzlich grosser Unruhe und Jactation Platz.* Die Kranken *erbrechen,* wobei viel Chloroform eliminirt wird, und müssen aufs Neue chloroformirt werden, bis unter beständigem Declamiren und Singen sich eine comcomplete *Narkose* entwickelt. Endlich sind noch diejenigen Fälle hervorzuheben, in denen trotz häufiger Unterbrechungen wegen schlechten Athmens tiefe Narkose erzielt und die Pupille klein wird, die Berührung der Conjunctiva bulbi keine Reflexe mehr hervorruft, die gesammte Körpermusculatur erschlafft und gleichwohl wegen *krampfhafter Contraktion des M. orbicularis oris* und zygomaticus das Hervorziehen der Zunge und das Heben des Kehldeckels mit Schwierigkeit verknüpft ist. Das Gefährliche dieser Fälle liegt darin, dass plötzlich der Puls klein und die Respiration entweder beschleunigt, laut und schnarchend wird, oder das Inspirium ganz ausbleibt.

6. *Auch das Erwachen aus schlechter Chloroformnarkose ist nicht das normale,* oben geschilderte, sondern es bleiben Zeichen von Uebelbefinden, Brechneigung, Kopfweh, Gemüthsverstimmung, grosser Durst — ein dem Katzenjammer nahestehender Zustand — noch längere Zeit zurück.

Von diesen Anomalien des Verlaufs der Chloroformnarkose zum tödtlichen Ausgang, welchen plötzliches Blasswerden von Gesicht und Lippen, Aufhören der Blutung in Operationswunden, hartnäckiges (*nicht selten von plötzlichem Tode gefolgtes*) Erbrechen. Jactation und Bemühung sich loszureissen, von Livor begleiteter Trismus, Tetanus und Opisthotonus, mühsame, stertoröse Respiration, Unfühlbarwerden des Pulses und Sistirung der Athmung unter Eintritt von Muskelkrämpfen, Erbrechen und Erschlaffung der Sphincteren ankündigen, ist nur ein Schritt. *Ist der in der Regel asphyktische Tod eingetreten, so ergeben die Obduktionen meist nur die Erscheinungen der Erstickung.* Beim Eröffnen der Schädelhöhle wird häufig Chloroformgeruch wahrgenommen; die Todtenstarre entwickelt sich frühzeitig und stark und nur das Herz wird welk und schlaff angetroffen. In manchen Fällen sind im Blute Gasblasen, deren Natur und Entstehung z. Z. unbekannt ist, beobachtet. Als Todesursachen sind Lähmung des Athemcentrum — oder, viel seltener (weil in der Norm das Herz das ultimum moriens ist) — Herzparalyse, gegen welche die Einleitung künstlicher Respiration (über die Methoden vgl. unten) nichts vermag, hervorzuheben.

Die selten beliebte Einverleibung des Chloroforms per os ist in erster Linie von den oben geschilderten örtlichen Reizungen und entzündlichen Veränderungen der Darmschleimhaut begleitet. Dieselben sind ausgesprochen in Erbrechen, Durchfall, blutigen Ausleerungen etc. und die Vorboten eines weit länger, als nach Inhalationen anhaltenden soporösen Stadium, welches nach Beibringung grosser toxischer Dosen dem Tode Platz machen kann.

Sofern uns die zu chirurgischen Zwecken hervorgerufene, normal oder unregelmässig verlaufende Chloroformnarkose hier so gut wie allein interessirt, werden wir im Nachstehenden zunächst eine Analyse der Erscheinungen derselben auf Grund physiologischer Versuche an Thieren geben und uns hierauf zu den Vorschriften über die Einleitung der zu heilkünstlerischen Zwecken gebräuchlichen Narkose, sowie zur Erörterung der zur Prophylaxe oder Beseitigung übler Zufälle nach dem Chloroformiren nothwendig werdenden Mittel bez. Handgriffe und anderweitigen Maassnahmen wenden. Anlangend die Analyse der unter c. angegebenen Allgemeinwirkungen inhalirten Chloroforms, so sind dieselben der Hauptsache nach auf die nervösen Centra und unter diesen wieder in erster Linie auf *das Grosshirn* gerichtet. Die Erscheinungen *des Rausches* und *Schlafes* nach der Chloroformirung beweisen dieses zur Genüge; über den Sitz und die Art dieser Störung, bez. die mit derselben verknüpften palpablen Veränderungen der histologischen Elemente des Grosshirns; oder etwaige Modifikationen der Blutvertheilung in demselben, geht uns jede Kenntniss ab. Interessant ist, dass, wie allerdings noch vereinzelte klinische Beobachtungen beweisen, unter uns ebenfalls unbekannten Bedingungen *die durch die Chloroforminhalationen bedingte Motilitäts- und Sensibilitätslähmung complet und gleichwohl das Sensorium soweit intakt sein kann, dass Operirte, sowie der Chloroformkorb entfernt wird, sich ungestört mit ihrer Umgebung unterhalten;* Lente. Nach Flourens beeinflussen alle Anaesthetica zuerst die Grosshirnlappen und heben später erst die Funktionen des Kleinhirns, sowie noch später die der Medulla oblongata auf. Darin, dass letztere und somit auch die daselbst belegenen Centra, wie das Athem- und Gefässnervencentrum, sehr spät ihrer Funktion verlustig gehen, ist die Anwendbarkeit des Chloroforms wie der Anästhetica überhaupt zu ärztlichen Zwecken begründet.

Alle Veränderungen in den Hirnfunktionen auf die durch das Chloroformiren bewirkte *asphyktische Blutbeschaffenheit* zurückzuführen, wie Faure will, dürfte sein Bedenkliches haben. Dagegen steht es durch Bernstein's Versuche fest, dass zum Eintritt dieser Wirkung des qu. Mittels auf die Nervencentra eine Zuführung des Anaestheticum zu den gen. Centren unerlässliche Bedingung ist. Bernstein beobachtete nämlich, dass nach Zerreissung der Pia mater in irgend welchem Abschnitte des (Frosch-)Rückenmarks und somit bewirkter Ausschaltung der die unterhalb dieser Verletzung belegenen Markabschnitte versorgenden Gefässe, die sich in *primärer Steigerung und secundärem Erlöschen der Reflexe* aussprechende Wirkung des Chloroforms auf das Rückenmark ausblieb. Auch die reflectorischen Apparate nicht nur des Rückenmarks, sondern auch des Hirns sind ergriffen, weil die sonst während des Schlafes fortbestehenden Reflexäusserungen bei Chloroformirten in Wegfall kommen. Welcher von den drei die Rückenmarksreflexe auslösenden Apparaten, nämlich von den sensiblen Ganglienzellen, dem Fasernetz der grauen Substanz und den motorischen Ganglienzellen, *bei der primären Steigerung und secundären Sistirung der genannten Reflexe in Mitleidenschaft gezogen wird*, ist z. Z. unentschieden. Bernstein behauptet, dass zu einer Zeit der Chl.-Narkose, wo die sensiblen Zellen eines vergifteten Markabschnittes bereits gelähmt seien, die motorischen (freilich um später ebenfalls der Lähmung zu verfallen) ihre Erregbarkeit und Funktionsfähigkeit noch behielten. Später werden, wie gesagt, auch die motorischen Zellen paralysirt und nicht nur die automatischen Bewegungen, sondern auch Athmung und Herzschlag (was bei Warmblütern mit dem Eintritte des Todes identisch ist) hören auf. Der Aufhebung der Reflexe geht eine Steigerung derselben bezüglich der Intensität vorweg, welche von der Länge des sensor. Aufregungsstadium abhängig ist.

Die mehrfach erwähnte Pupillenverengerung während der Chloroformnarkose hängt nach Dogiel *von centraler Erregung der Oculomotoriusfasern des Sphincter pupillae* ab; die, während der höheren Stadien der Chloroformvergiftung auf Anschreien des Pat. auftretende Pupillenerweiterung dagegen ist als *reflectorische Aeusserung des gereizten N. sympathicus* aufzufassen.

Die Lähmung der automatischen Bewegungen: Herzschlag und Athmung, stellt in der Regel eine der spätesten Wirkungen des Chloroforms dar. Nur in seltenen Fällen, meistens bei bestehenden pathologisch-anatomischen Veränderungen des Organes (namentlich Fettherzbildung), ist das Herz nicht das ultimum moriens.

Die anfängliche Pulsretardation nach Chloroforminhalation ist nach Holmgren *Folge eines durch inhalirtes Chloroform bewirkten und reflectorisch auf den Herzragus übertragenen Reizes der Olfactorius- und Trigeminusendigungen des Tractus naso-trachealis.* Hiervon ist die *resorptive Beschleunigung, dann Verlangsamung und Lähmung der Herz- und Athembewegungen* strengstens zu trennen, weil sie auf direkten Wirkungen des Chloroforms auf die motorischen Centralorgane beruht. Die neben der Herzschwächung stattfindende Lähmung des Arterientonus bez. *Blutdruckverminderung* kann, weil sie nach Scheinesson, auch wenn das Rückenmark im Halstheile durchschnitten oder die Bauchaorta comprimirt wird, eintritt, *nicht von Lähmung des Gefässnervencentrum allein abhängig sein.*

Wegen Erschlaffung der peripheren Arteriolen und vermehrter Wärmeabgabe sinkt die Körpertemperatur in der Chl.-Narkose.

Therapeutische Anwendung des Chloroforms.

Am Ende unserer physiologischen Betrachtungen angelangt, wenden wir uns

I. *den Indikationen des Chlorformgebrauchs zu chirurgisch-operativen Zwecken*

zu. Wir legen hierbei die Ermittelungen des Chloroformcomité der Medico-chirurgical Society zu London zu Grunde und heben bezüglich der kürzere Zeit beanspruchenden Operationen nochmals hervor, dass die Schmerzempfindung eher erlischt als das Bewusstsein und demnach auch indicirt sein kann:

A. das erste Stadium der Chloroformnarkose (vgl. p. 437):

1. wo es sich um Schmerzstillung beim Wundverband oder behufs Ausführung kleiner Operationen handelt, oder

2. wo mässiger Krampf in circumscripten Muskelgruppen beseitigt und somit die Einführung des Katheters, oder die Entfernung fremder Körper aus den Luftwegen befördert werden soll. — Dagegen bedürfen wir

B. das zweite Stadium der Chloroformnarkose:

3. bei *Behandlung des Torticollis* und Operation der *Hasenscharte*;

4. bei Amputationen aller Art bis nur die letzten 6 Wundnäthe noch anzulegen sind;

5. bei Exarticulationen, Gelenkreseetionen, Nekrose-Operationen;

6. bei längere Zeit erfordernden Entfernungen von Geschwülsten;

7. bei *Steinzertrümmerung und Steinschnitt*;

8. bei plastischen Operationen;

9. bei Operationen am *Cranium*, wobei zu bemerken ist, dass Chloroform an sich keine Hyperämie erzeugt;

10. bei Nervendurchschneidung oder Arterienunterbindung;

11. bei gewaltsamer Beugung steifer Gelenke;

12. bei Operation der Harnröhrenstrictur;

13. bei Operationen am *Penis* oder *Scrotum*; und

14. bei ausgedehnten Aetzungen sehr nervenreicher Körpertheile.

Sansom räth den zu Operirenden in einem Wärterzimmer zu chloroformiren und denselben erst, wenn die Narkose zweiten Grades complet geworden ist, in den Operationssaal zu bringen, woselbst alles für Wiederaufnahme der Einathmungen und Bekämpfung etwa vorkommender übler Zufälle Erforderliche (vgl. unten) zur Stelle sein muss. — Endlich ist nothwendig:

C. das dritte Stadium der Chloroformnarkose:

15. bei Aetzungen grosser Geschwürsflächen mit dem Glüheisen oder Cauterium potentiale;

16. bei Evulsion von Finger- oder Zehennägeln;

17. bei Fällen von Harnretention mit hochgradig erschwertem Kathetrismus;

18. bei Taxis von Hernien und

19. bei Einrichtung von Luxationen.

II. *Die Contraindikationen des Chloroformirens für chirurgische Zwecke*

ergeben sich:

α. aus dem Allgemeinzustande des Kranken, bez. aus folgenden bestehenden und diagnosticirbaren Krankheiten:

a. bei chronischem Alcoholismus,

b. bei Blutvergiftungen anderer Art,

c. bei hochgradiger Erschütterung des Nervensystems (*Shock*),

d. bei Lungenkrankheiten, welche acute Hyperämie des Organes bedingen,

e. bei hochgradigen *Schwächezuständen* nach Eiterungen etc. und

f. bei Fettentartung des Herzens.

Fälle, wo man sich trotz des Bestehens einer dieser Indikationen zum Chloroformiren entschliesst, müssen stets Ausnahmen von der Regel darstellen.

β. Weitere Contraindikationen des Chloroformirens ergeben sich aus dem Operationsfelde.

Wo der Operateur der Cooperation des zu Operirenden bedürftig ist — z. B. bei der Operation des gespaltenen Gaumens — *oder wo der Operirte durch seine Schmerzensäusserungen Fingerzeige geben soll,* wird man vom Chloroformiren absehen. Betreffs der Operationen der Blasenscheidenfistel, der Tracheotomie und der meisten Augenoperationen sind die Ansichten getheilt. —

III. *Die Regeln für die kunstgerechte Applikation des Chloroforms*

zu chirurgischen Zwecken lassen sich kurz in folgenden Punkten zusammenfassen:

1. Es ist darauf zu sehen, dass der zu Chloroformirende *nicht kurz vor der Chloroformirung eine Mahlzeit zu sich genommen hat.* Ist dieses Postulat erfüllt, so werden die Circulations- und Respirationsorgane einer genauen Exploration unterworfen. Falls längere Zeit aufbewahrtes Chloroform benutzt werden soll, so ist dasselbe durch Siedepunktsbestimmung,

Verdampfenlassen einer Probe auf einem Uhrglase etc. auf seine Reinheit zu prüfen.

2. Hierauf lässt man den Kranken, falls sich diese Lage nicht durch das Operationsfeld (*Operationen in der Mundhöhle*) verbietet, *die Rückenlage einnehmen* und dieselbe, um den Pat. an dieselbe zu gewöhnen, ehe mit den Inhalationen begonnen wird, einige Zeit einhalten. Es ist empfehlenswerth, dieses in einem anderen als dem Operationszimmer vorzunehmen, wo ihn die ausgelegten Instrumente in Furcht oder Schrecken versetzen könnten; Sansom.

3. *Niemals darf ein Kranker sich selbst chloroformiren*, sondern es sind stets zwei assistirende ärztliche Sachverständige, wovon der eine das Chloroformiren besorgt und der andere, ohne von den Vorgängen der auszuführenden chirurgischen Operation die geringste Notiz zu nehmen, Puls und Athmung des Pat. beobachtet, erforderlich.

4. Zur Aufnahme des zu inhalirenden Chloroforms dient ein zweckentsprechend zusammengelegtes Taschentuch oder besser der *Chloroformkorb*. Die complicirten Einathmungsapparate (Inhalers) haben bei uns keinen rechten Anklang gefunden, weswegen wir uns eine Beschreibung derselben ersparen zu dürfen glauben.

5. Der chloroformirende Assistent hält Taschentuch oder *Korb $1^{1}/_{2}$"* oder *10 Cntm. von dem* (geöffneten) *Munde des Kranken entfernt* und fängt ganz allmälig an so verdünntes, bez. mit athmosphärischer Luft vermischtes Chloroform, dass der Inhalirende diese Substanz kaum schmeckt, langsam und regelmässig einathmen zu lassen. Die Steigerung des Concentrationsgrades der Dämpfe unter beständiger Sorge für ausreichenden Zutritt atmosphärischer Luft erfolgt gradatim. Viele lassen die Inhalationen der Chloroformdämpfe, deren Chlrf.-Gehalt 4,5 % nicht übersteigen darf, nach Gosselin's Vorgange häufig unterbrechen.

6. Bei bestehender *Schwäche des Herzschlages* oder vorhandenen, das Chloroformiren nicht unbedingt verbietenden *Respirationsanomalien* wird bezüglich der Ausführung des Chloroformirens die grösste Sorgfalt geboten und wiederholte Unterbrechung der Inhalationen dringend nothwendig sein.

7. Tritt während der Chlrfm.-Einathmung *Husten ein, so lasse man mit den Inhalationen sofort nach, um die Zahl der Athemzüge zu bestimmen. Beträgt letztere weniger als 20—25 per Minute,* so ist das Chloroformiren auszusetzen und überhaupt davon zu abstrahiren; Gosselin.

8. Dem *Zurücksinken der Zunge* ist in geeigneter Weise entgegen zu wirken; verursacht es gleichwohl bedrohliche Erscheinungen von Erstickung, so ist die Zunge ungesäumt stark nach vorn zu ziehen, der

Mund sorgfältig von Schleim zu befreien, künstliche Respiration einzuleiten und zur Galvanisation des Phrenicus (*vgl. unten p. 447*) seine Zuflucht zu nehmen.

9. *Erbrechen und selbst Glottiskrampf mit Cyanose gehen in der Regel rasch vorüber. Der Puls sinkt* mit Completwerden der Narkose stets *etwas ab.* Von den Gefahr bedeutenden Erscheinungen der schlechten Chloroformnarkose, wie Blasswerden, Livor des Gesichts, oberflächlicher Respiration, retardirtem, flatterndem und aussetzendem Pulse etc., ist oben (p. 439 ff.) ausführlicher die Rede gewesen. Livor und stertoröse Athmung hören häufig, sowie der Kranke vorsichtig auf die linke Seite gelegt wird, auf; Bader.

10. *Wo der Herzschlag plötzlich und vor dem Fortbleiben der Athembewegungen cessirt, ist die grösste Gefahr vorhanden.* Hier sind die im Nachstehenden (IV) angegebenen Maassnahmen gegen Chloroformtod sofort in Scene zu setzen.

11. *Eine zehn Minuten lang fortgesetzte Chloroforminhalation reicht* in der Regel zur Hervorrufung einer für die Ausführung chirurgischer Operationen genügenden Narkose *aus* und nur ausnahmsweise kommt hierbei eine bemerkenswerthe Muskelrelaxation zu Stande.

12. *Stets muss mit der Ausführung der Operation bis zum Completwerden desjenigen Grades von Narkose,* welcher im concreten Falle, gemäss den p. 443 unter I gemachten Angaben, erforderlich ist, *gewartet werden.* Ist dieser Zeitpunkt eingetreten, so lasse man das Chlrf. fort und beeile sich, falls sich etwa die Operation verzögert, mit der Erneuerung des Chloroforms nicht.

13. Die von Nussbaum, Claude Bernard u. A. empfohlene *Verlängerung der Chloroformnarkose* durch vor der Inhalation bewirkte subcutane Injektion von *Morphium* (0,03—0,06!) erzeugt allerdings eine *tiefe* und für die schwersten Operationen ausreichende Narkose, welche beliebig so lange, als Chloroform inhalirt wird, unterhalten werden kann; trotzdem mag sie für Vivisectionen mehr als für chirurgische Operationen zu empfehlen sein, weil sie doch nicht ungefährlich ist und die Chloroformirung in den allermeisten Fällen allein ausreicht.

14. *Nach dem Erwachen aus der Narkose gewähre man dem Operirten,* damit er in wohlthätigen und kräftigenden Schlaf falle, *möglichst ungestörte Ruhe.*

Unter Einhaltung obiger Regeln verläuft die Narkose in so überwiegend vielen Fällen ohne Störung, dass es beschäftigte Operateure giebt, denen nie ein Unglücksfall beim Chloroformiren begegnete. Nichtsdestoweniger kommen solche Fälle vor, bei denen entschlossenes Handeln, um den Uebergang des Chloroformscheintodes in den definitiven Tod abzuwenden, dringend Noth thut. Wir haben daher den Maassnahmen, welche zur Prophylaxe des drohenden oder

IV. zur Behandlung des zur Ausbildung gelangten Chloroformscheintodes

ungesäumt und energisch zu treffen sind, zum Schluss dieses Kapitels noch unsere Aufmerksamkeit zuzuwenden.

Ursache des Scheintodes kann sein: 1. synkopale Apnoë, welche starke Reizung der Vagusäste in der Lunge und per reflexum durch Reizung des Hemmungsnervensystems des Herzens Herzstillstand bedingt. Bei dieser Form von Synkope bringt consequent durchgeführte künstliche Athmung in der Regel Rettung. Weniger sicher geschieht dieses 2. bei der epileptiformen Synkope, wobei während und zufolge des Muskelrigors Blutleere der Arterien neben strotzender Blutüberfüllung des Venensystems eintritt und das musculomotorische Herznervensystem in Mitleidenschaft gezogen ist. Dasselbe gilt 3. von der dritten Form, wo — wider die Regel — das Herz das primum moriens ist. d. h. wo die Muskelirritabilität durch das dem Herzen mit dem Blute zugeführte Chloroform meistens frühzeitig, häufig ehe zur Operation geschritten wird, verloren geht. Endlich ist 4. die Form des Scheintodes, wo sich die deprimirenden Wirkungen des Chloroform einer- und der eingreifenden chirurgischen Operation andererseits addiren, und wo es sich um Paralysirung sowohl aus dem Sympathicus, als aus dem Vagus stammender Nervenfasern handelt, zu nennen. Bei dieser letzten Form ist die Prognose sehr schlecht zu stellen; B. W. Richardson.

Zur Bekämpfung des Chlrf.-Scheintodes, namentlich der ersten Form, kommt Alles darauf an. zur Vorbeugung eines höheren bez. zum Tode führenden Grades von Asphyxie den Lungen sauerstoffreiche Luft und somit dem in seiner Aktion erlahmenden Herzen den gesundheitsgemässen Stimulus gehörig oxydirten Blutes zuzuführen. Es geschieht dieses entweder direkt durch mechanisches Einpressen von Luft in die Lungen oder indirekt durch Galvanisirung der den Athembewegungen vorstehenden Nerven, wodurch die sistirte Athmung und demzufolge die Sauerstoffaufnahme in die Lungen wieder in Gang gebracht wird. Behufs Galvanisirung des Phrenicus wird (bei Thieren) ein N. Ph. direkt mit dem einen Pol und eine in das Zwerchfell eingestochene Nadel direkt mit dem andern Pol verbunden. Beim Menschen wird der + Pol auf die dem Verlauf des NPhrenicus entsprechende Parthie der einen Halsseite und der — Pol (in Salzwasser getauchte) Elektroden des mit 2—3 Daniel'schen Elementen verbundenen Dubois'schen Schlittens) mit dem Präcordium in Berührung gebracht; Lefort, Onimus, Duchenne. Das mechanische Einpumpen von Luft in die Lungen geschieht: α) durch Insufflation von Mund zu

Mund, wobei zuweilen dadurch genützt wird, dass die Luft in den Magen des Chloroformirten geblasen, Erbrechen ausgelöst und somit die Elimination des Mittels befördert (ausserdem auch die Lunge von Schleimansammlung befreit) wird. Wirksamer — wenn energisch und lange Zeit ausgeführt — ist aber β) *die Einleitung der künstlichen Respiration durch äussere Handgriffe* nach M. Hall's und Silvester's Methode, und γ) die direkte Einpumpung von Luft durch eine in die Trachea eingeführte und mit einem der von Maneet, Spencer Watson etc. angegebenen Blasebälge in Verbindung gebrachten Canüle. Billroth zieht diesen Blasebalg-Einblasungen die Insufflationen von Mund zu Mund vor.

Als **Unterstützungsmittel der künstlichen Respiration** und **Galvanisation** dienen: *Frottiren der Haut, Epispastica, Applikation heiss gemachter Flaschen an die Füsse*, Einspritzungen von Ammoniak (vgl. p. 119) *in eine Vene* und andere Reizmittel. Sie bringen, wo die künstliche Athmung im Stiche liess, nur ausnahmsweise Hülfe; B. W. Richardson.

Für die Behandlung innerer Krankheiten wird Chloroform verschwindend selten gebraucht u. zwar:

1. bei *Neuralgien;* bedient man sich hier der Inhalationen, so darf das zweite Stadium der Narkose nicht überschritten werden. Aerzte, welche das Schmieren lieben, bedienen sich auch wohl der Einreibungen von 1 Chloroform auf 2 Fett in den schmerzhaften Theil bez. im Verlauf der afficirten Nerven.

2. Von *den verschiedensten Formen von Neurosen und krampfhaften*, mit Schmerzen verbundenen *Affektionen*, wie Gallenstein- und Nierenkoliken, Bleikolik, Zwerchfellkrämpfen etc., gilt bezüglich der Inhalationen dasselbe. Hysterische Paroxysmen wurden mit günstigem, Pertussis und Tetanus traumaticus mit zweifelhaftem Erfolg mit Chloroform-Inhalationen behandelt. — Ferner ist Chloroform

3. gegen *Schlaflosigkeit alter Leute*, hartnäckiges Erbrechen, *Seekrankheit*, Cholera und Wechselfieber zu 5—8 Tropfen in Schüttelmixtur empfohlen worden. Endlich ist die Morphin-Chloroformsolution Bernatzik's (0,1 Morphin in Essigsäure gelöst, dazu 2 Grm. Spirit. vini rectifiss. und 8 Grm. Chloroform; Dosis: 2—15 Tropfen für Kinder, 30—40 Tropfen für Erwachsene) zu nennen. Für die Anästhesirung des Kehlkopfs zu laryngoskopischen Zwecken leistete diese Mischung Türck Dienste, Tobold nicht.

Anhang.

B. Andere Anaesthetica.

Die nachstehende, Richardson entnommene Tabelle giebt eine Uebersicht der zahlreichen, als Anästhetica für chirurgische Zwecke versuchten Verbindungen bez. Derivate des Methyl-, Aethyl-, Amyl-, Caprylalkohols.

				Dampfdichte:
Methylwasserstoff: ... ΘH_4	; brennt an der Luft;	gasförmig;		8
Methylalkohol: ...... $\Theta H_4 \Theta$	; dito	siedet bei 59° C.;		16
Methyläther: .... $\Theta H_3 \Theta$	; dito	gasförmig;		23
Methylchlorür: ...... $\Theta H_3 Cl$	; dito	dito		25,5
Methylbichlorid: ..... $\Theta H_2 Cl_2$;	dito	siedet bei 30,5°;		42,5
Chloroform: .... $\Theta H Cl_3$;	macht die Flamme	., „ 63,5°;		59,75
	verlöschen;			
Bromoform: .... $\Theta H Br_3$;	dito	„ „ 82°;		126
Kohlenstofftetrachlorid: Θ Cl_4;	dito	„ „ 78°;		77
Elaylgas: .... $\Theta_2 H_4$	; brennt an der Luft;	gasförmig;		14
Aethylalkohol: .... $\Theta_2 H_6 \Theta$	; dito	siedet bei 78°;		78
Aethyläther: .... $\Theta_2 H_5 \Theta_2$;	dito	„ ., 34°;		37
Aethylchlorür: .... $\Theta_2 H_5 Cl$	; dito	„ „ 110°;		32,25
Aethylbichlorid: ..... $\Theta_2 H_4 Cl_2$;	(Liquor holland.) do.	„ „ 64°;		49,5
Amylalkohol: .... $\Theta_5 H_{12} \Theta$	; brennt an der Luft;	., „ 135°;		44
Amylwasserstoff: ..... $\Theta_5 H_{12}$	; dito	„ ., 30°;		36
Amylen: .... $\Theta_5 H_{10}$	; dito	., ., 32°;		35
Caprylwasserstoff: ... $\Theta_6 H_{14}$	; dito	„ „ 68°;		43

Unter diesen sämmtlichen Verbindungen (*das Chloroform abge-rechnet*) interessirt uns hier, weil davon noch vielfach Gebrauch zu Inhalationen behufs Herbeiführung allgemeiner Anästhesie für operative Zwecke gemacht wird, einzig und allein der Aethyläther ($\Theta_2 H_5 \Theta_2$). Der Aether stellt eine eigenthümlich belebend riechende, brennend schmeckende und im hohen Grade flüchtige, leicht bewegliche Flüssigkeit dar, deren spec. Gewicht 0,723 sein soll. *Die physiologischen Wirkungen des Aethers fallen mit den im Vorstehenden eingehender erörterten Wirkungen des Chloroforms in allen wesentlichen Punkten zusammen.* Nur ist die sich langsamer entwickelnde Allgemeinwirkung des Aethers, wiewohl das Excitationsstadium etwas protrahirter ist, flüchtiger vorübergehend als beim Chloroform. Die Gefahr der Athem- und Herzlähmung ist, gemäss den in England und Amerika gemachten Ermittelungen, beim Aether nicht unerheblich geringer, als beim Chloroform. Als völlig ungefährlich, nach Petrequin's Vorgange, darf indess der Aether ebensowenig wie die übrigen Anaesthetica bezeichnet werden. Ganz wie Chloroform erzeugt örtliche Applikation des Aethers auf Haut oder Schleimhäute (man vgl. p. 436) — Aether-spray — nach vorweggegangener *Reizung der sensiblen Nerven* lokale Anästhesie, welche mehrfach zu operativen Zwecken, zur *Schmerzstillung bei Neuralgien* u. s. w. verwerthet ist, und deren Intensität durch gleichzeitige örtliche Anwendung der Kälte (Eisbeutel) wesentlich erhöht wird. Auf der Magenschleimhaut ruft Aether, in grosser Dosis gereicht, entzündliche Reizung mit Hypersecretion hervor.

Im Allgemeinen gilt der Satz, *dass bestehende Congestirzustände und Prädisposition zu Apoplexie den längere Zeit* (als dies Chloroform thut) *excitirenden Aether contraindiciren, während andererseits Chloroform von fieberaden Personen gut vertragen wird.* Doch besteht auch über diesen Punkt insofern keine Uebereinstimmung, als nach Sansom Chloroform gerade von heruntergekommenen Subjecten gut vertragen wird. Die in England gebräuchliche, in Deutschland von Nagel präconisirte Anästhesirung durch gemischte Dämpfe aus Aether (Alkohol) und Chloroform mit Hülfe complicirter Apparate (Inhalers) hat bei uns ebensowenig allgemeine Aufnahme gefunden wie die Inhalationen von Methylbichlorid, Aethylidenchlorid, Amylen u. s. w.

So bleibt denn (von dem zur Erzeugung *lokaler Anästhesie* benutzten Aetherstrahl abgesehen) die Anwendung des Aethers als flüchtig erregendes, auf Gasansammlung im Darm beruhende *Koliken* beseitigendes, schmerzstillendes (vgl. Durand'sches Mittel bei Gallensteinkolik p. 160) und krampfwidriges Mittel allein übrig. Ausserdem werden die noch immer officinellen zusammengesetzten Aetherarten, welche sich unter „Pharmaceutische Präparate" zusammengestellt finden, gebraucht.

Pharmaceutische Präparate:

1. Aether purus (s. sulfuricus). Dosis: 5—10 und mehr Tropfen in Syrup oder Gallertkapseln (*Globuli aetheris; perles d'éther*).

2. Spiritus aethereus. Liquor anodynus Hofmanni. Liquor: 1 Th. Aether mit 3 Th. Weingeist; zu 20—40 Tropfen, besonders wenn der Aether wässrigen Flüssigkeiten: Infusen oder Decocten zugesetzt werden soll. Der „Liquor" ist als Analepticum ein beliebtes Volksmittel.

3. Spiritus aetheris nitrosi. Spir. nitri dulcis. Salpeteräther ($C_2H_5ONO_2$), durch Destillation von Salpetersäure und Alkohol erhalten; möglichst säurefrei; schmerzstillend, beruhigend, krampfwidrig, aber leider nicht von gleichbleibender Zusammensetzung. Soll harn- und blähungtreibend wirken und ist nur noch selten gebräuchlich; Dosis: 10—30 Tropfen.

4. Spiritus aetheris chlorati. Spiritus salis dulcis. Spec. Gewicht: 0,838—0,842; Dosis dieselbe; obsolet.

5. Aether aceticus ($C_4H_5O + C_4H_3O_3$). Naphtha aceti, Essigäther. Durch Destillation des essigs. Natrium (vgl. p. 202) mit Spiritus vini rectifctss. und englischer Schwefelsäure erhalten; spec. Gewicht: 0,9. Riecht angenehm und ist in Wasser löslich; Anwendung wie bei 1; Dosis dieselbe.

6. Aethylenum chloratum, Liquor hollandicus von 1,270 spec. Gew. Kaum noch verordnet.

XLII. Chloralum hydratum. Chloralhydrat: $C_2HCl_3O + H_2O$.

Nachdem v. Liebig (1830) zuerst das Chloralhydrat dargestellt und Buchheim bereits seine anästhesirenden Wirkungen beobachtet hatte, wurde dieser Körper 1869 von Liebreich in den Arzneischatz aufgenommen.

Wenngleich das Chloralhydrat nicht alle von ihm gehegten Erwartungen — es sollte die fernere Cultur von Papaver somniferum für die Opiumbereitung überflüssig machen — erfüllt und sich ausserdem weit gefährlicher, als anfangs vermuthet wurde, erwiesen hat, *so gehört dasselbe doch zu den epochemachenden Bereicherungen des Arzneischatzes* und wird, wie Chinin, Morphin, Atropin u. s. w., an Zuverlässigkeit seiner Wirkung von andern Mitteln kaum erreicht, von keinem übertroffen. Die **Darstellung** geschieht durch Einleiten eines getrockneten Stromes Chlorgas in Alkohol, wobei *Aldehyd und Chlorwasserstoffsäure* resultiren:

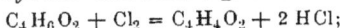

$$C_4 H_6 O_2 + Cl_2 = C_4 H_4 O_2 + 2\,HCl;$$

wird das Durchleiten noch länger fortgesetzt, so greift das Chlor auch das Aldehyd an und verwandelt dasselbe in Chloral nach dem Schema

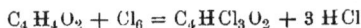

$$\underset{\text{Aldehyd.}}{C_4\,H_4\,O_2} + Cl_6 = \underset{\text{Chloral.}}{C_4 H Cl_3 O_2} + 3\,HCl$$

(= Aldehyd, worin 3 H durch 3 Cl ersetzt sind). **Liebreich** vermuthete, dass das *durch Behandlung mit Alkalien in Chloroform und ameisensaures Alkali zerfallende Chloral* auch beim Durchgange durch die Blutbahn diese Zersetzung:

$$C_2 H Cl_3 O_2 + NaO, HO = NaO, C_2 HO + CHCl_3$$

erleiden und **Chloroform** im **status nascens** bilden würde. Schon **Lewisson's** Beobachtung an chloralisirten Fröschen, *deren Blutgefässe anstatt Blut* $1^0/_0$ *Chlornatriumlösung* enthielten, und welche gleichwohl der Chloralnarkose verfielen, schien indess gegen **Liebreich's** Theorie zu sprechen. Gegenwärtig ist dieselbe durch die Arbeiten von Frl. **Tomasziewicz**, von **Mehring** und **Falck** *sen.* als widerlegt und die Thatsache als festgestellt zu betrachten, *dass Chloralhydrat den Körper weder als solches, noch als* (abgespaltenes) *Chloroform mit dem Nierensecret wieder verlässt*, sondern während seines Verweilens in der Blutbahn in *Urochlorsäure* (v. Mehring; *Chloralursäure*; Falck) verwandelt bez. als solche eliminirt wird.

Das **Chloralhydrat** ist seiner Krystallisirbarkeit wegen für den Arzneigebrauch geeigneter als das Chloral selbst. Das **Chloralhydrat** krystallisirt in farblosen Nadeln, riecht etwas stechend und dabei obstartig, löst sich leicht in Wasser und hat einen unbeständigen Siedepunkt.

Unsere Kenntniss der **physiologischen Wirkungen** des Chloralhydrates lässt noch Manches zu wünschen übrig. Dass *von* der durch **Liebreich** statuirten *protrahirten Chloroformwirkung* zufolge Spaltung des Chl. durch das freie Alkali des Blutes *nicht länger die Rede sein kann*, ist bereits oben betont worden. 0,025—0,05 Grm. Chloralhydrat erzeugen bei **Fröschen** Retardation der Athmung und *Verminderung der Reflexe bis zum Erlöschen derselben;* 0,1 bewirkt Herzstillstand, an welchem, sofern er auch am excidirten Froschherzen fortbesteht, nicht Vagusreizung Schuld sein kann. Bei **Warmblütern** tritt nach Einverleibung von 1 Grm. Chl. ebenfalls *Verlangsamung der Athmung, Pupillenverengerung, Schläfrigkeit* und *tiefer, Stunden lang anhaltender Schlaf* ein, während dessen — wie beim Chloroform — die Reflexe anfänglich noch erhalten sind, um später vollständig aufzuhören. Die Erregbarkeit für taktile Reize bleibt hierbei am längsten erhalten. *Der Blutdruck sinkt*

zufolge Lähmung des Gefässnervencentrum (welches man durch Chloral
sozusagen ausschalten kann; Owsjannikow) *sehr erheblich ab*. Nach
Einverleibung *grosser Chloraldosen* stellt sich der Blutdruck ungefähr
eben so niedrig wie nach Halsmarkdurchschneidung (Rajewsky).
Hierbei ist periphere Gefässerweiterung (welcher nach Labbé
und Gujon Verengerung vorweggeht) vorhanden. Auch dem mit dem
Chloralschlafe bei Mensch und Thier sich entwickelnden Aufhören
der Reflexe geht nach Einigen eine *primäre Steigerung der Reflexerregbarkeit* vorweg. Der Schlaf ist dem normalen durchaus gleich beschaffen und dasselbe gilt vom Erwachen aus demselben. Während des
Chloralschlafes *sinkt die Körpertemperatur ab*.

In welcher Weise das durch Zersetzung des eine Auflösung der rothen Blutkörperchen bewirkenden Chloralhydrates *urochlorsäurehaltiggewordene Blut* die
Funktionen der Nervencentralorgane — jedenfalls in derselben Reihenfolge wie
beim Aether und Chloroform (man vgl. p. 441) — verändert, ist um so weniger ver-
ständlich, als eine allen Anforderungen genügende physiologische Analyse der Chloralwirkung weder von Liebreich, noch von den späteren Autoren versucht worden ist.
Namentlich gilt dieses von der Beeinflussung des Grosshirns, welche uns aus den
beim Opium (p. 425) ausgeführten Gründen wohl noch lange Zeit, wenn nicht für
immer, unerforschlich bleiben werden. Nächst dem Grosshirn wird das Rückenmark durch das Chloral beeinflusst. Kleine Dosen des Mittels erzeugen eine vorübergehende Steigerung, grosse vollständiges Erlöschen der Reflexerregbarkeit ohne vorweggehende Erhöhung derselben. Von Wichtigkeit ist die von E. Cyon entdeckte
Thatsache, *dass sich die Reflexe unter der Chloralwirkung auch qualitativ in der
Weise ändern, dass Reizung peripherer sensibler Nerven nicht, wie sonst, Ansteigen,
sondern vielmehr Absinken des Blutdrucks im Gefolge hat*. Heidenhain fand
dieses nur für den Fall, dass die Athmung sehr vertieft und beschleunigt oder die
Dosis eine der lethal-toxischen äusserst nahe kommende ist, oder dass vor der Chlo-
ralisirung eine Blutentziehung vorgenommen worden ist, bestätigt. Abtragung der
Setschenow'schen Reflexhemmungscentra nach der Chloralisirung hat ausnahmslos
Steigerung der Reflexe im Gefolge. Die Erregbarkeit der peripheren motorischen
Nerven wird durch Chloralhydrat nicht verändert.

Betreffs der durch Chloralhydrat bewirkten *Modifikationen der Pulsfrequenz* ist vollständige Uebereinstimmung unter den Autoren bisher
nicht erzielt worden. Fest steht nur, dass die durch Chloral verursachte
Retardation und Depression der Herzthätigkeit auf *eine Affektion der
intracardialen Herzganglien* zu beziehen ist; der Herzstillstand ist ein
diastolischer und tritt stets später als das Aufhören der Athmung ein.
Nur Heidenhain statuirt eine Wirkung des Chlorals auf den Vagus.
Irregularität des Rhythmus, Langsam- und Flachwerden der Respiration kündet den zum Tode führenden Eintritt der *Paralyse des Athemcentrum* (vorher bewirkte Vagusdurchschneidung bedingt keinerlei
Aenderung dieser Erscheinungen) an und ist somit ein wohl zu beachten-
des Zeichen von schlechter Vorbedeutung. Das Absinken der Tem-

peratur während der Chloralnarkose ist, sofern es auch bei sorgfältig in Watte gepackten Versuchsthieren eintritt, *nicht von vermehrter Wärmeabgabe, sondern von verminderter Wärmeproduktion*, bez. Verlangsamung des Stoffwechsels, *abhängig*. Die Pupille ist bei chloralisirten Thieren constant verengt; beim Menschen ist diese Erscheinung nicht selten vermisst worden; Hammarsten. Verdünntere Chlorallösungen beeinflussen die Darmfunctionen beim Menschen wenig oder gar nicht. In dem quantitativ vermehrten Nierensecret ist von verschiedenen Experimentatoren Zucker aufgefunden worden. Ein Ergriffenwerden der Muskelsubstanz (auch der Herzmuskulatur; Liebreich) ist mit Sicherheit nicht erwiesen und wird vielmehr von den meisten Beobachtern geradezu in Abrede gestellt. *Die intakte Oberhaut beeinflusst Ch. nicht;* in das Unterhautzellgewebe gebracht erzeugt die Lösung des Mittels Schmerz und Irritation. Ob dabei lokale Anästhesie zu Stande kommt (Namias) ist noch nicht endgültig entschieden. In concentrirterer Lösung applicirt ruft Chl. starke Irritation der damit in Contakt kommenden Schleimhäute hervor.

Die Indikationen des Chloralhydrates als *hypnotisches, analgesirendes, reflexherabsetzendes und muskelerschlaffendes Mittel fallen mit denen des Opium einer- und des Chloroforms andererseits zusammen.* Die von mehreren Autoren hervorgehobene Anwendung des gen. Mittels als Stypticum oder Desinfektionsmittel, sowie sein Gebrauch zur Beseitigung von Ansammlungen von Flüssigkeit in serösen Höhlen (z. B. bei Hydrocele), welchen die Italiener präconisiren, kommen neben obigen Heilanzeigen kaum in Betracht.

Von den Contraindikationen sind, wie bei Opium und Chloroform, hochgradige Schwäche, beginnende Imbecillität, acute Pneumonie und Pleuritis (weil Chloral Zunahme der bereits bestehenden *Beeinträchtigung der Athmung* bedingt), *und organische Texturveränderungen des Herzens* zu nennen. Wie bei den übrigen anästhesirenden Mitteln (vgl. p. 449) kommt es auch beim Chloralhydrat vor, dass es, in grossen Dosen gegeben, rapide Lähmung der intracardialen Herzganglien und Tod durch Herzparalyse bedingt, in welchem Falle der Herzstillstand eher erfolgt, als die Sistirung der Athmung; Jolly. Ueber den Einfluss, welchen Fieber höheren Grades auf den Eintritt und die Dauer des Chloralschlafes äussert, divergiren die Ansichten. *In der Regel erweist sich Chl., seiner temperaturherabsetzenden und sedativen Wirkung wegen, auch in fieberhaften Krankheiten* (Typhus) *als das zuverlässigste und beste Hypnoticum.* Doch kommen, wie ich, freilich auf Grund nur einer Diphtheritis betreffenden Beobachtung bestätigen kann, auch Fälle vor, wo das Fieber dem hypnotischen Effekt des Chl. entgegenwirkt und letzteres starke Aufregung hervorruft. Endlich ist auch das Bestehen von *Idiosynkrasie* gegen Chl. von zuverlässigen Beobachtern constatirt worden.

Therapeutische Anwendung.

Alle Fälle aufzuzählen, in welchen Chloralhydrat als Hypnoticum mit Erfolg gebraucht worden ist, dürfte, wie beim Opium, ein vergebliches Bemühen sein. Es genüge daher die Bemerkung, dass sich viel-

leicht niemals ein neues Arzneimittel einer so allgemeinen, und, setzen
wir hinzu, verdienten Beliebtheit in kurzer Zeit zu erfreuen gehabt hat,
wie das Chloralhydrat, welches rascher Schlaf bringt und dabei weniger
störend auf die Verdauung wirkt, als Opium. Es wird von Kindern besser
als Opium vertragen und ruft in der Regel nach dem Erwachen keinerlei
unangenehme Nebenwirkungen hervor. Nur äusserst selten kommen
gegen die Chloralwirkung refraktäre Kranke, denen man schliesslich doch
durch Opiate Schlaf verschaffen muss, vor. Besonders wohlthätig äussert
sich die hypnotische Wirkung des Chl. *bei Schlaflosigkeit zufolge geistiger
Ueberanstrengung, bei Schlaflosigkeit alter Leute und beim Delirium
potatorum.* Bei Psychosen mit Depressionserscheinungen wirkt
es rein symptomatisch; bei *Erregungszuständen*, namentlich bei
primärer *Manie* und Aufregungserscheinungen, welche paralytische Geistes-
krankheiten begleiten, ist sein Nutzen mehrfach bestritten und gegen
denselben, besonders bezüglich der Paralytiker angeführt worden, *dass
Chl.* die *Inclination dieser Kranken zu brandigem Decubitus erhöhe.*
Wo es bei Geisteskranken irgendwie bemerkenswerthe Pulsretardation
bewirkt, muss Chloral sofort ausgesetzt werden; Gauster.

Als schmerzstillendes Mittel ist Chl. gegen *Neuralgien* der
verschiedensten Art ganz so wie das Morphium (vgl. p. 430) empfohlen
worden; von der Combination des Chl. mit Morphium (Jastrowitz)
wird unten die Rede sein. Von Schroff wird bezweifelt, ob seine ano-
dyne Wirkung derjenigen des Morphin gleichkomme; Andere bestreiten
eine solche ganz und führen den Nutzen des Chl. bei den genannten
Krankheiten lediglich auf den hypnotischen Effekt des Mittels zurück.
Unstreitig ist dagegen das Chloroform als Anaestheticum für chirurgische
Zwecke durch Chloral (auch in Verbindung mit Chloroform, wonach sich
bedrohliche Excitation äussert) nicht zu ersetzen, ebenso wie es auch den
Gebrauch des Opium in den erwähnten Beziehungen niemals ganz überflüssig machen wird.

Als krampfstillendes Mittel endlich ist Chloral gegen die verschiedensten *Neurosen* und sonstige von gesteigerter Reflexthätigkeit begleitete Krankheiten, selbst Tetanus und Hydrophobie, vielfach mit
Nutzen angewandt worden. *Am wenigsten scheint es noch gegen* Epilepsie, wobei es gern mit Bromkalium combinirt wird, und *beim Veitstanz*, wo ich von dieser Verbindung keinen Erfolg beobachtete. *zu leisten.*
Der von Liebreich statuirte Antagonismus zwischen Strychnin
und Chloralhydrat ist von Anderen, wie Husemann. v. Schroff etc.,
nur theilweise bestätigt worden.

Pharmaceutische Präparate:

Chloralum hydratum. Chloralhydrat. Am besten in Auflösungen von nicht über 20% Gehalt in Mucilago g. Mimosae, Syrup oder Bier, als Hypnotieum zu 2,0—3,0 p. d.; schwächlichen Personen und Hysterischen 0,5—0,9—1,5 Grm.; kleinen Kindern 0,06—0,2; ein- bis fünfjährigen Kindern 0,2—0,6, fünf- bis zwölf-jährigen 0,5—1,0 Grm. Man gehe auch bei Tetanus nie über 3,0 pro dosi und wiederhole das Mittel lieber mehrmals täglich. Potatoren giebt man nach Jastro-witz 3,0 Chloral in Verbindung mit 0,01—0,02 Morphium muriat., oder: Rp. 0,05—01 Morph. muriat., 10 Hydras Chloralii, 150 Decoct Althcae, 40 Mellag. Liquirit.; Dosis: 1 Esslöffel (*Potion anodine*; Rabuteau). Zum Klystier dieselbe Dosis wie bei Einverleibung per os auf 100—200 Grm. eines schleimigen Vehikels; zu Stuhl-zäpfchen 0,6 Chloral auf 2 Grm. Butyrum Caeao. Besonders die Klystiere sind zu empfehlen. Subcutane Injektionen oder gar Injektionen von 0,2 in eine Vene — bei Tetanus nach Oré — sind nicht in Aufnahme gekommen.*)

XLIII. Herba Cannabis indicae. Hanfspitzen. Haschisch.

Der Gebrauch der in Ostindien, in Südafrika und im Orient als Genussmittel gebrauchten, sehr mannigfaltigen Haschischzubereitungen ist sehr alt. Für sich oder in Kaffee genommen erzeugt das Confekt aus der weiblichen Blüthe oder aus dem Harz von Cannabis sativa (Churrus), welche durch den bei uns angebauten Hanf nicht ersetzt werden kann, einen eigenthümlichen, rauschähnlichen, mit angenehmen Gefühlen und Steigerung des Geschlechtstriebes verbundenen Zustand, welcher nach den Individualitäten verschieden ist.

Ueber die Träume, Hallucinationen und subjektiven Empfindungen nach Haschisch-gebrauch liegen von verschiedenen Seiten Aufzeichnungen vor. Charakteristisch für den Haschisch ist, dass er im Gegensatz zum Opium das Bewusstsein nicht voll-ständig aufhebt, Heiterkeit und Lachlust (daher „*Gatschakin*": Fröhlichkeits-pillen im Sanskrit) verbunden mit dem Triebe die Muskelkraft zu äussern hervor-ruft, die Magenverdauung nicht stört, den Stuhlgang nicht anhält und Anregung der Diurese bewirkt. Vorstellungsvermögen und Phantasie regt das Mittel mehr als alle anderen, auf das Grosshirn wirkenden an; von Schroff. Höhere Grade der Wirkung äussern sich, wie bei den fanatisirten Scharen des Hassan Ben Ali (*Alten vom Berge*) zur Zeit der Kreuzzüge, in Wildheit, furibunden Delirien, Toll-heit oder in psychischer Depression, cataleptischen Zuständen und vollständiger Be-wusstlosigkeit. Eine Analyse der Veränderungen in den Grosshirnfunktionen zu geben, sind wir beim Hanfextrakt ebensowenig im Stande wie beim Opium und den übrigen rauscherzeugenden Mitteln. Die Athemfrequenz nimmt unter der Ha-

*) Das von Liebreich in neuester Zeit empfohlene, in Berührung mit dem Alkali des Bluts angeblich in Dichlorallylen und Ameisensäure zerfallende Croton-chloralhydrat dürfte als weniger gefährlich als Chloral nicht mehr gelten, seitdem v. Mehring bewiesen, dass es genau so wie dieses das Athemcentrum und die intracardialen Herzganglien beeinflusst. Ebenso ist seine specifische Beziehung zum Trigeminus (bei Neuralgien) nicht über jeden Zweifel sichergestellt. Es ist ebenso-wenig wie das Bromal (Steinauer) officinell geworden.

schischwirkung ab, die Zahl der Herzschläge nach Fronmüller etwas zu. Schroff
beobachtete dagegen anfänglich auch ein Absinken der Pulsfrequenz um 20 Schläge,
welche später von Wiederzunahme bis zur normalen Zahl der Herzschläge (73) gefolgt war.

Versuche an Thieren zur Analyse dieser Erscheinungen fehlen.
Nach O'Shaugnessy bewirken grössere Gaben Hanf, ebenso wie Chloroform, Chloralhydrat und Opium, Muskelerschlaffung; während dieses
Stadium ist die Pupille erweitert. Nachwirkungen nach dem Vorübergehen des Rausches, bez. am folgenden Tage hat der Haschischgenuss
nicht im Gefolge. Ueber die Schicksale des Haschisch im Organismus
herrscht vollständiges Dunkel. Wir kennen das wirksame Princip des
Hanfs, als welches ein „Cannabin" genanntes Harz angenommen wird,
chemisch zu wenig, um über etwaige Veränderungen, welche seine Zusammensetzung während seines Verweilens in der Blutbahn oder während
seiner Elimination erfährt, Aufschluss geben zu können, und selbst die
Eliminationswege desselben sind uns unbekannt.

Therapeutische Anwendung hat der Hanf als *hypnotisches,
schmerzstillendes* und *krampfwidriges Mittel in Geistes- und Nervenkrankheiten* (Verrücktheit, Melancholie, Chorea, Tetanus, Neuralgien)
ehemals mehr als jetzt gefunden, was in der *Ungleichheit der chemischen Zusammensetzung* der pharmaceutischen Präparate und in unserer
Unkenntniss sowohl über das wirksame Princip, als über die physiologischen Wirkungen des Hanfextraktes, dessen Vorzüge vor dem Opium
bereits erwähnt wurden, beruhen dürfte. Man verordnet vom Extractum Cannabis indic. 0,24 auf 4 Pillen vertheilt, von der Tr.
Cannabis ind. 10—40 Tropfen.

XLIV. Lactucarium. Thridax. Thridaceum. Lattichopium.

Die schlafmachende Wirkung *des Saftes von Lactuca virosa* war
schon den Alten bekannt. Auf Wissenschaftlichkeit Anspruch machende
Untersuchungen über diesen Saft wurden zuerst von Coxe (1792) angestellt. Ausreichendes Material für eine Erklärung der angeblich der
des Morphin nahekommenden Wirkung des gen. Mittels ist indess
weder durch Coxe, noch durch die späteren Experimentatoren gewonnen
worden. Durch Anritzen der Stengel und Austretenlassen des an der
Luft eintrocknenden Saftes wird eine winzige Ausbeute an Lactucarium
erzielt (1,2 Grm. per Stunde!). In *Deutschland und England* wird auf
diese Weise ungefähr gleich wirksames Lactucarium (L. germanicum.
L. anglicum) von dunkelbraunschwarzer Farbe gewonnen. In Frankreich.
wo man auch den ausgepressten Saft der Stengel mit eindampft, wird
ein weniger wirksames *L. gallicum* (Mouchon) bereitet. Ein *chemisch*

indifferenter Bitterstoff: Lactucin, wird als das wirksame Princip des Lactucariums angesehen.

Schroff beobachtete nach 0,2 des wenig intensiv wirkenden L. anglicum Sinken der Pulsfrequenz von 75 auf 62 binnen 1½ Stunde, leichte Eingenommenheit des Kopfes, Trockenheit des Mundes, Heiserkeit, Neigung zum Schlaf, Verminderung der Temperatur an den Händen und heitere Gemüthsstimmung als Nachwirkung. L. (daher „*Opium frigidum*" genannt) bewirkt keine Pulsaufregung; nur grosse Gaben erzeugen Schwindel, Sopor Mydriasis. Fronmüller andererseits sah nach 0,6 bis 1,8 L. Zunahme der Puls- und Athemfrequenz, sowie der Körpertemperatur und Schweissabsonderung, dagegen Verminderung der Diurese. Auch nach F. ist die hypnotische Wirkung gering. Nach den neuesten Untersuchungen von Skworzoff erzeugt L. Herabsetzung der willkürlichen und Reflexbewegungen, sowie der Empfindlichkeit gegen mechanische, elektrische und chemische Reize. Veränderungen der Grosshirnfunktionen treten nur dann ein, wenn Blutlauf und Athmung wesentlich alterirt sind. Das Rückenmark in der Richtung von oben nach unten und die motorischen Nerven vom Centrum aus nach der Peripherie werden gelähmt. Die quergestreiften Muskeln verlieren ihre Erregbarkeit nicht. Ihr Tonus geht jedoch mit der Abnahme der Irritabilität des Rückenmarkes Schritt haltend verloren. Nach vorweggehender Acceleration sinkt die Herzthätigkeit zufolge Lähmung der Vagi und Herzganglien allmälig ab. Hand in Hand mit dieser Verminderung der Herzarbeit und mit der sich ausbildenden Sympathicuslähmung sinkt der Blutdruck. Die erst beschleunigte Athmung wird später wegen Paralysirung der Vagi und des Athemcentrum retardirt. Die Temperatur sinkt ebenfalls.

Therapeutische Anwendung findet L. zu 0,5—4,0 Grm. als Hypnoticum der Schwäche und Unzuverlässigkeit seiner Wirkung wegen nur noch verschwindend selten bei reiner, uncomplicirter Schlaflosigkeit nervöser, hypochondrischer, hysterischer und gichtischer Individuen. Nicht einmal den heftigen Hustenreiz bei acuten Lungenaffektionen zu beseitigen vermag es. Den früher so stark betonten Vorzug, auch bei bestehendem Fieber nicht contraindicirt zu sein, theilt es mit dem weit zuverlässigeren und immerhin besser studirten Chloralhydrat, so dass wir es hier nur, weil es noch immer officinell ist, besprochen haben. Die Verordnung geschieht in Pillenform. —

XLV. Aqua amygdalarum amararum. Aqua laurocerasi.

Bittermandel- und Kirschlorbeerwasser (*loco acidi hydrocyanati*). Blausäurehaltige Mittel.

Der Gebrauch der nach Schrader's und Ittner's Vorschrift (1809) dargestellten Cyanwasserstoff- oder Blausäure (HCy) als die Herzaktion und Sensibilität ohne vorweggehende Excitation herabsetzendes Mittel wurde später mit dem Gebrauch weniger zersetzlicher und minder gefährlicher,*) HCy enthaltender Präparate

---

*) Fälschlich wird diese Unschädlichkeit der HCy-haltigen Präparate von sehr vielen praktischen Aerzten so weit übertrieben, dass dieselben oft, ohne sich irgendwelcher Indikation klar bewusst zu sein, jedem Iufus und jeder Mischung von

von gleichbleibender Zusammensetzung (*1 Th. H Cy auf 999 Wasser*) vertauscht. Es sind dieses die Amygdalin ($C_{20}H_{27}NO_{11}$) enthaltenden Droguen, aus welchen sich unter Einwirkung des Ferments „Emulsin" und des Wassers Blausäure entwickelt nach dem Schema:

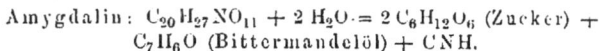

$$Amygdalin: C_{20}H_{27}NO_{11} + 2\ H_2O = 2\ C_6H_{12}O_6\ (Zucker) +$$
$$C_7H_6O\ (Bittermandelöl) + CNH.$$

Zerstossene Mandeln, Pfirsich-, Pflaumen- und Kirschkerne, die Rinde von Prunus Virginiana und die Blätter von Prunus lauroceasus liefern das Material zur Darstellung der Aqua amygdalarum amararum und Aqua laurocerasi. In ersterem ist neben der H Cy auch das ätherische Bittermandelöl wirksam.

Bezüglich der Details der Darstellung dieser Präparate ist auf die Handbücher der Pharmacie zu verweisen; über die physikalischen Eigenschaften vgl. unten: „*pharmaceutische Präparate*". Beide Präparate sind laut Obigem der Hauptsache nach als *mit 999 Theilen Wasser versetzte Blausäure* zu betrachten.

Wenngleich die Wirkungen der Blausäure in kleinen Dosen in der Aqua laurocerasi und (neben denen des Bittermandelöls) in der Aqua amygdalarum zur Geltung gelangen müssen, so dürfen wir doch die Wirkungen der das gefährlichste und am schnellsten (*fast blitzschnell*) wirkende Gift darstellenden, wasserfreien und concentrirten H Cy ganz ruhig ausser Betracht lassen. Wir reichen eben die destillirten H Cy haltigen Wässer als Arzneimittel, um die toxischen Wirkungen der concentrirteren H Cy, deren Beschreibung der Giftlehre angehört, zu vermeiden. Wird Aqua laurocerasi zu 1—10 Tropfen genommen, so kommen ausser bitterem Geschmack und kratzendem Gefühl im Munde und Rachen nur eine mässige Vermehrung der Speichelabsonderung und eine geringfügige Abnahme der Pulsfrequenz zur Beobachtung. Erst bei etwas grösseren Gaben oder bei schneller Aufeinanderfolge kleiner Gaben entstehen Schwindel, unsicherer Gang, Nausea, Schwarzwerden vor den Augen, Kopfschmerz, Beklemmung beim Athemholen mit Gefühl von Druck auf die Brust, Collaps, Muskelschwäche, Ohnmachten und (selten) Delirien. Puls und Herzschlag werden unfühlbar. Wenn kleine Gaben rasch wiederholt werden, kann es zu einer cumulativen Wirkung kommen, welche sich in plötzlich eintretender grosser Dyspnoe, Erstickungsgefühl, Glotzen der Augen, Bewusstlosigkeit und Streckkrämpfen, die — wenngleich selten — den Tod herbeiführen können, dokumentirt. Das Bild der Wirkung der A. amygdal. amar. wird durch die Wirkung des Bitter-Mandelöls nur wenig modificirt; *beide Präparate haben denselben Blausäuregehalt*.

Tincturen Aqua laurocerasi in die gesetzlich statthafte Dosis bei Weitem übersteigenden Gaben (bis 8 Grm.!) verordnen. Es kann daher nicht eindringlich genug hervorgehoben werden, dass die in Rede stehenden Präparate 1 Theil *wasserfreie* H Cy auf 999 Th. Wasser enthalten.

Der Angriffspunkt der Blausäurewirkung ist nach Preyer *das Blut,* dessen Hämoglobin mit HCy eine chemische Verbindung eingeht und somit die Fähigkeit, den Sauerstoff der atmosphärischen Luft in der Lunge aufzunehmen und in den Capillaren abzugeben, einbüsst. *Die rothen Blutkörperchen nehmen* dabei wie unter der Alkohol- und Chininwirkung (vgl. p. 316. 335) *an Volumen zu* (Manassein) und die weissen Blutzellen gehen ihrer Contraktilität verlustig. Zufolge der festeren Bindung des Sauerstoffs in den rothen Blutkörperchen wird nach Einverleibung nicht lethaler Gaben HCy weniger Kohlensäure producirt, als in der Norm. Die hiermit verknüpfte Beeinträchtigung des Athmungprocesses und der Oxydationsvorgänge überhaupt wird in einer späteren Epoche durch sehr energisches Vonstattengehen der Oxydationsvorgänge eine Zeit lang compensirt. Stets aber kommt, wenn die HCy sich anhäuft, zufolge **K o h l e n s ä u r e a n h ä u f u n g i m B l u t,** bez. Sauerstoffentziehung, **s c h l i e s s l i c h E r s t i c k u n g** und der **T o d d u r c h L ä h m u n g d e s a n f ä n g l i c h** unter Eintritt inspiratorischen Athem- und Herzstillstandes **g e r e i z t e n V a g u s,** sowie des **r e s p i r a t o r i s c h e n C e n t r u m z u r B e o b a c h t u n g.** Nur enorm grosse, toxische Dosen rufen, was auch von den übrigen anästhesirenden Mitteln (Chloroform, vgl. p. 439; Chloral, vgl. p. 452) gilt, Herzlähmung durch direkte Beeinflussung der excitomotorischen (Herz-)Ganglien hervor. Die anfängliche — auch bei Anwendung kleiner Gaben — zu constatirende Pulsverlangsamung ist Folge von Herzvagus-Reizung. Grosshirnhemisphären, Rückenmark und die Nervencentralorgane überhaupt paralysirt die HCy eher als die Stämme und peripheren Endigungen der motorischen und sensiblen Nerven. Die oben erwähnten Krämpfe sind Erstickungskrämpfe. Auch die Reizbarkeit der Muskeln geht verloren. Die Elimination der nach Schauenstein im Magen partiell (unter Bildung von Ameisensäure) zersetzten HCy scheint namentlich von der Haut und von der Lungenschleimhaut aus zu erfolgen.

Therapeutische Anwendung findet Aqua laurocerasi:

1. *als die sensoriellen Funktionen herabsetzendes,* bez. Schlaf bewirkendes *Mittel* bei Hirnaufregung, Psychosen (Bouland) und Delirium tremens. In den überwiegend meisten Fällen dieser Art zieht man gegenwärtig das Chloralhydrat in Gebrauch. Ebenso ersetzbar sind die genannten HCy-haltigen Mittel, wo sie

2. *als Sensibilität und Reflexthätigkeit herabsetzende Mittel* verwerthet werden sollen in Fällen, wo die Gefässthätigkeit anregende Narcotica contraindicirt sind. Hierher gehören schmerzhafte und krampfhafte Leiden der Brustorgane (auch entzündliche und von Fieber begleitete), wie Laryngitis, Bronchitis, Pneumonie mit nicht zu stillendem Hustenreiz, Keuchhusten, ferner Magenkrampf, Koliken, Tic douloureux und Ischias. In letzteren Fällen leistet Veratrin (vgl. p. 414) und Aconit mehr. Auch bei Epilepsie, Chorea und hysterischen Paroxysmen hat man Aq. laurocerasi versucht; vielfach wird hierbei Morphium mit Aq. laurocerasi verbunden.

3. Bei chronischen Herzleiden (*organischen Herzfehlern*), wenn es sich darum handelt *pulsverlangsamend* bez. *deprimirend auf die Herz-*

aktion zu wirken, ist Aqua laurocerasi ebenso empfohlen worden, wie zur Beseitigung febriler Aufregung und quälenden Hustenreizes bei Phthisis. Bei Herzfehlern wird das Mittel nicht selten mit Digitalispräparaten combinirt, ob rationeller Weise, da beide Mittel ziemlich diametral entgegengesetzt wirken, frägt sich. Endlich werden

4. **Aqua laurocerasi** und **Aq. amygdalarum** *als sensibilität-herabsetzende Mittel* auch ä u s s e r l i c h angewandt, wo gesteigerte Reizempfänglichkeit der peripheren sensiblen Nerven besteht, z. B. bei *Pruritus* und anderen c h r o n i s c h e n H a u t a u s s c h l ä g e n, oder *zur Schmerzstillung,* z. B. bei N e u r a l g i e n d e s A u g e s, bei schmerzhaftem Uterus- oder Brustkrebs. Man hat zu diesem Behuf 4 Grm. Aq. laurocerasi auf 150—300 Grm. Wasser mit etwas Alkohol versetzt zu Ueberschlägen benutzt. Doch ist nicht zu leugnen, dass die blausäurehaltigen Mittel, welche nach T r o u s s e a u oft gefahrbringend und selten nützlich sind, seit Einführung des Chloralhydrates in den Arzneischatz immer mehr und mehr vernachlässigt werden.

Pharmaceutische Präparate:

1. A q u a l a u r o c e r a s i. K i r s c h l o r b e e r w a s s e r; 1000 Theile müssen 1,0 HCy enthalten, bez. 50 Grm. des Wassers 0,15 Grm. Cyansilber liefern. Aq. l. darf nicht trübe sein und durch H_2S nicht getrübt werden; der Geschmack sei wie der Geruch der nach bittren Mandeln (nicht süss!). Dosis: 5—20 Tropfen einige Male täglich; 1—2 Grm. auf eine Emulsion von 150 Grm.

2. A q u a a m y g d a l a r u m a m a r a r u m c o n c e n t r a t a. S t a r k e s B i t t e r - m a n d e l w a s s e r; etwas trübe. Dosis: dieselbe wie bei 1. Max.-Dosis: 2 Grm.; pro die: 7 Grm.

3. A q u a a m y g d a l a r u m a m a r a r u m d i l u t a. K i r s c h w a s s e r. Ein Theil von 2 mit 19 Theilen Wasser verdünnt. D o s i s: 1 Theelöffel bis $^1/_2$ Esslöffel mehr-mals täglich.

Anhang:

XLVI. Benzolderivate, welche sich den Mitteln der 5. (11.) Ordnung anreihen:

A. *Acidum carbolicum. Carbolsäure. Phenol.* B. *Acidum salicylicum. Salicylsäure.*

A. Acid. carbolicum. *Carbolsäure. Oxyphenol:* C_6H_6O.

Die C a r b o l s ä u r e wurde zuerst (1840) von R u n g e *aus Steinkohlen-theer* dargestellt. Die Methode der Darstellung dieser jetzt ungemein häufig zu ärztlichen und technischen Zwecken angewandten Substanz. welche auch beim Durchleiten von Alkohol oder Essigsäure durch ein glühendes Rohr und der trocknen Destillation organischer Substanzen resultirt, ist durch C r a c c - C a l v e r t , L a u r e n t und H. M ü l l e r dergestalt verbessert worden, dass die gen. Säure gegenwärtig im Grossen dargestellt und von ausgezeichneter Reinheit in den Handel gebracht wird.

Die reine Carbolsäure bildet farblose lange Nadeln von 1,066 spec. Gew., schmeckt brennend, ätzend, und riecht eigenthümlich, durchdringend. Sie ist als Benzol, in welchem 1 H durch HO vertreten ist, zu betrachten und gehört somit *der aromatischen Reihe* an. Ihre Unzersetzbarkeit bei der Aufbewahrung, sowie ihre *leichte Löslichkeit in den gebräuchlichen Menstruis*, welche letztere sie vor der S a l i c y l s ä u r e voraus hat, stempeln sie neben der Zuverlässigkeit ihrer d e s - i n f i c i r e n d e n , S e n s i b i l i t ä t und R e f l e x e r r e g b a r k e i t h e r a b s e t z e n d e n W i r - k u n g zu einem der wichtigsten und unentbehrlichsten Mittel, durch welche der Arzneischatz in neuerer Zeit bereichert worden ist. In c h e m i s c h e r B e z i e h u n g ist ferner zu bemerken, dass das O x y b e n z o l die Bezeichnung „Carbolsäure" inso- fern nicht verdient, als ihm die Kraft blaues Lakmuspapier zu röthen, abgeht. Von c h a r a k t e r i s t i s c h e n R e a k t i o n e n d i e s e r S u b s t a n z sind folgende z u n e n n e n : ein in *Phenol* und hierauf *in Salzsäure gehaltener Fichtenspahn bläut sich* am Lichte; die gleiche Färbung kommt bei Hinzufügung von Ammoniak und Chlorkalk zu Carbolsäure zu Stande; mit Schwefelsäure behandelt liefert Phenol: Phenolschwefelsäure, welche mit Eisenchlorid behandelt *ein violett gefärbtes Eisen- salz liefert*; eine Auflösung *von salpetersaurem Quecksilberoxydul* erzeugt noch in einer Flüssigkeit, welche $^1/_{6000}$ Carbolsäure enthält, eine rosarothe Färbung. Indem die Hydroxylgruppe im Phenol durch ein Metall oder durch ein Alkoholradikal ersetzt wird, bilden sich constante chemische Verbindungen.

Die physiologischen Wirkungen des Phenols sind, des viel- fachen von dieser Substanz gemachten ärztlichen Gebrauchs ohnerachtet, noch immer nicht hinreichend genau untersucht. Am eingehendsten hat man sich noch mit

a. den elementaren Wirkungen der Carbolsäure beschäftigt. Eine mindestens 3 % Lösung dieser Substanz bewirkt *Coagulation des Eiweisses, Globulin's* etc.; doch ist die Verbindung dieser Körper, wenn dieselben bei gewöhnlicher Temperatur auf einander einwirkten, eine so lockere, dass die C. dem Gerinnsel schon durch Auswaschen desselben mit Wasser wieder entzogen werden kann. Eine feste Bindung findet nur wenn die Mischung bis zum Siedepunkte des Wassers erhitzt wird, statt.

Mit der festeren Bindung an Carbolsäure *geht das Eiweiss der Fähigkeit zu faulen verlustig.* Sowohl dem Körper homogene Zellbildungen mit eiweissartigem Inhalt, wie Blutkörperchen, Samenfäden und Muskelfasern, Binde- und elastische Gewebsfasern und Milchkügelchen, als heterogene Bildungen, wie Vaccinezellen (1 Tropfen 4 % C-Lösung vernichtet die Wirksamkeit der Lymphe), Eiterzellen ($^1/_2$ % Carbollösung verhütet die den Eiter septisch wirksam machende putride Zer- setzung desselben, 5 % Lösung macht sowohl frischen, als faulenden Eiter septisch unwirksam, was wohl darauf, dass 1 % Lösung die Eiterzellen zerstört, beruhen mag), P i l z s p o r e n ($^1/_6$ % Lösung vernichtet die Entwicklung derselben, sowie diejenige von Vibrionen und Infusorien [unter denen Vibrionen und Monaden dem Mittel einen so grossen Widerstand entgegensetzten, dass zu ihrer Tödtung mindestens $1^0/_0$ C.-Lösungen nothwendig werden]) gehen beim Contakt mit Phenol zu Grunde.

Endlich ist zu erwähnen, dass nicht nur die von den ebengenannten kleinsten Organismen angeregte Gährung und Fäulniss, sondern auch die Wirkung der chemischen (ungeformten) *Fermente durch Phenol dergestalt sistirt wird, dass dieser Körper in der Reihe der gährungswidrigen* bez. desinficirenden *Mittel* (nach L. Buchholtz) *eine der ersten Stellen beanspruchen darf.* Die vielseitige Verwerthung, welche Phenol in der Chirurgie (Lister's Verbandstoffe) findet, beruht auf dieser, kleinste, zu Krankheitserregern werdende Organismen vernichtenden und die durch solche eingeleiteten Krankheitsprocesse aufhebenden Eigenschaft derselben. *Von den chemischen Fermenten* (bez. den Wirkungen des Ptyalin, Pepsin, Pankratin etc.) *gilt dasselbe.*

b. In ihren lokalen Wirkungen auf *Oberhaut und Schleimhäute*, von welchen beiden aus sie zur Resorption gelangt, documentirt sich Carbolsäure als ätzendes und gleichzeitig lokal anästhesirendes Mittel. Auf der Haut entsteht nach Contakt mit C. leichtes Brennen, weissliche Färbung und pergamentartige Beschaffenheit der Epidermis, welche sich nach vorausgegangener Röthe *ohne Exsudation* abstösst. Bei Applikation des Phenols auf *Schleimhäute* erzeugt C. weit bedeutenderes Brennen, unter Coagulation der Eiweissstoffe Verhärtung, milchweisse Färbung des Epithels und Verschorfung. Dass hierbei eine Aufnahme der C. in solcher Menge in die Blutbahn stattfinden kann, dass in den Tod ausgehende C.-Vergiftung resultiren kann, beweisen die von Köhler (*in Tübingen*) beobachteten Fälle, in welchen nach Aufpinselung von 30 Grm. der lethale Ausgang erfolgte, zur Genüge, abgesehen davon, dass das in der Norm nur in Spuren im Harn vorkommende Phenol unter den angegebenen Bedingungen zum grösseren Theile unverändert aus Blut, Gehirn, Leber und Nieren isolirt werden kann.

c. Die resorptiven Wirkungen des Phenols kommen selbstverständlich noch schneller und nachhaltiger bei Beibringung des Mittels per os zur Geltung. Nur kleine Gaben (von 0,01—0,05) dürfen, soll Anätzung der Schleimhäute und Intoxikation vermieden werden, gegeben werden. Wird die Gabe grösser gegriffen und nicht für gehörige Einhüllung des Mittels in einem schleimigen Vehikel Sorge getragen, so sind heftiges Brennen im Munde und Schlunde, Uebelkeit, Schmerz im Unterleibe mit (nicht constant) Erbrechen und Diarrhöe die Folge. Grosse Schwäche, Unregelmässigwerden von Puls und Athmung, Ohrensausen, Schwindel, Stupor, Delirien, kalte Schweisse, Sinken der Körpertemperatur (selten Convulsionen) und manchmal rasch den Tod herbeiführender Collaps sind die das Bild der Carbolintoxikation (welches mit dem der Kreosotvergiftung identisch ist) completirenden Erscheinungen. Sie lassen die Applikation des Mittels um so gewagter erscheinen, als es zweifelhaft ist, ob unter Gebrauch der oben genannten medikamentösen Gaben ein hinreichender Gehalt des Magensaftes an Carbolsäure hergestellt werden kann, um die Pepsinwirkung zu beeinflussen oder um die vielbegehrte interne Desinfektion des Magendarminhaltes in erster und des Blutes bez. der Parenchymsäfte in zweiter Linie werkstellig zu machen. Seitdem wir in der Salicylsäure bez. dem Natriumsalicylat ein sicherer wirkendes und dabei minder corrosives Mittel zur Erfüllung der *Temperaturherabsetzung bei unter Fieber verlaufenden zymotischen Krankheiten* kennen gelernt haben, dessen externe Anwendung sich wegen der grösseren Kostspieligkeit der Verbände und des Eindringens des feinen, die Schleimhaut der Bronchien stark irritirenden S.-Pulvers in die Luftwege des Kranken — der so viel gerühmten Geruchlosigkeit der S.-Verbände ohnerachtet — weniger empfiehlt als die der (Lister'schen) *Carbolverbände*, so sind wir der festen Ueberzeugung, dass der Gebrauch der Carbolsäure immer mehr auf chirurgische Zwecke beschränkt und für die interne Desinfektion bei zymotischen Krankheiten sehr bald ausschliesslich die Salicylsäure oder das besser zu nehmende salicylsaure Natron in Anwendung gezogen werden wird.

Für die physiologische Analyse der resorptiven Carbolsäurewirkung sind noch eingehendere experimentelle Untersuchungen wünschenswerth. Aus dem bisher Ermittelten folgt nur eine Beeinflussung des Grosshirns, der Medulla oblongata (Husemann) und des Rückenmarkes (Salkowski); das Auftreten von Convulsionen kennzeichnet den Symptomencomplex der Carbolintoxikationen bei Fröschen und kleinen Warmblütern, den beim Menschen zu beobachtenden Erscheinungen gegenüber. Das Herz beeinflusst die Carbolsäure nur wenig; erst steigt der Blutdruck unter Pulsverlangsamung etwas, um später unter Erweiterung der Arterien unter die Norm zu sinken, während der Druck in den Venen zunimmt; Hoppe-Seyler. Die Respiration ist anfänglich zufolge Reizung der centripetalen Vagusfasern etwas beschleunigt; Vagusdurchschneidung hat demzufolge einen stark verlangsamenden Effekt auf die Athmung; Salkowski. Der Harn nimmt unter externem Carbolgebrauch zuweilen eine dunkelgraue bis schwarze Farbe an. Nach Hiller geschieht dieses nur so lange, als es sich um nekrotische Processe in den Weichtheilen amputirter oder sonstwie operirter Glieder handelt. Zuweilen ist auch eine grüne Färbung des Harns (in welchen Phenol der Hauptsache nach wohl in Form einer noch nicht analysirten Verbindung dieses Körpers übergeht, während ein kleinerer Antheil unter Bildung von *Oxalsäure* zersetzt wird) constatirt worden. Ob diese Farbe, wie Bill behauptet, von Bildung von *Chinon* abhängt, ist noch weiter festzustellen.

Die therapeutische Anwendung der Carbolsäure *ist* aus den oben hervorgehobenen Gründen der Hauptsache nach *eine externe*. Zu Desinfektionszwecken wird von derselben ein sehr ausgedehnter Gebrauch gemacht, sei es zur Desinfektion von Krankenwäsche, sei es

zur Desinfektion von Kloaken, Nachtstühlen u. s. w. Zur Desinfektion
thierischer Auswurfsstoffe dient das rohe Phenol mit 2 Th. Eisenvitriol
und 100 Th. Gyps vermengt. Auch zur Desinfektion sich leicht zer-
setzender Geschwürssecrete hat man den Carbolverband mit gutem
Erfolge angewandt. Letzterer hat indess seine segensreichste Anwendung in der Behandlung chirurgischer Fälle, wo es sich
um Heilung grosser, profuse Eiterung voraussehen lassender Operationswunden (z. B. bei Amputationen, Resectionen, complicirten Fracturen)
handelt, gefunden.

Der *Lister'sche Verband* bedeutet eine neue Aera im Gebiete der operativen
Chirurgie. Seine Ausführung ist den Aerzten der Jetztzeit so geläufig, dass wir
uns an dieser Stelle auf die Angabe der allgemeinen Grundsätze der Methode,
welche auf Vernichtung der Keimfähigkeit der in der atmosphärischen Luft
enthaltenen und auf die Wundfläche gelangenden Fermente abzielen, beschränken
dürfen. Lister's Verfahren besteht in Waschung der frischen Wundfläche mit
verdünnter Phenollösung, Desinfektion der Instrumente und Hände des Operateurs
und der Hände der Assistenten mit Carbol bez. Carbolöl, Einhüllung des Operations-
feldes während der Operation in einen Nebel feinzerstäubter Carbollösung und in
Anlegung von carbolsäurehaltigen, bez. mit Carbolsäure getränkten Gazebinden u. a.
Verbandstücken. Zu diesem Zweck bedient sich Lister einer mit Schlemmkreide zu
einer Paste geformten Lösung von 1 Theil Carbolsäure in 6—8 Theilen Oel. Hiermit
werden Compressen und Binden imprägnirt, und schliesslich wird eine Lage Gutta-
perchapapier (*protective silc*), während für Abfluss des Wundsecrets gesorgt ist,
darüber gelegt. Auch bei Anlegung neuer Verbände, welche später, sofern das anfänglich vermehrte Secret immer sparsamer abgesondert wird, nur noch alle 8 Tage
zu erfolgen braucht, wird das operirte Glied in den Carbolsäurenebel eingehüllt um
die Luft zu desinficiren. Auch das *für Anlegung von Ligaturen und Suturen
gebrauchte Catgut* wird vor dem Gebrauch in Carbolöl gelegt.

Endlich ist von den externen Anwendungen der C. noch die bei
Pruritus ani und vulvae, Psoriasis, Eccem u. s. w., wobei es sich theils
um die sensibilitätherabsetzende und theils um die antiparasitäre
Wirkung des Mittels handelt, zu nennen. Auch in den bereits (p. 128)
erwähnten Theersalben gelangt Phenol zur Wirkung. Für Pruritus sind
Phenol-Salben (1 : 100 Fett) vorzuziehen.

Innerlich *findet* Carbolsäure zur Beseitigung dyspeptischer, *auf
abnormen Gährungsprocessen im Magen beruhender Beschwerden, zur
Desodorisirung und Desinfektion der Exspirationsluft bei Lungengangrän*
(in Form von Inhalationen) und zur „interneu Desinfection", *bez.
zur Herabsetzung der Fiebertemperatur in zymotischen Krankheiten,* wie
Typhus, Diphtheritis u. s. w., nur *noch selten Anwendung.* Gegen Intermittens wurde Carbolsäure zu 0,28 Grm. auf ein Enzianinfus (vgl. p. 69)
mit Erfolg verordnet.

B. Acidum salicylicum. *Salicylsäure:* $C_7H_6O_3$.

Die ebenfalls der aromatischen Reihe angehörige Salicylsäure, welche als Salicylsäuremethyläther im ätherischen Oel von Gaultheria procumbens präformirt enthalten und auch aus Salicin darstellbar ist, wird gegenwärtig nach dem von Kolbe 1875 angegebenen Verfahren (Lösen von Phenol in roher Natronlauge bis zur Sättigung des letzteren und Hindurchleiten von Kohlensäure bei 100°, wobei *basisch salicylsaures Natron* resultirt) dargestellt. Aus dem Natriumsalze isolirt und gereinigt wird die Salicylsäure als weisses Pulver oder in grossen vierseitigen, nur in 300 Theilen kalten Wassers (*leicht in Alkohol und Aether*) löslichen, sauer reagirenden, süsslich und hinterher kratzend und adstringirend schmeckenden, prismatischen Krystallen gewonnen. Ihre Lösungen geben mit Eisenoxydsalzen eine tiefviolette Färbung. Beim Erhitzen über ihren Siedepunkt liefert Salicylsäure, indem sie sich spaltet und Kohlensäure entweicht, Carbolsäure. Das Natriumsalz löst sich in destillirtem Wasser, welches dasselbe auch in der Kälte in fast jedem Verhältniss aufnimmt, mit schwach rosarother Farbe. Diese Lösung ist unter Zusatz von Succus liquir. leicht zu nehmen und zu 5—10 Grm. pro die der reinen Salicylsäure um so mehr vorzuziehen, als letztere *beim Durchgange durch die Blutbahn in das Natriumsalz übergeht,* bez. *ihre resorptiven Wirkungen als Natriumsalicylat hervorbringt* (Verfasser). Die Säure wird, da nur ihr, nicht der Natriumverbindung, gährungs- und fäulnisswidrige Eigenschaften zukommen (Kolbe), nur da anzuwenden sein, *wo die Lösung* derselben (wie bei Rachen-, Blasen-, Darm- und Vaginal-Affektionen) *direkt mit der krankhaft veränderten Schleimhautoberfläche in Contakt gebracht werden kann.*

Die physiologischen Wirkungen der Salicylsäure schliessen sich zwar in vielen Beziehungen denen der übrigen Glieder der aromatischen Reihe an, zeigen jedoch andererseits nach Fesers, Friedbergers und meinen Untersuchungen auch mehrere charakteristische Unterschiede. Ein solcher ist die *weit geringere,* durch die S. hervorgerufene *Irritation der Schleimhäute des Darmtractus,* derzufolge man 1,0—2,0 Grm. (am besten in Oblaten verpackte) Salicylsäure in Mund und Magen einführen kann ohne Corrosion zu bewirken. Kolbe hat dieses Verhalten der ausserdem noch *völlig geruchlosen Substanz* zur Darstellung salicylsäurehaltiger Zahnpulver und Mundwässer behufs Desodorisirung und Desinfektion der Mundflüssigkeit verwerthet. Von der Applikation der S. in Form von Gurgelwässern bei Diphtheritis wird unten die Rede sein. Nur wenn die Gabe von 2,0 überschritten wird, kann S. zur Entstehung hämorrhagischer Erosionen Anlass geben. Charakteristisch für die S. ist ferner, *dass sie die Funktionen des Centralnervensystems weit weniger energisch beeinflusst, als das Phenol.* Zwar sind nach grossen Gaben (6,0) Salicylsäure und (10,0) Natriumsalicylat ebenfalls Kopfschmerzen, Ohrensausen und Flimmern und zuweilen auch bedrohlichere Symptome von Collaps beobachtet worden; allein dieselben erreichen niemals die Intensität wie nach Phenolbeibringung und gehen in der Regel schnell vorüber. *Dagegen übertrifft die S. das Phenol in ihrer antipyretischen Wirkung so bedeutend, dass sie in dieser Beziehung mit dem Chinin wetteifert.* Dieser Effekt ist indess, was nebenbei bemerkt auch vom Chinin gilt, in den verschiedenen Krankheiten verschieden ausgesprochen; Bälz; Garcin.

Bei Thieren hängt die *Temperaturerniedrigung* wohl mit der *Beeinträchtigung, welche Athmung und Herzaction* (erstere durch Herabsetzung der Erregbarkeit der sensiblen Bahnen bez. der Vagusäste in den Lungen, letztere durch Paralysirung der im Herzen selbst befindlichen gangliösen Apparate bez. des Herzmuskels selbst) *erfahren,* zusammen. Athmung und Puls werden retardirt und der Blutdruck sinkt; Verfasser; die dem widersprechenden Beobachtungen Danewski's beruhten auf Einverleibung Erbrechen- und Erstickungsnoth bewirkender toxisch-lethaler Gaben. Ob beim Menschen neben der Beeinträchtigung der Athmungs- und Kreislaufsfunktion am Zustandekommen der Temperaturerniedrigung nach Salicylsäurepräparaten noch andere Momente betheiligt sind, werden fortgesetzte Versuche zu entscheiden haben. Insbesondere liegt eine Mitleidenschaft der peripheren, bis zu einem gewissen Grade vom Gefässnervencentrum unabhängigen Vasomotoren nicht ausserhalb des Bereiches der Möglichkeit. In diesem Falle würde, während das Blut in den peripheren Gefässen unter Lahmlegung des Einflusses der Hemmungsnerven schneller circulirt, der Blutumlauf in den central gelegenen Gefässen langsamer stattfinden. Zufolge dieser, vielleicht ausserdem durch mehr oder weniger vollständigen Abschluss gewisser Gefässbezirke in ihrem Effekt noch unterstützten Veränderung der Blutvertheilung müsste (unter Entlastung der centralen Gefässe von dem darin noch dazu langsamer dahinfliessenden Blute) überhaupt mehr Blut in die peripheren Gefässabschnitte dringen und das in der Peripherie schneller kreisende Blut somit eine stärkere Abkühlung erfahren. Letztere Thatsache würden sowohl die Abnahme der Innentemperatur, als das Absinken des Blutdrucks bei unter Salicylsäurewirkung stehenden Individuen ungezwungen erklären; H. Köhler.

Bezüglich der unter Salicylgebrauch resultirenden Veränderungen des *Blutes* ist nur festgestellt, dass medikamentöse Gaben des genannten Mittels in die Natriumverbindung übergeführt und als solche mit dem Harn eliminirt werden. Freie S.-Säure ist, nur wenn enorm grosse, Asphyxie und Kohlensäureübersättigung des Blutes bewirkende Salicylsäuremengen per os eingeführt werden (*in welchem Falle das Blut die Beschaffenheit des Erstickungsblutes zeigt*), durch Ausschütteln des unter Luftabschluss dem lebenden Thiere entnommenen Blutes mit Aether nachweisbar; Verfasser. Es geht hieraus gleichzeitig hervor, *dass, sofern die Salicylsäure nach ihrer Ueberführung in die Blutbahn als*

Natriumsalicylat wirkt, wir, um die resorptiven Wirkungen derselben hervorzurufen, wohl berechtigt sind, *von vornherein* anstatt der freien Säure das weit besser zu nehmende *Natriumsalz nehmen zu lassen.* Bezüglich der Secretionen wurde bisher nur festgestellt, dass die Schweissabsonderung fast regelmässig und die Diurese constant durch Salicylsäuregebrauch vermehrt werden. Ob das Natriumsalicylat auch in den Schweiss übergeht, ist durch Versuche bisher nicht festgestellt worden. Von praktischer Bedeutung ist die Beobachtung, dass der Urin unter Salicylgebrauch *nicht selten eiweisshaltig wird;* Bälz. Indem in der Regel das Volumen des Harns (*zuweilen auf 3 Liter*) wächst, nimmt sein spec. Gewicht ab und der stark durch Gallenfarbstoff tingirte Harn Gelbsüchtiger wird völlig farblos; Bälz.

Für die therapeutische Anwendung der *ganz nach den Indikationen des Phenols* zu verordnenden Salicylsäurepräparate ist daran festzuhalten, dass die freie Säure nur da, wo ein direkter Contact derselben mit erkrankten Schleimhäuten das Zustandekommen örtlicher (desinficirender) Wirkungen ermöglicht (z. B. bei Affektionen der Pharynx, der Harnblase u. s. w.), in Gebrauch zu ziehen, in allen anderen Fällen dagegen dem leicht löslichen und gut zu nehmenden Natriumsalicylat vor ersterer der Vorzug zuzugestehen ist.

Unter den durch Salicylsäure zu heilenden Krankheiten steht die Polyarthritis obenan; Stricker. *Ausgenommen ist nur der Gehirnrheumatismus;* Bälz. Von verschiedenen Autoritäten ist hier am Gebrauch der Säure (in Oblaten) festgehalten und bis zu 0,5 Acid. salicyl. stündlich aufgestiegen worden. *Entstehung von Magengeschwüren mit Perforation wurde hiernach nur in Russland beobachtet.* Bälz sah nach Gebrauch von in Summa 18,5 Salicylsäure einen maniakalischen Anfall auftreten; seine Beobachtungen beweisen ausserdem, dass die S. die Polyarthritis nicht in allen Fällen heilt.

Sehr günstig — durch Herabsetzung der Fiebertemperatur und häufig auch durch Beseitigung der Delirien — erweisen sich die Salicylsäurepräparate auch beim Abdominaltyphus. Ob dadurch die Dauer der Krankheit abgekürzt wird, ist noch die Frage. Kalten Bädern und Eiswasserübergiessungen ist nach den Erfahrungen auf Wunderlich's Klinik nur dann vor der Salicylsäure der Vorzug zu geben, wenn die Störungen in der Nervensphäre, wie Somnolenz, Krämpfe u. s. w., prävaliren oder Complikation mit intensiver Bronchitis und drohender Hypostase in den Lungen nachweislich ist; Bälz. Bei Intermittens vermögen die Salicylsäurepräparate das Chinin nicht zu ersetzen. Bei Pneumonie wirkt S. in eben dem Maasse wie das Chinin günstig. Ueber den Werth des Mittels der Diphtheritis gegenüber lauten die Berichte verschieden. In Leipzig sah man von der Anwendung der S. gegen gen. Krankheit *nicht den geringsten Nutzen.* Ich habe die in

Wasser (unter Zusatz von Alkohol; vgl. unten) gelöste Salicylsäure (*zuweilen unter Hinzufügung von Eisenchlorid*) zu Gurgelungen empfohlen und glaube diese Medikation als Unterstützung der Kur der Rachen-Diphtheritis bezeichnen zu dürfen. Sofern der Salicylsäure allein desinficirende Wirkungen zukommen, ist auch ihr auf Hervorrufung örtlicher Wirkungen am Locus affect. gerichteter Gebrauch allein rationell und kann durch den des Natriumsalicylates nicht ersetzt werden. Inhalationen von zerstäubter Salicylsäurelösung sah Bälz bei Lungenbrand, fötider Bronchitis etc. in einem Falle mehr leisten als selbst Terpentinöl.

In sämmtlichen im Vorstehenden erwähnten inneren Krankheiten *kommt der antipyretische Effekt der S. schneller zu Stande, als der des Chinin; er soll jedoch nach Einigen weniger lange vorhalten.* Letzterer Nachtheil — falls er sich bestätigte — würde indess durch die vom Chinin nie erreichte Intensität der Temperaturherabsetzung um 3° C. im Mittel mehr wie aufgewogen werden. Erscheinungen von Collaps kommen bei Salicylsäure ebenso wie beim Chinin zur Beobachtung und legen dem Arzte die Pflicht auf, die Kranken sorgfältig im Auge zu behalten.

Die externe Anwendung der S.-Präparate geschieht in der beim Phenol erörterten Weise. Ein Vorzug der S. vor dem Ph. ist ihre *Geruchlosigkeit;* sie ist daher als fäulniss- und gährungswidriges Mittel für ökonomische Zwecke, wie Conservirung von Fleisch, Früchten etc. allein zu verwenden. Auch der Zusatz von $^1/_{100}$ Gew.-Theil Acid. salicyl. zu Morphinlösungen für subcutane Injektion, wodurch deren Trübung beim Stehen verhindert wird, gehört hierher.

Anwendung: 1. Acidum salicylicum; innerlich bis zu 0,5 Grm. stündlich in Oblaten; zum externen Gebrauch lässt man 2 Grm. S. in 200 Wasser unter Alkoholzusatz lösen; da der Alkohol verdampft, sind niemals grössere Mengen zu verschreiben; Glycerin kann den Alkohol nicht ersetzen — es wirkt eben stark mit Wasser verdünnt und sind die gebräuchlichen Verordnungsweisen falsch. Dagegen ist Vinum ferro-salicylicum (Fürbringer) ein empfehlenswerthes Präparat.

2. Natrium salicylicum; salicylsaures Natrium ist nur intern anzuwenden. Die Dosis muss etwas hochgegriffen werden. Beim Typhus sind 5--6 Grm. pro dosi erforderlich. Grösseren Kindern verordne man 4—6 Grm. Natriumsalicylat in 60 Grm. Wasser unter Zusatz von 2,5 Extr. Liquiritiae. Als mittele Dosis für Erwachsene sind 4—6 Grm. (mehrmals täglich) zu bezeichnen. Die antipyretische Wirkung des Mittels bleibt verschwindend selten (und jedenfalls nicht häufiger, als beim Chinin) aus. Subcutan angewandt (5,0 auf 7,6 Cbcm. Wasser) leistet Natr. salicylicum nach Bälz weniger; dasselbe gilt von Klystieren (8—10 Grm. Natr. salic. auf 200—300 Wasser) oder 1 Salicylsäure auf 300 Wasser, denen bei diphtheritischen Affektionen des Darms passender Weise Eisenchloridliquor (vgl. p. 28) zugesetzt wird.

6. (12.) Ordnung: Mittel, welche das Rückenmark und die peripheren sensiblen und motorischen Nerven in eigenthümlicher Weise beeinflussen (ehemals Spinantia, Tetanica u. s. w.).

Wiewohl auf ihre tetanisirende Wirkung in den älteren Systemen grosses Gewicht gelegt wurde, sind dieselben doch dadurch, dass sie die peripheren Nerven (welche sie erst reizen und zuletzt lähmen) in Mitleidenschaft ziehen, den Mitteln der übrigen Ordnungen, namentlich denen der zuletzt betrachteten gegenüber, weit schärfer charakterisirt, als durch ihre Wirkung auf das Rückenmark. Am reinsten kommt die tetanisirende Eigenschaft noch dem Strychnin zu, während die übrigen gleichzeitig central und peripher wirken und (wie Nicotin und Coniin) neben den Krämpfen curareartige Erscheinungen hervorrufen.

XLVII. Semina Strychni. Nuces vomicae. Brechnüsse. Strychnium. Strychnin.

Das wirksame Princip der Brechnüsse (*von Strychnos nux vomica; Loganiaceae*), aus welchen die Eingebornen Borneo's ein als *Upas tieuté* bekanntes Pfeilgift bereiten, wurde 1818 von Pelletier und Caventou isolirt und Strychnin genannt. Neben diesem enthalten die 0,603 Cmtr. dicken, aschgrauen, runden, schild- oder münzenförmigen, dicht mit seidenartigen, feinen, dichtanliegenden und concentrisch gegen die Mitte der concav-convexen und im Centrum der Bauchseite das runde Hilum zeigenden Samen des Krähenaugenbaumes ein zweites, als Brucin bezeichnetes Alkaloid, welches nach Sonnenschein unter Aufnahme von 4 Sauerstoff und Abgabe von 2 CO_2 und 2 H_2O durch *oxydirende Substanzen* in Strychnin übergeführt wird nach dem Schema:

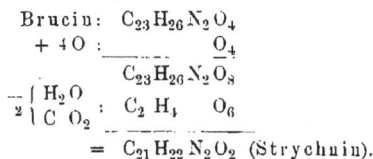

$$\text{Brucin:} \quad C_{23}H_{26}N_2O_4$$
$$+\ 4\,O: \quad \underline{\phantom{C_{23}H_{26}N_2}\ O_4}$$
$$C_{23}H_{26}N_2O_8$$
$$2\ \left\{ \begin{array}{l} H_2O \\ C\,O_2 \end{array} \right. : \quad C_2\,H_4 \quad O_6$$
$$=\ C_{21}H_{22}N_2O_2 \ (\text{Strychnin}).$$

Umgekehrt liefert Strychnin, mit starken Basen in Glasröhren eingeschmolzen und längere Zeit im Wasserbade erhitzt, Brucin; Sonnenschein. Das in luftbeständigen, weissen, dem rhombischen System angehörigen säulenförmigen Krystallen in den Handel kommende *reine Strychnin* ist durch seine ungemein schwere Löslichkeit in Wasser (6000 Th. kalten, 2000 Th. heissen W.), sowie durch seine complete Unlöslichkeit in absolutem Alkohol und Aether ausgezeichnet. Der 8 % Alkohol (120 Th.), der Amylalkohol (180 Th.), das Chloroform (5 Th.) und das Benzin (160 Th.) nehmen dagegen Strychnin auf. *Charakteristisch für Strychnin* ist die in einer Auflösung dieses Alkaloides in concentrirter Schwefelsäure bei Hinzufügung eines Kaliumbichromatkrystalles resultirende violettrothe oder blaue Farbenreaktion, deren Eintritt durch die gleichzeitige Gegenwart von Morphin (welches durch Chloroform oder Benzol zu entfernen wäre) in dem Untersuchungsobjekte verhindert wird. Minder charakteristisch für Strychnin ist der durch Jod-Jodkaliumlösung selbst in sehr verdünnter Strychninsolution erzeugte kermesfarbige Niederschlag.

Kleine Gaben Strychnin (0,001—0,003) bewirken ausser *starker Reizung des Geschmacksorganes,*)* Gefühl vermehrter Wärme in der Magengegend, vermehrter Speichelsecretion, Anregung der Esslust und Aufbesserung der Magenverdauung keinerlei Befindensveränderungen. Wird dagegen die Dosis auf 0,006—0,01 erhöht, so brechen beim Menschen (Säugethiere, Vögel und Amphibien verhalten sich völlig conform) anfallsweise auftretende, heftige tetanische Krämpfe in erster Linie in den *Extensorenmuskeln des Körpers* aus, zufolge derer Streckung der Extremitäten und Concavität der Wirbelsäule nach hinten mit stark in den Nacken gezogenem Kopf, Trismus und Hervortreten der Augäpfel beobachtet wird. Während der Anfälle sind *die Pupillen erweitert, der Puls ist klein und frequent* und *die Athmung unterbrochen.* Das Bewusstsein bleibt ungetrübt; Nausea, Unbehagen, psychische Verstimmung, Formikation und erhöhte Empfindlichkeit gegen äussere Eindrücke pflegen den tetanischen Paroxysmen vorauszugehen und Schwächegefühl, Gefühl vermehrter Spannung und Steifigkeit in den Extremitätenmuskeln, auch wohl Beschwerden beim Schlingen, Sprechen, Gehen und Stehen leiten die Anfälle ein. Letztere wiederholen sich auf die geringfügigsten Anlässe hin, wie Berührung des Kranken mit der Hand, stärkeres Anrufen desselben, plötzlich einwirkende grelle Lichteindrücke, Lageveränderungen, tiefe Inspirationen u. s. w., so lange, bis alles in die Blutbahn aufgenommene Strychnin mit dem Nierensecrete wieder ausgeschieden ist. *Weiter, als bis zum Eintritt schnell vorübergehender (tetanischer) Muskelzuckungen, darf die Strychninbeibringung zur Erreichung heilkünstlerischer Zwecke nicht fortgesetzt werden.* Die Wirkungen toxischer Strychnindosen, welche in kürzester Zeit den ausgesprochensten Tetanus mit Sistirung der Athmung, Cyanose des Gesichts, Anschwellung der Jugularvenen, Mydriasis und Starrwerden der Augen, Unregelmässig- und Unfühlbarwerden des Pulses bedingen, die bereits gesteigerte Reflexerregbarkeit in einem unglaublichen Grade erhöhen und schliesslich unter Eintritt von Bewusstlosigkeit den Tod durch Asphyxie herbeiführen, haben ausschliesslich toxikologisches Interesse. Die Temperatur unter der Strychninwirkung steigt an.

Bezüglich der im Vorstehenden nicht erwähnten physiologischen Wirkungen des Strychnin ist noch nachzutragen, dass dieses Alkaloid auf die intakte Haut gebracht Hitze, Brennen und Schmerzen, kurz alle Erscheinungen der Hautentzün-

------

*) Noch Lösungen, welche $\frac{1}{60000}$ Strychnin enthalten, schmecken bitter.

dung hervorzurufen vermag. Noch intensiver in der angegebenen Richtung wirkt
Str. auf der Epidermis beraubte Hautstellen und auf die Schleimhäute des Magen-
darmcanales, der Bronchien und des Urogenitalapparates ein. Von letzteren aus wird Str. leicht resorbirt und bringt alsdann die oben erwähnten resorptiven
Wirkungen hervor. Das Blut wird durch Str.-Aufnahme in seiner Fähigkeit Sauerstoff zu absorbiren sehr erheblich beeinträchtigt; welcherlei Veränderungen das Blut
beim Uebergange des Str. in dasselbe erfährt, ist unbekannt. Da auch Lewisson's
„Salzfrösche" (vgl. p. 335) nach der Strychnisirung Tetanus bekamen, dient das
Blut dem gen. Alkaloide der Hauptsache nach wohl nur als Vehikel. *Strychnin ist*
ein Protoplasmagift (vgl. p. 333), welches indess in der Intensität seiner Wirkung
vom Chinin übertroffen wird. Perverse Gährungsvorgänge im Magen vermag es
zu sistiren. Endlich sind noch Wirkungen des Str. auf das Gefässsystem beobachtet.
Heinemann schliesst aus einer durch die Curarisirung, nicht aber durch Vagusdurchschneidung aufzuhebenden *Pulsretardation* nach Einverleibung des Str. bei
Fröschen auf eine nur von kleinen Dosen des Mittels hervorgerufene *Vagusendigungs-*
Reizung, welche bei grossen Gaben sich bis zur Erzeugung diastolischen Stillstandes
steigern kann. Bei Warmblütern und beim Menschen ist dagegen, besonders während des tetanischen Anfalles, der Puls beschleunigt. Ausserdem besteht continuir-
liche und während der gen. Paroxysmen verstärkte Contraktion der Arteriolen, welche
Ansteigen des Blutdrucks (*abhängig von Gefässnervencentrumreizung*) im Gefolge
hat; S. Mayer. Modifikationen der Darmbewegung, wie solche vom Nicotin zu
verzeichnen sein werden, bedingt Strychnin nicht; O. Nasse.

Die Strychninkrämpfe sind unstreitig *reflectorischer Natur* und
von so abnormer Ausdehnung und Intensität, dass statt einer einzigen
Muskelgruppe wie bei den normalen geordneten Reflexen durch einen
sonst unwirksamen Minimalreiz sämmtliche animalischen Muskeln von einer
einzigen sensiblen Stelle aus in Tetanus versetzt werden. Der Angriffspunkt der Strychninwirkung ist in die Centralapparate des Marks,
d. h. in die *graue Substanz* zu verlegen; direkter Contact des freigelegten
Rückenmarks mit Str.-Lösung ruft keinen Tetanus hervor. Die Intensität
des letzteren ist von der Temperatur (Kunde) abhängig; Aderlässe verzögern, passive Bewegungen, sowohl auf-, wie absteigende constante
elektrische Ströme, Aetherisation und Chloroformirung sistiren den Ausbruch der Strychninkrämpfe. Ueber die Bedeutung der künstlichen
Respiration für die Abwendung der deletären Folgen der Strychninvergiftung bestehen zur Zeit in den Angaben der Autoren Widersprüche,
auf welche wir, um uns nicht zu sehr auf toxikologisches Gebiet zu ver-
irren, an dieser Stelle nicht weiter eingehen können. Toxische Gaben
vermögen endlich *das Athemcentrum in der Medulla oblongata so intensiv*
zu reizen, dass der Thorax während der Paroxysmen in der Inspira-
tionsstellung verharrt und hierdurch, wenn nicht energisch künstlich
respirirt wird, *der Tod bedingt werden kann.*

Theoretisch interessant ist die von Schroff, Crum Brown, Fraser u. A.
constatirte Thatsache, dass das Methylstrychninjodid und die durch Substitution des
Jods durch Chlor oder Säurereste entstehenden Ammoniumsalze des Strychnin nicht

mehr krampfmachende, sondern curareartige (d. h. die peripheren motorischen Nerven
lähmende) Wirkungen äussern.

Mit dem grossen toxikologischen Interesse, welches Strychnin und die strychnin-
haltigen Droguen (Krähenaugen, falsche Angusturarinde [*Rinde von Strychnos nux
vomica*] und die Faba St. Ignatii — obsolete Arzneistoffe) beanspruchen dürfen, hält
die therapeutische Bedeutung dieser Mittel nicht im entferntesten gleichen Schritt. Ihre

Anwendung in Krankheiten
beschränkt sich:

1. *auf den Gebrauch des Str.* (als eines in erster Linie die Rückenmarksfunktionen beeinflussenden Mittels) *in Lähmungen, vor allen der
motorischen, und in zweiter Linie auch der sensiblen Nerven.* Ausgeschlossen sind hiervon:

a. Lähmungen, welche auf unter keinen Umständen zu beseitigenden Ursachen, wie Wirbelfracturen, Tumoren der Wirbelknochen
oder des Rückenmarkes etc., beruhen; ferner

b. Lähmungen jüngeren Ursprungs, welche von Exsudaten, Extravasaten oder Blutansammlungen in den Nervencentralorganen abhängig
sind, und

c. Lähmungen, welche mit Neigung zu Congestionen oder Vorhandensein von Hyperämien Hand in Hand gehen.

Sofern Strychnin nach Brown-Séquard nicht, wie Ergotin und
Atropin, Ischämie, sondern Hyperämie der Nervencentralorgane bedingt,
muss es in den genannten Fällen selbstredend schaden. Es sind daher
hauptsächlich längere Zeit bestehende, im Gefolge von Anämie, Rheumatismus, Diphtheritis, chronischen Metallintoxikationen auftretende und auf
die Muskeln des Mastdarms, der Blase oder des Genitalapparates beschränkte Lähmungen, welche sich für den Gebrauch des Strychnin
eignen. Bei Paraplegien soll das Mittel eher Erfolg versprechen, als
bei Hemiplegien. An die eben aufgezählten Motilitätslähmungen schliessen
sich an: Amaurose, bedingt durch Bleivergiftung, durch Anämie nach
Blutverlusten, oder durch Magengeschwürsbildung, wenn eine reine
Functionsstörung vorliegt, Unempfindlichkeit der Haut an einzelnen
Stellen und Hyperästhesien. Gegen Neurosen wie Veitstanz, Epilepsie
und andere Krampfkrankheiten ist Str. gegenwärtig verschwindend selten
im Gebrauch. Letzterer würde sich, nur wenn man auf Anämie der
Nervencentren als Ursache der gen. Leiden zu schliessen Veranlassung
hätte, vertheidigen lassen. Mit Vorliebe wendet man in allen unter 1.
aufgeführten Formen von Paralyse Str. subcutan (0,001—0,003) an.

2. *Die gährungswidrige Wirkung des Strychnin macht sich in
günstigster Weise bei der Behandlung der* Dyspepsien hysterischer,
hypochondrischer und chlorotischer Personen, der sogenannten atonischen

Verdauungsschwäche, bei chronischen Diarrhöen, bei Ruhr und epidemischem Brechdurchfall *in allen Fällen, wo bittere Mittel* (*vgl. p. 65*) *nützen, bemerklich.* Namentlich in den gangbaren sogen. „Choleratropfen" fehlt die Tr. nucum vomicarum neben Opiaten und ätherische Oele enthaltenden Zubereitungen wohl niemals. Empirisch ist

3. *Strychnin*, theils für sich, theils abwechselnd mit Chinin *bei Intermittens angewandt* (0,03 Str. in 180 Grm. Wasser und 4 Tropfen Essigsäure gelöst; esslöffelweise) und in neuerer Zeit wiederholt empfohlen *worden.* Eigene Erfahrungen über die hierdurch zu erlangenden Heilerfolge gehen mir, weil Intermittens hierorts zu den grössten Seltenheiten gehört, ab.

Pharmaceutische Präparate:

1. Semina Strychni. *Nuces vomicae.* Krähenaugen. In Pulvern zu 0,03—0,1; (Max.-Dosis: 0,3 pro die); kaum noch verordnet.

2. Tr. Strychni s. *nucis vomic. Brechnusstinctur* (1:10 Weingeist); Dosis: 2—10 gtt.; Max.-Dosis: 20 Tropfen.

3. Tr. Strychni aetherea (1:10 Spiritus aethereus); Dosis wie bei 2. Max.-Dosis: 0,5 pro dosi; 1,5 pro die.

4. Extr. Strychni aquosum s. *nuc. vom. aquos.* Brechnüsse mit kochendem Wasser ausgezogen und zu Consistenz 3 eingedampft. Giebt eine trübe Lösung und ist, weil von ungleichem Strychningehalt, ein schlechtes Präparat; Dosis: 0,03—0,2; Max.-Dosis: 0,2 pro dosi; 0,6 pro die.

5. Extr. Strychni spirituosum; *weingeistiges Krähenaugenextrakt* (Cons. 3). Reich an Strychnin; Dosis: 0,005—0,03; Max.-Dosis: 0,05 pro dosi und 0,15 pro die.

6. Strychnium purum. *Str. nitricum. Str. sulfuricum:* reines, salpetersaures, schwefelsaures Strychnin. Dosis: 0,003—0,006; Max.-Dosis: 0,01 pro dosi, 0,03 pro die. Zu subcutaner Injektion 0,06 Str. in 8,75 Wasser.

XLVIII. Folia Nicotianae. Tabak. Nicotinum. Nikotin.

Das Interesse, welches der seit 1586 durch Sir Francis Drake in Europa eingebürgerte Tabak beanspruchen darf, ist ein vorwaltend culturhistorisches und toxikologisches; seine Bedeutung als Arzneimittel ist zur Zeit gleich Null. Die Mutterpflanze: *Nicotiana tabacum* (Solaneae), wie das im Tabak wirksame Princip: Nicotin haben ihren Namen von Jean Nicot, welcher den Tabak in Frankreich einführte.

Die Tabaksblätter sind länglich cirund und lanzettlich, lang zugespitzt, nach der Basis zu verschmälert, ganzrandig und mit starken Blattnerven durchzogen. Beim Trocknen schrumpfen sie ein und werden braun. Ihre Wirkung repräsentirt das sauerstofffreie und flüchtige Alkaloid Nicotin ($C_{20}H_{14}N_2$), welches frisch dargestellt und gereinigt eine farblose, ölige, das Licht links polarisirende, bei 250° C. siedende, aber schon mit dem Dampfe des siedenden Wassers überdestillirende, alkalisch reagirende Flüssigkeit darstellt. Mit Jod in alkalischer Lösung zusammengeschüttelt bildet es das in Nadeln krystallinisch anschiessende „*Trijodnicotin*". N. liefert gut krystallisirende Doppelsalze mit Goldchlorid u. s. w.

Die Erscheinungen der Nicotinvergiftung sind in groben Zügen: Kratzen und Brennen im Schlunde, Magenschmerz, Uebelkeit, Erbrechen, Durchfall, Blässe und Kühle der Haut, Pulsverlangsamung oder Acceleration, Benommenheit, Mattigkeit, Schläfrigkeit und — besonders bei Thieren — *klonische Krämpfe gefolgt von Motilitätslähmung und vollständigem Erlöschen der Reflexe.* Diese Wirkung auf das Nervensystem ist theils eine centrale, theils eine peripherische. Wie Froschversuche beweisen, gehen die klonischen, selten tonischen Krämpfe, welche in Gliedern mit durchschnittenen Nerven in Wegfall kommen, vom Rückenmark aus. Bereits während des Bestehens derselben ist die Reflexthätigkeit so herabgesetzt, dass unter Nicotinwirkung selbst Strychninkrämpfe bei Fröschen nicht zum Ausbruch kommen; *da diese Depression auch bei decapitirten Fröschen eintritt, kann sie nicht Folge einer Reizung der Hemmungscentra sein, sondern muss ihre Ursache in der Medulla haben;* Rosenthal; Krocker. Ausserdem kommen aber auch in Gliedern mit discidirten Nerven flimmernde Zuckungen zur Beobachtung. Ihre Ursache ist, wie durch das Nichteintreten derselben nach zuvor ausgeführter Gefässligatur bestätigt wird, in der Peripherie zu suchen. Sofern sie auch nach vor der Nikotinbeibringung bewirkter Curarisirung nicht eintreten, muss eine *Erregung der intramusculären Nervenendigungen vorliegen.* Sind letztere ebenso wie die reflexvermittelnden Elemente des Rückenmarks gelähmt, so hören central- wie peripherbegründete Krämpfe auf und bei Warmblütern bildet sich eine auf centraler (Motilitäts-) Lähmung beruhende Erschlaffung aus. Die Nicotinkrämpfe werden *durch die künstliche Respiration nicht modificirt;* Uspensky. Auf eine durch Reizung der Vagusenden bedingte Pulsverlangsamung folgt Lähmung, während welcher Halsvagusreizung keinen diastolischen Stillstand des Herzens auslöst, wohl aber elektrische Reizung der Venensinus am Herzen (über die Unterschiede der Angriffspunkte bei der Herzwirkung des Atropin und Nicotin vgl. p. 403). Nachdem während der primären Vagusreizung der Blutdruck gesunken ist, steigt er zufolge von *Reizung des Gefässnervencentrum abhängiger Contraktion der peripheren Gefässe* über die Norm, um schliesslich, während eine abermalige Pulsverlangsamung eintritt, unter die Norm abzusinken. *Letztere Erscheinung fällt mit Eintritt der Lähmung des Gefässnervencentrum zusammen.* Dass letzteres der Angriffspunkt der Nikotinwirkung auf die Arteriolen bildet, geht aus dem Fortbleiben des Gefässkrampfes nach Halsmarkdiscision und daraus hervor, dass sich die Darmgefässe auch nach zuvor ausgeführter Aortenklemme verengern, wenn Nikotin in die Carotis injicirt wird. Ausserdem findet aber auch eine peripher begründete Erregung der Gefässmuscularis statt, denn der Darm erblasst, wenn Nikotin in eine Darmarterie injicirt wird; v. Basch und Oser. Die Athmung wird unter Einfluss des Nikotin erst beschleunigt, später retardirt und aufgehoben. Merkwürdig ist der Eintritt tetanischer Contraktion an Darm und Uterus. Der Darmtetanus, welcher nach O. Nasse nach zuvor bewirkter Abklemmung der Darmgefässe sistirt werden und durch Injektion des N. in die Darmgefässe auf bestimmte Darmabschnitte beschränkt bleiben kann, hat in *toxischer Reizung eines cerebrospinalen Darmcentrum* seinen Grund und fällt mit der oben erwähnten Gefässcontraktion zusammen. Die Speichel- und die Harnsecretion werden unter Nikotinbeibringung gesteigert. Die Iris zeigt eine auf Sphincterreizung zurückzuführende Verengerung; Krocker. Das Nikotin zerstört bei direktem Contact mit dem Blute die rothen Blutkörperchen. Der Obduktionsbefund bei an Nikotinvergiftung verstorbenen Thieren und Menschen ist mit dem des Erstickungstodes identisch.

Je eingehender, wie aus Vorstehendem erhellt, die toxischen Wirkungen des Nikotin studirt worden sind und je schlagender sich auch durch Beobachtungen am Menschen, namentlich in dem Giftmordprocesse des gräflichen Ehepaares Bocarmé, herausgestellt hat, dass dieses Alkaloid an Gefährlichkeit und Rapidität seiner toxischen Wirkung *der ebenbürtige Verwandte der Blausäure ist,* desto mehr sind wir berechtigt, den Gebrauch nikotinhaltiger Mittel zu therapeutischen Zwecken zu beschränken. In der That ist derselbe zur Zeit so gut wie ganz aufgegeben. Nur die Anwendung von Tabaksklystieren (1—2 auf 100—120 Colatur) für die Behandlung eingeklemmter Brüche, des Ileus u. s. w., um zufolge des sich einstellenden Darmtetanus eine Lageveränderung des Darms nebst vermehrter Peristaltik zu bedingen oder während des späteren Stadium allgemeiner Erschlaffung der Muskulatur (auch des Darms) die Taxis leichter ausführen zu können, haben sich — für verzweifelte Fälle — erhalten. Der Gebrauch des Nikotin zu 0,001—0,003 (L. van Praag) gegen Tetanus und Strychninvergiftung ist fast obsolet und die externe Anwendung des Tabaks zur Vernichtung von Darmparasiten — weil durch Resorption des Nikotin von der Haut aus lethale Vergiftungen zu Stande gekommen sind — durchaus verwerflich.

XLIX. Herba Conii maculati. Schierling. Coniinum. Coniin.

Wenngleich das wirksame Princip des gefleckten Wasserschierlings (Conium maculat.; *Umbellifer.*), *das Coniin, 16 Mal schwächer wirkt, als das Nikotin.* so finden doch die bezüglich des letzteren im vorigen Kapitel begründeten Ausstellungen und Warnungen vor der therapeutischen Anwendung in so hohem Grade toxischer und deletärer Substanzen auch auf das Coniin Anwendung, wie letzteres überhaupt dem Nikotin sowohl in chemischer, als in physiologischer Beziehung äusserst nahe steht.

Coniin ($Cl_{16}H_{15}N$) stellt, wie Nikotin, ein flüchtiges, sauerstofffreies Alkaloid, welches eine farblose, bei Luftzutritt verharzende, bei 200° C. siedende, nach Mäuseurin riechende, in Wasser schwer, in Alkohol und Aether jedoch in jedem Verhältniss lösliche, alkalisch reagirende Flüssigkeit dar. Rauchende Salpetersäure, Chlorwasserstoff- und Schwefelsäure färben das C. blauroth, bez. purpurroth, dann blau (HCl) oder purpurroth und später grün (Schwefelsäure).

Auch die Wirkungen *des C. sind denen des Nikotin ähnlich.* Innerlich genommen (0,03—0,1) erzeugt C. scharfen Geschmack, Kratzen im Schlunde, Speichelfluss, Schwindel, Benommenheit, Blässe, Muskelschwäche und motorische Lähmungserscheinungen, welche bei Einverleibung kleiner Dosen wieder verschwinden, bei grossen Dosen aber in Convulsionen übergehen. Wie vom Nikotin wird auch vom C. das Nervensystem sowohl vom Centrum als von der Peripherie aus beeinflusst. Die in Lähmung übergehende und in Convulsionen sich documentirende Excitation des Rückenmarks geht mit einer der Curarewirkung an die Seite zu stellenden Paralysirung der peripheren motorischen Nerven Hand in Hand. *Die oben erwähnten Convulsionen werden durch die künstliche Athmung nicht aufgehoben.* Das Herz wird nur bei Fröschen beeinflusst; Böhm. *Gefässlähmung bildet sich* (nach Guttmann) *aus.* Aehnlich wie Nikotin äussert C. auch auf die *sensiblen Nerven erregende und später paralysirende Wirkungen,* während es wie jenes die Muskelirritabilität und Contraktilität nicht vernichtet. Die rothen Blutkörperchen zerstört C. nur, wenn es in concentrirtem Zustande dem Blute direkt zugesetzt wird und die kaustischen Wirkungen eines freien Alkalis entfalten kann; L. Hermann. Die Elimination des C. erfolgt (unverändert) durch den Urin.

· Uebrigens gehen die Angaben der Autoren über die physiologischen Wirkungen des Coniin in ähnlicher Weise auseinander, wie wir dieses bezüglich des Aconitin (p. 410) angegeben haben. Einige lassen nur das periphere Nervensystem, Andere, wie Christison und Verigo, lassen ausserdem auch das Rückenmark in Mitleidenschaft gezogen sein und Dyce Brown und Dyce Davidson nehmen eine primäre Lähmung der motorischen Hirncentra bei Intaktbleiben der peripheren Ausbreitungen der motorischen Nerven an.

Indicirt ist Conium bez. Coniin als lokal die Sensibilität herabsetzendes und (vielleicht) als Muskelkrämpfe beseitigendes Mittel; seine Anwendung in praxi ist indess, seitdem Chloroform und Chloralhydrat in die Series medicaminum aufgenommen und allgemein gewürdigt worden sind, eine verschwindend geringe. Höchstens wird das coincidirte Kraut noch, nach Art der Folia Hyoscyami als lokal-schmerzstillendes Mittel den Species ad Cataplasma zugesetzt. Sein Gebrauch gegen *scrofulöse Photophobie* und gegen *Hautausschläge* ist gegenwärtig verlassen. Von der ehemals vielgerühmten secretion- und resorptionbefördernden Wirkung des Mittels ist in der neueren Literatur ebenfalls kaum noch die Rede. Nichtsdestoweniger sind in die Ph. G. sechs Coniumpräparate aufgenommen.

Pharmaceutische Präparate:

1. Herba Conii maculati. *Schierlingskraut;* die saftgrünen, getrocknet und mit Aetzkalilösung versetzt nach Mäuseurin riechenden Blätter zum Infus: 0,15—0,4 pro dosi. Häufiger nimmt man das frische Kraut als schmerzstillenden Zusatz zu Umschlägen.

2. Extr. Conii. *Schierlingsextrakt.* (Cons. 2.) Durch Weingeist aus dem frischen Kraute dargestellt. Dosis: 0,01—0,1; innerlich kaum noch; das Extrakt wird am ehesten noch Salben zugesetzt. (vgl. auch 5.)

3. Emplast. Conii. *Schierlingspflaster.* Zwei Theile von 1 (*gepulvert*) in einer nur 4 Th. gelb. Wachs, Terpentin- und Baumöl bestehenden Pflastermasse. — Ganz überflüssig ist

4. Emplast. Conii ammoniatum: 9 Theile des vorigen mit 2 Th. in kochendem Acet squillae (vgl. p. 225) aufgeweichten Ammoniakgummis (vgl. p. 172 ff.).

5. Ungt. Conii; *Schierlingssalbe:* ein Theil von 2 auf 9 Theile Gelbwachs. Endlich ist leider auch

6. Coniinum, *Coniin* in die Ph. G. aufgenommen. Dosis: $^1/_{80}$—$^1/_{30}$ Tropfen. Aeusserlich 1 Trpf. auf 10 Grm. Fett oder Oel.

L. Mehr oder weniger obsolete Wurzeln, in welchen Saponin und verwandte Glukoside wirksam sind:

Rad. Saponariae. Rad. Senegae. Rad. Sassaparillae.

Die in den genannten Mitteln zur Wirkung gelangenden Glukoside:

Saponin oder Senegin: $C_{18}H_{29}O_{12}$ und

Smilacin: $C_{16}H_{30}O_6$

sind dadurch ausgezeichnet, dass sie in Wasser aufgelöst stark schäumende Lösungen und auf Zusatz concentrirter Schwefelsäure unter Abspaltung von Zucker (und Sapogenin) eine amaranthrothe Farbenreaktion geben, sowie dadurch, dass sie die Eigenschaften stark lähmender und lokal anästhesirender Muskelgifte besitzen; v. Pelikan; Verfasser.

1. Die Radix Senegae, Senega- oder Seneka-Wurzel (von *Polygala Senega; Polygaleae* in Virginien stammend) ist gelbgrau, federkiel- bis kleinfingerdick, etwas ästig und endet nach oben in eine die Stengelreste enthaltende, unregelmässige Anschwellung. Ferner durchzieht die Wurzel eine an eine Narbencontraktur erinnernde Leiste auf der einen Seite, während die andere Seite durch unregelmässige Aufwulstungen und zahlreiche Erhabenheiten und Einschnürungen ausgezeichnet ist und wie verdreht erscheint.

Die physiologischen Untersuchungen über die Senegin- bez. Saponinwirkung wurden meist an Fröschen und Kaninchen angestellt. Versuche an Warmblütern ergaben, dass das Saponin auf sämmtliche Herznervensysteme ebenso wie auf das Athemcentrum und die peripheren sensiblen wie motorischen Nerven paralysirend einwirkt. Eine Beeinflussung des Rückenmarks ist bisher nur an Fröschen constatirt, bei welchen auch der lokale Contakt des freigelegten Herzens mit Saponinlösung von Verlangsamung und Sistirung der Herzcontraktionen gefolgt ist; Pelikan; H. Köhler. Beim Menschen kommt die lokale Anästhesie nach Saponininjektion zwar ebenfalls zu Stande, allein sie ist, z. B. zum Zweck schmerzloser Zahnextraktion, deswegen nicht zu verwerthen, weil in die Wangenschleimhaut injicirtes Saponin bedeutende, von Anschwellung der ganzen Gesichtshälfte begleitete Phlegmone erzeugt.

Wird die Senega zu 1 Grm. innerlich genommen, so äussern sich ihre stark irritirenden Wirkungen auf die Schleimhäute in Kratzen im Halse, anstrengendem Würgen, Magenschmerz, Schleimbrechen, Kolik und wässrigen Darmausleerungen. Ferner erzeugen grössere Gaben Senega Hustenreiz und mehrere Stunden lang vermehrte Absonderung von Schleim in den Luftwegen. T. Husemann vermuthet, dass das Saponin von der Lungenschleimhaut aus eliminirt werde, daselbst eine lokale Herabsetzung der Erregbarkeit der sensiblen Nerven bedinge und somit, während gleichzeitig die Absonderung vermehrt werde, bei Pneumonie u. s. w. den Hustenreiz lindere. Ausserdem wird die Absonderung auch der Schweissdrüsen und der Nieren bethätigt. Gegenwärtig wird von der Senega zu 0,3—1,5 (10—15 auf 150—200 Grm.) im Infus nur noch behufs Beförderung der Expectoration in Lungenaffektionen mit stockendem Auswurf (und zwar nicht häufig) Gebrauch gemacht, während die ehemals beliebten Anwendungen derselben gegen Schleimflüsse des Darms und der Harnwege, Asthma, Amenorrhöe etc. in Vergessenheit gerathen sind.

2. Radix Saponariae, Seifenwurzel (von *Saponaria offic.*) ist in ihren Wirkungen, soweit solche bekannt, der Senega sehr ähnlich; wie diese regt sie die unter 1. genannten Secretionen an. Ihre Wirkung dachte man sich besonders auf die Unterleibsdrüsen: Mesenterialdrüsen, Leber und Milz gerichtet. Die Saponaria ist gegenwärtig ganz obsolet. Ph. Germ. hat sie aufgenommen; Dosis: 15—30 Grm. Ebenso ist

3. Radix Sassaparillae, Sassaparillwurzel (von *Smilax Sassaparilla*, S. medica in Südamerika, Peru und Brasilien stammend) des hohen Anschens, welches sich das Mittel ehemals als Antisyphiliticum erfreute, ohnerachtet, in die Rumpelkammer geworfen worden, seitdem Groos nachwies, dass das Smilacin sich physiologisch völlig unwirksam zeigt und nicht einmal, wie Saponin, Diurese, Schweiss- und Bronchialschleimsecretion anregt. Die noch wenig zahlreichen Verehrer der S. betrachten nicht das Smilacin, sondern ein in der Drogue enthaltenes *ätherisches Oel* als das wirksame Princip derselben. Während nach Palotta nicht nur die bei Senegagebrauch auftretenden Irritationserscheinungen der Magendarmschleimhaut neben Anregung der Schweiss- und Nierensecretion und Herabsetzung der Herzthätigkeit auch durch

die Sassaparilla (0,12) hervorgerufen werden, stellen Böcker die diapho-retische und Cullerier die antisyphilitische Wirkung der S. rundweg in Abrede. Ihr Ruhm ist dahin und es gilt zum Mindesten als sicher constatirt, dass an ihrer Stelle, z. B. zur Bereitung des Ricord'schen Decocts mit Quecksilberjodid (vgl. p. 288), mit gleich günstigem Erfolg auch ein Decoct aus Radix Chinae oder Rad. Graminis als Menstruum für das Quecksilberpräparat benutzt werden kann. Trotzdem hat die Pharmakopoe noch das ehemals berühmte — *kostspielige* — Decoctum Zittmanni: D. Sassaparillae fortius et mitius und einen Syrupus Sass. aufgenommen.

Pharmaceutische Präparate:

1. Radix Sassaparillae. Sassaparillwurzel. Im Macerationsdecoct: Dosis: 30—60 Grm. pro die.

2. Decoctum Sassaparillae compst. loco Decct. Zittmanni:

a. D. S. c. fortius: 100 Grm. Sassaparillwurzeln werden mit 2600 Grm. Wasser einen Tag digerirt und $\overline{aa}$ 6 Grm. Zucker und Alaunpulver zugesetzt. Hierauf wird im Dampfapparate 3 Stunden gekocht, $\overline{aa}$ 4 Th. Anis und Fenchel, 24 Th. Senna und 1 Th. Süssholz zugesetzt, durchgeseiht und das Ganze auf 2500 Grm. Colatur gebracht. Davon werden 8 Tagesportionen abgemessen.

b. D. S. c. mitius. Der Rückstand von 2ᵃ wird unter Zusatz von 50 Th. Radix Sassaparillae nochmals mit 2600 Grm. Wasser drei Stunden gekocht. Hierauf werden $\overline{aa}$ 3 Grm. Citronenschalen, Zimmetcassie, Kardamomen (vgl. p. 145) und Süssholz zugegeben und filtrirt. Aus 2500 Grm. Colatur werden 8 Nachmittags-portionen abgetheilt und Pat. nimmt täglich eine Portion von a. und des Nach-mittags eine von b.

3. Syrupus Sassaparillae. Sassaparill-Syrup. *Sirop de Laffecteur.* 24 Th. Sassaparillwurzel werden mit $\overline{aa}$ 16 Th. Sassafras, Guajak, Rad. Chinae, Cortex Chinae fusc. und 3 Th. Anis in 250 Th. kochenden Wassers einige Stunden digerirt, auf 80 Th. eingeengt und mit 130 Th. Zucker versetzt. Dosis: früh und Abends ½ Tasse.

Anhang.

Die wurmwidrigen Mittel: *Anthelminthica.*

1. Semen Cinae s. Cynae. Zittwersamen. Semen-contra. Die getrockneten unentfalteten Blüthenkörbchen der in Persien und der Berberei wachsenden Composite: *Artemisia Vahliana,* wovon die bessere Sorte als S. c. levanticum s. halepense und die schlechtere als S. c. barbaricum in den Handel kommt. Die Droguе ist saftgrün, mit einem harzreichen Ueberzuge bedeckt und enthält den Säurecharakter zeigenden Stoff Santonin ($C_{15}H_{18}O_3$) neben einem nicht wurmwidrigen äthe-

rischen Oel. Santonin wird in prismatischen, hexagonalen oder schuppenförmigen und dabei farblosen Krystallen, welche sich unter Einwirkung des Sonnenlichtes gelb färben, gewonnen. Santonin ist in 250 Th. siedenden Wassers und in nur 3 Theilen kalten Alkohols löslich. Die alkoholische Lösung färbt sich auf Alkalizusatz amaranthroth. Das Chromatopsie hervorrufende Santonin *besitzt auch für den Menschen toxische Eigenschaften.* In zu grossen Gaben genommen bewirkt es Magendrücken, Erbrechen von Schleim, Schläfrigkeit, Blässe und cyanotische Farbe des Gesichts, Kaltwerden der Extremitäten, Zuckungen und keuchende Athmung, und bei Kindern sind selbst tödtliche Vergiftungen beobachtet worden. Die Dosis des gewöhnlich in Chokoladen-Trochiscen gereichten Santonin ist 0,025—0,05. Nur grösseren Kindern giebt man 0,03—0,15 mit Vorsicht um Ascariden abzutreiben.

Zittwersamen zu 0,5—4,0 Grm. ist Kindern zu gleichem Zweck am besten in Latwergenform mit Syrupus communis beizubringen. Das Extractum Cinae ist sehr kostspielig (Consist. 1); Dosis: 0,3—1,0.

2. **Herba et flores Tanaceti.** Rainfarnblüthen; von *Tanacetum vulg.*; *Compositae.* Gelbe, beim Trocknen sich bräunende, in Doldentrauben gestellte Blüthenkörbchen, welche ein bitter schmeckendes äther. Oel enthalten. Das Mittel ist ziemlich obsolet und wird im Infus zu 15—30 Grm. auf 150 innerlich oder als Klystier angewandt.

3. **Rhizoma filicis Maris.** Wurmfarnwurzel; von *Nephrodium filix mas. (Polypod.).* Darin wirksam (Bandwürmer tödtend) ist die von Luck entdeckte Filixsäure, deren Anwendung sich wegen der ungleichen Güte der Mutterdrogue sehr empfiehlt. Derselben stellt sich nur der für die Meisten unerschwinglich hohe Preis entgegen. Man behilft sich daher mit dem Extrakt zu 0,12—0,3 Grm., welches die Darmparasiten in circa 4 Stunden zum Absterben bringt. Ihre Austreibung bewirkt man mittels nach dem Anthelminthicum gereichten Ricinusöls (vgl. p. 212) oder Gummigutts (vgl. p. 215); Rulle. Will man nicht das Wurmfarnextrakt geben, so ist die Anwendung des gepulverten Rhizoms zu 8—30 Grm. — eine gute (filixolinreiche) Drogue vorausgesetzt — den ehemals gebräuchlichen Decocten vorzuziehen.

4. **Cortex radicis Granati.** Granatwurzelrinde von *Punica granat.* Wirksam darin ist ein eisenblaufällender Gerbstoff und ein wohl noch nicht rein dargestellter Stoff „*Punicin*". Bandwürmer sterben in der *Abkochung dieser Rinde* (deren Einverleibung übrigens unangenehme Gefühle im Magen, Nausea, Erbrechen, Bauchschmerz, Diarrhöe, Kopfweh, Schwindel, Tremor und Gastroenteritissymptome auch beim Menschen hervorruft) binnen 3 Stunden und müssen die Parasiten alsdann durch die eben genannten Laxantien ausgetrieben werden.

Man verordnet 120 Grm. auf ℥ii zum Decoct und lässt von der 180 Grm. betragenden Colatur des Morgens nüchtern ½ Tasse, drei Viertelstunden später 1 Tasse Kaffee und hierauf viertelstündlich ½ Tasse (Decoct) nehmen, bis Alles verbraucht ist. Als Vorbereitung zur Kur, welche zwar die Taenia fast ausnahmslos tödtet, irritabele Frauen aus den besseren Ständen jedoch häufig dergestalt „angreift", dass dieselben mehrere Tage das Bett nicht verlassen können, lässt man stark gezwiebelten Häringssalat, Wein- oder Erdbeeren essen. Gute Granatwurzelrinde ist das vorzüglichste Bandwurmmittel.

5. **Flores Kosso s. Kusso. Kussoblüthen.** Ein aus Abessinien zu uns gekommenes, von der Rosacee: *Hagenia abessinica* oder *Brayera anthelminthica* stammendes Bandwurmmittel, in welchem der von Bedall zuerst isolirte und in den Handel gebrachte Stoff Kussin oder Kwosein ($\Theta_{20}H_{44}\Theta_6$) neben Gerbstoff und ätherischem Oel wirksam ist. Die weiblichen röthlichen Blüthenrispen müssen vor der Fruchtreife gesammelt und getrocknet werden. Man lässt 5—6 Grm. mit 350 Grm. warmen Wassers eine Viertelstunde digeriren und das Ganze schluckweise verbrauchen.

6. **Kamala** (roth). *Die Glandulae der weiblichen Blüthe* (analog dem Lupulin, vgl. p. 76) *der in Ostindien einheimischen Euphorbiacee:* Rottlera tinctoria, welche in ihrem Heimathlande zum Rothfärben dient und als wirksames Princip den Stoff „*Rottlerin*" enthält; Hanbury. Man giebt Kamala zu 4—8 Grm. mit Wasser angerieben, oder als Latwerge. Rp.: Kamala. Spir. vini rectifctss. āā 12,0 Syrup simpl. 30 Grm. m. f. Electuarium. Die Dosis für grössere Kinder ist 2,0. Kamala wird gegenwärtig so vielfältig verfälscht, dass von ihrem Gebrauch (gegen Taenien) abzurathen ist.

Kalium picronitricum, Saoria, Zatsé. *Dolychos pruriens* (Juckbohne) sind verlassene Bandwurmmittel.

Register.

31*

www.ingramcontent.com/pod-product-compliance
Lightning Source LLC
Chambersburg PA
CBHW020858210326
41598CB00018B/1705